U0162790

科学思想史

林德宏◎著

KEXUE SIXIANGSHI

南京大学出版社

图书在版编目（CIP）数据

科学思想史 / 林德宏著. —南京：南京大学出版
社，2020.12
ISBN 978 - 7 - 305 - 23968 - 7

Ⅰ. ①科… Ⅱ. ①林… Ⅲ. ①科学技术-思想史-世
界 Ⅳ. ①N091

中国版本图书馆 CIP 数据核字（2020）第 226410 号

出版发行 南京大学出版社
社　　址 南京市汉口路 22 号　　　　邮　编 210093
出 版 人 金鑫荣

书　　名 **科学思想史**
著　　者 林德宏
责任编辑 王其平

照　　排 南京紫藤制版印务中心
印　　刷 常州市武进第三印刷有限公司
开　　本 787×960　1/16　印张 33.75　字数 569 千
版　　次 2020 年 12 月第 1 版　2020 年 12 月第 1 次印刷
ISBN 978 - 7 - 305 - 23968 - 7
定　　价 80.00 元

网　　址 http://www.njupco.com
官方微博 http://weibo.com/njupco
官方微信 njupress
销售咨询 （025）83594756

目　　录

1

绪论 我所理解的科学思想史

科学思想史是一个特殊的知识领域。它是"史",是史学的一部分,属人文学科;它是自然科学史,又属理科;它是"思想史",同哲学又有密切的关系。它研究的是理科的内容,用的是史学方法,又需要哲学的思维方式。自然科学思想史是科技文化与人文文化的结合点,文理哲融为一体,所以科学思想史的基本理论问题,是一个比较特殊的问题。

一、科学活动史与科学思想史

人类历史包含三大基本要素:物、事件和思想。这三大要素的主体都是人。物是人造物,事件是人的活动,思想是杰出人物的思想和社会思潮。因此人类历史也可以分为三个基本层次:人造物的历史、人的活动史和人的思想史。迄今为止,思想史主要是研究不同历史时期杰出人物(如政治家、哲学家、科学家)的思想。就广义的科学史而言,人造物的历史即技术史,人的活动史即科学活动史,人的思想史即科学思想史。人造物是人的活动产物,所以人类历史可以分为活动史与思想史两大领域,科学史也可以相应地分为科学活动史与科学思想史两个领域。

科学活动史的概念比较宽泛,主要包括科学发现史(如科学实验史、科学方法史、科学家研究案例)、技术史、科学事业史、科学技术与社会史。

科学思想史是研究科学思想酝酿、提出、传播、发展、争论、相互归并和更替的历史,是科学思想演变、发展的历史。科学思想史不仅要叙述科学思想发展的过程,还要探索科学思想发展的规律。

简单说来,科学思想是指自然科学的理论思想和自然科学中的哲学思想。自然科学中的理论思想,即自然科学的基本概念、基本观点和基本理论。自然界具有层次性,所以自然科学理论也具有层次结构,不同的部分抽象、概括的程度不同。关于自然界具体事物、具体现象的概念、观点其抽象概括的程度比较低,属科学研究的理论成果,但可以不划入科学思想的范畴。科学思想是关于自然界的抽象概括程度比较高的理论思想。它本身也是自然科学研究的理论成果,是科学家在科学研究中提出的自然科学理论知识。

自然科学中的哲学思想,主要是关于科学和自然界的一般理论思想,包括科学观、科学方法论、自然观、科学研究、传播与应用的社会观。这部分理论思想已超出了自然科学知识的范畴,但它常常是自然科学的理论基础,同自然科学理论和自然科学家的活动有密切的关系。它是科学家对自己的科学研究和科学成果所作的哲学概括,其抽象、概括程度最高,对自然科学的发展具有一定的影响,也属于科学思想史研究的范围。科学成果与科学思想、科学思想与哲学思想都有相互包含的一部分。科学成果是"体",科学思想是"魂"。科学思想是蕴含在科学成果之内的深层的东西,是哲学思想的一个重要来源。

科学思想史是科学史的一个分支,又是人类思想史的一个重要领域。思想史是最深层次的历史。人的活动都是由一定的思想支配的。不了解人的思想,就不可能理解人的活动。要掌握社会历史发展的规律,就必须研究思想史。科学思想史是最深层次的科学史,要掌握自然科学发展的规律,就必须研究科学思想史。英国历史学家柯林武德非常重视思想史的意义。他的基本观点是:"一切历史都是思想史。"[①]在他看来,研究历史归根到底是研究思想史。他说,自然科学事实是单纯的事件,历史事实则是有动机的人的行为,体现了人的思想。化学家问:"为什么那张石蕊试纸变成了粉红色?"他寻求的是变化的条件。历史学家问:"为什么布鲁斯刺死了恺撒?"他寻求的是思想动机。"与自然科学家不同,历史学家一点也不关心各种事件本身。他仅仅关心成为思想的外部表现的那些事件,而且是仅仅就它们表现思想而言才关心着那些事件。归根到底,他仅只关心着思想。"[②]柯林武德认为研究历史要追问人的活动的动机,这是正确的,但他把一切历史都看作是思想史,就值得商榷了。

---

① 柯林武德:《历史的观念》,中国社会科学出版社,1986 年,第 244 页。
② 柯林武德:《历史的观念》,中国社会科学出版社,1986 年,第 246～247 页。

科学思想是自然科学成果和哲学之间的联系纽带。哲学概括自然科学成果，主要是概括它的科学思想。在自然科学知识体系中，可以直接转化为哲学思想的，主要是科学思想。哲学对科学家的启迪，主要表现为影响科学家的科学思想，并通过科学思想影响他们的科学活动。科学思想史具有重要的教育功能，对提高人的基本素质特别是创新能力具有重要作用。在普及科学知识的同时，应注意普及科学思想。自然科学本质上是历史的科学。科学思想是个历史过程。不了解科学思想的历史，就不可能深刻理解现代科学思想。

科学思想史是从哲学角度理解的科学史。科学思想史与哲学思想史都是思想史，有很多相同之处。在一定程度上我们可以应用哲学史的研究方法来研究科学思想史。哲学家的著作是研究哲学史的根据，科学思想史研究也应当重视分析科学家的著作，因为著作是学者表述思想的主要形式。哲学思想史与科学思想史也有一些不同之处。到目前为止，哲学史只是哲学思想史，很少有人研究哲学事业史，哲学家一般也没有相对独立的、系统的哲学活动。哲学家的研究成果就是他们的哲学思想。除此以外，哲学家没有别的形式的研究成果，而哲学家的思想都是有文字记录的。科学思想史的情况则比较复杂。科学家的成果除思想成果外，还有科学活动的成果（观察成果、实验成果等），甚至还有某些物的成果（如新的实验工具）。有的科学家有丰富的科学著作，有的则著作不多；有的科学著作叙述了概括程度较高的科学理论思想和哲学思想，有的则缺少这方面的叙述。这就给科学思想史的研究带来了困难。

人的思想动机是蕴含在历史事实之中的。面对历史事实，我们可以"追问"人们行为的动机。我们研究科学思想史，也可以进行这样的"追问"。有的科学家的著作叙述的都是具体的科学成果，多为经验描述（如观察、实验的记述）和数学演算，缺乏理论概括。但科学家（即使是实验科学家）不可能没有理论思维。我们可以通过其经验成果，追溯其理论基础，对其作出理论概括，即从经验成果出发，"追问"其科学理论思想。有的科学家叙述了他们的科学理论思想，却没有谈论有关的哲学问题。但是，一个多年研究科学并取得重要成果的科学家，不可能没有哲学思想。即使他对哲学著作没有兴趣，他在科学活动中也会自发地形成一定的哲学思想。没有任何哲学思想的科学家是不存在的。他的哲学思想自觉或不自觉地要进入他的研究活动，渗透在他的科学成果之中。这些哲学思想实际上是他的科学理论思想的哲学基础或信念。科学理论思想中，总蕴含着一定的哲学思想。玻恩说,"真正的科学是富于哲理性的"①。我们可以从他们的科学理论思想中概括出他们的哲学思想。这些哲学思想可能是科学家已经想到的,只是未写在自己的著作中;也可能科学家并未意识到这些哲学思想,但这些思想已影响到他们的科研活动。如牛顿对他的绝对时空观作了明确的表述,但对于平直空间、自然变化的可逆性等问题,则几乎没有提及。也许在牛顿看来这些都是不言而喻的。我们可以从牛顿的力学理论中概括出这些思想。也就是说我们可以从科学家的科学理论出发,"追问"其哲学思想。这两种"追问"必须以科学家的经验成果和科学理论思想为根据,不能从我们的主观愿望和想象出发。这两种追问的实质,是通过科学家的科学活动来追问他们的科学思想。柯林武德认为,要发现历史的思想,唯一的方法就是在自己的"心灵"中再现这些思想。他说:"思想史,并且一切历史,都是在自己的心灵中重演过去的思想。"如何重演? 只能靠研究者自己的思考。"一个阅读柏拉图的哲学史家是在试图了解,当柏拉图用某些字句来表达他自己时,柏拉图想的是什么。他能做到这一点的唯一方法就是由他自己来思想它。"②思想只能由思想来把握,但这种把握必须有客观的根据,而不能限于纯粹主观的思考之中。研究科学家的科学哲学思想,应以他们的科学理论思想为据;研究他们的科学理论思想,应以他们的经验成果为据;而研究他们的经验成果,应以他们的科学活动为据。所以科学思想的客观根据,归根到底是科学活动。

科学家的科学思想有两个主要来源:科学活动与理论学习。大多数科学家的科学思想主要来自科学活动。科学家的自发的哲学思想,是在他们的科学活动中自然形成的。不了解科学家的科学活动,就不可能理解他们的科学思想。科学活动史是科学思想史的基础,科学思想史是科学活动史的提炼。

二、历史结构与逻辑结构

科学思想史涉及多方面因素,如科学家(社会环境、知识背景、知识结构、条件、个性等)、科学成果(经验成果、理论成果等)、科学思想形式与内容(概念、观点、理论、科学思潮、科学传统、哲学思想等)、科学思想演变(猜测、假说、预言、

---

① 玻恩:《我的一生和我的观点》,商务印书馆,1979 年,第 44 页。
② 柯林武德:《历史的观念》,中国社会科学出版社,1986 年,第 244 页。

验证、交流、争论、修正、推广、深化、归并、更替、沉寂、复兴等）。这些因素在科学思想发展的历史过程中，各起一定的作用，各占有一定的位置，形成一定的结构，即科学思想发展的历史结构，或称科学思想创新的历史结构。孤立地列举人名、思想和事件，只是科学思想史料的堆积，而不是科学思想史。只有揭示各种史料的历史联系，建立各种史料的一定的历史结构，才属真正的科学思想史研究。所以，科学思想史是关于科学思想发展历史结构的科学。

科学思想创新还有其逻辑结构。科学思想的各个内容要素、各个逻辑步骤具有内在的逻辑联系，并在这种联系中，各起一定的作用，各占有一定的位置，形成一定的结构，即科学思想发展的逻辑结构，或称科学思想创新的逻辑结构。逻辑步骤的结构，属科学方法论、科学逻辑的研究范围。根据内容划分的科学思想因素（观点、假说、理论、思潮等）的逻辑结构，属科学思想史的研究范围。因此，科学思想史又是关于科学思想创新的逻辑结构的科学。

一般科学发现（如科学观察、科学实验）之间也有一定的逻辑结构，但一般说来，这些发现并不是另一些发现逻辑推论的结果。而从一个科学思想要素，却可以逻辑地推导出另一个科学思想要素。所以在一般科学史研究中，可以只研究科学发现的历史结构，而不一定涉及科学发现的逻辑结构；或者说一般只研究科学发现的历史，而不一定研究科学发现的逻辑。在科学思想史研究中，由于历史结构与逻辑结构的关系特别密切，所以尤其要重视历史结构与逻辑结构的统一。

科学思想史研究坚持历史结构与逻辑结构的统一，这就要求历史方法与逻辑方法的统一。这种统一还有一个特殊的含义：历史环节的缺失，可以用逻辑环节来补充。

所有的历史研究，均存在着不同程度的"信息缺失"，即历史遗留下的信息总不可能完全反映历史实际演变的过程。存在于一些物质载体（文物）上的历史信息，随着岁月流逝，只会不断减少。

在科学思想史研究中，这种信息缺失尤为严重。人的思想可以存在于各种信息载体中，但更多地存在于人脑之中，内在的思想远比外在的思想丰富。人的思想既受客观条件的制约，又总有一些人（思想家、哲学家、科学家等）的思想在一定程度上超越这种制约。人的思想既是外在世界的反映，又是自身内心世界的展现。在这个意义上可以说，人的思想具有一定的主观自由性。不同的人在相同的条件下,面对相同的对象,可以有不同的思想。一个事物在逻辑上各种变化的可能,总有人会想到。已经出现的变化,人们可以思考;尚未出现甚至不可能出现的变化,人们也可以思考。所以科学思想史研究具有更多层次的信息缺失:发表的思想比曾经出现过的思想要少,人们普遍知道的思想比发表的思想要少,人们理解的思想比人们知道的思想要少,等等。

为了弥补这种缺失,科学思想史不仅要研究在历史上已经知道的思想,还要研究在逻辑上可能出现的思想;不仅要研究科学家已经用文字表述出来的思想,还要研究未看到科学家的文字表述却蕴含在科学成果内部的思想。这种思想实际上也是科学思想的外化,不论是外化为文字,还是外化为他们的科学活动和科学成果。这是原本就存在于科学家头脑之中,本可以记述出文字,但科学家未曾记述,或者虽作了记述,但不为我们所知的思想。研究这些科学思想就不能用历史考察的方法,而应当用逻辑分析的方法。

由此可见,在科学思想史中,历史结构与逻辑结构是相互渗透,不能互相剥离的。

三、科学理论与科学思潮

了解一个时期科学思想的发展,要着重了解科学思潮。科学思潮是一个时期许多科学家(甚至是大多数科学家)共同信念的一种科学思想。众人努力推广、发挥、捍卫这种思想,形成一种潮流。

人的思维具有相对的独立性,既有其自身的逻辑,又可能偏离、超越这种逻辑。每个人的思考都有一定的随意性即自由度。所以同一个谜语,各自有不同的猜测。科学家具有丰富的想象力,能想到各种可能,具有更高的思维自由度。在某个研究领域的早期,对同一个科学问题,各人会有各自不同甚至完全相反的想法。此时还未形成一种共识,科学界的思想呈无序状态。恩格斯在谈论电学研究的初期状况时说:"在电学中,是一堆陈旧的、不可靠的、既没有最后证实也没有最后推翻的实验所凑成的杂乱的东西,是许多孤立的学者在黑暗中无目的地摸索,从事毫无联系的研究和实验,像一群游牧的骑者一样,分散地向未知的领域进攻。当然在电学的领域中,一个像道尔顿的发现那样给整个科学提供一个中心点并给研究工作打下巩固基础的发现,现在还有待于人们去探求。主要是,电学还处于这种一时还不能建立一种广泛的理论的支离破碎的状态,使得片面的经验在这一领域中占有优势。"①恩格斯所说的"孤立的学者"、"在黑暗中无目的地摸索"、"毫无联系"、"游牧的骑者"、"分散"、"缺乏中心点"、"一时还不能建立一种广泛的理论"、"支离破碎",表明当时的电学尚未形成中心,缺乏共同的理论基础和研究方向。电学家们各自孤立地、分散地、各在不同的方向上盲目地摸索。杂乱取向、支离破碎,是一种无序结构。

到一定时期,出现了一个成功的科学理论,使众多科学家信服,并主动沿着它的方向,以它为中心进行拓展式研究,力图应用它来解决各种问题,并获得相当可观的成绩。这一成功理论的科学思想和研究方法,被普遍应用、传播、推广、概括、提炼、升华,逐渐成为一种认识模式。

这种成功理论的创立者,享有崇高威望,成为科学界的榜样和领军人物,拥有大批追随者。他们的主要科学思想,被科学家公认,成为一种规范、传统,占主导地位。于是,科学思潮形成了,它代表一个时期科学发展的最高水平和研究方向,成为一个时期科学研究的理论基础。

"科学的发展是一个自组织的过程。它的理论思想会逐渐从无序走向有序,从无结构变为有结构。某一个或某一些科学家的科学思想率先成熟,形成强烈的凝聚力,使一大批科学家成为这种思想的追随者,朝着相同的思维方向,沿着相同的思维轨道思索。这时在杂乱取向的状态中,出现了一个或若干个优势取向。它们成为一种思想体系的生长点和核心。许多科学家的分散、零碎的思想逐渐兼并、综合、去异存同、扬同斥异。犹如点滴之水朝一个共同方向流动,形成潺潺小溪;各条小溪又不断汇合,形成滚滚的潮流,这就是科学思潮。"②科学思潮的出现,表明科学研究状态已形成一定的有序结构。它既是历史结构,也是逻辑结构。

成为科学思潮生长点和核心的科学理论,不仅是非常成功的理论,而且它的研究课题和成果,都具有很高的战略性和开创性,都是当时科学的战略前沿。牛顿的力学理论,道尔顿的化学原子论,克劳修斯的热力学理论,法拉第、麦克斯韦的电磁学理论,达尔文的物种进化论,爱因斯坦的相对论,哥本哈根学派的

①　恩格斯:《自然辩证法》,人民出版社,1984年,第199页。
②　林德宏、张相轮:《东方的智慧——东方自然观与科学的发展》,江苏科学技术出版社,1993年,第215~216页。

量子力学理论,都是这样的科学理论。

四、历史再现与理论建构

自然科学研究的自然现象,在一定条件下是可以重复、再现、模拟、可逆的。自然科学家在研究自然界时,既是观众又是演员,既是观察者又是参与者,因为科学家可以在重复、再现、模拟自然的过程中,参与自然的变化。自然科学史研究的只是科学的过去,只是科学已经发生过的事情。这个过程是不可能重复、再现、模拟的,是不可逆的。我们不可能参与科学过去发展的过程,只能在这个过程之后来研究这个过程。科学史家不可能变革科学史,例如不能改变历史上科学家的思想。所有对历史的"变革",都是对历史的篡改。历史是怎样,就只能认为它怎样。这就是科学思想史研究的客观性原则。

历史是已消逝的存在,但人们对它的记忆和它的影响却并未完全消失。历史既是不断消逝的存在,又是永恒的存在。前人永远同后人相关。过去永远存在于现实之中。所以史学研究既有必要又有可能。

历史看得见吗?既看不见,又看得见。历史事件看不见,它留下的记录和影响看得见。历史的线索、规律看不见,文物、史料看得见。科学家的思想看不见,科学家的著作看得见。史学研究就是通过看得见的东西,来探索看不见的东西。

考据学派和思想史学派,是史学研究的两个不同学派。考据学派认为,史学研究应以事实为根据,考据是史学研究的基本方法。德国的兰克认为,史学研究必须"客观如实"、"循历史的本来面目"、"据实记事"。他强调指出:"不是我在说话,而是历史在借我的口说话。"历史研究的唯一目标,是"积累准确的知识",历史学家的基本素质是"考据的可靠性"。"历史学家观点中的一切主观成分(像是它们被人称为的)必须一概删除。历史学家一定不要对事实作任何判断,他只应该说事实是什么。"[①]按兰克的说法,史学研究只需叙述事实,而无需理解和评价事实。思想史学派则反对考据派的观点。如柯林武德认为剪刀加糨糊的历史不是科学,无论史料多么丰富,考据多么确凿,仍然不是科学,纯粹

---

① 陈波:《社会科学方法论》,中国人民大学出版社,1989年,第421页。

客观、不偏不倚和价值中立的历史学是不存在的。

"让历史事实说话"和"用历史事实说话",是两种不同的史学观。前者,说话主体是史实,我们是在听史实说话;后者,说话的主体是人,是一些人对另一些人说话,说话的根据是史实。历史无言,说话的只能是人。"历史看得见吗?"这个问题应转换为:"历史可以叙述吗?"答案是肯定的。

要叙述历史,就要掌握历史发展的逻辑。所以我们不仅要叙事,更重要的是要编史。直接被我们观察到的只是史料,而不是蕴含在史料中的规律;呈现在我们眼前的是一个个具体的历史事件,而不是这些历史事件的结构。史料是外在的、有形的、看得见的;结构是内在的、无形的、看不见的。所以史要靠编,不编不成史。科学思想史的历史结构与逻辑结构都是科学史家的"编织物",是科学思想史内在结构的外化、有形化,变成可以按照一定逻辑叙述的形式。当然,逻辑是历史的逻辑,逻辑必须反映历史。历史编织物的原型是历史,历史编织物必须反映历史的面貌,科学历史不可能再现于现实之中,但可以再现于科学家的编织物之中,再现于人的观念之中。

对史料进行编织的一项基本工作,是编制历史事件的时间秩序。科学历史是个过程,各个事件的先后顺序是这个过程本质与规律的体现。不同的时间意味着不同的背景。时间性即历史性,历史性必然要表现为时间性。特别是科学史、技术史,讲究优先权,时间先后顺序尤为重要。

科学思想史的主要历史事件,是科学思想提出、争论、确认和退出历史舞台等。科学思想史的时间秩序,主要是科学思想提出的时间。但科学家具有某种思想同他公开发表这种思想,并不是同时发生的。一般应以后者为主,因为只有当科学家的思想进入社会,才是一种社会存在。这个时间也比较容易判定。

对于科学思想史而言,科学思想的时间推移和科学思想的逻辑展开,既一致又不一致。一致,是历史和逻辑一致性的表现;不一致,是历史事件出现的先后顺序,同历史发展阶段的顺序,以及反映在逻辑上的各个逻辑环节之间的顺序并非完全一致。这也就是说,事件的逻辑与思想的逻辑并非完全一致。

科学思想史的编织,应追求科学思想逻辑发展的顺序与时间推移顺序的结合。在宏观的范围内,应按时间推移的顺序,不应当有时间上的错位,这是因为历史与逻辑具有统一性。一般说来,后一个世纪提出的思想,比前一个世纪要较为丰富和合理。这同居维叶所研究的越古老的地层出土的化石形态越简单的化石分布规律十分相似,但思想进化远比生物进化复杂,后出现的思想未必比先出现的思想进步。所以科学思想史研究不能完全拘泥于我们已知的历史事件的先后时间顺序。为了表明科学思想发展的曲折性,我们可以完全按照时间顺序编史。但为了揭示科学思想的逻辑结构,也可以按照科学思想进步的程度来编史,甚至把先前提出的思想放在后面讲,这是时间顺序有条件的合理移位。我们在叙述中国古代宇宙理论时,可以按照盖天说—浑天说—宣夜说的逻辑顺序讲。至于盖天说与浑天说提出的先后时间顺序,可以继续讨论。按逻辑顺序编史的一个理由是,各种逻辑上的可能都会有人想到,而科学家先想到的未必就是我们在文献上先看到的,我们所知道的历史事件出现的先后顺序,又具有一定的偶然性。

对史料进行编织,需要理解和评价史料。原有的理论观点自然会渗透到理解之中。理解者总是在他所处的认识背景下来理解对象的。对同一个史料,各人可以有各自不同的理解。评价比理解更为复杂。渗透到评价活动之中的,除"理"以外,还有"情"和"利"。"情",包括民族之情、国家之情、宗教之情、时代之情以及个人之情。"利"的渗透就更为广泛和深刻。

思想需要理解。思想者理解了对象,才会形成自己的思想;他的思想只有被别人理解了,才会成为社会的思想。没有理解,就没有任何意义的思想。思想者的思想只有同接受者原有的思想发生作用,相互交融,才会被接受者所理解。因此,接受者所接受的思想,只是用他的思想所理解的别人的思想,在这里,"本义"和"我义"是不可能截然分开的。思想的接受本身就是对思想的评价,接受者不会接受他认为没有价值的思想,对于思想史研究来说,理解与评价本质上是同一件事。

历史学家巴特菲尔德提出了历史的"辉格解释"的问题。辉格式的研究就是"用当前的观念和价值看待过去"[①]。辉格解释合理吗?这要具体分析。对历史上的科学思想的评价有两个方面:一个方面,是评价这种科学思想在当时的影响和在当时科学思想领域中的地位;另一个方面,是评价这种科学思想对后来的影响、现实意义和在整个科学思想史中的地位。这是两个不同方面的评价,不可混为一谈。对同一种科学思想,在这两方面的评价可以不同。如对热

---

① 吴国盛:《科学思想史指南》,四川教育出版社,1994年,第244页。

素说,在热动说和爱因斯坦质能关系式这两种不同的背景下,就会有不同的评价。在第一方面的评价中,应坚持历史的观点和方法,把某种科学思想放在当时的历史背景下来理解,不能用现代的观念来苛求古人,也不能把古人现代化。我们应当"走进历史",把自己想象成与被评价的科学家同时代的人,设身处地地评价他们的思想,用当时的价值观念来评价。在这种评价中,我们不应当采用辉格式的态度。在第二方面的评价中,应坚持现时代的观点和方法,把某种科学思想放在从当时到现在的历史长河中,放在现代的背景下来理解,意识到自己并非古人,而是现代人。我们应当"走出历史",站在时代的高度,用现代的文明和价值观念进行评价。在这种评价中,我们就应当在一定程度上采用辉格式的态度。以史为鉴,先要"走进历史",然后"走出历史"。

　　科学发现是反映和创造的统一。科学思想史是对科学的一种认识,也是反映和创造的统一。科学思想史研究是对科学思想发展历史的一种再现,这种再现本身也是一种创造。已消逝的历史不可能"复印"在我们的观念中,它的历史结构与逻辑结构只能由我们把它建构起来。科学思想史研究是历史再现和理论建构的统一。① 总之,我们在科学思想史研究中,既是观察者,又是评价者,既要贯彻真理原则,又要贯彻价值原则,或者说,既要贯彻客观性原则,又要贯彻主体性原则。

---

　　① 林德宏:《关于科学史研究的几个问题》,《科学技术的辩证法》2000 年第 4 期。

第一章　古代的科学思想

第一节　科学的发生

迄今为止的科学史书籍，主要是叙述科学的发展史，很少讨论科学的发生史。正如恩格斯所说："可惜人们写科学史时已习惯于把科学看作是从天上掉下来的了。"[①]

一、原始自然知识

在研究科学发生史时，不仅要研究学科发生的顺序，还要研究自然知识发生的顺序。古代科学发生于原始的自然知识，这种自然知识是先民的常识。原始自然知识的发生以原始生物知识为开始与基础，这是由原始生存方式决定的。

人类的第一个生存方式是自然生存：主要依赖自然资源（特别是生物资源）和人的自然能力（体能）生存。自然生存分为两个阶段：原始自然生存（采集和捕猎）和农业自然生存（农业和畜牧业）。早期母系氏族原始人类的谋生手段是采集植物和捕猎动物。母系社会后期出现了农业畜牧业，这是对生物生长的模仿，是"生物型"生产。原料是动植物胚种，产品是动植物的成熟个体，农业畜牧

[①] 《马克思恩格斯选集》第四卷，人民出版社，1972年，第505页。

业产品是按生物学规律生长出来的。在原始自然生存中,人的生存逻辑是:自然提供什么,人们就利用什么。与此相适应,人的认识逻辑是:利用什么,就认识什么。既然原始自然生存主要是依赖生物生存,先民认识自然也主要是认识生物。

人类最早的工具可能不是石器而是木器,用木、草、竹、藤制成的木器,其用途比石器广泛。对植物进行加工,是先民制造石器的动力之一。木器易腐,所以我们看到的先民的工具,几乎都是石器。先民的温饱甚至治病,都靠生物,所以生物知识是最早发生的自然知识。

近代对还基本上处于早期自然生存条件下的部落的调查,充分表明了这一点。法国人类学家列维-斯特劳斯的名著《野性的思维》法文版的封面就是一幅植物的照片。他在谈到菲律宾群岛土著哈努诺人时,引述别人的话:"哈努诺人的几乎所有的日常活动都需要十分熟悉当地的植物和掌握有关植物分类的精确知识。有一种看法认为,那些靠自然物维持生存的集团只利用当地植物群中很小一部分。与此相反,哈努诺人却认为当地土生植物品种的总数中有 93% 都是有用的。"哈努诺人把当地的鸟类分为 75 种,能辨认 10 多种蛇、10 多种甲壳动物、60 多种鱼,把昆虫分为 108 类。"尼格利托矮人的另一特征是他们有极其丰富的关于动植物界的知识,这一点使他们与周围住在平原地区的信奉基督教的人判然有别。这种经验知识不仅包括对极其大量的植物、鸟类、牲畜和昆虫的种的识别,而且还包括关于每一种动植物的习性和行为的知识……""他们始终不断地研究着自己周围的环境。我曾多次看见一个尼格利托人,当他不能确认一种特殊的植物时,就品尝其果实,嗅其叶子,折断并察验其枝茎,捉摸它的产地。只有在做过这一切之后,他才说出自己是否知道这种植物。""几乎所有的尼格利托人都可以不费力地列举出至少 450 种植物,75 种鸟类,大多数蛇、鱼、昆虫和兽类,以及甚至 20 种蚁类。"[①]

古罗马普林尼的《自然史》是古代自然知识的百科全书,共 37 卷,生物知识占 26 卷。我国《诗经》中也有许多动植物名称。

原始生物知识在原始自然知识中占先导和主导地位。其他原始自然知识,或者是在原始生物知识的基础上,或者是为了满足原始生物知识的需要,或者

---

① 列维-斯特劳斯:《野性的思维》,商务印书馆,1987 年,第 7~8 页。

是在原始生物知识的带动下发生的。

生物资源的生长具有强烈的季节性,所以先民要有效地获得和利用生物资源,就必须了解季节的变化。他们可以没有时间观念,但必须有季节观念。为了认识生物的"物象",就要认识"气象"和"天象"。以游猎为主要谋生手段的鄂温克人把春季叫做"打鹿胎的时候",夏季叫做"打鹿茸的时候",冬季叫做"打灰鼠的时候"。美国人类学家马沙克通过对旧石器时代的雕刻物和洞穴岩画的研究,认为这些人类最早的刻画图形是季节变换的符号。

生物的生长又具有强烈的地域性,所以先民必须了解山林河湖的位置与距离。他们可以没有空间观念,但必须有地域观念。路威指出,因纽特人对周围环境都非常熟悉。他们可以在木头上刻出立体地图。有位船主曾印刷过一幅地图,是一个完全没有受过教育的因纽特人,根据他的 1 100 英里(1 760 千米)旅程画的。"东北加拿大的印第安人也表现出同样的地理天才。他们能牢记各处山川形势,政府派遣的测量人员常常利用他们的本领。'印第安人在桦树皮上用刀尖或炭条或铅笔画图,画出一处处湖泊,河流,河流间的陆运道的大小远近,挥写自如,确有把握。'"①路威说,倘若不是因为有许多白人旅游者的证明,这些土著居民的地理知识,简直叫人无法置信。

人类的原始力学知识主要来自捕猎活动。先民捕猎必须借助工具,如长矛、弓箭、套索等,制造和使用这些工具就需要力学知识,后来又制作了捕兽机。利普斯把先民的捕兽机分为重力捕兽机、轮式捕兽机、网套捕兽机、跳柱捕兽机、扭转捕兽机几种。制作和使用这些捕兽机,就需要初步的关于杠杆、平衡、惯性以及重力、拉力、弹力等知识。

原始的药物知识也同生物密切相关。我国有神农尝百草的传说,神农既在寻找食物,又在寻找药物。

罗素说:"各门科学发展的次序同人们原来可能预料的相反。离我们本身最远的东西最先置于规律的支配之下,然后才逐渐地及于离我们较近的东西:首先是天,其次是地,接着是动植物,然后是人体,而最后(迄今还未完成)是人的思维。"②罗素以对象和我们距离的远近来确定科学发展的次序(实际上是发生的次序),是值得商榷的。原始自然知识发生的顺序取决于它同生存需要的

---

① 罗伯特·路威:《文明与野蛮》,三联书店,1984 年,第 262 页。
② 罗素:《宗教与科学》,三联书店,1982 年,第 24 页。

关系。自然科学学科发生的次序既取决于生存需要，又取决于其对象的复杂程度。原始生物知识是最古老的自然知识，但生物学在古代的发展却不能同天文学、力学、数学相提并论，这是因为生命运动是自然界最复杂的运动。人类最初的主要认识对象竟是最复杂的自然物——生物，这是由人的本质决定的。人是一种动物，必须以生物为生。

二、神话

神话同古代科学的发生有一定的关系。神话主要产生于原始社会，是原始的"混沌文化"。它包含多方面内容，是先民的历史、文学、宗教、哲学以及自然知识的混合体。同自然知识关系密切的是自然神话（或起源神话）。自然神话叙述了自然物、自然现象以及人的技艺、工具的起源。神话具有认识功能，是先民对常识的一种解释。神话用故事来解释，解释不同的常识就编造不同的故事情节。

从流传下来的神话来看，先民编造神话一般遵循下列信念或规则。

万物皆有起源，神话的一项基本任务是说明自然事物的起源。印度《歌者奥义书》说："最初的世界是不存在的，它是由不存在变为存在的。"因此自然神话是最原始的"发生学"。

万物的发生均是很久以前的事情，具体时间均不可考。讲神话故事的人都未亲眼目击所叙述的发生过程，因此神话无需细节，也无需验证。

通过想象用故事的情节来解释事物的起源。神话实际上是一种假设，猜想某些事物就是这样发生的。先民认为描述了事物的发生过程，就等于说明了事物发生的原因。

事物发生的最终原因是神。先民不可能在神以外去寻找事物发生的最终原因，于是编造神话的主要任务是构造神和编造神的行为。

事物的发生过程是突变过程。我国的起源神话常用"变"来描述事物的发生过程，是在一瞬间突然变成的，因此神话一般不叙述变化的具体细节。"高辛氏有老妇人，居于王宫，得耳疾。历时，医为挑治，出顶虫，大如茧。……俄而顶虫乃化为犬。"①顶虫变犬的过程只用一"化"字来说明。此外，老人变启明星，蛋

---

① 《搜神记》卷十四。

变姑娘,针眼变星,八卦图变日月,都是在一刹那间完成的。

用前件与后件的相似来说明突变的合理性。许多神话是根据相似性原则来编造故事的。变前的事物和状态称前件,变后的事物和状态称后件。神的行为使前件变成后件。为了使故事有说服力,后件要同前件相似。为何阳光刺眼?因为太阳妹妹害羞,谁盯着她看,她就用金针扎谁,金针与阳光相似。

拟人化原则。拟人化原则是相似原则的一种形式,其出发点是自然与人相似的信念。先民还没有把人与自然对立起来,常用对自身的感受来想象自然界,自然界被人格化。神话世界是主客一体、物我两忘的境界。我国哈尼族僾尼人的神话说:天吐气为日月。大地气愤,举起手指(即高山)抓天,天疼痛落泪便成雨,天大叫便是雷,天变了脸色便是阴天,天颤抖便是地震。拟人化原则也适用于神,人总是按自己的形象来塑造神。所以神话的主角是亦神亦人,神人不分。

采用联想方法,从一事物想到另一事物,从而用一事物来解释另一事物。根据相似原则进行的联想可称为相似联想。我国侗族、苗族神话说,狗尾巴上粘满了从远方带来的谷种,因为谷穗同狗尾巴相似。另一类原始联想是接近联想,从一事物联想到同它在时间或空间上相近的事物。中国神话说雷公与电母是夫妇,因为二者在时间上相近。把大树说成是通天路,因为树高,同天在空间上比较接近。有时前件与后件无相似之处,神话也能使前件变为后件。例如,彝族神话中人从葫芦里走出来,用河水洗了脸便会说话。

神话源于生活,记录了先民的许多常识,并对一些常识做了解释。中国神话就回答了不少常识性问题:为何鸭嘴扁,鸡嘴尖,鹅头上有凸出的包?为何马无角,牛无上牙?为何蟹无头,鱼无舌,蛇无脚,蛙无尾?为何猫吃鼠?为何家养动物性情温和?为何女人生小孩?为何公鸡不愿带小鸡?为何天蓝、朝霞红?为何阳光刺眼?为何地面杂草丛生?为何刮西北风时天寒冷?等等。其中一些神话问题甚至是近代科学研究的问题,如天为何不掉下来?太阳为何东升西落?猴子为何像人?

神话的一些内容同后来的一些科学假说有某些相似之处。彝族一则神话说:"阴阳产生其中,青红两气体,按轨道旋转上升,……运转不息,由这一运转,就产生了天,也产生了地。"这颇像康德的星云假说。"天地浑沌如鸡子,盘古生其中。万八千岁,天地开辟,阳清为天,阴浊为地。盘古在其中,一日九变,神于天,圣于地,天日高一丈,地日厚一丈,盘古日长一丈。如此万八千岁,天数极高,地数极深,盘古极长,……故天去地九万里。"①这有点原始宇宙膨胀说的味道。中国古代的盖天说、浑天说都可以在神话中找到它的原始形态。

但是,神话不是古代科学,也谈不上是原始的科学。自然神话是对自然的扭曲的反映,它用超自然的神奇力量来解释自然现象,编造了虚构的因果关系,从根本上违背了自然规律。神话的许多情节违背常理和逻辑,具有荒诞性。佤族神话说神莫伟创造了人,莫伟又同不是他创造的妈农对话,而妈农是人类的第一个母亲,那妈农从何而来?不少神话情节在时间顺序上错位。纳西族一则神话说:"上古时候,天和地在不息的动荡之中,树木会走路,石头会说话。天地日月、石木水火、山川河流还没有形成,然而天地的影子、日月的影子、石木的影子、水火的影子、山川的影子、河流的影子已经出现了。"②石头演变的时间顺序是:石头会说话→石头还未形成→石头的影子已经出现,最后才应当是石头的出现。既然太阳尚未形成,又如何有日月山川的影子?有的神话空间关系荒谬。拉祜族一则神话说:"传说在很古的时候,地上还没有人,从地下钻出来一个人,名叫扎努扎别。他长得高大结实,身子有天一样高,地一般大,一手可以拔掉一棵大树,一步可以跨七八里路,为人忠厚老实又勤劳。据说天本来很低,像大铁锅一样罩着大地,扎努扎别春米的时候,他的杵棒举起来碰着天,就把天顶上去了。"③从地下钻出一个人,他怎么可能像地一般大?又如何一步跨几里路?他像天一样高,为何他举起杵棒才能碰着天?若为这则神话配一幅插图,画家又如何落笔?许多神话情节与常识不合。纳西族神话说,恶神把日月偷来,分别拴在铁柱、铜柱上,叫一只黑鼠看守。日月如何偷法?又如何把日月拴在柱子上?小老鼠又如何看守日月?

神话实则是"人话",是原始人类的原始思维和原始文化,所以神话就是"童话",但它具有永恒的魅力。

三、巫术

巫教是一种原始宗教,起源于旧石器时代晚期。巫术是巫教的重要组成部

---

① 欧阳询等撰:《艺文类聚》卷二,引自《三五历纪》。
② 陶阳、钟秀编:《中国神话》,上海文艺出版社,1990年,第306页。
③ 陶阳、钟秀编:《中国神话》,上海文艺出版社,1990年,第447页。

分。巫术是人们活动的一种"术",人们幻想通过这种活动使自然界或别人按自己的意愿变化,从而实现自己很难甚至无法实现的目的。巫术发生于人的主观愿望同客观存在的冲突,是人不能掌握命运而又幻想掌握命运的产物。马林诺夫斯基说:"凡是有偶然性的地方,凡是希望与恐惧之间的情感作用范围很广的地方,我们就见得到巫术。凡是事业一定,可靠,且为理智的方法与技术的过程所支配的地方,我们就见不到巫术。更可说,危险性大的地方就有巫术,绝对安全没有任何征兆底余地的就没有巫术。"①神话是为了说明事物,巫术则是为了控制和改变事物。

英国的弗雷泽认为巫术有两条基本定律。一条是"相似律",同类相生,结果同原因相似。根据相似律,巫师通过模仿,可以对某物或某人施加巫术作用。这类巫术称"模拟巫术"或"顺势巫术"。另一条是"接触律",凡接触过的人与物,脱离接触后仍有远距离的相互作用。根据接触律,巫师可以通过一个物体对某人施加巫术作用,只要这个物曾同某人接触过。这类巫术称"接触巫术"。弗雷泽说:"如果我对巫师逻辑的分析是正确的话,那么它的两大'原理'便纯粹是'联想'的两种不同的错误应用而已。……'顺势巫术'所犯的错误是把彼此相似的东西看成是同一个东西;'接触巫术'所犯的错误是把互相接触过的东西看成为总是保持接触的。但是在实践中这两种巫术经常是合在一起进行。"②弗雷泽进一步指出,所有的巫术都是"交感巫术",认为相距很远的人或物可以因交感而发生作用。他把巫术的这种信仰称为"交感律"。

先民在参与巫术活动时有一个信念:一定的因会引起一定的果,相似的因会引起相同的果,因此我们可以根据原因预想结果。弗雷泽写道:"无论在任何地方,只要交感巫术是以其地道、纯粹的形式出现,它就认定:在自然界一个事件总是必然地和不可避免地接着另一事件发生,并不需要任何神灵或人的干预。这样一来,它的基本概念就与现代科学的基本概念相一致了。交感巫术整个体系的基础是一种隐含的、但却真实而坚定的信仰,它确信自然现象严整有序和前后一致。巫师从不怀疑同样的起因总会导致同样的结果,也不怀疑在完成正常的巫术仪式并伴之以适当的法术之后必将获得预想的效果"③。弗雷泽

① 马林诺夫斯基:《巫术、科学、宗教与神话》,中国民间文艺出版社,1986年,第122页。
② 弗雷泽:《金枝》,大众文艺出版社,1998年,第20页。
③ 弗雷泽:《金枝》,大众文艺出版社,1998年,第75页。

说"并不需要任何神灵或人的干预",值得商榷。巫术的本意就是要人为地造成一个原因,以引起人们所企盼的结果。不过这原因是虚幻的,所以愿望终成泡影。

弗雷泽指出:"巫术是一种被歪曲了的自然规律的体系,也是一套谬误的指导行动的准则;它是一种伪科学,也是一种没有成效的技艺。……最初的巫师们是仅仅从巫术应用的角度来看待巫术的,他从不分析他的巫术所依据的心理过程,也从不思考他的活动所包含的抽象原理,他也和其他绝大多数人一样根本不会逻辑推理。他进行推理却并不了解其智力活动过程,就像他消化食物却对其生理过程完全无知一样……哲学研究者应该探索构成巫师活动的思想状况,从一团乱麻中抽出几条线索来,从具体应用中分析出抽象原理来。"①我们认为,先民之所以相信巫术,是因为他们在潜意识中有下列一些信念。

万物皆有灵魂,这是原始人类世界观的核心。万物的属性皆由其灵魂所决定。要控制和改变事物,就要对其灵魂施加作用。

灵魂之间可以产生相感作用。物体之间只有通过直接接触才能发生作用,灵魂之间的作用则无需其载体(物体)的直接接触。灵魂的相感可以引起物体的相感。英国人类学家泰勒说:"符合于低级种族中的人的灵魂或精灵的概念可以作如下定义:它是一种稀薄的,虚幻的人的形象,具有像气息、薄膜或影子那样的性质,个体的生命和思想的本原构成产生它的灵气(animates),它独立地占有它从前或现在肉体拥有者的个人意识和意志力。这种灵魂或精灵能离开肉体很远而又紧紧相随,能迅速从一个地方转移到另一个地方。它是触摸不到并且是不可见的,然而却明显是种物质力量……能进入或通过另一些人,动物或其它事物的体内,控制它们,在它们里面行动。"②德国的利普斯说:"原始人的世界是一个巫术的世界。开始,原始人认为存在着一种'力'。奇妙的'力'是无所不在的,它的存在和石头的坚硬、水的湿润一样的确定无疑,和现代物理学上'以太'一样的普遍。这种'力'仅仅对于现代人来说是超自然的,而对于原始人来说则是真实的和自然的。……原始人的目标便是承认这种'力'的工作,并参加进去,使用和掌握它。"③

---

① 弗雷泽:《金枝》,大众文艺出版社,1998年,第19~20页。
② 朱狄:《原始文化研究》,三联书店,1988年,第21~22页。
③ 利普斯:《事物的起源》,四川民族出版社,1982年,第325页。

人也有灵魂,所以人与人、人与物之间也可以发生相感作用。人可以通过自己的灵魂作用于自然物的灵魂,实现控制自然物的愿望。要使灵魂之间发生相感作用,需要一定的条件,巫术的任务就是创造这些条件。

巫术的设计有以下原则。

相似相感原则。两物相似,则两物就会发生神秘的相感作用。因此,要想使某种自然现象发生,就要通过模仿,制造一些同自然现象相似的人造现象。在先民看来,相似即相同,模仿自然过程就是参与自然过程。为了求雨,先民就向空中洒水。实物和画像也可产生相感作用,因为二者相似。"图像的实在同样就是原型的实在。""肖像就是原型。"①先民打猎前用长矛刺野兽的图画,以为戳野兽的图画,就等于戳伤了猎物。

名称与实物相感原则。实物与名称有一种神秘的关系,咒骂一个人的姓名,就伤害了那个人的躯体。印尼的巴厘人要杀害一个人,就把他的名字写在纸上埋掉或烧掉。

部分与整体相感原则。部分既然是整体的一部分,所以部分与整体相感。即使部分脱离了整体,仍然保持这种神秘作用。所以先民认为损害一个人的头发、牙齿和指甲,就会产生直接损害那个人的效果。

实物与空间相感原则。一个物体或人曾在某空间活动过,后来虽然离开了这个空间,但仍保持着同这个空间的相感关系。马六甲半岛的奥兰贝纳人相信,只要用武器朝仇敌所在的方向指一下,就会杀死那个仇敌。

接触相感原则。人或物只要互相接触过,即使已脱离了接触,相感作用依然存在。弗兰西斯·培根曾叙述一直流行到他那个时代的巫术:"有人曾相信并断言只要给致伤的武器涂上油膏,伤口就会自愈。"②澳大利亚土著居民认为,只要把锋利的石英石碎片放在某人的脚印上,那个人就会跛足。

属性相感原则。通过相感作用,一个物体的某种属性可以传给另外一个物体,这两个物体并不一定要直接接触。若两物的外形相似,则一物的属性就可以传到另一物。德国黑森的农民有这样的习惯做法:如果人或猪羊骨折,他们就把夹板绑在椅腿上。马来的妇女不愿捣碎很厚的稻壳,于是她们在割稻时就尽量少穿衣服。她们认为稻有壳如人穿衣,衣薄则稻壳也薄。

---

① 列维-布留尔:《原始思维》,商务印书馆,1981年,第44、73页。
② 弗雷泽:《金枝》,大众文艺出版社,1998年,第63页。

弗雷泽说:"巫术与科学在认识世界的概念上,两者是相近的。二者都认定事件的演替是完全有规律的和肯定的。并且由于这些演变是由不变的规律所决定的,所以它们是可以准确地预见到和推算出来的。""巫术就这样成为了科学的近亲。"①巫术产生于原始人类试图控制外界的愿望,是以愚昧形式表现出来的主观能动性。为了模仿自然,就要观察自然,所以巫师积累了不少原始的自然知识。但巫术与科学有本质区别,它把幻想的联系当作了真实的联系,注定要失败。只有当人类用技术来取代巫术时,人类的愿望才能逐步实现。

四、对常识的解释

古代科学知识是最早的专门知识。专门知识是科学研究的产物,需通过教育才能普及。最初的专门知识来自于非专门知识。古代的非专门知识就是古代的常识。古代常识是古人在日常生活中获得的,并被人们所普遍接受的感性知识。古人的生存方式是自然生存,因此古人常识的主体是自然知识,即关于自然现象的常识。

古代常识有以下特征:直观性,是古人在生活中的直观;同质性,古人的常识只有量的差别,没有质的不同;公有性,几乎人人皆知,无需背景知识,无需师授;公认性,公认常识的可靠性;可解释性,虽然一般古人认为常识不证自明,无需解释,但从知识进步的角度来讲,常识需要解释,也可以解释。

科学研究始于问题,古代科学也是如此。古代科学问题有两类——解释性问题和探讨性问题,但以解释性问题为主。古人解释的对象是自然现象,而古人对自然现象的认识是古代常识,所以古代科学要回答的是常识提出的问题,对古代常识的解释,便是古代科学。一般古人不对常识提出问题,只有在体力劳动与脑力劳动分工以后,少数人认为常识需要解释并作出了一定的解释,这些人便是古代科学家。重物下落,这是常识。为什么重物会下落? 对这个常识的解释便是非常识。所以,古代常识是产生古代科学知识的基础,或者说,古代科学发生于古代常识之中,古代常识是古代科学之母,也是科学的最初之源。

古代科学家用什么来解释常识? 或用常识,或用非常识。用常识解释常

---

① 弗雷泽:《金枝》,大众文艺出版社,1998 年,第 76、77 页。

识,就是在两个常识之间建立联系,认为一个常识同另一个常识相似,就可以用一个常识来解释另一个常识。这是古代科学的第一阶段。用非常识来解释常识,就是古代科学家用自己制造的概念来解释常识,这是进一步的创造。这是古代科学的第二阶段。

正因为古代科学是对常识的解释,所以这种解释同常识的吻合程度就决定了古代科学的命运。

第二节　中国古代的宇宙理论

中国是一个历史悠久的文明古国。天文学在中国有着十分古老的历史。古代流传下来的许多神话传说,就生动地体现了我们祖先对宇宙的丰富想象,也包含了对天体运行规律的一些猜测。天象观测的记载也很早,在殷代的甲骨文中就有不少关于日食、月食的记载,春秋鲁庄公七年(前 687 年)记述了流星雨现象,春秋鲁文公十四年(前 613 年)就对哈雷彗星作了记录。中国古代天象观测,在近代自然科学诞生以前一直处于世界领先地位。这些天文学史上的光辉记载,体现了中华民族的勤劳与智慧。

在这些丰富的天象观测资料的基础上,中国古代的宇宙理论形成了。从周代到晋代,就陆续出现了各种不同的学说。这些学说的共同课题是探索天地的形状,研究天地之间的关系。

宇宙是什么? 天与地的形状是怎样的? 古埃及人设想宇宙像一个箱子,稍凹的箱底是大地,箱盖是天,其形状有人说是圆的,有人说是方的。古巴比伦人认为天像个圆罩,地是个圆形平面。天空之上、地面之下全都被水包围着。天空上有一个天窗,天窗打开,就会下雨。太阳每日沿着天穹东升西落,然后又在夜里通过地下管道再回到东边,而天穹本身是不动的。

中国古代的宇宙理论也对天地的形状问题提出了各种不同的看法。这些看法是直观的产物,是观测经验的总结,同时又具有一定的思辨色彩。中国古代宇宙理论所依据的主要是如下三方面的事实。

第一,重物下落。人们在生活与生产实践中,每天都要碰到这样的现象:重的物体若没有东西支撑,就必然直线下落。古人认为天有形,有形就会有重量,因此中国古代的各种宇宙理论都要回答天为何不往下坠落的问题。杞人忧天的故事就提出了这个问题。杞人之忧在今天看来虽然幼稚可笑，但在古代它并不是毫无认识根据的。

第二，水成平面。水总要从高处流向低处，最后当各处都一样平时，就停止流动。这就使一些人由此想象大地也应当是平的，即使是主张大地球形的人，也要认真考虑为何水会成平面的问题。

第三，天体做圆周运动。"斗转星移"，说明北斗围绕北极星做圆周运动。二十八宿从角宿开始，一个接一个地穿过下中天，最后是轸宿，紧接着又是角宿，这说明二十八宿在做圆周运动。这就使古人自然想到天呈球形，是圆的。

这样，一条垂直直线、一个水平面和一个圆圈，就同中国古代各种宇宙理论发生了密切的关系。如何解释这三种现象，直接关系到各种学说的命运。

中国古代宇宙论有盖天说、浑天说、宣夜说三大家，后又有昕天说、穹天说、安天说三家，即所谓"论天六家"。若再加上王充的平天说，就有七家。但最主要的是盖浑二家。

一、盖天说

盖天说也有几种。祖冲之之子祖暅在《天文录》中说："盖天之说，又有三体：一云天如车盖，游乎八极之中；一云天形如笠，中央高而四边下；一云天如欹车盖，南高北下。"

最早的盖天说始于周代，主张"天圆如张盖，地方如棋局"。[①] 这种说法完全是直观的产物。人们看到头顶上的天很高，而四周的天都在远方同大地接触，很像一个圆盖。所以南北朝的民歌唱道："天似穹庐，笼盖四野。"为什么要设想地是方的呢？这是因为古人不能上天，也不能入地，人们活动的范围，从根本上说是个二维平面，所以东西南北四个方向比上下两个方向有更重要的意义。《尸子》说"四方上下曰宇"，把四方与上下加以区分，就是这种实际状况的反映。显然，只有正方形才能形象地代表有四个方向的平面大地。辽宁省凌源市牛梁河母系原始氏族社会遗址的发掘表明，当时已有象征天圆地方的祭神的殿堂，

---

① 《晋书·天文志》。

距今五千余年。盖天说还对天的高度、地的大小作了估计。《周髀算经》说大地是一个正方形,每边八十一万里,天顶的高度是八万里。《尚书纬·考灵曜》也说:"从上临下八万里,天以圆覆,地以方载。"

盖天说认为大地不动,天穹旋转,日月星辰则在天穹之上,随天穹旋转。天穹绕本身的一个极点旋转,就像车轱辘绕轴旋转一样。起初人们以为天顶就是天的中心,后来发现北斗星绕不动的北极星旋转(当然北极星也在打圈圈,但这圈圈较小,很难发现),就认为北极星是天的中心。实际上天穹上这个极是地球自转轴正对的一点,所以成为天体周日视运动的不动的极。在我国黄河流域一带,北极约高出地面三十六度,因此盖天说认为天穹倾斜三十六度盖着大地。这就是祖暅所说的"天如欹车盖,南高北下"。

中国最早的盖天说实质上是天拱地平说、天曲地直说。这种学说在外国也有,前面说过的古巴比伦宇宙观就是一例。6 世纪时出生在亚历山大里亚的科斯马,制作了圣柜式地图,是至今保存的最古老的教会地图,也认为天圆地方。天圆地方说是中国古代最早的一个宇宙模型,能对某些现象作出某种解释,又符合天尊地卑、天动地静的哲学观念,所以在历史上曾产生过广泛的影响。甚至在盖天说退出历史舞台以后,人们仍把圆与方作为天与地的象征。比如,北京的天坛是圆的,而地坛则是方的。

但这种天圆地方的盖天说有下列问题难以解释。

1. 圆的天穹与方的大地不能吻合,如何盖法? 就这点而言,天圆地方说是直观的产物,但又同直观矛盾。孔丘的弟子曾参(前 505～前 436)说:"天圆而地方,则是四角之不揜也。"但他又企图用抽象的思辨来弥补直观上的矛盾:"夫子曰:天道曰圆,地道曰方。"[①]这样,他就把一个实实在在的天地形状的问题,变成谈论天地之道的哲学玄谈了。

但无论如何,天圆与地方是不能协调的。后来安天说认为"方则俱方,圆则俱圆"[②],是有道理的。天圆地方说就是缺少这种宇宙和谐的思想。这种思想在古希腊的天文学中是十分突出的。天圆地方说仍包含着天曲地平的观念,就大地形状而言,舍其方,留其平,把方形大地修改为圆形平面的大地,就不会出现天地不吻合的矛盾了。有的天圆地方说者从另外的方面寻找出路,设想天地并

---

① 《大戴礼记·曾子·天圆》。

② 《晋书·天文志》。

不相接,天盖高高悬在大地上空。可是这样一来又出现了新问题。

2. 天盖为何不坠落呢?他们的说法是有八根柱子支撑着天穹,相传共工触倒的那座不周山就是八根擎天柱之一。可是其余七根柱子又竖在何处?指的是哪七座山?这些山真的能顶着天吗?屈原就曾在《天问》中问过这些问题。于是又有人认为天穹是由气托住与水相接的。东晋的虞耸提出穹天说,他认为:"天形穹隆如鸡子幕其际,周接四海之表,浮于元气之上。譬如覆盖以抑水而不没者,气充其中故也。"①

3. 为什么天穹要斜着盖在大地上?如何解释这种不和谐性?三国时的姚信提出的昕天论认为:"人为灵虫,形最似天。"②人之形前后不对称,所以天之形也南北不对称。这种说法在逻辑上也是荒谬的,毫不足取。

4. 白天太阳在天穹上,那么夜晚太阳又在何处?太阳怎么可能从西到东地穿过地下?

由于最初的盖天说不能解释这些问题,所以天圆地方说就逐步演化为"天地双拱"的学说。日本的能田忠亮称这种学说为第二次盖天说。中国学者则把天圆地方说称为"周髀家说",而把新盖天说称为"周髀算经说"。

新的盖天说主张:"天似盖笠,地法覆盘。天地各中高外下。"③天穹犹如一个斗笠,大地像一个底朝天倒放着的盘子。《周髀算经》说天穹与大地的中央都比四周高六万里,天与地相距八万里,可见天的曲率与地的曲率相同。这种学说的实质是:天拱地拱,天曲地曲,这在"圆则俱圆"的道路上迈出了可喜的一步,天地也显得比较和谐了。从平直大地到拱形大地,是古代中国人对大地形状认识的一个重大发展,是向球形大地观念前进的过渡形态。拱形大地的认识,在大海中航行时比较容易获得直观印象。许多生活在地中海流域的古希腊罗马的学者都乘船到过埃及,而生活在黄河流域的中国天文学家,却很少能横渡重洋,直接获得水面弯曲的印象。直到1839年华蘅芳才在送表弟出洋的诗中说:"经过赤道知冬暖,渐露青山识地圆。"

可是,新盖天说仍然难以回答旧盖天说所遇到的那个问题:太阳西落以后,又怎样回到东方来的?有人回答说:日月星辰根本没有东升西落的运动,这只

---

① 《晋书·天文志》。

② 《晋书·天文志》。

③ 《晋书·天文志》。

是我们的感觉而已。因为天体都围绕北极星转,而北极星并不正好在我们头顶之上,所以天体在旋转时,有时离我们远,有时离我们近。近时我们就觉得它们在天上,看得很清楚;远时看不到,就以为它们落到地平线以下了。有人甚至说:太阳光最多只能照射十六万七千里的距离,太阳与我们的距离超过这个数字时,我们就看不到太阳了。所以日月星辰根本没有围绕地球做圆周运动,太阳也就不存在所谓东升西落的问题了。这种说法显然不能自圆其说。为什么恒星离我们比太阳更远,可是夜晚我们却看不到太阳,反而能看到满天星斗?月亮的盈亏又如何解释? 至于阳光传播的极限是十六万七千里之说,更是无稽之谈了。

王充的平天说也遇到了类似的难题。王充(27~约100)说:"天平正与地无异。"他认为天地相接只是人的错觉:"平正,四方中央高下皆同,今望天之四边若下者,非也,远也。""人望不过十里,天地合也,远,非合也。"[①]在他看来,日月星辰出没于地平线上下也是错觉,它们实际上只在天上打圈圈,并没有转到地下。天体转到西方的远处,看起来同地相接,我们就以为是西落了。"今视日入,非入也,亦远也。"这种说法很快就受到了东晋葛洪的批评。但王充把天体东升西落归结为错觉,并认为天地都是无限的,这都是合理的。

天体围绕北极旋转的现象,给中国古代天文学家留下了深刻的印象。这也许就是中国古代天文学很少明确讨论是地球围绕太阳转,还是太阳围绕地球转的问题的原因。

新旧盖天说的共同要害是只承认半个天球,这就破坏了宇宙的和谐、对称,从而也把上下、高低绝对化了。这说明中国古代天文学的美学色彩比较淡薄,不像毕达哥拉斯、柏拉图、亚里士多德那样反复讲宇宙的形状应当是完美的等等。也正因为盖天说只讲半个天球,而不去讨论另外半个的问题,所以它又没有犯地球中心说的错误。它虽然否定了大地的运动,但这个缺点在当时并不直接影响到它的命运。

二、张衡与浑天说

从平面大地到拱形大地,再往前发展,就必然会得出球形大地的结论。"方

---

① 《论衡·说日》。

则俱方,圆则俱圆",这既是宇宙和谐性的一个表现,也是宇宙理论本身的逻辑一致性的要求。广义的方,包括平直的意思;广义的圆,包含球形的形状。天与地一圆一方,一是半个球,一是一块平面,这无论如何是不能说服人的。那么出路是"方则俱方"吗? 想象方形的天,这同人的直观完全抵触。想象平面的天吗? 平天说证明这条道路也很难走得通。因此出路只有一条:沿着"圆则俱圆"的道路前进。

但是,要做到这一点,必须先扫清一个思想障碍——抛弃半个天球的观念,承认天是个完整的球,确立"球则俱球"的原则。这个工作的确有人做了。战国时的慎到(约前395～约前315)就一反半个天球的说法,明确提出"天体如弹丸",为浑天说提供了一个重要的思想来源。这样,人们在总结二十八宿等观测资料的基础上,就逐步确立了"天球"的概念。

那么,谁最早提出了"地球"概念的呢? 郑文光与席泽宗认为,惠施(约前370～前310)提出了球形大地的最初猜测。惠施共留下10个命题,含义不很明确,很难对它作出确切的解释。郑、席二位认为其中的"南方无穷而有穷","我知天下之中央,燕之北,越之南是也"和"天与地卑,山与泽平"3个命题[1],只能理解为大地是球形的,才有确定的含义。[2]

浑天说的主要代表人物是东汉时的张衡(78～139)。张衡五六岁时就对星空怀有浓厚的兴趣,喜欢数满天的繁星,并要父亲教他星星的名称。东汉时期谶纬神学十分流行,它用迷信的观点来解释经书典籍,穿凿附会,并用来预卜吉凶。133年张衡向皇帝上疏揭露图谶的虚妄,说图谶是一些"虚伪之徒"为了升官发财而编出来的欺人之谈,建议"宜收藏图谶,一禁绝之"。由此他常受到打击、排挤。因为他曾发明一种能飞的木鸟,有人就嘲笑他:你既然能使木鸟飞起来,为什么不能使自己高飞呢? 张衡一生发明制作了许多机械,如浑天仪、地动仪、候风仪、指南车、记里鼓车等。他又是一位文学家,曾用10年的时间写下了著名的《二京赋》。他去世时,好友称他"数术穷天地,制作侔造化"。郭沫若先生对他的评价是:"如此全面发展之人物,在世界史上亦所罕见。"月亮上的一座环形山就是以他的名字命名的。

---

①　《庄子·天下篇》。

②　郑文光、席泽宗:《中国历史上的宇宙理论》,人民出版社,1975年,第67～68页。郑文光:《中国天文学源流》,科学出版社,1979年,第209～210页。

　　他在《灵宪》一书中探讨了天体的演化问题。他认为天体的演化过程分为三个阶段:第一阶段称"溟涬",这时只存在着空间,什么物质也没有,但存在着事物发展的规律。第二阶段称"庞鸿",这时从无中产生了各种元气,互相混合在一起,元气不断运转,所以界限不明,混沌不分。第三个阶段称"天元",这时元气逐渐分开,清者在外形成天,浊者在内形成地,"天成于外,地定于内"。天为阳气,地为阴气,二气相互作用,就形成了万物。可是最初的元气又是从何而来的呢?他不能回答这个问题,就认为来自于"无"。

　　他对七曜(日月与五大行星)运动速度的不相等,提出了一种解释:"近天则迟,远天则速。"就是说离地球近的就运转得快,离地球远的就运转得慢。他还根据七曜运动的慢快或远近,将七曜分为两类:一类"附于月",属阴,包括月亮、水星和金星;另一类"附于日",属阳,包括太阳、火星、木星和土星。

　　此外,他还认识到月亮本身并不发光,而是反射太阳的光。"夫日譬犹火,月譬犹水,火则外光,水则含景",形象地把日月比作火与水,火能发光而水能反光,所以"月光生于日之所照"。他也认识到月食是由于地球的影子遮住了月面。他说:"当日之冲,光常不合者,蔽于地也,是谓暗虚。在星则星微,遇月则食。"[①]

　　在《浑天仪》中,张衡提出了明确的浑天说观点。他写道:"浑天如鸡子,天体圆如弹丸,地如鸡中黄,孤居于内,天大而地小;天表里有水,天之包地,犹壳之裹黄。天地各乘气而立,载水而浮。""天盖地"变成了"天包地"。这是一种地心说。他肯定了天球的存在。但这个天球不是正球形,而是椭球形。他还提出了天球的直径问题:"八极之维,径二亿三万二千三百里,南北则短减千里,东西则广增千里。自地至天,半于八极。"[②]"宇之表无极,宙之端无穷。"可见他的天球同宇宙还不完全是一个概念。

　　关于大地形状的问题,《灵宪》的说法同《浑天仪》不一致。在《浑天仪》中,张衡把大地比作蛋黄,可是在《灵宪》中他又说:"天体于阳,故圆以动;地体于阴,故平以静。"这岂不是又主张天圆地平了吗?有一些浑天说者也曾提出大地既不是一个球,也不是一块简单的平面,而是一个半球,上平下圆,正好填满天球的下半部,地中(大地的中央)就在阳城。这种说法在逻辑上可以看作是从盖

　　① 《灵宪》。
　　② 《灵宪》。

天说到浑天说的一种过渡形式,是科学思想进化过程中的一种中间类型。张衡著作中的这种"地体于阴,故平以静"的说法,也可以看作进化中的"旧器官的痕迹"。张衡的主要倾向还是认为大地呈球形,他对月食成因的解释就说明了这点。

三国时的王蕃(228~266)也是一位重要的浑天说者。他在《浑天象说》中指出:"天地之体,犹如鸟卵,天包于地外,犹卵之裹黄,周施无端,其形浑浑然,故曰浑天。其术以为天半覆地上,半在地下,其南北极持其两端,其天与日月星宿斜而回转。"既然天地的形状都像鸟卵,怎么会半个天在地上,另半个天在地下呢?可见上下的观念在古代是根深蒂固的,因为重物下落是常见的现象。

浑天说的实质是彻底贯彻了"方则俱方,圆则俱圆"的原则,提出了天球套地球的思想,简单讲来就是"球则俱球"。盖天说是上下二维结构,浑天说则是内外三维结构。这就是浑天说的精华所在。这样在人们看来,宇宙就完美和谐了。在这一点上,浑天说的确比盖天说前进了一大步。

但浑天说也有一些理论上的困难。

第一,若大地为球形,则水面也应当是球形,可是这同水成平面的直观印象不一致。所以许多浑天说者也不得不承认,大地虽然是球形的,但水面还是平的。这显然是不和谐的。

第二,球形大地是个庞然大物,为何能悬在空中?浑天说的核心是球中套球,因此这个问题也就成了浑天说的要害。有的浑天说者就解释说,地球之所以不下落,是因为天球内盛满了水,地球就浮在水上。初唐诗人杨炯在《浑天赋》中说:"天如倚盖,地若浮舟。"把地球比作在水面上漂浮的小船。这种解释虽然勉强回答了地球为何不下落的问题,并把大地的球形与水的平面结合在一块了,可是为什么漂浮于水上的地球不会与四周盛水的天球相碰?是什么力量系住了这艘庞大的"浮舟"?这又是浑天说者无法解释的难题。

第三,既然天球的下半部盛满了水,那么天体运转到水平线以下时,就要在水中通过了。太阳是个大火球,怎么能穿水而过?王充就曾提出这个问题:"天行地中,出入水中乎?"[1]于是有的浑天说者就解释道:天是阳物,同龙相似,所以可以出没水中。在关于气的学说广泛流传以后,有的浑天说者就把地浮于水修

———————————

[1] 《论衡·说日》。

改为地浮于气。宋代的唯物主义者张载(1020～1077)说："地在气中。""地有升降,日有修短。地虽凝聚不散之物,然二气升降其间,相从而不已也。阳日上,地日降而下者,虚也;阳日降,地日进而上者,盈也;所以一岁寒暑之气候也。"[①]即地球浮于气上,气之升降造成了地球的升降和四季的变化。他把地球比作大气中的一个气球,由于气的盈虚,造成了地球与太阳距离的变化,从而形成了不同的季节。张载认为地球浮于气中,这点又同宣夜说一致。

第四,有的浑天说者认为大地是一个平面,中央称"地中"。可是地中在何处? 汉代取阳城,唐代取浚仪。有说在昆仑山,又有说在广东某地。地点不一,又相隔千里,如何叫人相信? 有的浑天说者认为圆地直径正好同天球直径相等,那天体如何能转到地下? 于是张衡提出天球在东西方向比南北方向长一千里,刚好能使天体自由通过,因为当时盖浑二家有许多人认为日月的直径都是一千里。这个设想虽巧,但没有天文观测资料支持。

浑盖二家进行了长期的争论,总的趋势是浑天说占优势,因为它同天象观测较为一致。汉代的扬雄(前53～18)从盖天说转向浑天说,并提出了"难盖天八事",生动体现了浑天说的生命力。另外,盖天说支持了天尊地卑的说教,浑天说则主张"圆则俱圆",看不出天有什么特别之处,这在历史上是有进步意义的。

综观浑盖二家,各有长短。盖天说没有地心说的错误,但却否认了大地的运动;浑天说往往承认大地的运动(地球浮于水上就会游动),却又有地心说的味道。浑盖二家又有一个共同之处,都承认天有形,或像一个盖子,或像一个鸡卵。

彻底否认天球存在,打破天有形观念的是宣夜说。

三、宣夜说

何谓"宣夜"? 东晋虞喜说:"宣,明也;夜,幽也。"此说相传出自殷代。《晋书·天文志》写道:"宣夜之书亡,惟汉秘书郎郗萌记先师相传云:'天了无质,仰而瞻之,高远无极,眼瞀精绝,故苍苍然也。譬之旁望远道之黄山而皆青,俯察

---

① 《正蒙·参两篇》。

千仞之深谷而窈黑。夫青非真色，而黑非有体也。日月众星，自然浮生虚空之中，其行其止皆须气焉。是以七曜或逝或住，或顺或逆，伏见无常，进退不同，由乎无所根系，故各异也。'""天了无质"，直截了当地否定了天有形的观念，冲破了天球的界限。天无色、无体，只是因为离我们太远，所以看起来好像有色、有体。正如魏晋时的杨泉所说："地有形而天无体。"[1]"高远无极"，否定了天球，承认宇宙的无限性就是十分简单明白的事。"日月众星，自然浮生虚空之中，其行其止皆须气焉。"既然天无形无体，当然就不需要任何有形有体的东西来支撑它了，从这个意义上说，天体自然浮生虚空之中，但又不是真正的虚空，而是飘浮在气中。"或顺或逆，伏见无常，进退不同，由乎无所根系，故各异也。"因为天体都飘浮在气中，没有什么东西系住它们，所以它们可以自由地做各种不同的运动。

宣夜说的核心是抛弃天球概念，明确主张宇宙的无限。但它仍然遇到了盖浑二说都遇到的难题：为何天体能浮于气中而不下坠？东晋时的张湛解释说："日月星宿亦积气中之有光耀者。只使坠，亦不能有所中伤。"[2]日月星辰也是气，不过是能发光的气，所以它坠落也不会损坏。实际上气浮于气中，也就不存在下落的问题了。

东晋的虞喜（281～356）基本上是宣夜说者，他为了解决宣夜说的这个难题，就提出了安天说。他写道："天确乎在上，有常安之形；地魄焉在下，有居静之体。"[3]至于天为什么会安定，他也没说出个道理，只能起一种心理上的安慰作用。没有科学的万有引力理论，是根本不可能弄清天地日月之间的关系的。此外虞喜又说天在上，地在下，这本身又违背了宣夜说的基本精神。虞喜大约是中国古代天文学家中最富有宇宙和谐性思想的人。在上述引文的后面，他紧接着写道："方则俱方，圆则俱圆；无方圆不同之义也。"这个观念可以看作是引导中国天文学家从盖天说转向浑天说的路标。

盖浑宣三说，从认识发展的内在逻辑次序来讲，应当是盖天说在先，宣夜说在最后。三说之中，宣夜说比较接近现代的宇宙理论。这是一个曲折的发展过程：从平面大地到拱形大地再到球形大地，这是对地的认识；从半个天球到整个

---

① 《物理论》。
② 《列子·天瑞篇》。
③ 《晋书·天文志》。

天球再到否认天球,这是对天的认识。天球概念被抛弃了,地球的概念却被牢固确立了。

四、地动说

西方的地心说与地静说是联系在一起的,在中国古代却不是如此。盖天说不是地心说,但却是地静说。既然大地被天穹盖住,它也就无法运动了。浑天说虽有地心说的缺点,但却有地动的观念。

成书于秦汉之际的《黄帝内经》就提出了地动的思想:"上者右行,下者左行,左右周天,余而复会也。"意思是说天向右旋转——从东向西;地向左旋转——从西向东。李斯在《仓颉篇》中说:"地日行一度,风轮扶之。"西汉末年的纬书中载有更加丰富的地动观念:"天左旋,地右动。"[1]"地动则见于天象。"[2]由天之动可看出地之动,即通过天象的观测可以认识到地球的运动。"地有四游","地恒动不止,而人不知,譬如人在大舟中,闭牖而坐,舟行不觉也。"[3]南朝梁元帝诗曰:"不疑行舫动,唯看远树来。"佛教《圆觉经》曰:"云驶月远,舟行岸移。"这已经相当清楚地把运动相对性原理表达出来了。

地球为什么会运动呢?在中国古代这一问题主要是由哲学家来回答的。张载提出了一个说法:"地气乘机右旋于中。"即大地的旋转是由气的旋转造成的,类似于后来法国笛卡儿的以太旋涡学说。他还进一步指出:"凡圆转之物,动必有机。既谓之机,则动非自外也。"[4]这既说明了物体本身有运动的源泉,又说明了凡在做圆周运动的物体,都能自行维持这种运动,而不需要外面作用的推动。这个说法又同亚里士多德的天体的圆周运动是自然运动的说法十分接近。这说明各个民族的思维发展,具有一些共同的规律。

中国古代宇宙理论总体上属于古代天文学的第一个阶段——用常识解释常识,主要是思考天和地的形状及其位置关系,提出静态的宇宙模型。盖天说、浑天说都没有专业术语,只有日常器物和动物的名称,如"张盖"、"棋局"、"笠"、

---

① 《春秋纬·元命苞》。
② 《春秋纬·运斗枢》。
③ 《尚书纬·考灵曜》。
④ 《正蒙·参两篇》。

"盘"、"弹丸"、"鸡子"等,用"如"、"似"、"法"这些词来表示常识之间的相似关系。宣夜说则开始用非常识来解释常识。

第三节　墨家的力学与物理学思想

墨家是中国战国时期的一个学派,其创始人是墨子。墨子名翟(约前468～前376),鲁国人,是个木匠,相传他制造的守城器械比鲁班制造的还要巧妙。他的学生很多,组成了一个严密的政治性、学术性的团体,成员大都来自社会下层,直接从事生产劳动与科学研究活动。墨家学派著有《墨子》,共71篇,现存53篇。其中"经上"、"经下"、"经说上"、"经说下"、"大取"、"小取"6篇,一般称为《墨经》。《墨经》可能是墨家的集体创作,其中记载了丰富的力学、物理学和几何学的研究成果。

《墨经》文字过于简略,再加上经过多少世纪的辗转传抄,许多文字都有讹误,所以不少字句的含义不很明确,往往可以作多种解释,这给后人研究《墨经》带来了很大的困难。

一、墨家的力学思想

墨家成员在农业、手工业劳动中,积累了丰富的力学知识。《墨经》说:"动,域徙也。"这句话被解释为机械运动就是物体位置移动的意思。《墨经》还讨论了机械运动的一些形式。一种是平动,一个物体的各个部分要运动就一块运动,要静止就一齐静止。另一种是转动,即物体轴线以外的各个部分都在改变位置。还有一种是滚动,即圆形物外表的各个部分都能同地面接触。

物体改变位置的原因是什么?《墨经》的回答是:"力,形之所以奋也。"形指的是具体的物体,"奋"就是动的意思。这句话是说力是使物体运动的原因。这同牛顿经典力学对力的看法基本一致。

墨家已经认识到重量对于物体的普遍性,并猜测到物体的重量同物体的运动有着密切的关系。《墨经》说:"重之谓。下,举,重奋也。"这就是说无论物体下落,还是物体举起,都同重量有关。力是看不见的,何以知道有力? 力是通过重量表现出来的,我们从物体的下落与上举,就可以看到力的存在。这本来是可以得出下落也是由于力的作用这个结论的,但《墨经》又进一步解释说:"挈,有力也。引,无力也。"上举称"挈",下落谓"引"。举起一个物体就需要用力气,因为物体有重量。那为什么又说"引,无力也"呢?可能在墨家看来,物体下落是不要用力气的,所以没有力的作用物体也会自行下落。为什么会如此?也是因为重量的关系,物体有重量就会自行下落,你如果不让它下落,把它举起来,那就要用力气来克服它的重量。从这些论述可以看出,墨家所说的力是从人的"体力"、"力气"概念中引申出来的,还不可能是万有引力的概念。墨家的物体有重量就会自行下落的思想,同后来亚里士多德的物体下落是自然运动,无需力的作用的思想不谋而合。

有人对"动,域徙也"提出了不同的解释,认为这是"动,或从也"之误。"从"即"纵"。此话的意思是物体运动是受推动、作用的结果。那么反过来说,物体若没有受到推动、作用,就会一直静下去。此外,《墨经》还说:"止,以久也。""无久之不止","有久之不止"。有人认为"久"也是一种作用的意思。当物体运动时,若要让物体停止运动,就要对它施加作用,可见墨家已具有初步的惯性思想。如果作用不够强,物体的运动就不会停止,这就是"有久之不止"的意思。

"经下"第十一条:"合与一,或复;否。说在拒。"有人根据这一条认为墨家有作用力与反作用力的思想。这样,牛顿力学的三定律在《墨经》中都谈到了。这种解释是否有点把墨家思想牛顿化了,值得商榷。

《墨经》十分重视平衡问题的讨论:"均之绝,不,说在所均。""均"就是平衡,平衡是否被破坏,取决于力是否均等。《墨经》还叙述了圆球的平衡问题,指出一个圆球放在平面上处于平衡状态,但容易滚动,因为球面上的各点同平面接触时,其直径都同平面相垂直。墨家的这个解释也是符合力学原理的。

《墨经》明确地叙述了力学的杠杆原理:"加重于其一旁,必捶。权、重相若也相衡,则本短标长。两加焉,重相若,则标必下,标得权也。""重"与"权"是杠杆两端的物体,"标"与"本"是力臂与重臂。杠杆两边平衡时,杠杆就是水平的。如果有一边物体增加,则杠杆的那一边就下垂。如果"重"的一边增加了,杠杆就在"重"的一边下垂;若再要保持平衡,就要缩短"本"的长度,增加"标"的长度。在这种情况下,如果使两端增加相同的重量,杠杆的平衡就受到破坏,杠杆在"标"的一边下垂。这说明墨家已看到,要使杠杆平衡,不仅要考虑两端物体的重量,还要考虑两边物体同支点的距离。他们还说:"长、重者下,短、轻者上。"这实际上是关于力与力矩概念的总结。杠杆原理是在平衡观念的基础上建立起来的,而平衡观念又来自于墨家成员的生产经验。墨家的杠杆原理虽没有像阿基米德那样作出数学的证明,但却比阿基米德早了两个世纪。

墨家在阿基米德之前已叙述了浮力原理。《墨经》说:"荆之大,其沉浅也,说在衡。""荆"即"形",指具体物体。体积大的物体在水中沉下的部分浅,这是因为物体的一部分重量被水的浮力平衡了。可见平衡观念也是墨家提出浮力原理的根据。

墨家的力学思想是很丰富的,可惜都是定性描述,缺乏定量分析。

二、墨家的光学研究

墨家像后来不少古希腊学者一样,对光学也作了研究,并且做了一些光学实验,对光现象的观察是比较细致的。

墨家光学研究的基本观点是"照若射",即光沿直线传播,如射箭一般,这种比喻一直沿用至今。墨家根据光的直线传播原理,解释了一些光学现象。

他们在历史上第一次做了小孔成像的实验,并用光的直射传播原理加以解释。"景到在午有端,与景长,说在端。"光沿直线射入一个小孔中时,在一点相聚,然后再相互交叉前进,这样影子就倒过来了。"景到"即"影倒",条件是"端"。"端"是墨家学说的一个重要概念,在这儿指的是一个体积最小的洞。墨家已认识到,要使小孔成像的实验成功,孔一定要小。

他们用光的直射传播原理,解释物体的影子动与静的关系。影子像物体,说明光是直线传播的。"景不徙",是说一个运动着的物体,它的影子本身是不动的。可是为什么影子看起来又在同物体做一样的运动呢?墨家解释说,这是因为随着物体的运动,它的不动的影子也在不断地更换,所以看起来影子也在运动了。物体与影子的关系是动与静的关系,一系列静止状态的不断更替,就会产生动的现象。当然,2 000多年前的墨家不可能提出视觉映像在视网膜上会停留一段时间的见解,但他们的这种解释,却同今天拍摄电影的道理一样。

墨家还用光的直线传播原理研究了平面镜、凹面镜与凸面镜的成像规律。关于平面镜,《墨经》说:"景迎日,说在转。""转"实际上说的是光的反射现象。

关于凹面镜,他们从认识上已把焦点与球心区别开来,但在具体说明成像关系时,却又仅以球心来区分物体和像的关系。他们指出,当物体放在球心以内时,像便是正立的,并大于物体;当物体放在球心以外时,像就是倒立的,并小于物体。关于凸面镜,《墨经》说:"鉴团景一。""鉴团"就是凸面镜,物体不论放在什么地方,都只有一个虚像,位于镜子的背面,正立而小于物体。他们还指出距中心近的像显得大,距中心远的像显得小,即:"鉴者近,则所鉴大,景亦大;其远,则所鉴小,景亦小。"

三、墨家的物质观

墨家还提出了类似原子论的思想。他们提出了"端"、"尺"、"区"、"穴"的概念,相当于后人所说的点、线、面、体。什么是"端"?"端,体之无厚而最前者也。"(一说"体之无序而最前者也",即"端"没有次序,含不可比较之意。)"端,无间也",即"端"是一种没有体积、内部没有空隙的点,所以也就无法分割。

"体,分于兼也。"物体是一个可分为各个部分的整体。但物体可分,"端"不可分。"'非半'弗斲则不动,说在端。""'无'与'非半',不可斲也。""斲"即破的意思。物可斲半,但斲到"端",则不可再斲,故称"非半"。"非半"同"无"一样,是不能再分割的,因而也就没有什么运动了。这就是"至小,天下莫能破焉"[①]的意思。

如果上述解释能够成立,那么墨家所说的"端"就是与墨子同时代的古希腊德谟克利特所说的原子。那就能够说明,在古代的东方与西方,几乎同时出现了原子论思想。即使在没有学术交流的情况下,各民族的科学家也会提出大致相同的看法,科学思想的发展途径大致相同。

《墨经》包含有朴素的物质不灭思想。其中写道:"可无也,有之而不可去,说在尝然。""已给则当给,不可无也。"大意是:本来没有的就不会有,已经有的也不可能消灭,因为它是曾经有过的,即已经存在的应当存在下去,不会消灭。但是墨家并不否认具体事物的增减变化。"偏去,莫加少,说在故。"具体物体可以减少,但物质的总量却并未增加或减少,因为加起来的总量还同过去一样多。

---

① 《中庸》。

如果墨家有原子论的思想,那他们认为物质守恒就是十分自然的了。

《墨经》的科学思想十分丰富。它的动力学的基本概念是"力",静力学的基本概念是"衡",光学的基本概念是"射",而关于物体结构的基本概念则是"端"。

墨家是中国古代科学知识的集大成者。他们兼有欧几里得式的逻辑与阿基米德式的实验,这是难能可贵的。他们的成就生动地体现了中国古代科学的一度领先地位。遗憾的是像墨家这样的学术团体在中国没有继续发展下去,却在欧洲陆续出现了,毕达哥拉斯学派就是其中之一。

第四节 中国的元气论

中国古代天文学的一大特色,就是它比较早地提出了一些关于天体演化的思想,这是古代天文学采用气的概念的必然结果。

气态物质不断改变它的形状和体积,在一定条件下还会发生物态的变化。在古人看来,物态的变化是物质最显著的变化,用气的概念能较好地解释气态、液态和固态物质的形成与转换,因此能解释自然界许多变化。承认气是世界的本原,很自然地会承认事物的变化。元气论在很大程度上是关于演化的理论。气化论是古代的发生之学,演化之学,生化之学,变化之学,它试图对自然界做动态的描述。中国古代的哲学家和天文学家只要把"气"用于天文学,往往都要讨论天体的演化问题。

早期道家就把"气"引入世界的演化过程。"道生一,一生二,二生三,三生万物。万物负阴而抱阳,冲气以为和。"①这是主张先有天地,然后有气,再生万物。庄子曰:"通天下元气耳。"这实际上是认为先有气,然后才有天地,这才有可能用"气"来说明天地的形成过程。所以《鹖冠子》曰:"天地成于元气。"②

气可派生出"形"的概念。"气"和"形"的相互作用、相互转化被看作是天地发生和变化的基本机制。宋代的吕坤说:"形气混而生天地,形气分而生万物。"③

---

① 《老子》四十一章。
② 《泰录》。
③ 《呻吟语·天地》。

　　有人认为,成书于汉代的《淮南子》记述了我国最早的天体演化的理论。"天坠未形,冯冯翼翼,洞洞漏漏,故曰'太始'。道始于虚霩,虚霩生宇宙,宇宙生气。气有涯垠,清阳者薄靡而为天,重浊者凝滞而为地。清妙之合专易,重浊之凝竭难,故天先成而地后定。天地之袭精为阴阳,阴阳之专精为四时,四时之散精为万物;积阳之热气久者生火,火气之精者为日;积阴之寒气久者为水,水气之精者为月;日月之淫气精者为星辰。"①空廓生宇宙,宇宙生元气。清轻的气互相摩荡向上成为天,重浊的气逐渐凝固向下成为地。清轻之气容易聚集,故天先成;重浊之气不易凝固,故地后定。阳的热气积聚久了产生火,火的精气变成太阳;阴的寒气积聚久了产生水,水的精气变成月亮;日月多余的精气变为星辰。这段文字概述了太始、虚霩、宇宙、气、天、地、日月、星辰的演化过程,并且提出天地形成的机制是"清阳者薄靡而为天,重浊者凝滞而为地",一直为后来的元气论者所继承。轻物上浮,重物下沉,这符合人们的日常生活经验。

　　关于天地日月形成的机制,朱熹说:"天地初间,只有阴阳之气。这一个气运行,磨来磨去,磨得急了,便拶许多渣滓,里面无处出,便结成个地在中央。气之清者便为天,为日月,为星辰,只在外常周环运转。地便只在中央不动,不是在下。"②整个宇宙都是气不断运行的结果,除地以外,日月星辰仍运转不止。这同笛卡儿的以太旋涡说颇为相似。

　　中国古代思想家还把天体的演化分为几个阶段。成书于汉代的《易纬·乾凿度》写道:"夫有形生于无形。天地之初有太易、太初、太始、太素。太易者,未见气也;太初者,气之始也;太始者,形之始也;太素者,质之始也。气、形、质具而未相离,故曰浑沦。"这把天地的起源分为四个阶段,第一个阶段是一无所有,后三个阶段分别出现了气、形和质。张衡说:"太素之前,幽清玄静,寂寞冥默,不可为象。厥中惟灵,厥外惟无,如是者永久焉。斯谓溟涬,盖乃道之根也。道根既建,自无生有。太素始萌,萌而未兆,并气同色,浑沌不分。故道志之言云,有物浑成,先天地生。其气体固未可得而形,其迟速固未可得而纪也。如是者又永久焉。斯谓庞鸿,盖乃道之干也。道干既育,有物成体。于是元气剖判,刚柔始分,清浊异位,天成于外,地定于内。"③张载认为,弥漫在宇宙空间中的气,

　　① 《淮南子·天文训》。
　　② 《朱子全书》卷四十九。
　　③ 《灵宪》。

可以凝聚为一个个天体，天体又可分散为弥漫在宇宙中间的气，这是一个无限循环的过程。"太虚不能无气，气不能不聚而为万物，万物不能不散而为太虚。"①有生于无，有形生于无形，气不断运行，轻者为天，重者为地，气聚为物，物散为气，这就是元气论的自然观。

连续的、弥漫的、无形的气，不可能成为牛顿力学所要求的机械运动的物质载体。这种形态的物质不可能用牛顿力学来描述。中国式的气不可能成为机械力学研究的对象。

气是一种连续性、整体性物质，弥漫于整个空间，没有明确的空间范围。气"其大无外，其小无内"②。孟子曰："其为气也……则塞于天地之间。"③王夫之说："气充满太虚，……亦无间隙。"④气无边无际，亦无间隙，同分立的微粒属两种不同的物质形态。机械运动的物质载体，应当是有明确空间界限的宏观物体或分立状态的微粒，而不可能是没有明确空间界限的、连续的气。从元气论出发，无法形成牛顿力学的质点、刚体概念。若没有这些概念，就不可能建立牛顿力学体系。

由于气没有明确的空间界限，它也就没有明确的空间位置，我们不可能像描述粒子和分立的实物那样，用一个坐标系来确定气的位置。关于位置，元气论一般只笼统地讲上与下，内与外。"一气充溢，分为两仪。……轻清者上为阳为天，重浊者下为阴为地。"⑤《易传》说："柔上而刚下，二气感应以相与。"⑥《内经》曰："地气上为云，天气下为雨。"⑦在这里上与下只是相对的方向。"内阳而外阴，内健而外顺。"⑧这儿的内与外也只是表示一种相对的空间关系。对气的上与下、内与外都无法作确定的量的描述。

元气论常讲到气的聚散。张载说："太虚无形，气之本体；其聚其散，变化之客形尔。"⑨由于元气论没有粒子的概念，不认为气是由微粒构成的，所以即使讲

---

① 《正蒙·太和》。
② 《管子·心术上》。
③ 《孟子·公孙丑》。
④ 《正蒙注·太和》。
⑤ 《无能子》。
⑥ 《系辞传》。
⑦ 《素问·阴阳应象大论》。
⑧ 《象传》。
⑨ 《正蒙·太和》。

到气的聚散,也不会涉及粒子的接近或分离,不会提出牛顿力学中的"中心力"概念。元气论谈论气的聚散,是从演化和发生的角度来谈的,而不是从位置移动的角度来讲的。"聚则为生,散者为死",是元气论谈论气的聚散的本意。既然元气论不可能对气作定量的位置分析,当然也就无法讨论气的位置移动。因此,在元气论的影响下,中国不可能有描述位置移动的牛顿力学。

元气论的一个重要内容是讨论事物的变化,即主要讨论无形之气与有形之物的相互转化,讨论有形之物的发生和演化。北宋哲学家周敦颐说:"二气交感,化生万物。"①在这个意义上,我们可以把元气论看作一门"化学"——"化生之学"。何谓"化"? 张载提出了一种界说:"气有阴阳,推行有渐为化。"②他认为"变"与"化"有区别,"变言其著,化言其渐"③。前者比较显著、激烈,后者则比较含蓄、缓慢。化,即"潜移默化"之化。庄子曰:"察其始而本无生,非徒无生也而本无形,非徒无形也而本无气。杂乎芒芴之间,变而有气,气变而有形,形变而有生。"④后来的元气论主要是讨论从无形到有形的问题。宋应星则把"气化形"和"形化气"这两个过程合称为"形气生化"。由此可见,"气化"有狭义与广义之分。狭义的气化是指未成有形物质的气的变化以及向有形物的转化。广义的气化是指气化形、形生形以及形化气等各种同气有关的变化。从另一个角度也可以说气化有"演化"与"变化"二义。

气化二字,首先由《黄帝内经》提出。"各从其气化也。"⑤《内经》把气化过程分为化始、成形、布散、化终四个阶段。"气始而生化,气散而有形,气布而繁育,气终而象变,其致一也。"⑥

无论各位元气论者对气化做何种解释,都没有机械位移的意思。元气论是思辨的"演化学"和"转化学",它同西方近代研究位移为主的力学真有天壤之别。中国的元气论者像这样讨论下去,无论如何也得不出牛顿动力学三定律的结论。

气本身具有运动的能力,无需外在推动者的推动,所以也无需力的概念。

---

① 《太极图说》。
② 《正蒙·神话》。
③ 《易说·乾卦》。
④ 《庄子·至乐》。
⑤ 《素问·气交变大论》。
⑥ 《素问·五常政大论》。

机械运动的一个特点是，它可以分解为作用一方（推动者）与接受作用一方（被推动者）。这作用的一方，就是形成力的概念的根据。元气论认为，气处于不断运动之中。这种永恒的运动是气本身所具有的，而不是外物推动的结果。王充一再强调"气自出"，"气自起"，"气自变"。"天地合气，万物自生。""阳气自出，物自生长；阴气自出，物自成藏。"①"物之变，随气也。"②柳宗元说："山川者，持天地之物也；阴与阳者，气而游乎其间者也。自动自休，自峙自流，是恶乎与我谋？自斗自竭，自崩自缺，是恶乎为我设？"③中国的元气论中，没有"惯性"的概念。既然气能自动、自变，那它就不需要一个能克服它的惯性使其产生运动的力。

"自然感应"是元气论的一个基本观点。根据这种观点，物体可以相隔很远而产生相互作用。阴阳五行家认为，万物"类同则召，气同则合，声比则应"。王充说："同类通气，性相感动。"④后来元气论推广了感应的范围，认为不仅同类相感，异类也可相感。唐代孙颖达说："各从其类者，言天地之间共相感应，各从其气类。……其造化之性，陶甄之器，非惟同类相感，亦有异类相感者。若磁石引针，琥珀拾芥，蚕吐丝而商弦绝，铜山崩而洛钟应，其类烦多，难一一言也。皆冥理自然，不知其所以然也。感者动也，应者报也，皆先者为感，后者为应。"⑤张载等人把各种作用都看作是感应作用。张载说："声者，形气相轧而成。两气者，谷响雷声之美；两形者，桴鼓叩击之类。形轧气，羽、扇、敲矢之类；气轧形，人声笙簧之类。是皆物感之良能，人皆习之而不察尔。"⑥北宋哲学家程颐甚至说："天地间只有一个感应而已，更有甚事？"⑦

有些元气论者认为，感应的速度极快，不受空间距离的影响，也不需要传播时间。《淮南子》写道："同气相动，不可以为远也。"张载说："感如影响，无复先后，有动必感，感感而应，故曰咸速也。"⑧用西方近代的科学语言来说，感应是一

---

① 《论衡·自然》。
② 《论衡·无形》。
③ 《非国语·三川震》。
④ 《论衡·偶会》。
⑤ 《周易正义·乾卦·文言》。
⑥ 《正蒙·动物》。
⑦ 《二程遗书·卷十五》。
⑧ 《横渠易说·咸》。

种超距作用。

自然感应是一个极为广泛的相互作用的概念,常被用来作为例证并有重要科学意义的就有五类自然现象:乐器共振、共鸣现象;阳燧召火现象;磁石吸铁,琥珀拾芥现象;日月吸地海为潮汐,天地相互吸引现象;生物钟现象。[①]

有些元气论者认为感应作用由气来传导,这又像近代西方的近距说。在这里气就作为一种传递感应的媒介,起着类似于西方科学的"以太"的作用。王夫之说:"气有动之性,犹水有波之性。"[②]宋应星用类似西方的波动说来解释感应作用:"物之冲气也,如其激动,……以石投水,水面迎石之位一拳而已,而其文浪以次而开,至纵横寻丈而犹未歇,其荡气也亦犹是焉。"[③]

中国元气论不重视物体之间的直接作用,而重视物体之间的间接感应。对这种感应的思考,只能导致思辨的、笼统的关于感应的哲学理论,不可能产生西方的力学体系。

元气论认为气与气可以相互包容,气可以渗透到有形物之中。朱熹说:"天地之气刚,故不论甚物事皆透过。"[④]气不仅可以穿过各种有形物,而且不会遇到任何阻碍。张载说:"清则无碍,无碍故神。"[⑤]沈括说:"天地之气,贯穿金石土木,曾无留碍。"[⑥]无碍,即无阻,就是没有摩擦,没有阻力。就这方面而言,气也十分接近西方的"以太"和"场"。试想,有形之物在无形之气中运动而不遇阻力,无形之气在有形之物中穿过也无阻碍,气又具有可入性,这样的无形无碍之气,怎么能用西方式的力学模式来描述呢?

中国的元气论者在用气解释各种自然现象时,从不对气作定量分析。《内经》说:"气有多少,形有盛衰,治有缓急,方有大小。"[⑦]《内经》讨论了"气有多少",结论是:"阴阳之气,各有多少,故曰三阴三阳也。"[⑧]所谓三阴三阳,就是太阳、阳明、少阳、太阴、少阴、厥阴。太阳表明阳气盛,少阳表示阳气衰,太阴表示

---

① 程宜山:《中国古代元气学说》,湖北人民出版社,1986年,第152页。

② 《庄子解·达生》。

③ 《论气·气声》。

④ 《语类·卷八》。

⑤ 《正蒙·太和》。

⑥ 《梦溪笔谈·卷二十六》。

⑦ 《素问·至真要大论》。

⑧ 《素问·天元纪大论》。

阴气盛,少阴表示阴气衰,阳明表示阳气极盛,厥阴表示阴气极衰。这里的多少、盛衰都没有定量的分析。

中国元气论在论述概念时,从不讨论气的重量、运动速度、时间、距离等概念。没有这些基本概念,不对有关的量(特别是同运动有关的量)做测量和计算,就不可能产生出近代的力学。

总之,在元气论的基础上,是不可能建造类似于牛顿力学体系的机械力学大厦的。因为元气论不可能提供力、质量、惯性、质点、加速度等概念。

中国的气是一个综合的、多义的概念,它虽有常识原型,但带有浓厚的思辨色彩;它有很广泛的解释领域,可是仅用气的概念又不能具体地说明现象的具体规律。元气论为我们描绘的是自然界的一幅总的、模糊的图景,而不可能勾勒出各个细节。它犹如一幅泼墨的写意画,而不是线密如网的工笔画。

要用气的概念解释自然界的具体现象,需要完成认识上的转换。从笼统的猜测转变为具体的说明,就要使“气”从哲学的概念转化为近代科学的概念。要完成这种转化,“气”应当能定量描述,应当能进入实验过程,应当能描述物体的结构。显然,中国古代的元气论很难提供这些条件。元气论转变为科学理论所遇到的困难,远比西方的原子论要大。只要元气论占主导地位,中国就不可能出现牛顿这样的力学家。中国的元气论如果能产生描述机械运动的科学的话,也只能是笛卡儿式的以太旋涡说。

李约瑟在谈到中国古代的磁学时曾说:“中国人在这方面是如此地领先于西方人,以致于我们差不多可以冒险猜测:如果社会条件有利于现代科学的发展,中国人可能已经首先通过磁学和电学的研究,先期转到场物理,而不必通过撞球式的阶段了。假如文艺复兴发生在中国而不是欧洲,整个发明的次序也许会完全不同。”[①]也就是说,如果中国有自己的近代科学,可能首先发展起来的不是力学,而是电磁学。若在中国古代自然观影响下产生中国式的近代科学,它同西方近代科学相比,不仅科学思想有许多不同之处,而且学科发展的次序也会有别。

---

① 程宜山:《中国古代元气学说》,湖北人民出版社,1986年,第78页。

第五节　毕达哥拉斯学派的中心火学说

古希腊天文学可分为四个阶段,形成了四个学派:爱奥尼亚学派(前7世纪~前5世纪)、毕达哥拉斯学派(前6世纪~前4世纪)、柏拉图和亚里士多德学派(前5世纪~前3世纪)、亚历山大里亚学派(前3世纪~2世纪)。从毕达哥拉斯开始,属古代天文学第二阶段——用非常识解释常识,主要探讨太阳与地球的位置关系。

太阳同地球的关系如何? 从逻辑上讲不外这几种可能:太阳围绕地球旋转,地球围绕太阳旋转,太阳与地球都围绕另外的某个天体旋转。这三种可能古希腊人都想到了。由于人类生活在地球上,在这三种可能中最容易被人想到的,就是太阳围绕地球旋转。所以古代的中国人、埃及人、印度人都有地心说的思想,古希腊早期的哲学家几乎都是地心说者。地心说同人们观察到的太阳东升西落的常识与日出而作、日落而息的生活规律一致。公元前5世纪古希腊的毕达哥拉斯学派第一次超越了常识与直观的局限,用思辨的观点提出了中心火学说。

一、毕达哥拉斯

早在柏拉图、亚里士多德学院之前,古希腊有个颇具神秘色彩的学派,其领袖就是毕达哥拉斯(约前571~前497)。这个学派系统地研究了数学,提出了数是万物本原的思想。他们是最早的一批科学-美学家。他们认为宇宙的和谐是由数决定的。美是和谐与比例,而和谐是杂多的统一,是不协调因素的协调。美与和谐既是他们所追求的目标,也是他们建立理论的原则。他们发现了正四面体、正六面体、正八面体和正二十面体,认为它们分别代表火、土、气、水四种元素。后来他们又发现了正十二面体,于是就认为这第五种正多面体代表第五种物质——以太。从此以太就像幽灵一样登上了科学史的舞台,它在不同的时期扮演了不同的角色。

毕达哥拉斯认为,月光是阳光的反射,月面明暗交界处有圆弧形,表明月亮为球形,并由此推想其他天体也都是球形。他注意到月食时大地投射到月球上的影子也是圆形的,所以他可能是第一个明确指出地球是球形的人。他对此的解释是:圆形、球形是最完美的几何图形,所以天体都必然是球体,并在正圆轨道上运转。毕达哥拉斯学派认为天体按贵贱分为三部分:最上一层是奥林波斯,是诸神居住的地方;中间是考的摩斯;第三层是乌兰诺斯,是地球区域。贱的天体转得快,贵的天体转得慢。地球是最不完善的地区,它的变化是没有秩序的。各天体与地球的距离符合音乐规律,从而奏出了优美的天体音乐。

毕达哥拉斯的学说很少有文字记载,他只是在自己的学生中讲解自己的思想。这个学派规定:学派的一切成果都不能私自泄露,否则就要受到严厉的惩罚。相传毕达哥拉斯的一个弟子希伯斯发现了无理数并传了出去,就被扔进了大海。所以我们今天很难具体指出这个学派的哪些成果属于毕达哥拉斯本人,哪些成果属于他的学生。

二、菲洛劳斯的中心火学说

菲洛劳斯(约前450～前400)是毕达哥拉斯学派的一个成员,他大约受了古希腊哲学家赫拉克利特关于火是世界本原的思想的影响,认为火是最高贵的元素,只有永恒的火才有资格占据宇宙中心的位置。他以这个观点为基础,提出了中心火学说,认为宇宙的中心是一团熊熊燃烧的烈火。毕达哥拉斯学派把中心火称为"众神之母"、"宇宙之炉"。地球、月亮、水星、金星、太阳、火星、木星和土星这八个天体从西往东围绕中心火旋转,最外层是不动的满天恒星的火焰球。毕达哥拉斯学派认为"十"是最完美的数字,宇宙应当是十全十美的。为了使中心火周围能有十个天体,他们又大胆设想了"对地"或"反地球"的存在。中国羿射十日的神话也从十进制观念出发,认为天上有十个太阳,二者具有异曲同工之妙。我们之所以看不到中心火,是因为地球在旋转时总是以相同的一面对着中心火,而我们居住在地球的另一面。地球与"对地"始终处于中心火的两侧,所以我们也看不到"对地"。毕达哥拉斯学派的有些成员甚至认为太阳本身不发光。埃梯乌斯认为太阳是一面凹面镜,聚集了中心火发出的光,而阿恰莱斯认为太阳是一面凸面镜,集中了火焰球所发出的光。这样,宇宙的中心与外围都是火,宇宙实质上是火的世界。

这个理论在形式上看起来很美,但毕达哥拉斯学派认识到美中还有不足。

地球旋转而恒星不动,那地球运转一段时间以后,恒星之间的视位置应有所改变,可是当时并未观察到这个现象。如果认为宇宙无限,就可以解释为什么没有看到视差。但他们认为各天体(包括恒星)同中心火的距离服从音阶之间音程的比例,即认为宇宙是有限的。为了解决这个矛盾,希色达与埃克方杜斯提出地球处于宇宙的中心,每日自转一周,试图以此来回避视差问题的困难,从而又回到了地心说。这种观点的出现表明中心火学说不能正确说明日地关系,不能解决恒星视差的难题,因而缺乏生命力,必然要被地心说所淘汰。但它对后来的日心说则起了某种启发作用。如果人们一定要在可见天体中寻找这团中心火的话,就会自然想到太阳。可是在当时,中心火学说的失败反而助长了地心说的流传,于是亚里士多德的地心体系就应运而生了。

第六节　亚里士多德

亚里士多德(前384～前322)是古希腊的伟大的思想家。他的父亲是马其顿王的医生,他本人是柏拉图的学生,后来又成了马其顿王亚历山大的老师,曾在雅典建立了逍遥学派。他在哲学上摇摆于唯物主义与唯心主义之间。他兴趣广泛,学识渊博,曾研究过力学、物理学、天文学、化学、生物学、气象学、心理学、逻辑学、政治学、历史学、伦理学、美学、诗学等,是一位百科全书式的学者,古代科学思想的主要代表。他提出的许多丰富的思想,为以后的科学发展提供了宝贵的思想材料。但当他后来被教会奉为权威以后,他的一些错误思想又成了近代科学发展的障碍。

一、亚里士多德的运动学思想

亚里士多德重视对位移运动的研究。他说:"如果不了解运动,也就必然无法了解自然。""位移是唯一不引起任何本质属性——像质变中的质,增和减中的量等——改变的运动。""位移是先于一切的运动"。"它是最基本的运动。"[①]

---

① 亚里士多德:《物理学》,商务印书馆,1982年,第68、249、250、202页。

既然位移运动是自然界的最简单、最普遍的运动,那我们要认识自然,首先就要认识位移运动。

亚里士多德运动学的出发点,是这样的常识:在自然状态下,火与气向上运动,水与土向下运动。他认为这些现象"合乎自然"。"'合乎自然'不仅指这些自然事物,而且也指那些由于自身而属于自然的属性,如火被向上地移动。"[①]他由此提出关于"自然位置"与"自然运动"的假定,水土火气四要素各有自己的特殊位置。他以地球的结构为依据,认为火的自然位置在最上面,下面是气和水,土的自然位置在最下面。每一种元素都有一种本能:趋向自己的位置。这种特殊的位置便是自然位置。他说:"每一种元素体都趋向自己特有的空间","每一元素体都因本性分别地逗留在各自的空间里"。[②]

凡是各种元素趋向自己自然位置的运动,是自然运动;不是趋向自己自然位置的运动,是非自然运动。"每一单纯的物体都有各自自然的位移,如火向上;土向下,即向宇宙的中心"。"它们本性就是有方向的"。"如果没有外力影响的话,每一种自然体都趋向自己特有的空间"。[③]

从这个假设出发,他推导出如下结论:

1. 当物体所处的位置是它的自然位置,或在当时条件下离自然位置最近的位置时,则物体自身不会离开其位置。这实际上是对静止惯性的猜测。

2. 物体的自然运动因符合物体的本性,所以无需外力的作用。

3. 物体的非自然运动因违背物体的本性,是受迫运动,所以需要外力的作用,即力是产生非自然运动的原因。

4. 作用力可以使物体的自然运动增加速度。"合乎自然的运动(例如朝下运动之于石头)只靠力加速,但反乎自然的运动则完全靠力。"[④]这就是说,当力的方向和物体的自然运动方向不一致时,力是对物体自然本性的克服;当二者一致时,力是对物体自然本性的加强。

5. 若使物体持续做非自然运动,必须不断地对其施加力的作用。这种作用一旦中断,物体的非自然运动即停止。这实际上是说力既是产生非自然运动的

---

① 苗力田主编:《亚里士多德全集》第二卷,中国人民大学出版社,1991年,第31页。
② 亚里士多德:《物理学》,商务印书馆,1982年,第106页。
③ 亚里士多德:《物理学》,商务印书馆,1982年,第112、232、92~93页。
④ 苗力田主编:《亚里士多德全集》第二卷,中国人民大学出版社,1991年,第360~361页。

原因,又是维持这种运动的原因。

6. 要对一个物体施加力的作用,作用者必须同被作用者直接接触;一旦接触中断,力的作用过程即停止。这意味着超距作用是不存在的。

7. 重物的主要成分是土,物体包含土元素越多,其向下运动的趋势就越强烈。这就是说,物体的重量是土趋向其自然位置强烈的程度。

8. 物体越重,则趋向其自然位置的倾向就越强,下落的速度就越快,所以重物自由下落的速度同其重量成正比。"如果一物的重量为另一物的二倍,那么它走过一给定距离只需一半的时间。"[1]这就是著名的亚里士多德的落体观念。

这些结论可以解释一些常识。如烧水时水壶必须放在火的上方,水蒸气会向上,杂物会沉在壶底。为何劳动要消耗体力?因为我们要使劳动对象做非自然运动。

亚里士多德运动学有两个基本概念:推动者和被推动者。他说:"被强制着运动的(或者说不自然地运动着的)事物都被一个推动者推动着,而且这个推动者是一个另外的事物"。"凡运动着的事物必然都有推动者在推动着它运动。运动着的事物如果不是自身内有运动的根源,显然它是在被别的事物推动着,因为在这种情况下运动的推动者只能是别的事物"。"推动者总是形式……在它起作用时,它是运动的本源或起因"。[2] 推动者不是运动者,运动者是被推动者。这外来的推动就是后来经典力学中的"力"。

亚里士多德认为推动者的作用和被推动者的运动是相同的。"推动者的实现活动体现在能运动者的实现活动中。因此两者的实现活动是合一的……这是同一者,仅仅说法不同而已。"[3]后来的经典力学表明,力和力的表现是同一个运动,力的概念之所以有价值,是因为它可以表征和量度力的表现。

亚里士多德分析了推动者与被推动者的相互关系,蕴含有作用力与反作用力思想的萌芽。"推动就是对能运动的事物(作为能运动者)施加行动,但施加行动靠了接触,因此推动者在推动的同时自身也在受到推动。"[4]

如何判定一个物体的运动是否由于别的物体的推动?亚里士多德提出了

① 缪克成:《近代四大物理学家》,华东师范大学出版社,1986年,第20页。
② 亚里士多德:《物理学》,商务印书馆,1982年,第233、198、72页。
③ 亚里士多德:《物理学》,商务印书馆,1982年,第73页。
④ 亚里士多德:《物理学》,商务印书馆,1982年,第72页。

一个标准：如果一个物体由于别的物体停止运动而停止运动，那它的运动就必然有一个推动者。这也可以当作判定自然运动与受迫运动的标准。他虽然具有接近静止惯性的想法，但不知道运动惯性，所以这个标准是不科学的。

他有时说物体之所以能保持静止，是因为它具有某种保持静止的力。只有当被推动者所受到的外力作用大于它自身的保持静止的力时，它才会运动。"原动者运动原先在静止中的一个事物时，它所着的力当较大于而不是等于或相似于那原先使那被运动事物肇致其静止的力。"①这是一个很有意思的猜测：推动者的推动力应足够大，能克服静止物体的惰性。

亚里士多德对位移运动做了许多逻辑思考，同时也试图做一些定量分析。他认为位移运动是匀速运动，所以速度是对位移运动做定量分析的关键。"时间是位移的数"②，"时间是运动的尺度"③。计量速度就必须计量时间。

亚里士多德还认为自然运动是"单一"的，因而天只有一个。"每种合乎自然的运动都是单一的。再有，由于本性相同，所有的世界都必然由同样的物体构成。而且，这每一种物体（我的意思是指例如火、土以及它们之间的那些居间物）都必然具有同样的能力。……所有火与其他火，所有土与其他土等等具有相同的形式，就像我们这个世界中火的各部分具有相同形式一样。"④从这段话可以看出，无论四元素在何处，都按同样规律运动，他的运动学是普遍适用的。

此外，亚里士多德反对古希腊原子论，认为原子论者为使原子能有运动的场合而假定虚空的存在，是没有道理的。"一般意义的运动不必要有虚空作为条件。""即使空间方面的运动也不是必须要有虚空为条件的，因为事物能够同时互相提供空间"。⑤物体能相互提供空间，这个猜想后来在笛卡儿的以太旋涡中得到了发挥。他还认为，如果虚空存在，就不可能有任何运动，因为虚空在各个方向上没有差异，物体就没有理由朝某一方向运动，所以飞矢不能穿过真空。为什么我们扔石头时，石头离开我们手以后，已不再同手接触，却仍然能运动一段距离呢？他说，自然厌恶真空，石头向前运动时，原来它所占据的空间成了虚空，空气填补了这个空间，就会把石头向前推动一步。

---

① 亚里士多德：《动物四篇》，商务印书馆，1985年，第239页。
② 亚里士多德：《物理学》，商务印书馆，1982年，第126页。
③ 亚里士多德：《物理学》，商务印书馆，1982年，第131页。
④ 苗力田主编：《亚里士多德全集》第二卷，中国人民大学出版社，1991年，第289页。
⑤ 亚里士多德：《物理学》，商务印书馆，1982年，第111页。

亚里士多德的运动学虽然带有浓厚的思辨性,但却为近代力学的研究目标、基本概念和研究方法绘出了蓝图。

二、亚里士多德的天文学思想

亚里士多德认为他的运动学可以应用于天文学,因为他相信天是唯一的,即不可能有许多个世界。既然无论何处的火、土都具有相同的性质和相同的自然运动,如果具有许多个世界,那另一个世界的土的向下运动,对我们这个世界来说就成了向上运动了,这是混乱的。所以他说:"天必然只有一个。""在'天'之外,没有、事实上也不会有任何有形体的体积存在和生成。……所以,现在没有、以前未曾出现过、将来也决不可能出现多个'天'。我们的这个天是单一的、仅有的、完全的。"[①]既然天是唯一的,我们就应当把向上、向下的自然运动改为离心、向心运动,这样就避免了上面所说的混乱。于是,根据世界单一性的信念,他认为可以从他的运动学推导出天文学的结论。

大地呈球形。土是地球的主要成分,如果大地不是球形,土按其本性要尽量地趋向中心,那离中心较远的土就可以移动到离中心较近的位置上去。只有当全部的土组成球形时,每个土的部分都不可能离中心更近了,地球才会稳定。"很明显,如果每个部分从外缘点到那单一中心的移动是相同的,那么,合成物的体积也必然会每边都相同;因为如果在每边都加一个相等的量,外缘离中心的距离也必然是相等的。这样的形状就是球形。"[②]他赞同他老师柏拉图的信念——球形是最完美的形状。他说世人也可以通过观察认识到大地的球形,如观察月食。但这都算不上科学知识,不能同他的理性推论同日而语。认识到大地呈球形,就超越了绝对上下的观念,为万有引力理论的提出做了准备。他说:"只要我们略为专心研究并仔细观察一切拥有重量的物体怎样恰巧地趋向于中心",那么"事情很清楚,当物体逗留于其边缘之际,它的中心吸力是不停止的"。[③] 在地球范围内,所有物体都会落向地心,容易使人想到地心对周围物体有吸引力。

---

① 苗力田主编:《亚里士多德全集》第二卷,中国人民大学出版社,1991年,第292、296~297页。
② 苗力田主编:《亚里士多德全集》第二卷,中国人民大学出版社,1991年,第349页。
③ 波德纳尔斯基:《古代的地理学》,三联书店,1958年,第80~81页。

宇宙呈球形。"宇宙是个球体，并且，这圆在程度上是如此地精确，以至于没有什么人手造就的东西，也没有任何我们眼睛所看得到的其他东西能与之匹敌。"[①]宇宙既然是球形，它就有中心。

地球位于宇宙的中心。"无论是大地整体还是各部分，它的合乎自然的移动是朝向宇宙中心的；正因为如此，它现在才实实在在地处于中心。"[②]土的自然本性是趋向宇宙的中心，我们之所以看到土向地心移动，是因为地球的中心刚好位于宇宙的中心。如果地球不在宇宙的中心，它很快也会移动到中心；如果它已在宇宙的中心，很难有一种巨大的力量强迫它离开宇宙的中心。

地球静止不动。亚里士多德认为运动分为向心运动、离心运动和环心运动三种。地球不可能有向心运动，因为它已经处于宇宙的中心；不可能有离心运动，因为这违背土的本性，也没有一种外力能使它离开中心；也不可能有环心运动，因为四元素的自然运动都不是圆周运动。因此，地球没有任何运动。他还说，重物都沿垂直线（而不是斜线）下落，表明地球没有运动。泰勒斯认为平面大地静止在水面上，亚里士多德问：土的自然位置在水的下面，地球怎么可能在水面之上？这种批评杜绝了类似我国古代"地若浮舟"、大地运动的想法。

宇宙有限。既然地球处于宇宙中心而静止不动，那太阳的东升西落就说明所有的天体都在围绕地球 24 小时转一圈。如果最外层天体同地球的距离无限，那其旋转的速度也就无限，这是不可能的，所以宇宙有限。亚里士多德在谈到天体是否无限时说："如果旋转在其中进行的时间有限，它所通过的距离必然也有限。"[③]这种分析也适用于宇宙。他认为宇宙的最外层是恒星天，恒星天同地球的距离，是太阳同地球距离的 8 倍。

宇宙之外无物。宇宙虽然有限，但是唯一的，所以宇宙之外不可能有物体。"在这个天之外既无地点、亦无虚空和时间。因为在所有的地点中，物体都能存在；而虚空被说成是虽然在其中现在没有物体，但能够存在物体；时间则是运动的数目，而没有自然物体，也就不会有运动。既然已经证明在天之外既无物体存在，也不可能有物体生成，所以显然，天之外无地点、无虚空、无时间。"[④]

---

① 苗力田主编：《亚里士多德全集》第二卷，中国人民大学出版社，1991 年，第 323 页。
② 苗力田主编：《亚里士多德全集》第二卷，中国人民大学出版社，1991 年，第 347 页。
③ 苗力田主编：《亚里士多德全集》第二卷，中国人民大学出版社，1991 年，第 279 页。
④ 苗力田主编：《亚里士多德全集》第二卷，中国人民大学出版社，1991 年，第 297 页。

　　天体的自然运动是圆周运动。为什么各个天体都在围绕太阳旋转,而不会落到地球上? 他说,这是因为圆周运动是天体的自然运动。圆周运动是单纯的运动,单纯运动是单纯物体的运动,"那么,就必然存在着某种这样的单纯物体,它就自身的本性自然地以圆周运动方式移动着"①。天体就是这样单纯的物体。杞人忧天倾的问题,就这样被消解了。

　　天体由以太构成。既然天体的自然运动是圆周运动,那天体就不可能是由火、气、水、土四元素构成的,因为这四元素的自然运动都是直线运动。亚里士多德认为构成天体的第五种元素是以太。他说:我们的祖先"由于认为原初物体是土、火、气、水之外的另一种存在物,他们就把这个最高的地点名之为'以太'"②。

　　天永恒不变。圆周是完全的形状,直线不是。亚里士多德认为完全的东西先于不完全的东西,所以圆周运动先于直线运动,以太先于四元素,以太是"原初物体"。"这种原初物体是永恒的,且不增不减,万古长存,既没有质变也不受损害"。"整个天既不生成,也不可能被消灭,而是像有些人所说的那样,是单一和永恒的,它的整个时期既无开端也无终结,在自身中包含着无限的时间。"③

　　天地是两重世界。地下世界由四种元素构成,其自然运动是有限的、不完全的直线运动,所以有生有灭有变化,不完善,卑贱;天上世界由以太构成,其自然运动是无限的、完全的圆周运动,所以不生不灭不变化,完善,高贵。"在这里所见到的这些元素之外,还自然地存在着某种有形体的实体,它比所有的这些元素都更神圣、更先在。"④"在我们周围的那些单纯物体之外,还有另一种与它们不同的分离存在着的东西,它和我们这个世界相距越远,它的本性也就越是尊贵荣耀。"⑤亚里士多德认为天是单一的,他所说的"天"常指的是宇宙。天和地却是两个根本不同的世界,可见在他心目中地球是个特殊的世界。可是他又认为天贵地贱,并让高贵的天围绕卑贱的地旋转,而且静止不动的地在不断变化,不断旋转着的天却丝毫不变,这是很牵强的。

　　为了解释天体的运动,他采用了柏拉图的理论原则和欧多克斯的天球层模

---

　　① 苗力田主编:《亚里士多德全集》第二卷,中国人民大学出版社,1991年,第268页。

　　② 苗力田主编:《亚里士多德全集》第二卷,中国人民大学出版社,1991年,第273页。

　　③ 苗力田主编:《亚里士多德全集》第二卷,中国人民大学出版社,1991年,第272、312页。

　　④ 苗力田主编:《亚里士多德全集》第二卷,中国人民大学出版社,1991年,第269。

　　⑤ 苗力田主编:《亚里士多德全集》第二卷,中国人民大学出版社,1991年,第270页。

型。柏拉图(前 427～前 347)是亚里士多德的老师,约于公元前 387 年创办学院。相传学院大门上贴着一张布告:"不懂数学者,不得入内。"他同毕达哥拉斯一样,强调自然的美与和谐,认为天体是永恒完美的,它们运行的轨道必然是最规则、最完美的图形——圆周;它们运行的速度也必然是最规则的速度——匀速。所以圆周与匀速是天体运动两个最基本的性质。如果我们发现某些天体做不规则运行的话,那也可以用匀速圆周运动的组合来说明,最后也可以归结为某种匀速圆周运动。天文学的任务就是根据观测,作出有关的简单假设,而正圆轨道与均匀运动就是两个最基本的假设。在开普勒以前,几乎所有的欧洲天文学家都是根据这一原理来研究天文学的。柏拉图还提出了天球层模型,认为各个天体分布于若干个以地球为中心的同心球壳上。

欧多克斯(前 409～前 356)也是柏拉图的学生,据说他首先在希腊建立了观象台,但观测结果未能流传下来。欧多克斯进一步发展了柏拉图的天球层的模型,认为各个同心球层分别绕方向不同的轴做匀速转动,轴的两端撑在外球层的内壁上,天体的全部运动,均可用此模型来说明。

在柏拉图原理和欧多克斯天球层的基础上,亚里士多德以地球为中心,把宇宙分为 9 个等距的层次,分别有 9 个透明的、水晶般的天球层,其中 8 个各嵌有月亮、水星、金星、太阳、火星、木星、土星和恒星天。他认为所有的恒星都在一个天球层上,因此它们同地球的距离都是相等的。所有天体在天球层上是不动的,可是当天球层转动时,我们只看到天体的转动,而看不到透明的天球层本身的转动。

这 8 个天球层为什么会不停地转动呢? 为了解答这个问题,他又在最外面添了一个原动天,它是"第一推动力",是不动的推动者。为了使各个天球层的转动不互相干扰,他又设想在各个天球层之间存在着一种"不动的天层",它们的运转速度同相邻的天球层相同,但运转方向相反,这就抵消了相邻天球层运动所造成的影响。

为了能够圆满地解释人们所观察到的各种天文现象,学者们提出的天球层的数目在不断地增加。欧多克斯的天球层有 27 个(日、月各 3 个,行星各 4 个),他的学生卡利普斯又给每个天体增加 1 个,共 34 个,而亚里士多德又把天球层增加到 56 个。亚里士多德说大自然喜欢简单,从不做多余的事情,可是为什么他的体系中的天球层数目又在不断地增加呢?

三、亚里士多德的生物学思想

如果说柏拉图是一位数学家的话,那亚里士多德就是一位生物学家,被人们称为"动物学之父"。

他认为生物机体是水土火气四种元素的不同比例的混合物。这些混合物组成同型、同质的相同部分,如植物的树液、纤维,动物的皮骨血肉。这些单纯的相同部分又构成异型、异质的复合部分,如植物的根干枝叶和动物的颜面、各种器官。他说:"构成动物的各个部分有些是单纯的,有些是复合的;单纯部分,例如肌肉,加以分割时,各部分相同,仍还是肌肉;复合构造,例如手被分割时,各部分就不成为手,颜面被分割时各部分就不成为颜面,被割裂的各部分互不相同。"①亚里士多德在这里谈的是部分与整体、简单与复合的关系,指出生物体是个复合的有机体,它被分割成各部分后,就不再是原来的生物体了。"当讨论到任何一个部分(构造),不管那是一个器官或是一个内脏,这总不可专意于其物质成分,也不可径直以这一部分当作讨论的独立对象,每一个这样的部分必须从它与全形式的关系予以推求。"②

那么生命的本质是什么呢?他提出了生命力说,认为生物同无生物的区别就在于生物具有生机。生命是"能够自我营养并独立地生长的力量"③。植物生机的职能是生长与繁殖,动物还有感觉生机,人还有精神生机。

在生物来源的问题上,他提出了自然发生说,即生物可从无生物中迅速产生,高等生物可从低等生物中迅速产生,既不需要一个漫长的过程,也不需要亲本的遗传。绝大多数的鱼是从卵发生的。可是有些鱼会从泥与沙中产生。他说这种鱼既不是正常交配的产物,也就完全没有精与卵。这类既非卵生又非胎生的鱼都来自两种物质:泥沙与腐败物质所产生的泡沫。泡沫变成的鱼不会长大,不会繁殖,顶多只能生活一年。鳗鳝是由一种圆蠕虫长成的,而圆蠕虫是在泥或湿地中自发生成的。从他的叙述来看,似乎他的自然发生说是有限制的,因为他认为自发产生的动物不能繁殖。

---

① 亚里士多德:《动物志》,商务印书馆,1979年,第13页。
② 亚里士多德:《动物四篇》,商务印书馆,1985年,第35页。
③ 赵功民:《外国著名生物学家传》,北京出版社,1987年,第6页。

　　他认为各种生物组成一个统一的阶梯。这个阶梯是渐进的、连续的,在两个阶梯之间存在着中间的过渡类型。他在《动物志》中写道:"自然的发展由无生命界进达于有生命的动物界是积微而渐进的,在这级进过程中,事物各级间的界线既难划定,每一间体动物于相邻近的两级动物也不知所属。这样,从无生物进入于生物的第一级便是植物,而在植物界中各个种属所具有的生命活力(灵魂)显然是有高低(多少)的;而从整个植物界看来,与动物相比时,固然还缺少些活力,但与各种无生物相比这又显得是赋有生命的了。我们曾经指出,在植物界中具有一个延续不绝的级序,以逐步进向于动物界。"[①]中间类型是存在的,倘以陆地动物为呼吸空气的动物、水生动物为呼吸水的动物,那么,你就很难说海豚只是陆地动物或只是水生动物。因为海豚实际上两者都呼吸。动植物的界限也不是绝对分明的。在海中就有某些生物,人们没法确定其究竟是动物还是植物。总之,生物的序列是连续的,在相邻两物种之间存在着中间的过渡类型,生物的发展是个"积微而渐进"的过程。他的这种"生物阶梯"的观点,显然是同他的自然发生说自相矛盾的。但这个观点可说是 19 世纪缓慢进化论的萌芽。赖尔、达尔文的思想可以在亚里士多德这儿找到它们的雏形。

　　不仅如此,亚里士多德还说出了两千多年后拉马克大加发挥的思想:"动物跟着'环境'的变化而变更其'行动'(行为),又复跟着'行动'(行为)的变化常致发生某部分'生理构造'的变化以及相应的'性格'的变化。"[②]这一天才的思想在亚里士多德那儿只能是一种猜测,因为他提出的论据是很贫乏、不可信的,比如论据之一是:一只母鸡死了,雄鸡就担任哺养小鸡的责任,十分尽职,甚至忘记了啼鸣,失去了雄性的特征。

　　亚里士多德看到了生活环境对生物体的作用。他认为鸟类的羽毛之所以比一般动物美丽,是因为鸟类经常晒太阳,寒冷能增加动物毛发的硬度,食物能影响生物的颜色。他曾描述过生物体相互竞争的现象,指出生活在同一地区的同类动物,当食物缺少时,就会互相争斗,弱者常为强者所杀害。他还认为:动物在微小器官上的一些改变会引起它们全身生理的重大改变。这说明他已具有了一些朴素的进化论思想。

　　他认为自然界的变化遵循一定的目的。"医生与建筑师在开始工作的时

---

　　① 亚里士多德:《动物志》,商务印书馆,1979 年,第 338～339 页。

　　② 亚里士多德:《动物志》,商务印书馆,1979 年,第 479 页。

候,一定意识着目的,这是显而易见的。在自然界的现象中,也存在着目的与价值。"①他用目的论思想来解释生物体构造的巧妙。他认为自然界最经济,不做无益浪费的事情。自然界在这部分中取走的东西,就在另一部分给予补偿。动物不会同时生有利牙与角,因为只要一种防卫武器就够了,多了就是浪费,不符合经济的目的。反刍动物的牙齿不好,可是复杂的胃又弥补了这个缺陷。植物为了果实而长叶子,叶子长出来是为了替果实遮阴。这些巧妙的安排都说明了目的的存在,而畸形就是没有达到目的。他写道:"这样,每当所有的部分长得好像是为了一个目的而产生出来那样的时候,这样的东西就活下来了,因为它们自发地构成了一个合适的机体;反之,那些长得不是这样的东西,就消灭了,并且继续在消灭中,恩培多克勒说他的所谓'人面牛'就是这样灭亡了的。"②

他说:"动物生产动物,植物生产植物,它们都具有不灭的神性。"③亚里士多德用他的四因说来解释遗传现象。他认为在生育过程中,男性提供形式因,女性提供质料因。精液是由血液形成的,可是它的作用又是非物质性的,它实质上没有给胚胎以任何物质,只是提供运动与成型力量。新个体的每一个部分都像核心一样被包含在精液里,并通过精液传送给胚胎。亚里士多德具有明确的获得性遗传的思想。他说:"孩子的整个身体和各个部分都像他们的双亲。……此外,不仅是遗传的性状,而且是获得的性状都是相似的。因为曾经出现过这样的事:身上有疤痕的父母,生下的子女也以同样的方式,在同一个部位上长一个疤痕。比如,在卡尔锡唐地方,有一个男子在臂上刺花,他的孩子也出现了同样的花纹,只是不那么清楚而显得模糊一些。"④他也涉及后来孟德尔提出的隐性性状的观念。他写道:"此外,(子代)还同那些毫不参与精液生成的祖先相似。因为隔了几代后又重新出现相似,比如伊利斯地方的一个姑娘同一个埃塞俄比亚人结婚,他们的女儿没有埃塞俄比亚人的特征(这里只指皮肤的颜色);

---

① 赵功民:《外国著名生物学家传》,北京出版社,1987 年,第 4 页。
② 北京大学哲学系外国哲学史教研室编译:《古希腊罗马哲学》,三联书店,1957 年,第 255~256 页。
③ 赵功民:《外国著名生物学家传》,北京出版社,1987 年,第 8 页。
④ 斯多倍:《遗传学史——从史前期到孟德尔定律的重新发现》,上海科学技术出版社,1981 年,第 35 页。

可是他们的外孙就出现了埃塞俄比亚人的特征。"①

综上所述，亚里士多德的生物学思想是十分丰富的。恩格斯说："在希腊哲学的多种多样的形式中，差不多可以找到以后各种观点的胚胎、萌芽。"②亚里士多德的生物学思想就是生动的一例。

四、亚里士多德的方法论思想

亚里士多德是演绎逻辑的创始人，他提出了通过演绎获得科学知识的认识方法。

什么是科学知识？他说："所谓科学知识，是指只要我们把握了它，就能据此知道事物的东西。"③科学知识是关于事物的认识。那么，科学知识主要是认识事物的什么呢？"只有当我们知道一个事物的原因时，我们才有了该事物的知识"④。科学知识是关于事物的原因的知识。认识了事物的因，我们就可以判断必然会出现某种果。所以关于因果性的知识，又是关于必然性的认识。必然性与普遍性相联系。"知识是关于普遍的，是通过必然的命题而进行的"⑤。"如果三段论的前提是普遍的，那么，这类证明——总体意义上的证明——的结论必定是永恒的。如果联系不是永恒的，那就没有总体意义上的证明或知识。"⑥总之，科学知识是关于事物原因的、必然的、普遍的、永恒的知识。

科学知识不可能通过感觉经验获得。因为感官所认识到的都是特殊的东西，不能揭示事物的原因。我们只有通过理性才能获得科学知识，获得知识的方法是逻辑论证，依靠三段论式的证明和推论。"我们无论如何都是通过证明获得知识的。我所谓的证明是指产生科学知识的三段论。"⑦

他认为科学知识由科学概念与科学命题组成。科学概念分为基本概念和

---

① 斯多倍：《遗传学史——从史前期到孟德尔定律的重新发现》，上海科学技术出版社，1981年，第34页。
② 恩格斯：《自然辩证法》，人民出版社，1984年，第49页。
③ 苗力田主编：《亚里士多德全集》第一卷，中国人民大学出版社，1990年，第247页。
④ 苗力田主编：《亚里士多德全集》第一卷，中国人民大学出版社，1990年，第248页。
⑤ 苗力田主编：《亚里士多德全集》第一卷，中国人民大学出版社，1990年，第308页。
⑥ 苗力田主编：《亚里士多德全集》第一卷，中国人民大学出版社，1990年，第263页。
⑦ 苗力田主编：《亚里士多德全集》第一卷，中国人民大学出版社，1990年，第247页。

派生概念两类。基本概念是原始的、无需定义的概念;派生概念是用基本概念定义的概念。科学命题分为基本命题和派生命题或公理和定理两类。公理是原始的、无需证明的命题,定理是从公理推导出来的命题。获得科学知识的基本方法是:从少数无需定义的基本概念和少数无需证明的公理(前提)出发,应用演绎推理的法则,推导出一系列的定理。"证明是知识的唯一条件,知识只有通过证明才能获得"①。

从公理演绎出定理,这就是公理化方法。亚里士多德是公理化方法理论的创始人,他对公理的认识意义给予了很高的评价。"本原构成了真正的知识。""本原的科学高于一切。"②这种方法是从直观现象出发直接建立最一般的原理,然后通过演绎得出一系列中间层次的原理。所以弗兰西斯·培根称他的逻辑是"跳跃式"逻辑。

可是,亚里士多德在生物学研究中却采用了另一种方法。他很难用公理化方法建构生物学的逻辑体系,即使假设几条生物学的原始原理,也不可能逻辑地推导出各种不同生物的构造、形态和功能。在生物学领域,他一反撰写《形而上学》、《物理学》、《论天》时的沉思和思辨,显示出一派从事实证科学研究的经验主义者作风,真是判若两人。他曾到田野、海边、沙滩进行考察,向农民、渔夫、猎人、旅行家请教。他解剖过 50 多种动物,对大约 540 种动物进行了分类。他仔细观察过鸡的胚胎发育过程。他的学生亚历山大不断地给他送来动物标本。他说:"实验比理论更可信,理论只是与实验结果相一致的情况下才可信。"③难怪有人说他是第一位从事观察和实验研究的生物学家,难怪他的学生德奥夫拉斯特在岩石学和植物学方面进行了大量的搜集标本、描述分类的工作。所以梅森说:"亚里士多德在希腊科学史上标志着一个转折点,因为他是最后提出一个整个世界体系的人,而且是第一个从事广泛经验考察的人。"④

一方面制定了系统的、理性的演绎逻辑方法,另一方面自身又包含着向经验方法的转化,亚里士多德就是这样一位科学认识思想家。他是一位跨时代的学者。

---

① 苗力田主编:《亚里士多德全集》第一卷,中国人民大学出版社,1990 年,第 251 页。
② 苗力田主编:《亚里士多德全集》第一卷,中国人民大学出版社,1990 年,第 265 页。
③ 赵功民:《外国著名生物学家传》,北京出版社,1987 年,第 3 页。
④ 梅森:《自然科学史》,上海译文出版社,1980 年,第 34 页。

由于时代的限制,亚里士多德提出了许多错误的观点。对后来科学影响特别大的是这样一些观点:属性决定物质的学说、地心说、双重世界学说、物体下落速度同其重量成正比的观点、否定运动惯性的思想、自然界厌恶真空的思想、第一推动的思想、目的论、生命力说、自然发生论等方面。到了中世纪,他几乎被神化了。他的这些错误观点也被当作不容怀疑的教条,严重地阻碍了科学的发展。以致近代力学、天文学、物理学、化学要生存发展,就必须花很大的力气来纠正亚里士多德的这些错误。可是,这种历史曲折的出现,并不是亚里士多德个人的责任。

第七节 阿里斯塔克与托勒密

从柏拉图、欧多克斯、卡利普斯到亚里士多德,古希腊的天球层体系完成了,对天文学的发展作出了重要贡献。显然,恒星视差的难题在亚里士多德的天球层模型中已不构成什么威胁,这是它胜过中心火学说之处。但它受到来自另一方面的挑战。首先,它要求各天体同地球的距离不变,而金星、火星的亮度却时常变化,说明它们同地球的距离是在变的。日食有全食,也有环食,说明日、月同地球的距离也在变化。其次,它不能说明行星的不规则视运动。再次,它不能解释从春分到秋分,同从秋分到春分的长度不相等。在这些矛盾面前,柏拉图派的赫拉克利德(前 388~前 315)就用地球的自转来解释天体的视运动,并从水星与金星总出现在太阳附近这个现象,提出水星与金星绕太阳运动,又同太阳一起绕地球运动。赫拉克利德的模型基本上是地心说,但已包含了向日心说转变的基因。

一、阿里斯塔克的日心说

亚历山大里亚时期的天文学家阿里斯塔克(前 310~前 230)被恩格斯称为"古代的哥白尼"。他留下的唯一著作是《论日月的大小和距离》,其余的著作均已失传。我们现在主要是通过阿基米德的著作才了解到阿里斯塔克的思想的。

阿基米德在《沙粒的计算》一文中说,阿里斯塔克主张"行星与地球沿以太阳为中心的圆周绕太阳运动,而恒星所在的天球的中心与太阳的中心相重合"①。阿基米德在给叙拉古王希罗的信中也叙述了阿里斯塔克的思想。

阿里斯塔克用几何方法推算出日、月离地球距离之比和日、月、地球体积之比。他在《论日月的大小和距离》一文中写道:"命题 7.地球到太阳的距离大于地球到月球距离的 18 倍,但小于 20 倍。""太阳与地球的体积之比大于 6859 比 27,但小于 79507 比 216。"②他提出日心说的理由是:既然太阳是宇宙中最大的一个天体,那么宇宙的中心就只能是太阳。

他猜想宇宙是很大的,他说恒星天到地球的距离比太阳到地球的距离要大得多。地球围绕太阳旋转的轨道,比起恒星天来说,只是一个小小的点。我们之所以未能观测到恒星视差,是因为恒星距地球太远。显然,他的视野比亚里士多德更开阔了。

阿里斯塔克的基本观点无疑是正确的,但是他的学说却未被当时的人所普遍接受,以至于他的著作大都失传了。为什么会出现这种情况呢?也许是因为他触犯了上帝的权威,被人认为是犯了亵渎神灵的罪;也许是因为他的观点同人们的感觉不一致,不能解释我们每天所看到的太阳东升西落的现象;也许是因为他缺少细节,没有编出一个准确的星表;也许是因为他没有资历、威望,敌不过赫赫有名的柏拉图、亚里士多德。总之,太阳中心说在阿里斯塔克那里,只能是一种天才的猜测、智慧的火花,只能是一株弱小的幼苗。它未能长成参天大树,但在科学的土壤中播下了一颗真理的种子。

历史发展到这一步,日地关系的各种可能都有人试探过、论述到了。地心说振振有词,论据充分,颇能自圆其说。菲洛劳斯设想了看不见的中心说与反地球,想象力有余,说服力不足。阿里斯塔克的理论不失为一种创见,但要接受他的理论,首先就要怀疑我们的眼睛。各种学说都在竞争着,历史将选择谁作为宠儿呢? 历史选中了托勒密。

二、托勒密的地心说

希腊人把阿里斯塔克学说撇在一旁,继续发展他们的地心说。对阿里斯塔克

---

① 陈毓芳、邹延肃:《物理学史简明教程》,北京师范大学出版社,1986 年,第 68 页。
② 宣焕灿选编:《天文学名著选译》,知识出版社,1989 年,第 14、31 页。

学说进行批评并把地心说提高到一个新阶段的,是托勒密。托勒密(约 90～168)著有 13 卷《至大论》和 38 卷《地理学》,此外还写过占星术和光学方面的著作。

他认为研究天文学的方法是"算术和几何学的无可争辩的方法",即用算术与几何学的方法来概括观测资料。他说:"我们希望从古人和我们自己的观测中找到明显而确切的形象,并把几何论证的方法应用到这些概念的结论上去。"①托勒密强调几何学的方法,这说明他的天文学还属于天体几何学的范围。天体几何学是天文学发展的初期阶段,它的主要任务是描述天体的几何位置、距离和运行轨道的几何图形,至于运行的原因则是思辨哲学所要回答的问题。天体几何学是天文观测、几何方法和思辨哲学的混合物。托勒密同毕达哥拉斯、亚里士多德相比,思辨的成分要少些,但仍未超出那个阶段。

他认为在解释自然现象时,主要是寻找一种假说,它要尽可能简单明了,而又要能说明各种事实。他的地心说是作为一种假说提出来的,他认为这种假说既简单又能说明当时观测到的各种天文现象。无论是研究天文学还是研究地理学,他都认为应当从准确的资料出发,即要从事实出发。托勒密也是一位尊重事实的人,就这点而言,他同别的著名科学家没有本质的区别。所以,尽管他提出了错误的地心体系,但他仍然是一位科学家。

托勒密理论的基本概念来自阿波罗尼和希帕恰斯。阿波罗尼为了解释天体同地球之间距离的变化,提出了本轮、均轮的概念。希帕恰斯大体上确定了本轮与均轮的大小,并为了解释春分到秋分同秋分到春分长度的不相等,提出了偏心圆的概念。托勒密认为地球在世界的中央,所有的重物都朝着它运动。就这点来说,他继承了亚里士多德的思想,但他也懂得,如果再一味地坚持亚里士多德的天球层体系,就不可能坚持和发展地心说。于是他就从阿波罗尼与希帕恰斯那里吸取了新的思想,用圆周体系来代替天球层体系,克服了亚里士多德体系所无法解决的一些困难。

托勒密主张地球静止不动,并对阿里斯塔克的地动说提出了批评。他指出,我们每天都可以看到太阳从东方升起,在西方落下。物体在做自由落体运动时,总是垂直下落的,这说明地球没有运动,否则在地球上的人看来,物体就会斜着下落了。如果地球从西向东运动,那么天上的浮云、飞鸟就会沿着一个

---

① 霍尔顿等:《天空中的运动》,文化教育出版社,1980 年,第 25 页。

统一的方向从东向西运动,就不可能自由地飘浮、飞翔了。如果地球从西向东运动,我们就会感到东风不断吹来,可是我们并没有看到这些现象。如果地球在不停地转动,地球上的所有物体就会向外飞散,最后整个地球就有崩溃的危险。"仅仅想到这点,也会使人觉得可笑。"如果地球在运动,我们就应当能测出恒星视差,但是我们却没有测到它。他认为这些都说明地球是静止不动的。他在《天文学大全》中说:"我们宣布天层是球形的,并且在旋转;地球也是球形的,并且位于诸天的中心,像一个几何中心一样;与恒星的大小和距离相比,地球可以看成是一个点,本身不具有任何位置运动。"[①]

托勒密的理论能对行星视运动的不规则性,提出一种相当有说服力的解释。他指出,行星在小圆圈——本轮上旋转,本轮的中心(这是一个看不见的、没有实物存在的数学点)围绕地球做圆周运动,其轨道为大圆圈——均轮。地球并不处于地球的正中心位置上,而是离中心点有一段距离,所以均轮是一个偏心圆。这样,行星既在本轮上做圆周运动,又跟随本轮中心在均轮上做圆周运动,所以从地球上看,行星的运动就不规则了。亚里士多德的天球层组合是同心的组合,而托勒密本轮、均轮体系的组合是异心的组合,所以后者比前者有更大的灵活性,从而使地心说具有更强的生命力。这是柏拉图的匀速旋转与正圆轨道原则的成功应用。

托勒密注重天体的观测,认为天文学理论应当同天文观测相符。他为了做到半定量分析,尽量使自己的模型同观测结果相符,就不断增加圆圈的数目。当然,圆圈多了,就意味着理论复杂化了,托勒密本人似乎也觉察到了这个缺点。他有些自慰地说:"看起来,推动这些行星本身运行,似比了解它们的复杂的运动还容易些。"[②]"如果要考虑在天体运动中所观察到的不规则性,而这些不规则性却能以正常的圆周运动来加以解释时,就不会奇怪我们所引用的许多圆圈了。"[③]这样一来,尽管体系显得有点复杂,但却能比较准确地预测天体的运动。这在托勒密的时代,不能不说是一个成功。

托勒密为了使他的体系同观测一致,还提出了对称点的概念。1500年以后,当德国的开普勒在天文学界大显身手的时候,人们才发现,开普勒所说的椭圆轨

---

① 宣焕灿选编:《天文学名著选译》,知识出版社,1989年,第36页。
② 波德纳尔斯基:《古代的地理学》,三联书店,1958年,第366页。
③ 布勒列伊尼科夫:《人类对地球认识的发展》,科学普及出版社,1958年,第28页。

道上的两个焦点,同托勒密所说的偏心圆的圆心及其对称点颇有暗合之处。

在从菲洛劳斯到托勒密的天文学中,"中心火"、"对地"、"自然位置"、"自然运动"、"本轮"、"均轮"、"对称点"都是专业名词,表明这个阶段的天文学是用非常识来解释常识的。

三、地心说产生的认识论原因

托勒密体系的基本观点是错误的,但为什么他的体系能在天文学界流行将近 15 个世纪,而基本观点比他要正确的阿里斯塔克的日心说却几乎失传了呢?这当然有社会政治方面的原因。教会起初反对托勒密体系,因为托勒密认为地球是球形的;后来教会发现地心说对它们有用,又转而支持托勒密体系。但是,一种自然科学的理论,如果没有一点认识上的根据,而单靠社会政治方面的原因,是不会流传那么广、那么久的。

托勒密体系的出现不是偶然的,有其认识上的原因。首先,人生活在地球上,在天文学发展的早期,人类只能立足于地球来观察天体的位置和运动。当人类的活动范围还很狭窄时,人们总以为自己所居住与活动的区域,就是世界的中心。在古希腊人所绘制的世界地图上,雅典处于中心位置;而在阿拉伯人绘制的地图上,处在中心位置上的则是耶路撒冷。所以在古人看来,地球是宇宙的中心这是不言而喻的事。其次,在观察一个物体运动时,人们一开始总是倾向于把观察者自身看作是不动的,这样要比设想观察者在运动容易被人接受。另外,在亚里士多德、托勒密时代,人们对天体的大小、重量没有清楚的认识,有人甚至认为天空是由没有重量的物质构成的,所以容易转动;但是人们对地球之大却有切身的感性认识,所以他们难以想象如此庞大的地球会围绕某个物体在旋转。正如巴特菲尔德在《近代科学的起源》中所说:"我们现在可以说推动地球绕轴转动所费的力气要比使整个宇宙用二十四小时绕地球旋转一周所费的力气要少些;但是在亚里士多德的物理学中则需要某种异常巨大的东西来移动沉重的、停滞的地球,而整个天空是由稀疏的物质构成的,这种物质被认为没有重量,比较容易转动,因为转动符合于它们的本性。"[①]当时人们还认为上

① 霍尔顿等:《天空中的运动》,文化教育出版社,1980 年,第 47~48 页。

与下是绝对的,没有引力的概念,只是直观地认为所有物体都会下落,如果地球不处于宇宙的中心位置,那地球会下落到什么地方去呢? 这对古人来说显然是个难以回答的问题,而假设地球处于宇宙的中心,就排除了这个难题。最后,托勒密的体系同人们每天看到的太阳东升西落的感觉一致,那时人们还难以接受一种同视感觉不一致的宇宙体系。

托勒密地心体系对天文学研究方法的发展,也有一定的积极意义。要研究天体的运动,首先要有一个参考系,要建立某种几何学模型,托勒密正是在这条道路上迈出了重要的一步。直到现在,人们在具体观测天象时,还要假想有一个天球,设想我们地球人类就是在这个天球的中心位置上来观察天象的,这样就可以用坐标的方法来表示天体的方位和视运动。

没有探索,就没有科学。既然是探索,就要尽可能想到各种可能性,就要允许科学家们向着不同的方向、沿着各种不同的道路去探索。后来发现这条道路不通向成功,但却不能因此否认当初沿这条道路探索的必要性。科学发展不是一蹴而就的,只有通过反复的挫折、失败,才能逐步逼近胜利。爱因斯坦说得好:在科学上,每一条道路都应该走一走,即使发现一条走不通的道路,也是对科学的一大贡献。仅就这个意义而言,托勒密也是一位重要的天文学家。

托勒密体系是天文学发展的一个必经阶段。如果火星上有人,翻开火星人的早期天文学史,也必然会出现并流行着火星中心说。托勒密学说同人们的直观感觉是一致的,同当时的天文学发展水平是一致的,同人类当时的认识水平也是一致的。

长期以来,在一些科学史专家的眼里,托勒密成了谬误的化身,似乎他的出现除了为哥白尼提供批判的靶子以外,就完全是一种历史的误会。比如威尔逊在《科学家奋斗史话》中说:托勒密在天文学领域里捣了一阵乱以后,就走进了坟墓。这种看法是不能令人同意的。还是拉普拉斯说得对:"托勒密毕竟是一位渊博的学者,科学史上首屈一指的人物。……托勒密的声誉与亚里士多德和笛卡儿的声誉得到相同的遭遇,在他们所犯的错误为人认识以前和以后,一般人由盲目崇拜,而转为不适当的轻蔑,原来,即使在科学里,最有益的革命亦不能免掉情感和不公正的批评。"①

---

① 拉普拉斯:《宇宙体系论》,上海译文出版社,1978年,第402页。

19世纪法国天文科普作家弗拉马利翁评论托勒密等人的一段话更发人深思:"他们的工作只不过是很不完善的宇宙体系的一个开端。但是,在科学的黎明时期,这体系能够一下子就完善吗?我们应该惊异的,倒是他们的体系在以后传授了十几个世纪而没有人敢作出重要的修改,多少代的教授们和学生们都恭顺地接受了。"[1]

第八节 占 星 术

科学的任务之一是用已知来说明未知,使未知转化为已知。未知向已知的转化是需要各方面条件的,当条件不具备,未知不能转化为已知时,人们就会产生对已知的不信任和对未知的神秘感,就可能会出现迷信与唯心主义。科学是唯心主义的对立面,可是唯心主义又往往伴随着科学。哪里有未知,哪里就会有新的科学知识,哪里也就可能有唯心主义。科学战胜了一个唯心主义观念,也就向未知世界又前进了一步。

在天文学的历史发展中,就曾出现它的对立物——占星术。而在很长的历史时期内,占星术又总是伴随着天文学,有时甚至到了难以分开的程度。

占星术是一种世界性的现象,几乎在各个古老的民族中都曾流行。行星运动的不规则性、彗星、流星、新星、日月食等现象,对于古人来说都是未知数。他们不能科学地解释这些现象,就认为它们同人们的生活有某种神秘的关系。太阳的不同位置对地球上的气候、温度、昼夜、动植物的生长、农业、畜牧业的收获以至人类的生活,都有很大影响。因此古人很自然地就猜想:行星的位置、彗星与日月的出现,也应当直接影响到人类的生活与命运。这就是占星术产生的认识论根源。起初认为各种反常的天象影响国家、民族、地区的命运,后来又认为可以直接影响到个人的命运。于是,"天上怎样,地下就怎样",就成了古巴比伦人的信条。根据天象推测人间的吉凶祸福,就成了占星术的主要内容。

在中国的商代(约前16世纪~前10世纪),许多甲骨片就是占卜用的,其中有不少关于天象的记载,这就说明当时占星术已颇为流行。中国古代占星术

---

[1] 弗拉马利翁:《大众天文学》第二分册,科学出版社,1965年,第286页。

的理论基础是"天人感应",认为不但天的灾异能影响人,而且人的行为和精神活动也能感动天。所以人若有罪孽,就会使天象发生某种变异,我们就可以从这些变异预告人必将受到某种惩罚。

在古代的巴比伦,大约在公元前 2000 年以前,就已经出现了占星术。公元前 250 年左右,巴比伦的占星家贝罗索斯把行星的运动与位置同个人的命运联系在一起,并在希腊建立了占星学校。巴比伦人把黄道(地球绕太阳公转的轨道平面和天球相交的大圆)分为十二个宫,以春分点(昼夜相等的那天太阳所在的位置)将黄道每隔三十度划为一宫,它们的名称是:白羊、双子、巨蟹、金牛、狮子、室女、天秤、天蝎、人马、摩羯、宝瓶、双鱼。太阳每月换一次宫殿。占星术认为,在一个人诞生时,太阳处于哪一个宫,对这个人的品格有很大的影响。比如太阳处于摩羯宫时出生的人,称为"摩羯人",这种人有耐心,能刻苦,可以信赖,但有惰性,不大愿意改变自己的生活方式,等等。在天宫图中,占星家又把全天分为十二宅,太阳每小时经过一个宅。十二宅各有不同的功能,如第一宅决定婚姻,第八宅决定死亡,等等。占星术也有不同流派,分别重视某一个天体的作用。

托勒密曾写过占星术方面的著作,被认为是占星术方面的权威。后来的第谷、开普勒都是占星家。帝王们每逢重大的事件,都要征询占星家的意见。占星术也曾给人们带来过许多次恐惧。1186 年 9 月 15 日,五大行星聚会在天秤座上,占星家事先预言要发生大地震与骚乱,于是坎特伯雷大主教命令大家绝食、忏悔,有不少人挖地道,想住到地下,结果什么灾害也没有发生。1524 年 2 月 25 日,行星又一次聚会,占星家预言将发生大洪水,于是德国沿海地区的农民纷纷出卖土地,流亡异乡。有个医生造了一个大方舟,想重演诺亚方舟的故事。诸侯们把宫殿搬到山上,许多人神经错乱甚至自杀。结果那年的 2 月反而是干旱的天气。

西方占星术的理论基础也是"天人感应"的唯心主义观念。第谷晚年在哥本哈根大学说:"上帝在天上安排如此美妙的日月星辰不是没有什么目的和用途的,……火星和金星在天空中某处的会合,地上就会发生暴雨,甚至大雷雨的灾难。大行星在天上会合是重大事件,地上就会发生灾变,这是以往的经验所证明的。1593 年木星和土星在狮子宫的第一区大会合,次年鼠疫席卷欧洲,丧亡无数人的生命,这难道不就是星象和人事相感应的证明吗?"①

---

① 中国科学技术大学天体物理组编:《西方宇宙理论评述》,科学出版社,1978 年,第 35~36 页。

从概率的观点来看,占星术的所谓预言总有一些是碰对的。再加上这些预言往往含义不清、模棱两可,可以作各种解释,所以在某些场合下看起来似乎颇有道理。但随着时间的推移,历史的发展,它日益破绽百出,受到越来越多的怀疑与批判。第谷曾根据一次即将发生的月食预言土耳其皇帝的死亡。月食发生后不久,果然传来了土耳其皇帝死亡的消息,于是第谷名噪一时。可是不久更确实的消息传来:土耳其皇帝的死亡发生在月食之前,而不是发生在月食之后,这又使第谷哭笑不得,狼狈不堪。

意大利的人文主义者米朗杜拉比较早地就批判了占星术,他研究了占星家的天气预报,指出在 160 天中只有 6 天是碰对的。他还说占星家预言他要走好运的日子,他却刚好是倒了大霉。18 世纪英国占星家巴尔特利日,到处招摇撞骗,颇能迷惑人。著名作家斯威夫特为了揭穿他的骗术,就仿照他的占星术编写了一部书,预言巴尔特利日将于 1708 年某月某夜死亡。到了那天,斯威夫特还一本正经地发出了讣告,这使巴尔特利日十分气愤。可是斯威夫特却对人们说:预言是根据巴尔特利日的占星方法制定的,他到时候不死,这只能证明他的占星术是骗人的鬼话。

占星术是迷信,是天文学发展中产生的一个有害的副产品。但是占星术士在观察天象过程中,积累了大量的观测资料,这些资料在客观上又有助于天文学的发展。在古代,要完全区分科学的天文学与迷信的占星术,是不可能的事。随着天文学的不断发展,占星术的地盘在不断缩小,它的一些曾经起过的历史作用也就逐步消失。1781 年新的行星天王星被发现,这是对占星术的一次沉重打击。当时有的占星术士就说天王星很小,微不足道,所以根本不影响占星术的理论。可是后来发现天王星的半径相当于地球的 4 倍。接着又陆续发现了海王星、冥王星,占星术就更难自圆其说了。

第九节 古代的地理学思想

在地中海流域希腊化时代和中国古代,地理学也很繁荣,出现了一批地理学家,提出了一些很有价值的理论思想。

一、埃拉托色尼

埃拉托色尼(前275～前195)曾任亚历山大图书馆馆长,他第一次用"地理学"的名称来代替传统的"地方志",并建议在地理学研究中采用物理学的原理与数学的方法。

他认为地球同整个宇宙一样是球形的,地表的地震、蒸发等变化都不会改变地球总的形状,因为在这样巨大的范围内,任何显著的变化都是看不出来的。但他又强调地球表面在不断地运动变化之中。他说他常在陆地上发现贝壳、古代海船的碎片和含有海水的湖泊。他赞同被人称为"物理学家"的斯特拉唐的看法:海洋干旱后就变成了陆地。

在我们居住世界的周围是海洋还是大陆?这是古代地理学家有争论的一个问题。埃拉托色尼是海洋论者。他根据印度洋与大西洋潮汐的相似,主张两洋相通,欧亚非三大洲连成一片,因此乘船从西班牙出发,绕过非洲南端,就可以到达印度。他错误地认为里海是北冰洋的一个海湾。

尤其宝贵的是他计算了地球的大小,他所用的方法简单而又科学。夏至的正午,在距离亚历山大约5 000斯塔季亚的塞恩城(现今的埃及阿斯旺水坝附近),阳光可以一直照到井底,所有直立的物体都没有影子。而这时的亚历山大城,直立物体都有一段很短的影子,说明照在亚历山大城的阳光与直立物体形成了一个夹角,这个夹角应当同假想的从地心出发,引向塞恩城与亚历山大城的两根直线所形成的夹角相等。那么测出亚历山大直立物体与阳光的夹角,再利用两地相隔的距离就可以计算出地球的圆周长度了。他测出这个夹角大约是7度,约为地球圆周的1/50。因此地球圆周长是25 200斯塔季亚。这个数值约为40 000千米,实际上地球赤道的长度是40 076千米。在那样的时代埃拉托色尼能将地球大小测得如此准确,实在难能可贵。

二、辛尼加

古罗马地理学家辛尼加(前4～后65)的主要著作是《自然科学诸问题》,书中详细地描述了水、气、风、地震等各种地理现象。他认为地球表面上的一切都在变化。空气在动,风就是向一个方向流动的空气。但不能简单地说"风是空气的流动",因为空气一直在动,决不会完全静止,只有当空气往一个方向运动时才形成风。空气本身具有运动的力量,这种力量不是从别的任何地方得来的,而是蕴藏在它内部。水在动,即使在风平浪静时也是如此,因为水是生机勃勃的东西。火在动,因为火本身也有某种力量。因此整个地球也在不断地动。地球的运动共有三种:震动、摆动与颤动。

同埃拉托色尼相反,辛尼加是大陆论者。他认为大西洋并没有人们通常说的那么大,在顺风时几天就可以横渡过去。在他写的悲剧《美狄亚》的一场中,合唱队唱出了这样的诗句:

> 这样的时候即将来到,
> 那时,海洋摆脱大自然的锁链,
> 一片广阔的大地将被发现,
> 西提斯将要揭露许多的新地方,
> 弗列岛不再是世界的边缘。[①]

这几行颂诗被后人视为发现美洲新大陆的惊人预言。

他告诫读者,既要虚心听取古人的意见,又不要迷信古人。前人的说法可能有错误,比如在尼罗河水为什么在夏季上涨的问题上,泰勒士、阿那克萨哥拉等人的看法就是不正确的。因此,每一代人都要进行新的探讨,作出新的贡献。他强调人们不能满足于观察自然界的表面现象,而应当以很大的勇气去揭露自然界内部的秘密。

三、斯特拉波

斯特拉波(约前63~约后20)曾在亚历山大图书馆工作,83岁时完成了43卷的《历史学》后,又写了17卷《地理学》。他认为研究地理学是哲学家应尽的职责,因为只有具备多方面知识的人才能研究地理学,而这些知识正是哲学家

---

① 波德纳尔斯基:《古代的地理学》,三联书店,1958年,第136~137页。

所特有的。他反对盲目抄袭亚里士多德的著作,主张地理学要提供对我们居住世界的真实描述。他指出不懂得天文学、几何学、气象学,就不可能研究地理学。测量地球的人可以从天文学家那里获得原理,而天文学家又可以从物理学家那里获得原理,所以地理学家应从别的学科吸取有益的东西。地理学同国家的政治生活、人们的日常生活都有密切的关系。他的书是为行政官员与军事首领而写的,目的是为他们提供情报与资料。他认为大陆在做垂直的升降运动。"不仅小的岛屿可以与海水一同上升,大的岛屿也是如此;而且不仅岛屿如此,大陆也同时在上下运动,不论大的、小的都可以沉降。"[1]

四、裴秀

裴秀(223～271)是中国魏晋时期的地图学家,曾长期随军出征,积累了丰富的地理学知识,并切身体会到地图的重要。

中国地理学的起源很早。"地理"一词,在中国最早出自汉代的《汉书·地理志》。《山海经》是中国最早的一部地理学著作。春秋战国时期还出现了著名的《禹贡》。汉代以后各地编写地方志成风,积累了丰富的地理资料。

裴秀十分重视《禹贡》一书,但该书的记述同魏晋时期的实际情况已有很大出入,再加上后人的许多主观的解释,牵强的考证,更有损于这部著作的价值。所以裴秀决定用新的地理资料来补充《禹贡》的内容。他不畏艰辛,对晋朝十六州的地理状况进行了调查,并同《禹贡》中关于九州的叙述作对比,在此基础上绘制成十八篇《禹贡地域图》。

他在该图的序言中,提出了著名的"制图六体"的理论。他说:"制图之体有六焉。一曰分率,所以辨广轮之度也。二曰准望,所以正彼此之体也。三曰道里,所以定所由之数也。四曰高下,五曰方邪,六曰迂直,此三者,各因地而制宜,所以校夷险之异也。"[2]"分率"是指绘图时要用准确的比例尺。"准望"讲的是方位,用方格绘图,即"计里画方"。"道里"是说要准确测量两地之间的距离。如果两地之间地势高低不平,有高山深水,就可参照后面三个原则。"高下"即"高则同峦,下则原野";"方邪"即"方如矩之钩,邪如弓之弦";"迂直"即"迂如羊

---

① 小林英夫:《地质学发展史》,地质出版社,1983 年,第 16 页。

② 《晋书·裴秀传》。

肠九折,直如飞鸟准绳"。

"制图六体"的理论对后来中国地图学的发展产生了深远的影响。唐代贾耽的《海外华夷图》和《陇石山南图》,北宋沈括的《天下州县图》,都是根据这理论绘制的。

第十节 古希腊罗马的医学思想

古时由于没有系统的生理学与医学,人们在疾病面前往往软弱无力,束手无策,特别是传染病流行时,后果更不堪设想,因此只好求救于神灵。在古代中国,国家设置了"大祝"、"司巫"等官职,专门从事所谓"逐疫"、"驱疾"等迷信活动,巫术十分盛行。在古代欧洲,认为人生了病,是因为渎犯了神,受到上帝惩罚,所以要治病就要向上帝祈祷。相传希腊人生病就到神座旁睡觉,患眼疾的人如果梦见神庙的狗舐他的眼睛,第二天他的眼睛就会好;双手瘫痪的病人如果梦见神摸他的手,第二天双手就会灵活自如,如此等等。但就在那样的时代,也有一批学者,敢于同迷信巫术作斗争,在医学实践活动中提出了一些重要的医学、生理学思想。

一、希波克拉底

希波克拉底(约前460～约前377)是古希腊的名医,人称"医学之父",连亚里士多德也称他为伟大的人物。人们认为下列著作出自他的手笔:《论生育》、《论空气、水及地域》、《论流行病》等。当时巫、医不分,宗教与医务合一,庙宇就是医院,祭司就是医生。他却主张巫、医分离,让医学回到大自然中去。

他提出了体液病理学说,认为人体内有血液、黏液、黄胆汁、黑胆汁四种体液。这四种体液的比例适当,人体就健康;若比例失调,就会生病。他在匿名的《论生育》中写道:"体液有四种:血液,黏液,黄胆和黑胆。它们都是与生俱来的。它们是疾病的来源。"[①]因此他认为疾病是人体的一种自然过程,而不是超

---

① 斯多倍:《遗传学史——从史前期到孟德尔定律的重新发现》,上海科学技术出版社,1981年,第32页。

自然的神秘现象。古埃及医生给病人治病时,总要让病人先睡 5 天,如果病人还没死,才开始治疗。希波克拉底则打破了这种惯例,主张对病人尽快诊治。他强调病人自身有恢复健康的能力。他重视饮食的作用,认为看一个医生水平的高低,不仅要看他给病人开什么药,还要看他建议病人吃什么饮食。他说谐调、平衡、中庸是理想的生活,过度的健康也是疾病。

他认为生命的本质是体内的热力,因为只有热力才能使机体温暖。热力在婴儿时最高,以后逐渐耗散。当热力完全消失时,死亡便到来。虽然热只是生命的一种现象,他把现象当作了本质,但这毕竟比亚里士多德抽象的生命力说前进了一步。

生殖与遗传问题也是希波克拉底研究的一个课题。他主张泛生论,认为男女双方的精液(当时他没有卵子的概念)是遗传物质,它们来自男女身体的每一部分,由所有体液形成,而不是像毕达哥拉斯学派与柏拉图所说的精液只来自于脊髓、骨髓。他说:强的精液来自强的部分,弱的精液来自弱的部分。如果生殖物质中所含的来自父亲身体某一部分的精液,强于和多于来自母亲身体同一部分的精液,那么孩子的这一部分器官就更像父亲。但是又不能一点也不像母亲。孩子总是有的部分像父亲,有的部分像母亲,因为来自双亲身体的生殖物质,在孩子的孕育成长中都是起作用的。

希波克拉底学派还具有获得性遗传的思想。他在《论空气、水及地域》中指出:如果孩子一生下来,我们就用绷带或别的办法使其头部拉长,那么随着时间的推移,以后即使不再迫使脑袋变长,它自己也自然而然往变长的方向发育了。"既然双亲是秃头,孩子常常也是秃头;双亲是蓝眼睛,孩子也是蓝眼睛;双亲是斜眼,孩子也是斜眼;那末,脑袋长的双亲为什么不会生下脑袋长的孩子呢?"[①]

二、盖仑

盖仑(约 129～200)是罗马皇帝奥留斯的御医,曾在亚历山大学医。据说他写过 78 本著作,其中包括解剖学著作 9 本,生理学著作 17 本,病理学著作 6 本,治疗学著作 16 本,药物学著作 30 本。他把古希腊的解剖学知识与医学知识加

---

① 斯多倍:《遗传学史——从史前期到孟德尔定律的重新发现》,上海科学技术出版社,1981 年,第 35 页。

以系统化,把一些分裂的学派统一起来了。

　　盖仑认为生命的本质是一种灵魂。这种灵魂共有三种:所有生物都有的生长灵魂、动物所有的感觉灵魂和只有人类才有的理性灵魂。这三种灵魂分别由三种灵气所支持。盖仑所说的灵魂,并不一定是后来意义上的灵魂,而是一种对未知现象的猜测,它实际上就是亚里士多德所说的生命力。当泰勒士搞不清楚为什么磁铁具有磁力时,他也曾很方便地作出一种假设:磁铁中有灵魂。这儿的灵魂,与其说是神秘的精灵,还不如说是一个未知数。

　　他想弄清人体的构造,但没有做过人体解剖,只解剖过一些动物。在他以前,埃拉西斯特拉托(前300～前260)认为动脉是充满空气而不是充满血的,因为他发现动物尸体的动脉管是空的。相传盖仑做了这样一个实验:把活动物动脉管两端扎起来,使血管内的血液无法流动,然后切开动脉管,发现动脉管内充满的是血,从而纠正了埃拉西斯特拉托的错误。这个实验简单而巧妙,克服了单纯观察的局限性。

　　盖仑学说对后世影响最大的是他的血液运动理论。他认为血液在肝脏中形成,然后由静脉一部分输送到全身,另一部分流入右心室,通过左右心室之间的孔道流到左心室,再经动脉流到全身。血液只能来回流动,无所谓循环。这种错误学说的理论基础不是别的,正是亚里士多德的观念:既然只有天体才能作自然的圆周运动,那么血液在人体内决不能打圈圈。

　　他在解剖学的研究中还提出了目的论的思想,认为人体构造与生理机能都是有目的地安排的。盖仑的这一思想以及他的三种灵气的思想,与亚里士多德的某些理论如出一辙。所以,在某种意义上可以说,盖仑是把亚里士多德的一些观点用于医学、解剖学的研究,建立了相应的理论体系。因此,在很长时期内,他的学说的命运是同亚里士多德学说的命运联系在一起的。当后来亚里士多德成为不可侵犯的权威以后,盖仑也就成了医学界被顶礼膜拜的偶像。

　　西方在希波克拉底、盖仑时代,医生也用植物、动物矿物治病。如用从杨柳树皮中提炼出来的水杨基酸止痛、治疗发热。也有许多荒诞做法,如把数十上百种动植物药搅拌在一起,称之为"解毒舐剂",服后无效。又加入许多杂物,甚至是乌龟血、鳄鱼粪、木乃伊粉。

第十一节　中国古代的医学思想

中国古代科学思想有两大精彩,一个是古代宇宙理论,另一个就是古代的医学理论。

一、《黄帝内经》

《黄帝内经》简称为《内经》,由《素问》与《灵枢》两部分构成,约 20 万字,以黄帝与其臣岐伯等人的对话形式撰写。基本定稿于战国时期,后经秦汉许多学者补充修改而成。

《内经》全面论述了中国传统医学的理论体系,并包含古代天文、气象、历法、地理、生物诸方面的知识。理论体系大致分为三个层次。第一层次,把元气、阴阳、五行的哲学应用于医学,并丰富了这些哲学学说。这是中医的哲学理论,也可说是医学哲学。第二层次是基本医学理论,包括藏象学说、经络学说。第三层次是关于诊病治疗的基本观点方法。

《内经》认为气是万物本源。"在天为气,在地成形,形气相感而化生万物矣。"[①]人也由气构成。

阴阳二气相互制约、依存、转化。重阴必阳,重阳必阴。"人生有形,不离阴阳。""夫言人之阴阳,则外为阳、内为阴。言人身之阴阳,则背为阳,腹为阴。言人身脏腑之阴阳,则脏者为阴,腑者为阳。"[②]《内经》用阴阳说明病理变化,阴胜则阳病,阳胜则阴病,阴阳平衡则健康。

《内经》根据五行哲学推演出五音、五味、五色、五土、五化、五气、五方、五季,以及人体的五脏、五腑、五官、五行、五志、五声等等。同属于一个五行属性的事物,都相互联系。"东方生风,风生木,木生酸,酸生肝,肝生筋"[③],形成相互联系的链条。将五脏分别归属于五行,以五行的特性来说明五脏的生理功能,

---

① 《天元纪大论》。
② 《金匮真言论》。
③ 《素问·阴阳应象大论》。

又将自然界的五方、五时、五气、五味、五色同人体的五脏、六腑、五体、五官等相联系,关注人与自然的统一。《素问·阴阳应象大论》:"南方生热,热生火,火生苦,地生心。心生血,血生脾。心主舌。其在天为热,在地为火,在体为脉,在脏为心。"

藏象学说是关于脏腑生理功能、病理变化及其相互关系的学说。五脏是心、肝、脾、肺、肾的合称,其功能是化生和贮藏精气。心五行属火,是"君主之官",主血脉、主神志。肝属木,为"将军之官",贮藏和调节血量。脾属土,为"仓廪之官",主消化营养。肺属金,为"相傅之官",主司呼吸,推动血液运行,通调人体水道。肾属水,其主要功能是藏精,主生殖、生长发育。主水,对体内津液的传输、排泄,维持水液的代谢平衡起重要作用,称为"先天之本",为脏腑阴阳之本,生命之源。

六腑即胆、胃、大肠、小肠、三焦、膀胱,相当于消化系统和泌尿系统,以胆为首。脏腑又不限于脏腑实体。

经络学说是关于人体经络系统的论述。经络是运行气血、联络脏腑肢节、沟通上下的通道。经脉是主干,络脉是分支。经络纵横交错,使气血通达全身,使人体成为有机统一体。经脉分正经与奇经两类,正经12条,奇经8条。络脉有别络、浮络和孙络之分,此外还有十二经筋、十二皮部。经络的生理功能是:沟通表里上下,联系脏腑器官;通行气血,濡养脏腑;调节机能,保持平衡;感觉的传递与通导。

《内经》指出,人体有正邪二气,若正不压邪、阴阳失调即为疾病,所以治病的根本是扶正压邪、阴阳平衡。病因有外因与内因。外因是"六淫",指风、寒、暑、湿、燥、火六种气候因素的反常。内因是"七情",指喜、怒、忧、思、悲、恐、惊七种情绪的突发、强烈或持久的刺激,导致人体气机紊乱,脏腑阴阳失调,喜伤心,怒伤肝,忧伤肺,思伤脾,恐伤肾。

病症有虚实两类,"邪气盛则实,精气夺则虚"[1]。这使我们对疾病的认识更细致,治疗更有针对性。

《内经》指出,病有证候,有其一定的表现形式。"有诸内形诸于外",《灵枢·本脏》:"视其外应,以知其内脏,则知所病矣。"望、闻、问、切是一套独特的

---

[1] 《素问·通评虚实论》。

诊断方法,其中切脉更令人称奇。

"病为本,工为标。"①"工"指医生,疾病第一位,医生第二位。医生的诊断与治疗必须符合疾病的客观情况。"治病必求于本。"②总的治疗原则是因人、因时、因地制宜。这是个性化、非标准化的治疗原则。

治则、治法,还要落实到制方,即研制方剂。《内经》提出君、臣、佐、使的组方原则。《至真要大论》:"主病之谓君,佐君之谓臣,应臣之谓使。"针对主证的药物称君药;辅助君药、加强疗效的称臣药;消除副作用的称佐药,使药是向导药物。

《内经》关注养生,强调未病先防。《四气调神大论》:"是故圣人不治已病治未病,不治已乱治未乱,此之谓也。夫病已成而后药之,乱已成而后治之,譬犹渴而穿井,斗而铸锥,不亦晚乎?"天人相应,顺应自然是养生之道。精神状态也非常重要。《上古天真论》:"虚邪贼风,避之有时,恬淡虚无,真气从之,精神内守,病安从来。"养生一定要有良好的生活方式。《上古天真论》又说:"法于阴阳,和于术数,食饮有节,起居有常,不妄劳作,故形与神俱,而尽终其天年,度百岁乃去。"

两千多年来,《黄帝内经》一直被中国传统医学奉为最权威的经典,它的医学哲学理论的丰富胜过它的基本医学理论,这充分彰显了它的学术价值,也是它的美中不足。

二、张仲景

张仲景,中国东汉末年医学家,主要著作为《伤寒杂病论》,包括"伤寒"和"杂病"两部分。"寒"又可作"邪"字解。伤寒病是由六淫所致的外感病。除此以外的疾病统称"杂病"。晋代医家王叔和把"伤寒"与"杂病"分开编排,成为《伤寒论》和《金匮要略》二书。

张仲景根据《素问·热论》六经分证的基本理论,系统总结了外感疾病的证候及其演变过程,提出完整的六经辨证体系,使人们对病变的部位、病证的性质、病势的顺逆能加以识别,为诊断和治疗提供依据。

① 《汤液醪醴论》。
② 《素问·阴阳应象大论》。

六经是太阳、阳明、少阳和太阴、少阴、厥阴人体十二经脉的合称。三阳经病是六腑的疾病,三阴经病是五脏的疾病。六经病证是脏腑经络病变的表现。三阳经病,外邪侵入人体,但正气未衰,有力抵制邪气,表现为机能亢奋,其病变部位在外表,以热证、实证为主。三阴经病,正气渐衰,无力抗邪,寒邪由表入里,病于脏,是阳虚阴盛的虚寒证。

太阳病,太阳主表,最先受到外邪入侵,正邪之争限于体表,故称表证。恶寒是外感疾病初始阶段的重要标志。阳明病,阳明主里,邪气由表入里,阳气最盛,正邪斗争有力,以恶热为主。少阳病,主半表半里。太阳经行于背,阳明经行于腹,少阳经行于身侧,正邪之争于表里之间,故寒热交替。

三阴经病,外邪入侵有两个途径。由他经传入者谓"传经",不经三阳直犯三阴者谓"直中"。太阴病,太阴为三阴之表,故太阴病是三阴病的开始阶段。病属脾胃虚寒。脾主运化升清,统摄血液,主肌肉四肢,是气血生化之源。若脾阳虚衰,则形成太阳病,主要证候是消化系统不适。少阴病,心肾疾病。心火在上,肾水在下,若阴阳失衡,火衰者为阳虚寒证,水亏者为阴虚热证。厥阴病,六经病的最后阶段,阴寒盛极,则阳热来复,寒热错杂。

六经病证既把证候分为六类,又把病变过程分为六个阶段,论证候重在区分,论病变重在过程。阴阳、正邪、表里、虚实、寒暑、盛衰,充满辩证法思想。

他在临床实践中总结出八种治疗方法:汗、吐、下、温、清、补、和、消。

张仲景的另一重大贡献是揭示杂病辨治的基本规律。他首先指出健康同气候密切相关。"人禀五常,因风气而生长,风气虽能生万物,亦能害万物,如水能浮舟,亦能覆舟。"[①]他指出疾病原因主要有三种:一是经络受邪,传入脏腑;二是皮肤受邪,在血脉传注,使四肢九窍壅塞不通;三是房室、金刃、虫兽所伤。关键是正不压邪,"若五脏元真通畅,人即安和"[②]。

当时中国医学界有医经派与经方派之分。医经派专论疾病的理论,忽视具体治法方药;经方派专门研究方药,很少涉及疾病的机理。两派互不合作,甚至相互攻击。张仲景则主张相互包容,首创理法方药一体化的辨证论治体系。他主张辨病论治与辨证论治相结合。辨病论治是认识疾病的共性,辨证论治是认识疾病的个性。

---

① 《金匮要略》。
② 《金匮要略》。

在方剂学方面,张仲景开创"以理立法,以法立方"的原则。《黄帝内经》载方仅13首,《伤寒论》则载方113首,《金匮要略》载方262首。他被誉为"方剂之祖"。

三、孙思邈

孙思邈是中国隋唐时期的医药家,主要著作是《千金方》(《备急千金要方》和《千金翼方》的合称)。他在《备急千金要方·序》中说:"人命至重,有贵千金,一方济之,德逾于此。"书名蕴含着崇高的人文精神。

孙思邈是中国古代第一位论述医学伦理学的医学家。他认为医生应当是"苍生大医"。"大医治病,必当安神定志,无欲无求,先发大慈恻隐之心,誓愿普救含灵之苦。""若有疾厄来求救者,不得问其贵贱贫富,长幼妍媸,怨亲善友,华夷智愚,普同一等,皆如至亲之想。亦不得瞻前顾后,自虑吉凶,护惜身命。见彼苦恼,若己有之。深心凄怆,勿避险巇,昼夜寒暑,饥渴疲劳,一心赴救,无作功夫形迹之人,如此可为苍生大医,反此则为含灵巨贼。""医人不得恃己所长,专心经略财物,但作救苦之心。""省病诊疾,至意深心,详察形候,纤毫无失。判处针药,得无参差。虽曰病宜速救,要须临事不惑。唯当审谛覃思,不得于性命之上,率尔自逞俊快,邀射名誉,甚不仁矣。""患疮痍下痢,臭秽不可瞻视,人所恶见者,但发惭愧凄怜忧恤之意,不得起一念蒂芥之心。"[①]视病人为至亲,以病人之苦为己苦,不患得失,不避险恶,一心只为救人。隋文帝、唐高宗屡次征召,均固辞不就,却热衷采种药物,悬壶济世。此等境界,岂不令吾辈汗颜?

孙思邈认为医药学是"至精至微之事",行医要无一病不穷究其因,无一方不洞悉其理,无一药不精通其性。他对本草学有重要贡献。中国现存最早的本草专著,是二世纪的《神农本草经》,收载药物365种。649年官方组织编写的《新修本草》,收载844种药物。《千金方》则详细记载药物1105种。他按《神农本草经》的分类法,把药物分为上、中、下三品。他又按主治功能分为65类。

中药药材以植物为主,其生长同水土状况密切相关,并有季节性。不同地域、季节的水土、气候皆不相同,药材的成分、质量、疗效也有所差异,所以医生

---

① 《大医精诚》。

用药,一定要注意选材。孙思邈写道:"今之医者,但知诊脉处方,不委采药时节,至于出处土地、新陈虚实,皆不悉,所以治十不得五六者,实由于此。"①他强调"采药有时"。"凡药皆须采之有时日,阴干曝干,则有气力。若不依时采之,则与凡草不别,徒弃功用,终无益也。学者当要及时采掇,以供所用耳。"②

中药药材是自然物,并非人工制造。但从药材到药物,需有加工过程,孙思邈把这一过程称为"合和"。

采种的药材需进行相关处理,以提高疗效,减低毒性和副作用。"凡草有根、茎、枝、叶、皮、骨、花、实,诸虫有毛、翅、皮、甲、头、足、尾、骨之属,有须烧炼炮炙,生熟有密,一如后法,顺方者福,逆之者殃。"③常用炮制方法有炙、炒、炮、煅、蒸、水飞。

把药材制成一定剂型,以适应治疗不同疾病的需要。《千金方》叙述了汤剂、散剂、丸剂、膏剂、酒剂、丹剂等。"凡药有宜丸者、宜散者、宜汤者、宜酒渍者、宜膏煎者,亦有一物兼宜者,亦有不入汤酒者,并随药性,不得违之。"④

孙思邈重视组方,强调"君臣佐使"原则。他指出,若配伍不当,药反成害。"药有相生相杀,气力有强有弱,君臣相理,佐使相持,若不广通诸经,则不知有好有恶,或医自以意加减,不依方分,使诸草石强弱相欺,入人腹中,不能治病,更加斗争。草石相反,使人迷乱,力甚刀剑。"⑤"药有相生相杀",这个观点十分深刻、重要。《千金方》收载的方剂达5 300多方。

孙思邈重视养生,并有独到的见解。他引用南北朝嵇康的话:"养性有五难:名利不去为一难,喜怒不除为二难,声色不制为三难,滋味不绝为四难,神虑精散为五难。"⑥孙思邈进一步提出"十二少"养生原则。"善摄生者,常少思、少念、少欲、少事、少语、少笑、少愁、少乐、少喜、少怒、少好、少恶行。此十二者,养性之都契也。""多思则神殆,多念则志散,多欲则志昏,多事则形劳,多语则气乏,多笑则脏伤,多愁则心慑,多乐则意溢,多喜则妄错昏乱,多怒则百脉不定,

---

① 《千金要方卷一·序例》。
② 《千金翼方卷一》。
③ 《千金要方卷一·序例》。
④ 《千金要方·卷一》。
⑤ 《千金要方卷一·序例》。
⑥ 《千金药方·养性》。

多好则博迷不理,多恶则憔悴无欢,此十二多不除,则营卫失度,血气妄行,生之本也。"①孙思邈主张宁少勿多,其核心是"务存节欲,以广养生"②。这同嵇康强调"去"、"除"、"制"、"绝"乃一脉相承,倡导的都是"减法原则"。大约他们已意识到人的欲望有自发膨胀的趋势,追求"由少变多"。唯有自觉节制,方能"使多变少",此乃养生的真谛。《备急千金要方·序》写道:"春秋之际,良医和缓,六国之时,则有扁鹊,汉有仓公、仲景,魏有华陀。并皆探赜索隐,穷幽洞微,用药不过二三,灸炷不逾七八,而疾无不愈者。晋宋以来,虽复名医间出,然十不能愈五六,良由今人嗜欲太甚,立心不常,淫放纵逸,有阙摄养所致耳。"

《千金要方》还叙述了按摩法、调气法。关于练气调神,书中写道:"若欲存身,先安神气","若欲安神,须炼元气。气在身内,神安气海。气海充盈,心安神定。定若不散,身心凝静。静至定俱,身存年永"。该书还叙述了叩齿咽津功、动静功、六气诀等法。

孙思邈享年百余岁,可谓养生之楷模。

南京中医药大学教授、著名中医干祖望先生对孙思邈的评价是:"本立于儒、志归于道、业从于医的典型古代德高望重高级知识分子。""孙氏始终是不越雷池一步地在儒家'克己'和道家'无为'中走着。"③

四、李时珍

中国明代医药学家李时珍,从1552年开始,上考三坟五典,下收诸子百家,跋山涉水,实地采药探索,足迹遍布半个中国,历经27年之艰辛,于1578年编撰成巨著《本草纲目》,引本草医书291种,经史百家440种。全书约190万字,收载近两千味中药,11 000首方剂。该书根据振纲分目、以纲统目的方法,建立了药物分类的纲目体系。

药物分类的关键是分类标准。《神农百草经》按功用分类,将药物分为上、中、下三品。南北朝陶弘景按药物的自然形态分为玉石、草木、虫兽、果、菜、米食六类,其《神农本草经集注》收录药物730条。李时珍也主张药物的自然形态

① 《千金要方·道林养性》。
② 《千金要方·养性》。
③ 干祖望:《孙思邈评传》,南京大学出版社,1995年,第375页。

为分类标准,但他认为前人的分类有失粗略混乱。他说:"或一药而分数条,或二物同一处;或木居草部,或虫入木部;水土共居,虫鱼杂处;淄渑罔辨,玉石不分。名于难寻,实由何觅。"①他以纲统目,将相似药物并为一类,以其中主要药物为纲,以相关药物为目,"物以类从,目随纲举"。

李时珍把所载药物分为16部:水、土、火、金石、草、谷、菜、果、木、服器、虫、鳞、骨、禽、兽、人。排列顺序体现了进化的思想。范围之广,几乎涵盖日常生活所见的各种物品,蕴含着"万物皆药"的猜想,若对此深信不疑,则是一种信念。其可取之处是使医药家视野开阔,不断寻觅新药,但缺乏根据,有"泛药论"之嫌。非药而以为是药,会产生不良后果。何谓药性? 药性与物性是何关系? 我们是如何发现并确认药性的? 总之,物与药物是何关系,为何万物皆可入药,这些问题都需要认真研究。

引人注目的是人部。李时珍认为这类药物有的与仁义相悖,会使人厌恶,所以他对此只是一带而过。他说:"《神农本草》人物惟发髲一种,所以别人与物也。今于此部凡经人用者,皆不可遗。惟无害于义者,则详述之,其惨忍邪秽者则略之。"既说人体器官与分泌排泄物可入药,又要体现对人的尊重,这是不容易的。

李时珍对前人本草所载药物,生怕遗漏失传,故皆照录,这是可以理解的。至于"寡妇床头土"、"上吊的经绳"等,已很荒唐,再次传抄,就更加荒唐了。

《本草纲目》中有一些重要的观点。"脑为元神之府。"②而传统观点认为"心之官则思"。他还猜测"命门"的存在,命门被认为是主宰人体生理功能的一种特殊实体。《本草纲目》"胡桃"条"发明"项下说命门:"其体非脂非肉,白膜裹之,二系著脊,下通二肾,上通心肺,贯属于脑。为生命之源、相火之主、精气之府……胡桃仁颇类其状。"

谈论养生时,李时珍对所谓长生不老药持批评态度。如茯苓,陶弘景说:"茯苓,仙方服食亦为至要,云其通神而至灵,和魂而炼魄,利窍而益肌,厚肠而开心,调营不理胃,上品仙药也。"③李时珍则指出,茯苓有助于养生抗老,但并非仙丹妙药。

---

① 《本草纲目·序例》。
② 《本草纲目·卷三十四》。
③ 《神农本草经集注》。

《本草纲目》代表了中国古代药物学的最高水平,有近 30 种版本,翻刻 60 余次。它在国外亦有广泛影响。问世不久即传到日本,竞相传抄,屡经翻刻。18 世纪传入欧洲,曾被译成英文、法文、俄文、德文。有些叙述被达尔文引用。如金鱼在家养下的变异,为达尔文的人工选择论述提供佐证。李时珍说:"金鱼有鲤、鲫、鳅、鳖数种……自宋始有畜者,今则处处人家养玩。春末生子于草上,好自吞啖,亦易化生。初出黑色,久乃变红;又或变白者,名银鱼;亦有红、白、黑、斑相间无常者。"被达尔文引用的还有鸡的七个品种的描述。达尔文称《本草纲目》为"中国古代百科全书"。

五、中国传统医学的一些特点

中国传统医学是自然医学,属农业文化。

它把人体看作自然物。《黄帝内经》写道:"人以天地之气生,四时之法成。"[1]"凡人之身,与天地阴阳四时之气皆同。"[2]

医生直接观察和询问病人的自然状态,获取病人的自然信息,用自然语言描述病证。切脉靠手感,针灸、按摩靠手技。经验的作用远重于工具,有限的几种工具基本上是生活用具,属"自然工具"。

药物是大自然提供的现有物体,属"自然药物"。药材以植物为主。《神农本草》收载药物 365 种,其中植物为 252 种,占 69%。《本草纲目》收载药物 1 785 种,其中植物为 1 096 种,占 61%。故医药书多称"本草",并有采药人、药农的职业。

注重养生,认为养生的关键是顺应自然。《黄帝内经》说养生要"法于阴阳","顺四时而适寒暑"。又说:"夫治民与自治,治彼与治此,治小与治大,治国与治家,未有逆而能治之也。夫惟顺而已矣。顺者,非独阴阳脉,论气之逆顺也。"[3]"故治不法天之纪,不用地之理,则灾害至矣。"[4]

各民族在古代都会有各自的自然医学,在西方诸国早已失传,唯中国传统

---

[1] 《素问·宝命全形论》。
[2] 《太素·卷十四》。
[3] 《灵枢·师传》。
[4] 《素问·阴阳应象大论》。

医学传承至今,仍富活力,实为文化奇迹。

人类医学已经历巫医(原始文化)、自然医学(农业文化)、技术医学(工业文化)的发展演化。自然医学的局限需技术医学来超越,技术医学的缺陷,则自然医学有助于其弥补。未来的医学应是人文医学。

中国传统医学的药物虽是自然药物,但医生对其仍可有所创新,这集中表现为方剂的配伍。"剂"即"齐",是调剂的意思。"调百药齐,和之为宜。"①多味药在一起相互配合,形成一个小系统,发挥整体作用,既可提高疗效,也可降低毒性。不同药物之间有相须、相使、相畏、相恶、相杀、相反等各种关系。中医不是在制造新药材,而是在制造方剂,这也是创造。方剂是古代医学的一大发明。

疾病变化多端,而所用方药有限,若将几种药物配成不同的组合,这就为医生用药提供了更大的选择空间。有文字记载的中药约 8000 种,方剂则有约 10万首之多。中医在处方时,不是被动地选药,而是能动地设计方剂。不同中医对同一病人的病情,往往会有不同的理解,就会开出不同的处方。在某种意义上可以说,古代中医能动性的发挥,超过了近现代的许多医生。

方剂的设计具有高度的灵活性,根据病情的差异和变化,可及时加减调整。"气有多少,形在盛衰,治有缓急,方有大小。"②方剂因人而异、因时而变,不拘常态,这是一种非标准化治疗、个性化治疗。

中国传统医学的另一特点,是与人文文化关系密切,具有人文精神。

中医药理论富有哲理性。五行说、阴阳说、元气论、天人合一论是其主要理论,在元理论与具体治疗之间,或者说在哲学经典与医案之间,缺少中间环节的理论。所以传统中医学理论可以说是科学理论,更可以说是哲学理论。在中国古代文史哲相通,中医在熟读哲学典籍时,自然会涉及文史。所以成熟的中医学家,都具有哲学功底、人文素养和广博的学识,包括文史知识。孙思邈说:"凡欲为大医","又须涉猎群书。何者?若不读五经,不知仁义之道;不读三史,不知有古今之事;不读诸子,睹事则不能默而识之;不读内经,则不知有慈悲喜舍之德;不读庄老,不能任真体运,则吉凶拘忌,触涂而生"。③

另一方面,古代中国的许多文人对中医怀有浓厚兴趣。医学家与文学家知

①《汉书·艺文志》。

②《黄帝内经·至真要大论》。

③《千金要方·大医习业》。

识结构相近,共同语言多。吴承恩、蒲松龄皆精通医道。作家有医学爱好,医家有文学修养,文医相互沟通。

药文学也是中医药文化的一大亮点。中药药名形式多样、丰富多采,有的传神,有的寓意,易引发文学创作灵感,故常有文学创作的素材。王安石用药名写劝酒诗,辛弃疾用 26 个药名串成《满庭芳·静夜思》赠新婚爱妻。金元时期名医朱震亨写药名文歌颂爱情:"牡丹亭边,常山红娘子,貌似天仙,巧遇牵牛郎于芍药亭畔……"汤显祖感动不已,用"牡丹亭"作为自己剧作的名称。《西厢记》中,莺莺与张生也互用药名诗传情,连红娘也用药名来解读。有的医药学家用文学形式传播中医药知识,如本草有《汤头歌》,针灸学有《天元太乙歌》,伤寒学有《伤寒百问歌》等。蒲松龄著《草木传》,用戏曲形式叙述五百多种中药的性味与功能。"古典中医和古代文学,是传统文化中的两大部分。医学家和医著之多与文学家和文学作品之多,足可相颉颃。不仅如此,二者在长期的历史发展过程中,相互关系也比较密切,即相互渗透、相互为用。具体言之,就是有许多文学家懂得医理,常常创作有关医药的文学作品;有许多医药学家比较擅文,常常在医籍中显示其文学才华。此即所谓文中有医,医中有文。这种医与文相结合的历史现象则为外国所罕见,亦为当代许多中国人所难于理解。"①许多古代中医骨子里是个文人。儒医不分,文医联袂,蔚然成风。这表明,古代中医是科技型人才,也是人文型人才。

爱因斯坦说:"西方科学的发展是以两个伟大的成就为基础,那就是:希腊哲学家发明形式逻辑体系(在欧几里得几何学中),以及通过系统的实验发现有可能找出因果关系(在文艺复兴时期)。在我看来,中国的贤哲没有走上这两步,那是用不着惊奇的。令人惊奇的倒是这些发现〔在中国〕全都做出来了。"②此话耐人思索。为何古代中国在缺乏形式逻辑体系和系统的实验发现的情况下却能取得辉煌的科学技术成就?这个问题可称为同"李约瑟问题"并列的"爱因斯坦问题"。

① 薛公忱主编:《中医文化溯源》,南京出版社,2013 年,第 211 页。
② 《爱因斯坦文集》第一卷,商务印书馆,1976 年,第 574 页。

第十二节 中世纪的中国科学

中世纪中国科学的主要成果在天文学、地学、生物学、医学和数学几个方面。

一、郦道元

郦道元(约 470～527),中国北魏时期的地理学家,曾任太守、刺史等职,一生喜爱旅游,足迹遍及内蒙古、山东、河南、河北、山东、安徽、江苏等地,并研读过许多地理学方面的著作。

成书于三国时期的《水经》,引起了郦道元的极大兴趣,他充分肯定了这部著作的价值,但又觉得它只叙述水道,缺乏全面性与系统性。又由于岁月的流逝,有些河道有了变迁,名称也有了很大的改动,需要重新修订。他同托勒密一样认为,地理情况在不断地变化,一部地理学著作必须不断地补充新内容,才能保持它的理论价值与实用价值。他说:"虽千古茫昧,理世玄远,遗文逸句,容或可寻;沿途隐显,方土可验。"①研究水系既可以从文献史料中寻找线索,也可以实地验证。为此,他跋山涉水,"访渎搜渠",经过 7 年的实地考察,阅读了 437 种文献,写成了 40 卷的《水经注》。此书比《水经》的文字增加了 20 多倍,记述的河流增加了近千条,大大丰富了《水经》的内容。

郦道元认为自然界由于气的运行而不断变化。"元气流布,玉衡常理,顺九天而调阴阳。品物群生,希奇特出,皆在于此。"②他认识到各种地理因素、地理条件是相互联系的,不能孤立地就水道而言水道。所以他在叙述水道时,也注意到水道周围的各种地理因素、地理条件。以水道叙述作线索,旁及水文、地貌、地质、动植物分布、城镇、交通等各个方面,全面地叙述了整个环境,弥补了《水经》的不足。郦道元的这种"因水以证地"的方法,具有朴素的辩证法思想。他提出"水德含和,变通在我"的观念,强调兴修水利的重要性。

---

① 《水经注卷五·河水》。
② 《水经注卷一·河水》。

二、贾思勰

贾思勰(约480～550)是北魏时期的著名农学家、生物学家。曾任太守,后弃官回山东老家,从事农业科学的研究。他的《齐民要术》一书共10卷,92篇,正文7万字,注释4万字,引用文献约160种。内容涉及各种农作物的栽培、植物的利用、畜牧和家禽的饲养等等。正如书名所说,从农林牧副渔,到米油酱醋酒,老百姓谋生的主要方法大多谈到了。它是世界上保存下来的最早的一部农业科学著作。

他强调要按照自然规律来从事农业生产。如果从主观想象出发,就会事倍功半,甚至一事无成。他说:"顺天时,量地利,则用力少而成功多。任情返道,劳而无获。"[1]所以他在总结农民的生产经验过程中,力求探索农业生产的规律性。他说:"春生、夏长、秋收、冬藏,四时不可易也。"[2]他又说:"上因天时,下尽地利,中用人力,是以群生遂长,五谷蕃殖。"[3]他主张天时、地利与人力的结合。这是天地人"三才"思想在农业中的体现。

他读了西汉末年氾胜之所著的《氾胜之书》,对书中有关休耕、轮作的叙述十分重视,就向农民调查,并亲自试验,总结出了一些轮作次序。他还发现豆苗与瓜苗种在一起效果很好,研究了套种问题。

贾思勰在《齐民要术》中提出了一些生物学的思想,尤其是物种同生活环境的关系,有关人工选择、人工杂交和定向培育方面的论述,更具有重要的意义。他发现山东的大蒜种在山西,就小得像橘核。山东的谷子种在山西的壶关、上党一带,就只长茎叶而不开花结实。那么生物同环境究竟是什么关系呢?他为了弄清这个问题,亲自种了许多本地从未种过的植物,发现其中有许多死掉了,但也有一部分活了下来。活下来的植物经过若干代以后,其特性也会发生某些变化。如原产于四川的花椒,味浓而本性不耐寒,在山东落户以后,它逐渐适应了寒冷的气候,但气味淡了一些。这使他认识到生活环境的变化会引起生物特性的变化,即物种是可以变异的。由此他又进一步设想,如果我们人为地改变

---

① 《齐民要术》卷一,《种谷第三》。
② 《齐民要术》卷一,《种谷第三》。
③ 《齐民要术》卷一,《种谷第三》。

生物的一些生活条件，就可能引起物种的变异。

他还用生动形象的比喻来说明物种变异的道理。他写道："一木之性，寒暑异容；若朱蓝之染，能不易质？"①意思是说，同一种树处在不同的寒暑条件下，其性能就会有所不同，就如同一个物体染上了红色蓝色，怎么会不发生变化呢？

贾思勰还认识到了"子性类父"、"父大则子壮"的遗传现象。他的著作中还包含有一些与器官相关的观念。比如他在谈到相马术时就指出：马鼻大则肺大，肺大则善于奔跑。他还说买猪要看嘴，嘴长齿多的猪不是好猪等，明确地指出了各种器官之间的相互联系。

达尔文在谈到选择原理时说："我看到一部中国古代的百科全书清楚记载着选择原理。"达尔文所说的那本"中国古代的百科全书"，很可能就是贾思勰的《齐民要术》。

三、张遂

张遂（673 或 683～727）是唐代天文学家，河南人，曾出家当和尚，法名一行。青年时期张遂十分好学，曾到长安城内藏书很多的元都观借书阅读。因博学多才，他受到唐玄宗的重视。717 年被召入宫，担任唐玄宗的顾问。不久唐玄宗即任命他主持历法的修订工作。这件工作成了他一生最后 10 年的工作中心。正是在修订历法的过程中，他组织了大规模的天文观测工作，在全国建立了十几个观测站，获得了许多重大发现。

他测定了 150 多颗恒星的位置。他认识到太阳运行速度的变化，发现太阳走到最南时，速度最快，然后逐渐减慢，到最北时最慢，以后又逐渐加快。

他通过对行星的观测，发现五大行星都不完全在黄道面上，各行星的轨道面同黄道面都有一定的倾斜角度。

自汉以来，"王畿千里"，"影差一寸"，即南北相差千里，影子长度相差 1 寸，已经成为传统的观念，成了许多盖天论者与浑天论者进行数字计算的依据，也是盖天说的一个基本观点。724 年，张遂组织人用圭表（铜制标杆）测影法在河南平原地区进行测量，发现南北两地相距大约 250 唐里，表影长度就相差 1 寸。

---

① 《齐民要术》卷四，《种椒四十三》。

如从阳城到武陵是 1 826 唐里,表影差 7.3 寸;从阳城到横野军为 1 861 唐里,表影差 8 寸。于是他用大量的数据推翻了"寸差千里"的传统看法,沉重地打击了盖天说。

中国古代天文学十分重视北极星,所以测定北极星的高度是一件十分重要的工作。张遂曾率领一批人进行了这项工作。他们在滑州测得当地天极出地高度(观测者向北极星的视线与地平面的夹角)约 34 度 30 秒。在测量中他们还发现,河南地区两地相距 351 唐里,北极高度就差 1 度。因为北极高度正好是当地的地理纬度,所以这实际上是测出了地球子午线 1 度的弧长为 351.27 唐里,相当于 129.22 千米。这个数据虽然同实际情况相差约 20 千米,但在 1 000多年以前的那种条件下,能得到这个近似的数据是很不容易的。所以严敦杰先生称赞这项工作是"划时代的贡献",李约瑟认为它是"科学史上划时代的创举"。

张遂还对历史上的 43 次日食与 99 次月食的记录作了认真分析研究,发现白道(月亮绕地球公转的轨道在天球上的投影)与黄道的交点大约 18 年内在黄道上移动一周,而每一次日食都是在白道与黄道交点或其附近发生。这样,假如知道了上一次日食的时间,就可以推算出下一次日食的时间。他根据这个理论,预报了三次日食。结果第二次预报的日食看到了,而第一次、第三次预报的日食却没有看到。张遂坚信自己的预报是正确的,但又不能从理论上解释这个现象,就求助于"天人感应",说这两次预报的日食本来是应当发生的,可是由于唐玄宗"德之动天",所以就没有发生。实际上张遂的这两次预报也同样是对的,只是在中国观测不到罢了。科学的预言本来已被证实,只是由于条件的限制,科学家本人一时未能看到这种证实,于是迷信就乘虚而入。科学与迷信就是这样交织在一起的。

从 725 年开始,他动手制定《大衍历》。这是他和他领导的一批天文学工作者十年辛勤观测研究的结晶。但他未能最后完成这项工作。727 年张遂病危,当唐玄宗来到他身边,并命令医生进行抢救时,他已离开了人间。

张遂一生勤奋好学,注重观测,并能大胆地在前人工作的基础上有所创新。他的研究工作得到了唐玄宗的支持,就像后来的第谷得到丹麦王的支持一样。由于唐代佛教盛行,所以在他的天文学思想中也包含一些迷信的成分。对于身兼和尚与科学家两重身份的张遂而言,这是毫不足奇的。

四、沈括

沈括(1031~1095)是北宋时期一位大科学家,对数学、天文、地学、物理、化学、生物学、医药等方面均有所研究。他生于浙江杭州,父亲做官。沈括自幼好学,14 岁时就读完了家中的藏书,并跟随父母到过许多地方。这些对他以后的科学研究工作大有裨益。沈括 23 岁时父亲去世,他在江苏沭阳县任主簿,1063年中进士,1066 年调任昭文馆校勘,这使他有机会阅读皇家图书馆的大量书籍,并开始天文学研究。以后在司天监任职,负责观测天象,制定历法。从 1068 年起,他住在润州(今江苏镇江)梦溪园,编写他的大型综合性学术著作《梦溪笔谈》,后又有《补笔谈》3 卷,《续笔谈》1 卷。

《梦溪笔谈》原书 30 卷,现传本为 26 卷。共分故事、辩证、乐律、象数、人事、官政、权智、艺文、技艺、书画、器用、神奇、异事、谬误、讥谑、杂志、药议等17 目。

在天文学方面,沈括的主要工作是制定历法。1074 年他主持编订《奉元历》。晚年又提出《十二气历》,以十二气为一年,每年分四季,每季分孟、仲、季三个月。他按节气定月份,立春那天算一月一日。过去中国采用的是阴阳合历,二历不能很好地调和。沈括提出的这个新历是彻底的阳历,就避免了这个缺点,也比较适合农业生产的需要,比现行的公历《格里历》还要合理。他估计到新的历法必然会受到保守势力的反对,但他充满信心地说:"今此历论,尤当取怪怒攻骂,然异时必有用予之说者。"[①]

他在司天监任职时,研究了北极星与天北极相差几度的问题。古时以为天北极是不动的,但实际上天北极是地球自转轴向北延伸到天球上的点,因为地球日转轴在空间的方向是变化的,所以天北极也在空间中绕一个圆圈。由于天体的移动,现在的北极星与古代的北极星不是同一颗星。沈括时代的北极星是天枢星,现在的北极星是勾陈一。汉以前的学者都认为北极星位于正北方,即北极星正好在天北极的位置上。6 世纪初的祖暅认为二者相差 1 度多。沈括觉得这个数据不大准确,就同好友卫朴一块,经过 3 个月的努力,画了 200 多张图

① 《补笔谈》卷二。

纸,"然后知天极不动处,远极星犹三度有余"。

沈括认为日月的形状如弹丸,而不像平面的团扇,月亮的盈亏就证明了这一点。可是日月天体都像弹丸,那么它们相遇时为什么不会互相妨碍呢?他说这是因为日月都是由气构成的,有形而无质,所以相遇时互相不碍事。

沈括还发现一年里每一天的时间长度并不是相等的,这是前人从未想过的问题。他实际上提出了"平太阳日"(24 小时)与"真太阳日"(实测太阳视圆面中心两次升过天球子午圈的时间间隔)的差数。时间是天文学中的一个最基本的量,沈括指出太阳日的长度有变化,这对精确测量天体运动具有重要意义。

在地学方面,他发现延州有人使用石油,遂创立"石油"一词,并预言石油"后必大行于世,自予始为之"。沈括观察了浙江温州的雁荡山,认为那儿的峭拔险怪的特殊地貌,是由水力的侵蚀所造成的,在科学史上比较早地用水的侵蚀作用来解释山岳的成因。他还最先用河流的侵蚀作用来解释平原大陆的成因,这比英国的赫顿要早 600 多年。他明确指出化石是古代生物的遗迹,而不是什么神秘的现象,并根据化石来推论古代的自然环境,这也比意大利的达·芬奇早 400 多年。他主张海陆变迁,反对"天地不易"的形而上学观点。沈括在河北,根据山崖中的螺蚌化石和砾层的层积带推断出太行山在远古时是海滨。他说:古书说舜把鲧杀死在羽山,当时羽山在东海之中,现在却在大陆之上,这有力地证明了沧海桑田的道理。他还绘制了大型的地图集,并用木头与蜡制成了一个相当精确的立体地理模型——《使契丹图抄》,这是世界上第一部立体地图。

沈括的磁学知识十分丰富。李约瑟称《梦溪笔谈》是"最早记述磁针的书籍之一"。他认识到了磁石的两极性,记述了磁铁的磁化方法:用永久磁石磨针。尤其宝贵的是他第一次描述了地磁偏角现象。他写道:"方家以磁石磨针锋,则能指南,然常微偏东,不全南也。"[1]即北极不是指正北,而稍微偏西。在西方,据说是 1492 年哥伦布第一次横渡大西洋时才发现了磁针的偏角,比沈括要晚 4 个世纪。但是他承认他对磁的本质还不清楚。他说:"磁石之指南,犹柏之指西,莫可原其理。"[2]

他还记载了许多种动植物的分布状况、性能以及同人类的关系,纠正了前

---

① 《梦溪笔谈》卷二十。
② 《梦溪笔谈》卷二十四。

人的一些错误说法。他强调人在农业生产中的能动作用，说："一亩之稼，则粪溉者先芽；一丘之禾，则后种者晚实，此人力之不同也。"①

沈括在中国科学史上占有重要的地位。李约瑟称他是"中国科学史上最奇特的人物"，"中国科学史上的坐标"。但他的科学成果大多是描述性的，缺少系统的理论。

五、郭守敬

郭守敬(1231～1316)是元代杰出的科学家，在天文学、数学、水利工程等方面均作出了很大的贡献。他出身于河北省的一个书香门第，在祖父的影响下从小就喜爱数学与水利，后又对天文学发生了浓厚的兴趣。1292～1293 年间，曾主持从通州到北京的运河工程，此河全长 164 华里，忽必烈命名为"通惠河"。

1276 年，忽必烈下令设立负责编制新历的机构——太史局，并委派郭守敬参加制定历法的工作。为此，郭守敬研究了自西汉以来的 70 种历法，分析其长短得失，指出有创见的是 13 家，充分肯定了前人的成就。要制定新历，就要有精确、简便、合用的观测仪器。他主张"历之本在于测验，而测验之器莫先仪表。"②他研制了 20 种天文仪器，包括简仪、浑仪、候极仪、玲珑仪、定时仪、仰仪、高表、星晷、正方案、丸表、悬图、异方浑盖图等。西方传教士汤若望在看到他制造的简仪以后，赞赏不已，认为这个仪器比西方要早 3 个世纪，称郭守敬为"中国的第谷"。实际上第谷应称为"丹麦的郭守敬"。郭守敬研制的简仪与浑仪的明代仿制品，至今还保留在南京紫金山天文台。

1279 年，他建议设立的大都司天台建成。1279～1280 年间，郭守敬组织了全国规模的天文观测活动，在全国设立 27 个观测点，比张遂组织的观测点要多 1 倍。这些观测点遍及全国，东起朝鲜半岛，西抵川滇与河西走廊，南及南中国海，北尽西伯利亚，当时人们称之为"四海测验"。此次观测南北统长一万多里，东西绵延约五千里之遥，其地域之广，规模之大，在历史上是空前的。③ 后来法国数学家、天文学家拉普拉斯曾在自己的著作中引用了郭守敬这次观测的结

---

① 《梦溪笔谈》卷二十六。
② 《元史·郭守敬传》。
③ 潘鼐、向英：《郭守敬》，上海人民出版社，1980 年，第 80、86 页。

果。拉普拉斯说:公元1279年到1280年期间的观测之所以重要,是由于它们的高度准确性。他称赞郭守敬的测量具有"卓绝的精度"。

在大规模的观测工作中,郭守敬等人获得了一些重要的成果。他们对黄道平面和赤道平面(地球赤道所在平面的延伸)的交角,做了比较精确的测量。自汉以来,人们认为黄赤交角是二十四度。郭守敬通过几年的观测,得出的数据是二十三度九十分三十秒(古度为六十进位制,郭守敬改为百进位制),折换成现在的通用进位制,为 $23°33'23''.3$。按美国纽康的公式计算,那时的黄赤交角应为 $23°32'0''.8$,误差只有 $1'22''.5$。显然,郭守敬所得出的数据比前人要精确得多。

他还对回归年的长度进行了比较精确的计算。"冬至者历之本",他从816年的历史资料中,取出6个比较可靠的冬至时刻,得出5个回归年的长度。又将这816年的所有日数及尾数,除以总年数,得到回归年的平均长度是365.242 5日,同现在通用的格里历相同。

此外他还对1 000多颗未命名的恒星进行了仔细的观测,编制成星表。

1281年,郭守敬主持编制的《授时历》开始实行,其精度比以往各种历法都高。它纠正了7个历代沿用的重要天文数据,创立了5项新的推算方法。明朝颁行的《大统历》基本上就是《授时历》,如把这两种历法看作一种,那么可以说它是中国历史上使用时间最长的一部历法。

郭守敬研究天文的最大特点是重视观测,重视观测仪器的研制与改进。他的学生曾称赞他说:"观其规画之简便,测望之精切,巧智不能私其议,群众无以参其功。"

郭守敬在天文学上的成就受到了国际天文学界的高度评价。1970年国际天文学会将月亮背面上的一个环形山命名为"郭守敬山",以纪念这位杰出的天文学家。

郭守敬一生天文学著作甚多,有10多种,达100多卷,阐述了新历法的编订原则,分析历代历法的缺点,是天文学史上十分珍贵的史料。可是在古代中国天文学的研究(连同占星术)属"官办事业",元朝政府曾下令禁止民间私习天文,甚至规定天文官员不得同人交往,防止泄露"天机"。于是在郭守敬死后,他的天文学著作也被秘藏在官府深院,后来反而失传了。

六、徐光启

徐光启(1562～1633)是明代著名的农学家、天文学家,又是我国欧几里得《几何原本》最早的译者。他出生在上海,1597年中举人,1604年中进士,并在北京向意大利传教士利玛窦学习数学、天文、测量、水利等方面的知识。先后任礼部侍郎、尚书、内阁大学士等官。

他主张"富国必以本业"即发展农业,"强国必以正兵"即提高兵力。他赞同古人的以农为本的思想,认为朝廷应当采取重农政策。他对农业生产问题进行了大量的调查研究,并亲自耕作、实验。他63岁时开始总结自己在农学方面的见解,撰写《农政全书》。此书包括农本、田制、农事、水利、农器、树艺、蚕桑、蚕桑广类、种植、牧养、制造、荒政等12章,其中有我国历代农业文献的材料,有农民的生产经验,而主要是阐述他自己的见解。这是一部农业方面的百科全书。

他治学严谨,重视调查和实验。为了解决一个问题,他甚至用几年的时间进行调查研究。比如他为了对付蝗灾,经过7年的实地调查,访问农民,又查阅了自春秋以来的111次大蝗灾记录,观察蝗虫由卵变蛹、由蛹成蝗的生活史,最后才提出了从灭卵入手的治蝗方法。

他反对把气候、土壤与农作物关系绝对化的"风土论"。他说:"若谓土地所宜,一定不易,此则必无之理。"[①]他主张可以在没有种过某种作物的地区,试种那种作物,他本人也积极从事这项实验,曾在上海一带移种福建的甘薯并获得了成功。他还说:"余故深排风土之论,且多方购得诸种,即手自树艺,试有成效,乃广播之。"

徐光启也是一位杰出的天文学家。1629年,钦天监官员张应候根据《大统历》,推算五月初一将发生日食,徐光启推算的日期则为五月初二,结果证明徐光启的预报是正确的。徐光启指出,《大统历》年代久远,与实际情况已不完全符合了。崇祯帝知道此事后,就罢了张应候的官,任命徐光启负责修订历法的工作,并设立了历局。徐光启到职后,聘请意大利人、瑞士人翻译外国天文学著作,并根据西方天文学理论研制了一些新的天文仪器。如"万国经纬地球仪",

---

① 《农政全书》卷二,《农本》。

是我国最早的地球仪。他还制造了 3 台伽利略式的望远镜,从此中国天文学史上出现了一个新局面——开始用望远镜来观测天象了。

历法由西方传教士汤若望等和中国学者共同编著,每一卷都由徐光启审阅定稿。全书共 130 卷,名为《崇祯历书》。徐光启在《历书总目》中,把历书内容分为 5 个方面。(1)天文学的基础知识,包括天体运行的规律,球面天文学原理等。(2)关于日月行星运行情况的表格。(3)有关的数学知识,主要是从欧洲传来的三角学与几何学。(4)天文仪器的制造与使用说明。(5)旧法与西法的度量单位换算表。他认为修订历法应以西方历法为主,但对中国的历法也要研究,取长补短,使二者融会贯通。他还绘制了一幅《全天球恒星图》。他主持制定的新历,就是中国 400 多年一直沿用的阴历。

徐光启在中国科学史上的特殊地位在于:他是第一个向中国系统介绍西方科学,并试图用西方近代科学方法进行科学研究的人。在天文学方面,他主张修订历法时以西法为主,采用了第谷体系,应用伽利略式望远镜来观测天象,采用欧洲的自鸣钟来计时。在水利工程方面,他翻译了《泰西水法》。在数学方面,他同利玛窦合作,翻译了欧几里得《几何原本》的前 6 卷。后面 9 卷则由清代的李善兰和英国的维列亚力翻译。"几何"一词就是徐光启根据英语的音与义翻译出来的。几何学中诸如点、线、面、平行线、钝角、三角形、四边形、外切、相似等概念都是他首先采用的。译著于 1607 年刻印出版。徐光启还特地写了一篇《几何原本杂论》,他说:"能精此书者,无一事不可精;好学此书者,无一事不可学。""闻西国古有大学,师门生常数百千人。来学者先问能通此书,乃听入。何故?欲其心思细密而已。其门下所出名士极多。"

徐光启基本上与哥白尼、伽利略、第谷、开普勒是同时代人。当徐光启在东方主持历法的修订工作时,近代力学与天文学在欧洲已初具规模,西方的科学已开始赶上和超过东方。在这历史转折的时刻,徐光启打开了中西学术交流大门的一角,这本来是对中国科学的发展有重大意义的一件大事,可惜,由于种种社会历史原因,刚刚打开一角的大门,又被紧紧地关上了。在 17、18 世纪,这扇大门始终没有敞开过。徐光启在《几何原本杂论》中说过:"此书为用至广,在此时尤所急须。……而习者盖寡,窃意百年之后必人人习之,即又以为习之晚也。"徐光启在这里讲的是古老的欧氏几何,实际上也是在欧洲刚出现不久的近代科学,遗憾的是他的这个愿望在 100 年以后并未能实现。一部分先进的中国人直到五四运动时期才开始意识到近代科学的重要,真使人有"习之晚也"之感。

七、宋应星

宋应星(1587~约 1666)是明清之际的科学家,1637 年发表《天工开物》18卷,后被译为日、英、法、德等国文字,在世界上广为流传。此外还有《野议》、《论气》、《谈天》等著作。

宋应星是位元气说者。他提出了有关万物本源与本质的"形气论"。"天地间非形即气,非气即形。……由气而化形,形复返于气,百姓日习而不知也。……初由气化形,人见之,卒由形化气,人不见者,草木与生人、禽兽、虫鱼之类是也。"[①]"百姓日习而不知",说明日常生活经验可以认识"形",但难于认识"气"。要认识"气",就需要抽象思维。

从《天工开物》的书名来看,宋应星十分重视人与物即人与自然的关系。他说:"人工、天工亦见一斑云。"[②]可见他把"天工"与"人工"并提。他又说:"或假人力,或由天造。"[③]他又把"人力"与"天造"并提。"开"含有"开发"的意思。"草木之实,其中蕴藏膏液,而不能自流,假媒水火,凭借木石,而后倾注而出焉。"[④]草木子实藏有油脂,但不会自动流出。人只有利用水火,凭借木榨、石磨,才能使草木子实的油脂流出,供人利用。自然物不能自发满足人的需要,所以人要"开物"。潘吉星先生说:"将'天工'与'开物'结合在一起,意味着通过技术的桥梁将(1)天工与人工,(2)自然力与人力,(3)自然界的自发行为与人类的自觉行为相结合与协调,使之相得益彰,不断地从自然界开发出种种有用之物。这就是宋应星'天工开物'思想的精神实质。如果用一句话来概括他这一思想的字面含义,则为'以人工役使天工来开物',或'利用天然力配合人工技巧开发出有用之物'。"[⑤]

---

① 《论气·形气》。
② 《天工开物·五金》。
③ 《天工开物·作咸》。
④ 《野议·民财议》。
⑤ 潘吉星:《宋应星评传》,南京大学出版社,1990 年,第 403 页。

在人与物的关系上,宋应星说:"人为万物之灵。"①万物"巧生以待"②。"五谷不能自生,而生人生之。"③五谷要靠人来种植。人是主动者,自然万物虽很巧妙,但有待人去开发。人不能完全依赖天工,还要用人工来补充。宋应星的同乡帅念祖说:"盖以人力尽地利,补天工。"④这话的意思是说,人应当发挥自己的作用,充分利用"地利"来补"天工"。帅念祖的这句话可以看作是对宋应星"开物"思想的解释和发挥。

宋应星认为"开物"包括"造物"。宋应星说"造物有尤异之思"⑤。此处的"造物"也许指"天工",但他的另一句话就说得很清楚了:"盖人巧造成异物也。"⑥"人巧"也可"造物",而且人可以造"异物"。此处的"异物",可能含有不同于一般所见之物(自然物)的意思,即"人造物"与"天然物"(或"人工自然物"与"天然自然物")不同。他认为人力并非万能。"天覆地载,物数号万,而事亦因之,曲成而不遗。岂人力也哉?"⑦宋应星的天工开物的思想,是我国原始的"人工自然论"。

如何开物、造物?宋应星提出法、巧、器这三个要素。法是操作方法,巧是操作技能,器是工具。他实际上认为技术是法、巧和器的结合。

他继承了"三才"思想。关于人的因素,他强调"勤和巧",这是符合农业生产特点的。

宋应星还提出了一些生物学的思想。他说:"草木有灰也,人兽骨肉借草木而生,即虎狼生而不食草木者,所食禽兽又皆食草木而生长者,其精液相传,故骨肉与草木同其类也。即水中鱼虾所食滓沫,究其源流,亦草木所为也。"⑧动物的物质成分来自植物,植物的物质成分来自无机物,精液相传,骨肉与草木同类。"凡粮食,米而不粉者种类甚多。相去数百里,则色、味、形、质随方而变,大同小异,千百其名。"⑨同一种谷物生长在不同地区,其色、味、形、质都随地而变。

---

① 《天工开物·乃服》。
② 《天工开物·作咸》。
③ 《天工开物·乃粒》。
④ 《区田编》。
⑤ 《天工开物·甘嗜》。
⑥ 《天工开物·乃粒》。
⑦ 《天工开物序》。
⑧ 《论气·形气四》。
⑨ 《天工开物·乃粒》。

在研究方法上,他提倡"穷究试验"。穷究,即追问事物的本质;试验,即观察与测试。

第十三节　中世纪的欧洲科学

在欧洲漫长的中世纪,宗教与经院哲学统治着人们的思想,人类的探索精神被扼杀了。古代科学的萌芽刚刚破土而出,就遭到了中世纪严寒的摧残。

一、神学与经院哲学的统治

391 年罗马皇帝下令禁止一切异教,禁止学习数学、天文学。415 年女数学家、天文学家海帕西娅被基督教暴徒袭击,暴徒们用贝壳剥掉了她的皮肤,然后把她烧死。教会还宣布数学是"魔鬼的艺术",下令把数学家当作异教徒驱逐出境。从此神学坐在最高的宝座上,理性、科学都成了它的婢女。科学一旦超出了神学规定的范围,就立即成为镇压的对象,而经院哲学则是神学的帮手。教皇庇护十世说:"全部圣经中都有神的灵感,因此里面每一处都不可能有不正确的地方。"他们鼓吹盲目信仰,反对人们研究自然。奥古斯丁说:"在家里坐着的时候,与其将注意力被蜥蜴抓住苍蝇或者蜘蛛用网套住苍蝇这些小事吸引过去,莫如不要忘记赞美无所不能地创造出万物的神。"德奥图良更直截了当地说:"在基督以后,我们不需要任何求知欲,不需要作任何研究。"

经院哲学一方面用抽象、烦琐的推理来论证神学教条,一方面又引诱人们从概念到概念,沉溺于玄想空谈之中。天使是否要睡眠? 一个针尖上能站几个天使? 这些荒唐的问题居然成了长篇论文的主题。他们可以就鼹鼠是否长眼睛的问题,引经据典,争论不休,却没有人亲自捉只鼹鼠来看个究竟。

教会还用暴力来统治人们的思想。1220 年教皇洪诺留三世下令设立宗教裁判所,这是宗教审判科学、愚昧审判理性的法庭。宗教裁判所规定:只要有两人作证,控告即可成立;一切有利于被告的证词都不能成立,证人若想收回证词,就视为同谋;被告不认罪,就反复用刑拷问,再不认罪就处以火刑;认罪后终身监禁;被告也可不经审判就处死。1327 年意大利的阿斯科里认为地球是球形的,就被用火烧死。1611年有一个主教说虹是水滴反光的结果,就被开除教籍,死于狱中后,尸体还被砍碎。有人甚至因为说事物会变化,过去人们的生活同现在不同,也被割了舌头以后烧死。15世纪西班牙宗教裁判官托尔奎马达一人就判了1万多人火刑,在他几十年的一生中,平均每天都要烧死一个"异教徒"。

伴随着神学与经院哲学而来的,就是无知与愚昧。博韦在《史鉴》中说:"一切聪明的知识,如果不加进神的知识,都是没有用的。"535年基督教徒科兹梅在《以基督教徒所不容怀疑的圣经证据为基础的基督教的宇宙形象图》中写道:"我们要跟先知者伊萨耶同样地说,笼罩着宇宙的天具有圆穹的形状;我们要跟约夫同样地说,天和地是连成一片的;要跟莫西同样地说,地球长比宽大些。"这已经倒退到了毕达哥拉斯以前的水平。亚里士多德《论天》的注释者亚普利契则说:行星的真正运动是不可能认识的,人们所看到的那些运动只不过是幻影而已。许多修道院把古代学者写在羊皮纸上的著作刮去,以便抄写圣经。到7世纪末,西班牙首府托利多的主教图书馆内,古希腊罗马的著作只剩下西塞罗一个人的作品了。教会甚至反对人们学习文法。有个教会人士想学点这方面的知识,罗马教皇知道以后,就写信发出警告说:"你好像在学习文法——我不能不脸红地重复这句话。我很悲哀,我在叹息。请你证明你不是在学习无聊的庸俗的科学吧,这样,我们就将赞美我们的神。"992年在罗马举行宗教会议时,竟找不到识字的神职人员来做记录。

在神学的粗暴干预下,医学本身似乎也成了奄奄一息的病人。6世纪下半叶法国格列戈里主教说:敬拜死去的圣徒能治百病,吃神龛上的一撮土能治胃病,舐圣徒墓前的栏杆能治喉痛,任何东西只要放在圣徒墓周围,就能得到神奇的能力,能治百病,驱百邪。中世纪的欧洲流行病非常猖獗,每年死于天花的就有150万人,人的平均寿命只有25岁。

再看看著名学者阿尔伯特的"研究成果"吧:"取一克蔷薇、一克芥子和一只老鼠腿,把它们挂在树上,树就不再长果子了。假如把上面这些东西放在鱼网的附近,那么鱼就会聚集到网里来。"

但是到了11、12世纪,随着城市的形成,一批世俗大学出现了。除1100年建立的巴黎大学培养神学人员以外,著名的世俗大学有:波伦亚大学(1100年)、帕多亚大学(1222年)、牛津大学(1229年)、布拉格大学(1348年)、维也纳大学(1365年)、海德堡大学(1386年)、科隆大学(1388年)、爱尔福特大学(1392

年)、莱比锡大学(1409 年)等。为了满足人们追求世俗知识的需要,许多古希腊著作的阿拉伯译本和评注本,通过西班牙人传入了欧洲,陆续被翻译为拉丁语。1200～1225 年,亚里士多德的著作也被重新发现了,大批的翻译家也把它陆续译成拉丁语。由于他们的工作,欧洲人才重新读到亚里士多德的《形而上学》、《物理学》、《动物学》,托勒密的《至大论》和《光学》等。亚里士多德的著作为中世纪的欧洲展示了一个新的思想世界。他的著作中的深奥哲理和丰富内容,使多少年来一直缺少精神食粮的欧洲人大开眼界,惊叹不已。教会感觉到亚里士多德的著作是个威胁,1209 年巴黎的教会把亚里士多德的著作列为禁书。可是人们追求世俗知识的愿望是不可遏制的,于是教会改变了策略,1225 年巴黎大学把亚里士多德著作列为必读书目。1231 年教皇格里戈利九世下令重新修订与评注古希腊的著作。神学家与经院哲学家根据教皇的旨意,就尽量把古希腊的著作加以歪曲,使其能同神学的教义一致。阿尔伯特和托马斯·阿奎那就抓住了亚里士多德学说中消极的东西,加以歪曲利用。列宁说:"僧侣主义扼杀了亚里士多德学说中活生生的东西,而使其中僵死的东西万古不朽。"①经过这番"加工"的亚里士多德,也被奉为基督教世界的思想权威,一个"仅次于上帝的人"。

　　12 世纪的欧洲学者把古希腊著作从阿拉伯文翻译成拉丁文。在一些学校里,亚里士多德的逻辑学、科学和哲学著作被当作主要教材。可是神学家认为亚里士多德的一些观点(如世界永恒、自然变化有规律、灵魂不比肉体活得更久等)同教义相悖。1210 年桑斯地方宗教会议颁布命令,禁止在巴黎阅读亚里士多德著作,违者开除教籍。根据教皇约翰二十一世的命令,1277 年巴黎主教坦皮尔经过调查,列出 219 条禁止讨论的命题。例如,第 9 条:"没有最初的一个人,也没有最终的一个人;相反,永远是人类繁衍的后代。"第 34 条:"第一因(即上帝)不可能创造多个世界。"第 35 条:"除非作为一个父亲和一个人,上帝(单独)不可能造人。"第 49 条:"上帝不可能使宇宙(即天空和整个世界)作直线运动,因为这会留下真空。"第 153 条:"懂了神学,什么也懂不好。"第 154 条:"世界上唯一有智慧的人是哲学家。"②即使在这种情况下,1255 年巴黎大学的教材目录还是包括了当时所有能得到的亚里士多德著作。牛津大学一直可以注释

① 《列宁全集》第 38 卷,人民出版社,1959 年,第 415 页。
② 格兰特:《中世纪的物理科学思想》,复旦大学出版社,2000 年,第 29～30 页。

和研究亚里士多德著作。

世俗知识的传播,必然给沉闷的欧洲带来一股新鲜的空气。欧洲的一些有识之士开始对经院哲学不满了,他们要求从经院哲学的统治下解放出来,投入大自然的怀抱。罗吉尔·培根就是他们的代表。

二、罗吉尔·培根

罗吉尔·培根(约 1214～约 1292),牛津大学教授,是一位思想解放运动的先驱。他尖锐地批判了经院哲学的唯心主义及其形式主义的研究方法。他把批判的矛头直指阿奎那的体系。他说阿奎那的体系是在圣经与亚里士多德著作基础上建立起来的庞然大物,但并未真正懂得圣经与亚里士多德的著作。这个体系是摇摇欲坠的,因为它缺少数学与自然科学的基础。他认为盲目地崇拜无根据的权威,是认识真理的一个巨大障碍。显然阿奎那的体系以及被阿奎那歪曲的亚里士多德的思想,就是这样一种权威。

他大声疾呼:实验胜过一切思辨,实验科学是科学之王。他说,对于前人的说法,无论它的推论如何有力,都不能盲从;判定前人说法是否正确的方法只有实验,因为实验是认识现象的原因,只有实验才能把自然界所产生的效果、人工所产生的效果和欺骗所产生的效果区别开来。他提出研究学问的原则是:不盲从权威,不轻信别人,真理来自实验,一切皆应有证明。

他认为科学的基础是几何学与光学,曾提出过关于望远镜、自动船、潜水艇、飞机等设想,但均未引起人们的重视。他曾做过一些实验,尽管这些实验大部分是关于炼金术的,但也引起了教会的惊恐。他们说罗吉尔·培根要把魔鬼释放出来,叫嚷要"打倒魔法师"。教会说彩虹是上帝的手指在天空中划过时留下的痕迹,他却说是阳光照射小水滴的结果。他的这些言行是教会绝对不能容忍的,于是便以"妖言惑众"的罪名把他关进了裁判所。他在受审时说:"不能因为你们不懂得这些东西,就说是魔鬼的工作。"他在监狱里被关了 14 年,释放后不久就离开了人间。罗吉尔·培根的思想是战士的呐喊,犹如雄鸡破晓的啼鸣。

这次以世俗大学的出现和亚里士多德著作的重新发现为标志,以罗吉尔·培根为号手的小规模的思想解放运动,没有继续发展下去。经过教会、经院哲学的歪曲,原来起着开阔人们眼界、活跃人们思想作用的亚里士多德著作,却成了禁锢人们思想的枷锁。亚里士多德著作的这一历史命运的变化以及罗吉尔·培根所受到的挫折，是人类认识发展史上的一次曲折。它生动地说明了封建思想意识的顽固性，说明了当生产力与生产关系还没有发生深刻变化的时候，中世纪的神学和经院哲学的思想统治是不可能彻底摧毁的。但这次小规模的思想解放运动毕竟是即将到来的文艺复兴运动的一个前奏。它庄严地向人们宣告，一次伟大的思想解放运动的到来是不可避免的了。

三、中世纪欧洲的运动学

科学只可能沉寂，但不可能死亡。在黑暗的中世纪，仍有人以不同形式在思索自然之谜，提出了一些零星的科学思想。虽多为思辨产物，但对后人不无启迪。

运动学是中世纪科学的主流。从 13 世纪晚期到 14 世纪早期，有人提出了"内阻力"的概念。亚里士多德认为自然物体都是水、土、火、气四种元素的混合物，占优势的一种元素决定物体自然运动的方向。中世纪则有人不同意这个看法，认为自然运动的方向是由轻元素的合力与重元素的合力之比决定的。所占比例大的合力是动力，所占比例小的力是阻力。对向下运动的物体来说，重为动力，轻为阻力；对向上运动的物体而言，轻为动力，重为阻力。阻力存在于物体之中，称内阻力。若两个物体的内阻力相同，则它们以相同速度下落。14 世纪的布雷德沃丁等人认为，两个重量不同的同质物体在虚空中以同等速度下落。因为是同质物体，所以每一单位的物质都有同样的重与轻之比（动力与内阻力之比），在这种情况下物体自由下落的速度同物体的重量无关。

中世纪运动学的主要贡献是冲力说。6 世纪的菲罗波诺斯最早提出冲力的概念，认为力给予物体的冲力可使物体运动。冲力可使飞箭穿过真空，无需亚里士多德所假定的空气在填补真空时对物体所产生的排挤。冲力说在 13 世纪开始流行。14 世纪的波内图斯对冲力的理解是："在一个强制运动中，一些非永久的、短暂的形式注入到运动体内，因此只要该形式持续存在，虚空中的运动就是可能的；当它消失时，运动便停止。"[1]巴黎大学校长布里丹（约 1300～1360）

---

[1] 格兰特：《中世纪的物理科学思想》，复旦大学出版社，2000 年，第 50 页。

认为冲力是由初始推动者传给运动物体的动力,其强度用物体的速度和质量量度。"基于这个正确的假设,他解释这一事实:如果同样形状和体积的一块铁与一块木头以同样的速度运动,铁块将运动较长的距离,因为它的较大质量能接受更多的冲力并保持更长的运动时间以对抗外部阻力。……正是同样的量(质量和速度)在牛顿物理学中被用来定义动量,尽管在牛顿物理学中动量通常被设想为一个运动的量或一个物体的运动效果的量度,而冲力却是运动的原因。"①布里丹认为物体向上运动时,由于重力和阻力的作用,冲力不断减小。自由下落时重力使冲力逐渐增大。他暗示在没有外力作用下,冲力使物体永远做匀速运动。可以推测这是匀速直线运动,因为没有理由认为它的运动方向和速度会改变。布里丹反对亚里士多德的空气填补真空对物体产生排挤的说法,指出陀螺旋转时并未排出空气,末端为平面的标枪并不比两个尖的标枪运动得更快。

14 世纪早期牛津大学梅顿学院的学者还对匀速运动和加速运动作了定义。匀速运动是在任何相等的时间间隔内通过相等的距离,匀加速运动是在所有相等的任意长度的时间间隔内获得相等的速度增量。他们还提出了平均速度原理。奥里斯姆(1323～1382)也主张冲力说,并用几何方法证明平均速度原理。

美国的格兰特说:"有关运动的一些最基本概念和定理,伽利略并未优先于他的中世纪先驱。人们一度认为运动学完全是伽利略的创造。无疑,这种说法夸大了他的贡献。这主要是由于 17 世纪到 19 世纪提出的对伽利略成就的传统解释,是在对中世纪成果几乎完全无知的基础上作出的。""历史记录的修正并没有贬低伽利略的天才,也没有剥夺他被誉为现代力学奠基者的地位。"②

冲力说者还用冲力说来讨论一些天文学问题。菲罗波诺斯否认神灵推动天体的观点,认为天体和地下物体皆由冲力推动。布里丹说:"我们不可能在《圣经》里找到什么神灵负责天球作正规运动。由此可见,并没有假定这种神灵存在的必要。事实上,我们不妨说,上帝给予每一天球以一种冲力,使天球从此就一直走动着。"③布里丹还说,一个在运动着的船上的人,就会觉得静止的船在动。所以我们既可以想象地球静止太阳运动,也可以想象地球运动太阳静止,

① 格兰特:《中世纪的物理科学思想》,复旦大学出版社,2000 年,第 52 页。
② 格兰特:《中世纪的物理科学思想》,复旦大学出版社,2000 年,第 59 页。
③ 梅森:《自然科学史》,上海译文出版社,1980 年,第 110 页。

这两种想象都能解释一些现象。设想小小的地球在运动更为合理,因为这种说法更简单、容易理解。可是布里丹又说地球运动的假说不能解释向上发射的箭又会垂直下落到发射点的现象。他不同意空气会带动着箭一块随地球转动的说法,因为冲力能使箭抵抗空气的横向运动。

奥里斯姆指出,若地球从西向东转动,我们不会感到有东风吹来,因为我们随地球一块转动。垂直向上射出的箭又垂直下落,这同地球转动没有什么不协调之处。他说,航行船内的运动与静止船内的运动完全一样。所以究竟是天动还是地动,不可能由经验来判定。但是奥里斯姆还是选择了地静说。

布里丹与奥里斯姆都为地动说作了辩护,但又宣布赞同地静说,这是个奇怪的现象。大约他们内心倾向于地动说,但没有勇气表白。"尽管布里丹和奥里斯姆都断言地球并没有转动运动,但他们的许多论点却支持地球的转动,其中一些论点还出现在哥白尼捍卫日心说……的辩护之中。这些论点包括:由船的运动所说明的运动的相对性;让地球用一个非常小的速度完成一个日转动比起让巨大天体以巨大的速度来完成一个日转动要更优越一些;空气与地球一起作日转动;上升和下落物体的运动是由直线和圆周分量合成的结果;以及既然静止是比运动更高贵的状态,让低贱的地球转动,比起让高贵的天球转动更为合宜。哥白尼是否借用了布里丹和奥里斯姆的部分或全部论点呢?布里丹、奥里斯姆的著作在东部欧洲人们是知道的,或许 15 世纪晚期在克拉科夫大学还被人们研究过,其时哥白尼正是那所大学的一名学生。"[1]

中世纪欧洲这些运动学、天文学的思想,在客观上向亚里士多德的权威发出了挑战。

第十四节 古代科学思想的基本特征

古代科学处于科学的萌芽时期,是人类认识发展的幼稚时期。这个时期的科学思想有如下特点。

古人对自然界的认识是从最简单的外部现象开始的。人类的认识是一个

---

① 格兰特:《中世纪的物理科学思想》,复旦大学出版社,2000 年,第 70～71 页。

从简单到复杂、从现象到本质的发展过程,因此整个科学的发展就是从一些最简单的现象开始起步的。自然科学最先发展起来的是天文学与力学,这两门科学的出发点就是下述最简单的现象:重物直线下落;水往低处流,最后形成水平面;太阳的东升西落,恒星之间的相对位置不变(实际上是变化的,但由于变化得很缓慢,在不长的年代内不易察觉),它们都在做圆周运动;行星视运动的不规则性。简单说来,就是一条垂直直线,一条水平直线,一个圆,一条螺旋线。对这四种现象的解释,就形成了古代天文学与力学的理论体系。

古代科学是从最简单的现象开始的,所以它就尽可能把自然界想象得简单一些,尽量避免把自然界复杂化。古代科学家的主要兴趣,是把比较复杂的东西简单化,而不是在简单的东西内部揭示出复杂性。因此古代建立科学理论的一个基本原则是简单,力求用最简单的原理来说明看来是比较复杂的现象。"自然界不做多余的事情",亚里士多德的这句话就鲜明地体现了这个思想。而柏拉图则用"匀速"与"正圆"的结合来解释天体的运动,就是这个原则的范例。人的认识是一个从粗线条描绘到细线条描绘的发展过程,在没有弄清楚天体的运行轨道是正圆还是椭圆以前,古人没有根据设想椭圆轨道,却有理由设想正圆轨道。所以古代科学要求从简单的现象出发,用简单的原理来解释比较复杂的现象。如果某些古代理论出现了复杂化的倾向(如天球层、本轮、均轮数目的增加),这在古代科学家看来也不是一件值得称赞的事。

古代科学要达到的另一个目的,就是同人的直观经验与常识一致。人的认识是从感觉经验向理性认识发展的过程,因此古代科学的任务是要能提出一种理论,这种理论对现象的解释符合人们的直观与常识,能够被人们所理解、接受。同直观常识不符合的理论在古代是比较难以提出的,即使有人提出了,也不易流传。比如古人认为上与下、高与低的界限是绝对的,太阳围绕地球旋转,要使物体不断运动,就要不断施加作用力等等,这些观点在后人看来是错误的,可是在当时人看来却是符合直观常识的。常识是科学萌发的土壤,早期的科学不外乎是对常识的概括与解释,它不能同常识相违背,而只能解释常识中的道理。因此古代科学是建立在直观基础上的。当直观材料不够用时,就用猜测来弥补。在古人看来,猜测只要能自圆其说,在逻辑上能自洽,就可以采用。

古人在试图解释自然界一些主要现象时,基本上已经猜到了各种可能性,提出了各种可能的方案。比如在天地形状的问题上,就有天平地平、天曲地平、天平地曲①、天曲地曲、天球地平、天球地球等各种说法。在日地关系上,就有日心、地心、太阳与地球都不是宇宙中心的各种说法。在对世界本质的认识上也大体如此,有一种单质论、多种单质论,在一种单质论中,水、土、火、气都分别被当过本原。此外还有原子论、属性决定物质结构的学说。正因为如此,所以后来许多科学理论大都可以在古代科学思想中找到它的萌芽和雏形。它像一本古老的画册,保存了不少后世科学理论在孩提时代的画像。

古代的科学本质是农业文明的一部分,是自然生存的产物。中国古代科学也以农为本,是一种典型的农业文化。农业生产具有季节性,所以制定历法,授民以时,关系到"民以食为天"的大事。农业生产具有地域性,所以古代地学也比较发达。中国古代数学的特色是计算。《九章算术》由九章构成。第一章方田,计算耕地面积;第二章粟米,各种粮食交换的比例;第三章衰分,各种按比例分配问题;第五章商功,各种工程量和体积的计算。中药都是天然物,以植物为主,故有药农之职业。

古代科学知识的主要来源是日常生产和生活经验,是常识的积累和解释。古人的生产、生活经验是自发形成的,犹如植物可以自发生长一样。中国古代的《齐民要术》、《梦溪笔谈》、《天工开物》、《本草纲目》等都是记叙性文献。贾思勰写《齐民要术》的方法是"采捃经传,爰及歌谣,询之老成,验之行事"。他引用的农谚就有 30 多条。徐光启向农民请教灭蝗方法,亲自种过甘薯和豆类。李时珍拜农民、药农、果农、樵夫、猎人为师,四处搜集民间单方、验方,并亲自栽培药材。宋应星田头访农,窑坊问艺。

农业生产具有天然的有机性、生态性,所以古代的自然观基本上是朴素的有机论。中国农业社会时间长,农业文化保存得比较好,同西方近代的工业文化和机械论形成强烈的反差。1937 年,李约瑟从鲁桂珍那里了解了中国古代科技文化与自然哲学后,对中国科技文化有了强烈兴趣。后来西方一批科学家把目光转向了东方,转向中国的传统文化。玻尔说:"我们在这里面临着人类地位所固有的和令人难忘的表现在中国古代哲学中的一些互补关系。"②日本物理学家汤川秀树说,对于他的宇宙观而言,"老庄思想的影响尤其大"。③ 普里高津

---

① 古代埃及有一种说法:天是平的,大地稍凹。
② 玻尔:《原子物理和人类知识续编》,商务印书馆,1978 年,第 19 页。
③ 汤川秀树:《创造力和直觉》,复旦大学出版社,1987 年,第 8 页。

说："正如李约瑟……在他论述中国科学和文明的基本著作中经常强调的，经典的西方科学和中国的自然观长期以来是格格不入的。西方科学向来是强调实体（如原子、分子、基本粒子、生物分子等），而中国的自然观则以'关系'为基础，因而是以关于物理世界的更为'有组织的'观点为基础"。① "这将是西方科学和中国文化对整体性、协和性理解的很好的结合，这将导致新的自然哲学和自然观。"②协同学创始人哈肯说："协同学含有中国基本思维的一些特点。事实上，对自然的整体理解是中国哲学的一个核心部分。"③突变理论创始人托姆说："在老子的理论中，有很大一部分是关于突变理论的启蒙论述。我相信今天中国许多喜欢这个学说的科学天才，会了解突变理论是如何证实这些发源于中国的古老学说的。"④美国物理学家卡普拉说："在诸伟大传统中，据我看，道家提供了最深刻并且最完善的生态智慧。"⑤

古代科学虽原始而质朴，却是一片肥沃的土壤，孕育着许多科学思想的种子，有的刚刚萌发，有的还深埋在土中。只要具备一定的条件，这一颗颗珍贵的种子就会相继萌芽、开花、结果、成材。

① 普里戈金（注：另一译为普里高津，后不另注）：《从存在到演化》，上海科学技术出版社，1986 年，中译本序。
② 普里高津：《从存在到演化》，《自然杂志》第 3 卷第 1 期，第 14 页。
③ 哈肯：《协同学——自然成功的奥秘》，上海科学普及出版社，1988 年，序。
④ 赵松年：《突变理论：形成、发展与应用》，《世界科学》1984 年第 4 期。
⑤ 董光璧：《当代新道家卡普拉》，《自然辩证法研究》1991 年第 2 期。

第二章　16～18 世纪的科学思想

近代自然科学是在 16 世纪问世的。近代自然科学诞生的主要标志是 1543 年哥白尼《天体运行论》的发表。近代自然科学首先是生产发展的产物。恩格斯说："如果说，在中世纪的黑夜之后，科学以意想不到的力量一下子重新兴起，并且以神奇的速度发展起来，那么，我们要再次把这个奇迹归功于生产。"[①]早在13、14 世纪，在地中海沿岸的一些城市中就出现了资本主义的最初萌芽。14、15世纪已经开始使用脚踏纺车，脚踏织布机，水力、风力发动机和磨粉机等机器。资本主义生产的发展要求向外扩张，寻找殖民地与新的市场。而扩大市场的要求又推动了航海事业的发展。1492 年哥伦布率舰队到达美洲大陆，1498 年伽马从葡萄牙首航印度成功，1519 年麦哲伦作第一次环球旅行。这时，人们才真正发现了地球。这些发现为世界贸易打下了基础，也为从手工业发展到工场手工业创造了良好的条件。社会生产采用了新的生产工具、新的能源、新的劳动对象，这就需要具体地分析自然界的一些具体物质形态和运动形态。比如，随着一些机器的采用，就需要研究各种金属的性能，金属的冶炼，进一步研究找矿的规律，这就需要有物理学、化学、冶金学、地质学的知识。生产、技术上的需要比 10 所大学更能把科学推向前进。

其次，资产阶级反对封建教会的政治思想运动，促进了近代科学的产生与发展。发展自然科学也是新兴资产阶级的政治需要。新兴的资产阶级为了在政治上获得它的地位，就要实现资产阶级的政治革命，建立资产阶级的王国。资产阶级要实现这个目的，就必须有自己的思想武器、理论武器，进行反对封建

---

① 恩格斯：《自然辩证法》，人民出版社，1971 年，第 163 页。

思想意识的斗争。这场斗争主要有两方面内容：

其一是宗教改革。资产阶级要进行反封建的政治斗争，推翻世俗的封建制度，必须首先摧毁封建教会的精神枷锁。所以欧洲的农民、手工业者、新兴资产阶级在最初进行反封建斗争时，都把矛头指向封建的教会，并按自己的要求来改革宗教。在这种特殊历史条件下，宗教改革与科学革命产生了一定的联系，甚至在某种意义上结成了某种同盟。自然科学要独立、要生存，就要同封建宗教进行斗争，而新兴的资产阶级就要利用自然科学的成果来作为反封建宗教、反经院哲学的思想武器。例如英国清教认为，人可以做好事来免除来世的痛苦，而研究自然界就是这样一种好事。新教徒认为"研究上帝创造一切的性质、进程和运用"，是"上帝赋予所有人的责任"。

其二是文艺复兴运动。1453年土耳其打败了拜占庭帝国，发现了一批古罗马时代的手抄本，并带到了意大利。在意大利的古罗马的废墟中也挖掘出很多古代的雕像。古希腊罗马的文化同中世纪的文化相比，显得光彩照人，分外夺目。新兴的资产阶级就利用古代文化的现实主义、古希腊罗马哲学中的唯物主义与古代科学中的科学精神，作为反封建的思想武器，于是在欧洲出现了文化繁荣局面。由于这场思想文化运动是以恢复古代文化的面目出现的，所以历史上称为"文艺复兴运动"。文艺复兴运动、宗教改革、科学革命是近代文化革命的三种主要形式。

第一节　哥　白　尼

波兰天文学家哥白尼通过他的太阳中心说，揭开了近代自然科学的序幕。恩格斯称哥白尼学说是向神学发出的挑战书，是自然科学的独立宣言。

自然科学对神学、经院哲学思想统治的第一次重大突破发生在天文学领域，这决不是偶然的。天文学是一门最古老的科学。在西方，通过毕达哥拉斯、柏拉图、亚里士多德、阿里斯塔克、托勒密等人的研究，已经提出了几种不同的理论体系，成为一门非常具有理论色彩，又是提出理论模型最多的一个学科。天文学在当时是一门最富哲理性的科学，天文学上的每一个理论模型，每一个重大的理论观点的提出，都同人们的宇宙观发生直接的联系。正因为如此，在天文学领域中,两种宇宙观、新旧思想的斗争也特别激烈。哥白尼的犹疑,哥白尼以后教会对布鲁诺、伽利略的迫害就深刻地反映了这种斗争的激烈程度。天文学当时同人们的生产与生活又有着十分密切的关系。在当时的历史条件下,种田靠天,畜牧靠天,航海靠天,观测时间也靠天,这就有力地推动了天文学的发展。公元1世纪的儒略历问世,在325年被确定为基督教的历法以后,经过1 000多年的应用,它的微小误差经过长时间的积累已经到了不可忽视的地步。为了尽量同观测资料相吻合,托勒密体系的圆圈也越来越多,增加到80多个,超过了亚里士多德天球层的数目。

托勒密体系的错误日益暴露,这就在客观上要求用新的理论体系来代替它。既然天文学富有理论和哲理的色彩,而天文学又是教会十分关注的学科,所以一旦新的宇宙体系出现,就必然要深刻地改变天文学的面貌,引起宇宙观的变革。这不仅震动了一所所学府,也震动了大大小小的教堂,震动了世界上的许多角落。于是阿里斯塔克所埋下的火种,现在终于燃烧成熊熊的烈火了。

哥白尼(1473～1543)生于波兰的托伦城。父亲经商,曾任过市长。哥白尼10岁时父亲去世,由舅父抚养。他在上中学时,就对天文学感兴趣,曾帮助过老师做日晷,跟着老师在教堂的塔顶上观察星空,并对占星术产生了怀疑。18岁时哥白尼就进入了克拉科夫大学。这是一所在1364年建立的古老大学,也是当时受文艺复兴运动影响最早的一所大学。天文学教授沃依切赫虽然在课堂上讲授的是亚里士多德-托勒密的体系,但也对这个体系提出了一些怀疑。在沃依切赫的指导下,哥白尼研究了托勒密学说,并学会了天文观测的技巧。有一次沃依切赫问他:你认为当前天文学存在的最根本的问题是什么? 哥白尼回答说是错误的地心说。他认为地球静止不动的观点是不能成立的;人们总习惯于把自己看作是世界的中心,也是一种偏见。这说明日心说的观念很早就在哥白尼的心田里萌发了。

1496年他到意大利的波伦亚大学留学。在那里他同当地文艺复兴运动领导人之一的诺法纳曾讨论过如何改进托勒密体系的问题。后转入帕多亚大学学医。舅父去世后,他就迁居弗洛恩堡,在一所教堂里住了30年,也在那个教堂的阁楼上对天象观察了30年。哥白尼当年进行天文观察的条件很差。弗洛恩堡的纬度偏北,靠近海洋,空气潮湿,仪器简陋,过去的观测资料几经传抄,错误百出,有的数据甚至是伪造的。但他不顾困难,持之以恒,终于取得了相当可观的数据,为他创立太阳中心说提供了比较丰富、可靠的观测材料。他的《天体运行论》一书就应用了 1497～1529 年间的 27 次观测的资料。

16 世纪初他开始笔述自己的思想。1880 年在维也纳图书馆中发现了哥白尼大约在 1502～1514 年间写的一个手抄本《哥白尼对自己天空运动假说的小评论》,叙述了太阳中心说的若干基本观点。他说:"所以大家不要以为我曾经是无理由地跟在毕达哥拉斯学派之后,主张地球的运动;从我的关于圆形的论述里将找到强有力的证明。自然哲学家要想建立地球不动说的主要论证大部分是根据表面的现象;所以在我说明了理由以后,这样的论证就垮掉了。"[①]从这时起,哥白尼的思想实际上已开始流传。

虽然早就有人劝哥白尼系统地发表自己的学说,但他一直犹豫不决。他想到过孔雀,这种可爱的鸟儿在渴望欣赏它的美的人面前,是从不掩饰自己的美的。但他更多想到的是泰勒士和毕达哥拉斯,他们都不愿意公布自己的发现,不是怕别人分享自己的成果,而是怕自己千辛万苦得到的成果遭到不应有的轻蔑。哥白尼深知自己的学说公布以后,肯定有人会大喊大叫,把他哄下台。他说:"有这样一班庸人,除非是有利可图,从不关心任何科学研究。"[②]这种人虽笨而懒,但都喜欢轻蔑别人。

在生命的最后一些岁月里,他才决定将从 1506 年就已经开始撰写,后来经过几次修改的著作公开出版。他自己也觉得把学说埋藏在心里的时间太长了。他不无遗憾地说:罗马诗人霍拉斯第说"作品搁置九年才可问世",可是我的作品却整整搁置了四个九年! 1543 年 5 月 24 日,当刚印好的一本《天体运行论》送到他手上时,他已重病在床,正在弥留之际。他用他那双颤抖的手摸了摸书的封面,一小时后就离开了人间。

哥白尼在这部著作中首先谈到了天文学的研究对象和意义。他认为天文学研究宇宙的旋转、天体的运行、天体的大小和距离、宇宙的全貌,这些都是最美好、最有意义的问题。研究天文学可以获得一种美的享受,也可以为国家增添很大的利益与荣誉。天文学应当把数学作为自己的科学根据,正如古人所说,天文学是数学的集大成。要使天文学达到比较完善的地步,只有经过许多

① 戴文赛:《关于天体运动的假说》,见竺可桢著《哥白尼在近代科学上的贡献》,中华全国科学技术普及学会,1953 年,第 23～24 页。
② 哥白尼:《天体运行论》,科学出版社,1973 年,第 2 页。

代人的不断观察才能完成。

哥白尼继承了柏拉图原理,把正圆与匀速作为自己学说的基本原则,深信天体的形状与运行轨道都是最简单的图形,深信用某种匀速运动的组合可以说明天体运行的不规则性。在这点上,哥白尼同托勒密是一致的。他说:"只有圆周与圆周的组合才能使过去重返而得到重复。"[1]但哥白尼不同意托勒密的地心、地静的观点,并对这些观点进行了驳斥。

托勒密认为所有的物体都有重力,都要趋向地心,所以地球处于宇宙的中心,它不能运动,不能离开这个中心。哥白尼则指出:"重力并不是别的,而是造物主赋予物体的,使之联合为球形状的一种自然倾向。"[2]重力只能使地球成为球形,而不能使地球成为宇宙的中心。哥白尼实际上提出了一个天才猜测:每个天体也都是一个重力中心。如果说地球是一个重力中心,所以地球是宇宙的中心,那么所有的天体都是一个重力中心,岂不是说所有的天体都应该是宇宙的中心了吗?

亚里士多德与托勒密认为地球上水和土只能作直线下落,火和气只能直线上升,既然地球上的各个物体都不能自发地做圆周运动,所以整个地球也不可能做什么圆周运动。哥白尼则指出,地球上的各种物体可以同时具有直线运动与圆周运动。圆周运动是总体运动,而直线运动是局部运动。水与土是构成地球的主要原料,所以水与土一面做直线运动,一面也参与地球的圆周运动。由土构成的物体在燃烧中就形成火与气,既然火与气都来源于土,所以它们也具备地球这个整体所具有的属性,必然要进行圆周运动。这些物体的运动都是圆周运动与直线运动的结合。亚里士多德把运动分为离心、向心、环心三种,不过是一种抽象,实际上这三种运动是不能截然分开的。"正如我们区分线、点、面这些概念一样,显然这些概念不能彼此脱离而存在,也不能脱离实体而存在。"[3]因此,我们不能用地球上物体的直线运动来否认地球的圆周运动。

托勒密认为我们所看到的恒星的东升西落是地球静止不动的最好证明。哥白尼则指出恒星的东升西落这只是一种视运动,是地球运动的反映。他认为当我们观察到某个物体位置改变时,有三种可能情况。第一种可能是观察对象

---

① 陈毓芳、邹延肃:《物理学史简明教程》,北京师范大学出版社,1986年,第88页。
② 哥白尼:《天体运行论》,科学出版社,1973年,第26页。
③ 哥白尼:《天体运行论》,科学出版社,1973年,第24～25页。

本身在运动,而观察者没有运动。这时视运动与天体的真实运动是一致的。第二种可能是观察对象没有运动,而观察者在运动,这时对于观察者说来也会造成观察对象的视运动。正如古罗马的维尔吉尔所说:"我们乘船向前航行,陆地和城市后退了。"由此可以想象,地球运动时,地球上的人也会觉得整个宇宙在转动。第三种可能是观察对象与观察者同时以不同的速度在运动。在后两种情况下,就应当仔细地把真实运动与视运动区别开来。这是正确观察天体真实运动所不能忽视的一个重要环节,而要做到这一点,就必须搞清楚地球本身的运动。因为我们是在地球上观察天象的,不弄清地球本身的运动,就谈不上弄清天体的运动。"所以,我认为,必须首先仔细地研究地球在天空中的地位,以免舍近求远、本末倒置,错误地把地球运动造成的现象当成天体运动的结果。"[1]

托勒密认为如果地球在旋转,地面上的物体就会向太空飞散,最后地球就会崩溃。哥白尼认为这种说法是毫无道理的。他问:为了使地球不致崩溃,就说地球不动,整个天穹在绕地球转动,那为什么不担心整个宇宙会崩溃呢?假定天穹24小时绕地球转一圈,比地球运转的速度要快得多,离心的作用就更大,天穹在不断扩张,旋转速度也就更快;如此循环下去,天穹的大小与速度都要变成无限大,而无限是既不能旋转,也不能有任何运动的。

托勒密认为,我们没有看到天上的浮云、飞鸟都向西运动,所以地球是静止不动的。哥白尼则指出,即使地球在向东运动,我们也不会看到浮云、飞鸟向西运动,因为不仅地球上的水与土跟随地球一块运动,而且没有同地球直接接触的空气也随同地球一块运动。为什么会这样?他猜想可能是因为空气是水与土的混合物,所以也要遵循整个地球的自然法则,也可能靠近地球的空气受到地球运动的影响。就像希腊人说的那样:高空的空气遵循天体的运动,靠近地面的空气和其中的悬浮物则遵循地球的运动。在这里哥白尼提出了一个宝贵的思想,即地球上的各种物体(包括地球周围的空气)组成了一个体系,在这个体系内部的各部分保持着一种和谐的自然关系。既然地球的转动是一种自然的运动而不是一种强迫的运动,那地面上的各种物体就仍然保持着它的和谐的自然关系。这就是说在地球转动时,地面上各种物体之间的关系,就同地球在静止时是一样的。这些论述包含着相对性原理的萌芽。

---

① 哥白尼:《天体运行论》,科学出版社,1973年,第14页。

既然地球在转动,为什么测不出恒星视差呢?他说这可能是恒星距离我们太远的缘故。

哥白尼还指出,天比地大,其大无比。为什么要把运动归于包容者,而不归于被包容者呢?为什么要让其大无比的宇宙奔跑不息,而偏让小小的地球静止不动呢?亚里士多德既认为稳定比变化高贵,又认为天界是高贵的、地球是卑贱的,那为什么要让卑贱的地球享有高贵的静止呢?为什么要让卑贱的地球处于宇宙的中心,而让高贵的天界围着它团团转呢?显然,亚里士多德"静贵动贱"和"天贵地贱"的思想,同他的地静说是矛盾的。

因此哥白尼得出结论说:地球不动的看法是没有道理的。他说主张地心说的人在解释天体的运动时,一些人用同心圆(指亚里士多德),另一些人用偏心圆与本轮(指托勒密),但都未能得到满意的结果。就像一个艺术家画人像,从不同模特儿身上取下不同的部分,然后不合比例地凑在一起。尽管各部分画得很好,但总体不协调,这样画出来的就不是一个人,而是一个怪物。在哥白尼看来,地心说就是这样一种怪物。

哥白尼认为太阳是宇宙的中心,而地球只是一个普通的行星,这样恒星的东升西落,行星的打圈圈的视运动都能够得到解释。他还确定了其他天体的位置。他说一般人都认为恒星天层是最远的,这点无需怀疑。他根据欧几里得在《光学》中确立的原则——等速运动的物体离我们越远则视运动越慢,确定了各行星的位置是:太阳、水星、金星、地球(月亮)、火星、木星、土星和恒星天层。

他用诗的语言赞美了太阳:"中央就是太阳,在这华美的宫殿里,为了能同时照亮一切,我们还能把这个发光体放在更好的位置上面吗?太阳被称为宇宙之灯,宇宙之心,宇宙的主宰,……太阳好像是坐在王位上统率着围绕它转的行星家族。""这种顺序显示出令人赞叹的对称性和轨道的运动与太阳大小的和谐。神圣的造物主的庄严作品是何等伟大啊。"[1]

他认为他的这个体系同神学并不矛盾,它对行星位置的预言也同托勒密的体系一样准确,而且要比托勒密的体系简明得多,也美得多。只要睁开眼睛,正视事实,那就应当承认这一点。

哥白尼学说在科学史上的意义,主要是为牛顿力学的建立提供了基础。哥

---

[1]　哥白尼:《天体运行论》,科学出版社,1973年,第33页。

白尼说概念"不能脱离实体而存在"[1],要正视事实。他指出地球也是一个行星（天体），亚里士多德的天地双重世界的观念是错误的,这为建立统一力学扫清了思想障碍。伽利略说:"若把地球作为一个行星看待,像哥白尼的学说那样,则只要一套规律就可以既适用于天体物理学又适用于地上物理学了;但是如果把地球看作在宇宙间处于特殊地位,这种结合就不可能,那就要两套规律,这便是亚里士多德物理学和托勒密天文学的尴尬处境。"[2]哥白尼学说还包含一些经典力学思想的萌芽,如相对运动、天体都是重力中心的思想。可是他的匀速正圆的观念在客观上又妨碍了天体力学的创立。

德国诗人歌德满腔热情地说:"哥白尼地动说撼动人类意识之深,自古无一种创见,无一种发明,可与之比。……自古以来没有这样天翻地覆地把人类的意识倒转来过。因为若是地球不是宇宙的中心,那么无数古人相信的事物将成为一场空了。谁还相信伊甸的乐园,赞美诗的歌颂,宗教的故事呢?"[3]

第二节　开　普　勒

哥白尼的学说公开发表时,并没有获得科学界的广泛承认。甚至近代实验科学的先驱弗兰西斯·培根都没有接受这一理论。哥白尼叙述的烦琐、深奥是一个原因,这个学说有待于进一步的发展也是一个重要原因。在哥白尼以后,对太阳中心说作出最大贡献的是布鲁诺、开普勒和伽利略。

一、布鲁诺

哥白尼虽然没有直接回答宇宙是否无限的问题,但是他认为太阳是宇宙的中心,这实际上就含有宇宙有限的思想。

哥白尼学说最早是在英国开始传播的。1576年迪杰斯出版了一本年历,其中有《天体运行论》的一部分译文,并附有一张哥白尼宇宙体系的图。它同吉尔

---

① 哥白尼:《天体运行论》,科学出版社,1973年,第24～25页。
② 缪克成:《近代四大物理学家》,华东师范大学出版社,1986年,第49页。
③ 竺可桢:《哥白尼在近代科学上的贡献》,中华全国科学技术普及学会,1953年,第15页。

伯特绘制的图一样,没有最外面的恒星天层这个大圆圈,暗示恒星可以在各个方向上伸展到无限的空间。但是迪杰斯又认为太阳是宇宙的中心。

明确提出宇宙无限思想的是布鲁诺(1548～1600)。这位意大利的科学英雄在年轻时就读过哥白尼的著作,并成为一名哥白尼学说的忠实信徒。于是他受到了教会的迫害,逃往瑞士,被捕入狱后又逃到了法国。在法国他因为不同意亚里士多德的学说,受到学校的反对,流亡到伦敦。在几十年的颠沛流离的生活中,他几乎每一次演讲都要宣传太阳中心说。1584 年他出版了《论无限、宇宙和众多世界》,尖锐地批评了亚里士多德的宇宙有限的思想,阐述了他的宇宙无限、世界无数的观念。

布鲁诺坚持唯物主义的认识论,反对宗教与科学可以并行的"双重真理论"。他认为研究科学与哲学要从实验、经验出发,但我们不能因为未能直接感知到某物,就说某物不存在。无限不是感官直接感知的对象,但是宇宙是无限的。他说:"无限不是肉体的感官所能感知的。不能指望我们的任何感官提供这样的结论;因为无限不可能是感官知觉的对象。谁要想通过感官得到这种知识,就像希望用肉眼看到实体又看到本质一样。谁要是因为感官不能理解也不能看到一个事物就否认它的存在,他必然也要否定他自己的存在。"[①]因此,我们不能单凭感觉来研究宇宙是否无限的问题,感觉告诉我们地平线是有限的,"这就表明感官知觉是软弱的,不适当的。既然我们从经验中知道,感官知觉使我们对我们所居住的地球表面产生了错觉,那么它所给予我们的星空有边界的印象,就更值得怀疑了"。正因为宇宙的无限性不是感官所能感知的,所以虽然从感觉出发难于得出宇宙无限的结论,易于采取相反的观点,但是感觉在这个问题上所提供的证据只能是一种错觉。"因此,要求感官提供证据,一定要有个限度,这就是只有对可以感觉的对象才能这样要求。"所以要研究宇宙是否无限的问题,就必须靠"正确的判断",而"判断是智力的作用"。

他认为宇宙是无限的,无论从哪个意义上都不能说宇宙是有限的,因为在有限宇宙之外不可能存在一个既没有物体,又没有虚空的边界,宇宙太空是一个不可度量的空间。宇宙又是统一的,所有的天体都由相同的元素构成,具有同样的运动变化。

---

① 本节所引布鲁诺的话,均引自布鲁诺《论无限、宇宙和众多世界》,《自然辩证法杂志》1973 年第 1 期。

针对亚里士多德的宇宙只有一个重力世界的说法,布鲁诺特别强调宇宙中有无数个世界。他在这儿所说的"世界",当然不是指宇宙,而是指天体或太阳系,这就进一步剥夺了地球以至太阳的特殊地位。他说,对于整个宇宙来说,不可能有一个中心。太阳不是宇宙的中心,只是太阳系的中心。所有的恒星都是太阳,都有自己的星系。这许多太阳之所以看起来像个星星,只是因为它们离我们地球太远。

如果说哥白尼恢复了地球的普通行星的面貌,那布鲁诺就恢复了太阳的普通恒星的面貌。在布鲁诺的学说里,太阳不再是"宇宙之心","宇宙的主宰"。这就是布鲁诺对哥白尼学说的主要贡献。

在哥白尼的《天体运行论》还未公开出版的时候,罗马教廷似乎还没有觉察到这个学说的革命性。1533年教皇的秘书曾在梵蒂冈的花园里向教皇和红衣主教们讲解日心说,3年后红衣主教谢堡还劝哥白尼出版著作。可是尽管哥白尼并不宣称他的学说是同神学相违背的,尽管经办《天体运行论》出版工作的奥西安德尔背着哥白尼写了一篇序言,称哥白尼学说仅仅是一种"奇怪的假说",但是这个学说本身的革命性是无法掩饰的。没有多长时期,就是嗅觉再不灵敏的教会人士,也从哥白尼的著作里嗅出"异端"的气味了。

所以当布鲁诺在几十年后宣传哥白尼学说时,就遭到了教会的残酷打击。1592年他被骗回到了他的故乡威尼斯,再次被捕入狱,被折磨了8年之久,但他至死不屈。1599年10月21日的法庭档案记载:"布鲁诺宣布,他不打算招供,他没有作出任何可以反悔的事情。"他被判处火刑后,《罗马消息报》报导:"这个恶魔宣布说,他是作为一个殉道者而死的,他的灵魂将从烈火中升入天国。""他不愿听从牧师劝他忏悔,反而说出种种罪大恶极的言论,为了对他惩罚,把他的舌头用钳子剪掉了。"[①]在罗马的鲜花广场上,布鲁诺在熊熊的烈火中牺牲了。他在临终时对刽子手们说:"你们对我宣读判词,比我听判词还要感到害怕。"他满怀信心地向全世界宣告:"火并不能把我征服,后世的人将会理解我!"这一天是1600年2月17日。他用他的死,迎来了一个新的世纪——近代科学蓬勃发展的17世纪。

意大利,这个文艺复兴运动策源地,现在却成了杀害文艺复兴运动继承者

---

① 施捷克里:《康帕内拉》,商务印书馆,1963年,第226页。

的刑场。但是倒退是暂时的。后世的人不仅完全理解了布鲁诺,而且将永远牢记他的英名。

二、第谷

丹麦天文学家第谷·布拉赫(1546～1601),幼时贪玩,对功课毫无兴趣。14岁时,适逢1560年10月21日的日食,他在哥本哈根做了观测。日食的壮观景象使他对天文学产生了兴趣。

第谷的一生是幸运的,他一直得到欧洲一些国王的支持。1576年,丹麦国王斐特列为他建造了一个庞大的乌兰巴尼天文台,第谷在这座"空中堡垒"里工作了21年。斐特列死后,他又在国王鲁道夫二世的支持下,在布拉格继续进行天文学研究。基于他在天文学方面的成就,人们称他为"星学之王"。

第谷很早就发现,过去的天文观测资料是不够精确的,编出的星表也有很多的误差,因此他立志要观察1 000个天体,编出一个比较完善的星表,既为以后的天文学提供准确的资料,也可以此来表示对鲁道夫二世的感谢。

第谷是一位卓越的天文观测家,他的天文观测工作准确而又细致。托勒密观测的精度约为10弧分,而他的观测精度竟达2弧分,几乎达到肉眼观测的最佳效果。他每天晚上都坚持观测,并认真地做了记录,真是二十多年如一日。他一生的主要工作就是天文观测,他一生的奋斗目标就是提高观测的精确性。为此,他自己设计并制造了当时属世界第一流水平的观测仪器。他认为哥白尼学说是不能接受的。他说:哥白尼确认笨重的、惰性的、不适宜运动的地球运动,这个论断不仅同物理学的原理相矛盾,而且同《圣经》相抵触,他也一直未能测出恒星视差。

于是,他一面称哥白尼的学说是"美丽的几何结构",一面又把这个学说的创立者说成是"疯狂的哥白尼"。他只能在哥白尼与托勒密之间徘徊。1582年他提出了一个折中体系:五大行星均以太阳为中心旋转——这是哥白尼的观点;而太阳、月亮和恒星天又以地球为中心旋转——又回到了托勒密的立场。他说:"按着古人的说法和'圣经'的启示,我想只应该把不动的地球安置在世界的中心。我不赞成托勒密把地球放在宇宙的中心的主张。我想,只有日、月和包含一切天体的第八重天才以地球为中心而运行。五个行星绕着太阳像绕着君王那样运行。"①在哥白尼之后这种折中的体系便是一种倒退。倒退是没有生命力的。难怪他的体系只在英国一度有过市场,而没有在欧洲大陆产生过广泛影响,他没有能力从他的大量精确的观测资料中得出应有的结论。开普勒说:他是个富翁,但他不知道怎样正确地使用这些财富。

但是他对彗星的研究却在客观上支持了哥白尼学说。他指出彗星也是一种天体,它的轨道在月球轨道之外,并可以畅通无阻地穿越行星天层,因为坚硬的天球层是没有的。

1601 年,第谷在观测到 750 颗天体后就离开了人间。他编制新星表的宏愿没有实现,但他并没有虚度一生。他像一位优秀的制造砖瓦的工人,虽然不愿意为哥白尼学说添砖加瓦,但他为后人留下了大量的优质建筑材料,而这些材料最后终于用到了它们应当发挥作用的地方。第谷去世后,他一生的心血全部转交给了他的助手——这位星学之王所发现的第二颗新星、天文学中的新星开普勒。

三、开普勒的行星运动三定律

开普勒(1571~1630)来到人间时是一个 7 个月的早产婴儿。他从小体弱多病,患过猩红热、天花,不仅使他的脸上留下了斑痕,而且损伤了他的眼睛。他家境贫寒,无钱上学,就在小旅馆里跑腿打杂。

在哥廷根大学学习时,他是天文学教授麦斯特林最得意的一个学生。麦斯特林是赞同哥白尼学说的,开普勒自然也是哥白尼学说的拥护者,他称哥白尼是位才华横溢的自由思想家。但在他看来,哥白尼学说似乎还没有充分揭示出宇宙的数的和谐性,它还可以更简明、更美。当第谷在丹麦致力于观测的精确性时,开普勒在德国用他的想象来追求数的和谐性。这正是毕达哥拉斯在 2 000 年前为科学指出的奋斗方向。开普勒曾这样概括自己的研究工作:"我用一部天体哲学或一部天体物理学取代了亚里士多德的一部天体神学或天体形而上学,从感官所觉察的事物的存在,去追究事物存在与变化的原因。"②

---

① 弗拉马利翁:《大众天文学》第二分册,科学出版社,1965 年,第 290 页。
② 陈毓芳、邹延肃:《物理学史简明教程》,北京师范大学出版社,1986 年,第 97 页。

　　开普勒在思索为什么宇宙只有当时所知道的6个行星时,想到了毕达哥拉斯学派所发现的5个正多面体。他觉得正多面体只能有5个,而行星只能有6个,二者一定有某种数的和谐性。经过多少天的绞尽脑汁的思索和计算,他终于提出了一个用5个正多面体来说明6个行星运行轨道的模型,把6个行星的轨道同5个正多面体交替套在一起。1596年他出版了他的第一部著作《宇宙的神秘》,公布了他的这个模型。他以为他已经揭示了宇宙的奥秘。可是后来他发现这个体系构思虽然巧妙,但没有事实的根据。

　　1600年,正是在布鲁诺为科学而献身的这一年,开普勒成了第谷的助手。两人在布拉格的会见,是科学史上的一件大事,它意味着经验观察与数学理论在天文学上的结合。他俩是天文学中的"双星"。他俩的出身、经历、性格和特长都很不相同,可他俩又配合得那么协调。没有第谷翔实的资料,开普勒只能沉溺于空想之中;没有开普勒的理论概括,第谷的资料也只是一堆废纸。他俩一个追求观测的精确性,一个追求数学的和谐性;一个有一双明亮的眼睛,一个有一个聪慧的头脑。

　　开普勒在整理第谷的观测资料时,发现无论是托勒密体系、哥白尼体系,还是他老师第谷的体系,总不能同第谷的行星观测资料吻合得很好。他曾亲眼看到过第谷的观测工作,他对第谷观测的可靠性、精确性深信不疑。他说:"我们应该仔细倾听第谷的意见。他花了35年的时间全心全意地进行观察……我完全信赖他,只有他才能向我解释行星轨道的排列顺序。"[①]因此他想问题一定是发生在体系方面。于是他决心查明原因,开始第二次探索——揭开行星运动之谜。

　　我们是在地球上来观察行星运动的,所以首先要测出地球的运行轨道。而要做到这点,就必须测出在不同的时间里地球同太阳的距离。要测出距离就必须有两个定点。太阳在太阳系中的位置是不变的,它是当然的定点。可是第二个定点又在何处? 开普勒想到了火星。火星每隔687天就绕太阳转一圈,因此每隔687天取一次火星的位置,那就可以认为火星是静止不动的,就可以充当第二个定点的作用。这样,火星就成了他的研究中心。开普勒把他的第二次探索说成是征服战神马尔斯(即火星)的战斗。战斗是艰难的。他起初把火星的

---

①　钱德拉塞卡:《莎士比亚、牛顿和贝多芬》,湖南科学技术出版社,1996年,第19页。

轨道设想为一个偏心圆,经过 70 次的试探、验算,结果仍然不理想。在一次又一次的战斗中,最好的成果是 8 弧分的误差。这个差额是很小的,如果开普勒到此就满足了,那他也许一辈子也发现不了行星运动的三定律,就不会成为开普勒了。这时,老师的观测精确性又再一次地启发了他:他知道第谷观测的误差不超过 2 弧分,因此这 8 弧分的误差就只能是理论的不正确造成的。他说:"上天给我们一位像第谷这样精通的观测者,应该感谢神灵的这个恩赐。一经认识这是我们使用的假说上的错误,便应竭尽全力去发现天体运动的真正规律,这 8 分是不允许忽略的,它使我走上改革整个天文学的道路。"[①]在不断的失败中,他终于对匀速与正圆轨道这两个传统观念发生了怀疑。他大胆地假设火星运行的速度是变化的,越接近太阳,速度就越快。其轨道呈椭圆形。

开普勒在 1609 年发表了《新天文学》一书,叙述了行星运动的两条定律。第一定律:所有行星分别在大小不同的椭圆轨道上运行,太阳位于椭圆的一个焦点上。第二定律:每一个行星的向径(行星中心与太阳中心的连线)在相同的时间里扫过的面积相等。有了这两条定律,计算各行星的准确位置就不困难了,即其他的行星也完全遵守从火星研究中所发现的规律。征服战神马尔斯的战斗终于获得了胜利。

他觉得还有秘密未被发现。他想,古人就已经指出,不同行星运转的速度同它们离中心点的距离有关,即较远的行星有较长的运行周期。他所发现的第二定律也说明,即使同一个行星,同太阳的距离不同,运转的速度也不同。也就是说,无论是不同的轨道,还是同一个轨道,行星总是距太阳越近,运转得越快。这决不是巧合,这说明行星速度或运行周期,同到太阳的距离一定有某种数的和谐性。那么这种和谐性是什么呢?

当时人们还不知道行星与太阳之间的实际距离,只知道各个行星距离的比例。而各行星公转的周期 T 是已知的。可是这些数据摆在开普勒的面前,就好像是一堆偶然捡来的、彼此毫无关系的数字。但他坚信毕达哥拉斯的美学观念:杂多中有统一,不协调中有协调。又经过 9 年的苦战,他终于使杂乱无章的数字显出了它的和谐性:

---

① 陈自悟:《从哥白尼到牛顿》,科学普及出版社,1980 年,第 87 页。

	T	T^2	R	R^3
水星	0.241	0.058	0.387	0.058
金星	0.615	0.378	0.723	0.378
地球	1	1.000	1	1.000
火星	1.881	3.54	1.524	3.54
木星	11.862	140.7	5.203	140.85
土星	29.457	867.7	9.539	867.98

即 $T^2 = R^3$。"这一思想发轫于 1618 年的 3 月 8 日,但当时试验未获成功,又因此以为是假象遂搁置下来。最后,5 月 15 日来临,一次新的冲击开始了。起先我以为自己处于梦幻之中正在为那个渴求已久的原理设想一种可行的方案。思想的风暴一举扫荡了我心中的阴霾,并且在我以布拉赫的观测为基础进行了17 年的工作与我现今的潜心研究之间获得了圆满的一致。然而,这条原理是千真万确地真实而又极其精确的:任意两个行星的周期正好与其距离平方根的立方成比例"[①]。《宇宙谐和论》在 1619 年出版,公布了他第三次探索的成果即行星运动的第三定律:行星绕太阳公转的恒星周期平方和行星轨道半长径的立方成正比。

开普勒三定律是行星运行的基本定律。繁杂的本轮系统彻底垮台了,行星的不规则运动立刻失去了它的神秘性。人们称赞开普勒是"宇宙的立法者",黑格尔称他是现代天体力学的真正奠基人。他说太阳系是这样的和谐,就像由几个声部构成的优美的歌曲,这是天体的音乐。

他把自己的三定律同第谷的观测结合起来,在 1627 年出版了新的星表《鲁道夫星表》,实现了第谷的遗愿。他还以对话的形式写了《哥白尼天文学概要》,指出三定律不仅适用于火星,而且适用于所有行星。他还认为我们的太阳只是一个普通的恒星,每个恒星的周围也都是一个类似于我们太阳系的世界。他完全理解布鲁诺。

哥白尼体系原有 34 个圆圈(本轮、均轮),为解释行星运动不规则性,后增为 48 个。开普勒对哥白尼学说的最大贡献,就是抛弃了匀速、正圆的两个传统概念,从而简化了哥白尼体系,使哥白尼体系更精确、更正确了。这是一次新的突破,这是天文学研究中的又一次思想解放。

---

① 宣焕灿选编:《天文学名著选译》,知识出版社,1989 年,第 98～99 页。

四、开普勒的天体力学思想

开普勒在第二、第三两次探索中取得了辉煌的战果,但他不打算就此止步。解决了行星怎样运动的问题以后,就需要解决之所以这样运行的原因。他猜想行星世界是由某种力量联系起来的一个整体,他所发现的三定律只是某一个更普遍定律的表现。

他不欣赏托勒密的本轮,因为本轮的中心只是一个几何学上的点,是一种毫无物理内容的虚构。虽然有人劝告他不要作物理的假设,而只作天文学的假设,可是他却坚持要探索行星运动的物理原因。

为什么行星运转时快时慢呢?他认为是太阳对行星的作用力的结果。这是一种什么作用力呢?他像吉尔伯特那样,设想太阳是一个巨大的磁石。各个行星也是磁石,行星在轨道的这一端时,北极面向太阳,而在另一端时,南极面对太阳。这样一会儿是吸引的作用,一会儿是排斥的作用,正圆形的轨道就变成了椭圆形的轨道。他还提出了重力的猜想,指出重力就是物体之间的吸引力。假如地球没有对海水的吸引力,那么海水将在月亮引力的作用下奔向月亮。他还假设这种力随距离的增大而减小,而又同物体的大小有密切的关系。"我一度坚信驱动一颗行星的力是一个精灵","然而当我想到这个动力随距离的增加而不断减小,正如太阳光随着与太阳的距离增大而不断减弱的时候,我得出了下面的结论:这种力必定是实在的","是从一实体发出的一种非实在的存在"。[1]

但是他不懂得惯性的思想,接受了亚里士多德的只有不断施加力的作用才能维持运动的旧观念,所以认为天体的运动必须要靠一种"活力"来维持。"如果地球与月球没有被一种其本身的活力,或者其他什么相当的力量维持在各自的路径上,那么地球向月球上升,走过[它们之间]距离的 1/54,月球也将向地球下落,走过距离的大约 53/54。只要它们的物质密度相同,它们就将在那里相遇。"[2]至于这种"活力"的来源是什么,他就更不能解释了。

开普勒的第四次探索没有成功,但是他的目标是正确的。他是第一个试图

---

① 霍尔顿:《物理科学的概念和理论导论》,人民教育出版社,1983 年,第 67 页。
② 柯瓦雷:《牛顿研究》,北京大学出版社,2003 年,第 172~173 页。

用力学、物理学的观点来探究行星运动原因的人。他强调物理学与天文学的结合,认为二者任何一方脱离另一方都是不完备的。他是介于哥白尼与牛顿之间的承上启下式的人物,是几何天文学向天体力学发展的关键人物。

第三节　伽　利　略

伽利略(1564～1642)生于意大利比萨,从小聪明好学,有时他仰望星空,若有所思,又好像在同星星作无言的交谈。1590 年他写了《论重力》,对亚里士多德的落体观念提出了质疑,相传他还在比萨斜塔做了自由落体的实验。后在帕多瓦大学任教,完成了自由落体、斜面的研究,并开始用望远镜观察天体,热情地宣传与捍卫哥白尼学说。1632 年出版《关于托勒密和哥白尼两大世界体系的对话》。这一部部充满新思想的著作引起了教会的震惊。1615 年教会把哥白尼的著作列为禁书,并向伽利略发出了警告。1633 年他又受到教会的审讯,但他一直拒绝认罪。从 6 月 21 日开始,教会对他连续审讯了 50 个小时,进行了残酷拷打。最后伽利略被迫在认罪书上签了名。次日,教会在圣玛利亚教堂前面宣读了判词:“太阳是世界中心而且是静止的原理在哲学上是荒谬的、虚伪的而且形式上是异端的,因为它和《圣经》上所说的相矛盾。”[①]

一、伽利略的科学精神

伽利略是近代实验科学的奠基人,他的科学思想是文艺复兴运动的产物。要了解伽利略的科学成就,首先要了解他的科学精神,这就是:不迷信亚里士多德著作的词句,继承和发扬了阿基米德的实验传统与意大利思想解放运动的传统。这种精神是近代自然科学的灵魂。

当近代科学开始诞生的时候,被教会和阿奎那重新打扮过的亚里士多德已成为束缚人们思想的最大障碍。如果还把亚里士多德的字句当作永世不能怀疑的金科玉律,那就不可能有近代的科学。历史要求人们必须解决一个问题:

---

① 周一良、吴于廑主编:《世界通史资料选辑》中古部分,商务印书馆,1981 年,第 328 页。

应当怎样正确对待亚里士多德？早在比萨大学读书时，伽利略就指出：亚里士多德生活在近2000年前，现在世界已发生了很大的变化。亚里士多德没离开过地中海流域，而现在人们已完成了环球旅行。亚里士多德只了解世界上的一个小角落，他不可能永远正确、不犯错误。

他在《关于托勒密和哥白尼两大世界体系的对话》中又系统地回答了这个问题。他说有些人很胆怯，不敢超出亚里士多德一步。当亚里士多德的一些说法同事实不符时，他们宁愿随便地否定他们亲眼看见的天上的那些变化，而不肯动亚里士多德天界的一根毫毛。这些人是亚里士多德思想的奴隶，不管亚里士多德讲什么他们都盲目地赞成，并且把他的话一律当作丝毫不能违抗的圣旨，好像宇宙始终像亚里士多德所说的那样，而不是自然界要它成为的那样。在公开辩论时，当某人在讲述自己的某个观点时，他的话却常常被反对者打断了，因为反对者引用了一段亚里士多德的原话堵住了他的嘴，而这段话往往是为了不同的目的而写的。伽利略气愤地说：别人提出相反意见，他们都一律加以轻蔑，火冒三丈。试问，还有比这种做法更令人反感的吗？

他指出，这些人这样做反而损坏了亚里士多德的声誉。"我时常弄不懂，那些坚持亚里士多德的一词一句的人，怎么会看不出他们对于亚里士多德的声望是多大的妨碍；他们越是想抬高他的权威地位，实际上就越是贬低他的权威性。""我赞成看亚里士多德的著作，并精心进行研究，我只是责备那些使自己完全沦为亚里士多德奴隶的人。"[①]

他反对教会的思想统治，认为理解世界不要从研究《圣经》开始，而要从研究上帝所创造的事物开始。如果《圣经》与事实不一致，则事实第一位，《圣经》第二位。为何我们一谈起太阳或地球时，就坚持认为《圣经》是绝对不会有错误呢？

二、伽利略的力学思想

伽利略十分重视运动学的研究，并努力建立一门新科学。他在《两门新科学的对话》中说："我的目的，是提出一门新科学来处理一个很古老的课题。在

---

① 伽利略：《关于托勒密和哥白尼两大世界体系的对话》，上海人民出版社，1974年，第145、147页。

自然界中,最老的课题莫过于运动。尽管哲学家们对此写出了卷帙浩繁、内容庞杂的著作,我却发现运动的某些性质仍是值得探讨的。"[1]

伽利略对亚里士多德运动学的批评,是从落体问题开始的。伊壁鸠鲁(前341～前270)在公元前4世纪就提出:"尽管原子在质量和形式上是那样的不同,然而它们却以同样的速度在虚空的空间中运动。"[2]在德谟克利特看来,原子有重量是不言而喻的事情,可是伊壁鸠鲁则认为重量只有在不同重量的物体相比较时才存在。原子相对于虚空而言,它们的重量规定性就消失了,所以它们就以相同的速度下落。伊壁鸠鲁是自由落体正确观念的先驱,因为他正确地指出了所有不同重量的物体在真空中将以相同的速度下落。但他的这个结论纯粹是理性思考的结果,而且在他的思考中也包含着矛盾:如果原子的重量消失了,它们又怎么会下落呢? 古罗马原子论者卢克莱修把这一思想表述得更清楚:"因此,每样东西虽然重量不相等,却必定以同等的速度冲下,通过寂静的虚空运动。"[3]

从14世纪起,欧洲开始使用炮弹,这就要研究炮弹的射程与轨道问题。当时相信亚里士多德运动学的学者们认为,如果有足够的力量,炮弹就会笔直飞向目标。塔尔塔利亚(1499～1559)不同意这种观点,提出抛物线轨道的观念。实践已要求人们重新研究亚里士多德思辨的运动学,用科学的力学来代替它,而要完成这个任务就要建立新的自由落体运动的理论。塔尔塔利亚的一个学生已从实验中肯定一切物体都以相同的速度降落。1544年佛罗伦萨的瓦尔基也指出:"亚里士多德和其他所有的哲学家都毫不犹疑地相信并确认,物体愈重下落愈快,但实验证明这是不正确的。"[4]

荷兰科学家斯台文(1548～1620)对力学作了系统的研究。他是一位工程师,反对盲目迷信亚里士多德,认为实验是建立工程技术的基础。他研究了斜面,认为物体沿斜面滑下来的力要小于它的重量,它同重量的比等于斜面的高度同长度的比。他也研究了自由落体问题。他在1586年出版的一部著作中说:他用两个重量相差10倍的铅球,同时从30英尺(9.15米)的高度落下来,发

① 霍尔顿:《物理科学的概念和理论导论》,人民教育出版社,1983年,第129页。
② 马克思:《博士论文》,人民出版社,1961年,第30页。
③ 卢克莱修:《物性论》,三联书店,1958年,第75页。
④ 布勃列伊尼科夫:《人类对地球认识的发展》,科学出版社,1958年,第88页。

现二者下落的速度是相同的。斯台文的著作是用荷兰文写成的,这大约是伽利略不了解斯台文研究成果的一个原因。

伽利略尖锐地指出了亚里士多德自由落体观念中的逻辑矛盾。他说,用一根绳子把两块重量不同的石头联系起来,那它们将以什么速度下落呢? 按照亚里士多德的理论,它们的重量是两块石头重量之和,所以它们的下落速度也是两块石头下落速度之和。可是用绳子联系起来的两块石头又毕竟不是一块石头,大石块下落速度快,被小石块拖了后腿,所以速度减慢,而小石块下落的速度则有所增加,很快两块石头都以相同速度下落,这个速度就是两块石头速度的平均值。这两个大有径庭的结论都是从亚里士多德的落体观念中推导出来的,可见亚里士多德的说法不足为信。据说,1589 年伽利略登上比萨斜塔,让 10 磅重和 1 磅重的两个球同时下落,由于下落速度很快,所以看起来两球是同时落地的。为了取得更精确的结果,他想"冲淡重力",让物体下落得慢一些。于是他同斯台文一样,对斜面进行了研究。他在长约 11 米的木板上刻上光滑的槽子,让不同重量的小球在同一高度的斜面上滚下,发现它们滚动的速度是相同的,这与斜面夹角大小无关。他说:"一物体和另一相同物体沿倾角不同但高度相同的二斜面滑下所获得的速率相等。"[1]但不是匀速地滚动,而是越滚越快。调整斜面夹角为 90°时,小球的滚动就成了自由下落,于是他通过斜面实验揭示了自由落体运动之谜。

他还研究了摆,发现若摆的长度相同,尽管摆锤重量不同,摆的速度仍相同,即摆动的速度同摆锤的重量无关。摆锤从一定高度向下摆动,可以近似地看作小球从相同高度的斜面上滚落。所以摆的研究也间接地证明了伽利略落体观念的正确。

斜面实验还使伽利略发现了惯性原理。如果让小球从第一个斜面上滚下,再爬上第二个斜面,则小球在第二个斜面上爬到一定高度,就停止上爬再度滚下。这个高度刚好等于小球在第一个斜面上开始滚下的出发点的高度。而这一切都同两个斜面的夹角无关。他说:"沿任何一个[无摩擦的]斜面下滑的一个物体从这斜面滑下之后,继续沿另一个斜面向上运动,这物体获得动量后向上运动所达到的高度与它由之开始下滑的高度相等。"[2]于是伽利略想,如果第

---

① 霍尔顿:《物理科学的概念和理论导论》,人民教育出版社,1983 年,第 382 页。
② 霍尔顿:《物理科学的概念和理论导论》,人民教育出版社,1983 年,第 382 页。

二个斜面的夹角等于零,也就是说它是一个平面,如果不考虑摩擦与空气阻力的作用,那么小球从第一个斜面上滚下以后,它在第二个斜面(即平面)上就永远达不到它原来出发时的高度,那它将永远滚动下去。这说明力是产生加速度的原因,而不像亚里士多德所说是产生匀速度的原因。

1638年,伽利略在《两门新科学的对话》中把上述的斜面实验的发现概括为如下的话:"物体沿水平面运动,没有受到任何阻力时,那么……它的运动是均匀和永无止境的,只要平面在空间中是无限的话。""任何物体都不能自己变换运动状态。"①

伽利略特别注重对自由落体问题的研究,他认识到自由落体运动是弄清自然界所能观察到的各种运动的关键。他是这样评价自由落体的研究的:"这是第一次为新的方法打开了大门,这种将带来大量奇妙成果的新方法,在未来的年代里会博得许多人的重视。""一门博大精深的科学已经出现,我的工作仅仅是一个开端……"②的确,自由落体运动给他带来了一连串的"奇妙成果"。自由落体问题在伽利略力学中的地位,就像火星研究在开普勒天文学中的地位一样。伽利略正是以这个问题为突破口,从根本上动摇了亚里士多德的运动学。

惯性定律告诉我们,静止状态与匀速直线运动状态有某些共同之处,那么我们能否在力学中把这两种状态区分开来呢?由此伽利略提出了相对性原理。他说在一只匀速运动的密封船舱里,一切力学现象都同静止时一样:小瓶里的水照样一滴滴地垂直滴下来,盆中的鱼照样自由游动,小虫子也照样自由飞翔,在船上用同样的力气往各个方向跳,都会跳得同样远。总之,我们找不到任何力学现象能使我们判断出船是处于静止状态,还是处于匀速直线运动状态。这就是说,不可能在一个匀速直线运动的实验里,通过力学实验来判定它是否在做匀速直线运动。

惯性定律说明静止与匀速直线运动都是物体在不受外力作用下能不断维持下去的状态,相对性原理说明在静止与匀速直线运动这两种状态中力学定律是相同的。这两个观念无非是说:在静止或匀速直线运动状态中,物体同样具有维持静止或匀速直线运动状态的能力,这就揭示了力学中的静止状态与匀速直线运动状态的等价性。对一个观察者来说是静止的状态,对另一个观察者来

---

① 布勃列伊尼科夫:《人类对地球认识的发展》,科学出版社,1958年,第99~100页。
② 霍尔顿等:《运动的概念》,文化教育出版社,1980年,第71、56页。

说可以看作是匀速直线运动的状态,这样就提出了参考系的变换问题,伽利略变换就解决了这个问题。

总之,伽利略确立了科学的自由落体定律、惯性定律与相对性原理,指出力是产生加速度的原因,为经典力学奠定了基础。

三、伽利略的天文学思想

伽利略在天文学上的贡献主要在两方面:其一是用望远镜观察天体,获得了一系列重大的发现;其二是用他的力学思想与天文学中的新发现进一步捍卫和丰富了哥白尼学说。

他发现月亮也同地球一样,有高低不平的山谷。"月亮的表面(以及其他天体)不像许多哲学家所相信的那样,是平坦的、一律相同的,是准确的球形,而是不平坦的、粗糙的,充满了凹坑和突丘,与具有高山和深谷的地球表面并没有两样。"[①]这雄辩地说明天体并不像亚里士多德所说的那样完美无缺。他发现了木星的 4 颗卫星,观察到了金星和水星的周相,为哥白尼的太阳中心说提供了新的证据。他观察到了太阳黑子,估计黑子的面积比地球上亚非两洲的面积还要大,并发现黑子在有规则地移动,周期约 27 天。他用望远镜发现了许多肉眼看不到的天体,大大扩大了人们的视野。这些发现都记述在《星际使者》和《关于太阳黑子的通信》中。他的这些著作在社会上引起了轰动。人们抢着阅读他的书,并希望能得到一台望远镜。他也到处演讲,让人们用望远镜观察天空。可是教会却说望远镜是"魔鬼的发明",根据是《马太福音》中有这样一句话:"魔鬼带他上了一座高山,将世上的万国都指给他看。"

甚至到了 1661 年,有个叫塞杰的天文学家居然还否认木星会有卫星。他说:"头上有七窍,两个鼻孔、两个耳朵、两只眼睛和一张嘴,所以天空有两颗吉星、两颗凶星、两颗亮星和唯一的一颗不明不暗、不吉不凶的木星。根据这些以及其他许多类似的自然现象,如七种金属等,这类现象多不胜举,我们推断行星的数目必然是七颗(包括太阳和月亮)……现在假若我们增加了行星的数目,整个体系就要土崩瓦解,……尤其是这些卫星,它们用肉眼是看不见的,所以它们

---

① 霍尔顿等:《天空中的运动》,文化教育出版社,1980 年,第 81 页。

不能对地球有影响,所以它们是无用的,所以它们不存在。"①

伽利略驳斥了亚里士多德的天体不变论。亚里士多德认为生灭、变化只有在对立中才能存在,而天体的圆周运动是不包含对立的,所以天体不生不灭不变化。伽利略反驳说,圆周运动并非只有天体才有,地球也有圆周运动;对立也并非只有地球才有,天体也有轻与重、密与稀的对立,所以地变天亦变。逍遥学派认为地球的变化是我们天天都看到的,可是我们却从未看到天体的变化,所以天体没有变化。伽利略指出,我们不能把未看到的东西说成是不存在的。难道太阳黑子过去一直没有变化,只有在我们看到它变化时它才变化吗?

他还驳斥了亚里士多德的天贵地贱和天地是两重世界的观点。他指出地球也是天体,同月亮有许多相同之处。月亮上也有山谷,太阳上也有黑子,它们并不比地球高贵。正因为地球在不断变化,它才可亲可贵。生灭变化对不生不灭不变来说,是更大的完善。长期以来,天地有别的看法妨碍人们承认地球是个普通行星。要推广日心说,就要驳倒天地迥然不同的观念。当初哥白尼并未做这件工作,反而过分渲染了太阳的特殊地位。伽利略则用新的观测事实来论证天地的一致,这是对哥白尼学说的一个贡献。

伽利略还用他的力学知识驳斥了亚里士多德、托勒密的地心说与地静说,这是他的天文学思想的主要内容。

为什么地球在运动,重物还会垂直下落? 他的解释是:重物跟随地球一块做圆周运动,重物的下落实际上是圆周运动与直线运动的合成。圆周运动是地球、重物和人所共有的,所以人观察不到重物的圆周运动,而只能看到重物所特有的直线运动。他说船在航行时,从桅杆顶上落下的石头,仍然会落在桅杆脚下。17 世纪 40 年代法国的伽桑第曾做过这个实验,证实了伽利略的这个判断。

把地球上的重物趋向地心这个事实当作地心说的证据也是不能成立的。他说:重物趋向地球中心,就是趋向它们的共同母体,而不是趋向宇宙的中心。那么宇宙是否有中心呢? 他说:"我们并不知道宇宙中心在哪里,或者究竟存在不存在。即使存在,它也不过是一个想象的点;一个空洞的,没有任何性质的东西。"②

为什么地球自转时,我们没有感到一股东风呢? 为什么飞鸟仍然能够自由

---

① 霍尔顿等:《天空中的运动》,文化教育出版社,1980 年,第 86～87 页。
② 伽利略:《关于托勒密和哥白尼两大世界体系的对话》,上海人民出版社,1974 年,第 44 页。

地飞翔呢？他回答说,因为地面上的空气也随着地球一块运动,所以对空气来说地球的运动是不存在的,一切都跟地球处在静止状态中一样。

地球在自转时为什么不会把地面上的物体抛向太空呢？因为地球运转的速度很缓慢,还不能产生那么大的力量。他反问:如果地球不动,整个宇宙围绕地球运动,那地球又怎能抵挡得住这股强大的力量呢？他说,自然界不会让庞大的宇宙围绕小小的地球旋转。这就像后来罗蒙诺索夫指出的,即使不懂得天文学的厨师也会明白:只有烤肉围着炉子转,没有炉子围绕烤肉转的道理。自然界最经济节约,这本是亚里士多德提出的观点,现在却被当作批评亚里士多德地心说的武器。

伽利略在天文学上的贡献是卓越的,但同他的力学相比,提出的新思想却不太多。他有那么丰富的力学知识,是完全可以用它来揭示天体运动的力学原因的,但他没有这样做。他认识到落体是以加速度下落的,但是却不愿意探讨产生加速度的原因。他说:"目前还不是恰当的时候去研究物体在自然运动中产生加速度的原因。关于这个问题,哲学家们提出各种不同的意见,有些人解释为由于地心的吸引,另一些人则认为是由于物体各部分相互排斥的结果,还有一些人归因于四周介质的某种应力,认为紧靠在落体后面的应力驱使它从一个位置移到另一个位置。所有这些及其他的一些奇妙的幻想都应该一一检验。但是实际上并不值得这样做。在现阶段,我们的作者的目的只是考察和论证加速度运动的某些性质,而不管产生这种加速度的原因是什么。"[1]他又说:"我们既不知道使石块落地是由于什么力量,也不知道使抛射体向上飞去的是什么力量,更不知道使月亮在它的轨道上运行是由于什么力量。"[2]他如果把自由落体、抛射体和天体三者联系起来,就会接近万有引力理论,但他没这样做。

他知道开普勒关于如果没有地球对海水的吸引,那海水将在月亮的吸引下奔向月亮的那些话,但他不同意这种说法。他说:"我对开普勒比对其他任何人都更加感到惊讶。尽管他思想开阔而且敏锐,尽管他已经掌握到地球的那些运动,他却仍然对月球支配海水,对这种神秘的属性和幼稚的说法听得进,而且加以肯定。"[3]

---

① 霍尔顿等:《运动的概念》,文化教育出版社,1980年,第58页。
② 杜加、科斯塔贝尔:《一门新科学——力学的诞生》,《科学史译丛》1985年第3期。
③ 伽利略:《关于托勒密和哥白尼两大世界体系的对话》,上海人民出版社,1974年,第596页。

伽利略与开普勒是朋友，虽未见过面，却有书信来往。在捍卫哥白尼学说方面，他们的心是相通的。可是这两位科学伟人却没有真正地相互合作过。开普勒不知道惯性定律，还认为要维持运动就要有力的不断作用，伽利略仍然保持匀速和正圆轨道的观念，一点也不理解开普勒的三定律。他们的科学思想有时显得那么亲近，有时又显得这样隔阂，这实在令人惋惜和费解。

四、伽利略的方法论思想

伽利略以实验方法为中心，广泛地采用了各种研究方法，并在希腊化时代重视经验传统的基础上，创立了科学的实验方法，在自然科学的研究方法上开辟了一个新的历史时期。

他的认识论思想是唯物主义的。他认为我们应当从自然界中，而不是从书本中去寻找真理。建筑图样应当适应建筑学法则，目的应当适应事实。科学的结论要经受实验的检验，经过实验证明的科学结论就是不以人的意志为转移的。任何博览群书、知识渊博的人，都不能不理会自然界的实况。一个平凡的人只要找到了真理，他也会使1 000个大演说家德摩斯梯尼和1 000个亚里士多德陷于困境。

伽利略强调感觉、经验在科学认识中的地位。他认为自然科学本质上是实验科学，而实验科学的出发点是感觉和经验。但他也没有忽视理性的作用，因为感觉和经验是有局限性的。他说："在阿里斯塔克和哥白尼身上，理性和论证克服了感觉的证据。""哥白尼信赖理性，而不信赖感觉经验。"[①]

在演绎与归纳的问题上，他认为在实际的认识过程中，是归纳先于演绎。他指出演绎的方法只是亚里士多德著书立说的方法，而不是他考察问题的方法。

他在逻辑上发现了亚里士多德落体观念的错误，促使人们不得不对亚里士多德的观念提出怀疑。但是正如他说的：在自然科学上，雄辩术是不起作用的。自然科学上的是非问题不能单凭逻辑上的辩论来解决，于是他就在比萨斜塔上让轻重物体同时落下，邀请人们来亲眼看看物体自由下落的实际情形。

---

① 伽利略：《关于托勒密和哥白尼两大世界体系的对话》，上海人民出版社，1974年，第426、441页。

　　人们通常称这次活动是一次实验,实际上它是一次观察。这种观察活动虽提供了生动的感性认识,但立刻显出了它的局限性:物体下落得太快,塔又不太高,所以难以得出明确的结论。于是他另辟蹊径,开始了斜面的研究。这种实验活动具有明显的优点:可以由人工控制斜面的长度和夹角,从而得以控制小球滚动的速度和所经历的时间。为了使实验结果精确,他尽量排除其他因素的干扰。比如为了减少摩擦,就把小球做得尽量的圆,在木槽上铺上了羊皮纸。

　　他特别重视定量实验的研究,创造一些可以测量的条件,从实验结果中概括出数量关系式,从而把数学引进了力学。他说过,大自然这本书是用数学的语言写成的。就是说,不懂得数学的语言,就不能揭开自然界的奥秘。他也许是第一个用横坐标和纵坐标来表示时间和速度的人。他说吉尔伯特要能有更多一点数学家的气息就好了。伽利略自己正是一位具有浓厚数学家气息的物理学家。

　　实验总是在一定的场合下,应用一定的物质手段进行的,而这些物质条件都不会是完全理想的。他当时也不可能排除空气的阻力。在从斜面实验得出惯性原理的研究中,他不可能真的做一个无限长的斜面。这时,伽利略就采用了抽象的方法,弥补了实验条件的限制。动手与动脑,这是科学研究中不可缺少的两个方面。古希腊的学者忽视了前者,古罗马的学者忽视了后者,而在伽利略这里,两者达到了一定程度上的结合。不少人说伽利略并没有真的登上比萨斜塔,那只是历史上的一种传说。其实伽利略不一定非要登上斜塔,他只要让他的几个小球在他的书桌上登上一定高度的斜面就可以了。在斜塔上不能解决的问题,在斜面上可以解决。

　　在伽利略的研究活动中,还有一个宝贵的特点,就是善于在人们熟视无睹的平凡事件中,挖掘出不平凡的道理。船在平稳航行时,船内的一切力学现象同船静止时一样,这是很多坐过船的人都体验过的现象,但极少有人思索过它的道理。可是伽利略对此却兴味盎然,像个小孩一样要问个"为什么"。他观察当船匀速直线前进时,船舱中的小虫子翅膀抖动得是否更快一些,是否会显得更加疲劳一些;人往不同方向上跳跃,是否会跳得一样远⋯⋯这在常人看来似乎有点可笑,但发现相对性原理的毕竟是伽利略。他说得好:"致力于伟大的发明,从最微贱的开头开始,并且认识到神奇的艺术就蕴藏在琐细的和幼稚的事物之中,这不是平凡的人能做的事;这些概念和思想只有出类拔萃的人才会想得出来。"①

1979年11月10日,罗马教皇公开承认过去对伽利略的审判是不公正的。次年,一个由杨振宁、丁肇中等著名科学家组成的委员会重新审理了"伽利略案件",为伽利略平反昭雪。科学又一次战胜了神学。

当开普勒的行星运动定律和伽利略的力学相结合时,历史便产生了牛顿。在叙述牛顿以前,应当先谈及笛卡儿的科学思想,因为牛顿若不抛弃笛卡儿的旋涡学说,就不可能建立他的万有引力理论。

第四节 笛 卡 儿

笛卡儿(1596～1650)生于法国都兰城,1628年去荷兰,在那儿住了20年。1637年出版《方法论》,1644年出版《哲学原理》。1663年他的著作被列为禁书,1740年禁令解除。他提出了坐标方法,把方程式与几何线条联系起来。在生物学方面,他研究了器官的构造与胚胎的发育。他是近代科学的奠基人之一。

当笛卡儿登上科学舞台时,自然科学的发展已经形成了两个趋势:一是古代原子论通过伽桑第得到复兴,许多科学家开始用原子论来解释自然现象,需要把原子论从哲学引进到自然科学,把哲学原子论变为自然科学的原子论。二是在伽利略和开普勒研究工作的基础上创立万有引力理论。自然科学正酝酿着重大突破。在这个科学发展的重要时期,笛卡儿独辟蹊径,提出了完全不同于这些发展趋势的理论思想。

一、笛卡儿的以太论与旋涡论

德谟克利特等人把万物的本原归结为一种看不见、摸不着的物质微粒,不可分的物质基元——原子。为了使原子有运动的场所,他们又提出了第二个重要概念——虚空。原子论的提出既表现了人类抽象思维的发展,又能较好地解决物质形态的统一性与多样性问题,所以具有强大的生命力。可是在中世纪,

---

① 伽利略:《关于托勒密和哥白尼两大世界体系的对话》,上海人民出版社,1974年,第529～530页。

原子论受到了压抑。1626 年法国用死刑来禁止原子论的传播。随着近代自然科学的兴起,经过伽桑第等人的努力,原子论开始复兴。笛卡儿则不赞成原子论,他认为原子论有 4 个缺点。

第一,原子论认为原子不可分割,笛卡儿认为这种不可分割性是不存在的。他认为物体的本质属性就是广延性,而物体只要有广延性就可以分割。他说:"我们还发现:宇宙中并不能有天然不可分的原子或物质部分存在。因为我们不论假设这些部分如何之小,它们既然一定是有广袤的,我们就永远能在思想中把任何一部分分为两个或较多的更小部分,并可因此承认它们的可分割性。"[1]

第二,原子论承认虚空,而笛卡儿否认虚空,认为宇宙充满了物质,甚至空间本身就是物质。在这一点上,他同亚里士多德的观点一样,但他又不像亚里士多德那样否认相对真空。他指出:"说实在话,虚空这一名词的通用意义并不是指一个没有任何事物的场所或空间,而是指一个场所,那里没有我们假设为应有的那些东西。""说到哲学上所谓虚空,即无实体的空间,则这种东西显然并不存在。"[2]

第三,原子论认为重量是原子的本质属性,而笛卡儿认为单独一个原子是无所谓重量的,因为重量是依靠各种物体的相对运动关系和位置关系的一种属性。

第四,一颗颗的原子为什么能组成具有稳定形状和体积的物体?是什么东西把分立的原子联系在一起的呢?笛卡儿认为原子论不能回答这个问题。

笛卡儿认为原子论没有根据,所以他就提出了以太论。1644 年他首先把以太的概念用于科学,认为以太是一种非常稀薄的连续的流体,它没有重量,不能被人的感官直接感知。物体的作用是通过以太的挤压来传递的,天体在以太中运行不会受到任何阻力。

既然宇宙是以太的海洋,虚空不存在,那物体为什么能在没有空隙的地方运动呢?他的设想是:一个粒子让出一个位置后,其位置同时被邻近的粒子所占据,而空出的位置又同时为第三个粒子所占据。粒子不断调换位置,做循环的旋转运动,结果就形成了物质的涡流。太阳是一个大旋涡的中心,巨大的旋

① 笛卡儿:《哲学原理》,商务印书馆,1959 年,第 44 页。
② 笛卡儿:《哲学原理》,商务印书馆,1959 年,第 42 页。

涡推动行星围绕太阳旋转。各个行星则是较小旋涡的中心。在旋涡中重物趋向中心，轻物离开中心。重物的下落也是由旋涡引起的。1669年，荷兰物理学家惠更斯宣布他用实验证实了这一点。

笛卡儿还认为旋涡如同一个研磨机，不断地研磨着粒子。最小的尘埃是火元素，是形成恒星的原料。另外一些物质被研磨成球状的气元素，它们构成了宇宙空间。第三种物质是有各种形状的物体，它们构成了地球、行星和彗星。

二、笛卡儿的物理学思想

笛卡儿认为物质的本质是具有广延的几何特性，即只有占有空间的东西才是物质。物理学主要研究物体的空间形式与物体在空间中的运动，因此物理学是关于物体运动与静止的空间形式的科学，是几何学的延伸。所以物理学应当像几何学一样，可以从先验的公理中推演出来。他把哲学比作一棵大树，形而上学是根，物理学是干，其他各个学科都是从干上长出的枝。

他认为物体内部不存在运动的原因，因此若没有外来的作用，物体就不会有任何变化。所以任何运动变化都是其他物体作用的结果。他说：个别存在的任何物质部分，将始终保持其同样状态，直到碰到其他物质部分使它改变这个状态为止。如果物质粒子具有某种大小，那它将永不减少。如果这个粒子是圆形或四边形的，它将永不改变这种形状，除非其他粒子迫使它改变。如果它静止在某处而没有其他粒子碰撞它，它将一直静止在那儿。他还说：物体具有保持匀速直线运动的倾向。这实际上是对惯性定律的一种表述。在他看来，惯性是忍受外界作用的能力。但他与牛顿相反，猜测惯性是可变的，即速度不同惯性也不同。

笛卡儿继承了伽利略的动量概念，提出了动量守恒原理，指出物体所受外力的冲量等于动量的增加。当一物体同另一物体碰撞时，它传给第二个物体的动量等于它本身同时失去的动量，而两物体的动量之和是守恒的。物质有一个一定量的运动，这个量是从来不增加也不减少的，虽然在物质的某些部分有时有所增减。他把宇宙看成一台机器，由上帝启动后，就会永远运转下去。

他从否认虚空的观点出发，认为所有的运动都是物体周期性的重新安排。如果一个物体改变了位置，为了防止出现真空，就必须同时发生其他物体的位移。只有通过一个封闭的循环运动,有限数目的物体才能改变它们的位置。

他把运动区分为真实意义下的运动与日常意义下的运动两种。真实意义下的运动是相对于同它直接接触的物体而言的运动。日常意义下的运动是相对于任何物体(包括遥远天体)的运动。一只停在水面上的小船,相对于岸上的事物来说,它是静止的;相对于同它直接接触的流水来说,则是运动的,这种运动就是真实意义下的运动。显然,无论是真实意义下的运动,还是日常意义下的运动,都是相对的运动。一个物体既可看作是动,又可看作是不动。比如一个人坐在行驶的船上,他认为河岸不动,就可以认为自己在动;他认为自己所乘的船在动,就可以认为自己不动。

三、笛卡儿的方法论思想

笛卡儿是西方理性主义的创始人,怀疑精神是笛卡儿科学方法的出发点。他说:要追求真理,我们必须在一生中把所有事物都来怀疑一次。他甚至怀疑自己是否有手与头脑,怀疑日月星辰是否存在,但他并不怀疑他在怀疑这件事。他说怀疑不是为了使自己陷入犹疑不决之中,而是为了树立信心。

他认为感性只能提供模糊不清的东西,只有理性才能提供"清楚而明白的观念"。数学,特别是几何学是从"清楚而明白的观念"出发,得到科学知识的最好典型。在这个问题上,他曾同波义耳展开过争论。波义耳引用弗兰西斯·培根的话,认为知识来自实验,实验是最好的老师,而笛卡儿说如果抛弃了理性,实验就不可能得出任何结论,科学是理性的成果。

他强调科学方法的重要。他认为人们的理智是均匀的,才能是一样的,认识取决于对理智的正确应用,即取决于方法。他强调演绎法、数学方法的地位。他认为知识是从原理中推演出来的。这些原理必须包含两个条件:首先,要明白而清晰,使人们不能怀疑它的真理性;其次,能从这些原理推演出别的知识。获得知识的最好途径就是要寻找第一原因和真正原理,并且由此演绎出人所能知的一切事物的理由。

他在四条逻辑原则中指出,认识的次序是由简到繁,由易到难,逐步上升;在分析一个难题时,要尽可能把它分成细小的部分,而且要把一切可能毫无遗漏地完全列举出来。

他反对经院哲学,他说我们要研究逻辑,但不能研究经院中的逻辑。他推崇理性,但并不轻视实际观察。他认为整个世界就是一本大书,他曾用10年的时间游遍欧洲。有一次他指着准备要解剖的兔子对别人说:"这就是我的书。"

笛卡儿想象力丰富,观点新颖,他的旋涡理论曾盛行一时。他的许多观点虽富启发性,却带有较浓厚的思辨色彩。他既不同意伽利略的自由落体研究,又不能用他的旋涡理论来解释开普勒定律,他的思想同当时的经验科学传统是不太吻合的。他说:"伽利略所说的在真空中落体的速度等等全是毫无根据的;因为首先应该确定重量是什么;如果他知道重量的真正性质,他就会知道在真空中不存在重量。"[1]当人们正沿着伽利略、开普勒的道路向万有引力理论前进时,笛卡儿却把许多人的注意引向了旋涡,在客观上妨碍了引力理论的建立。他反对关于万物吸引的猜想:"为了设想[类似这样的吸引作用],不仅需要假定宇宙到处都有生命,甚至还有各种居民,他们互不相犯;但是他们都是聪明和通灵的,他们能得知离他们很远的地方发生的事情而不用什么人来通报消息。他们在宇宙中的神通是广大的。"[2]他把万有引力理解为"万有灵魂"了。惠更斯在1659年就已发现行星要维持圆周运动,需要有一种向心力,可是惠更斯却没有认识到这种向心力就是引力,因为惠更斯赞同笛卡儿的观点。因此在当时的情况下,要建立引力理论,就必须批评笛卡儿的旋涡理论。这个历史重任落到了牛顿的肩上。

第五节　牛　　顿

牛顿(1642～1727)是一位伟大的力学家、光学家、天文学家和数学家,是科学史上的一个时代的代表。恩格斯说:"牛顿由于发明了万有引力定律而创立了科学的天文学,由于进行了光的分解而创立了科学的光学,由于创立了二项式定理和无限理论而创立了科学的数学,由于认识了力的本性而创立了科学的力学。"[3]牛顿在力学、天文学和数学这三个当时最基本的科学领域都实现了战

---

①　杜加、科斯塔贝尔:《一门新科学——力学的诞生》,《科学史译丛》1985年第3期。

②　杜加、科斯塔贝尔:《一门新科学——力学的诞生》,《科学史译丛》1985年第3期。

③　《马克思恩格斯全集》第1卷,人民出版社,1956年,第657页。

略性转变:从静力学到动力学、从天体几何学到天体力学、从常量数学到变量数学。

在伽利略去世的那一年,牛顿诞生在英国林肯郡的艾尔斯索普村。在他出生前3个月父亲就已去世。牛顿小时候经常干活,学习成绩一般。1661年,他以优待生的身份进了剑桥大学三一学院。当时这所古老学府还保留着中世纪经院式的教育制度,弗兰西斯·培根新思想的种子还未在绿草如茵的校园里扎根。但在1663年,学院增添了自然科学讲座,首次任教的是巴罗。牛顿起初考试成绩并不突出,但他阅读了许多自然科学名著,如欧几里得的《几何原理》、哥白尼的《天体运行论》、开普勒的《光学》。巴罗发现牛顿理解数学的能力很强,这位被誉为"欧洲最优秀的学者"的数学教授对别人说:"我同牛顿相比,只能算个小孩。"他就断然辞去教授职位,让27岁的牛顿继任。1665年伦敦一带发生鼠疫,学校停课,牛顿回家住了一年半的时间。这段时期是他科学活动的黄金岁月。他在这一时期提出了引力理论的基本思想,发明了微积分,实现了对光的分解,基本上完成了他一生所要完成的事业。1696年他迁居伦敦,从事货币改革工作。从1687年到去世的40年中,他基本上没有什么科研成就,曾用不少时间研究炼金术和注释《圣经》。1727年牛顿去世,他是英国历史上第一个获得国葬的科学家。4年后他的亲友为他树立了一个纪念碑:"伊萨克·牛顿爵士安葬在这里,他以近于超人的智力第一个证明了行星的运动与形状,彗星的轨道与海洋的潮汐。他孜孜不倦地研究光线的各种不同的屈折角,颜色所产生的种种性质。对于自然、考古和《圣经》是一个勤勉、敏锐而忠实的诠释者。他在他的哲学中确认上帝的庄严,并在他的举止中表现了福音的纯朴。让人类欢呼曾经存在过这样伟大的一位人类之光。"[①]

一、牛顿的力学思想

牛顿在伽利略等人的基础上,提出了力学三定律和万有引力定律,实现了科学史上的第一次大综合。

力学三定律是一个整体,是经典力学的基础。第一定律从质的方面反映了

---

① 潘继炯:《牛顿》,商务印书馆,1965年,第43~44页。

物体惯性的本质,第二定律从量的方面说明了作用力与物体之间的关系,第三定律揭示了机械运动的一个矛盾:作用与反作用。而惯性与力,是全部牛顿力学中的两个最基本概念。

牛顿在《自然哲学的数学原理》一书的定义 3 中说:"物质固有的力,是每个物体按其一定的量而存在于其中的一种抵抗能力,在这种力的作用下物体保持其原来的静止状态或者在一直线上等速运动的状态。"[1]他说这种力同惯性没有什么区别,可称作惯性力。惯性是物质的最重要属性,物体本身不能改变自己的状态,这是牛顿力学的基本出发点。既然如此,那改变状态的能力就只能到物体以外去寻找了,于是就进而提出了力的概念。

"定义 4:外加力是一种为了改变一个物体的静止或等速直线运动状态而加于其上的作用力。"[2]外加力是物体改变状态、运动变化的原因。这种力只存在于作用的过程中。作用结束后,它就不再留在物体之中,这时惯性力就起作用了。所以外加力不可能变为物体内部的力。

亚里士多德曾认为力是产生非自然运动的原因,但他认为力的作用只有在互相接触时才能传递,所以对于彼此相距很远的天体来说,这个力是毫无用处的。开普勒虽然解开了许多天体运动之谜,却未解开天体运动力学原因这个谜中之谜。在开普勒之后,这个问题逐渐引起了科学家的重视。1645 年法国天文学家布里阿德提出"开普勒力"同与太阳距离的平方成反比,但这儿的"开普勒力"只是太阳对行星的作用,而不包括行星对太阳的作用。1666 年意大利的波列利在研究行星与木星卫星运动时指出,天体间存在着一种使其相互接近的重力,其大小同距离成反比。1673 年荷兰的惠更斯在研究摆的过程中,提出了向心加速度公式 $a = v^2 / R$,若把这个公式同开普勒第三定律结合起来,就会推导出向心力同距离平方成反比的结论,但是他没有迈出这一步,因为在他看来向心力与吸引力是两种完全不同的力。

最接近万有引力理论的,要算是和牛顿同时代的英国科学家罗伯特·胡克(1635～1703)。他认为物体的重力,就是地球对它的吸引力。因此,物体同地心的距离不同,它的重量也将不同。他曾登山、下矿井想用实验来证实这个想法,但没有成功,因为山的高度与矿井的深度,同地球的半径相比是微不足道

---

① 塞耶编:《牛顿自然哲学著作选》,上海人民出版社,1974 年,第 14 页。

② 塞耶编:《牛顿自然哲学著作选》,上海人民出版社,1974 年,第 15 页。

的。1674年他提出了关于引力的三条假设。第一，一切天体都有倾向自身中心的吸引力，这种力又作用于其他天体。因此不仅太阳和月亮对地球的形状和运动发生影响，而且地球对太阳、月亮同样有影响，其他行星对地球的运动也都有影响，从而指出了引力作用的普遍性。第二，做直线运动的任何天体，在没有受到其他作用力使其偏斜之前，继续保持直线运动不变；受到其他力的作用时，它的直线轨道就会倾斜，沿椭圆、正圆轨道或某种复杂的曲线运行。这就指出了吸引力同天体运行轨道的联系。第三，物体离吸引中心越近，所受到的吸引力就越大，具体数量关系尚待实验中解决。我们一旦知道了这个数量关系，就可以很容易地解决天体运行的定律了。1680年初，他又明确提出引力同距离平方成反比的思想。所以英国科学史专家贝尔纳认为，万有引力的基本概念是属于胡克的，但他缺乏牛顿那样的数学才能，所以没能明确提出万有引力的公式。

当科学的接力棒传到了牛顿手中时，他便向万有引力定律的红线冲刺了。他尖锐地指出，天体现象不能用旋涡理论来解释，因为它同开普勒定律不符。例如按照旋涡理论，旋涡各部分的周期同离中心的距离平方成正比，而开普勒第三定律指出周期的平方同距离的立方成正比。他说："确定无疑的是行星没有被物质的那些涡流所带动……涡流假说不符合所有天文现象，似乎非但说明不了天体运动，反而使之更加混乱。"[①]牛顿概括了伽利略、开普勒的研究成果，从重力概念中引出了引力概念，成功地解释了天体现象。

牛顿说："数学家的任务就是要找出这种正好能使一个物体在一定轨道上以一定速度运行的力，并且反过来要确定从一定地点以一定速度发射出去的一个物体，由于一定的力的作用偏离其原有直线运动而进入的那条曲线路程。"[②]他在1666年说："我开始想到把重力推广到月球的轨道上所需要的力和地球表面的重力作了比较。"[③]他把天体、抛射体和落体联系起来考虑了。1728年彭伯顿对牛顿的思考过程作了如下叙述："当他独自坐在花园里时，他沉浸在关于重力的思考之中；他发现这重力从地球的中心到我们所能上升到的最远距离都不会有明显的减弱，不管是在最高的楼顶，甚至是在高山的顶峰，也没有明显的减弱；在他看来，有理由作出这个结论：即这力必定延伸到比我们通常所想象的距

---

① 杜加、科斯塔贝尔：《一门新科学——力学的诞生》，《科学史译丛》1985年第4期。
② 塞耶编：《牛顿自然哲学著作选》，上海人民出版社，1974年，第16～17页。
③ 卡约里：《物理学史》，广西师范大学出版社，2002年，第49页。

离还要远;他自言自语道:为什么不能高达月球呢? 如果是这样,月球的运动肯定受到重力的影响;或许它因此有可能保持在它的轨道上。"[1]这实际上是他把月亮看作一个大苹果。那么,月亮为什么不像苹果一样做自由落体运动呢? 牛顿说:"我开始考虑把地心引力延伸到月球轨道上……推导出使行星保持在它们的轨道上的力,必定与它们到回转中心的距离的平方成反比。由此,我比较了使月球保持在它的轨道上所需的力与地面上的重力,并发现答案相当吻合,这一切是在 1665 和 1666 这两个疫症年代进行的"[2]。

牛顿又做了大炮射击的思想实验。设想一座很高的山上有一门大炮,炮弹沿水平方向射出。如果大炮的发射能力非常理想,那炮弹就会围绕地球做圆周运动而不落到地面。炮弹在旋转过程中会产生向心力,向心运动和原有的直线运动相结合,就使炮弹一直在做圆周运动。这种向心力同时也就是物体的重力。一句话,它们就是引力,行星与卫星的运动都是由引力作用决定的。

牛顿还把惠更斯的向心加速度公式用于开普勒第三定律,找到了胡克所未能找到的那个引力数量关系,提出了万有引力的数量公式。这个公式的产生标志着牛顿引力理论的大厦已告竣工。万有引力理论并非牛顿一人的独创,但他的工作的确是总结性的。他证明了引力的普遍性,提出了数量关系式,并用它出色地解释了天体的运行,这是他的独特贡献。

牛顿的引力理论刚提出时,立刻遭到了法国笛卡儿派的怀疑和反对。万有引力理论经过了几次重大的检验以后,才得到科学界的广泛承认。

第一次检验是关于地球形状的测定。牛顿根据他的理论指出,地球不是正球体,而是在两极方向稍扁的扁球体。笛卡儿派根据以太旋涡的理论,认为地球在两极方向上应当是伸长的。法国科学家经过几次测量,证实了牛顿的假说。牛顿这个足不出户的人,却正确地给我们指出了地球的形状。继开普勒突破了传统的匀速、正圆概念后,正球形的概念也被突破了。

第二次检验是哈雷彗星回归周期的证实。牛顿认为彗星并不是神秘的天体,它同样遵循力学规律。英国天文学家哈雷(1656～1742)根据牛顿的理论指出 1682 年出现的一个大彗星,就是阿比安在 1531 年、开普勒在 1607 年所观察到的彗星,并预言它下一次将在 1758 年出现。法国数学家克雷罗计算了木星

---

① 卡约里:《物理学史》,广西师范大学出版社,2002 年,第 49 页。

② 钱德拉塞卡:《莎士比亚、牛顿和贝多芬》,湖南科学技术出版社,1996 年,第 49 页。

和土星对它的摄动作用,指出它下次过近日点的日期是 1759 年 4 月。1759 年 3 月 13 日,哈雷彗星果然过近日点。从此,机械的单义的决定论给科学界留下了极深的印象。由于这两次检验,万有引力理论取得了决定性胜利。

第三次检验是海王星的发现。天王星发现后,人们发现天王星轨道的理论计算总是同实际观测有出入,于是有人怀疑哥白尼-牛顿的理论是否正确。法国的勒维列(1811~1877)与英国的亚当斯(1819~1892)同时认为,这是一颗未知行星对它摄动的结果,并算出了未知行星的位置。德国天文学家加尔用望远镜很快就在指定的位置发现了海王星。正如勒维列的老师阿拉哥所说,勒维列没有朝天上一瞥,只靠数学计算,就在他笔头的尖端看到了新星。

实践表明牛顿力学是非常成功的科学,它是近代科学早期的主导学科,对整个科学以及哲学、文化都有深刻的影响。牛顿力学自身的一些特性,使它成为最早的机械论的基础和生长点。

牛顿力学认为,惯性是物质的本质属性,即物体不能改变自身的状态,没有内在的运动源泉。要使物体的状态变化,就需要外力的推动。本来力是运动的转移,却被理解为运动的原因,这就会导致哲学上的外因论。

牛顿力学认为,无论物体如何运动,只能改变物体的位置和速度,不能改变其质量,这就会导致自然界变化只能引起量变的观念。

牛顿力学给出了严格的机械因果性的公式,我们据此可以精确预言机械运动的结果,这就会导致机械决定论。

牛顿力学中的时间可以为正,也可以为负;我们根据牛顿力学可以从现在追溯过去,也可以从现在推导未来,这两个过程没有什么区别,这就会导致时间无箭头、变化可逆和大循环的观念。牛顿说:"大自然是一个永恒的循环的创造者。"[①]

万有引力定律只讲吸引未讲排斥,容易导致认识的片面性。

牛顿力学认为,无论物体的质量与速度取什么值,力学定律都完全有效,就会导致力学可以解释所有自然现象的观念。

牛顿力学采用了高度简化的方法,用质点代表具有各种不同形状和体积的物体,认为力只发生在两个质点(或物体中心)的连线上。描述物体位置移动

---

① 威特罗:《时间的本质》,科学出版社,1982 年,第 12 页。

时，不考虑摩擦，不考虑机械能向热的转化。牛顿力学的成功会使人们认为自然界本身是简单的。

恩格斯说："关于力的观念，如各方面所承认的（从黑格尔起到赫尔姆霍茨止），是从人的机体在其环境中的活动中借用来的。""力的观念对我们来说完全是自然而然地产生的，这是因为我们自己身体上具有使运动转移的手段，这些手段在某种限度内能够受我们的意志支配而活动起来，特别是臂上的肌肉，我们能够用它来使别的物体发生机械的位置变化，即运动，可以用它来举、持、掷、击等等，并因此得到一定的有用的效果。"[①]牛顿力学的成功会导致这样的自然观：自然是被动的，人是主动的，人对自然的作用只受"我们的意志支配"。

总之，片面夸大牛顿力学的观念和作用，把它绝对化，就会导致力学机械论。

二、牛顿的微粒说

牛顿还顺应当时科学发展的趋势，把古代原子论同机械力学结合起来，提出了微粒说。

他认为所有的物体都是由微粒构成的。微粒的基本属性是广延性、坚硬性、不可入性和惯性。为什么分散的微粒能够组成有一定稳定形状与体积的物体呢？这是原子论与微粒说所要解决的一个关键问题。波义耳曾设想微粒之间有小钩、齿轮，当微粒钩在一起或咬合在一起时，就形成了一定的物体。牛顿则认为引力是微粒联系的纽带。

他认为物质的构造是有层次的。第一级微粒组成第二级微粒，第二级微粒又组成第三级微粒，等等。最大的粒子决定物体的物理性质与化学性质，最大的粒子组成了我们可以感受到的物体。微粒越小，彼此就结合得越牢固。他设想，第一级微粒是靠"内聚力"结合在一起的，所以它最为牢固。这种"内聚力"是什么呢？它显然不是一般的引力，大约是牛顿对强作用力的一种天才猜测吧。

他认为微粒的结合十分牢固，非通常力量所能分解。微粒越小，内聚力则

①　恩格斯：《自然辩证法》，人民出版社，1971年，第135、264页。

越大,所以对很小的微粒来说,只有神的力量才能将它们分开。既然在每一级粒子当中,都包含着更小一级的粒子和一定体积的虚空,如果微粒能无限分割,那么粒子的体积将越来越小,虚空的体积将越来越大,分到最后,整个物质都将化为虚空了,这当然是不可能的,所以他认为微粒是不可分的。

他说粒子间也有排斥的作用,热就是一种排斥形式。但是在牛顿的理论中,排斥的地位是不能同吸引相比的。因为在他看来,排斥只有在没有吸引的地方才会出现,所以吸引与排斥并不能构成一对矛盾;他还认为排斥对粒子的状态与运动有作用,而对天体的状态与运动毫无作用。所以牛顿只是在用吸引不能说清楚问题时,才提出了排斥;大凡在他认为用吸引能说明问题时,他是不会想到排斥的。

他认为光也是一种微粒。他把物体的机械运动同光的传播作了比较,发现二者十分相似。所以他说光是一种粒子流,波长是粒子转一周时所经过的空间长度。既然物体与光都由微粒构成,那二者就可以相互转化。"既然自然界处在如此千差万别、光怪陆离的变化之中,为什么它就不能把物体变为光和把光变为物体呢?"①这个惊人的预见也被后来的科学所证实了。

牛顿的微粒说能说明不少的现象,但它也摆脱不了古代原子论所碰到的难题:微粒说认为微粒之间是虚空,那力的作用又是怎样在虚空中传递的呢? 在这个难题的面前,他不得不采用以太的假说。1675 年他假定存在着一种无所不在的以太物质,它能收缩,也能伸展,非常富有弹性。它在各方面都很像空气,但比空气更精细。一切物体都起源于以太,都是以太的凝聚,犹如水汽凝聚为水一般。以太会振动,并比空气的振动更微小更快,但以太振动的速度是不变的,这同后来发现的光速是常量不谋而合。以太有渗透性,可以渗透到各种物质的孔隙之中,孔隙越小,里面的以太就越稀等。以太是一种媒介,是力的传递者。

他虽然表示过他不打算研究引力的本质问题,可是有时又不得不用以太来说明引力产生的原因。他假设以太与以太、以太与物体之间都互相排斥,所以离天体比较近的区域,由于受到天体的强大的排斥作用,以太物质比较少,密度比较小;而离天体较远的区域,以太就比较多,密度比较大。若有一个物体处于

---

① 塞耶编:《牛顿自然哲学著作选》,上海人民出版社,1974 年,第 190 页。

天体的周围空间中,它背向天体的一面,受到较多以太的排斥,而面向天体的一面,受到较少以太的排斥,这就把物体推向了天体。他认为这就是重力的起源。力的作用必然在两物中心连成的直线上传递,因为在这条直线上,排斥的作用最强,以太物质的密度最小。显然这种解释是思辨性的。他为了解释物体与物体之间的吸引作用,竟假设以太与以太、以太与物体之间的排斥,可是这种排斥又是从哪儿来的呢? 难怪牛顿自己也说:他还未能从现象中发现重力的产生有这样的原因。

牛顿建立万有引力理论的过程,就是逐步摆脱旋涡说的过程。1679年牛顿还说重力可能是以太的压力造成的,一直到1684年才不再用以太来解释重力。但为了说明力的传递又不得不采用以太学说。可是人们很快就发现,困难依然存在着。以太是否是物质? 若是物质,那只能是机械性的,就应当对运动着的物体有阻力,可是这种阻力并未发现;若不是物质,那又怎能传递物质的作用? 以太是连续的还是间断的? 若是连续的,那就同物质构造的不连续性不协调,而且承认以太的连续性,无疑是完全转向了笛卡儿的立场,这是牛顿所不愿意的;若是间断的,那老问题又会重新提出:以太粒子之间的作用又是怎样传递的? 是否要假设"以太的以太"?

1704年,在《光学》中牛顿又放弃了以太说,并对以太说提出了责难。他指出,在媒质中传递作用总是需要一定时间的,可是引力的传递不需要时间,所以以太介质不存在。如果光果真在以太中传播,那也应当像声音一样,能绕过障碍,可是我们只能听到山那边的炮声,却看不到山那边的大炮,所以光不是在以太中传播的。天体在空中运行,没有受到以太的阻力,所以宇宙空间中并没有以太,宇宙空间是空的,当然也不会有波动。

1713年《原理》出第二版时,由于笛卡儿派对牛顿的批评,牛顿的朋友本特列与科茨对《原理》中的《总释》也不满意,就由科茨写了篇序言,又对笛卡儿的以太论进行驳斥。序言说:天体现象是不能用旋涡来解释的。如果有人再来拼凑一个可笑的虚构,那肯定是一个只会幻想的人。可是当1717年《光学》出第二版时,他又在某种程度上重新考虑了波动说。牛顿的才智是超群的,可是为什么在这个问题上感到左右为难呢? 主要是因为他头脑中缺少辩证法,不能把微粒性与波动性、间断性与连续性统一起来。

三、牛顿的绝对时空观

牛顿从当时的力学知识出发,提出了绝对的、不变的时空概念,对以后的科学与哲学的发展都有很大的影响。

他在《原理》中说,他对物质的量与运动的量都下了定义,但未对时间与空间下定义,因为这是大家都很熟悉的概念。但是一般人在理解时空时,都是从可感事物的联系中来理解的,因而产生了偏见,混淆了时空的可感知形式与真正时空的界限。他认为有必要确定真正时空的含义,把绝对的、真正的、数学的时空同相对的、表观的、通常的时空区分开来。"绝对的、真正的和数学的时间自身在流逝着,而且由于其本性而在均匀地,与任何其他外界事物无关地流逝着,它又可以名之为'延续性';相对的、表观的和通常的时间是延续性的一种可感觉的,外部的(无论是精确的或是不相等的)通过运动来进行的量度,我们通常就用诸如小时,日,月,年等这种量度以代替真正的时间。""绝对的空间,就其本性而言,是与外界任何事物无关而永远是相同的和不动的。相对空间是绝对空间的可动部分或者量度。"[1]在牛顿看来,绝对时间就是同物质完全无关的一种均匀流逝,绝对空间就是同物质完全无关的一种永远不动的容器。牛顿的老师巴罗就有绝对时间的观念,他说:"不论事物运动还是静止,不论我们睡去还是醒来,时间总是一成不变地走着自己的路。"[2]牛顿进一步发挥了巴罗的观点。亚里士多德也说过:"变化总是或快或慢,而时间没有快慢。"[3]

牛顿还提出了绝对处所与相对处所的概念。他说处所是物体所占的空间部分,它不是空间的位置。位置只是处所的属性,处所不在物体之外,而在物体之内。物体在绝对空间中的处所就是绝对处所,在相对空间中的处所就是相对处所。

继而他又提出了绝对运动与相对运动的概念。他说绝对运动是一个物体从某一绝对处所向另一绝对处所的运动。相对运动是从某一相对处所向另一相对处所的移动。

---

① 塞耶编:《牛顿自然哲学著作选》,上海人民出版社,1974年,第19~20页。
② 威特罗:《时间的本质》,科学出版社,1982年,第67页。
③ 亚里士多德:《物理学》,商务印书馆,1982年,第123页。

我们不能直接感知绝对空间本身。我们讲某个具体处所,总是相对于我们认为不动的某个物体而言的,而物体的运动,就是根据这种处所进行计算的,可是这样一来,人们就用相对的处所和运动来代替绝对的处所和运动了。这在日常事务中并没有什么不便之处,但在哲学探讨中,我们应该把它们从我们的感觉中抽出来,并把它们同可感知的量度区分开来。

如何才能区分相对运动与绝对运动呢? 他说我们不能从我们区域中的物体的位置来决定绝对运动,因为可能没有一个真正静止的物体可以作为其他物体的处所和运动的参考,虽然在更遥远的太空某处,可能有某种绝对静止的物体存在。能够把相对运动与绝对运动区分开来的是加于物体而使之运动的力。只有当力作用于某物体之上时,它的真正运动才会改变;相对运动则不同,它本身虽没有受到力的作用,只要力作用在同它相比较的其他物体之上,也会引起它的相对运动。某物体受到一定的力的作用时,其绝对运动一定会改变,其相对运动则未必会改变,因为如果把同样的力作用于同它相比较的其他物体之上,使它们的相对位置保持不变,就不会引起它的相对运动的改变。“因此,当真正运动保持不变时,任何相对运动就可以发生变化;而当真正运动发生某种变化时,相对运动就可以保持不变。”这就使我们有可能把相对运动与绝对运动区别开来。

他举了一个“水桶实验”的例子,说明离心力能使我们区分相对运动与绝对运动。一个水桶内盛有一定的水,使水桶旋转。最初桶转但桶内的水还没有跟着水桶一块旋转,所以水面是平的,这说明此时水对于水桶而言虽有相对运动,但它自己本身并没有运动。后来水逐渐跟着水桶一起旋转,水就逐渐向桶的边缘升起,形成凹面。这时水与水桶虽一起运动,处于相对静止状态,但水面却发生了变化,说明此时水本身在运动。显然,开始时水本身的静止,后来水本身的运动,都不是相对于水桶而言的,而是相对于绝对空间而言的,所以是绝对的静止和绝对的运动。这就证明了绝对空间、绝对运动的存在。

因此他认为用来测定时空、运动的相对数量,并不是时空、运动本身。我们不能把词的意义同它们的实际应用混淆起来,不能把这些词归结为它们可感知的数量,否则就玷污了数学与哲学真理的纯洁性,破坏了语言的准确性。

牛顿看到了时空、运动的绝对性与相对性,提出要从时空可感知的形式中形成抽象的时空概念,这是可取的。但他把时空的绝对性夸大了,得出了时空同物体及其运动毫无关系的结论。这种形而上学的时空观在当时是不可避免的,它也符合人们的日常生活经验。它的局限性,在宏观物体的缓慢运动中,没有也不可能表现出来。

四、牛顿的神学观

牛顿是一位伟大的科学家,又是一位自觉运用自然科学的成果来论证上帝存在的虔诚教徒。波义耳去世时曾留下遗嘱,用他的年薪设立讲座,用自然科学的知识来宣传教义。本特列牧师是该讲座的第一位主讲人,他讲的题目是《对无神论的驳诘》。本特列在准备演讲的过程中,曾写信给牛顿寻求帮助。牛顿很热心地为他提供了各种论据。本特列的演讲得到了教会的称赞,几年后他就被任命为三一学院的院长,并一直珍藏着牛顿给他的4封信。这次科学家与牧师合作攻击无神论,对于牛顿来说并不是偶然的,因为他的神学观念由来已久,并且相当系统。

他认为上帝是一个永恒、无限、绝对完美的主宰者,全智全能,无所不在,无时不在,无所不知,无所不能。上帝没有形体,但浑身是眼,浑身是脑,浑身是臂,并有全能进行感觉、理解和活动,我们不应当以任何有形物体作为上帝的代表来顶礼膜拜。上帝本身是不可以认识的。我们只能通过他对宇宙的巧妙安排来认识他,或通过与人们行为的比拟来想象他,想象他能见、能言、能笑、能爱、能恨、能有所欲、能授予、能喜、能怒、能战斗、能设计、能工作、能建造。所以我们必须爱戴他、畏惧他、尊敬他、信任他、祈求他、感谢他、赞颂他,遵守他的戒律。

他认为,从事物的表象来论说上帝,这是自然哲学分内的事。他主要是在天体力学中寻找所谓上帝存在的论据的。

他说,太阳系的构造是一个最完美的体系。六大行星都在以太阳为中心的同心圆上旋转,运转方向相同,几乎在同一个平面上,各行星的质量、速度都同它们与太阳的距离相适应。为什么这一切安排得如此巧妙?“我的回答是,行星现有的运动不能单单出之于某一个自然原因,而是由一个全智的主宰的推动。”[1]他说,神创立了各个天体、星系以后,如果没有神力的作用,各天体、星系

---

[1]　塞耶编:《牛顿自然哲学著作选》,上海人民出版社,1974年,第56页。

将在引力的作用下最后都落到中央那个系统上去了。现在天体之所以能均匀地散布在空中,全靠神力的维持,由此可以断定上帝的存在。他说,行星之所以能围绕恒星做圆周运动,除了引力的作用以外,还必须有一个横向运动。"没有神力之助,我不知道自然界中还有什么力量竟能促成这种横向运动。"[1]因此牛顿把这种横向运动的产生归结为上帝的"第一次推动"。他说上帝创造万物并使万物运动。最初是上帝"直接插手",以后自然界就根据"增加和繁殖"的命令,忠实地仿造上帝给它规定的范本。

他还说动物的构造也是非常巧妙的,比如许多动物有两臂、两腿、两翼、两耳、两眼,所有这些均匀一致的外部形态,除了出自一个创造者的考虑和设计以外,还能从哪里产生呢?

由此他说,上帝不仅存在,而且是精通力学、几何学的,是具有光学技巧、声学知识的。人们总是按照自己的形象来创造上帝形象的。在科学家牛顿的眼里,当然上帝也是一个科学家了。

五、牛顿的方法论思想

牛顿把他的力学称为"推理力学"。他在《自然哲学的数学原理》第一版序言中说:"推理力学是一门能准确提出并论证不论何种力所引起的运动,以及产生任何运动所需要的力的科学。"[2]推理力学就是用推理方法探求力和运动的关系。这是第一个阶段的推理,由此建立力学体系。他还说:"我希望能用同样的推理方法从力学原理中推导出自然界的其他许多现象。"[3]这是第二阶段的推理,由此推导出各种自然科学知识。

他说,亚历山大里亚时期的帕普斯曾指出在研究自然事物时力学最为重要。古人是从两个方面来讨论力学的。一是理性的研究,讨论的是自然之力,用精确的论证进行。二是实用的研究,讨论人手之力,难于作精确的描述。牛顿认为力学应当是精确的。他说他讨论的是哲学(当时的"哲学"指自然科学),而不是技艺;是自然之力,而不是人手之力。推理的方法就是保证力学精确性

---

① 塞耶编:《牛顿自然哲学著作选》,上海人民出版社,1974年,第62页。
② 塞耶编:《牛顿自然哲学著作选》,上海人民出版社,1974年,第11页。
③ 塞耶编:《牛顿自然哲学著作选》,上海人民出版社,1974年,第12页。

的方法。"因此,我把这部著作叫作哲学的数学原理,因为哲学的全部任务看来就在于从各种运动现象来研究各种自然之力,而后用这些力去论证其他的现象。"①他所说的"论证"就是推理。

他赞美欧氏几何学的公理化方法。"几何学的光荣也就在于它运用从别处得来的这么少数的几条原理,而能提供这么多的东西。"②牛顿的《自然哲学的数学原理》就是用公理化方法撰写的。

牛顿又把他的力学称为"实验哲学"。科学的任务是建立法则。"探求事物属性的准确方法是从实验中把它们推导出来。"③法则是对实验的逻辑推导,所以在牛顿看来推理力学和实验哲学是一致的。"我所以相信我所提出的理论是对的,不是由于它来自这样一种推论,因为它不能别样而只能这样,也就是说,不是仅仅由于驳倒了与它相反的假设,而是因为它是从得出肯定而直接的结论的一些实验中推导出来的。"④他对理论的信念,不是来自逻辑的推论,也不是来自对相反观点的驳斥,而是来自实验。他认为证实和反驳都主要靠实验。

"力戒假说",是牛顿多次说过的话,但不能由此认为他一概反对假说。1675 年他在致英国皇家学会的《哲学会报》的信中说:"以前我曾经打算永远不写关于光和颜色的任何假设,担心它会使我引起无益的争论。"⑤1672 年他在致奥尔登堡的信中说:"进行哲学研究的最好和最可靠的方法,看来第一是,勤恳地去探索事物的属性,并用实验来证明这些属性,然后进而建立一些假说,用以解释这些事物本身。"⑥探索—实验—假说—解释是科学研究的"最好"和"最可靠"的方法,联系各个环节的中介是推理,他反对的只是没有实验根据从而会引起无益争论的假说。他在致科茨的信中说:"任何不是从现象中推论出来的说法都应称之为假说,而这样一种假说,无论是形而上学的或者是物理学的,无论是属于隐蔽性质的或者是力学性质的,在实验哲学中都没有它们的地位。在实验哲学中,命题都从现象推出,然后通过归纳而使之成为一般。"⑦"我在这里所

---

① 塞耶编:《牛顿自然哲学著作选》,上海人民出版社,1974 年,第 11 页。
② 塞耶编:《牛顿自然哲学著作选》,上海人民出版社,1974 年,第 11 页。
③ 塞耶编:《牛顿自然哲学著作选》,上海人民出版社,1974 年,第 9 页。
④ 塞耶编:《牛顿自然哲学著作选》,上海人民出版社,1974 年,第 9 页。
⑤ 阎康年:《牛顿的科学发现与科学思想》,湖南教育出版社,1989 年,第 493 页。
⑥ 塞耶编:《牛顿自然哲学著作选》,上海人民出版社,1974 年,第 6 页。
⑦ 塞耶编:《牛顿自然哲学著作选》,上海人民出版社,1974 年,第 8 页。

用的'假说'一词,仅仅是指这样一种命题,它既不是一个现象,也不是从任何现象中推论出来,而是一个——没有任何实验证明的——臆断或猜测。"①

推理力学与实验哲学这两种说法的并存,表明牛顿实际上主张逻辑与实验、理性与经验的结合。

牛顿说:"自然哲学的目的在于发现自然界的结构和作用,并且尽可能把它们归结为一些普遍的法则和一般的定律——用观察和实验来建立这些法则,从而导出事物的原因和结果。"②他在《原理》中提出了建立这些法则的四条推理原则。

第一,简单性原则。"除那些真实而已足够说明其现象者外,不必去寻求自然界事物的其他原因。""因此哲学家说,自然界不作无用之事,只要少做一点就成了,多做了却是无用;因为自然界喜欢简单化,而不爱用什么多余的原因以夸耀自己。"③自然界的简单性,是牛顿的一个基本信念。"自然界习惯于简单化,而且总是与其自身和谐一致的。"④"真理是在简单性中发现的,而不是在事物的多样性和纷乱中发现的。至于世界,它向肉眼展示出客观事物极其多种多样,在用哲学的理解去概观时,会显示出其内部组成是很简单的,以致理解得如此之好,从这些眼光来看它就是这样。正是上帝工作的完美,以最大的简单性将它们全都创造出来。"⑤牛顿认为简单即和谐,而且自然具有最大的简单性,可谓是彻底的"简单论者"。

第二,统一性原则。"所以对于自然界中同一类结果,必须尽可能归之于同一种原因。"⑥这条原则是追求简单性的根据和保证,因为在牛顿看来简单性与统一性实际上是一回事。科茨说:"所有的哲学都是建立在这条规律上的。因为如果抛弃了它,我们就没有什么东西可以确定为普遍的真理了。特殊物体的结构是通过观察和实验而知道的;而当这些工作完成之后,不用这条规律,就不能由此对物体的性质导出一般的结论。"⑦

---

① 塞耶编:《牛顿自然哲学著作选》,上海人民出版社,1974年,第7页。
② 塞耶编:《牛顿自然哲学著作选》,上海人民出版社,1974年,第1页。
③ 塞耶编:《牛顿自然哲学著作选》,上海人民出版社,1974年,第3页。
④ 塞耶编:《牛顿自然哲学著作选》,上海人民出版社,1974年,第4页。
⑤ 阎康年:《牛顿的科学发现与科学思想》,湖南教育出版社,1989年,第467页。
⑥ 塞耶编:《牛顿自然哲学著作选》,上海人民出版社,1974年,第3页。
⑦ 塞耶编:《牛顿自然哲学著作选》,上海人民出版社,1974年,第149页。

第三,推理性原则。"物体的属性,凡既不能增强也不能减弱者,又为我们实验所能及的范围内的一切物体所具有者,就应视为所有物体的普遍属性。"①有了这条认识物体普遍属性的原则,即使我们所做的实验有限,我们也能获得关于物体普遍属性的知识。

第四,归纳法原则。"在实验哲学中,我们必须把那些从各种现象中运用一般归纳而导出的命题看作是完全正确的,或者是非常接近于正确的;虽然可以想象出任何与之相反的假说,但是没有出现其他现象足以使之更为正确或者出现例外以前,仍然应当给与如此的对待。""它是事物的本性所许可的最好的论证方法,并且随着归纳的愈为普遍,这种论证看来也愈为有力。如果在许多现象中没有出现例外,那末可以说,结论就是普遍的。"②归纳法原则是推理性原则的发挥。

这四条推理原则可分为两组。前两条是关于因果性的原则,主要内容是要用尽量少的原因来说明许多结果。我们之所以能这样做,是因为同一类结果可以归结为同一个原因。后两条是关于普遍性的原则,主要内容是我们可以获得关于普遍性的认识,因为我们可以对观察、实验所得出的特殊命题进行归纳,推导出普遍的结论。前两条原则讲的是原因要尽量少,后两条原则讲的是结论要尽量普遍。一句话,我们要用尽量少的原因来说明尽量多的事物。

牛顿所说的推理主要指归纳,那为什么他的《原理》又是用公理化方法即演绎法写成的呢? 在牛顿那里,归纳是发现的逻辑,认识过程是从现象到本质,从结果到原因,从物体到微粒,从运动到力,从特殊命题到普遍结论;演绎是解释的逻辑,认识过程是从本质到现象,从原因到结果,从微粒到物体,从力到运动,从普遍结论到特殊命题。他说:"用这样的分析方法,我们就可以从复合物论证到它们的成份,从运动到产生运动的力,一般地说,从结果到原因,从特殊原因到普遍原因,一直论证到最普遍的原因为止。这就是分析的方法;而综合的方法则假定原因已经找到,并且已把它们立为原理,再用这些原理去解释由它们发生的现象,并证明这些解释的正确性。"③

---

① 塞耶编:《牛顿自然哲学著作选》,上海人民出版社,1974 年,第 3~4 页。

② 塞耶编:《牛顿自然哲学著作选》,上海人民出版社,1974 年,第 6、212 页。

③ 塞耶编:《牛顿自然哲学著作选》,上海人民出版社,1974 年,第 212 页。

六、牛顿的力学机械论

牛顿不仅把近代力学系统化,而且还以力学为基础建构了一种自然观与科学观——力学机械论。爱因斯坦说:"第一个企图奠定统一的理论基础的是牛顿。""牛顿的成就的重要性,并不限于为实际的力学科学创造了一个可用的和逻辑上令人满意的基础;而且直到19世纪末,它一直是理论物理学领域中每个工作者的纲领。一切物理事件都要追溯到那些服从牛顿运动定律的物体,这只要把力的定律加以扩充,使之适应于被考查的情况就行了。"[①]

牛顿力学机械论的主要观点是:

1. 机械自然观。自然界的所有运动都是或都可以归结为机械运动,宇宙是台机器。

2. 机械物质观。自然界的各种物体都由微粒构成,最小的微粒(原子)没有内部结构,不可分割,不可能变化。微粒具有机械属性:惯性、重量、坚硬性、不可入性等。物体的质量不变。

3. 机械时空观(绝对时空观)。时间与空间同物体的变化无关,时间与空间的测量同参考系的选择无关;时间只有连续性并没有方向性;空间只有平直的形式,虚空存在。

4. 机械作用论。力的作用只发生在两个物体中心(质点)的连线上。力是超距作用,力的传递不需要介质,可以超越空间距离,也不需要时间。

5. 机械决定论(单值决定论)。如果质点(物体)在某一时刻的状态给定,我们可以应用力学据此推导出它在任一瞬间的状态,这都是唯一确定的。

6. 机械科学观。自然界的所有现象都可以用机械力学解释,由机械力学可以推导出所有自然科学知识;各门科学知识都是或都可以归结为力学知识。

力学机械论在本体论上把自然界看作机器,在认识论上认为力学是自然科学甚至社会科学的基础。

以牛顿为代表的力学机械论是一股强大的思潮,许多科学家都把它奉为信条,甚至到19世纪末都是如此。1690年(《原理》才出版3年)惠更斯说:"在真

---

① 《爱因斯坦文集》第一卷,商务印书馆,1976年,第385、225页。

正的哲学里,所有自然现象的原因都用力学的术语来陈述。"①德国生理学家杜布瓦-雷蒙说:"只有机械观才是科学。"赫尔姆霍茨说:"整个自然科学的最终目的——溶解在力学之中。"②"一切自然科学的目的,便是把它自身变成力学。"③1884年开尔文说:"我的目标就是要证明,如何建造一个力学模型,这个模型在我们所思考的无论什么物理现象中,都将满足所要求的条件。在我没有给一种事物建立起一个力学模型以前,我是永远也不会满足的。如果我能成功地建立起一个模型,我就能理解它,否则我就不能理解。"④1886年波尔茨曼说:"如果你要问我,我们的世纪是钢铁世纪、蒸汽世纪还是电气世纪,那么我会毫不犹疑地回答:我们的世纪是机械自然观的世纪。"⑤1888年约瑟夫·约翰·汤姆生说:经典物理学50年间所完成的主要进展,其"最引人注目的一个结果就是增强了用力学原理来说明一切物理现象的信念,促进了追求这种说明的研究"。"一切物理现象都能够从力学角度来说明,这是一条公理,整个物理学就建造在这条公理之上。"⑥大约与此同时,赫兹说:"所有物理学家都同意这样的看法,即物理学的任务在于把自然现象归结为简单的力学定律。"⑦

在《原理》即将出版时,哈雷就发表评论说:"这位无与伦比的作者千呼万唤始出来,他的这篇论文最醒目地例证了思维能力可达到何种程度,同时展示了什么是自然哲学的规律,并在此范围内获得了结论。他似乎已详尽地阐述了他的观点,没有给继他之后的人留下什么余地。"⑧好像牛顿的一本书,便穷尽了自然科学的真理。

机械力学被看作是科学的楷模,牛顿被看作是科学的化身。蒲柏为牛顿写的墓志铭是:"自然和自然的法则在黑暗中隐藏,上帝说,让牛顿去吧! 于是一切都已照亮。"⑨安培之子用诗来赞美牛顿:"他来了,他揭示出最高的原则,永

---

① 秦斯:《物理学与哲学》,商务印书馆,1964年,Ⅵ。
② 赫尔内克:《原子时代的先驱者》,科学技术文献出版社,1981年,第8页。
③ 秦斯:《物理学与哲学》,商务印书馆,1964年,Ⅶ。
④ 李醒民:《激动人心的年代》,四川人民出版社,1983年,第27页。
⑤ 李醒民:《激动人心的年代》,四川人民出版社,1983年,第28页。
⑥ 李醒民:《激动人心的年代》,四川人民出版社,1983年,第28页。
⑦ 赫尔内克:《原子时代的先驱者》,科学技术文献出版社,1981年,第49页。
⑧ 韦斯特福尔:《牛顿传》,中国对外翻译出版公司,1999年,第200~201页。
⑨ 普里戈金、斯唐热:《从混沌到有序——人与自然的新对话》,上海译文出版社,1987年,第61页。

恒、普适、唯一，就像上帝自身。万物都肃静下来，听他说道：吸引，这个词正是那造物的字音。"[1]诗中用了"最高"、"永恒"、"普适"、"唯一"4 个形容词，此外这首诗还称牛顿是"科学救世主"，他的著作是"人的圣经"。

各个学科都争先恐后地套用力学的概念和方法，出现了普里高津所说的"力的扩张"。恩格斯谈到近代乱用力的概念时说："我们说肌肉的力、手臂的举重力、腿的弹跳力、肠胃的消化力、神经的感觉力、腺的分泌力等等。换句话说，为了避免说明我们的机体的某种机能所引起的变化的真实原因，我们就编造出某种虚构的原因，编造出某种和这个变化相当的所谓力。以后我们又把这种偷懒的方法搬到外在世界中去，这样，有多少种不同的现象，便编造出多少种力。"[2]

17 世纪法国冶金学家雷伊提出了化学变化的机械学说，把化合归结为机械的混合。许多化学家认为化学亲和力是化学变化的原因，化学亲和力遵守万有引力定律。1748 年法国的布丰说："亲和力定律（由于它，不同物质的成分彼此分离出来，组合在一起形成均匀物质）和支配着一切天体彼此相互作用的普遍规律一样，它们以同样的方式作用，具有质量和距离的同样比率。……如果化学亲和力的规律到目前为止还被认为和重力规律不同，那是因为它们还没有被充分地了解，没有被完全地把握。"[3]

机械力学对生物学研究也有很大影响。哈维把心脏比作水泵，把动脉和静脉看作机械系统。意大利的波列利认为动物是机械装置，如肺是鼓风箱，胃是研磨机。笛卡儿说生物是机器，拉美特里说人是机器。有趣的是反对生命机械论的科学家，又用"生命力"来说明生命的本质。

七、笛卡儿派与牛顿派的争论

两派的争论一直持续到 18 世纪，是科学史上规模最大、争论最久、意义最深远的争论之一。两派的分歧主要在以下几个方面：笛卡儿派主张以太说，认

① 普里戈金、斯唐热：《从混沌到有序——人与自然的新对话》，上海译文出版社，1987 年，第 106 页。

② 恩格斯：《自然辩证法》，人民出版社，1984 年，第 135 页。

③ 普里戈金、斯唐热：《从混沌到有序——人与自然的新对话》，上海译文出版社，1987 年，第 105 页。

为物体在原则上可以无限分割；牛顿派则主张微粒说，认为最小的微粒是不可分的。笛卡儿派认为虚空不空，提出"实空"的概念；牛顿派则把空间看作大容器，承认虚空的存在。笛卡儿派主张旋涡理论，牛顿派主张引力理论。笛卡儿派认为一切运动都是相对的；牛顿派则认为物体的真正运动是绝对运动。笛卡儿派认为运动的量是守恒的，牛顿派则认为自然界的运动总处于衰减之中。在认识论、方法论方面，笛卡儿派强调理性和演绎的作用；牛顿派则强调感性与归纳的作用。法国启蒙思想家伏尔泰曾这样描述过两派的区别："一个法国人到了伦敦，发觉哲学上的东西跟其他的事物一样变化很大。他去的时候还觉得宇宙是充实的，而现在他发现宇宙空虚了。在巴黎，人们认为宇宙是由精密物质的旋涡组成的；而在伦敦，人们却一点也不这样看。在法国人看来，潮汐现象的产生是由于月球的压力，而英国人却认为是由于海水受了地球的吸引。对于你们这些笛卡儿主义者而言，每一种事物都是由无人知晓的推力完成的；而对于牛顿主义者而言，则是由一种引力完成的。"[1]

两派也有一些共同之处，在一些观点上也是相互渗透的。他们都是机械论者，都有自然神论的观点。笛卡儿派主张以太论，但也采用了微粒的说法；牛顿派主张微粒说，但也采用了以太论的观念。在实际的科学研究中，笛卡儿强调理性，但也注重观察的作用；牛顿推崇归纳法，但也深受演绎法的影响。

两派的观点都有一定的根据与合理性，在某种意义上可以说是互补的。1688年，笛卡儿派的惠更斯说："旋涡被牛顿摧毁了。"[2]经过长期的争论，牛顿派的观点在欧洲大陆占了优势。这是因为牛顿派的观点能说明地球的形状、行星的椭圆轨道、开普勒的周期定律，而托里拆利等人关于真空的研究被人们认为是对虚空观念的支持，在当时条件下原子确实小得不可分割，而以太却难以捉摸，并且牛顿派所提倡的经验方法在当时确是行之有效的方法。更重要的是，牛顿派的思想是同当时自然科学发展的趋势相吻合的。但笛卡儿派的关于物质无限可分、绝对虚空不存在、近距作用、运动守恒与相对运动等观念，一旦抛弃了以太、旋涡的抽象外壳以后，就显示了它的极其旺盛的生命力，为后来的科学革命创造了条件。

两个学派代表了科学研究中的两种不同风格。牛顿派代表的是当时科学

---

① 柯瓦雷：《牛顿研究》，北京大学出版社，2003年，第64页。
② 柯瓦雷：《牛顿研究》，北京大学出版社，2003年，第113页。

发展的状况,反映了当时的科学发展水平与人的认识水平;笛卡儿派代表了科学发展的趋势,代表了人类下一个阶段的认识水平。牛顿派面对现实,是已有成果的集大成者;笛卡儿派面向未来,是科学进一步发展的开拓者。牛顿派在解决当时的科学问题上,要比笛卡儿派的观点更切合当时的实际,更易被人们接受,它的一些错误在当时也未充分显示出来;笛卡儿派的一些观点虽然具有更多的合理性,但在当时只能是尚未被充分证实的假设。牛顿派是科学研究中的写实主义者,笛卡儿派是科学研究中的想象主义者。

八、莱布尼茨对牛顿的批评

同牛顿派进行争论的还有德国哲学家兼数学家莱布尼茨。莱布尼茨有的看法同笛卡儿相近,有的看法又同笛卡儿有本质区别。莱布尼茨不仅是柏林科学院的创始人与第一任院长,而且还积极参与维也纳、彼得堡、德莱斯顿等地科学院的筹建工作,为此他不辞辛劳,奔走于欧洲各国。

他认为世界由单子构成,单子不是物质实体,但充满活力。单子没有广延性,所以它不可分割。因此物质的本质不是广延性而是运动。

他反对牛顿的虚空观念,他说:"世界之外的空间应该是想象的东西,……世界之内的空的空间也是一样"①。他同笛卡儿一样,认为托里拆利的实验并不能证明虚空的存在,因为玻璃上有很多小孔,玻璃管内虽然没有空气,但光线、磁线和其他很细的物质都可以穿过小孔进入管内。他还作了一个形象的比喻:放在水里的容器好比一个有许多小孔的箱子,里面有鱼在游动,把鱼取走后,原来鱼所占据的空间仍被水所充满。水和鱼都是物质。

他反对某些牛顿派科学家的超距说:"一个物体,除非另一个物体和它接触来推动它,是决不会自然地被推动的;而在这样被推动之后,它就继续运动,直到被另一个和它接触的物体所阻为止。所有其他对物体的作用,都要么是奇迹式的,要么是幻想的。"②他强调直接接触,但与亚里士多德不同的是,他具有运动惯性的思想,并不认为不断接触是维持运动的必要条件。

他反对牛顿的绝对时空观:"至于我,已不止一次地指出过,我把空间看作

① 莱布尼茨等:《莱布尼茨与克拉克论战书信集》,武汉大学出版社,1983年,第72页。
② 莱布尼茨等:《莱布尼茨与克拉克论战书信集》,武汉大学出版社,1983年,第74页。

某种纯粹相对的东西,就像时间一样"①。

　　他也反对牛顿的两个软的或无弹性的物体彼此相撞时就失去力的说法,指出这两个物体只是从表面上失去了力,实际上力分散到物体的各个细小部分中去了,产生了物体内部的振动。他主张运动守恒:"牛顿爵士及其追随者关于上帝的工作还持有一种非常怪诞的见解。按照他们的学说,全能的上帝需要不时地旋紧他的时钟的发条,否则这时钟就要停摆了。……按照我的理解,同样的力和活力在宇宙中总保持不变,它们只能从一处传到另一处。"②

　　由于莱布尼茨在这些重大问题上同牛顿派有分歧,所以他不客气地说,牛顿的引力理论把"玄妙的性质与奇迹"引进了哲学。

　　此外,莱布尼茨还认为自然界是和谐的。但他无法说明这种和谐的客观根据,就说上帝在创造单子时就为各个单子安排了"前定的性质",单子按前定本性发展,万物就呈现出和谐,这就是"前定和谐"。

　　莱布尼茨与笛卡儿派都是有远见的科学家,他们很早就发觉了牛顿理论思想中的缺点与错误,并作了认真的批评。但他们批评的立场与角度则不一样,这使他们走上了各自不同的道路。比如牛顿既认为广延性是微粒的根本属性,又认为具有广延性的微粒不可分,这本身就是一个矛盾。莱布尼茨与笛卡儿派都看出了这个矛盾,但所作的批评却不相同。笛卡儿派肯定广延性是物质的根本属性,否认微粒的不可分性;莱布尼茨则否认广延性的普遍性,认为不具有广延性的单子是不可分割的。

第六节　从炼金术到波义耳的化学元素论

　　化学的发展,在早期曾经历过炼金术、医疗化学的时期。波义耳对炼金术进行了批评,并提出了化学元素的概念,为近代化学的产生奠定了基础。在中国,同炼金术相联系的还有炼丹术。

---

①　莱布尼茨等:《莱布尼茨与克拉克论战书信集》,武汉大学出版社,1983年,第27页。
②　霍尔顿:《物理科学的概念和理论导论》,人民教育出版社,1983年,第428页。

一、中国的炼丹术

中国是炼丹术出现最早的国家,据司马迁《史记》的记载,西汉武帝时就有了炼丹术。淮安王刘安曾组织方士多人,撰写炼丹术专著。魏晋南北朝时,方士演变为用符水治病的道士,认道家创始人老子为始祖。晋代的葛洪与南北朝的陶弘景都是著名的炼丹家。

炼丹术的任务是凭金石之"精气",制"不死之药",传"长生之术"。炼丹家认为各种物体均有一定的"寿命",但寿命的长度并不是固定不变的,经过一番制作、加工,物体的寿命就会延长。葛洪(284～364)说,泥土容易散碎,用泥烧成的瓦却不易散碎;树枝易腐,烧成炭以后就可以保存长久。既然物体能这样,人亦应如此。炼丹术的这个思想本无可非议,寻求延年益寿之道也是有意义的,但炼丹术认为依靠一种仙丹就可以长生不死,这就荒唐了。如何才能实现这点呢? 东汉时的魏伯阳在《周易参同契》中说:"金性不败朽,故为万物宝。术士服食之,寿命得长久。"葛洪又进一步指出,人服草木之药只可延年,要成仙非要服金。因为"服金者寿如金,服玉者寿如玉"。"夫金丹之为物,烧之愈久变化愈妙,黄金入火百炼不消,埋之毕天不朽。服此二物炼人身体,故能令人不老不死。"黄金既然不朽,所以人服用黄金也可不死,这就是炼丹术的逻辑。对此,王充批评说:"物无不死,人安能仙?"李时珍也尖锐地指出:"岂知血肉之躯,水谷为赖,可能堪此金石重坠之物久在肠胃乎?! 求生而丧生,可谓愚也矣?"的确,多少达官贵人本可以多活几年,服用金丹后反而中毒身亡。仅唐朝就有李世民等六个皇帝死于此术。

炼丹术是人类幼稚时期的一种不切实际的幻想,它所追求的目标是长生不死,这如同追求永动机一样,是根本不可能实现的。

二、欧洲的炼金术

古希腊罗马曾出现过炼金术,其任务是凭"哲人之石",把普通金属变为贵重金属,即"点石成金"。罗马皇帝戴克里先曾在 292 年下令烧毁炼金术著作,可是到 12 世纪,炼金术又从阿拉伯传到了欧洲。在化学发展的早期,金属的生产起着重要的作用。黄金被当作货币以后,人们就去追求把非黄金变成黄金的方法,这就导致了炼金术的产生与流行。罗吉尔·培根说:"炼金术是叙述制备某些灵药的科学,当这些灵药投在金属或不完备物上时,能立刻使后者变为完美物。"①所谓完美物指的就是金银。

炼金术认为无机物也是有生命的,矿石也可以"长成"金属,贱金属可以"长成"贵金属。矿山开采了一段时间以后就要停工,好让矿山再长出新的矿藏。人们相信铋可以长成银,铋的别名就是"未成的银",所以当矿工开采到铋时,就惋惜地说开得太早了。炼金术认为,我们可以模仿矿石长成贵金属的过程,并可以创造条件来缩短这个过程。根据古罗马斯多噶学派的观点,各种物体都有各自的灵气,灵气决定物体的生长方向。因此炼金术认为把黄金的灵气分离出来,注入到贱金属中去,贱金属就能长成黄金,这种灵气实际上就是哲人之石。

炼金术还根据亚里士多德的属性决定物质成分的观点,认为万物的本原是三种属性——挥发性、燃烧性与溶解性,分别以汞、硫与盐为代表。汞是金属之父,硫是金属之母,各种金属在本质上都是一样的,贵贱之分在于含汞与硫的多少,含汞多、含硫少的就是贵金属。火可以去硫留汞,所以贱金属经过冶炼就可成为贵金属。人们在冶炼合金的过程中,发现合金有各种颜色,就以颜色来辨别金属,由此炼金术认为改变金属的颜色,也就改变了金属本身,所以只要把铁染上一层金黄色,铁就成为黄金了。

炼金术主张物质可以转化,这是一个很合理的猜想。可是它所追求的哲人之石却是根本不存在的。弗兰西斯·培根曾用一则伊索寓言来说明炼金术的历史作用:一个老农临死时对儿子们说葡萄园里埋有黄金,他死后儿子们把土地翻了一遍,都未找到黄金,可是第二年葡萄却意外地得到了丰收。"同样,炼金术士寻求黄金的苦心毅力,已使他们的后人获得许多有用的发明和有益的实验,并且间接促使化学走上光明的大路。"②炼金术士在寻找"黄金"(哲人之石)的过程中,进行了大量的加热、熔解、燃烧、蒸发、升华等实验,积累了一些实验技术与化学知识,为后来化学的发展创造了条件。正如李比希在谈到炼金术时所说:不应把它们看成是历史的歧途,而应看作是一个发展的自然阶段。

---

① 化学发展简史编写组:《化学发展简史》,科学出版社,1980年,第63页。
② 韦克思:《化学元素的发现》,商务印书馆,1965年,第16页。

三、巴拉塞尔斯的医药化学思想

16世纪欧洲出现了一批人口相对集中的城镇。由于当时卫生条件很差,所以传染病十分流行,人口大量死亡。这在客观上促使化学要为医疗事业服务。巴拉塞尔斯的思想就反映了这种历史要求。

巴拉塞尔斯(1490～1541)反对迷信权威,主张向大自然学习。他说一个人必须熟读大自然这部书,而且要踏遍它的每一页。1526年他在巴塞尔大学讲学时,声称他讲的内容不是来自盖仑和阿维森那的著作,而是来自大自然,并当众烧毁了这些著作。盖仑不讲药物的化学性质,巴拉塞尔斯则认为人体各器官都由汞、硫与盐三元素构成,三者比例失调人就会生病,要恢复健康就要服药,就要研究药物的化学性质。他认为炼金术的目标是荒诞的,化学的目的不在于制造黄金,而在于制造药物。他企图把炼金术与医学结合起来,建立医药化学,使化学从炼金家的实验室走进药剂师的药房。他在批评迷信权威的人时说:"你们以为懂得了一切,实际上什么也不懂。你们开着药房,却不知道怎样制出这些药来!只有化学可以解决生理学、病理学、治疗学上的问题;没有化学你们就会迷失在黑暗里。"[①]所以他被人称为"化学中的路德"。但他相信占星术,认为太阳影响人的心脏,月亮影响大脑,金木水火土五大行星分别影响肾、肝、肺、胆、脾。他甚至认为植物的外形决定它们的治疗作用。

医药化学使化学面向社会,面向实用,是化学发展中的一个转折。但医药化学缺少科学的理论,还没有完全摆脱炼金术的束缚。化学要前进,就要用科学的理论来代替炼金术。

四、波义耳的化学元素论

波义耳(1627～1691)是英国化学家、物理学家,自称是机械论的哲学家。青年时期曾访问过意大利,受到文艺复兴运动与伽利略反对经院哲学的感染,回国后即参加了英国皇家学会的前身——无形学院的活动,1680年任皇家学会

---

① 沙赫达洛夫:《化学哲学问题纲要》,科学出版社,1960年,第14～15页。

会长,主要著作是《怀疑派的化学家》。

波义耳认为科学的任务是从比较清楚的事实中推导出对另一事实的解释,而不必去追求最后的原因。他继承了吉尔伯特、哈维的实验传统,反对经院哲学,认为化学必须建立在大量的观察、实验基础上。他通过大量的实验发现金属不能分解为汞、硫与盐三要素,也没有可以脱离物体而独立存在的干湿冷热四性,所以他反对亚里士多德的四性说与炼金术的三要素。他指出我们虽然可以在亚里士多德的著作中看到精细的逻辑推论,在炼金家那里看到巧妙的实验,可是这两种学说都缺乏根据,他自称是这两种学说的怀疑派。"假如我问任何一位亚里士多德派的人,能不能让我们看到,用任何火力的作用从黄金中提出四要素中的任一种元素,我想这是会使他感到为难的。"[1]他又说:"我见世人之醉心化学者,舍制药或点金外,无甚见解;我之对于化学则不以医生或方士之眼观之,而以哲学家之眼观之。"[2]他主张化学不应是炼金术与制药业的附属品,而应当成为一门独立学科。

他第一次提出了化学元素的概念,试图用化学元素论来代替炼金术的理论。他说:"我指的元素是某些不由任何其他物体所构成的原始和简单的物质,或完全没有混杂的物质……一切称之为真正的混合物都是由这些物质直接合成,并且最后被分解为这些物质。"[3]元素不是属性而是物质,因此物体属性的改变并非元素的改变,而是构成物体的元素的种类或数量的改变,这就同四性说与炼金术划清了界限。波义耳认为化学的首要任务就是研究物体是由什么元素构成的,物体能分解为何物,又能化合为何物。化学元素是由微粒构成的,微粒的基本特性是形态、大小与运动,但忽略了重量,这是他的一个致命错误。他估计化学元素的数目可能比较多,但未能提出鉴别元素与化合物的方法,甚至把水、气、火也看作元素。

由于波义耳等人的努力,化学就从制取哲人之石的迷雾中,从制造药品的实用技术中,逐渐走向研究物质的元素及化合物的轨道上。从炼丹术、炼金术到医药化学再到化学元素论,化学的早期发展经历了一个"幻想—实用—理论"的三部曲。但在研究燃烧现象时,燃素说又成为风靡一时的化学理论。

---

① 郭保章:《世界化学史》,广西教育出版社,1992年,第44页。
② 丁绪贤:《化学史通考》,商务印书馆,1936年,第83页。
③ 梅森:《自然科学史》,上海译文出版社,1980年,第221页。

第七节　燃素说与氧化学说

人类很早就开始使用火了,但对燃烧现象的认识却经历了一个漫长曲折的过程。火是什么? 当赫拉克利特把世界说成是一团火时,他没有也不可能科学地说明火的本质。亚里士多德的学生提奥夫拉斯特则指出:"其他的元素是独立存在的,它们并不需要一种基底。火是需要基底的,……它是一种运动的形式。"[1]在亚里士多德的四性说广泛流传时,这种合理的见解不可能产生很大的影响。而以后当微粒说开始传播时,人们又习惯用微粒的观点来说明各种自然现象,这就出现了燃素说。

一、燃素说的理论来源与基本观点

燃素说的理论来源主要是波义耳的火微粒学说与炼金术的燃烧性硫的理论。

古人曾设想木柴之所以能燃烧,是因为里面藏有火。我国北齐时的刘昼说:"木性藏火。"[2]这可看作是原始的燃素说。

1673 年波义耳在牛津做了金属煅烧实验,发现在封闭的容器内,金属被煅烧以后,重量均有所增加。这增加的重量来自何处? 他没有在煅烧前后称量容器的总重量(包括其中的金属与空气),就不可能发现容器的总重量并未变化,因此他不可能从容器内的空气中去寻找金属增重的原因。他提出了同诺埃相似的观点:容器外的火微粒在煅烧时穿过玻璃壁,同容器内的金属结合在一起,即认为燃烧是物体与火微粒化合的过程。波义耳还猜想空气中有一种能产生和维持火的物质。他说:如果没有空气,那么使火焰或燃着的火维持哪怕一点点时间都是困难的,这使人想到空气中存在着一种奇怪的物质,所以空气对物体的燃烧是必要的。他推测空气中有某种同燃烧密切有关的物质,这个思路是完全合理的。可是,由于当时大气的成分还不清楚,所以他只能从水土火气这

---

① 汤姆逊:《古代哲学家》,三联书店,1963 年,第 382 页。
② 《刘子·崇学》。

四种古代的元素中想到了火素。

德国化学家贝歇尔(1635～1682)认为燃烧是一种分解过程,并用汞土、油土、石土来代替汞、硫、盐三要素,燃烧就是释放燃烧性油土。贝歇尔的燃烧性油土实际上就是炼金术的燃烧性硫。德国御医斯塔尔(1660～1734)研究了波义耳实验,1703年重新编辑出版了贝歇尔的著作,用燃素来代替波义耳的火微粒与贝歇尔的油土,从而将燃素说系统化了。斯塔尔对燃素的定义是:"一种物质要素,是火的要素与燃烧物所组成的整个复合物的一个组成部分,而不是火本身。"[1]

燃素说认为燃素是一种构成火的元素,它充塞于天地之间。大气含燃素就会引起闪电,生物含燃素就有了生命,一般物体含燃素就会燃烧。但燃素不喜欢自由,在一般条件下它被禁锢在物体内部,是物体的一个成分。只有当燃素释放出来时,物体才会燃烧,火焰就是燃素释放的形式。火焰是自由的燃素,燃素是被束缚的火。物体包含燃素越多,就越容易燃烧。贵金属几乎不包含燃素,所以它在煅烧后变化很少。燃烧是物体同燃素分解的过程,物体失去燃素以后就剩下灰渣,灰渣吸收燃素以后又变成可燃物。燃素说认为燃烧是化学变化的根本,一切化学反应都是燃素的表现。

二、燃素说的矛盾

燃素说提出后,能从表面上解释不少化学现象。为什么物体在封闭的容器里燃烧了一段时间以后就会熄灭?这是因为容器内空气吸饱了燃素。为什么灰不能继续燃烧?因为灰已没有燃素了。为什么铁生锈后就会失去光泽?因为生锈也是释放燃素的过程。为什么矿石能炼成金属?因为矿石在冶炼时从煤中吸收了燃素,就变成了金属。17～18世纪化学知识还很零碎,对各种化学现象每个化学家都各自有一套说法,燃素说则提出了一个比较系统的理论,使化学摆脱了炼金术,引导人们去研究物质的性质。所以恩格斯说,化学借助燃素说从炼金术中解放了出来。

但是,燃素说很快就遇到了许多理论困难。首先,燃素既然是一种物质,那

---

[1]　玛格纳:《生命科学史》,华中工学院出版社,1985年,第416～417页。

它就应当有重量。普里斯特利说:"燃素理论不是没有困难的,最主要的困难就是我们无法确定燃素的重量。"[1]舍勒对此的解释是:"燃素是一种实在的元素,是一种非常单纯的要素。由于燃素除非和另一存在体直接相接触外,它不会和任何原先相结合的物质分开,因而要单独获得燃素是不可能的。"[2]此外,为什么金属在经煅烧释放燃素后重量反而增加呢? 有的燃素说者就解释说:物体失去燃素,就失去了活力,所以重量就增加,就像动物死后重量会增加一样。显然这种说法是没有说服力的。于是文耐尔等人说燃素有负重量,火苗往上运动而不是往下运动,就说明了这点。这的确是一个很大胆的设想,可是为了解释波义耳的实验,竟要否定万有引力理论的普遍性,付出的代价太大了。于是又有人把燃烧是释放燃素修改为吸收燃素,这就能解释金属增重实验了。这次修正使燃素说向真理接近了一步,若再把燃素改为某种气体,就离氧化说不远了。可是燃素说不可能沿着这条道路前进下去,因为在前面又出现了障碍:植物燃烧后的灰,要比植物轻得多。当人们还不清楚无机物与有机物在燃烧中究竟发生了什么变化时,燃素说是不可能越过这个障碍的。于是燃素说只能陷入矛盾之中,有时把燃烧说成是释放燃素,有时又说成是吸收燃素。

另一个理论困难是找不到独立存在的燃素。1752年英国的布莱克(1728～1799)就曾寻找过燃素。燃素说认为温和性碱与苛性碱的区别就在于包含燃素的多少。苛性碱在大气中失去燃素,就变成了温和性碱。布莱克把称过的苛性石灰 $Ca(OH)_2$ 放在一个容器里,几天后苛性石灰变成了 $CaCO_3$,可是根本没有捕捉到燃素,石灰的体积却增加了,而容器内的空气却减少了。可见苛性碱变为温和性碱时,并不是释放燃素,而是吸收了一部分气体。吸收的是什么气体呢? 他又做了相反的实验:温和性碱加热时释放一种气体,又重新变为苛性碱。他发现这种释放出来的气体具有酸性,既不能自燃也不能助燃,同人所呼出的气体一样。由于它总是同苛性碱固定在一起,所以布莱克就称它为"固定空气",实际上就是二氧化碳。布莱克寻找燃素的努力失败了。

英国的卡文迪许(1731～1810)也在寻找燃素。这是一位著名的科学怪人,是个百万富翁,俾奥称他是"一切有学问的人当中最富有的,一切最富的人当中最有学问的"。他却不知享乐为何物,终日沉溺在科学研究之中。1766年他把

---

① 玛格纳:《生命科学史》,华中工学院出版社,1985年,第424页。

② 玛格纳:《生命科学史》,华中工学院出版社,1985年,第421页。

锌片、铁片放进稀硫酸中,释放出一种气体,它比大气轻,一遇火星就爆炸。卡文迪许认为这就是燃素,称"可燃空气",是从金属中产生的。卡文迪许的发现给破绽百出的燃素说打了一针强心剂。燃素说者欢欣鼓舞,奔走相告,宣称燃素终于捕捉到了。但这是一场空欢喜。后来人们认识到,这种气体并不是燃素,而是水的一个组成成分,即氢气。

燃素说的另一个理论困难是燃素与空气的关系。为什么燃烧不能离开空气而进行呢?胡克曾提出空气仿佛是一种溶剂,燃素通过空气的溶解才能从物体中释放出来。但氮气的发现说明并不是所有气体都能充当燃素溶剂的角色的。布莱克发现含碳物质经过燃烧后,就会放出"固定空气",它被苛性钠吸收后,容器内又总残存一部分气体。1772 年他的学生丹尼尔·卢瑟福指出这种气体不能助燃,会使动物窒息,就称为浊气,实际上就是氮。同年卡文迪许也发现了浊气。这个发现向燃素说提出了一个问题:既然空气是燃素的溶剂,为什么有的能自燃,有的甚至都不能助燃呢?可见大气并不是一种单一的元素,而是具有不同成分的混合体。认识到大气成分的复杂性,不仅冲破了气是元素的传统观念,还为氧的发现创造了条件。

三、舍勒和普里斯特利的实验

16~17 世纪,一些科学家就提出有关氧的猜测。达·芬奇指出燃烧过程与呼吸过程十分相像,都能使空气减少一部分。胡克认为空气有两种,一种可以在硝石中找到,另一种数量很多,但很不活泼。英国的梅约认为,空气不是元素,含有火气粒子与硫素粒子,燃烧是物体同火气粒子结合的过程。据说约 756 年中国学者在《平龙认》一书中提出大气由阴阳两气构成,物体在燃烧时就同阴气相结合。但真正发现氧气的是 18 世纪的舍勒与普里斯特利。

瑞典的舍勒(1742~1786)在药房里当学徒时就热衷于化学研究。他发现磷在封闭容器里燃烧时,变为磷酸酐,而容器内空气体积减少了 1/5,剩下的 4/5 的气体却不能使物体继续燃烧。由此他提出有两种气体:占 1/5 的是能助燃的有用空气,或称活空气、火焰空气;占 4/5 的是不能助燃的无用空气,或称死空气。这样,波义耳发现了金属的增重,舍勒发现了空气的减重,把这两人的发现结合起来,就能揭开燃烧的奥秘了。但遗憾的是波义耳没有注意到容器中空气和金属的总重量在燃烧前后并未变化，因此就假设有一种火微粒跑进容器；舍勒则是个燃素说的信徒，认为燃烧就是释放燃素，他设想释放出的燃素穿过玻璃壁跑出去了，所以磷酸酐一定比磷轻，就没有在容器内部寻找少掉的那部分空气的去处。其实这一进一出都是多此一举。只要他们没有那么多的偏见，再朝前迈进一步，称一下整个容器的总重量，那么已碰到鼻尖的真理很可能就被他们抓住了。从1673年波义耳的实验到1773年舍勒重复这个实验，整整过去了一个世纪，科学家对这个实验的认识都毫无进展。

在这同时，英国的普里斯特利(1733～1804)也对气体进行了研究。1771年他发现被蜡烛燃烧所"污染"的空气会使动物窒息，却有利于植物的生长，而被植物"净化"过的空气又能使蜡烛燃烧，他认为植物可以吸收容器内的燃素。1774年8月1日普里斯特利用直径为30厘米的聚光镜对氧化汞加热，搜集到一种气体，它能使物体燃烧得更旺。他实际上也独立发现了氧气，可惜他也是个坚信燃素说的科学家，他称这种气体是"无燃素气体"，认为空气在本质上只有一种，包含燃素的多少就形成了同一种空气的不同表现形式。氧化汞所产生的气体是无燃素气体，所以它易于燃烧。燃烧一段时间以后，它吸饱了燃素，变成"燃素化气体"(即浊气)，所以燃烧就停止了。他还发现动物所吸进的正是无燃素气体。他在实验报告中写道："我把老鼠放在脱燃烧素的空气里，发现它们过得非常舒服后，我自己受了好奇心的驱使，又亲自加以试验……自从吸过这种气体以后，经过好多时候，身心一直觉得十分轻快舒畅。有谁能说这种气体将来不会变成时髦的奢侈品呢？不过现在只有两只老鼠和我，才有享受呼吸这种气体的权利哩。"①

普里斯特利是个精干的实验家，但理论概括能力较差。他自己也说过："我有慎重地全面地对待事实这个好习惯，但从中得出的结论，往往不是非常靠得住。"正因为他在理论上不能很好地解释自己的发现，所以就往往把这些发现归于运气。他至死都坚持燃素说。1800年他在致友人的信中说："我对自己的立场信心十足，……虽然我几乎是孤立的。"1801年他又说："真理终将战胜谬误。"②去世前一年他还出版《论燃素论的成就并驳水是化合物的观点》。难怪居

① 韦克思：《化学元素的发现》，商务印书馆，1965年，第78页。
② 柏廷顿：《化学简史》，商务印书馆，1979年，第129页。

维叶说:"普里斯特利是现代化学之父,但是,他始终不承认自己的亲生女儿。"①

舍勒与普里斯特利制造了摧毁燃素说的武器,但他们却不会使用这件武器。后来法国的拉瓦锡接过了这件武器,并取得辉煌的战果。

四、拉瓦锡的氧化学说

有人说18世纪法国有两次大革命,一次是政治大革命,另一次就是拉瓦锡所引起的化学大革命。

拉瓦锡(1743~1794)青年时就因研究城市照明问题而获得金质奖章。1794年因经济问题被送上断头台。当时他正在监狱中研究汗的分泌,要求缓刑几天,但法庭副庭长科芬霍尔说:"够了,共和国不再需要科学家了!"法官迈兰也说:"法国学者已经太多了!"后来拉格朗日说:"砍下拉瓦锡的头只需一息的工夫,但是要产生这样的一个头颅,则非一百年以内所能成功的。"②

拉瓦锡是一位颇有远见的科学家,他很早就发现了燃素说的矛盾,立志要搞清这个问题,并预感到这注定要在物理学和化学上引起一次革命。他说:"如果要求信奉斯塔尔学说的人拿出证据证明可燃物中存在着燃素,他们就不可避免地陷入循环论证法的矛盾中,并且不得不做出论断:可燃物质中含有火质。结果我们很容易看到,燃烧作用却用燃烧本身来解释。"③1774年他重做了波义耳的煅烧金属的实验,但是他比波义耳高明,不仅称了金属的重量,而且还称了整个容器的重量,确认煅烧前后总的重量不变。所以他就很自然地发现了金属的增重刚好等于容器内空气的减重,那么燃烧就是物体同空气化合,很快得到了波义耳与舍勒所不可能得到的结论。那究竟是整个空气同金属化合,还是某种气体同金属化合呢?这是一个关键问题。拉瓦锡想,既然灰渣中包含着这种气体,那就要设法在灰渣中再把这种气体取出来,可是一直未能成功。正在为难之际,有人却从瑞典、英国送来了宝贵的科学情报。1774年9月30日,拉瓦锡接到了舍勒的来信,舍勒建议他用聚光镜加热碳酸银,再用石灰水吸收二氧化碳,就可以得到一种能助燃的气体。拉瓦锡可能没有重视这个建议,因为这

---

① 马诺洛夫:《名化学家小传》(上册),科学普及出版社,1980年,第75页。
② 威尔逊:《科学家列传》,世界书局,1947年,第152~153页。
③ 郭保章:《世界化学史》,广西教育出版社,1992年,第106页。

种气体并不是从金属的灰渣中产生的。1774年10月，普里斯特利随设尔本勋爵访问巴黎，又向拉瓦锡报告了氧化汞加热后产生气体的实验，这立即就引起了拉瓦锡的注意。从1774年10月到次年3月，他重复了普里斯特利的实验，并使汞又变成氧化汞。他又重复舍勒燃烧磷的实验。容器内消失的那部分气体到哪儿去了呢？他没像舍勒那样迷失方向，而是仔细地称了磷酸酐的重量，发现空气重量的减少恰恰等于磷酸酐的增重。他又发现木炭在封闭容器内燃烧后只剩下一点灰。但他相信木炭的大部分重量绝不会消失，一定还在容器之内，果然容器内空气的重量增加了。拉瓦锡终于弄清了在密封容器内空气与燃烧物重量的变化，科学地总结了波义耳、舍勒、普里斯特利等人的研究成果。

1775年5月，他宣布物体燃烧时同空气中的一部分相化合，这部分空气的密度同普通空气一样，可能比一般空气还要纯净，这说明这时他还未真正意识到这是一种气体元素。1778年他把"空气本身"改为"空气中纯粹的部分"、"可供呼吸的部分"，后来才把它称为氧。1780年他在《燃烧通论》一书中系统地提出了氧化学说。1783年拉瓦锡夫人当众烧毁了斯塔尔的著作，宣布燃素时期的结束，化学新时期的到来。就在这一年，拉瓦锡说："假如在化学中不用燃素说，一切都能获得满意的解释，这当然极其可能地意味着，这种东西根本不存在，它只能是假想中的物质，没有根据的假设"。"对于化学家来说燃素已成为一种模糊不清的东西，它非常捉摸不定，因此能适用于任何解释，愿意用到哪里就用到哪里。""一切燃烧和燃烧现象，不用燃素比用它还能更简单地而且更容易地加以解释。""人们的脑筋习惯于用固定的方式来看待事物，在生命途中已经用一定的观点来看待自然的人，接受新的概念有困难。因此，只有经过时间的考验，才能证实或否定我的这些观点。"[①]

但在这以后的一段时期内，仍然还有一些科学家相信燃素说。1785年俄国的罗维茨想制取纯净的酒石酸，他猜想酒石酸的混浊是由燃素造成的，而木炭对燃素很贪婪，大约能吸收酒石酸中的燃素。当他把木炭放进酒石酸中后，酒石酸果然变清了。这个实验被认为是燃素存在的又一证明。其实这是一种巧合，因为木炭是一种很好的吸附剂，能吸附色素，而根本没有什么燃素。燃素说兴衰史上的这个小插曲，生动地说明了认识发展的曲折性。

---

① 郭保章：《世界化学史》，广西教育出版社，1992年，第110～111页。

拉瓦锡还总结了英国人的实验成果,弄清了水的本质。古希腊哲学家认为水是四元素之一,比利时的赫尔蒙特(1577～1644)认为水是本原,土是水的产物。他把 5 磅重的柳枝种在 200 磅的土中,不施肥,也不让灰尘落在上面,只浇水。5 年后土只少了 2 盎司(1 磅＝16 盎司),而树枝重 169 磅。赫尔蒙特认为这 164 磅树枝都是由水变成的。拉瓦锡把水蒸馏 8 次,发现瓶内有沉淀物,他认为这沉淀物不是来自水,而是来自玻璃本身。可见水不是本原。

那么水是否是一种元素呢? 1781 年普里斯特利曾向人们表演过一个小魔术:两个分别装有氧气与氢气的瓶子同燃烛接近时,就会发出爆炸声,吐出火苗。表演以后,瓶内总残留着一些露珠。普里斯特利起初以为这是瓶内原有的湿气形成的。可是将瓶子烘干了再来表演,瓶内仍然有露珠出现。他实际上完成了人类历史上的第一次人工合成水的实验。可惜这样一个科学技术史上的创举,竟被他自己说成是"无目的的实验",仅当作供人取乐的游戏,没有进行认真的研究,又错过了一次重大的发现。后来卡文迪许确认露珠就是水。为什么可燃空气同无燃素空气化合会生成水呢? 他认为可燃空气是燃素化水,而无燃素空气是无燃素水。显然,用燃素说是无法科学地说明水的本质的。当拉瓦锡指出无燃素空气是氧,可燃空气是氢以后,水的本质问题就迎刃而解了:水不是元素,而是氢与氧的化合物。这样四元素中至少有火、气、水三种不再被人看作是元素了。于是拉瓦锡指出,四元素说是在实验化学出现以前用幻想创造出来的纯粹假说。

燃素说终于被氧化学说所代替了,拉瓦锡终于实现了他早年所预想的化学革命。英国、瑞典的实验种子,在法国开出了鲜艳的理论之花。

李比希说,拉瓦锡"没有发现过任何新的物体、新的性质和未知的自然现象,他的不朽的光荣在于:他给科学的机体注入了新的精神"[1]。布兰迪说:"在科学方面,拉瓦锡虽然是一个伟大的建筑师,但他在采石场的劳动却是很少的;他的材料大都是别人整理而他不劳而获的,他的技巧就表现在把它们编排和组织起来。"[2]从某种意义上可以说,波义耳、布莱克、卡文迪许、普里斯特利和舍勒只是制出了一批砖瓦,而用这些砖瓦建成大厦的不是他们,而是拉瓦锡。

拉瓦锡为什么能成功呢? 他具有明确的质量不灭的思想是一个重要的原

---

① 玛格纳:《生命科学史》,华中工学院出版社,1985 年,第 426 页。
② 柏廷顿:《化学简史》,商务印书馆,1979 年,第 131 页。

因。他说:"由于人工的或天然的操作不能无中生有地创造任何东西,所以每一次操作中,操作前后存在的物质总量相等,且其要素的质与量保持不变,只是发生更换和变形,这可以看成为公理。做化学实验的全部技艺是基于这样一个原理:我们必须假定被检定的物体的要素和其分解产物的要素精确相等。"[1]波义耳与舍勒正是由于缺少这个思想才在重量增减的问题上误入歧途的。

拉瓦锡之所以成功,并不是因为他比别人更勤奋,卡文迪许的刻苦是这位巴黎公子所无法比拟的。卡文迪许终身未娶,性情孤僻,不善交际,他除了到英国皇家学会参加会议,到会长班克斯家去做客以外,别处一概不去。他一生的大部分时间都在实验中度过,对科学的热爱不可谓不专一,然而成功的并不是卡文迪许。拉瓦锡之所以成功,也不是因为他实验技巧高明,在这方面他远不如布莱克。布莱克向又细又长的管内倒溶液时,既迅速又准确,桌面上干干净净,这使他的学生赞叹不已。他去世时正在用餐,手拿一杯牛奶放在膝上,心脏已停止了跳动,杯中的牛奶却一滴也未流出,可见他双手控制物体的能力是何等之强,然而成功的也不是布莱克,是传统的错误观点遏制了卡文迪许与布莱克的才华。对科学家来说,勤奋、动手的能力都是很重要的,但更为重要的是还要有一个善于科学思维的头脑。

燃素论的著作被拉瓦锡夫人象征性地烧毁了,但对这个流行了一个多世纪,使许多杰出科学家都倾心的燃素理论,却是不能简单地一烧了之的。燃素说是一种颠倒了真实关系的错误理论(比如灰渣是化合物,却被它说成是单质;而金属是单质,却被它说成了化合物;燃烧是物体同氧化合的过程,却被它说成了同燃素分解的过程),但这种错误在人类认识的发展过程中是难以避免的,它也曾起过一定的历史作用。康德说,由于伽利略的落体研究、托里拆利的真空研究和斯塔尔的燃烧研究,"一切自然科学实验家都有了明确的方向"[2]。门捷列夫说:"燃素说总结了许多氧化反应,这是科学前进道路上非常重要的步骤。"[3]燃素说被推翻了,"但是燃素说者的实验结果并不因此而完全被排除。相反地,这些实验结果仍然存在,只是它们的公式被倒过来了,从燃素说的语言翻

---

① 柏廷顿:《化学简史》,商务印书馆,1979 年,第 132 页。
② 郭保章:《世界化学史》,广西教育出版社,1992 年,第 68 页。
③ 郭保章:《世界化学史》,广西教育出版社,1992 年,第 68 页。

译成了现今通用的化学的语言,因此它们还保持着自己的有效性"①。

第八节 热素说与热动说

燃烧过程总伴随着放热现象。为什么物体在燃烧时会发热、发光呢?拉瓦锡的解释是:空气原来是氧与热素、光素的混合物,物体在燃烧时夺走了其中的氧,剩下了热素与光素,所以就出现了发热、发光的现象。1789年他列出了一张元素表,其中就有热素与光素,热素的名称也是拉瓦锡提出的。他在燃烧理论中驱逐了燃素,却在热理论中引入了热素。热果真是一种看不见的物质微粒吗?

一、弗兰西斯·培根的热动说

弗兰西斯·培根(1561~1626)是一位新时代的唯物主义哲学家。他对亚里士多德的演绎逻辑作了尖锐的批评。他说寻求和发现真理的道路可能有两条:一条是从感觉与特殊事物飞跃到最普遍公理,再从这些公理出发,推出中间原理,这是亚里士多德提倡的道路;另一条是从感觉与特殊事物引申出公理,然后逐渐上升,达到最普遍的公理,这是一条真正的认识道路,但是还没有试过。前者叫"自然的猜测",是轻率的、不成熟的认识道路;后者是"自然的解释",是可靠的、成熟的认识道路。两者皆始于感觉与特殊事物,但其差别却是无限的。他认为人的心灵总喜欢跳跃,因此他呼吁:"决不能给理智加上翅膀,而毋宁给它挂上重的东西,使它不会跳跃和飞翔。"②

他认为:自然界像座迷宫,道路模糊不清,而人们所依靠的只是时明时暗的感觉之光,这显然是不会成功的。这就要对整个认识道路进行一次稳固的设计。在发现新世界以前,必须要先发明指导航行的确实可靠的罗盘。他是认识罗盘的设计者,这个罗盘就是他所说的新工具——归纳逻辑。他的归纳法分三

---

① 恩格斯:《自然辩证法》,人民出版社,1971年,第33页。
② 北京大学哲学系外国哲学史教研室:《十六—十八世纪西欧各国哲学》,商务印书馆,1975年,第44页。

部分。一是归纳事实,有三表:本质或具有表、差异表与程度表。二是排斥法,从否定的东西出发,经过反复的排斥,达到肯定的东西。三是通过整理得出结论,并由实验验证。他强调经验在认识中的作用,认为只有用实验才能真正认识自然界。

弗兰西斯·培根虽然为自然科学家提供了方法论思想,但他本人却不是科学家,而且对哥白尼的日心说、哈维的血液循环说持反对态度。这似乎有点令人费解。费尔巴哈批评他只限于发表一些空洞的声明,只限于给科学大厦描绘一个漂亮的轮廓,却没有对科学的任何一个部门作过深入的探讨,原因是他没有全神贯注于科学。连费尔巴哈这样长期生活在穷乡僻壤,远远脱离了 19 世纪科学新发展的人,都这样批评他,可见他脱离实际已达到了何等程度。

在研究热的本质时,弗兰西斯·培根用归纳法列举了 28 个具有热的例证、32 个缺乏热的例证、41 个比较例证。他着重归纳了热与各种现象的关系。热与光没有必然联系,例如彗星、闪电有光但不能生热,热水无光但有热。热与火有密切关系,但许多物体只要到了烧红的程度,虽没有火焰,但也是热的。热与水没有必然联系,因为热水会逐渐变冷。热与气也没有必然联系,地窖中的气冬天是热的,夏天则是凉爽的。热与摩擦、碰撞有必然联系,摩擦与碰撞均能生热而没有否定的例证。为什么空气的运动即刮风反而会散热呢?培根猜想这是因为空气运动速度不快,所以不能激发出热来,而且这种运动是总体的运动,而不是物质粒子的运动。

通过上述归纳,他认为热具有如下特点:(1) 热是一种扩大的运动,它可以使物体膨胀;(2) 热是一种上升运动,热向上传导;(3) 热不是整个物体的一律运动,而是物体中较小部分的运动;(4) 热是一种较快的分子运动。于是他把热定义为:"热是向外扩张而又受了限制的一种运动,它在交战状态中,可以作用于物体的较小分子上。""热在向各方扩张时,它同时还得有一种向上的倾向。""它必须不是迟缓的,必须是迅速而猛烈的。"[①]"不过我所以说运动是类,热是种,我并不是说,热能生运动,或运动能生热(在一些情形下自然是如此的),乃是说热的精英和本质就是运动。"他明确表示要排斥热是物体中存在的某种东西的观念,即反对后来的热素说观念。

---

① 　弗兰西斯·培根:《新工具》,商务印书馆,1936 年,第 195 页。

二、热素说

在机械论流行的时代,热被看作是一种微粒的机械运动,但究竟是什么微粒的运动呢? 伽桑第认为热与冷分别是由热原子与冷原子引起的,这就走上了通向热素说(热质说)的道路。波义耳则站在从早期的热动说通向热素说的路口上。他在物理学研究中倾向于热是运动,而在化学研究中又倾向于热是微粒。早期的热动说只是一种哲学学说,是对一些日常现象进行归纳的结论,而缺少精确的实验根据。当对热的研究走上实验阶段时,就不可避免地出现了热素说,即把热看作是一种看不见的微粒。

在热素说流传过程中,遇到了混合热是否守恒、潜热与摩擦生热等问题。布莱克回答了这些问题,使热素说形成为比较系统的理论。

混合热守恒问题。起初人们还不能把温度与热量这两个概念区别开来。荷兰莱顿大学的波尔哈夫(1668~1738)认为,温度的高低反映物体包含热量的多少,物体升高1度所吸收的热等于同量物体下降1度所放出的热,同体积的任何物体若温度相同,则包含相同的热量,即同体积的任何物体增加相同的温度,则增加相同的热量。因此混合热是守恒的。比如同体积的40度的水同80度的水相混合,两杯水的温度均为60度。在热素说者看来这是很好解释的:热素是不灭的,两杯水一共有120个单位的热素,所以每杯水平均包含60个单位的热素,它们的温度均为60度。可是当他们把100度的水与同体积的150度的水银混合后,其平均温度并不是所预料的125度,而是120度。这个现象看来同混合热守恒定律相违背,并会导致热素可以消灭的结论。为了解决这个问题,布莱克采用了他的学生伽托林在1784年提出的比热概念,认为不同物体"对热素的亲和性"、"对热素的欲望"、"接受热素的能力"是不同的。"就热物质来说,水银的容量(如果我们可以用这名词的话)比水的容量小,它只需要较小的热量就可以将温度提高到同样的度数。"[1]水银的比热比较小,所以水银下降30度所放出的热量,只能使水上升20度,这就同混合热守恒定律一致了。

潜热问题。人们发现当0℃的冰变为0℃的水时,需要加热,但温度未变,

---

① 马吉编:《物理学原著选读》,商务印书馆,1986年,第152页。

似乎一部分热凭空消失了；而当0℃的水变为0℃的冰时，温度也未变，却放出了热量，似乎这部分热量又是凭空产生的。这个现象也是早期热素说很难解释的。为此布莱克又提出了潜热的概念。他认为冰化水时所吸收的一部分热被束缚在物体内部，所以不表现为温度。而当水结冰时，这部分潜热又被释放出来。"它是隐蔽的，或潜伏的，我称它为潜热。"①

摩擦生热问题。俄国的罗蒙诺索夫（1711～1765）于1744年写了《冷热原因的探讨》一文，用摩擦生热现象来反对热素说。他说，在冰冷的冬天，好像不该有热素了，可是为什么两只冰冷的手互相摩擦就会生热呢？这热素是从哪儿来的呢？布莱克为了解决这个问题，就认为物体通过摩擦，把内部的潜热挤出来了。

布莱克反对热动说。"这种关于永恒颤动的概念，即使它只倾向于解释较为简单的热效应，我本人也无法形成。"②布莱克不愧是一位理论修补大师。经过他的三次大的修补，热素说形成为比较系统的理论。它的基本观点是：(1) 热素是一种微小的、看不见的物质微粒。拉瓦锡的说法是："热素或光是非常微细、非常有弹性的没有重量的流体；它由四面八方包围我们的星球，或难或易地渗透到一切物体和它的组成部分里"③。(2) 不同的物体有不同的比热，是因为物体对热素的吸收能力不同。(3) 物态变化时都要吸收或放出潜热，这时物质微粒同热素发生了化学反应。热素同物质微粒结合在一起时，处于潜伏状态，不表现为温度；当热素与物质微粒分开时，处于自由状态，就表现为温度。(4) 摩擦与碰撞能把处于潜伏状态的热素挤出来，所以摩擦与碰撞能生热，或者说摩擦可以减少物体的比热。(5) 热素具有互相排斥的本性，所以热素能从高温物体流向低温物体，物体受热就会膨胀。(6) 物体的热传导过程就是热素的流动过程，但总的热量是守恒的，因为热素既不能创造，也不能消灭。热素说能说明一些现象，在历史上曾经起过一定的作用。瓦特根据热素说与潜热的理论改进了蒸汽机，卡诺在热素说的基础上研究了热力学。恩格斯说："被热素说所统治的物理学却发现了一系列非常重要的热的定律。"④所以1738年法国科学院就热的本质问题征奖，三名得奖者全都主张热素说。

---

① 马吉编：《物理学原著选读》，商务印书馆，1986年，第160页。
② 申先甲：《探索热的本质》，北京出版社，1985年，第78页。
③ 斯吉柏诺夫：《人类认识物质的历史》，中国青年出版社，1952年，第89页。
④ 恩格斯：《自然辩证法》，人民出版社，1984年，第51页。

可是到 18 世纪末,热素说又遇到了一些难题:热素是否有重量？如何解释某些物体的热缩冷胀现象？为什么摩擦能源源不断地产生热？这使经布莱克修补过的热素说又面临着新的挑战。

三、伦福德的热动说

伦福德(1753～1814)生于美国,后来曾在英国、德国、法国居住。伦福德研究过热是否有重量的问题,当时在这个问题上众说纷纭,莫衷一是。波尔哈夫说金属烧红后重量不变;布丰宣布金属烧红后重量会增加;罗布克用更精确的天平重复布丰的实验,结果却是混乱的,有时变重,有时变轻;英国医生佛迪斯则声称水在结冰放出潜热后,重量增加了约十三万分之一。伦福德经过反复实验则确认热没有重量。他指出如果把热看作一种运动,那热量的变化就不会引起重量的变化。

1798 年伦福德在慕尼黑兵工厂负责制造大炮的工作。他发现用钻头钻炮筒时,炮筒的温度很高。他用一个钝钻头钻一个炮筒,半小时转了 960 圈,炮筒的温度就由 60℉升高到 130℉。所产生的热量是否来自周围的空气？他用活塞把钻头同周围空气隔离开来,结果所生的热并未减少。他又想活塞是同空气直接接触的,那同活塞直接接触的这部分空气对热的产生是否有影响呢？于是他又把钻头、活塞和炮筒都放在一个密封的箱子里,箱内还盛了水。钻头钻了两个半小时,箱内的水就沸腾了。可见这热不是从周围空气中来的,也不可能来自水,因为在这里水是吸收热的物体;也不可能来自比热的减小或化学变化,因为在这种情况下比热与化学性质都没有发生变化。结论只有一个:热量从摩擦中产生。

他特别注意到这热可以陆续不断地产生。他认为能够无限产生的决不可能是物质,而只能是一种运动。于是他得出结论说:"任何与外界隔绝的一个物体或一系列物体所能无限地连续供给的任何东西决不能是具体的物质;……除了只能把它认为是'运动'以外,我似乎很难构成把它看作为其他东西的任何明确的观念。"[①]其实,认为运动可以无限产生的说法是不正确的,但他由此得出的

---

① 爱因斯坦、英费尔德:《物理学的进化》,上海科学技术出版社,1962 年,第 32～33 页。

结论却是明白无误的：热是一种运动形式。伦福德对自己的理论充满了信心。1804 年他说：他会高兴地看到热素跟燃素一起埋葬在同一个坟墓之中。

1799 年，英国的戴维(1778～1829)在真空装置中使两块冰摩擦，并使周围的温度比冰还低。冰块摩擦后，就逐渐融化了。戴维指出热不可能从周围空气中来，因为周围的温度比冰还低，也不可能来自潜热，因为冰融化时是吸收潜热，而不是放出潜热。所以他也得出了同伦福德相同的结论：热素是不存在的，热现象的直接原因是运动。他说，热"可以定义作一种帮助物体微粒分离的特殊运动，或许振动。说得恰当一点，可以称它为推斥运动"①。

1857 年克劳修斯在研究理想气体分子的热运动时，证明气体的绝对温度由其分子的平均动能所决定，对热力学定律作出了动力学描述。后来麦克斯韦与波尔茨曼证明任何物体都是如此。1878 年焦耳又最后确立了热功当量。这样，从 1620 年弗兰西斯·培根研究热算起，经过两个半世纪的努力，终于牢固地确立了热动说。

第九节 17～18 世纪的电学思想

古人不仅发现了摩擦生热现象，还发现有些物体经过摩擦以后会生电。早在公元前 6 世纪，希腊人已知道用兽皮摩擦过的琥珀可以吸羽毛、头发。中国的王充在《论衡》中曾写道："顿牟掇芥，磁石引针。"泰勒士认为磁石有灵魂。在中国古代磁被称为"慈"，磁石似乎有一种慈爱的力量。16 世纪英国的吉尔伯特曾对电与磁进行了比较系统的研究。

一、富兰克林

富兰克林(1706～1790)出身在一个工匠的贫寒家庭里，年轻时曾在印刷厂里当学徒，1743 年曾在美国费城创建美国第一个科学团体北美增进有用知识哲学会。1746 年英国学者斯宾士到波士顿讲学，并用莱顿瓶做了电学表演。年已

---

① 马吉编：《物理学原著选读》，商务印书馆，1986 年，第 179 页。

四十的富兰克林看了表演以后,就决心进行电学研究。几天后他收到了英国皇家学会会员、植物学家柯林逊寄来的莱顿瓶。从此富兰克林开始了他的科学生涯。1733 年法国的杜菲认为电有"玻璃电"与"树脂电"两种。富兰克林通过实验发现电只有一种,这就是没有重量的、到处都有的电流质。电流质带正电,缺少电流质就表现为负电,即每一物体都带有一定数量的电流质,过多则表现为树脂电,不足则表现为玻璃电,并首创用正负号来表示。他认为电流质各部分之间互相排斥,而两个物体摩擦时,电流质就从一个物体流向另一个物体,这两个物体就互相吸引,吸引力同流过的电流质数量成正比。一个物体所含有的电流质是有限的,所以摩擦一定时间后就不会再流出电流质。他还提出了电荷守恒定律:在任何一个绝缘体系中总电量是一定的。富兰克林在前人研究的基础上把电液说(即电素说)系统化了,这种学说虽然解释不了电流现象,但却比较好地解释了静电现象。

在一次实验中,他把十几个莱顿瓶连在一起,以加大电的容量,他的夫人不慎碰到了莱顿瓶的金属杆,受到了电击。这次事故给他留下了深刻的印象。他不禁想到,莱顿瓶中的电也能损伤人体,这多像天上的雷电!科学家们用地下的电做各种实验,觉得这是实实在在的东西;可是天上的电却有点神秘莫测。经院哲学家德奥图良引证《圣经》,说闪电是冒出的地狱之火。阿奎那则在《神学大全》中说:妖魔鬼怪能呼风唤雨,制造电火,掀起风暴。更有许多人认为雷电是上帝的怒火。富兰克林决心弄清雷电的本质。

他把天上雷电与地下电花作了比较,发现二者有许多共同之处。他在实验记录中写道:"1749 年 11 月 7 日。在下述各项上电流与闪电符合:(1) 发光,(2) 光色,(3) 弯曲,(4) 突然运动,(5) 金属传导,(6) 爆炸噪音,(7) 存在于水或冰中,(8) 撕裂物体,(9) 毁坏动物,(10) 熔化金属,(11) 燃烧可燃物质,(12) 含硫磺味。"[①]但是仅列举出相同之处,还不能证明二者是同一个东西。要解决这个问题,关键在于从天上搜集雷电,用它来做电学实验,看它是否同莱顿瓶里贮藏的电相同。

1752 年 5 月,富兰克林父子在一个雷电交加、大雨倾盆的日子,做了一次著名的实验:通过同风筝相连的金属线与铜钥匙,搜集到了天上的电贮藏在莱顿

---

① 佩拉:《归纳法与科学发现》,《科学与哲学》1983 年第 4 期。

瓶之中,然后用它来做实验,证明天上的雷电同实验室里的电花完全一样,闪电就是一种放电现象。这样,他就把天上的电和地下的电统一起来了。

二、伽伐尼与伏特

人们很早就发现有些鱼带电,古代的医生曾用带电的鱼给人治病。1751年法国的阿当松研究电鱼时被击昏,醒后觉得电鱼放电同莱顿瓶放电相同。那么其他动物体内是否也有电呢? 这就促使人们去寻找动物电。

1780年意大利的伽伐尼(1737～1789)发现电火花能引起青蛙腿肌肉抽搐。这位解剖学教授在解剖一只青蛙时,旁边有一台电机在工作,在解剖刀接触到青蛙神经的一瞬间,出现了电火花,青蛙的腿也颤动起来。他后来又发现用两种不同的金属同青蛙相接触,比如用铜线同青蛙脊髓相触,再用铁片同蛙腿接触,蛙腿也会抽动。伽伐尼对这个现象的解释是:青蛙体内有动物电流,它使动物产生了活力,而金属不过是导电体而已。

伽伐尼的动物电流说受到了意大利物理学家伏特的反对。伏特(1745～1827)1799年发现,把两种金属(如铜与锌)放在一起,就会产生瞬时电流,进而他又把许多金属对结合在一起,组成为电堆。后来他又在盛着稀释的盐溶液的杯中,插入铜条与锌条,形成两个电极,再把几个这样的装置联起来,就做成了著名的伏特电池组。在这些实验的基础上,他提出了金属电说或接触说,认为任何物体中都含有电流质,只是其活跃程度不同。当两种不同金属接触时,电流质就会从一种金属流向另一种金属。

两种见解展开了激烈的争论。在伏特看来,蛙腿的抽动也是由金属接触电流产生的。伽伐尼指出,只要使青蛙的神经同肌肉相接触,根本用不着金属,也会引起肌肉收缩。而伏特则说神经与肌肉所起的作用同两种金属是一样的。虽然两种见解都有一定的道理,但后来伏特的看法占了优势。实际上接触说只讲接触引起电流,却不了解其中化学现象的实质,没有回答能量的来源问题。

从认识静电到认识电流,是电学发展的一次飞跃。

第十节 17～18世纪的生物学思想

古希腊哲学家曾对生物的进化问题提出了种种的猜测,但还没有形成系统的进化理论。后来随着农业、畜牧业、医疗事业的发展,尤其是解剖方法和显微镜的广泛应用,生物学获得了长足的进步。在发展的早期,它研究的重点是搜集标本,了解各种动植物的结构、特征与用途,进行分类工作。这就必然要把物种看作静止不变的状态,从而导致了林奈物种不变论的产生。可是生物的千变万化又是生物学家每天都要碰到的事实,所以在生物学发展史上,始终都存在着进化论思想。

一、血液循环学说

在生物学领域内,首先向神学与经院哲学发起挑战的是生理学,突破口是盖仑的血液运行理论。在天文学领域向科学发表自然科学独立宣言的是哥白尼,在生理学领域向神学发布挑战书的则是比利时的维萨留斯。

维萨留斯(1514～1564)曾在巴黎学医,专攻解剖学,后又到意大利进行解剖学研究。当时在大学课堂里讲解剖学,教师坐在高高的讲台上念盖仑的著作,由雇来的理发师对尸体进行简单的解剖,来验证盖仑著作的正确。维萨留斯对此极为不满。他认为古代的文献不能盲从,只有实际解剖得到的知识才是可靠的。于是他决心自己解剖人体,为此他常在夜里从绞刑架上偷回犯人的尸体,或在瘟疫流行的地方,在荒野里从狗的嘴中抢回尸体。他用解剖学的事实戳穿了宗教关于夏娃是用亚当的一根肋骨做成的,人体内有一块烧不化又砸不碎的复活骨等谎言,同时还发现了盖仑学说中的许多错误:两心室之间的隔膜没有小孔,人的大腿骨不像盖仑说的那样弯曲。这些事实使维萨留斯认识到,盖仑没有解剖过人体。维萨留斯指出,难道对一位伟大的学者的尊重,必须表现为重复他的错误吗?

1543年,维萨留斯出版了《人体的构造》一书,总结了他的解剖学实践,用比较系统的解剖学事实说明了人体的构造,并指出了盖仑的错误约200处。他说:"在不久以前,我不敢对盖仑的意见表示丝毫的异议,但是中膈却是同心脏的其余部分一样的厚密而结实,因此我看不出即使最小的颗粒怎样能通过右心室转送到左心室去。"①

由于维萨留斯尊重事实,敢于指出权威的错误,所以他不被人们理解。许多医生指责他,他的老师和学生也都反对他。他的老师说盖仑的话不会有错误,人的大腿骨本来是弯的,后来因为人们爱穿小腿裤才使它变直的。他骂维萨留斯是两腿蠢驴,是传播毒气的狂人。教会则横加罪名,说他解剖的是活人,就判处他死刑。后来由于西班牙国王的斡旋,才改判为向耶路撒冷朝圣,最后维萨留斯死于归来的途中。

哥白尼与维萨留斯的著作都发表在 1543 年,他们在不同的学科里,同时提出了本质上相同的思想。

当维萨留斯在巴黎大学医学院工作时,他有一位同事,后来成了他的战友,这就是西班牙的医生塞尔维(1511～1553)。1531 年塞尔维出版了《论三位一体的错误》,指出教会关于圣父圣子圣灵三位一体的说法是荒谬的。在盖仑的体系中,实体分三种,动物分三种,机能分三种,血液也分三种,似乎一切都是三位一体。所以塞尔维驳斥了教会关于三位一体的说教,实际上也是指出了盖仑思想方法上的错误。维萨留斯否定了两心室之间孔道的存在,但并未说明血液是如何从右心室流入左心室的。对此,塞尔维提出了小循环即肺循环的思想:血液从右心室经肺动脉、肺静脉流到左心室。他还说灵魂就是血液。1553 年他发表了《基督教的复兴》,提出《圣经》是荒诞的,应当用人的理智来检验《圣经》上的原理,因为只有我们看到了和了解到的东西才是可信的。

这些思想都是同教义格格不入的。天主教说塞尔维比新教徒还危险,而新教徒则说他是异教徒。塞尔维被开除了教籍,著作也被烧毁。后来他被判处火刑,他越狱逃跑,宗教法庭就烧了一个象征性的稻草人。1553 年 8 月,他又再次落入新教领袖加尔文之手。在施用各种酷刑的审讯中,他说:"我相信自己的言行都是公正的,我不怕死!我知道我将为自己的学说,为真理而死,但这并不会减少我的勇气。"塞尔维第二次被判处火刑。临死时,他胸前套着一个浸过硫磺的花环,挂着他的一本著作。神父问他是否放弃自己的学说,他做了个否定的

---

① 梅森:《自然科学史》,上海译文出版社,1980 年,第 199 页。

姿势。火被点着了,他被活活烤了两个小时。这一天是 1553 年 10 月 27 日。

完成塞尔维未竟事业的是英国医生哈维。哈维(1578～1657)16 岁就学于剑桥大学,入学三年就因病在家休养。母亲请民间医生给他治病。"放血"是当时欧洲医生治病的一种常用方法,年轻的哈维在多次接受放血治疗时,就产生了一个问题:血液为什么能不停地流出来? 它在人体内是怎样流动的? 1600 年他到以解剖学闻名的意大利帕都亚大学学医,在那里他接受了亚里士多德的"心脏至上"的观点,却怀疑亚里士多德的地下世界没有圆周循环运动的看法,认为地下的水经过日晒,蒸发为天上的水汽,水汽冷却后又成雨水落下,这就是循环运动。生命本身也是一种循环。正如他后来所说,死亡的本质就是复归于它的起点,而在已死亡的个体的废墟上,不朽的物种得以产生。他甚至想到麦哲伦的环球旅行也是一种循环。于是他得出结论:地下也有天上的圆周循环运动。他又从哥白尼学说中得到启发,把心脏看作人体中的太阳,血液以心脏为中心旋转,就好像行星围绕太阳旋转一样。哈维回国后行医并在医学院执教,逐渐形成了系统的血液循环的思想。1628 年他发表了《论动物心脏和血液运动的解剖学研究》,简称《心血运动论》,把他的思想公布于世。

哈维在这部著作的献词与第一章里,讲了认识论方面的问题。他说此书所提出的看法,是同几千年以来许多学者所信仰的看法完全不同的。他不仅担心有人会因嫉妒而陷害他,还担心整个人类都将以他为仇敌。因为习惯是人的第二天性,根深而又蒂固。教义一经播种就生了很深的根,而尊古之情又是人所共有的。因此他说他在发表这本著作时,内心充满恐惧和不安。许多有新思想的科学家大都有这种复杂的心情,后来达尔文、普朗克也作过类似的表白。

哈维希望读者能因热爱真理之故来支持他。真正的哲学家不像那些目光短浅的人,以为古人留下的知识已尽善尽美。我们所知道的一切是微乎其微的,决不足以与我们所不知道的相比拟。正因为人的知识是有限的,所以当哲学家发现自己过去的看法同真理与事实相违背时,放弃自己的成见就是理所当然的事了。即使这些错误是古人承认的,也在所不惜。为了获得真理,要向各种人学习,老者可向幼者学习,智者可向愚者学习。

接着他提出了"以实验为根据,以自然界为老师"的口号。他的《心血运动论》只有 72 页。他说,为什么没有把它写成长篇大作呢?"我的目的并不在于多引解剖学家的人名和著作,或夸耀我的记忆力之强、读书之多和经验之富而使这篇论文成一巨册;因为我承认无论教解剖学或学解剖学都当以实验为据而不当以书籍为据;都当以自然为师,而不当以哲学家为师。"①哈维在这里所说的"哲学家",当然不是他所称赞的"真止的哲学家",而是指经院哲学家。他的口号在当时是进步的。因为在经院哲学流行的时期,当哲学抛弃了科学以后,科学必然也要抛弃哲学。

血液在人体中究竟是怎样运行的呢? 他不是从书本中,而是到自然界中去寻找答案。

他通过放血实验,知道一头猪或牛的全身血液不过 10 千克左右,由此他估计人体内的血液也不会太多。那么少量的血液又是如何在体内不断地运行呢? 他采用了定量分析的研究方法,估计人的每一心室大约能容纳 2 英两血液,在每次心跳中心室排出的血液也大约为 2 英两,若每分钟跳 72 次,则在一小时内每一心室将排出 8 640 英两的血液,合 245 千克,相当于 4 个普通人的体重。这样,一系列的问题就产生了:这么多的血液流到哪儿去了? 为什么没有把人体胀破? 这么多的血液又来自何处? 人能在一小时内制造出这么多的血液吗? 等等,盖仑的学说是无法回答这些问题的,只有认为血液是循环的才能解释这些现象。

血液又是怎样循环的呢? 他做了一个简单而又有效的绷带实验。用绷带在人的手臂上结扎动脉管,这时在结扎的上方即靠近心脏处,动脉就会胀大起来,这说明动脉中的血是从心脏来的。在结扎静脉时,结扎的下方即离心脏较远处,静脉就会胀大,说明血液是从静脉流到心脏的。他还用镊子对蛇进行了相同的实验,也得出了相同的结果。此外他还发现了心房跳动在先,心室跳动在后,心房把血液推向同侧心室,心室把血液推进动脉。他还总结了塞尔维的肺循环理论和他的老师法布里奇对静脉瓣膜的发现,终于描绘出血液在人体中循环的道路:静脉—右心房—右心室—肺动脉—肺静脉—左心房—左心室—主动脉—静脉。至于血液是如何从动脉流到静脉去的,他未说清楚。因为当时显微镜不完善,还不可能发现毛细血管。后来马尔丕基、列文虎克等人完成了这个发现。

哈维还以哥白尼赞美太阳的口吻来赞美心脏:"它好似国中的王者,最高最

① 哈维:《心血运动论》,商务印书馆,1956 年,第 10 页。

重要的威权都在它的手中。它是管理一切的,所以心脏是能力的泉源或基础,一切能力都得自心脏"①。

当哈维的学说刚问世时,果不出他所料,遭到了不少白眼,被人称为"独出心裁的危险理论"。甚至在莫里哀的剧本中,剧中人也宣称"禁止血液体内徘徊的学说",弄得病人都不敢找这位名医看病。弗兰西斯·培根倒是常来请他,可是培根也认为他的理论是无稽之谈。他的朋友阿布雷说:凡俗都相信他发了狂,所有医生也都反对他。但是到二三十年后,世界上所有大学皆采取他的学说了。历史对哈维的学说作出了公正的结论:他的学说对于医学,犹如罗盘对于航海那样重要。

哈维把血液运行看作机械过程,把心脏看作是机械装置,具有机械论思想,他又主张中心论(心脏是中心)和循环论,这些都是近代科学传统的基本思想。

二、预成论与渐成论

预成论与渐成论的争论,是物种不变论与进化论争论中的比较早的一个回合。1759年沃尔夫出版了《发育论》,系统地提出了渐成论的思想。根据恩格斯的看法,这一年可看作是近代进化论的诞生年。

种瓜得瓜,种豆得豆,子女像父母,这是人类很早就认识到的遗传现象。为什么会出现遗传的现象?有人从胚胎学的角度进行研究,提出了预成论的观点。

预成论认为,成熟机体的各种器官,以浓缩的形式在胚胎中预先存在,以后个体的发育生长纯粹是量的增长过程。1677年荷兰的列文虎克(1632～1723)和汉姆,利用显微镜发现了精子。汉姆认为每个精子中都有一个小人,小人种因为太小而且透明,所以用显微镜也无法观察。预成论大体上分为两派,以列文虎克、莱布尼茨为代表的精原论和以马尔丕基为代表的卵原论。

既然每一代生物的各种器官预先就已经在后一代生物体内形成,那么连续各代的生物个体又是从哪里来的呢?瑞士的波涅特(1720～1793)观察到植物种子内的胚有子叶,于是认为大胚胎中有小胚胎,胚胎是一个个嵌在它

① 哈维:《心血运动论》,商务印书馆,1956年,第80～81页。

的亲代胚胎内的,即在每个生物体的体内,都包含它的各代子孙的胚胎。波涅特说,胚叶"携带了这个物种原初的印记,而不是个体的印记。它是一个人、一匹马、一头牛等等动物的微型画像,而不是某一个人、某一头牛"①。对每一代生物体而言,遗传信息在上一代个体中就已存在,就这点而言预成论有一定的合理性。可是任何生物体的体积都是有限的,显然在一个有限的生物躯体内不可能包含无限个胚胎,于是彻底的预成论者就必然要得出所有物种都要自行灭种的结论。斯万麦丹说:"自然界没有发生,只有增殖,即各个部分的生长。这样原罪便得到了说明,因为所有的人都包含在亚当和夏娃的器官之内。当他们的卵的储藏完结时,人种便终止了。"②被波涅特称为生物学无上权威的哈勒认为,上帝在 6 000 年前预先造出了 2 000 亿个小人卵,小人卵用完,人类就绝种了。

预成论虽然也提出了对遗传现象的一种解释,但却在理论上走上了岔路。按预成论的观点,既然生物体的一切器官预先已经安排好,那也就无所谓发育与进化了,这就很容易得出物体不变的观点。哈勒在《人体生理学大纲》中说:"并不存在什么发育过程;动物的身体,没有哪一个部分是在其他部分之前先形成的,所有各个部分都是同时产生的。"③

最早起来反对预成论的是沃尔夫。沃尔夫(1733～1794)研究了鸡的胚胎发育过程,发现小鸡的各种器官并不是预先在鸡蛋中已经有的,而是后来逐渐发育而成的。比如胚胎中的肠子原来不是管状而是片状的物质,而肝脏以及其他消化器官又是从管状的肠子中发展起来的,肾由脊髓形成,脑、心都是后来形成的。神经系统最初也只是一些简单的薄片,后来才逐渐形成神经管。1759 年11 月 28 日,26 岁的沃尔夫宣读了阐述这些观点的博士论文。他说:"我们可以得出结论说,身体上的各个器官并不始终都是像现在这样存在着,而是逐步形成的,不管形成过程中采用何种方式。""那些采用预成论体系的人,解释不了有机体的生长发育,根据他们的看法,只能得出结论说:有机体是根本不发育的。"④

---

① 玛格纳:《生命科学史》,华中工学院出版社,1985 年,第 258 页。
② 梅森:《自然科学史》,上海译文出版社,1980 年,第 340 页。
③ 斯多倍:《遗传学史——从史前期到孟德尔定律的重新发现》,上海科学技术出版社,1981 年,第88 页。
④ 玛格纳:《生命科学史》,华中工学院出版社,1985 年,第 265、268 页。

稍后一点时间,俄国的贝尔(1792~1876)也研究了胚胎学。他在1828年出版的《动物发展史》(上册)中,提出了胚胎发育的一些规律:第一,每一个较大的动物类群的共同性状在胚胎中比专门的性状形成为早;第二,不同纲的胚胎最初是相似的,而在以后的发育中出现了分歧。他发现不同纲的脊椎动物(鱼类、爬行类、鸟类、哺乳类动物)的代表动物(鲨鱼、蝾螈、龟、鸡、猪、牛、兔、人)的胚胎,在发育的早期阶段都是十分相似的,而且发育阶段越早越相似。他指出:个别动物发育遵循的也是整个动物界发育所遵循的那些规律。1826年贝尔还发现了卵细胞。俄国科学院在纪念他的科学活动50周年时,颁发了纪念章,上面刻着:"他从卵开始,把人指给人看了。"贝尔用他的卓越研究工作,描述了胚胎的发育过程,有力地支持了渐成论。

三、莫泊丢的生物学思想

渐成论指出了生物体的发育过程,但却不能很好地说明遗传现象。法国科学家莫泊丢(1698~1759)则试图既坚持渐成论的立场,又要对遗传现象作出某种解释。他认为预成论是"凭空想象,不值一顾"的。他尖锐地问道:为什么杂种的第一代会出现双亲性状的混合?他为了解释遗传现象提出了生机体学说。人体中有许多种子,种子上有生机体。生殖是父母种子的混合。形成各种器官的种子是由双亲的相同器官发出的(如形成眼睛的种子由父母亲的眼睛发出),所以子代器官的数目、形态都同亲代相同。为什么有时子代的某个器官更像父亲,或更像母亲呢?他认为这取决于父母双方种子数目的多少,哪一方的种子多,吸引力就大,子代的这个器官就像哪一方。为什么有时小孩像祖父母呢?他认为这是祖父母的种子在起作用,这些种子是在形成父亲器官时剩下的。为什么子代各种器官的位置也同亲代相同呢?他说这点就不能用牛顿的引力来解释了,而应当用记忆力来解释,种子有记住原来位置的能力。当然种子也有记错的时候,这就出现了怪胎。如果种子记住了错误位置,就会把畸形遗传下去。

莫泊丢承认物种的变化,认为生机体的变异会导致个体变异。生机体的变异完全是偶然的,偶然变异若能适应环境就被保存,否则就被消灭。偶然变异经过多次重复就会形成新种,这种变化是缓慢的。他写道:"如果我说您曾经是一条蠕虫,是一个卵,甚至是一种泥土样的东西时,请您不要生气。"①

他讲生机体,像孟德尔;讲获得性遗传,像拉马克;讲适者生存,又像达尔文。

四、林奈

分类是近代生物学的主要工作。要分类就要强调种的稳定性、物种界限的确定性、物种序列的间断性。这就很自然地产生了林奈式的物种不变论。

林奈(1707～1778)是瑞典的生物学家。他强调分类的重要性,说分类体系是生物学的指南。他说:"知识的第一步,就是要了解事物本身。这意味着对客观事物要具有确切的理解;通过有条理的分类和确切的命名,我们可以区分并认识客观物体;……分类和命名是科学的基础。"②他在 1735 年出版的《自然系统》中,提出了一个完整的分类系统。他把自然界分为植物、动物与矿物三界,在界的下面又按照从属关系分为纲、目、属、种四大等级。他根据花的雄蕊的数目与位置,把植物分为 24 个纲;根据血液、心脏、生殖方式与呼吸方式把动物分为 6 纲:哺乳纲、鸟纲、两栖纲、鱼纲、昆虫和蠕虫。

林奈的方法属于人为分类法。其分类标准是以不同个体的形态或习性的某些特点为依据的,而这些特点又是分类学家认为方便而任意选定的。所以法国唯物主义哲学家狄德罗说,林奈的分类是对不同物种进行的一种表面上的类比。什么是人? 根据林奈的分类逻辑,人没有触角,所以不是昆虫;人没有鳍,所以不是鱼;人没有羽毛,所以不是鸟;人有四肢,所以是四足动物。但根据这种表面类比就很难区分人与猴子。林奈自己也承认:"诚然,按照我的博物学原则的推论,我从不知道怎样区别人和猴子;因为有某些猴子比某些人的毛还少;这些猴子也用两只脚走路,并且它们用脚和用手都和人一样。此外,说话在我并不是一种表示区别的性质;照我的方法,我只承认那些依靠数目、形状、比例及位置的性质。"③林奈还是有自知之明的。对于自己的分类系统,他说:人为系统只有在自然系统还没有发现之前用得着;人为系统只告诉我们辨认植物,自

---

① 玛格纳:《生命科学史》,华中工学院出版社,1985 年,第 473 页。

② 玛格纳:《生命科学史》,华中工学院出版社,1985 年,第 466 页。

③ 狄德罗:《狄德罗哲学选集》,三联书店,1956 年,第 90 页。

然系统却能把植物的本性告诉我们。

林奈在分类学研究中提出了物种不变的观点。在他那里,物种不变论和物种神创论是联系在一起的。他在《自然系统》中说:"(1)由于不存在新种;(2)由于一种生物总是产生与其同类的生物;(3)由于每种物种中的每个个体总是其后代的开始,因此必须把这些祖先的不变性归于某个全能全知的神,这个神就叫做上帝,他的工作就是创造世界万事万物。"[1]

在大量的物种变异事实面前,他晚年时在一定程度上修正了物种不变的观点。在《自然系统》出第十版时,他已把"由造物主创成的物种的数目始终不变","没有新的物种"等语删去。《自然系统》出第十二版时,他又作了进一步修正。他说:"我的头脑里,充满疑虑,已是很久了;我只能认它是一个假设:就是每属最初只有一种;后来由杂交的方法,分出新种来。这当然是未来的大工作;这当然还需要多多的实验,始能证明这样的假设,证明物种是时间的产儿。"[2]他承认由杂交可能产生新种。

从物种永远不变到承认"物种是时间的产儿",表明了进化论思想的产生。当分类工作日趋完成时,系统的进化论也就应运而生了。

五、布丰

法国的布丰(1707~1788)同林奈是在同一年诞生的,但两人走的却是不同的科学道路。林奈研究的是分类学,布丰则注重生态学。布丰重新提出了亚里士多德的生物阶梯思想,主张整个生物界是一个各个部分完全衔接的系列,一个阶梯紧连着一个阶梯。在这个连续的系列中,有些生物不能准确地确定它们的位置,因为它一半属于这个种,另一半属于另一个种,甚至动植物之间都没有明确的界限。他说:"动物和植物是同一类的生物,而且自然界显然只凭着微小的差异从一种过渡到另一种,因为在动植物两界之间存在着重大而普遍的类似,但是却没有任何可算得上是差异的差异。"[3]他由此认为林奈式的人为分类是"形而上学的错误","错误在于不了解自然的过程,这种过程总是循序渐进的

---

① 玛格纳:《生命科学史》,华中工学院出版社,1985年,第468页。
② 朱洗:《生物的进化》,科学出版社,1958年,第16页。
③ 赵功民:《外国著名生物学家传》,北京出版社,1987年,第56页。

……这种不可能指定一个地位的东西,必然使得建立一个普遍体系的企图成为徒劳"。[1]

布丰把生物同生活环境联系起来,认为在气候、营养等条件影响下,物种会发生变异。正因为物种能不断变化,所以一个种可以产生许多种,许多种可以有一个共同的祖先。"只要有足够的时间,大自然就能够从一个原始的类型发展出一切其它的生物种类来"[2]。他研究了大约 200 种四足兽,认为它们之间非常相似,可能是由约 40 种原始类型传下来的,后来他又认为它们可能全部起源于一对亲体。他举例说马来自斑马,而狗、狼、豺、狐都来自一个种,人与猿也有共同的祖先。他还承认退化的存在,认为驴子是退化了的马,猿猴是退化了的人。

六、圣提雷尔

布丰的学生圣提雷尔(1772～1844)也是一位著名的进化论者。他的主要著作是 1818 年出版的《解剖哲学》。他认为脊椎动物有统一的结构图案。自然界按照一个图案创造了一切的生物,这是一个在原则上相同,但在细节上变化无穷的图案。脊椎动物的前肢虽有不同的功能(如跑、爬、游泳、飞翔等),但前肢骨的排列却是一样的。他猜想动物的器官都有一定的位置,各器官的大小可以不同,甚至被截断,但它们的位置是不变的。在生物的各种性状中,器官的位置是最主要、最稳定的性状。他认为比较解剖学研究应特别注意三点:比较器官的形状、作用与位置。前两者可变,但位置不变。动物有统一的图案,这种图案是稳定的。他举例说,鸵鸟虽然没有能飞的翅膀,但仍有代表翅膀的骨头;鲸鱼虽无能咀嚼的牙齿,但其胎儿的牙床上仍有幼弱的牙根。因此生物学家的主要任务就是要寻找不同物种的统一结构图案,寻找共同点,而不是像林奈那样寻找不同点。

圣提雷尔认为器官的来源与其功用无关,而只决定于其位置。他虽然赞美拉马克,但不同意拉马克的使用创造器官的观念。他问道:蜗牛头上长有两只触角,难道它是为了获取食物而长出来的吗?

---

① 梅森:《自然科学史》,上海译文出版社,1980 年,第 313～314 页。
② 赵功民:《外国著名生物学家传》,北京出版社,1987 年,第 58 页。

他认为结构图案不变,但形态、功能可以变化,变化的原因是环境。既然蝌蚪能长成一个青蛙,那一个物种变为另外一个物种就是完全可能的。变异在短时间内是不巩固的,但持续若干世纪后就会形成新种。生物的变化大多发生在胚胎上,因为胚胎的可塑性强,容易接受外界环境的影响。总之,"物种是要变的。四周环境情况不变,物种可以维持原来的形状;四周环境情况一变,物种便不能不变,有时还能变得很深刻"[①]。

他强调理论思维的重要。他认为事实只有在思想的"伴随"之下,才能成为科学的"财产"。

他既看到物种的变异性一面,又看到了稳定性一面,这是合理的。但他把物种的稳定性归结为脊椎动物的结构图案的统一性,这是没有根据的。他后来还把脊椎动物的统一图案扩充到无脊椎动物,混淆了脊椎动物与无脊椎动物的界限,强调了统一,又忽略了差别。他说昆虫也是脊椎动物,角质壳相当于脊椎,节足相当于肋骨。他断言现在称为无脊椎动物的动物,将来会列入脊椎动物的名单之中。这就导致了他同居维叶的激烈争论。

七、居维叶

居维叶(1769～1832)是法国著名的古生物学家,幼时就喜爱布丰的《自然史》,中学毕业后先学政治学,后在卡诺里纳学院学习博物学。19岁时任家庭教师,解剖了许多海生动物。1795年经圣提雷尔推荐,在巴黎博物馆任教。1809年拿破仑任命他为参政员,后又任督学。主要著作有《比较解剖学讲义》、《四足动物的化石研究》、《地球表面的革命》。

居维叶对生物学的一个重大贡献就是提出了器官相关律。他认为化石是研究古生物学的主要资料,但四足动物的化石不容易被完整地保存下来,一般只有混乱、分散的碎片,这些碎片就是确定它们属与种的唯一根据,这给生物学研究带来了困难。但通过比较解剖学的研究,就能克服这些困难。因为四足动物的各个器官是相互联系的,我们可以根据一些碎片来确认其他器官,甚至重塑整个生物体的形态。他说:"一个动物的所有器官形成一个系统,它们各部分

---

① 朱洗:《生物的进化》,科学出版社,1958年,第28页。

合在一起并相互作用和反作用;一部分发生变化必然会使其余部分发生相应的变化,……决定动物器官关系的那些规律,就是建筑在这些机能的相互依存和相互协调上的;这些规律具有和形而上学规律或数学规律同样的必然性。……牙齿的形状意味着颚的形状,肩胛骨的形状意味着爪的形状,正如一条曲线的方程式含有曲线的所有属性一样。"①比如食肉动物的肠子短而粗,那它们的爪与牙一定很锐利,便于撕碎猎物和咀嚼肉类。而食草动物无锐利爪牙,有蹄,有角,它们的肠子又细又长。他认为器官相关不是一个偶然的现象。他猜想每一个有机体都是一个系统,它的每一个部分都必须同整体统一、协调,否则就不可能生存。这个猜想中含有一个合理的思想:各个器官都必须适应环境,既然一个生物体的各个器官所适应的是同一个环境,因此它们彼此之间必然是相互联系的。当居维叶刚提出器官相关律时,很多人持怀疑的态度。有一次他做了一个表演,从巴黎郊区采来一块化石,只露出牙齿,其余各部分均被岩石覆盖。他仅从牙齿就断定这是负鼠化石,后来这种化石就被命名为"居维叶负鼠"。

他发展了林奈的分类系统,把形态比较法和器官相关律应用于分类学,奠定了门的概念。他把神经系统作为划分门的标准,把动物界分为脊椎动物、软体动物、分节动物、放射动物四个门。他认为动物界有四大门,就有四种不变的图案。

在科学史上,居维叶是以灾变论的主要代表人物而著名的。灾变的思想古来有之。亚里士多德虽然强调渐变的作用,但也认为地球上曾发生过几次大洪水,每两次大洪水之间,还有一次大火灾。布丰认为地球是彗星同太阳相撞的碎片,在天文学中提出了灾变论。瑞士的波涅特认为世界上不断地发生周期性大灾难,最后一次便是摩西洪水。在大灾难中所有的生物都被消灭,但生命的胚种却被保存下来。灾变以后,生物又重新复活,并在生物阶梯上前进了一步。他预言在下一次灾变后,石头将有生命,植物将会走动,动物将有理性,在猴子与大象中间我们将发现莱布尼茨与牛顿,而人将变成天使。

居维叶是灾变论思想的集大成者。1798年居维叶研究巴黎郊区在不同地质年龄的地层中发掘的大量化石,发现地层越深、越古老,动物化石的构造也越简单,同现代物种的差别也就越大。这实际上是发现了古生物形态与出土地层

---

① 赵功民:《外国著名生物学家传》,北京出版社,1987年,第79页。

的关系,揭示了已绝迹的生物在时间上分布的规律性。但是他认为在这许多地层中没有发现中间类型,这说明生物的历史是间断的,物种不是连续进化而成的,而是一些物种被消灭以后,又出现了一批完全不同的物种,所以在不同的地层中,化石的种类是不同的。为什么一批生物会死亡? 他认为这是灾变的结果。

19 世纪的最初几年,法国的卡查利在西伯利亚的冻土层中发现了大批猛犸的遗体,皮肉还十分新鲜。有人认为,是西伯利亚气候的突然变冷造成了大量猛犸的死亡,以致尸体还未来得及腐烂便被冰冻封存起来。在对这些现象解释的基础上,居维叶提出了系统的灾变论。他列出了以下事实作为地球灾变的主要证据:大陆的地壳中普遍发现甲壳化石,说明地球上曾经发生过沧桑巨变,海洋变为陆地,造成大量甲壳动物的死亡。当我们登上稍高的地方,灾变的痕迹就更加明显,那儿也会发现与较低区域不同种的甲壳化石,而且含有它们的地层一般都发生倾斜,甚至直立、倒转,只有地球表面天翻地覆的变革才会造成这种现象。在岩层之间有巨大的间断,形成角度明显的不整合。不仅一定的地层含有一定的物种,而且一定的物种总是伴随着地层的间断而突然消失或出现。这种间断在时间上不是一次而是许多次,在空间上不是一点而是一个区域。他还列举了基督教《旧约全书》的洪水记载,古巴比伦人、希腊人、印度人、中国人关于大洪水的传说,说明最近一次灾变就是大约 5 000 年前的大洪水。

这些灾变都具有突然性与短暂性,它是在一刹那间突然发生的;具有周期性,已经发生过多次;具有破坏性,造成大批生物死亡,并在每一个地方留下了可怕事件的印记。值得注意的是,居维叶有时也认为灾变最初是激烈的,然后又有一段小规模的持续过程。

在谈到灾变原因时,居维叶指出现在地球活动的雨雪、流水、海水、火山等只能逐渐地、缓慢地改变地球的外表,而不能造成灾变的结果。他主张古今不一致,即认为不能用现在还在起作用的因素来说明地球过去曾经发生过的变化。他说也不能在天文学方面寻找灾变的原因,比如不能用地球的自转、公转来说明灾变的产生。他没有直接回答灾变的原因是什么。

灾变消灭了一个地区的全部生物以后,就从别的区域迁进另一种生物。他说他并不需要假设一个新的创造,而只是认为这些生物并不是自古以来就占据在同一个地方。居维叶所主张的并不是全球灾变论,而是局部灾变论;不是生物重新创造的观点，而是异地迁移的观点，当莱布尼茨在格陵兰的岩石标本中看到热带植物的痕迹时，这种迁移的观点就已经提出来了。居维叶又指出地球上没有一直生存下来的生物，因为灾变虽然是区域性的，但已发生过许多次灾变而破坏了物种的延续性。至于上帝创造生物 27 次的说法，是他的学生杜宾尼提出来的。杜宾尼把当时已知的 18 286 种动物化石分为 27 个系统，认为这些系统是上帝 27 次分别创造出来的。

居维叶基本上是物种不变论者。他认为种是稳定的，现存的种不可能从已经绝灭的种变化而来，例如现存的哺乳动物就不可能是四足动物化石的变种。通过大量不显著变异的积累也不能形成新种，因为没有找到逐渐变更的痕迹和中间类型。拿破仑远征埃及后把一些木乃伊带回了巴黎，居维叶指出几千年的木乃伊同现代人也没有什么不同。古埃及的四足动物与鸟的雕刻也同现在的四足动物与鸟一样。所以他说过去的物种和现在的物种一样，是永恒不变的。他还说大灾难没有给物种的变化留下足够长的时间，即物种变化所需要的时间远远超过两次灾变之间的间歇时间。他承认有机体会发生表面的变化，但认为这不可能导致种的变化。生物有抵抗外来影响的天性，所以生物体的变化被严格地控制在种的界限以内。现存的各种类型"从事物最初的时候起就长久地保存着，并不越出自己的范围"[1]。

但他的研究成果在客观上又为进化论的发展提供了证据。他创立的比较解剖学与古生物学是进化论的两大支柱。他的比较解剖学研究指出一种器官的变化会引起其他器官的变化，这个成果后来被达尔文所吸收；他的古生物学研究指出了不同地层与不同化石之间的关系，在客观上揭示了物种的变化过程；他在分类学研究中也发现了两栖类动物既具有爬行动物的特点，又具有鱼类动物的特点。

圣提雷尔和居维叶的理论思想是根本对立的。一个认为物种是变异的，一个认为物种是稳定的；一个认为所有动物只有一种结构图案，一个则认为有四种图案。于是他们在 1830 年爆发了一场公开的大辩论。起初争论的问题是动物是否有一个统一的结构图案，后来发展到应当用什么思想、方法来研究生物学。圣提雷尔和他的学生认为所有的动物有统一图案，甚至认为软体动物的头

① 魏谢洛夫：《达尔文主义》，人民教育出版社，1959 年，第 38 页。

足类与脊椎动物的结构相同,因为只要把脊椎动物的腰部折叠,使肛门与口部接近,其结构就同头足类相似了;并认为乌贼与狗也有相同的结构图案。居维叶驳斥了这种看法,并说:"我们的职业只在于观察真确的事实。"[①]科学的任务是命名、分类、记述和注册。圣提雷尔则针锋相对地指出:收集材料、著述和分类,还不是科学。孤立的事实即使成堆也是没有意义的。生物学必须用理性来推测物种的起源与演化问题。

居维叶强调观察和搜集事实,反映了生物学早期的要求,而圣提雷尔强调理性和整理事实,反映了生物学发展新阶段的要求。圣提雷尔虽然是个进化论者,但所有动物都只有一个图案,是他的致命错误。事实不在他一边,他被人们认为是辩论中的失败者。作为进化论者的圣提雷尔,由于未能掌握可靠的资料和对事实进行科学的分析,结果反而帮了进化论的倒忙。

当时 81 岁高龄的歌德十分重视这场大辩论,称它是一次火山爆发。他也是位进化论者。他发现了颚间骨,进一步证明人是从兽类动物进化而来的。他称圣提雷尔是他的战友,认为分析法只能研究一些个别部分,不可能揭示事物的内在联系,而圣提雷尔提倡的综合法是更为合理的。

八、拉马克

法国有进化思想的历史传统,到 18 世纪末就产生了法国进化论思想的总结——拉马克的进化论。拉马克(1744～1829)曾当过兵,复员后在银行工作,业余时间对云彩进行过研究。后来经卢梭的推荐开始生物学研究。他是古脊椎动物学的创始人。他把动物界分为脊椎动物与无脊椎动物两类。他的主要著作是 1809 年出版的《动物哲学》。此书最早采用"进化论"一词。

在他看来物种的稳定性只是一种错觉。那为什么物种的进化不易看出来呢? 这是因为进化是逐渐的、缓慢的过程,而人类的寿命又很短暂。居维叶说 3 000 年前的木乃伊同现在的人完全一样,拉马克则说 3 000 年是微不足道的一段时间。他说,假如有一种寿命只有一年的小虫,连续 25 代观察一座房屋,它们也会认为房屋是不会变化的。一个生物学家在观察物种时也会遇到类似的

---

① 朱洗:《生物的进化》,科学出版社,1958 年,第 32 页。

情形。"我们不明了在长时间内各处所发生的一切,因为我们根本不可能亲自观察及证明这些现象,所以我们便认为一切都具有绝对的永恒性,其实,我们周围的一切实际上都在不断变化着。……任何地方都没有完全的静止,到处都充满着随时间地点而变化的永恒的活动。"[①]而居维叶则批评拉马克等人求诸无限的时间。

拉马克认为物种并不是自然生成的东西,而是人为的概念。自然界只形成个体,而不形成什么固定的纲、目、科、属和物种。从这个意义上说,物种是不存在的,要明确区分物种、亚种和变种是十分困难的。我们所看到的物种之间的明显区别也不是真实的。"如果把自然的生成物搜集起来,使搜集日益丰富,最后会填满一切的空隙,到那时候,我们对物种的区划线就消失了。"[②]

他坚信自然界总是循序渐进地产生各种生物的,最先产生的是最简单的生物,后来产生的是复杂的生物,这就形成了一个由简单到复杂、由低级到高级的连续系列。自然界不断使生物变化和更新,但这种顺序却是稳定的。每一种特殊的器官在这个连续的系列中最终将失去它的特殊性与独立性。由此他进一步得出自然界没有飞跃的结论:"自然界由一个系统过渡到另一个系统(当环境需要的时候),没有任何的飞跃,不过这两个系统必须是相邻的。"[③]

循序渐进的思想在 18 世纪就有人作了明确的表述。法国哲学家拉美特利在《人与植物》中,把从人到植物的连续系列,比作一条从白色逐渐变成黑色的带子。"人和植物就是白色和黑色。四足类动物、鸟类、鱼类、昆虫、两栖类是一些缓和这两种颜色鲜明对照的中间色彩。要是没有这些我藉以指示表现各种动物生命的中间色彩,那么人类,这种像其他动物一样由尘埃造成的非常自傲的动物便要自命为人间的上帝。"[④]有趣的是波涅特虽然是灾变论者,但也赞同连续系列的观点。他说:"在肉体完成或精神完成的最低级与最高级之间,包括无数的中间级。这许多级形成着一个共同的锁链。它联合着一切生物,联系着一切世界,包含着一切范围。"[⑤]

拉马克的渐变论思想同居维叶的灾变论是针锋相对的。他说由地震、火山

①　努日金等:《拉马克和他在生物科学中的作用》,科学出版社,1956 年,第 41 页。

②　方宗熙:《拉马克学说》,科学出版社,1955 年,第 29 页。

③　阿烈克谢也夫:《达尔文主义》第一分册,高等教育出版社,1953 年,第 217 页。

④　阿烈克谢也夫:《达尔文主义》第一分册,高等教育出版社,1953 年,第 91 页。

⑤　阿烈克谢也夫:《达尔文主义》第一分册,高等教育出版社,1953 年,第 70 页。

爆发以及其他特殊原因所引起的局部灾变,这是人所熟知的,这种灾变所产生的混乱也是可以观察到的,但我们没有任何根据来假设全世界的灾变。拉马克承认局部灾变,这是合理的。但他批评居维叶主张全球性灾变,却是对居维叶的一种误解。

他认为生物进化的动力有两个方面。第一是生物具有向上发展的内在倾向,生物序列是一个由简单到复杂的逐渐上升的等级,生物都有追求更高等级的本能。第二是环境的影响。环境的变化引起了对生物阶梯的偏离,导致物种的变异。对植物和没有神经系统的低等动物来说,环境的影响是直接的,即直接引起器官的改变;对于高等动物来说,环境的影响是间接的,即要通过对动物行为的改变才能引起器官的改变。所以俄国的季米里亚捷夫认为拉马克的进化论是二元论的。

他提出了两条进化法则:用进废退和获得性遗传。他在《动物哲学》中写道:

"第一个法则:凡是没有达到其发育限度的动物,它的任何一个器官使用得愈是频繁,则该器官愈能逐渐地得到加强,发展并增大起来,同时也能发挥与运用时间相符合的力量。反之,某一器官经常不使用,该器官就会削弱与减退,并逐渐缩小它的能力,最后必会引起这器官的消灭。

"第二个法则:在自然环境的影响下,也就是在某一器官更多使用的影响下或者在某一部分经常不使用的影响下,使个体获得或失去的一切,只要所获得的变异是两性所共有的,或者是产生新个体的两性亲体所共有的,那么这一切变异就能通过繁殖而保持在新生的个体上。"[①]

他认为,不是器官决定动作,而是动作决定器官,后天的变异是可以遗传的。这就是拉马克进化论的精髓。

拉马克认为研究科学有两种动机——满足功利的兴味或理论的兴味。追求功利的科学家,"其研究的出发点是为了供自己利用,以满足关于自然生成物方面之经济的,悦乐的欲望。从这一种立场来研究自然,只对于自己有用的一部分会感到兴味"。追求理论探索的科学家,"想把握自然的进程、自然的法则、自然的工作;并且为了要得到一个自然使万物存在的整个观念,还有着想认识

---

① 努日金等:《拉马克和他在生物科学中的作用》,科学出版社,1956年,第45页。

自然本身在它各个生成物内之情形的欲望。质言之,这一类研究者是想获得像博物学者那样的整个知识的。这一类研究者的数目,当然是非常的少"。[①] 拉马克本人属于第二类科学家。他一生清贫,晚年生活十分凄凉,他的人生乐趣和精神完全寄托在理论研究上。

　　拉马克认为自然科学研究的是客观事实,以便发现和掌握这些事实的自然规律。我们不应当空谈那些我们无法认识的事物。他说:"凡自然一经我们过问,它就应该成为我们研究的对象。同样地只有自然界提供的事实才应列入我们的探讨研究之中,以便发现控制这些事实的自然规律。最后,我们永远不应该将与自然无关的物体,即我们永远不能知道它的任何正确性的物体,拉扯到我们的讨论中来。"[②]

　　如何才能通过事实的研究,达到对其规律的掌握呢? 在动物学领域,拉马克认为:要把动物当作一个整体来研究,而不能停留在对细节的描述上;要着重研究动物的发展变化过程,而不能停留在静态的分析上;动物学的基本任务是研究动物的进化,而不能停留在分类学的水平上。

　　整个自然界是一个整体,它的每一个部分都不是独立的。"自然应该被我们当作一个由部分构成的全体来考察;它的构成目的只有创造者自己才知道,但无论如何,该目的在每一部分中决不是单独的。"[③]

　　近代早期的科学家,大都用形而上学认识模式、孤立的方法来研究自然界,即对自然界进行分门别类的研究,尽量描述局部和细节,而忘记了事物的相互联系和整体性。这种形而上学的特点在近代早期的生物学中表现得尤其明显。在分类学家眼中,生物界被分成一个个孤立的种;在解剖学家眼中,一个生物体就是组成它的各种器官的堆积。生物学家们对生物的外形、结构,尽量地观察得仔细一点,尽可能地描述得详细一点,以为这就是生物学家的职责。拉马克就是在这种传统氛围中成长起来的,但是他对这种形而上学、经验主义的方法却十分反感。他认为孤立地研究部分,能满足经验描述的需要,但却不能建立科学的理论。没有理论,就没有科学。要建立系统的理论,就必须把自然界看作一个整体。他语重心长地告诫他的同行们说:"一切的科学,应该有它的理论

　　① 拉马克:《动物哲学》,商务印书馆,1937年,第2页。
　　② 阿烈克谢也夫:《达尔文主义》第一分册,高等教育出版社,1953年,第194页。
　　③ 拉马克:《动物哲学》,商务印书馆,1937年,第252～253页。

体系,这已为大众所周知;有了理论体系,科学才有实际的进步。博物学者虽然记述着他们所发现的种,虽然为欲捕捉其一切的小差异、细微的诸特性而不惜耗费时间,将记载所得之种的庞大表格加以扩大;约言之,为欲赋属以特质而将诸考察之使用不绝变化,为欲将属作多种设定而耗费其光阴,都是无益的事。若忘却了这个科学的理论体系而斤斤于此,其进步是空虚的,总之研究全体不脱本末倒置之弊。"①

　　部分当然是需要研究的,但拉马克认为在认识部分以前,首先要对整体有个总的认识。即先认识全貌,然后根据这种认识来分析细节,最后引出结论,建立科学的理论体系,他认为这是科学的分析方法。他主张先见森林,后见树木;先见树干,后见枝叶。他说:"事实上,要达到知悉一种对象的真实手段,虽然是对象本身属于最细微最枝节的部分,也应该先画一个该部分所属的全貌,最初检视其全体,全范围,或构成该对象的各部分全体,然后求出该对象性质之起源如何以及对于已知其他对象的关系如何。简言之,就是先以著者所教授的见解,考察关于该对象之一切的普遍性,其次将该对象分成几个主要部分,于著者所教授的一切关系下,个别地加以研究和考察;于是将有关的该主要部分,分后而更细分,一面继续地加以检考,不久就到达最微细的部分。这时候,虽然已经是极其微小的枝叶,也不能轻轻放过,须探求其所有的诸特性。乃至研究完了,努力从其间引出结论,那么,这个科学的理论体系,就徐徐地建设成功,补正而达于完美之境了。"②

　　从整体到部分,从普遍性到特殊性,从全貌到细节,这是拉马克提出的认识自然界的程序。他认为不仅科学研究如此,教学的程序也应这样。教授应先教学生关于总体的基本概念,然后再让他们掌握各主要部分。"著者在意会到这些真理的时候,就感到一件事:即为某著者的学生易于理解起见,开始不宜即将这些问题的细目提供他们,使他们作如此深入的研究。最初须先将所有动物的一般性,动物全体,及对于全体动物的基本观念教授他们,然后才使他们把握从全体分出来的各主要部分,比较各主要部分间的相互关系,使之对于各个动物,都有良好的理解。"③显然,在拉马克看来,只有先认识了整体,然后才能把握部

① 拉马克:《动物哲学》,商务印书馆,1937 年,第 28～29 页。
② 拉马克:《动物哲学》,商务印书馆,1937 年,第 8～9 页。
③ 拉马克:《动物哲学》,商务印书馆,1937 年,第 8 页。

分的本质。他的这个观点同当时生物学界流行的传统做法是有本质区别的。

所以,拉马克不得不以十分惋惜的口吻说:"只要照这样的研究步骤去做,不问科学种类如何,都可以获得最广阔、最坚实,而相互间结合得最适宜的知识。而且,只要单独地用这个分析方法,一切的科学都可以得到真实的进步,与其相关的诸对象决不致发生混淆,而得到彻底的了解。""但不幸的是:博物学的研究,从来不曾充分地用过这样的方法。一般都认定个别的对象,非加以仔细观察不可,于是趋向所至,就养成了视野限于此等对象及其最微小部分之考察的习惯;大部分的博物学者,也就惟少数的马首是瞻,将研究对象作为主要题目,形成一时风气。但是也未尝没有反对这种固执成见的人,以为观察的对象,不应限于它的形态,它的大小,它的外形部分(仅是最微小的部分),它的色彩等等,在埋头研究的时候,依照上述的步骤,并不轻视该对象的性质如何,该对象一切所受的变更或变异的原因如何,该对象与其他已知一切对象相互间的类缘如何等等。这个习惯,也许是自然科学不致停滞的实际原因吧?"①应当说,拉马克的批评切中了要害,可是当时有几位生物学家能听进拉马克的忠言呢?

拉马克还说,研究自然界,要着重研究关系、秩序、方向、变化、进程。当时生物学界还流行孤立、静止的思维方式,他却主张研究关系和历史。他说:"观察大自然,研究和追索它衍生的万物,探究它的普遍和特殊的关系;设法抓住大自然的秩序、发展方向和法则;掌握研究自然界变化无穷的进程所用的方法;在我看来,这是追求实证知识的唯一途径。这项工作能给我们以真实的教益,能给我们许多最温暖、最纯洁的乐趣,以补偿生命场中种种不可避免的苦恼。"②用科学的思维方式和方法来研究自然界,不仅给我们带来丰富的知识,而且还给我们带来了莫大的精神慰藉,真是乐在其中,其乐无穷。

他说,以往的动物学研究的目的,是确定种类,描述它的特性,指出它与其他生物的区别。实际上这三者均是分类学的任务,这是把整个动物学都归结为分类学。如果一个植物学家的本领仅仅是看到一株植物可以说出它的学名,那他并不是一个真正的植物学家,顶多是一个分类学家。真正的生物学家应当研究生物功能的起源和发展,即研究生物的进化。

拉马克与居维叶生活在同一个时期、同一个国家,在同一个单位工作,研究

① 拉马克:《动物哲学》,商务印书馆,1937 年,第 9～10 页。
② 朱洗:《生物的进化》,科学出版社,1958 年,第 23 页。

的都是古生物学,材料又都是来自同一个蒙特马尔高地,可是两人得出的结论
却是不同的。居维叶同圣提雷尔的辩论给人的印象是物种不变论战胜了进化
论,所以当拉马克的进化论问世时,连以科学之友著称的拿破仑都对他嗤之以
鼻;《动物哲学》出版20年后,他家中还存有没卖掉的800多本。他晚年时因使
用显微镜过度而双目失明,过着孤苦凄惨的生活。他说:不管在研究自然界时
发现新的真理是如何费力,在承认它的道路上还要花更大的力量。

　　他寄希望于未来。大约1个世纪以后,当进化论广泛流传,法国终于意识
到要纪念她的这个优秀儿子时,他葬在何处也难以确定了。拉马克的进化论是
法国进化论发展的高峰,但也是法国进化论衰退的开始。

第十一节　康德-拉普拉斯星云假说

　　康德(1724~1804)是德国著名哲学家,早期曾研究过自然科学。康德所生
活的时代,正是哥白尼学说获得胜利的时代:1716年哈雷提出了测量太阳视差
的方法,1718年又发现了恒星自行;1728年英国的布拉德雷发现了光行差,证
明了地球的公转;1757年教会取消了对哥白尼著作的禁令。这时对太阳系结构
的认识已大致完成,需要也有可能进一步研究天体的起源与演化问题。康德继
1754年提出潮汐摩擦假说以后,1755年又出版了《自然通史和天体论》(另一译
名为《宇宙发展史概论》)一书,提出了著名的星云假说。

一、康德的星云假说

　　康德说他这部著作所要研究的问题是:"要在整个无穷无尽的范围内发现
把宇宙各个巨大部分联系起来的系统性,要运用力学定律从大自然的原始状态
中探索天体本身的形成及其运动的起源"[①]。他所追求的目标是"联系起来的系
统性"和"天体的形成及其运动的起源"。这短短的一句话,是科学思想史上的
一个重要信号,它意味着自然科学将不再把自然界看作一个既成事物,而是看

---

　　① 康德:《宇宙发展史概论》,上海人民出版社,1972年,第3页。

作一个发展过程;将不再用孤立、静止的方法来研究自然界,而要用联系、发展的观点来研究自然界了。自然科学即将进入一个新的发展时期。

康德认为宇宙是物质的,星云物质是宇宙的原始状态。所以他以阿基米德、笛卡儿式的豪壮语气说:"给我物质,我就用它造出一个宇宙来!"[①]

他认为物质本身是运动的。他强调宇宙的形成是物质自身作用的结果。物质微粒具有促使本身相互运动的基本能力,它们本身就是一个活力的源泉。他反复讲"大自然自行发展"、"物质的自然倾向"、"它的自然活动"、"物质通过自己的力的作用"。天体运动的原因是什么呢? 他说对这个问题有两种不同的回答。一种看法认为天体之间有一种普遍起作用的物质原因;另一种看法则认为宇宙太空实际上是空的,所以不存在运动的物质原因。牛顿正是根据这第二种看法,断言上帝直接用他万能的手,而不是用自然的力量来推动天体运行的。康德批评了牛顿的这种看法,说固然现存的宇宙空间中包含的物质很少很少,其作用也微乎其微,但是宇宙空间过去曾经布满了物质,而且是具有充分活动能力的物质,它们能够把运动转移到空间中的一切天体上去。所以康德坚持天体运动的原因是物质的,反对一只"外来的手",反对上帝"直接插手",直截了当地说:"大自然是自身发展起来的,没有神来统治它的必要。"[②]

康德在早期的自然科学研究中一直非常注意物质与运动的关系。在他以前笛卡儿虽然承认世界的物质性,但却否认物质的本身运动能力;莱布尼茨虽然承认单子是运动的,但却认为单子是一种精神实体。1756 年康德在《论形而上学与几何学的结合》一文中,提出了物理单子论,把原子与莱布尼茨的单子结合起来,认为一切物体都是由物理单子这种能动的物质微粒构成的。他说有了这种认识,"就防止了走无数的弯路,甚至常常防止了信仰奇迹"[③]。这就是康德比牛顿的高明之处。

康德批评了牛顿在这个问题上的错误。牛顿认为宇宙空间是绝对虚空,所以不可能找到天体运动的物质原因。他把这个应当由科学家解决的问题,当作祭品献给了上帝。不是他的才能限制了他的思考,而是他的思维方式限制了他的才能。现在,在牛顿当年望而生畏的地方,康德要迈步前进了。

---

① 康德:《宇宙发展史概论》,上海人民出版社,1972 年,第 17 页。

② 康德:《宇宙发展史概论》,上海人民出版社,1972 年,第 4 页。

③ 梁志学:《康德早期的自然哲学著作》,《自然辩证法通讯》1981 年第 4 期。

物质的运动是根据必然的规律进行的,康德说这是他的理论同伊壁鸠鲁原子论的一个区别。他还提出了"恒星的规则性结构"的概念。他说我们在太阳系中可以明显看到行星的有规则排列。宇宙的各个成员都具有精确的规律性,我们可以用行星系的规律来描摹恒星系。

物质的运动是吸引与排斥的结果。牛顿强调吸引,他虽然承认微粒间有排斥,但否认天体的排斥,笛卡儿与莱布尼茨则只讲排斥。康德指出吸引与排斥同样确实,同样简单,同样基本,同样普遍,并批评了牛顿忽视排斥的缺点。为什么微粒在向引力中心的垂直下落运动中会发生偏离呢?他设想可能是由两方面原因造成的。第一,许多吸引中心的相互作用,使物质向某引力中心做直线运动时,又有向别的吸引中心靠近的趋向。第二,各种运动轨道的交错,也会使原来垂直下落的质点发生偏离。这就体现了康德的思维方式同牛顿的思维方式的差别。牛顿只能孤立地分析两个物体之间的作用,所以就无法想象会有什么偏离;康德则看到了许多吸引中心、许多运动轨道的作用,所以他认为偏离同直线运动一样,也是十分自然的。牛顿认为决定天体运动的只有一种吸引作用,所以就找不到切线力的来源。康德说,这是牛顿所遇到的困难,这个困难如此严重,存在如此之久,以致牛顿放弃了用自然规律和物质的力来解决行星所固有的离心惯性力问题。对于一个哲学家来说,用上帝的假设来代替对问题的钻研,这是一个痛苦的决断。这位伟大的哲学家尚且感到绝望,别人还想在困难中前进,未免太自不量力了。但康德决心进行一次冒险的旅行。他终于绕过了暗礁,在牛顿认为是一望无边的海洋里,发现了新大陆的边缘。

康德十分了解牛顿的思想矛盾。他说:"牛顿这位上帝的伟大崇拜者,感到上帝的事业尽善尽美,产生了对上帝的本性的景慕,他把对全能的神的启示所怀抱的无上崇敬,同对卓越的自然界所拥有的最深刻的理会结合了起来。"[1]他也不回避对牛顿的批评,他说:在应该揭示真理的时候,丝毫也不要考虑牛顿和莱布尼茨的威望。并引用塞涅卡的话:"不要重蹈前人的覆辙,而要走你所应该走的路。"[2]

他认为宇宙是无限的。他说我们所观测到的一些椭圆形的星云,都是同我们银河系一样巨大的恒星系统,云雾状的星体也是一些大得惊人的星系。这些

---

[1] 康德:《宇宙发展史概论》,上海人民出版社,1972年,第151页。
[2] 古笛加:《康德传》,商务印书馆,1981年,第17页。

"河外星系",是许多世界中的一个世界。在无限远的距离上,还有更多这样的星系。我们所居住的地球好比沧海一粟,小得难以觉察。当我们看到无限的世界、无限的星系时,那该引起我们多大的惊异啊!这许许多多难以估量的系统组成了一个单位,这样的单位多得不可想象。宇宙确实无边无垠、无穷无尽。

他认为宇宙的转化也是无限的。我们对自然界所认识的全部东西,都说明了自然界生生不灭,永无止境。在地球上,无数动植物天天都在消亡,都是瞬间即逝的牺牲品。但是自然界具有用之不竭的创造力,一点也不少地在别处又创造了同样多的动植物,以填补所留下来的空虚。一大片陆地正在沉入海底,但在别处,隐藏在海底的陆地又在升起。同样,各个世界,世界的各个系统也要消灭,而与此同时,造化又在别处创造出新的世界、新的体系。总之,一切有限的东西,一切有起源的东西,自身就会包含着"有限"这个本质特点,它们就一定要消灭。"一个确定的自然规律:一切东西,一旦开始,就不断走向消亡"[1]。

宇宙中一切具体的事物都是要灭亡的,但我们不必为此慌惜。自然界用它的挥霍来显示它的富饶。有多少数不清的花草昆虫被一次严寒毁灭尽净,尽管它们是自然界艺术的光辉作品。但它们的消失又算得了什么?在别的地方,这个损失又得到了超额的补偿。所以在康德的眼中,自然界所有的具体事物,小到花虫,大到星系,在历史的舞台上都只扮演了一个暂时的角色。

每个世界都有一个尽头,太阳系也是如此。靠近星系中心的世界将最先毁坏,然后毁灭逐步扩散到距离很远的地方,最后星系变成完全分散的微粒。而在宇宙的另一边,自然界则不停地忙于用分散的微粒作为原料,创造许多新的世界。物质自身有重新创造的能力。毁灭了的世界又必然能自行创造出来。"这个大自然的火凤凰之所以自焚,就是为了要从它的灰烬中恢复青春得到重生。"[2]在他看来宇宙的演化是个大循环。

作为德国古典哲学家的康德,他的哲学主要是唯心主义的先验论与不可知论。可是他在早期的自然科学研究中,他的先验论与不可知论还没有形成,我们看到的却是朴素的唯物论,朴素的辩证法,朴素的可知论。正是这些思想观点,使他能提出富有哲理的星云假说,使他在科学史上享有盛誉。

康德根据上述这些思想,研究了天体起源问题。在探讨太阳系的起源问题

---

[1]　康德:《宇宙发展史概论》,上海人民出版社,1972年,第203页。

[2]　康德:《宇宙发展史概论》,上海人民出版社,1972年,第156页。

时,康德把事实作为出发点。这些事实是:太阳系有六个行星,以相同方向,沿着椭圆形轨道运行。各行星运转的轨道基本上在一个共同平面上,而这个共同平面又离太阳的赤道不远。行星的运转都是由太阳的引力控制的,这些力的大小都同距离的平方成反比。为了解释这些事实,他把古代的原子概念同当时发现的星云状天体结合起来,提出了原始星云物质的概念,把它作为太阳系形成的原料。显然,用微粒状的物质作为太阳系的最初状态物质,这是康德容易提出的一种思路,也是一种容易被人接受的想法。

星云物质是一种炽热的、弥漫状态的物质。它们的密度很小,而种类互不相同,它们自身在永恒地旋转着。在引力的作用下,分散的微粒逐渐形成小的聚集物,小的聚集物又逐渐形成大的团块。当大小不同的聚集物互相靠近时,在斥力的作用下,使得向引力中心下落的微粒偏转,形成围绕引力中心的圆周运动。处于引力中心位置的团块质量特别大,就形成太阳。

太阳周围的质点都朝着一个方向(从西到东)旋转。根据牛顿力学规律,所有运转轨道的平面都必须通过引力中心。但是,在所有这些围绕一个共同的轴,向一个方向运转的圆形轨道中,只有一个轨道平面通过太阳的中心,因此所有的质点都要跑到通过太阳中心的、与共同轴垂直的平面上来,这就形成了一个圆盘,而远离圆盘的地方就会成为真空。在这个圆盘上,有些聚集物密度较小,在侧向运动中,具有足够的速度,使它不致落向太阳,从而围绕太阳旋转。它们在运转中又不断吸收周围的质点,吸收得越多,引力范围就越大,这又使它吸收得更多,从而形成了大的团块——行星。因为各个行星都是由从西向东围绕太阳旋转的微粒构成的,所以它们的公转与自转都朝着一个方向。

他对行星密度从内向外逐渐减少的现象做了解释:太阳的引力把较重的质点吸引在自己周围,而较轻的质点就留在较远的地方。

他对行星的质量从里到外逐渐增加的现象也做了解释:由于太阳巨大引力的影响,离太阳近的行星不可能形成得很大。同时,行星越往外,轨道的面积越大,能吸引的质点就越多。

他还作了一些重要的推论:太阳的密度应同所有行星的混合密度相等;土星以外还会发现新的行星;土星光环是由尚未形成卫星的微粒组成的;银河系外的星云是同银河系一样的星系;银河系的形成也遵照同太阳系形成一样的规律;恒星不动只是一种表面现象。其中有些推论已被科学所证实。

二、康德的外星人假说

康德在《宇宙发展史概论》中，实际上还提出了另外一个假说——外星人假说。这个假说往往不被康德的研究者所提及，实在有点遗憾。

他说，其他行星上是否有人？对这个问题似乎可以轻率地讲一些似是而非的话来随便开玩笑，但这是对哲学品格的侮辱。他认为这是一个严肃的问题，应当认真思索。

他引用了一个诙谐的故事作为对这个问题的回答。在一个乞丐的头上，生活着一群生物。长期以来这些生物一直把它们的住所当作一个其大无比的球，而且把自己看作是造化的唯一杰作。后来它们中的一个小丰登涅尔（法国启蒙思想家），意外地看到了一个贵族的头，它随即把它的同类叫在一起，狂喜地告诉它们："我们不是整个自然界唯一的生物，你们看，这里是一个新的大陆，这里住着更多的虱子！"

康德认为大多数的行星一定会有人居住，即使现在还没有，将来也总会有。比如木星，现在还没有居民，因为它正处于形成过程之中，可以猜想，当它形成时期结束以后，就会有人居住。所以在康德看来，认为地球是唯一有人类居住的天体的人，其目光之短浅，无异于乞丐头上的虱子。

别的天体上的居民将是怎样的呢？我们最清楚的是地球人，所以我们只能从地球人出发，来推想其他天体上的人的情况。

就地球人来说，它的精神状态同肉体状态有密切的关系，精神必须通过肉体的配合和影响才能发挥作用，思维能力的发挥也取决于肉体的状况。地球人肉体的构造是粗糙的，纤维是脆弱的，体液的运转是迟钝的。所以地球人动作笨重、反应迟钝，经常处于疲乏无力的状态，他们的目的也只有很少一部分才能实现。

为什么地球人的结构粗糙、笨重呢？他说这是因为地球离太阳比较近，受到的热量大。如果地球人的构造过于轻巧、纤弱，那就会因剧烈的运动而丧生，甚至会在强烈阳光的照射下蒸发得干干净净。由此他猜测，越是远离太阳的行星，那儿的居民的构造就越精细，也就越聪明能干。"行星上精神世界和物质世界的完善性都将随着它们与太阳距离的增加而相应地增长和发展。"[1]他援引了英国诗

---

[1]　康德：《宇宙发展史概论》，上海人民出版社，1972年，第214页。

人布柏的说法：在高天层的人看来，地上人的行动都很离奇，他们看我们的牛顿，好比我们在欣赏猢狲。

康德认为太阳系的各个行星都有人居住，这点未被后来的科学所证实。但是他敢于提出自己的独到见解，认为地球不是唯一有人居住的天体，却是非常可取的。如果说他的星云假说反对神的第一推动，那么他的外星人假说则是反对人类中心说的，其目的都是为了反对神学对科学的干预。

三、康德对近代科学哲学基础的批判

1786 年，康德出版了另一部对科学史具有重要意义的著作：《自然科学的形而上学基础》。在这本篇幅不长的著作里，他对近代自然科学的哲学基础和研究方法进行了全面的批判。值得注意的是，这种批判在若干方面已经直接涉及牛顿的机械论纲领。

第一，运动与空间的相对性。

他说："一切作为经验对象的运动都只是相对的。"[1]所谓绝对的运动，就是同非物质性空间相关的运动。对这种运动我们不可能产生任何的经验，所以它也就什么也不是。所有运动都是相对的。在一种空间关系中，我们可以把某物看作是运动的，而在另一种关系中，我们又可以把该物看作是静止的。

康德还说："我们甚至完全不能在任何经验中规定这样一个固定点，可以根据与它的关系来确定那应当绝对地称之为运动或静止的东西。"[2]康德所否定的"固定点"，就是长期被科学家津津乐道的绝对参考系。

"绝对空间对一切可能的经验来说都是无。"[3]他指出，绝对空间是非物质性的，不是经验的对象，因此只能被设想为自身授予的。绝对空间是既不能在其本身，也不能在其结果中被知觉到的东西；它本身什么也不是，更不是客体，而只是意味着我们可以设想的任何一个别的相对空间。一句话，绝对空间不存在。

第二，吸引与排斥的辩证关系。

---

① 康德：《自然科学的形而上学基础》，三联书店，1988 年，第 22 页。
② 康德：《自然科学的形而上学基础》，三联书店，1988 年，第 35 页。
③ 康德：《自然科学的形而上学基础》，三联书店，1988 年，第 34 页。

　　牛顿把吸引当作物质的本质,而否认排斥的作用与地位。所以牛顿实际上认为他的万有引力学说不仅是普遍有效的力学理论,而且是一种物质观,具有重要的哲学意义。牛顿思想的这层意思,并未引起科学界的广泛注意,康德则首先觉察到了这一点。

　　同牛顿针锋相对,康德强调排斥是物质的本质属性。他认为物质的广延性是物质具有排斥作用的表现。"物质是不可入的,并且是通过其本源的扩延力而成为不可入的,但这种扩延力只是在充满物质的空间每一点上的排斥力的结果。"[①]没有广延性,物质是不可想象的;没有排斥力,物质是不可思议的。从这个意义上说:"没有排斥力,仅仅通过吸引力是不可能有物质的。"[②]康德把这个结论看作是一条定理。

　　吸引与排斥是一对矛盾。康德说,如果只有排斥而没有吸引,那一切空间将是空的;如果只有吸引而没有排斥,那宇宙中所有的物质就会汇集在一个数学的点上,空间就成为没有任何物质的"空"。"因此,物质没有排斥力而仅凭吸引力是不可能存在的。""所以排斥力恰好与吸引力一样都属于物质的本质,而且在物质概念中哪一方都不能和另一方分离开来。"[③]

　　但是,对于物质本质的规定性来说,我们又不能对吸引与排斥等量齐观。康德认为排斥力是比吸引力更为本质的规定。吸引是排斥的一种补充,吸引力是物质的第二种主要的基本力。黑格尔说:"康德完成了物质的理论,因为他认为物质是斥力和引力的统一。"[④]

　　第三,物质的无限可分性。

　　康德还率先批判了经典物质观的物质有限可分的观点。他写道,数学并未对可分性加以限制,因而物理上的物质可分也不应当有这种限制。"物质是无限可分的,它所分成的每一部分仍是物质。"[⑤]他承认要在理论上充分论证这一点还存在着很多困难,但他仍然把这个结论当成一条定理。

　　康德的这些言论,正是在牛顿的威望急剧上升的时候提出的。当赞美牛顿的"英雄交响曲"在整个欧洲响彻云霄时,康德却吹起了批判的号角。震耳欲聋

---

①　康德:《自然科学的形而上学基础》,三联书店,1988年,第61页。
②　康德:《自然科学的形而上学基础》,三联书店,1988年,第74页。
③　康德:《自然科学的形而上学基础》,三联书店,1988年,第75页。
④　黑格尔:《小逻辑》,商务印书馆,1981年,第216页。
⑤　康德:《自然科学的形而上学基础》,三联书店,1988年,第61页。

的交响乐自然淹没了这不谐调的几声号鸣,但康德的思想在科学史上具有开拓新道路的意义。我们不能不叹服康德的富有远见的哲学眼光。他的思想对恩格斯产生了很大的影响。

科学向神学的挑战书,诞生在天文学领域;首先用批判眼光审视牛顿及其传统的著作,也出现在天文学领域。在新的历史条件下,康德重新扮演了哥白尼的角色。《自然科学的形而上学基础》向人们宣告,牛顿纲领既有它的兴盛的历史,也会有它衰退的历史。康德的星云假说则揭开了天体演化理论的序幕,天文学开始了从"存在天文学"向"演化天文学"的过渡。

康德的《自然通史和天体论》最初是匿名发表的,由于出版商破产,印数很少,所以在半个世纪内几乎没有影响。直到拉普拉斯提出类似的假说后,他的星云假说才为人们所重视。

四、拉普拉斯星云假说

1796 年法国科学家拉普拉斯(1749~1827)出版了《宇宙体系论》。在该书的附录七中,提出了关于太阳系起源的星云假说。他研究了太阳系的 30 个天体的运动,认为太阳系具有明显的规则性,如所有行星都从西向东运动,并基本在一个平面上;卫星运行的方向同行星相同;太阳、行星、卫星自转的方向同公转方向相同,并基本上在公转轨道的平面上。他结合概率论研究,提出这种规则性并非出自偶然。因此他就试图说明这种规则性的必然根据。

他认为太空最初弥漫着巨大的球状星云,炽热并在缓缓自转。根据角动量守恒原理,后来由于冷却而不断收缩时,转动速度便增大,离心惯性力也越来越大。在离心惯性力与中心部分的吸引力的作用下,星云逐渐变成扁平的盘状。当离心惯性力与引力相等时,边缘的物质就不再继续收缩而停留在原处,形成一个围绕中心旋转的气体环,这样的过程可以重复多次,形成若干个气体环。环内密度较大的物质吸引了周围的物质,逐渐形成围绕中心旋转的团块。中心体收缩为太阳,周围的团块冷却后形成行星。

拉普拉斯假说提出后很快就引起了人们的重视,这导致了 1799 年康德著作的再版。1854 年赫尔姆霍茨首先提出了康德-拉普拉斯天体演化说这一名称。

拉普拉斯同康德一样,对牛顿的一些错误观点作了尖锐的批评。拉普拉斯说:"这里,我不能自禁地指出牛顿所陷入的歧途。他就在这点上离开了他已经应用得很有成效的方法。"①牛顿在太阳系结构的问题上,过早地放弃了科学研究,而引入"全智全能的上帝","这对于科学和他自己的荣誉是不幸的"。

拉普拉斯也同康德一样,坚决反对上帝的插手。当拿破仑问他为什么在《天体力学》中不提上帝时,他严肃地回答说:"陛下,我不需要这种假说。"

拉普拉斯对牛顿的批评是很中肯的。但他也像牛顿一样,积极宣传机械论,并把机械决定论推到了极端。他在《概率论》中说:"让我们想象有个精灵,它知道在一定时刻的自然界里一切的作用力和组成这个世界的一切东西的位置;让我们又假定,这个精灵能够用数学分析来处理这些数据。由此,它能够得到这样的结果:把宇宙中最大物体的运动和最轻原子的运动都包括在同一个公式里。对于这个精灵来说,没有不确定的东西。过去和未来都会呈现在它的眼前。"他在《世界体系》一书中把这个精灵比作是天文学家,并说:"空气或者蒸汽的一个分子所走的轨道像行星的轨道一样,是完全确定的。它们之间所以有差别,只是由于我们无知。"②后来英国天文学家秦斯这样来描述这种拉普拉斯式的决定论:世界好像是一个卷着的巨大毛毯,图案花纹早已织好,只是随着时间的推移在逐渐展开而已。宇宙又好像是一本早就写好了的书,时间老人在一页一页地翻着,但每一页上的每一个字、每一个标点符号都是早已就确定了的。单义决定论是对宏观物体机械运动的正确描述,随着天体力学的日趋成熟,难免有人会片面夸大这种决定论的适用范围,甚至有可能会导致宿命论。这说明在科学的发展中,正确的认识超出了它的适用条件和范围,就会变成错误。

第十二节　16～18 世纪科学思想的基本特征

16～18 世纪的科学是近代自然科学发展的早期,它是在同宗教和经院哲学的斗争中产生的,并在斗争中逐步形成了自己的唯物主义认识路线。这一认识路线主要表现在几个方面:第一,反对盲目迷信古代权威,反对做古代权威词句

---

① 拉普拉斯:《宇宙体系论》,上海译文出版社,1978 年,第 458 页。
② 弗兰克:《科学的哲学》,上海人民出版社,1985 年,第 282、283 页。

的奴隶,提倡在前人的基础上有所创新,有所突破。伽利略、哈维等人指出,谁也没有达到至善至美的境界,我们不应当重复前人的错误,而应当不断地把认识推向前进。第二,主张尊重事实。哥白尼提出要睁开双眼,面对现实,概念要符合事实;伽利略提出当权威的说法同事实不符时,我们应当相信事实。第三,强调观察、实验的方法。哈维提出了不以书本为根据,而以实验为根据,不以哲学家为老师,而以自然界为老师的口号。这个时期绝大多数科学家都认为观察、实验是获得知识的主要方法,赫尔蒙特甚至认为逻辑是无用的。第四,反对空谈,强调实用。1663 年胡克在为英国皇家学会起草的章程中说:"皇家学会的任务是:靠实验来改进有关自然界诸事物的知识,以及一切有用艺术、制造、机械实践、发动机和新发明——(不牵涉神学、形而上学、道德、政治、语法、修辞或逻辑)。"[①]这个章程明确地强调应用,宣布自然科学同神学、哲学、社会科学的分离,是自然科学的又一篇独立宣言。弗兰西斯·培根的话反映了当时多数科学家的看法:科学不是"没有意思的消遣物",也不是"争论的对象",而应是"能获得实益"的方法。近代科学在这条认识路线的指引下蓬勃发展起来了,但这样一来又在科学界广泛形成了这样的看法:哲学即思辨,而思辨就是无用的经院式的清谈,所以科学与哲学毫不相干。到 19 世纪,这种轻视哲学、轻视理论思维的经验论,就日益暴露了它的局限性。

16~18 世纪科学的主要任务是搜集材料。弗兰西斯·培根在 1620 年列出了研究自然史的 130 个项目,内容十分广泛,从天体的形成到地球的变化,从气体的性质到火焰的燃烧,从生物界的树木花草、鸟兽鱼虫,到人的酸甜苦辣、喜怒哀乐,从冶金、凿石、制砖、制陶,到种田、养牛、打猎、钓鱼,并建议英王詹姆士一世颁布命令去搜集这些方面的知识。这个计划实际上为早期近代科学提出了研究范围,鲜明地体现了搜集材料的特点。这个时期的科学注重对细节的了解与分析。它主要应用弗兰西斯·培根的归纳逻辑来研究科学,走的是渐进式发展的认识道路。它认为部分的相加就等于整体,把对自然界各个细节的认识汇总在一起,我们就获得了对整个自然界的认识,实际上否认了综合概括的必要性。亚里士多德曾说过:总体大于部分之和,这个闪烁着辩证法光辉的思想,也被当作思辨置于脑后。古代学者比较强调一般概念、假说、原理的作用,而

---

① 贝尔纳:《历史上的科学》,科学出版社,1959 年,第 260 页。

16～18世纪的科学家却重视研究对象的具体成分、数量和特性。这是一种分门别类的研究,这就很自然地采用了孤立、静止的方法,把自然界当作一个既成事物,而不是当作一个发展过程来研究。

这一时期科学思想的基本特征是以牛顿为代表的力学机械论的形成和流行。力学是关于机械运动的科学,机械运动是自然界最简单也最普遍的运动。它最简单,相对而言比较容易认识;牛顿等人又采取高度简化的方法研究力学,获得了空前的成功;它最普遍,所以机械力学有广泛的用途,容易把它绝对化。同时,人的手工劳动和机器运转主要是应用力学规律,所以力学成了带头学科、基础学科、主导学科,并以此为基础形成了力学机械论。随着古代自然生存转向近代技术生存,农业文明转向工业文明,古代的有机论也转向了近代力学机械论,人们由崇拜胚种转向崇拜机器。

这些特征是同自然科学早期的性质、任务和水平相一致的。这样的认识路线和思想方法,是历史的产物,它起过巨大的历史作用,也有它的历史局限性。在一定的历史条件下,这种局限性就会同科学的不断发展形成尖锐的矛盾,甚至引起科学思想的混乱。牛顿与林奈的遭遇生动地表现了这种混乱。他们两人一个研究无生命的物质世界,一个研究有生命的物质世界,但其思想方法却是一脉相承的。牛顿认为物体自身不能改变状态,林奈认为物种不会变异;牛顿认为天体的运动最初是由上帝的推动造成的,林奈认为最初的物种是上帝创造的;牛顿认为自然在增加与繁殖的命令下忠实地仿造上帝给它规定的范本,林奈认为物种类型按照繁殖规律产生永远和自己相似的类型;牛顿强调惯性,林奈强调遗传;牛顿研究力而不考虑真正运动的原因,林奈只进行分类而不考虑种的变异。结果两人都在理论上陷入疑虑矛盾之中,最后都向神学伸出了求救的手。这样,被哥白尼驱逐了的上帝,又被牛顿、林奈请了进来,这就是16～18世纪自然科学的一段戏剧性的历程。

这一时期中笛卡儿、圣提雷尔等人提出的思想在一定程度上反映了科学下一步发展的趋势。康德则分析了牛顿思想中的一些矛盾,提出要用联系与发展的观点来研究天体的演化,在科学思想史上有了新的突破。但是这些思想在18世纪还不可能得到充分的支持,它们在等待着历史新纪元的到来。

第三章　19 世纪的科学思想

康德的星云假说为 19 世纪科学思想的发展拉开了序幕。从此,许多科学家开始用联系和发展的观点来研究自然界。物理学中的能量学说、热力学和电磁学,化学中的化学原子论、门捷列夫周期律和人工合成尿素等有机化学的成就,生物学中的达尔文进化论、细胞学说和孟德尔的遗传学,都从不同方面揭示了自然界的相互联系和发展过程。

第一节　银河系概念的确立

康德在《宇宙发展史概论》中提出了"宇宙岛"的猜想,后来天文学的发现说明,我们的银河系就是这样的宇宙岛。

一、宇宙岛的假说

人类很早就注意到银河系的存在,古代中国还有牛郎织女在银河两岸相望的动人传说。银河是什么?德谟克利特猜想银河是一大片星体构成的云,毕达哥拉斯派认为银河是星体烧毁后散开的尘埃,亚里士多德则认为银河是地球大气层发光的表现。

18 世纪 30 年代瑞典的斯威登堡(1688～1772)创立了 18 世纪第一个宇宙假说,认为恒星绝大多数都是银河系的成员,银河系不是唯一的体系。英国的雷特(1711～1786)在 1750 年出版《宇宙理论》一书,设想银河系是一个扁平的盘子,银河系是一个恒星系统,宇宙由无数个银河系构成。

德国的朗白尔(1728～1777)于1760～1761年提出了宇宙具有无穷等级的思想。第一级体系包括太阳、行星和彗星。第二级体系是星团,其构造同第一级体系类似;第二级体系的直径是太阳到某个一等星(如天狼星)距离的150倍,其中恒星近200万个。第三级体系是银河系,这是一个庞大的星团体系,其大小至少是太阳与天狼星距离的15万倍,即将近130万光年。第四级体系由许多银河系组成。此外还有第五级、第六级……他认为各级体系的构造都是相同的,只有空间尺度大小的区别。

康德认为所有恒星以银河系为"共同关系平面"组成一个系统,这个系统实际上就是银河系。银河系以外还有别的恒星系统,我们所在的系统只是宇宙中的一个岛屿。他设想如果从遥远的银河系以外的空间来看银河系,一定是一个暗淡的光斑,同我们在望远镜里看到的星云一样;当时所看到的云雾状的天体可能就是我们系统之外的宇宙岛屿。后来德国的洪堡就把星系称为宇宙岛。

二、威廉·赫歇耳的银河系模型

威廉·赫歇耳(1738～1822)生于德国,父亲是乐师,他本人年轻时也在乐队里演奏过。他在业余时间磨出反射镜片400余块,后来还造了一架口径为1.22米、镜筒长12米的大型反射望远镜。他妹妹卡洛林是他最好的助手。赫歇耳经常昼夜不停地研磨镜片,卡洛林总是在旁边帮忙,甚至讲故事、读小说给哥哥听,喂哥哥吃饭。赫歇耳通宵达旦地观测天象,总是由卡洛林担任记录,凡天文计算也均由她承担。卡洛林终身未嫁,把一生献给了科学。月亮上有一座环形山就是用她的名字命名的。

赫歇耳1781年发现了天王星,打破了太阳系只能有六大行星的传统观念。1783年他发现太阳也有自行,以17.5千米/秒的速度向武仙座方向运动,进一步纠正了恒星不动的错误见解。他说:"我们无权假设太阳是静止的,正如我们不应该否认地球的周日运动那样。"[1]

发现天王星以后,他开始研究银河系。他提出了三条假定:(1)宇宙空间是

---

[1] 伏古勒尔:《天文学简史》,上海科学技术出版社,1959年,第68页。

完全透明的,他所使用的望远镜已经能够看到银河系最外沿的恒星;(2) 恒星在空间上的分布是均匀的,如果某一天区恒星密集,就说明在这个方向上恒星延伸得很远;(3) 一切恒星(包括太阳)的光度相同,恒星的视亮度不同,只是由与我们的距离不同造成的。他从这些假定出发,用望远镜来统计各个天区的恒星数目,获得了他所在的纬度处可见的 117 600 颗恒星沿天空不同方向上的数量分布。他首次证明银河和所有散布在全天的恒星确实构成了银河系,并认为银河系像个扁平的圆盘,它的直径约 7 000 光年,厚度约 1 300 光年。他还认为太阳系基本上位于银河系的中心。赫歇耳以太阳系为中心来观察银河系,就像当年托勒密以地球为中心来观察太阳系一样。

他的儿子约翰·赫歇耳(1792～1871)在 1834～1837 年间,在非洲好望角用望远镜统计了南半球天空的约 70 000 颗星,宣布证实了他父亲的结论。由于威廉·赫歇耳的成就,后人称他为"恒星天文学的创始人",并在他的墓碑上写道:"君突破天之境界。"

威廉·赫歇耳银河系结构模型的理论基础是三条假设。他假定空间的透明性、恒星分布的均匀性、光度的相同性,这符合从简单到复杂的认识方法,在研究的第一个阶段提出这种简化原则是无可厚非的;他假设他的望远镜已看到银河系的边缘,这也是可以理解的,否则估计银河系形状、大小的问题就无从谈起。但这三条简化假设毕竟有很大的局限性。空间并不完全透明,存在着星际消光现象;他的望远镜并没有真的看到银河系的边缘;恒星光度的差异也很大,也就是说恒星的视亮度不同,并不只是由与我们的距离不同造成的。所以在他的模型中除了银河系的直径大约是其厚度的 5 倍这一点基本正确以外,其余关于银河系的大小、太阳是银河系的中心等说法都是错误的。1817 年以后,赫歇耳本人也认识到这些错误,否定了他当初提出的模型。不过确定银河系的存在,却是他不可磨灭的功绩。

三、关于两类星云的认识

银河系的存在确立了,它是宇宙岛。那是否所有的星云都是宇宙岛呢？星云是什么？英国神学家德海姆说:它们是天上的孔穴,穿过这些孔穴可以看到最高一层净火天。法国科学家莫泊丢则认为星云是大得惊人的单个天体。只有依靠精确的观察才能认清星云的本质。正如康德所说：一个广阔的天地还有待于发现，关键在于观察。

威廉·赫歇耳为了验证康德关于星云是河外星系的看法，从法国梅西叶所编的星云表中选出了 29 个星云进行观测，发现它们都能被分解为恒星。于是他认为所有的星云都是星系。有的星云即使用现有的望远镜还不能将其分解为恒星，那将来用更大的望远镜也能做到这点。赫歇耳的这个看法有力地支持了宇宙岛的假说。可是 1790 年他观测到一个星云，中间有一颗星，四周却是云，这说明真正的星云物质的确是存在的。赫歇耳起初以为这只是一种特例，不大重视。后来不可分解的星云不断被发现，他不得不承认有些星云在本质上是不可分解的。它们是我们不知道的一种发光的流体。最后他迷惘地叹息：出了银河系，现今一切都模糊了。1820 年他放弃了原来的想法，于是星云是星系的假说似乎站不住脚了。

随着望远镜的改进，天文学家们很快又获得了新的观测结果。1845 年爱尔兰的罗斯（1800～1867）用口径比赫歇耳的大得多的望远镜，发现一些过去认为是不能分解为恒星的星云，仍然可以分解为恒星。可以分解的星云不断增多，于是有人又走向另外一个极端，认为所有的星云都是宇宙岛，就连地道的星云物质据说也被分解为一颗颗很大的星了。不久天文学家采用新的方法——天体照相术，发现过去肉眼看来可以分解的星云，原来是不可分解的。

其实罗斯在发现有些星云可以分解的同时，也发现有些星云不能分解为恒星。约翰·赫歇耳在好望角观测麦哲伦云时，也发现有星、云、星云共处的现象。可是当时许多人认为，星云不是可分解的星，就是不可分解的云，二者必居其一，所以罗斯、约翰·赫歇耳的发现没有引起人们的重视。

后来更新的方法天体分光术问世，哈金斯、赛奇等人发现星云光谱中有许多条明线光谱，说明它们不是一群恒星，而是一团发光的气体。但他很快又发现仙女座大星云则像恒星一样具有连续光谱，可是未看清是明线还是暗线。哈金斯的观察本来说明存在着两种不同的星云，但他本人却断言星云就是气团。宇宙岛的假说又一次受到冲击。

星云一会儿可分，一会儿又不可分，真会捉弄人。其实捉弄人的是形而上学的思想方法。星云原来有两种，河内星云是银河系内气体与尘埃构成的"云"，河外星云是银河系外边的宇宙岛，不能片面地看到一种而否定另外一种。

恩格斯概括了当时银河系与星云的研究成果,在《自然辩证法》中写道:"(依据赛奇)一部分气状星云,作为还没有形成的太阳,属于我们的星系,这并不排斥:另一些星云(如梅特勒所主张的那样),是远处独立的宇宙岛。"[①]

认识到河外星云的存在,就使人们的视野开始超出了银河系。下一步的工作,就是确认河外星系的存在了。

第二节　能量守恒与转化学说

能量守恒与转化定律是自然界发展最普遍的规律之一。哲学家和科学家从哲学上猜测运动的守恒性是比较早的,但从自然科学的研究中来确定能量的守恒与转化,则是 19 世纪的事情。

一、人类早期关于运动守恒性的认识

人们首先认识到的是机械能守恒。早在公元 1、2 世纪,赫仑提出了力的黄金原则:作用力减小到几分之一,速度也就减小到几分之一。后来伽利略把这一原理表达为:在力方面得到的,必在速度方面失去,即任何一种机械要省力气,就必须减低速度;可以省力气,但不能省功。如用滑轮组举一重物,若只用 1/10 的力气,则手经过的距离必须是重物经过距离的 10 倍,机械能是守恒的。由于当时的科学还没有充分揭示各种运动形式的联系,所以科学家们还不可能从机械能的守恒引申出运动守恒与转化的结论,可是哲学家们却从另外的途径提出了类似的思想。

中国古代哲学家王夫之说:"太虚者,本动者也,动以入动,不息不滞。""是故有往来而无生死。往者屈也,来者伸也,则有屈伸,而无增减。"在他看来运动既不能创造,也不能消灭,而相反的观点则是一种异端说法。他说道:"异端之言曰:'天下之动也必增,其静也必减。其生也,曰以增而成,其死也,曰以减而灭'。"[②]

---

① 恩格斯:《自然辩证法》,人民出版社,1984 年,第 16 页。
② 以上均见《周易外传》。

笛卡儿1644年在《哲学原理》中说：物质有一个一定的量的运动，这个量从来不增加也从来不减少。他所说的运动的量指的是动量(mv)，他在对碰撞现象的研究中总结出了动量守恒定律，认为物体所受外力的冲量，等于其动量的增加。

俄国的罗蒙诺索夫于1748年7月5日在致欧拉的信中说，物质是守恒的，"这种普遍的自然规律也可引申到运动的规律上去；因为一个物体用自己的力去推动另一物体时，它本身就失去了这个力，而把它传给另一个由此获得运动的物体"[1]。虽然罗蒙诺索夫本人也是个科学家，但他的这个观念主要还是从哲学的角度提出来的。

二、认识能量守恒与转化定律的困难

机械论的流行严重地妨碍了人们认识运动的守恒与转化原理。机械论者容易接受质量不灭，也比较容易承认机械能守恒，但却难以接受一般的运动守恒原理。人们很早就把重量或质量作为物质的量度，也很早就发现物体在运动中质量是不灭的。拉瓦锡在用他的精密天平称量了参与化学变化前后的物体质量后，就在1789年得出了质量守恒的结论。可是运动量度的问题却比较复杂，各种运动形式很难找到一种统一量度。在机械运动量度问题上，也存在着笛卡儿派与莱布尼茨派的争论。笛卡儿继承了伽利略的动量概念，提出了动量守恒定律。莱布尼茨指出在自由落体运动中守恒的不是mv，而是mv^2，认为死力以mv为量度，活力以mv^2为量度。笛卡儿把一切运动都归结为机械运动，所以就把机械运动持续传递中的量度mv作为机械运动的唯一量度了。莱布尼茨虽然模糊觉察到两种量度的存在，但不能解释这个现象，就认为活力是真正的运动，mv^2是真正的量度。显然在机械论的圈子里是不可能科学解决机械运动的量度问题的，更谈不上一般运动的量度问题了。

机械论者否认机械运动向别的运动形式的转化，他们往往把这个现象说成是运动的消失，得出运动不守恒的结论。牛顿就是一个代表。牛顿说："自然界似乎是喜欢变化的"，但他又认为自然界的运动有减弱的趋势。如固体相碰时，

---

① 库德梁夫采夫：《罗蒙诺索夫传略》，科学出版社，1962年，第47页。

就会损失一部分运动,液体之间的摩擦也会使运动消耗,所以"世界上运动的总量不总是一样的"。"失掉运动就要远比获得运动容易得多,因而运动总是处于衰减之中。"①他看到了机械运动必须要通过碰撞与摩擦而消耗,但没有看到这种机械运动的消耗又转化为其他运动形式,就得出了运动会衰减的错误结论。他已不自觉地意识到了机械论的局限性,但他不可能摆脱这种局限性。

妨碍人们认识运动守恒与转化原理的还有热素说。机械能分势能与动能两种,势能不能转化为其他能量,动能却有转化为其他能量的广阔前途。动能最容易转化为热能,热能又可以转化为其他能量。热素说就是摆在从机械运动到热运动道路上的一个障碍。这个障碍不扫除,人们就不可能认识到各种运动形式的转化。当热动说确立以后,能量守恒与转化定律的确立就指日可待了。伦福德的热动说是指向能量守恒与转化定律的路标,所以卡诺与迈尔曾仔细研究过伦福德实验。焦耳对迈尔十分轻视,对伦福德却推崇备至,也缘出于此。

对永动机的追求则是认识运动守恒与转化原理的第三个障碍。长期以来许多科学家都有一个错觉,以为物质不可能源源不断地产生,而运动却可以这样,连伦福德都未能摆脱这种错觉,这样追求永动机就成为一种时髦。当人们迷恋于永动机的发明时,无论如何是不会接受运动守恒与转化原理的。一个个永动机的发明失败了,一场场骗局被揭穿了。许多次挫折所得到的结果,是1775年法国科学院拒绝任何发明永动机的决定。这也是迈向运动守恒与转化原理的决定性一步。

到了19世纪,各门科学的发展已揭示了自然界各种运动的联系与转化。伏打电池与电解实现了电能与化学能的转化,热电偶和电流通过导线生热实现了电能与热能的转化,法拉第的电磁感应实验和发动机实现了电能与机械能的转化。1840年,瑞士的黑尔斯指出化学反应中所释放的能量是一个同中间过程无关的恒量,揭示了化学变化过程中的能量守恒关系。这样,认识能量守恒与转化原理的条件就具备了。于是,在19世纪中叶,几个国家的十几名科学家大约在同时,从不同的角度提出了"力的守恒"原理。

---

① 塞耶编:《牛顿自然哲学著作选》,上海人民出版社,1979年,第207页。

三、迈尔

德国的迈尔(1814～1878)通过对动物热的研究发现能量守恒与转化定律。动物热的来源是什么？这在过去是个颇为神秘的问题。拉瓦锡认为动物热来自食物的消化,而消化是一个类似燃烧的过程。1840年迈尔担任去爪哇海船的医生。当船驶到赤道附近时,他发现海员静脉的血液要比在欧洲时鲜红。由此他作了如下推论:在炎热的条件下人体需要的热少,所以食物燃烧过程减弱即体内消耗氧少,而静脉血液含氧多,颜色就鲜红。这使他认识到食物所含的化学能可以转化为热能。他又听海员说,海水受到猛烈冲击时,水温会升高,这又使他认识到机械能与热能的关系,并逐步形成了一切都相互转化的思想。

1841年迈尔写了第一篇论文《论力的量和质的定义》,认为运动、热、电等都可以归结为一种力的现象,它们按照一定的规律相互转化。文章寄给了著名的《物理学和化学年鉴》,可是该刊主编波根道夫反对黑格尔,对思辨哲学很反感,他认为迈尔的论文带有思辨性,因此非但没有发表,而且没有退稿。一直到36年以后,人们才从档案中发现了这篇文章。实际上迈尔并不像波根道夫所说是个空谈的哲学家。迈尔曾说他对形而上学思辨"讨厌到恶心的程度",并说他的思想并不是在桌子上研究出来的。

1842年迈尔又写了第二篇论文《论无机界的力》。这篇文章寄给了李比希主编的《化学与药学年鉴》。由于当时李比希对各种自然力之间的关系很感兴趣,就发表了这篇文章。所以恩格斯称1842年为划时代的一年。

迈尔在《论无机界的力》一文中说,他要研究的问题是:力是什么？各种力是怎样互相联系的？牛顿力学的广泛应用,使"力"成为最时髦、使用率最高的科学名词,乱用力的概念已成时尚,可是力则常意味着不可捉摸和假设的东西。迈尔从牛顿那儿继承了力是原因的思想,但他不是孤立地思考一因一果,他思考的是长长的因果链条,认为果又可以成为新的因,产生新的果。他还认为,因等于果。他并未说明为什么因等于果,实际上是把这一命题当作无需证明的前提。迈尔从"力是原因"、"因果转化"和"因等于果"这三个命题出发,推导出力的守恒的结论。

迈尔写道:"力是原因:因此,我们可以在有关力的方面,充分应用'因等于果'的原则。如果原因 c 产生结果 e,那末,c＝e;如果轮到 e 是第二个果 f 的因,那末,我们得出 e＝f,如此下去;c＝e＝f＝…＝c。从公式的性质看来,在一系列的因果连锁中,任何一项或一项中的一个部分都永远不能等于 0。我们称一切因的这种第一性质为不可毁性。"①既然因可以产生与自己相同的果,这果又可以作为因产生与自己相同的新的果,所以在因果链条中无论哪个因,都可以产生一系列与自己相等的果。无论因果链条有多长,每一个因都不会消失,即一切因都具有不可毁性。

"设已知的因 c 产生了与自己相等的果 e,那末,c 在这个作用中就不再变成 e 了;如果 c 在产生 e 以后,仍然整个地或部分地保存着,那末,它一定还有相当于余因的果:这样,则 c 的总果就一定＞e,这就与 c＝e 的假设矛盾。所以,既然 c 变成了 e,而 e 又变成了 f 等,我们就必须把这各种量视为同一对象所表现的不同形式。这种设定各具不同形式的可能性是一切因的第二重要性质。将这两种性质合在一起,我们可以说,因是(数量上)不可毁的和(质量上)可变换的存在物。"②如果 c 产生了同自己相等的 e 以后,c 仍然保存或部分保存的话,那就同因果相等的原则抵触。因此我们必须认为 c、e、f 等等都是同一个对象的不同表现形式,这是因的第二个性质。把因的这个性质同因的不可毁性结合起来,就可以得出结论:原因在数量上不可毁灭,在质上可以互相变换。迈尔认为自然界中有两类因:一类因是物质,具有重量和不可入性;另一类因是力,不具有这两种属性。由此可以得出结论:"力是不可毁的、可变换的、不可称量的存在物。"③这两类因不能互相变换。如果因是物质,那果也是物质;如果因是力,那果也是力。"力一旦存在,它是不能消灭的,它只能改变它的形式。"④他在这儿所说的力,实际上指的是能。他能推导出力的守恒和转化,实际上也能推导出物质的守恒和转化,但迈尔没有得出这信手即可拈来的同样很重要的结论。这从一个方面体现了能量守恒与质量守恒的内在联系。

不仅如此,迈尔还用他的"力的守恒"原理分析重力与运动的关系、热与运动的关系。

---

①　马吉编:《物理学原著选读》,商务印书馆,1986 年,第 213 页。

②　马吉编:《物理学原著选读》,商务印书馆,1986 年,第 213 页。

③　马吉编:《物理学原著选读》,商务印书馆,1986 年,第 214 页。

④　马吉编:《物理学原著选读》,商务印书馆,1986 年,第 215 页。

迈尔指出,提升某一重物的因是一种力,重物的被提升是它的果,也是一种力。力可以使物体下落,可称为落力(即重力)。落力和下落或落力和运动,都是因果相关、相互变换的力,这两种力是同一种存在物的两种不同的形式。"因,即重体与地面之间的距离,和果,即所产生的运动的量,这二者相互之间正如力学告诉我们的那样,存在着恒定的关系。""运动不能被消灭掉,而比相反运动稍多一点的正的和负的运动,亦即不能看作=0的运动,都不能无中生有,说一个重体能够自己上升同样是不对的。""就这样,我们发现活力守恒定律是以因的不可毁性这个一般定律为根据的。"[①]这实际上论证了动能与势能相等。

关于摩擦与热的关系,迈尔认为热不可能来自摩擦物质所减少的那部分体积,意思是说热不可能来自摩擦过程中的物质的损耗。迈尔发现,当他用力摇动水时,水温会升高,而水的体积却反而增加了。"对于运动来说,除了热以外,再也找不出其他的果,而对于所生的热来说,除了运动以外,再也找不出其他的因。所以我们宁可采取运动生热的假定,而不采取无果之因和无因之果的讲法,这正如一个化学家不能承认氧与氢可以无形消逝,毋须再作进一步的研究,而宁愿以氧与氢为一方,以水为另一方去建立它们之间的关系一样。"[②]运动与热具有因果关系,运动可以转化为热,热可以转化为运动;在这种转化中,运动等于它所产生的热。如果运动是热的当量,那热也是运动的当量。不认识运动与热的因果关系,就很难说明热的产生。这可以看作是关于热动说的论证。

1845年迈尔又自费发表了他的第三篇文章《与新陈代谢联系着的有机运动对自然科学的贡献》。他说:"力是运动的因,这是颠扑不破的真理。没有因,就不会有果,没有相应的果,就不会失去因。""物体的量,守恒不变,这是一条最高自然法则,它既适用于物质,也适用于力。"[③]

迈尔还把这一定律用于生物学和天文学。他指出生命过程中所发生的只是物质和力的转换而不是它们的创造。他估计太阳在5 000年内会烧光,而落在太阳上面的小行星和流星,又可能给太阳补充一定的热能。他还试图用这一定律来解释潮汐的涨落。

迈尔的研究范围比较广,思想也比较丰富,但他本人的遭遇却是不幸的。

---

① 马吉编:《物理学原著选读》,商务印书馆,1986年,第214~215、216、215页。

② 马吉编:《物理学原著选读》,商务印书馆,1986年,第216~217页。

③ 康拉德:《近代科技史话》,科学普及出版社,1981年,第74页。

1849 年他跳楼自杀时受了伤,不久又被送进了疯人院。

四、焦耳

卡诺、迈尔都曾推算过热功当量,但在这方面工作最出色的是英国酿酒师,道尔顿的学生焦耳。焦耳(1818~1889)年轻时曾试图发明永动机,屡遭失败,他从中领悟出"不要永动机,要科学"的道理。他后来经过多年的努力,测出了相当精确的热功当量数值:1 磅水增加 1℉的热量,相当于把 772 磅重物下降 1 英尺所做的机械功。他也独立得出了这样的结论:力是不能毁灭的,哪里消耗了机械力,哪里就能得到相当的热。1850 年焦耳被选为皇家学会会员,这标志着能量守恒与转化定律得到了公认。

焦耳还深刻地论述了热的本质,发展了伦福德的思想。他说,认为热是一种具有广延性与不可入性的物质,这曾经是大多数人所主张的观念。可是热能转变为活力和穿过空间的吸引,而物质转变为吸引的说法是十分荒诞的,所以热不是物质,而是微粒的运动。一个静止的物体,它所包含的微粒却可以以 1 英里(1.609 千米)/秒的速度在运动。但由于微粒很小,即使用最好的显微镜也观察不到热运动。他还认为显热是用来增加微粒运动速度的,而潜热是用来增加微粒间的离心力的,从而较好地解释了潜热的本质。

焦耳深信能量守恒与转化定律的正确,并力图对这一定律作出定量分析。他说:"根据造物者的意旨,这些伟大的天然动力,都是不可毁灭的,而且无论在什么地方,只要使用机械力,就总能得到完全当量的热。"[①]热是运动,那热和运动的传递规律就应相同,力与热之间的一定数量比例关系,就体现了这种一致性。他说,戴维认为热现象的直接原因是运动,所以,热传递的定律与运动传递的定律完全一样,这个推论有充足的理由。在这个基础上,焦耳确定自己的任务是精确地确定力与热之间的当量关系。

焦耳最后测量热功当量值的论文,于 1849 年提交英国皇家学会,并于 1850 年刊登在《哲学学报》上。他在这篇论文中说,他的这项课题的实验研究始于 1840 年,那年他把他发现的伏打电放热定律通知了皇家学会。"从这定律直接

---

① 马吉编:《物理学原著选读》,商务印书馆,1986 年,第 220~221 页。

得出的推论是：第一，如果其他因素相等，任何伏打电堆放出的热与该电堆的强度或电动势成比例；第二，物体燃烧放出的热与该物体对氧的亲和力的强度成比例。就这样，我在热与化学亲和力之间成功地建立了联系。"①1843年焦耳指出磁电放出的热与所吸收的力成比例。最后他写道："可以总结说，本论文所述的实验已经作出如下的证明：第一，不论固体或液体摩擦所生的热量，总是与所耗的力量成正比。第二，要产生1磅水（在真空称量，其温度在55°F和60°F之间）增加1°F的热量，需要耗用772磅重体下降1英尺所表示的机械力。"②

五、赫尔姆霍茨

德国的赫尔姆霍茨（1821～1894）也独立地得出了力的守恒定律。他反对生物学中的生命力论，指出这种观念实质上是把生物看作是永动机了。1847年他写了《论力的守恒》一文，寄给了波根道夫的杂志，又遭到了同迈尔第一篇论文相同的命运，被波根道夫扼杀的还有德国莫尔的一篇内容相近的文章。当赫尔姆霍茨的《论力的守恒》以书的形式出版后，柏林科学院中只有数学家雅可俾一人对他表示支持，他说他对在专家中遇到的阻力感到惊讶。

赫尔姆霍茨说他讨论力的守恒问题，以下列两个假定之一为根据："一个是，自然物体的任何组合不能产生无限量的机械力。另一个是，自然中的一切作用都可以最终溯源于吸引或排斥，而这两种力的强度则完全由施力点之间的距离来决定。"③

他认为自然界的变化一定有充分的因。有的因是可变的，有的因是不可变的。如果是变化的因，我们就要追寻能说明这种变化的原因，一直到不可变的因为止，"而这个不可变的因必须在外界条件相同的一切情况下都能产生同样不可变的果。"④（只要条件相同，因会产生同样的果，他的这个看法同迈尔非常接近。）科学的最后目的就是发现自然现象的终极的不可变的因。

对外界现象，科学有两种抽象方式。一种是把外界现象当作单纯的存在，

---

① 马吉编：《物理学原著选读》，商务印书馆，1986年，第225页。
② 马吉编：《物理学原著选读》，商务印书馆，1986年，第227页。
③ 马吉编：《物理学原著选读》，商务印书馆，1986年，第228页。
④ 马吉编：《物理学原著选读》，商务印书馆，1986年，第228～229页。

不考虑它对我们感官的作用,我们就把它称作是物质。这种物质是没有作用的存在,实际上是无。另一种是把作用的特性重归于物质,这样我们就会认识到物质和力是不能分开的。物质和力都是从实际形成的抽象,但物质本身不能被人觉察,它只能通过它的力才能被我们认识。因此,要追寻终极因,就要找到不可变的力。

力是两个物体变更其相对位置的努力,在两个质点相连的直线上发生,是中心力。在力的作用下两个质点不是相互接近,就是相互分离,即不是吸引,就是排斥。所以科学的任务就是追寻不可变的吸引和排斥这两种力,这是两种最简单最基本的力。"一旦将自然现象还原到简单力的工作完成并且证明这是我们对现象所能做的唯一的还原工作,那末,这门学科的任务也就完成了。"[1]赫尔姆霍茨的这个观点,显然属于力学机械论的范畴。

在谈到活力守恒原理时,赫尔姆霍茨说:"不管自然物体怎样结合,它们不可能连续地从无生力。"[2]这条原理适用于物理学的一切部门。他建议用$\frac{1}{2}mv^2$作为活力的量度,以便同功的量相等(当时所说的活力,主要指动能)。"活力守恒原理说,当任何数量的质点单凭相互作用的力或指向固定中心的力而开始运动时,只要这些质点仍各占据原来的相对位置,则不论它们在各个时间间隔中的路程或速度如何,活力的总量不变。"[3]

库恩称能量守恒定律是"同时发现"的一个典型,他举出了 12 个同时发现者的名单:除上面提到过的 5 人以外,还有柯尔丁、塞贯、霍尔茨曼、赫因、格罗夫、法拉第和李比希。

"能"这个概念是英国的杨在 1807 年提出的。后来科里奥利提出了"功"的概念,于是杨又把能定义为"做了功的力"。能量就可以用功来测量,这样力与能就终于区分开来了。1853 年开尔文对能下了如下定义:"我们把给定状态中的物质系统的能量表示为:当它从这个给定状态无论以什么方式过渡到任意一个固定的零态时,在系统外所产生的用机械功单位来量度的各种作用的总和。"[4]他用"能量守恒"来代替"力的守恒"。至于把这一定律科学地表述为"能

---

① 马吉编:《物理学原著选读》,商务印书馆,1986 年,第 231 页。

② 马吉编:《物理学原著选读》,商务印书馆,1986 年,第 231 页。

③ 马吉编:《物理学原著选读》,商务印书馆,1986 年,第 232 页。

④ 劳厄:《物理学史》,商务印书馆,1978 年,第 83 页。

量守恒与转化定律"的,则是恩格斯。恩格斯在批判克劳修斯"热寂说"时,特别强调了认识能量相互转化的重要性。

迈尔、赫尔姆霍茨等人是在力学机械论的框架中来讨论力的守恒、活力守恒问题的。迈尔的理论基础是因果相等的信念。但是,如果果等于因,果又作为因产生同样的果,那无论因果链条有多长,链条的两端都相等,那世界就不会出现新东西。这种"因果同一律"就是一种形而上学思维方式,具有机械决定论的特征。赫尔姆霍茨在谈论活力守恒之前,强调把各种自然现象还原为最简单的力,也不是偶然的。他们说的都是"力的守恒",这不只是用词不当,他们的确是把一切自然运动都看作力的表现,他们追求的确确实实是力的守恒。力的守恒同力学机械论不仅不矛盾,甚至可以看作是力学机械论的一个基本观点。只有当我们用能量的观点来重新理解他们的著作,并上升到新的层次时,才能形成能量守恒与转化定律。

能量守恒与转化定律,表明自然界存在着各种能量(即各种运动形态),各种能量相互转化,但宇宙总的能量守恒,所以运动不生不灭。它揭示了自然界的相互联系,是对力学机械论的超越。所以恩格斯称它是自然界的最基本定律,1842年是划时代的一年。恩格斯强调:"运动的不可灭性不能仅仅从量上,而且还必须从质上去理解。"①恩格斯还指出了能的概念的局限性:"'能'这个名词确实是决没有把全部的运动关系正确地表示出来,因为它只包括了这种关系的一个方面,即作用方面,而不包括反作用方面。而且它还会造成这样一种假象:'能'似乎是物质以外的某种东西,是加到物质里面去的某种东西。"②

能量守恒与转化定律的严重缺陷在于,它没有揭示能量转化的条件性和方向性。热力学第二定律表明,在不违背能量守恒和转化定律的情况下,有些能量转化不能自发地发生。根据能量守恒和转化定律,自然界既无进化,也无退化,各种能量转化在原则上都是可逆的,自然界的运动只能是循环。这条定律同牛顿力学一样,都折断了时间箭头。它所描述的变化,是可逆的、静态的、平衡性的变化,而不是发展。它属于存在物理学,而不属于演化物理学。它所描述的宇宙同笛卡儿的"宇宙机器"并无两样。焦耳说:"在宇宙中维持着的就是这种秩序——任何东西也不会被扰乱,任何东西也不会丢失,但整个机器(尽管

---

①　恩格斯:《自然辩证法》,人民出版社,1971年,第21页。

②　恩格斯:《自然辩证法》,人民出版社,1971年,第135页。

它是如此复杂)却平滑、和谐地运转着。……每种事物可能看上去很复杂,包含在表面上的混乱以及几乎无尽头的各种原因、效果、转换和排列等的错综情况之中,但是却保留着最完美的规则性——被上帝的至高精神所统治的整体。"①焦耳眼中的宇宙,是永恒的、稳定的、有序的、高度规范的、决定论的宇宙,一个可逆的、无时间的世界。有人说:"在 19 世纪中期,能量守恒与转化定律的发现引起了物理学的发展,从而使机械自然观达到了登峰造极的地步。"②说能量定律把力学机械论推向了高峰,是值得商榷的。但若说它推动了力学机械论向物理学机械论的转化,倒是有几分道理的。

第三节　热力学理论

热力学曾被看作力学的一个分支,其实热力学是牛顿力学所无法包容的。法国实证主义哲学家孔德在对科学进行分类时,指出自然界存在着两种最普遍的现象——引力与热,但这二者是"敌对"的。引力是吸引,热是排斥;引力不改变物质的性质,热会引起物态和物的属性的变化;引力属于轨道世界,热属于过程世界。自然界中有两种最普遍、最简单的运动:宏观物体的位置移动和热运动。在一定意义上可以说,热运动比机械运动还要普遍和简单。机械能可以自发转化为热能,热能不可以自发转化为机械能,不可能达到绝对零度。机械运动有一定方向,热则是分子的无序运动。所以热力学对认识自然的本质,具有更为基本的意义。

但牛顿力学的一个特征是排除热现象。在现实中不同热运动相联系的机械运动是不存在的,而力学偏偏要割断这种联系。这是牛顿力学的一个局限性。而热力学第二定律表明,热力学来自力学,却是力学机械论的"叛逆"。

　　①　普里戈金、斯唐热:《从混沌到有序——人与自然的新对话》,上海译文出版社,1987 年,第151 页。
　　②　赫尔内克:《原子时代的先驱者》,科学技术文献出版社,1981 年,第 8 页。

226

一、卡诺的热机理论

提高蒸汽机的效率,是近代热力学产生的经济原因。法国工程师卡诺(1796～1832)最早进行这方面的研究。卡诺在《关于火的动力和产生这种动力的机器的看法》一书的开始就说:"研究蒸汽机极为重要,其用途将不断扩大,而且看来注定要给文明世界带来一场伟大的革命。"[1]

但是,在蒸汽机中热转化为机械能的因素是复杂的,如果同时考察各种因素,就很难认清蒸汽机工作的基本原理。为此卡诺采用抽象的方法,设计了没有内部摩擦,也没有对外界热交换,只有热向机械能转化这个最基本工作过程的"理想蒸汽机"。他说:"为了以最普遍的形式来考虑热产生运动的原理,就必须撇开任何的机构或任何特殊的工作介质来进行考虑,就必须不仅建立蒸汽机原理,而且建立所有假想的热机的原理,不论在这种热机里用的是什么工作介质,也不论以什么方法来运转它们。"[2]

卡诺指出,热机做功的前提是热机必须工作在热体(高温热源)和冷体(低温热源)之间。"单独提供热不足以给出推动力,必须还要有冷,没有冷,热将是无用的。"[3]他实际上已经认识到只有热的流动才会产生蒸汽机的动力。卡诺还认识到热总是从热体流向冷体:"热素总是从一个温度或多或少较高一点的物体,流向另一个温度较低的物体。"[4]他还发现两热源的温度差越大,热机的效率就越高。除非冷体没有一点热,则热机的效率总小于1,即不可能将热量完全变为有用的功而不产生其他影响。卡诺由此得出结论:"热动力的产生与所用的媒介无关,它的量完全决定于最后能相互传递热质的那些物质的温度。"[5]这就是著名的卡诺原理。

卡诺的工作已经从理论上揭示了机械能与热能相互转化的事实,并认识到热只能自发从热体传向冷体,这本可以导致能量守恒和转化定律、热力学第一定律与第二定律,但他没有达到这种境界,其重要原因是他相信热素说。他说:

---

① 阎康年:《热力学史》,山东科学技术出版社,1989年,第90页。
② 陈毓芳、邹延肃:《物理学史简明教程》,北京师范大学出版社,1986年,第236页。
③ 陈毓芳、邹延肃:《物理学史简明教程》,北京师范大学出版社,1986年,第237页。
④ 陈毓芳、邹延肃:《物理学史简明教程》,北京师范大学出版社,1986年,第238页。
⑤ 马吉编:《物理学原著选读》,商务印书馆,1986年,第243页。

"蒸汽只是传递热质的工具"①。他用热素说来解释热机的运转，认为活塞之所以往复运动，并不是热转化为机械功，而是热素从高温处流向低温处时撞击活塞的结果。他把热产生动力和水下落产生动力进行类比，认为水力并不是由水本身变来的，所以热产生的动力也不是由热本身变来的。瀑布的动力取决于它的高度和水量，热的动力依赖于所用热素的数量和热素下落的高度，即交换热素的物体之间的温度差。所以恩格斯说："他的鼻子尖已经碰上了热的机械当量，只是他不能够发现和看清它，因为他相信热素。"②建立在热素说基础上的热传导假说同热功转化是不协调的。

二、热力学第一定律

19 世纪中叶，人类已掌握了三套基本物理定律：牛顿力学定律，法拉第、麦克斯韦电磁学定律和热力学三定律。唯有热力学第二定律不仅超越了力学机械论，而且向物理学机械论发出了严峻的挑战，是复杂性研究的一个生长点。

焦耳等人的热功当量的测定，是热力学第一定律的实验基础，热力学第一定律是热功当量实验的理论概括。热功当量只提供热与机械功相对应的数量关系，并未涉及系统内能的增加问题，而热力学第一定律则把系统内能的增加和系统对外所做的功联系起来了，是关于热功转化的规律性的理论。所以热功当量在科学认识的广度和深度上都无法同热力学第一定律相比，这是两个不同层次的认识。

热力学第一定律的内容是：热是物质运动的一种形式，外界传递给一个物质系统的热量等于系统内能的增量和系统对外所做的功的总和。首次提出热力学第一定律的，不是焦耳，也不是卡诺，而是克劳修斯。卡诺信奉热素说，而热素说认为热素不生不灭。所以在卡诺看来，热转化机械功时，热素数量不变，犹如瀑布产生动力时水分子的数量不变一样。他说，"所以蒸汽机中产生的动力，不是由于热质真被耗用了，而是由于热质从较热物体传到了较冷物体——这就是说，由于恢复了它的平衡"③。卡诺认为在热与功的可逆转化中，热并未

① 马吉编：《物理学原著选读》，商务印书馆，1986 年，第 237 页。
② 恩格斯：《自然辩证法》，人民出版社，1971 年，第 122 页。
③ 马吉编：《物理学原著选读》，商务印书馆，1986 年，第 237 页。

损失。德国物理学家克劳修斯(1822～1888)却主张热动说,他写道:"热并不是一种物质,而是存在于物体的最小粒子的一种运动。"[1]克劳修斯还说:"卡诺已经得出作为产生当量功的热量,在由热体向冷体传递时,没有损失热量。"[2]克劳修斯不同意卡诺的这个观点。克劳修斯指出:"与新的思考方式相抵触的,并不是卡诺原理本身,而只是那个'没有损失热量'的补充,因为在产生功的过程中可能有两个过程同时发生,即一些热量转化了,另一些热量从热体传到冷体,并且这两部分热量可能与所产生的功有确定的关系。"[3]他认为热机实现热功转化时,同时发生了两个过程:其一是热量从热体向冷体传递从而产生当量的功,对此可概括出热力学第一定律;其二,另一部分热量通过传导而耗散,对此可概括出热力学第二定律。

　　1850年4月19日,克劳修斯在波根道夫主编的《物理和化学年鉴》上,发表了《论热的动力和可由此推导热学本身的定律》一文,阐明了上述判断,并首次提出了热力学第一定律和第二定律,这两个定律描述的是同时发生的两个过程。他把热力学第一定律表述为:"在一切热做功的过程中,产生的功与消耗的热量成比例。反之,通过消耗同样大小的功,将能产生同样数量的热量。"[4]他认为当热做功时,所产生的功同所消耗的热量成正比,但不是相等。只有当功转化为热时,所消耗的功同所产生的热才会相等。这种表述实际上蕴含着一个十分深刻的思想:功可以全部转化为热,热则不可能全部转化为功。克劳修斯所表述的热力学第一定律,已蕴含有热力学第二定律的萌芽。克劳修斯在这个表述中采用了功的概念。

　　1854年克劳修斯把热力学第一定律表述为

$$Q = U + A \cdot W$$

Q 为总热量,U 为同内功相对应的热量,A 为热功当量,W 为外功。这说明他已具有内功的概念。

　　1867年克劳修斯把功的热当量值称为"活",并把这个概念从热功转化推广到其他能量形式的转化,采用了能的概念,使热力学第一定律超出了热力学的

①　阎康年:《热力学史》,山东科学技术出版社,1989年,第136页。
②　阎康年:《热力学史》,山东科学技术出版社,1989年,第136页。
③　阎康年:《热力学史》,山东科学技术出版社,1989年,第137页。
④　阎康年:《热力学史》,山东科学技术出版社,1989年,第109页。

范围,成为宇宙的一个普遍规律。他说:"谈到热力学第一定律,我们迄今只能说热和活。但要注意,在'热'字中已经包括了光,而'活'的概念要更广泛得多。'活'代表化学作用、电力和电磁的作用、运动的发生和消失,……所以这是一个对一切自然现象都适用的定律。""赫尔姆霍茨看出了这个普遍的意义,称之为'力的守恒定律',实际上则应该恰当地说是能量守恒定律。"[1]

英国物理学家开尔文勋爵(本名威廉·汤姆生,1824~1907)也是热力学第一定律的创立者。开尔文曾受到热素说的影响,但后来在焦耳等人热动说的影响下,终于抛弃了热素说。1851年3月,开尔文写道:"热不是一种物质,而是机械效应的一种动力学形式"[2]。同时他还提出了自己对热力学第一定律和第二定律的表述。关于焦耳发现的热功当量和热与机械功转化守恒关系,开尔文表述为一个"命题"。"命题一(焦耳):以任何方法从纯热源产生的或以纯热效应损耗掉的等当量的机械效应,会放出或产生等量的热。"[3]在此基础上,他用能量的概念对这个命题作进一步抽象,提出了热力学第一定律:"定律Ⅰ——物质系必须以热的形式或以机械功的形式,给出同它得到的同样多的能量。"[4]

克劳修斯曾把热力学第一定律说成是能量守恒定律。麦克斯韦1871年在《热理论》一书中说:"当能量守恒原理应用于热时,一般称为热力学第一定律。"[5]实际上热功当量关系的测定、热力学第一定律和能量守恒与转化定律,是三个不同层次的认识成果。正如不能把热力学第一定律归结为热功当量关系的测定一样,我们也不能把能量定律归结为热力学第一定律。但热力学第一定律同能量定律一样,都属于存在物理学,都不同物理学机械论相抵触。

三、热力学第二定律

富有科学革命意义的,是热力学第二定律。它是整个热力学的精髓,是热力学定律中内涵最深刻、思想影响最广泛的定律。

人们在日常生活中都具有这样的常识:热水会自动变冷,冷水则不会自动

---

① 阎康年:《热力学史》,山东科学技术出版社,1989年,第114页。
② 阎康年:《热力学史》,山东科学技术出版社,1989年,第52页。
③ 阎康年:《热力学史》,山东科学技术出版社,1989年,第111~112页。
④ 阎康年:《热力学史》,山东科学技术出版社,1989年,第112页。
⑤ 阎康年:《热力学史》,山东科学技术出版社,1989年,第124页。

变热。在热机研究中,科学家面临的一个基本事实是:在热功转化过程中,热机所吸收的热量大于做功所需要的热量。如何从理论上解释这些现象?这就导致了热力学第二定律。

克劳修斯是热力学第二定律的主要提出者。他提出热力学第二定律的逻辑起点,是批评卡诺的作为产生当量功的热量,从热体向冷体传递时,热量没有损失的看法。他在 1850 年 4 月发表的论文中说:"在没有任何力消耗或其他变化的情况下,把任意多的热量从冷体传到热体是和热的惯常行为矛盾的。"[1]热的惯常行为是热从热体向冷体的传递。热的惯常行为可以自发实现,相反的变化则不可能自发地发生。

在 1854 年发表的论文中,克劳修斯把热力学第二定律的表述改变为如下判断:"热不可能由冷体传到热体,如果不因而同时引起其他关系的变化。"[2]1850 年的表述用的是肯定判断,1854 年的表述用的是否定判断。绝大多数科学定律都用的是肯定判断,而热力学第二定律的价值正在于它指出了某些变化的不可能。1854 年的表述用"如果不因而同时引起其他关系的变化",取代了1850 年表述中的"在没有任何力消耗或其他变化情况下",这就具有更加普遍的意义,并突出了"同时"的概念,反映出克劳修斯认识的深化。

1875 年克劳修斯又把热力学第二定律表述为以下两个等价的命题:"热不可能自发地从一冷体传到一热体"或"热从一冷体传向热体不可能无补偿地发生"。[3] 这两个表述都是关于"不可能"的命题,指出"自发"就是"无补偿"的意思。

开尔文也对热力学第二定律的建立做出了重要贡献。同克劳修斯一样,开尔文也用批判的眼光重新审视了卡诺原理。他在 1851 年说:"但是,应该注意,热体给出的热量并不像它得到的热量那样多(卡诺指出,如果热是物质,这物质将会是一样多),而却像焦耳主张的,给出的与机械功相当的热量,少于它得到的热量。以此去修改卡诺理论,使它适应这个暗示的真理。并且,它们的最大差异是它只能导致所说的可逆和不可逆的动力转变。"[4]开尔文从热素说转向热动说后,才认识到卡诺把热功相互转化看成是可逆循环是错误的,这是一种不

---

[1]　阎康年:《热力学史》,山东科学技术出版社,1989 年,第 140 页。
[2]　阎康年:《热力学史》,山东科学技术出版社,1989 年,第 141 页。
[3]　阎康年:《热力学史》,山东科学技术出版社,1989 年,第 145 页。
[4]　阎康年:《热力学史》,山东科学技术出版社,1989 年,第 147 页。

可逆循环。理论范式的转换,使开尔文很快就提出了热力学第二定律:"不借助外部动因将热从一物体传递到另一高温物体,制成一个自动机是不可能的。"①这是从永动机不可能的角度所作出的表述,他在这儿所说的自动机后来被称为永动机或第二类永动机。奥斯特瓦尔德把不从外部取得能量却又能不断做功的机器称为第一类永动机。

开尔文同时还对热力学第二定律作出了如下表述:"我们不能从物质的任何部分,用冷却到低于其四周物体最冷温度的方法,借助非生物的媒质来产生机械效应。"②开尔文又说:"目前在物质世界中存在着的普遍倾向是机械能的耗散";"任何机械能的复原,在无生命物质的过程中是不可能的,而且可能也是从来没有用有机物质实现的,不论这是具有植物生命的物质还是服从动物意志的物质"。③ 开尔文虽然在这个表述中强调了"非生物的媒质",但他实际上认为生命过程也不能违背热力学第二定律,只是他出于谨慎没有作出结论。

此外,开尔文又把热力学第二定律表述为:"定律Ⅱ——如果动作的每一部分及其一切效应是完全可逆的,并且如果给出或取得热量的系统的一切区段以两个温度的这个或那个给出或取得热量,则在高温时取得或给出的总热量,必超过低温时取得或给出的总热量。当这些温度相同时,不论物质系的物质特殊性或安排如何,也不论它经受的操作特殊性质如何,它们永远具有同一比率。"④这是从"物质系"角度提出的一种比较广义的表述。

许多热力学教科书则这样来叙述开尔文对热力学第二定律的表述:"不可能从单一热源取热使之完全变为有用的功,而不产生其他影响。"⑤但据说在开尔文的著作里没有找到这种表述。后来麦克斯韦、普朗克、朗肯等人也提出了各自的说法。麦克斯韦写信给瑞利说:"热力学第二定律的真实程度和下述的真实程度相等——把一杯水倒入大海,就不可能再把同一杯水舀回来。"⑥

热力学第二定律是关于不可逆性的定律。克劳修斯强调的是热传导的不可逆性,开尔文强调的是热功转化的不可逆性(即热与功的不对称性)。这两种

---

①　阎康年:《热力学史》,山东科学技术出版社,1989年,第148页。

②　马吉编:《物理学原著选读》,商务印书馆,1986年,第259页。

③　申先甲:《探索热的本质》,北京出版社,1985年,第161页。

④　阎康年:《热力学史》,山东科学技术出版社,1989年,第149~150页。

⑤　王竹溪:《热力学简程》,人民教育出版社,1964年,第66页。

⑥　塞格莱:《物理名人和物理发现》,知识出版社,1986年,第70页。

不可逆性都是自发过程中的能量的贬值、退化或耗散：能量逐渐从能做功的形式转变为不能做功的形式，从有序能量转化为无序能量。熵增就是能量的贬值，能量虽未减少，但利用率却在下降。

热力学第二定律是条奇怪的定律，不同的科学家对它有不同的表述，同一个科学家也会提出几种不同的表述，这个现象在科学史上是罕见的。这表明热力学第二定律的内涵比开普勒行星运动三定律、牛顿力学三定律、电磁学定律都更为丰富和复杂。所以科学家们可以从不同的角度来理解这条定律；他们一直在不断地思索这条定律，认识也不断深化。这个现象告诉我们，热力学第二定律属演化物理学，涉及自然演化的过程和方向。它同过去许多天文学、物理学定律相比，是另一种类型或另一个层次的规律，因为它反映的是自然界更深层次的本质，是关于自然复杂性的定律。

四、热力学第三定律

绝对零度不可能达到，这是热力学第三定律。这一定律主要是由德国的能斯特(1864～1941)在 1905 年提出的。

热力学第三定律是用绝对温度的量度表述的，绝对温标的概念是开尔文在 1848 年首创的。

开尔文在《在卡诺热动力理论基础上和由雷诺的观察计算绝对温标》一文中说，测定温度的问题一向被认为是物理学的一个最重要的问题。热机做功的关键因素是热量和温差，要测定温差，就应当有统一的温标。卡诺的研究表明，热量和温度间隔是表示由热产生的机械效应量的全部因素。既然我们已经找到了一个确定的量度热量的系统，我们就可以由此得到一种量度温度间隔的方法，以此来判定温度的绝对差。所以开尔文建议建立一个与物质性质无关的绝对温标，使我们可以对各种热现象和热学实验作严格的比较。他说："我现在建议采用的标度具有各度同值的特征，那就是说，就本标度而言，从温度为 $T°$ 的物体 A 降到温度为 $(T-1)°$ 的物体 B 的一单位热，不管 T 为何数，都能产生同样的机械效应。它可以恰当地称为绝对标度，因为它的特征与所用物质的物理性质无关。"[①]他并设想绝对零度的存在。这个建立在卡诺循环基础上的温标，

---

① 马吉编：《物理学原著选读》，商务印书馆，1986 年，第 256 页。

被 1927 年第七届国际计量大会所采用,当作最基本的温标。绝对温标的确立,为热力学第三定律的提出创造了条件。

热力学第三定律是对低温范围内热化学反应实验的理论概括。薛定谔说:"在接近零度时,分子的无序对物理学事件不再有什么意义了。顺便说一下,这个事实不是通过理论而发现的,而是在广泛的温度范围内仔细地研究了化学反应,再把结果外推到零度——绝对零度实际上是达不到的——而发现的。"[1]

能斯特对热化学进行了长期研究,1912 年他在《热力学和比热》中说:"不可能通过任意材质本身的原因从低温降至绝对零度。""若由实验事实得出固体的比热在低温时向零度趋近,则就会形成如下的结论:不可能通过无限的范围发生的过程将物体冷却到绝对零度。这两种说法是一个意思:绝对零度不可达。"[2]热力学第三定律揭示了热运动的特殊性:它在空间上比其他运动形态具有更大的普遍性,并在时间上具有永恒性。热运动不可能完全转化为其他的运动形式,因此热运动具有一定的独立性,它可以不伴随别的运动形态而独立存在。其实,热力学第二定律已指出,机械功可以全部转化为热,但任何热机都不可能连续不断地把所受到的热量全部转化为功。把热力学第二定律作进一步的引申、推导,就接近了热力学第三定律。这也表明热力学第二定律是热力学的核心。

能斯特认为这是一个热力学的新定律,并把它同第一、第二两定律并列,从永动机不可能的角度对热力学三个定律作系统的表述。"因此,从现在起,我能够将著名的三个热定律简要地表述如下:1. 制造一台可由无产生持续热量或外功的机器,是不可能的。2. 设计出一台能将周围的热量转变成外功的机器,是不可能的。3. 设想出一台能完全吸尽一个物体的热量的机器,也就是能将其冷却到绝对零度,是不可能的。"[3]这三个表述的直接内容,不是自然界的规律性,而是三种永动机不可能,即人的三种行为的不可能。这是从人与自然关系的角度来表述自然界的规律,体现了人的价值观和自然界规律性的联系,价值判断和事实判断的联系。通过制造某种人工自然物的不可能来表述天然自然

---

[1] 薛定谔:《生命是什么?》,上海人民出版社,1973 年,第 92 页。
[2] 阎康年:《热力学史》,山东科学技术出版社,1989 年,第 229 页。
[3] 阎康年:《热力学史》,山东科学技术出版社,1989 年,第 229～230 页。

的规律性,这样的表述在科学史上是没有的。这来自近代热力学研究方法的特殊性:它以热机为直接研究对象,以提高热机效率为主要目的。当然,热力学三定律的意义不只是指出永动机的不可能。

我们也可以用能量的概念来表述热力学的三个定律。第一定律是热与其他能量转化时能量不变的定律,第二定律是由于热趋于平衡可用能量越来越少的定律,第三定律是物质的能量不可能为零的定律。

五、熵的概念的提出

克劳修斯在热力学第二定律的基础上,提出了熵的概念,使他的认识进一步地升华。

自然界有些变化可以自发发生,有的则不能。人们很早就发现热可以自发从热体传向冷体,相反的过程却不可能自发发生。布莱克1803年就说:"就是不用温度计,我们也能觉察到热有从较热物体自行扩散到四周较冷物体的趋势,直到其分配给各物体的热量足以使各受热物体不再相互传热时为止。这时热就进入了平衡状态。……所以对于热,我们必须采用这样一个最普遍的定律,那就是'凡相互自由传递的物体,如果没有不同的外来影响,则其所获的温度,如温度计所示,完全相同'。"①热自行扩散,达到平衡,布莱克认为这是一条最普遍的定律。

克劳修斯则把热的传导、热功转化和物体散离度的变化这三个现象联系起来考虑,试图找到一个统一的标准来判定哪些变化可以自发发生,由此提出了熵的概念。

1867年9月23日,克劳修斯在第41次德国自然科学家和医生代表大会上作了题为《关于热力学第二定律》的报告。他在报告中提出了"活"和"散离度"两个概念。活是用热量单位表示的功,热功转化可以表述为热活转化,无需变换单位。物体受热会膨胀,他用散离度来量度膨胀的程度。散离度是物体最小构成部分的分散和远离的程度。

"两种转化的每一种都能以两个对立的方式出现,这可用正和负的说法来

---

① 马吉编:《物理学原著选读》,商务印书馆,1986年,第149~150页。

区别。我们将把散离度增加作为正的,而把散离度减少作为负的。此外,活转化为热可作为正的,而热转化为活是负的。"①用正负来区分变化,这是一种抽象。富兰克林曾用正和负来表示电流质的有无,克劳修斯则用正和负来表示变化的方向。它只强调变化能否自发地发生,而撇开具体的变化形式。他说,热活转化过程不是单独出现,都伴随着热的传导,或者说必然以热量的传递作为热活转化的补偿。他把热从高温物体向低温物体的传递称为正的变化,相反的变化称为负的变化。这样,他所考虑的三种变化都有了正负之分,即

	正的变化	负的变化
散离度的改变	增加	减少
热活转化	活→热	热→活
热量传递	高温→低温	低温→高温

这就是说正的变化是能自发发生的变化,负的变化是不能自发发生的变化。

克劳修斯认为散离度不可能自发地减少,热不可能自发地转化为活,热量不可能自发地从低温物体流向高温物体。这三种变化只能在一定条件下才能出现。负变化一定伴随着正变化,正变化无需伴随负变化。负变化一定要有补偿,正变化无需补偿。例如,可以用压缩气体的方法来减少气体分子的散离度,实现这种负变化。但只要一压缩气体,就要做功,就会出现活转化为热的正变化。如果气体流入真空容器,气体自发扩散,散离度增加了,但这个正变化却没有伴随热转化为活的负变化。他说:"对所有三种转化可以提出定律:负的转化只能在有补偿下发生,正的能够没有补偿;或者更简短些,没有补偿的转化只能是正的。"②正变化是不可逆的变化。

对于各种不可逆变化,都可以找到各自的特别标准来判断过程的方向。如判断热传导过程的方向可用温度作标准,判断气体、液体的扩散过程的方向可用密度作标准。那么,对于各种不可逆的过程能否找到一个统一判断方向的标准呢?克劳修斯提出了一个标准,那就是熵。

在希腊语中,熵便是"变换"的意思。熵是个状态函数,代表该系统在某时刻所处的状态是否容易改变以及向哪个方向改变。克劳修斯还从热传导的角

---

① 克劳修斯:《关于机械的热理论的第二定律》,《自然科学争鸣》1975 年第 1 期。

② 克劳修斯:《关于机械的热理论的第二定律》,《自然科学争鸣》1975 年第 1 期。

度提出用熵作为制定变化方向的标准。如果一个物质的热力学温度为 T,加进热量 dQ,则熵的增加为

$$dS = \frac{dQ}{T}$$

若 $dS>0$,则过程可自发发生;若 $dS<0$,则过程不可能自发发生。

有了熵的概念,我们就可以用这个概念来表述热力学的三个定律。热力学第一定律是孤立系统中熵不变的定律,热力学第二定律是熵增定律,热力学第三定律是熵不可能为零定律。

克劳修斯认为他的熵的概念不只是热力学的概念,具有普遍的意义。1865年他说:"按照我的提法,第二定律所说明的事实是,自然中出现的一切变换,都是在我所谓的'正'的意义之下自行出现的,即得不到补偿的;但是,它们在反面的或'负'的意义之下出现的唯一方式就是有同时出现的正变换对之进行补偿。这种定律在宇宙方面的应用,导致了威廉·汤姆生第一次提醒我们注意的以及我在最近的一篇论文里讲到的一个结论。这结论说,出现在宇宙中的一切变化状态,如果正意义的变换在量上超过了负意义的变换,那末,宇宙的一般情况将越来越多地出现正意义的变化,于是宇宙将坚持不变地趋于终极状态。"[1]既然出现了一个负的变化,就必然同时出现一个正的变化作为补偿,而正的变化可以单独出现,那自然界的正的变化的量就会越来越大。

"如果我们认为对于一单个物体我称之为熵的量就是整个宇宙在一切情况下都要形成的量,又如果我们对于熵采取像能的概念那样比较简单的看法,那我们就可以用对应于热的唯动说的两条基本定律,以下列简单的形式来表示宇宙的基本定律:1. 宇宙的能是恒定的。2. 宇宙的熵趋于极大。"[2]这样,克劳修斯通过熵的概念,就把热力学第二定律推广为宇宙的基本定律。

亚里士多德曾把运动分为自然运动与非自然运动,克劳修斯把变化分为自发变化与非自发变化,这是认识的飞跃。亚里士多德所说的自然运动,实际上就是自发运动,熵增定律是用不等式表述的定律,揭示了自然演化的不可逆性,使物理学开始从存在物理学向演化物理学过渡。熵不仅是个新概念,而且是一

---

① 马吉编:《物理学原著选读》,商务印书馆,1986年,第250页。
② 马吉编:《物理学原著选读》,商务印书馆,1986年,第251~252页。

种新世界观。

当时对热力学理论有两派不同的观点。一派以马赫、奥斯特瓦尔德为代表，主张热力学的任务是从宏观角度研究能量变化的规律。另一派以波尔茨曼为代表，提倡探讨热力学的微观机制。波尔茨曼说："当代的原子理论能够对于所有的力学现象给出合理的图像。……图像还进一步包括热的现象。只是由于计算分子运动极其困难，才使这一点的演示还不十分清楚，无论如何，在我们的图像之中可以找到所有的主要事实。"[1]

奥地利的波尔茨曼(1844～1906)把熵的概念同信息的概念联系起来。他指出熵增过程是系统从有规则状态到无规则状态的变化过程。熵是一个系统失去信息的量度。一个系统有序程度越高，它的熵就越小，所含的信息量也就越大。1872年他指出热力学第二定律的论证只有在概率的基础上才能成立，这就是说，不能自发发生的过程是发生概率很小的过程。有规则状态的几率较小，无规则状态的几率较大。波尔茨曼在《关于热动力学第二定律与几率的关系，或热平衡定律》一文中说："均匀状态比非均匀状态多得很多，所以几率较大，从而在时间的进程中变得均匀了。……我们深信，我们能从研究系统中各种可能状态的几率去计算热平衡状态。在大部分的情况下，初始状态是可几性很少的状态，但从初始状态开始，这体系将逐渐走向可几性较多的状态，直到最后进入最可几的状态，那就是热的平衡。如果我们把这种计算应用于第二定律，我们就能将普通所谓熵的那种量等同于实际状态的几率。"[2]这就是说，熵是无规则状态的量度，熵增就是发生概率的增加。这样，波尔茨曼就对热力学第二定律作出了统计解释，建立了熵的微观模型。波尔茨曼自杀离开人世后，人们在他的墓碑上只刻着一个公式—— $S = k \log W$， S 为熵， W 为微观态(可能有的分子组态数)， k 为波尔茨曼常数。普里高津说："波尔茨曼的研究为什么如此重要？因为他把科学史中独立引入的各种方式的描述联系起来了，即把用力学定律表示的动力学描述、几率描述和热力学描述等联系起来了。"[3]我们还可以进一步说，波尔茨曼把宏观的热现象同微观的机理联系起来了。1948年信息论创始人申农把信息理解为负熵，并把熵引入了信息论。

---

[1] 冯端、冯步云：《熵》，科学出版社，1992年，第43页。

[2] 马吉编：《物理学原著选读》，商务印书馆，1986年，第280页。

[3] 湛垦华等编：《普里高津与耗散结构理论》，陕西科学技术出版社，1982年，第61页。

六、克劳修斯的热寂说

当克劳修斯把热力学第二定律推广到宇宙时,他便提出了热寂说,开创了宇宙学的先河。

克劳修斯提出熵的概念时,曾有意识地把"熵"字拼写得同"能"字尽可能相似。其实这是两个属于不同科学思潮的概念,描述的是不同的自然图景。能量守恒原理实际上是牛顿运动守恒原理的推广。能量原理中的变化是静态的、可逆的、平衡性的变化。热力学定律则弥补了能量原理的局限性。第一定律指出热不会消灭,但会转化。第二定律指出这种转化有一定的限制,有的转化可自发实现,有的转化则不能自发发生,即两个相反的过程不对称。第三定律指出热不可能全部转化为其他运动。在一定意义上可以说,能与熵是两个相反的概念。能从正面表征物体具有的运动转化能力,熵从反面表征物体丧失的运动转化能力。所以能量原理只讲能的数量,不讲能的质量,不区分不同利用效率的能量;熵的概念则表征封闭系统内能量的贬值或有用能的耗散。

他不同意宇宙大循环的看法,但这种看法是能量守恒与转化定律的必然结论。他在1867年9月23日的报告中说:"常常听说,在宇宙中一切是循环运动。当在某一处和某一时间有向某一方向发生的变化,必定也在另一处和另一时间有相反的方向发生的变化,使得同样的状态总是重复出现,所以总的说来宇宙的状态维持不变。因此宇宙能以同样的形式存在下去。"[1]他认为宇宙循环论就是宇宙不变论,而这种看法来自能量守恒论。他说,可以把能量守恒定律表述为全宇宙的一个普遍的基本规律:"全宇宙的总能量总是常数,就像全宇宙的物质总量一样。""虽然这个定律的正确性是无可怀疑的,而且它确实在一定程度上表达了全宇宙的不变性,但是假如我们认为它证实了前面所说的那个观点,全宇宙处在永恒的循环运动中而维持状态不变,那就走得太远了。热力学第二定律肯定地违反这个观点。"[2]克劳修斯已看出能量守恒定律和热力学第二定律属于不同的物理学,会导致不同的宇宙观。的确,赫尔姆霍茨就说:"从此

---

① 克劳修斯:《关于机械的热理论的第二定律》,《自然科学争鸣》1975年第1期。

② 克劳修斯:《关于机械的热理论的第二定律》,《自然科学争鸣》1975年第1期。

以后宇宙被判处进入永恒静止的状态中。"①

宇宙不是永恒的循环，那一定有变化的方向和最后的结局。克劳修斯认为方向是熵趋向最大值，最后结局是热寂状态。"在一切正的转化大于负的转化的情形中，出现有熵增加。因此必然得出结论，在一切自然现象中熵的总值永远只能增加而不能减少，于是到处不断进行的变化过程可以用下面的定律简短地表达：宇宙的熵趋于极大。"②熵达极大值就是宇宙中正的变化占绝对优势，负的变化趋于极小值。在那样的宇宙中，物质的散离度极大，各种运动都通过机械运动转化为热运动，热是宇宙运动的最后唯一归宿。热不断在宇宙中扩散，最终达到全宇宙的热的平衡。那时虽然还有热，但却不会有任何运动了，宇宙处于死寂的状态。"宇宙越是接近于这个熵是极大的极限状态，进一步变化的能力就越小；如果最后完全达到了这个状态，那就任何进一步的变化都不会发生了，这时宇宙就会进入一个死寂的永恒状态。"③

克劳修斯的结论是：宇宙中并不是所有都是循环。"尽管宇宙目前的状态离这个极限状态还是很远很远，尽管向之趋近的过程进行得如此之慢，使一切所谓历史年代比起宇宙作相对小的变化所需要的极为巨大的时间来只是短暂的瞬息，然而我们仍然得到了一个重要结果，我们找到了一个自然规律。它肯定地断言，宇宙中不是一切都是循环运动，而它的状态正在不断地向着一定的方向变化以趋向于一个极限状态。"④

19 世纪 50 年代初，克劳修斯就有了宇宙热寂的想法，但他考虑到这个想法同当时流行的关于热的观点相悖，所以一直到 1867 年才发表。

1852 年开尔文也在《论自然界中机械能散逸的普遍趋势》一文中叙述了类似的见解："在现今，在物质世界中进行着使机械能散失的普遍趋势。""在将要到来的一个有限时期内，除非采取或将采取某些目前世界上已知的并正在遵循的规律所不能接受的措施，否则地球必将开始不适合人类目前这样居住下去。"⑤热力学第二定律使开尔文为人类的未来担忧，而当时的科学又不能消除

---

① 哈肯：《协同学——大自然构成的奥秘》，上海译文出版社，2001 年，第 19 页。
② 克劳修斯：《关于机械的热理论的第二定律》，《自然科学争鸣》1975 年第 1 期。
③ 克劳修斯：《关于机械的热理论的第二定律》，《自然科学争鸣》1975 年第 1 期。
④ 克劳修斯：《关于机械的热理论的第二定律》，《自然科学争鸣》1975 年第 1 期。
⑤ 《关于热寂说的一些资料》，《自然科学争鸣》1975 年第 1 期。

他的担忧。

热寂说提出后，引起了普遍的关注。1929年英国的秦斯（1877～1946）在《环绕我们的宇宙》一书中，把热力学第二定律视为宇宙的能量贬值定律。他说："能量的水平不可能永远地降落下去，它像时钟中的摆锤一样，有自己的最低位置。因而，宇宙也不能永远这样运动；迟早会达到这样的时候，这时它的最后一尔格能量会蜕化到活动之梯的最低一级，宇宙的有效生命就告停止。能量还是保存着，但已失去一切活动的能力，它无力再使宇宙运动起来，正如一潭死水不能使水车转动起来一样，我们将处在一个死寂的，虽然也可能是热的宇宙中。""宇宙也像凡人一样，它唯一可能的生命就是走向坟墓。"[1]在他看来，既然能量在不断贬值，那宇宙就不断在逼近死寂。

1935年英国的爱丁顿（1882～1944）在《科学中的新道路》一书中说，当宇宙达到热平衡状态时，"熵不能再继续增大了，而热力学第二定律又不允许它减小，因而它只能保持不变。于是，我们的时间指标便消失了。但这里所说的既然是整个系统，所以时间也就停止了它的流动。这并不意味着时间不再存在了，它仍然存在着并且继续延伸下去，就像空间的存在和延伸一样，只是其中再也不包含任何动态的实质了。热力学平衡状态是一个必然的死寂状态，因而任何人也无法设想规定出这样或那样的'时间之箭'的指标了。这就是世界的末日"。宇宙既然已经死寂，时间也就失去了意义。爱丁顿还认为过去宇宙很有组织性，而以后的宇宙将越来越无组织。"在追溯到过去的时间时，我们会发现，世界越来越有组织。如果我们不过早地停止我们的考察，那么我们就会到达这样一个时候，这时世界中的物质和能量可能具有最大的组织。"他还说随着散离度的不断增加，宇宙中所有的实物都会转化为辐射，宇宙将成为一个无线电波球。"大约每过15亿年，这个无线电波球的直径便增大一倍，而它的体积永远以几何级数增加。显然，在这样的情况下，我们可以把物理世界的末日描述成一次莫大的无线电波发射。"[2]维纳认为技术进步必然使各种功加快变为热，使宇宙的末日来得更快。

热寂说也受到一些人的质疑和批评。1871年麦克斯韦出版了《热的理论》，书的末尾载有一篇题为《热力学第二定律的限制》的短文，指出如果有一个"才

---

① 《关于热寂说的一些资料》，《自然科学争鸣》1975年第1期。
② 《关于热寂说的一些资料》，《自然科学争鸣》1975年第1期。

能突出"的存在物,便能超越热力学第二定律。他说:"我们设想有某个存在物,它的才能如此突出以致可以在每个分子的行程中追踪每个分子。""我们假定把这样一个容器分为两部分,A 和 B,在分界上有一个小孔,再设想一个能见到单个分子的存在物,打开或关闭那个小孔,使得只有快分子从 A 跑向 B,而慢分子从 B 跑向 A。这样,它就在不消耗功的情况下,B 的温度提高,A 的温度降低,而与热力学第二定律发生了矛盾。"[①]他的这个"存在物"后来被称为"麦克斯韦妖"。1951 年美国的布里渊指出,妖精要能识别分子,首先要照亮分子,这就要输入能量,引起熵的增加,所以这种妖精不可能存在。但布里渊对熵增原理持保留态度,他说从热力学第二定律所得出的答案往往不可捉摸,总有点像女巫所说的话。

波尔茨曼认为热力学定律在局部范围内是正确的,但不是绝对的规律。他认为自然界的涨落可以使过程朝相反的过程进行,虽然其可能性很小,但几率并不等于零。但根据他的涨落理论,理想气体的相对涨落同 $1/\sqrt{N}$ 成正比,N 为气体粒子数目。显然,当粒子数很大时,相对涨落值是微不足道的。

恩格斯认为热寂说的实质是主张能量即使不是在量上,那也是在质上消失了,最后必然要假定外来的推动。他猜测扩散到太空中去的热有可能通过某种途径重新集结和活动起来,所以他强调从质量上理解运动守恒原理。恩格斯在概括 19 世纪自然科学的理论成就时,未能很好地分析热力学第二定律所蕴含的新的自然观,可能同他对热寂说的反感有关。

如何评价热寂说? 至今还见仁见智。但是,即使未来的科学判定它是错误的假说,它在科学思想史上的意义仍然是值得重视的。克劳修斯第一次对宇宙的演化进行了探讨,第一次把不可逆性、方向性、时间箭头引进了物理学,使热力学成为演化物理学的第一个学科。

从康德的星云假说到克劳修斯的热寂说,从能量守恒到能量耗散,从宇宙大循环到宇宙有最后归宿,这都是认识的进步。普里高津说:"平衡态热力学是物理学对自然界的复杂性问题作出的第一个响应。这个响应是用能量的耗散、初始条件的忘却、趋向无序的演化这样一些术语来表达的。"[②]如果我们要重新

---

① 爱伦伯格:《麦克斯韦妖》,《摘译——外国自然科学哲学》1976 年第 1 期。

② 普里戈金、斯唐热:《从混沌到有序——人与自然的新对话》,上海译文出版社,1987 年,第 173 页。

评定 19 世纪自然科学的三大发现,热力学三定律应取代能量定律而列入其中。

1822 年法国的傅立叶已看出热力学同力学有很大的区别:"存在着范围很广的各类现象","都不是由机械力产生的,而完全是由于热的存在和积聚的结果。这一部分的自然哲学不能放在力学理论的下面:它有其本身所特具的原则"。[①]

第四节　法拉第与麦克斯韦的电磁学理论

尽管吉尔伯特的电与磁是两种不同现象的观点一直延续到 19 世纪,但人们很早就发现了两者之间存在某种联系。水手们不止一次看到,打雷时罗盘上的磁针会转动。电有正负,磁分南北,它们之间的作用都遵循库仑定律。那么,电与磁是否有某种本质联系呢? 库仑这样想过,卡文迪许也这样思考过。到了 19 世纪,这个问题就被提到了日程上。

一、奥斯特与安培

丹麦哥本哈根大学教授奥斯特(1777~1851)深受德国自然哲学关于自然力具有统一性的观点的影响,试图探索热、光、电、磁与化学亲和力之间的关系。1803 年奥斯特说:"我们的物理学将不再是关于运动、热、空气、光、电、磁以及我们所知道的任何其他现象的零散的汇总,而我们将把整个宇宙容纳在一个体系中。"[②]后来他想,静电对磁石不产生影响,那电流对磁是否会有影响呢? 1820 年 7 月他公布了如下实验:用一根白金丝把伏打电池的两极连起来,当导线通电时,旁边的小磁针就转动了,并在垂直于导线的方向上停了下来。如果把伏打电池转动 180°,则磁针也会转动 180°。他在导线与磁针之间放了一块硬纸板,磁针仍然转动,说明磁针的转动并不是由导线变热而产生的空气流动所引起的。奥斯特的实验虽然十分简单,但无可置疑地证明了电流与磁的相互作用,磁针的指向同电流的方向有关。这说明自然界除了沿物体中心线起作用的

---

① 梅森:《自然科学史》,上海译文出版社,1980 年,第 460 页。
② 陈毓芳、邹延肃:《物理学史简明教程》,北京师范大学出版社,1980 年,第 184 页。

力以外,还存在着旋转力,而这种旋转力是经典力学所无法解释的。一门新的学科——电磁学诞生了。这门学科从一开始就暴露了牛顿经典力学的局限性。阿拉哥说奥斯特实验同力学基本原理完全矛盾。法拉第在称赞奥斯特的工作时说:"它猛然打开了一个科学领域的大门,那里过去是一片黑暗,如今充满了光明。"①

奥斯特的发现震动了物理学界,科学家们纷纷做各种实验,力求搞清电与磁的关系。

法国的安培(1775~1836)很快就提出这样的思想:既然磁与磁之间、磁体与电流之间有作用力,那么电流之间是否也有作用力呢? 在奥斯特实验传到巴黎的一个星期后,安培就向法国科学院报告,两根平行载流导体,如果电流方向相同,就互相吸引;如果方向相反,就互相排斥。

不久安培又发现通电的螺线管具有和磁相同的作用。他将导线绕成一个螺线管并通过电流,这时旁边小磁针的转动表明螺线管的一端相当于北极,另一端相当于南极。若改变电流的方向,极性也随之改变。两个通电的螺线管之间,也遵循同性磁极相斥、异性磁极相吸的规律,同磁铁之间的相互作用完全一样。这说明电流与磁体之间、电流与电流之间的作用,同磁体与磁体之间的作用,具有相同的性质。

在这些实验的基础上,安培于 1822 年提出了关于磁的本质的假说,认为一切磁现象均起源于电流。磁性是由磁体中的微小的环形电流形成的,每个分子都含有一个环形电流,实际上就是一个小磁体。物体未被磁化时,分子磁体在各个方向上杂乱取向,相互抵消,所以不表现为磁性。在磁化体中,分子磁体进行了有序排列,就产生了磁的作用。他认为地磁也是由环绕地球的电流所产生的。他说磁就是电流或运动中的电荷;磁体的相互作用可归结为电流的相互作用,这种作用力称为"电动力"。因此,人们把他在 1820~1827 年间提出的理论称为电动力学。

安培的电动力学是建立在牛顿派的超距说基础上的。到 19 世纪中叶,德国的诺依曼与韦伯进一步发展了电动力学,使超距说在电磁学中形成为一种传统。1755 年普里斯特列曾把电荷间的作用力同万有引力作了类比,猜想电荷间

① 秦关根:《法拉第》,中国青年出版社,1982 年,第 114 页。

的电力也同电荷间的距离的平方成反比。10 年后法国的库仑(1736～1806)做了这方面的实验,虽然他起初得到的实验数值同理论预算相差 30％,但他仍然相信普里斯特利猜想是正确的,就提出了库仑定律。1812 年泊松根据这个定律总结出的静电现象与静磁现象的数学理论同牛顿力学也没有矛盾。人们就开始把一切力都归结为粒子间的超距作用,如万有引力是质量粒子的超距作用,电的库仑力是电荷粒子的超距作用,磁的库仑力是磁荷粒子的超距作用。奥斯特所发现的旋转力也被安培勉强地解释为中心力的合成。安培用"电动力"来代替"电磁",即用牛顿力学来解释电磁现象。他说:"牛顿所走过的道路,也是对物理学作出过重大贡献的法兰西知识界近来普遍遵循的途径。"[①]他认为电动力同两个电流元的乘积成正比,同距离的平方成反比。麦克斯韦称他为"电学中的牛顿"。

二、法拉第

法拉第(1791～1867)生于英国的一个铁匠家庭里,9 岁时丧父,12 岁当报童,13 岁在订书店里当学徒。他同富兰克林一样,利用工作的方便,在工余时读了大量的书籍。1813 年在戴维(1778～1829)的推荐下,在皇家实验室当助手。戴维一生在化学、物理学方面的发现很多,但他说过他最大的发现是发现了法拉第。可是后来轻视、排挤法拉第,反对推荐法拉第任皇家学会会员的也是他。1820 年戴维与法国的阿拉哥、安培同时发现,在铁块或钢块外面绕有通电流的导线时,铁块或钢块就会磁化,再一次说明了电能转化为磁。

1822 年法拉第在日记中写道:"磁转化电。"关于这个设想,他后来说:"我因为对当时产生电的方法感到不满意,因此急于想发现电磁及感应电流的关系,觉得电学在这一条路上一定可以有充分的发展。"[②]他想,从伏打电池中产生的电流价格很昂贵,如果磁能生电,地球本身就是一个大磁体,就可以源源不断地产生电力了。究竟如何使磁体在导线中产生电流呢? 他当时并不清楚,实际上他以为磁体本身就可以源源不断地产生电。这种想法颇有点像第二类永动机的设计。

---

① 宋德生:《安培和他在科学上的贡献》,《自然杂志》1984 年第 4 期。
② 赵保经:《法拉第——自学成才的伟大科学家》,中国农业机械出版社,1981 年,第 28 页。

他做了各种实验。他把磁铁静置在线圈内,没有电流产生。他又改用大的磁铁,多次改变导线与磁铁的位置,仍然没有电流产生。他又不断替换各种形状的磁铁,一直都未成功。实验断断续续地经历了 10 年的时间,不知经受过多少次挫折,终于在 1831 年 10 月 17 日获得了成功。当实验成功时,一切又显得那么简单:磁铁在线圈中运动时,电流计上的指针就动了!

为什么过去多年的实验都失败了呢?法拉第认识到关键在于一定要使磁铁与线圈有相对运动,或者说导线必须切割磁力线,才能产生感应电流。磁本身不能直接生电,只有回路磁通量的变化才能产生电流。通过这些分析,法拉第总结出电磁感应定律。1845 年诺依曼把这一定律用今天的数学形式表达出来:当线圈(回路)中磁感应通量发生变化时,在线圈(回路)中就产生电动势,它的大小跟磁通量对时间的变化率的负值成正比。

过去法拉第让磁铁与线圈处于各种相对静止的状态,均告失败;可是一旦使磁铁与线圈处于相对运动状态,几分钟就获得了成功。无中不能生有,一种运动形式只能从别的运动形式转化而来。起初法拉第虽然自发地感到各种运动形式是可以相互转化的,但不清楚转化还必须具备一定条件,还必须遵守运动守恒定律。在法拉第时代,"能"的含义是用"力"的概念来表示的,他曾在日记中写过:"距离变成 2 倍,力就变成 1/4 了。这怎么能谈得到力是守恒的呢?"[1]正因为法拉第当时还没有明确的能量守恒与转化思想,所以他没有认真思索这样的问题:如果静磁本身能源源不断产生电流,那导线里不断发出的热能又是从哪儿来的?因此几分钟即可做成的事情,却花费了几年的宝贵时光。这说明,如果没有正确理论的指导,往往事倍功半,甚至一事无成。法拉第在发现电磁感应以后,他的认识就向能量守恒观念迈进了一步。1834 年他以《化学亲和力、电、热、磁以及物质的其他物质动力的联系》为题发表讲演,指出"任何一种(力)从另一种中产生,或者彼此转化"[2]。

在 1821 年以前,法拉第完全拥护安培的学说,可是当他做成功了电磁感应实验以后,就断然冲破樊篱,另辟蹊径,并在 1837 年提出了场的概念。他反对传统的超距说,认为在电与磁的周围有一种"场"存在,电磁的作用是通过电场或磁场使周围介质极化而进行的,因而传播的速度是有限的。他还用"力线"来

---

① 塔姆:《尼·玻尔与近代物理学》,《物理通报》1963 年第 6 期。
② 库恩:《必要的张力》,福建人民出版社,1981 年,第 79 页。

代替牛顿的"力"。过去亚里士多德、牛顿虽都曾提到过力线的概念,但只有法拉第认为力线是实在的,它像橡皮管一样可以变形、运动,产生阻力。为了定量地表述电磁感应定律,他用磁力线表示磁力状态。他设想一种曲线,它的任意一点的切线方向都和磁力在这一点上的方向一致,这种曲线就是磁力线。磁力线可以充满整个空间。南斯拉夫的波斯柯维奇于1758年提出原子是力的中心或源泉,实际上是用"原子-力"的模式取代原子论的"原子-虚空"模式。1844年法拉第说"波斯柯维奇的原子""比通常的概念具有更大的优越性"①。牛顿认为力与空间无关,法拉第则认为力线是空间的属性。正如麦克斯韦所说:"在数学家们只见到远距作用引力中心的地方,在法拉第的心目中却出现了贯穿整个空间的力线。"②他把以太移植到电磁学中来,提出了电磁以太的思想。他主张以太是一种连续的介质,是传递各种力的媒介,弥漫于整个空间,因此虚空是不存在的,没有不被物质占有的真空地带。以太由力管组成,力管又由力线组成。每一条力线相对应于一个单位的磁或电荷,力管延伸的方向就是电场与磁场的方向,力管截面积的大小就等于电场、磁场在这个截面上的强度,电磁作用是通过力线的变形产生的。他的这些创见为电磁理论奠定了基础。

法拉第坚信大自然是统一的,并用实验证明了电的统一性。当时已知道有5种电:伏打电、普通电(摩擦电、大气中的电等)、磁电、热电、动物电。法拉第发现这5种电有许多共同之处,放电时都生热,还能发出火花,有相同的生理效应等,得出"不管电的来源如何,它的本性全都是相同的"结论,继承和发展了富兰克林的思想。

他还提出了一些有价值的猜想。他认为有两类物质:一类是有质物质或有重物质,同磁力线无关;另一类是以太,同磁力线有关。1832年他曾在手稿中提出电力与磁力以振动方式传播,传播的速度是有限的(即电磁作用的传递不是超距、超时的),实质上预告了电磁波的存在。他曾试图寻找电磁力与牛顿引力之间的关系。1849年他在日记中写道:"重力。这种力与电力、磁力和其它力的实验关系一定能够找出来,从而通过相互作用和等价的效应用它们来确定它。"③他的电解定律也包含着存在有最小带电量单位的思想。

①　宋德生、李国栋:《电磁学发展史》,广西人民出版社,1987年,第242页。
②　赫尔内克:《原子时代的先驱者》,科学技术文献出版社,1981年,第12~13页。
③　伽莫夫:《物理学发展史》,商务印书馆,1981年,第143页。

可是,当时科学界对法拉第的思想并不很理解。一方面,这是由于超距说对人们的影响很深。英国天文学家埃里说:"以超距作用为基础所作的计算和观察之间互相吻合,凡是了解这种情况的人,很难想象他会在这种简单而又精确的超距作用和如此模糊而又捉摸不定的力线之间有片刻的迟疑。"[①]否则就是对牛顿的亵渎。1853年开始出版的第八版《大英百科全书》称法拉第的思想是"操之过急的猜测"。另一方面,是因为法拉第学说本身缺乏严谨性,他的创见都是用直观的形式表达的,缺少精确的数学语言。后来麦克斯韦克服了这个缺点,把电磁学理论提高到了一个新的水平。

三、麦克斯韦

在法拉第发现电磁感应现象的那一年,在英国诞生了另一位伟大的电磁学物理学家——麦克斯韦。麦克斯韦(1831~1879)9岁时丧母,同父亲相依为命,从小养成孤独的性格。中学时曾在数学与诗歌比赛中获第一名,显示了他在数学才华与丰富的想象力方面的潜力。他年轻时读过法拉第的《电学实验研究》,对法拉第的思想十分推崇,同时也发现了它的弱点,并立志用精确的数学语言来表述法拉第的思想。1855年他发表了第一篇论文《法拉第力线》。1860年他见到了法拉第,法拉第鼓励他说:你不应停留于用数学来解释我的观点,而应当突破它。1873年他的《论电和磁》出版,系统地叙述了他的电磁学理论。这部可以同《自然哲学的数学原理》与《物种起源》相媲美的著作,出版后几天内就被争购一空。他没有辜负法拉第对他的期望。

麦克斯韦于1862年提出了位移电流的概念,这是对电磁学的又一次重大贡献。交变电流通过含有电容器的电路时,按照原有认识,由于电荷不能在电容器极板之间移动,因此传导电流将中断,这同实际电流的连续性发生矛盾。为了解决这个矛盾,他根据电磁现象的对称性,认为在交变电流电路中,电容器一个极板上的变化的电场会引起感生磁场,变化的磁场又会在电容器的另一极板上引起感生电场,产生交变电流,故变化的电场的作用就相当于传送电流,但它不是电荷的传导,而是电荷的位移。位移电流概念的核心就是变化的电场与

---

① 秦关根:《法拉第》,中国青年出版社,1982年,第209页。

感生磁场之间的转换。

　　1865 年,他根据库仑定律、安培力公式、电磁感应定律等经验规律,运用矢量分析的数学手段,得出了真空中的电磁场方程。有了这个场方程,在给定边界条件与初始条件下,就可以确定空间任一点在任何时刻电磁场的状态,前人的经验定律也都包含在这组方程中,并体现了电场与磁场、时间与空间的对称性。麦克斯韦方程在电磁学中的地位,相当于牛顿力学定律在经典力学中的地位。其形式之简洁、优美,一直为科学家所称赞。为此波尔茨曼曾重复浮士德的话说:"这种符号难道不是出自上帝之手吗?"1891 年波尔茨曼曾在讲授麦克斯韦理论时说:"我应当出一身大汗,来教会你们连我自己也不理解的东西。"[①]

　　麦克斯韦还采用拉格朗日与哈密顿的数学方法,推导出电磁场的波动方程,指出若在空间某一区域中的电场发生了变化,在它邻近的区域就会产生变化的磁场;这个变化的磁场又会在较远的区域产生变化的电场,变化的电场与变化的磁场不断相互产生,就会以波的形式在空间散开,即以波的形式传播,称电磁波。电场与磁场具有不可分割的联系,是一个整体,即电磁场。不过在法拉第-麦克斯韦理论中,电磁场还不是独立的物质客体,而是以太的一种特殊形态。

　　麦克斯韦从波动方程中推论出电磁波传播的速度刚好等于光速,并预言光也是一种电磁波。他说:"这种速度与光的速度如此之接近,好像我们有充分理由得出结论说,光本身(包括辐射热和其他辐射)是一种电磁干扰,它是波的形式,并按照电磁定律通过电磁场传播。"[②]这就把电、磁、光都统一起来了。

　　继法拉第之后,麦克斯韦用数学的力量进一步排除了超距作用力,对物理学的发展具有深远的意义。不排除超距力,就不会有电磁场理论,也不会有相对论。如果用洛伦兹变换,就可以从麦克斯韦方程推出光速不变的重要结论,而这正是相对论的一个基本前提。因此爱因斯坦一再说,狭义相对论的建立要归功于麦克斯韦的方程。

　　麦克斯韦实际上提出,电磁场也是一种物质形态。他说:"我所提出的理论可以称为电磁场理论,因为它涉及电体或磁体邻近的空间;也可以称为动力学理论,因为它假定该空间中有正在运动的物质,从而产生我们所观察的电磁现

---

① 雷德尼克:《场》,科学普及出版社,1981 年,第 82 页。
② 马吉编:《物理学原著选读》,商务印书馆,1986 年,第 558 页。

象。""电磁场包括和环绕那处于电或磁情况的物体的那一部分空间。""我们也可以把浓密物质从那空间清除出去"。"但是,总有足够的物质遗留下来,以接受和传递光与热的波动。""该波动是以太物质的波动,不是浓密物质的波动"。[1]他也认为物质有两种形态——浓密物质和以太物质,或者说粒子和电磁场。爱因斯坦说:"自从麦克斯韦时期以来,物理学实在已由连续场来描述⋯⋯而不能用任何力学来解释。这个实在概念的变化是从牛顿时代以来物理学所经历的意义最深远的以及最有成果的变化。"[2]

经过几代人的努力,电磁场理论的宏伟大厦终于建立起来,实现了物理学史上的第二次大综合。自然界的统一、联系与转化是这一理论的核心思想。它沉重地打击了形而上学自然观,为辩证唯物主义提供了丰富的思想材料。它在科学史上的地位一点也不亚于19世纪的三大发现。

麦克斯韦的著作刚出版时,读懂它的人寥寥无几。埃仑弗斯特称其为一片知识林海,浩瀚而富饶,却深不可测;波尔茨曼干脆把它称为"天书"。劳厄说:"尽管麦克斯韦的理论具有内在的完美性并和一切经验相符合,但它只能逐渐地被物理学家们接受。它的思想太不平常了,甚至像赫尔姆霍茨和波尔茨曼这样有异常才能的人,为了理解它也花了几年的力气。"[3]

四、赫兹

麦克斯韦预言了电磁波的存在,他对这一预言的信念如此之强,以致未想到要用实验来证实它。1879年柏林科学院曾以用实验验证麦克斯韦理论作为科学竞赛的题目。1883年爱尔兰教授菲茨杰拉德根据麦克斯韦理论,推论莱顿瓶振荡放电时可产生电磁波。最后证实电磁波存在的则是德国的赫兹。

赫兹(1857~1894)是赫尔姆霍茨的学生。他把麦克斯韦理论比喻为建造在光学现象与电磁现象之间辽阔深渊上的一座雄伟大桥,认为麦克斯韦体系比通常体系具有明显的优越性。1888年赫兹把两根铜球杆分别系在两片锌板上,并使铜球杆同感应圈两端相连。这时两个铜球就互相接近,有电火花跳过。他

① 马吉编:《物理学原著选读》,商务印书馆,1986年,第551页。
② 派斯:《基本粒子物理学史》,武汉出版社,2002年,第307页。
③ 劳厄:《物理学史》,商务印书馆,1978年,第53页。

用检波器证实了电磁波的存在。他还从电磁波的传播规律确定电磁波和光波一样,具有反射、折射、偏振等性质。他在《论电辐射》一文中说:"我已经把电力射线这个术语应用于我所研究的现象。我们或许可以进一步把它们称为极大波长的光线。我认为所述的实验无论如何都能有力地铲除对光、辐射热和电磁波运动的同一性这样一个问题的怀疑。"①由于赫兹完成了电磁波与光波同一性的证明,因此麦克斯韦理论获得了决定性的胜利。有趣的是,当年麦克斯韦预言电磁波存在时是31岁,而赫兹证实电磁波存在时也是31岁。这是历史的巧合。

赫兹认为对同一类现象可以用不同的理论来解释。"麦克斯韦理论就是麦克斯韦方程组。任何一种能够导致同一组方程的理论,从而包含同一类可能的现象,我将它都看作是麦克斯韦理论的一种形式或特例。"②但他在《力学原理》中说:"所有物理学家都同意选择的观点,即物理学的任务在于把自然现象归结为简单的力学定律。"③近代电磁学已经有力地冲击着力学机械论,可是赫兹等人仍想把电磁学纳入经典力学的框架之中,这是耐人寻味的。

第五节 化学原子论与分子学说

从古代哲学原子论、近代机械微粒说发展到19世纪的道尔顿化学原子论,是原子论发展史上的里程碑,也为化学的发展开辟了新纪元。化学原子论的发展又导致了分子学说的建立。

一、道尔顿的化学原子论

古希腊罗马的哲学具有悠久的原子论的传统。卢克莱修在《物性论》中,系统评析了留基波、德谟克利特和伊壁鸠鲁等人的原子论思想。古代原子论的基本观点是:原子是唯一的基元物质,各种物体皆由原子构成。原子呈颗粒形态

① 宋德生、李国栋:《电磁学发展史》,广西人民出版社,1987年,第332页。
② 钱长炎、胡化凯:《试论赫兹的物理学思想及研究方法》,《自然辩证法研究》2003年第1期。
③ 钱长炎、胡化凯:《试论赫兹的物理学思想及研究方法》,《自然辩证法研究》2003年第1期。

即间断的、分立的状态,而不是连续的状态。原子既不能被破坏,也不能产生。物体可分,但原子不可分。物体可变,但原子不可变。原子不可入、不可穿透。原子之间是虚空。原子的数量和排列方式决定物体的性质。

近代自然科学必须有自己的物质结构的学说。使古代哲学原子论发展为近代化学原子论的,是英国的道尔顿。道尔顿(1766~1844)是穷苦农民子弟,12岁就开始当教师。他的科学研究活动是从气象观测开始的,从21岁起每天进行气象观测,历时57年之久,从不间断,直到去世的前一天还用颤抖的手写下了最后一次气象记录。1801年道尔顿为解释气体的扩散与混合现象,猜想气体由极微细的粒子构成。1803年9月6日他在笔记里记述了新原子论观点。1808年出版《化学哲学新体系》一书,系统发表了他的化学原子论。

他认为化合物由复杂原子(即后来所说的分子)构成,元素由简单原子构成。简单原子不可分割,称"终极质点"或"莫破质点"。他说:"一切具有可感觉到大小的物体……都是由极大数目的极其微小的物质质点或原子所构成,它们借着一种吸引力相互结合在一起。"[1]"物质虽然极度分散,但却不是无限可分的,即分散到某一点就不能再分下去。这些物质的终极质点的存在是不容怀疑的,虽然这些质点可能太小,即使以后显微镜改进时也未必能看见。""我是选择用原子这个字来表示这些终极质点,而没有用质点、分子或者任何其它小的称号。因为它更容易表达出它的意思,它本身就有不可分的含意,这是其它名称所不具有的。"[2]原子既不能创造,也不能消灭。"物质的新创或毁灭是不在化学作用的能力范围之内的。我们要想创造或毁灭一个氢的质点,和在太阳系里增加一颗新的,或毁灭一颗固有的行星,一样的不可能。我们所能做到的改变,只是把粘着状态下或化合物状态下的质点分开,以及把原来分离的质点联合起来而已。"[3]宇宙的原子数目是无限的,具体物体的原子数目则是有限的。在所有化学变化中,原子的属性不变。化学的分解与化合只是原子的组合方式不同。

伊壁鸠鲁曾猜想原子有重量的区别,道尔顿进一步认为每种原子都有特定的重量,物质在化学反应前后总重量不变。原子量概念的提出使化学变化的定量分析从物体重量层次进入到原子量层次,是化学原子论诞生的主要标志。

---

① 周林等主编:《科学家论方法》第二辑,内蒙古人民出版社,1985年,第67页。
② 周林等主编:《科学家论方法》第二辑,内蒙古人民出版社,1985年,第70页。
③ 丹皮尔:《科学史及其与哲学和宗教的关系》,商务印书馆,1979年,第293~294页。

　　原子论原来是一种哲学本体论,道尔顿等人使它转化为自然科学关于物质组成的理论,同时它又是一种思维方式。这种思维方式常被称为"还原论",即把各种物体还原为原子,把物体的属性、变化和质变还原为原子的属性、运动和量变。既然原子被看作是没有结构的最简单的物质存在,因而我们对任何物体可以还原,但对原子却无法再还原了。所以原子论在近代是最典型、最彻底的还原论。道尔顿建构原子论的方法,正是还原论的方法。

　　还原论的理论基础是简单性原则——世界在现象上是复杂的,在本质上是简单的;复杂性可以归结为简单性;世界上存在着最简单的东西,所有其他的东西都可以用这种最简单的东西来解释。道尔顿坚信世界的简单性,他认为,除非某种原因显示出相反的情况,否则就应当普遍采用简单性原则。

　　他想,在一个分子中,互相排斥的原子越少,该分子的力学稳定性就越大。几何学表明,在一个球的周围最多可以同 12 个相同体积的球接触。所以,在元素 A 与元素 B 组成的各种化合物中,分子式 AB_{12} 是 B 对 A 的最大比值。在各种化合物中,AB 最稳定,因为在这种二元结构的化合物中排斥力最小。如果 A 与 B 只有一种化合物,它极其可能就是 AB。自然界有一种自发的趋势——趋向简单性。如果有多种可能的形态,那自然界就会倾向选择其中最简单的一种形态。

　　如何认识化合物的组成? 道尔顿提出了四条原则。第一,如果 A 与 B 两种原子只组成一种化合物,则必须假定它是二原子化合物 AB。第二,如果 A 与 B 两种原子组成两种化合物,则必须假定其一是二原子化合物 AB,其二是三原子化合物 AB_2 或 A_2B。第三,如果 A 与 B 两种原子组成三种化合物,则必须假定一个是二原子化合物 AB,其他两个是三原子化合物 AB_2 和 A_2B。第四,如果 A 与 B 两种原子组成四种化合物,则必须假定这第四种化合物是四原子化合物 A_2B_2。他指出,除非有理由证明其不然,否则就应当贯彻这些原则。他并不认为这些原则是绝对的,但这些原则是效率原则,具有后来马赫所说的"思维经济"的特征。

　　道尔顿的简化规则作为科学研究中的由简到繁的尝试是合理的。当我们不知道研究对象是简是繁时,可以先假定它是简单的。但这种假定不一定符合对象的实际情况。有人问:"如果物体仅仅以一种比例化合,那么我们怎能确切知道化合物一定是二元的呢? 两个氧原子和一个氢原子,两个氢原子和一个氧原子,或者简言之,以任何可指定的氢原子和氧原子的数目形成水,为什么就是不可能的呢?我认为,道尔顿先生在赞同这种二元化合物并且喜爱它甚于喜爱其他的问题上,并没有举出任何理由。而且我也无法揣摩出他为这种偏爱辩护的任何理由。"[1]实际上道尔顿把不少化合物的组成都弄错了,例如他把水说成是 HO,把氨说成是 NH。

戴维说,道尔顿在化学中的贡献,犹如开普勒在天文学上的贡献,因为他把零散的化学知识系统化了。

二、贝齐里乌斯

贝齐里乌斯(1779～1848)生长在瑞典的农民家庭里,4 岁丧父,8 岁丧母,但继父却很关心他的成长。贝齐里乌斯从小喜爱搜集植物,继父就鼓励他说:"你有足够的天赋去追随林奈的足迹。"可是他后来成了著名的化学家。

他强调化学研究中的定量分析的重要。他说:"稍懂化学的人必须在定量分解方面多多练习,并且必须确定,对定量分解的知识不完备,就不能成为有从事任何科学研究能力的人。"[2]他发现戴维在论述中常用"大约"一词,就直率地写信向戴维指出:正由于使用了"大约"一词,他对数量的测量都是不正确的。贝齐里乌斯的仪器十分简陋,但所测出的数据却十分精确。奥斯特瓦尔德在参观他的天平时,曾感叹地说:坐在仪器面前的人比仪器要重要得多。

他相信原子论。1864 年法拉第发表《论物质的本性》,说原子论是一种不大可靠的假说,贝齐里乌斯反驳说:"原子论作为假说是勿可争辩的,而且它是无数事实的结果"[3]。但他也深感道尔顿对原子量的测定极不正确。他写道:"借助新的实验,我很快就相信道尔顿的数字缺乏为实际应用他的学说所必需的精确性。我明白了,首先应当以最大精确度测出尽可能多的元素的原子量,……不这样,化学理论所望眼欲穿的光明白昼就不会紧跟着它的朝霞而出现。这是那时候化学研究的最重要任务,所以我完全献身于它。"[4]他对道尔顿的简化规

---

① 洛克:《原子和当量:早期化学原子论的演变》,《科学史译丛》1985 年第 3 期。
② 索洛维耶夫等:《贝齐里乌斯传》,商务印书馆,1964 年,第 87 页。
③ 索洛维耶夫等:《贝齐里乌斯传》,商务印书馆,1964 年,第 61 页。
④ 索洛维耶夫等:《贝齐里乌斯传》,商务印书馆,1964 年,第 46 页。

则表示怀疑。他指出,不能肯定水由一个氢原子与一个氧原子化合而成。他认为影响当时化学发展的不是缺少观念,而是缺少可靠的实验数据。

于是他在近20年的时间里,对当时已知的43种元素的2 000种以上的化合物进行了分析,提出了精确的原子量表,并用原子论审查了当时的整个化学,用原子论解释了已有的化学知识。

此外,他还制定了一个简单易懂的化学符号系统,它能明确地表示化合物的原子组成,这些符号沿用至今。1811年,他还发表了电化学的二元论。他认为所有元素及其化合物都是带电的,金属带阳电,非金属带阴电。阴性最强的是氧,阳性最强的是钾。非金属相对于氧又显阳性。元素之所以能化合,是因为它们所带的相反电荷互相吸引。金属的氧化物带阳电,非金属的氧化物带阴电。这一理论是和阿伏伽德罗在同一年提出的分子学说相左的。

贝齐里乌斯认为研究科学应从事实出发,"在这方面,每个研究家都应当遵循牛顿的原则。靠了这些原则,这位至今仍然是独步古今的自然科学家占居着最高的地位,尽管已经过去了整整一个世纪"[1]。难怪贝齐里乌斯喜欢用力的概念,由此可见牛顿传统对当时化学的影响。

三、阿伏伽德罗的分子学说

1808年法国的盖-吕萨克(1778～1850)提出,各种气体在彼此起化学作用时常以简单的体积比相结合。他想到道尔顿曾说过在化学反应中各种原子都以简单的整数比相化合,于是他进一步推论:在同温同压下,相同体积的不同气体中包含相同数目的原子。盖-吕萨克认为他的这个观点是同道尔顿原子论一致的,期望得到道尔顿的支持,可是没想到首先反对他的却正是道尔顿。

道尔顿认为盖-吕萨克的气体体积简比定律同原子论是不相容的,会得出"半个原子"的结论。比如根据盖-吕萨克定律,2升氢同1升氧化合,产生2升水蒸气。在道尔顿看来,这就意味着2个水粒子是由2个氢原子与1个氧原子组成的,那1个水粒子就是由1个氢原子与半个氧原子组成的了,显然参加反应的不可能是半个原子。道尔顿还认为,根据盖-吕萨克定律,就要得出各种气

---

① 索洛维耶夫等:《贝齐里乌斯传》,商务印书馆,1964年,第166页。

体质点体积相同的结论,这也是不可能的。

1811 年,意大利的阿伏伽德罗(1776~1856)提出的分子学说却能很好地解释盖-吕萨克定律。他认为在同温同压条件下,气体元素及化合物或混合物在相同体积中包含相同数目的分子。原子是参加化学反应的最小质点,而分子是游离状态下单质或化合物能独立存在的最小质点。分子是具有一定特性的物质的最小组成单位。分子由原子组成。单质的分子由相同元素的原子组成,化合物的分子由不同元素的原子组成。气体分子一般由 2 个原子组成,也可能由 4 个、8 个原子组成。2 升氢同 1 升氧化合生成 2 升水蒸气,是 2 分子氢同 1 分子氧化合生成 2 分子水,1 个水分子由 1 个氢分子与半个氧分子组成。这样,阿伏伽德罗把盖-吕萨克的在同温同压条件下相同体积包含"相同数量的原子"修改为"相同数量的分子",那不好理解的"半个原子",也就成为能够理解的"半个分子"了。这说明分子是物质结构的一个层次。

阿伏伽德罗的分子说实际上是道尔顿的原子论的发展,分子实际上就是道尔顿所说的复杂原子。但道尔顿深受贝齐里乌斯的二元论的影响,认为 2 个同类原子必须互相排斥,不可能组成分子,所以长期拒绝接受分子说。其他很多科学家当时也都将分子说拒之门外,所以分子说在提出后的 50 年内,都没有得到科学界的重视。

在这 50 年内,化学界的混乱愈演愈烈,原子量的测定十分混乱。氧的原子量有人说是 8,有人说是 16;戴维、盖-吕萨克等人甚至怀疑测量原子量的可能性;化学符号的应用也十分混乱,水既可表示为 H_2O,又可表示为 HO(迈尔在 1842 年的著名论文中就是这样表述的)。CH 既可代表甲烷,又可代表乙烯,甚至在一些教科书中,在同一页上就写有各种不同的代表醋酸的化学式。当时的情景,正如门捷列夫所说,"笼罩着一片混乱和模糊"。

为了能在元素符号、化学式、原子价上取得统一,1860 年在德国的卡尔斯鲁厄召开了一次国际会议。会上争论激烈,没有取得一致的意见。散会时,意大利的康尼查罗(1826~1910)散发了《化学哲理课程大纲》,重新论证了阿伏伽德罗的分子说。他指出,化学的发展已证明分子说的正确。只要采用分子说,只要把分子与原子区别开来,全部化学就可以无冲突地得到统一的说明。康尼查罗叙述清晰,论据充分,使分子说开始被人们广泛接受。

1827 年,英国的布朗(1773~1858)发现悬浮在水中的花粉会做不规则运动。

起初他以为花粉有"活力",后来发现染料质点也会发生同样的运动。1863年有人提出这是水分子不均匀碰撞的结果,从而为分子的存在提供了一个佐证。

第六节　门捷列夫元素周期律

一、德柏莱纳等人对元素之间联系的探讨

随着化学元素数目的增多,科学家们必然要研究这样的问题:化学元素之间是否有联系? 化学元素应当如何分类?

1789年,拉瓦锡列出了一张包括33个元素的元素表。他根据一切酸中均含氧的错误观点,把元素分为四类:能氧化和成酸的简单非金属物质,能氧化和成酸的简单金属物质,气态的简单物质,能成盐的简单土质。19世纪初,贝齐里乌斯从他的电化学观点出发,把元素分为负电性、正电性和过渡元素三类。1815年,英国的普劳特(1785～1850)发现若以氢的原子量作为1个单位,那所有元素的原子量恰为氢原子量的整数倍。由此他提出一切元素的原子都是由氢原子组成的假说。可是后来人们发现氯的原子量是35.45,所以这个假说未被人们接受。但他认为原子有其内部组成,各元素之间相互联系的思想则是合理的。

1829年,德国的德柏莱纳把15种元素分为5组:

锂 Li	钠 Na	钾 K
钙 Ca	锶 Sr	钡 Ba
磷 P	砷 As	锑 Sb
硫 S	硒 Se	碲 Te
氯 Cl	溴 Br	碘 I

每一组的三个元素性质相似,中间元素的原子量等于前后两元素原子量的平均值。他第一次把元素的性质同原子量联系起来,提出了一条研究化学元素相互关系的正确途径。

1864年,德国的迈耶尔认为元素的性质是其原子量的函数,提出包括29个

元素的元素表,分为六类,同一类各元素的原子量差数相近,还画出了原子量与原子体积关系的曲线图。迈耶尔说:"无庸置疑,在原子量数值上,存在着一定的规则性。"①

1866 年,英国的纽兰兹提出了"八音律"。他按原子量增加的次序来排列元素,发现第八个元素同第一个元素的性质相似,好像音乐里八音度的第八个音符一样,即相似元素的号数差数是 7 的整数倍。可是当纽兰兹在伦敦化学学会上提出报告时,竟引起了哄堂大笑。学会会长福斯德挖苦地说:为什么不按元素的字母顺序排列呢? 那样也会得到相同的结果。

此外,英国的奥特林、尚古都尔、格拉斯顿,法国的杜马,德国的列恩孙、皮登科弗,美国的库克与辛里斯也作了这方面的探讨。由于这些研究还有不少缺点,以致法国的斯特莱卡说,原子量与化学性质之间并没有必然的联系。实际上,这一切都正说明提出元素周期律的条件已逐步成熟了。

二、门捷列夫的元素周期律

门捷列夫(1834～1907)是他的父母的第十四个孩子。在他出生的这一年,父亲双目失明。13 岁时父亲病故,后来母亲培养他上了大学。他曾在彼得堡大学讲授化学,参加过卡尔斯鲁厄国际会议,对当时化学界的混乱有切身感受。他是一个酷爱分类、讲究秩序的人,混乱对他来说是无法容忍的。无论是文摘卡片,还是友人来信,甚至每日的经济账目,他都要分门别类,整理得井井有条。这已成了他的癖好。当时大学里讲授化学课没有一定的理论体系,有的从最贵重的黄金讲起,有的从同人类关系最密切的氧讲起,有的则从最轻的氢讲起,好像各元素间毫无内在的联系,它们的排列顺序完全是由人任意决定的。门捷列夫对这种状况十分不满,他坚信化学元素之间一定有某种秩序,决心要给当时已发现的 63 种化学元素安排一个合理的结构。

他从别人的研究工作中认识到原子量与元素性质的联系。他说:"当我在考虑物质的时候,……总不能避开两个问题:多少物质和怎样的物质。……因此自然而然就产生出这样的思想:在元素的质量和化学性质之间一定存在着某

① 札布罗茨基:《门得列也夫的世界观》,三联书店,1959 年,第 107 页。

种的联系,物质的质量既然最后成为原子的形态,因此就应该找出元素特性和它的原子量之间的关系。"[①]

他经过不断的试探,终于在1869年3月发现化学元素的性质随原子量的增加而作周期的变化,提出了著名的元素周期律。别人只知道把性质相似的元素排列在一起,这是一种静止的分类,而门捷列夫则把化学性质虽然不同,但原子量相近的元素排在一起,从而使性质有别的元素能彼此连接起来。

他根据元素周期律预言了11种未知元素,后来都陆续得到证实。他预言在铝与铟之间的空位是未知元素亚铝的位置,它的相对原子质量是68,密度5.9～6。1875年,法国的勒科克-布瓦保德朗在比利牛斯锌矿中发现了镓(Ga),计算出其密度为4.7。门捷列夫就写信指出应当是5.9～6。勒科克-布瓦保德朗起初不信,后再经过反复计算,果然是5.96。1886年瑞典的温克勒发现了锗(Ge),正是门捷列夫所预言的亚硅,锗的各种性质也同门捷列夫预言的十分相近:

	亚硅 (门捷列夫预言)	锗 (温克勒发现)
相对原子质量	72	72.32
密度	5.5	5.47
某些氧化物密度	4.7	4.7
某些氯化物密度	1.9	1.887
颜色	深灰色	深灰色

因此温克勒认为锗的发现雄辩地证明了人类理智的预见性。他在论文中写道:如果锗本身是一个值得注意的元素,那么研究它的性质,在作为测验人类远见的试金石而言,更是一个引人入胜的问题。未必有别的例子能更好地证明元素周期律的正确了。可是对这些预见,有人却横加指责,说化学研究的是真的事实,而不能研究鬼怪——不存在的元素,这不是化学而是魔术,是痴人说梦。

门捷列夫大胆地修改了一些元素的原子量。德国利赫杰尔和莱克斯1863年在发现铟(In)时,测定它的原子量是75.4,按原子量排列它应在砷(As,75)与硒(Se,79.4)之间,可是在相邻一组元素中磷(P)的性质与砷相近,硫(S)的性质与硒相近,而在磷与硫之间却没有元素。于是门捷列夫确认铟的原子量应为

---

① 凌永乐:《化学元素周期律的形成和发展》,科学出版社,1979年,第39页。

113.1,应排在镉(Cd)与锡(Sn)之间。对这种修改,迈耶尔曾不以为然,有人还说门捷列夫自己不做实验就来修改原子量是"天大的笑话"。可是到1940年,门捷列夫所预言的11种元素中,对9种元素原子量所作的修改,都被证明是正确的。

1889年门捷列夫在英国化学学会上以十分欣慰的心情说:"在周期律发现以前,元素只是显示着一些孤立的、偶然的自然现象;我们没有方法来预知任何新的东西。因此一切新发现就完全都是一些不速之客。周期定律第一次使我们有可能看到还没有发现的元素,而且在新元素还没有发现之前就已经能描画出它们的许多特性来,这是没有被这一定律武装起来的化学观点到现在还不能够做到的。"[1]

他还试图寻找周期律的原因。他认为可以通过两条途径来研究这个问题。一条途径是揭示原子内部的构造,另一条途径是揭示原子量的本质。"现在原子不是在几何意义或抽象意义上不可分割的东西,而只是在实在的、物理的和化学的意义上不可分割的东西。"[2]当时还不可能认清原子的内部结构。他认为从原子内部来寻求周期律的原因有困难,他就试图从原子量入手。但这首先要解决什么是质量这一问题。质量同重量相联系,重量就是引力,可以从化学力学的角度来说明周期律的本质。他说,引力概念产生已有两个世纪了,但引力的原因还不清楚。而要弄清什么是引力,就要研究以太。为此他研究过牛顿的以太,称其为"牛顿素"。他说:"在理解质量前,应当真正清楚地理解以太。"他在20世纪初发表了以太的化学学说,认为以太是一个具有化学性质、原子量极小的元素。可是,他遇到了重重困难。他后来说:"在既不了解引力和质量的原因,也不了解元素的本性的情况下,我们不知道周期律的原因,这是毫不足怪的。"[3]

三、门捷列夫的方法论思想

门捷列夫指出:化学研究"不仅仅在于描述可能形成的化合物的全部多样性,而还在于领会隐藏在无数复质中的同一性;化学科学的目的,是理解支配复

---

[1] 斯吉柏诺夫:《人类认识物质的历史》,中国青年出版社,1952年,第169页。
[2] 札布罗茨基:《门得列也夫的世界观》,三联书店,1959年,第152页。
[3] 札布罗茨基:《门得列也夫的世界观》,三联书店,1959年,第151页。

质的形成和性质的规律"①。化学不能只是描述化合物的多样性,还要揭示其同一性。这就要从杂乱的现象中概括出有序的本质。"有一种严整的秩序,主宰着这似乎是杂乱无章的普遍的——从星星到原子的——运动。"②尽管化学元素之间的差别很大,但其中蕴含着和谐的秩序,这是他研究化学的基本信念。

当时科学界有一种"搜集派",认为科学的唯一职责就是搜集事实,影响很大。门捷列夫则说:"这个学派的某些学者一定觉得概括事实几乎是一种侵害,因为他们习惯于搜集事实,至多不过从中得出一个平均数。"③他说我们不应当听命于事实,而应当掌握事实。"科学的威力和力量在于无数的事实中;而科学的目的在于概括这些事实,并把它们提高到原理的高度。……搜集事实和假设还不是科学,它仅只是科学的初阶"④。"观察和实验是科学的躯体……概括、学说、假设和理论是科学的灵魂。"⑤科学不仅要有材料,还要有设计图,重要的是材料与设计图的结合。只有根据设计图把石块有秩序地组合起来,才能形成建筑物。

他说:"永久的、普遍的和统一的东西,在任何情况下,逻辑上高于只有在暂时的、个别的和多样的事物中,只有通过理智和被概括的抽象才能认识的现实的东西,这构成了科学的一个部门,其中也包括哲学,如果它不摆科学的科学的架子的话。"⑥他认为统一性在逻辑上高于多样性,而要探索统一性就需要理论思维,就需要哲学。

1934年卢瑟福在纪念门捷列夫100周年诞辰时说:门捷列夫的"思想最初没有引起多大注意,因为当时的化学家更多地从事于搜集和取得各种事实,而对思考这些事实间的相互关系,却重视不够"⑦。他的老师齐宁说他不务正业。当时搜集派的观念已成为化学从经验科学向理论科学发展的思想障碍,门捷列夫对搜集派的批评,实际上为化学的发展指明了方向。

门捷列夫表述了他的研究方法的要点。(1)不仅描述对象,还要说明研究对象同我们已认识到的事物的关系。(2)测量一切事物,以表明研究对象同我

---

① 札布罗茨基:《门得列也夫的世界观》,三联书店,1959年,第61页。
② 札布罗茨基:《门得列也夫的世界观》,三联书店,1959年,第70页。
③ 札布罗茨基:《门得列也夫的世界观》,三联书店,1959年,第63页。
④ 札布罗茨基:《门得列也夫的世界观》,三联书店,1959年,第87页。
⑤ 札布罗茨基:《门得列也夫的世界观》,三联书店,1959年,第88页。
⑥ 札布罗茨基:《门得列也夫的世界观》,三联书店,1959年,第62页。
⑦ 札布罗茨基:《门得列也夫的世界观》,三联书店,1959年,第59页。

们所知道的事物之间的数量比例。(3)利用有关质量和数量的资料,确定研究对象在已知事物体系中的地位。(4)根据测量,寻求组成对性质、温度对时间、性质对质量等方面的依存关系。(5)提出关于研究对象与已知事物的联系的假设。(6)用实验来检验这种假设的逻辑结果。(7)提出关于研究对象的理论,即推论出研究对象是已知事物和它存在于其中的条件的结果。这7条研究方法的核心,是探寻所要研究的对象和已知事物的联系。这是合理的,因为我们是利用关于已知事物的知识来认识未知事物的。他特别重视对象的性质与数量之间的联系。

门捷列夫中年时富有创新意识,晚年思想却日趋保守。他曾猜想原子并不是真正不可分割的。可是1889年《化学原理》出第五版时,他说我们不应当相信单质的复杂性,到出第八版时他又说:我们应当消除任何相信单质复杂性的痕迹。甚至说假定元素的复杂性不会有任何好处。他在1872年也曾预言过元素转化的可能性,可是当放射线发现以后,他反而说,关于元素不能转化的观念特别重要,是我们整个世界观的基础。"在科学上干了50多年,你就会相信这种谨慎小心的必要性。"[1]当电子未被发现时,他曾满腔热情地预言它的存在;可是当电子真的被发现时,他却不屑一顾,说电子"没有多大用处","只会使事情复杂化","丝毫也不能澄清事实"。这位卓越科学家所历经的道路,使我们不禁联想起叶公好龙的故事。

第七节　有机化学理论的发展

无机化学有着古老的历史,有机化学的发展则是比较迟的。拉瓦锡曾把他的燃烧理论用于有机物的分析中,发现有机物燃烧以后都能产生二氧化碳与水,认识到有机物皆含有碳、氢、氧、氮。到19世纪初,贝齐里乌斯说:"有机化学是一门如此特殊的科学,以致一个化学家从无机界的研究转入有机界的研究时就是进入了一个他所完全陌生的领域。"[2]19世纪,有机化学获得了突飞猛进的发展。

---

① 札布罗茨基:《门得列也夫的世界观》,三联书店,1959年,第157页。
② 索洛维耶夫等:《贝齐里乌斯传》,商务印书馆,1964年,第102页。

一、尿素的人工合成

从18世纪到19世纪初，新化合物不断涌现，人们发现有一部分化合物同已知的化合物明显不同。它们不能从矿物质中直接获得，而只能从动、植物中获得，其性质也同矿物质有很大区别。这就是有机化合物。这类化合物的数目大得惊人，远远超过了已发现的无机化合物，但组成众多有机化合物的元素种类却寥寥无几。再加上无机化学的许多理论不适用于有机物，又没有发现无机物转化为有机物的现象，所以有机物一进入化学研究的领域就披上了神秘的面纱。为了揭开这层面纱，贝齐里乌斯提出了活力论，认为无机物与有机物是两类互不转化的物质，有机物包含"活力"，而无机物则缺少这种生机。没有活力的作用，就不可能产生任何有机物。贝齐里乌斯说："我们叫做活力的这种东西是完全存在于无机元素之外的，而且它也不像重量、不渗性、电极性等等那样是这些元素的原有的性质；我们不知道它是什么东西，它始于何处和终于何处。"[①]因此，在他看来，有机物的本质与来源问题，是神秘莫测的。"在生物界里，元素看来是遵循着一些与在无机界里根本不同的规律，因此，它们的相互作用的产物也与在无机界中根本不同。"[②]在他看来生物界与无机界是两个根本不同的世界。

1824年春天，贝齐里乌斯的学生，德国的维勒（1800～1882）在斯德哥尔摩研究氰与氨水这两种无机物的作用时，竟得到了两种有机物，一种是当时只能从植物中提取的草酸，另一种是从哺乳动物体中排出的尿素。为了进一步证实自己的发现，他又花了4年的时间，研究出用氯化铵溶液与氰酸银反应、氨水与氰酸铅反应等制造尿素的方法。维勒在1828年发表的《论尿素的人工制成》中说："这是个特别值得注意的事实，因为它提出了一个从无机物中人工制成有机的并确实是所谓动物体上的实物的例证。"[③]他指出人工制造的尿素同从动物尿中得到的尿素是完全相同的。

维勒的成就在科学史上具有重要的意义。它沉重地打击了生命力论，揭示

---

① 索洛维耶夫等：《贝齐里乌斯传》，商务印书馆，1964年，第104页。
② 索洛维耶夫等：《贝齐里乌斯传》，商务印书馆，1964年，第107页。
③ 维勒：《论尿素的人工制成》，《自然辩证法研究通讯》1964年第1期。

了有机界与无机界的联系,驱散了有机物研究中的神秘主义和不可知论的气氛,为后来有机化学的长足进步扫清了思想障碍。在维勒的启发下,一个个有机物都被人工合成出来。仅法国的柏尔特罗一人在 1850~1860 年间就合成了乙炔、乙烷、乙醇、丙烯、苯、脂肪等十几种有机物。在 1880 年以后的 100 多年内,人工合成的化合物质由 1 000 多种增至 1 000 多万种。恩格斯在 1867 年 6 月 16 日致马克思的信中说:"化学的进步的确是极其巨大的,肖莱马说,这种革命还每天都在进行,所以人们每天都可以期待新的变革。"[1]

维勒作出这项发现时,曾告诉贝齐里乌斯说,可以不借助人或狗的肾脏而制造出尿素。贝齐里乌斯却对此表示怀疑,认为尿素是动物的排泄物,是介于有机物与无机物之间的物质,不是真正的有机物。相传他还以讽刺的口吻说:我们能在实验室里人工合成一个小孩吗?

在取得初步的突破之后,有机化学进一步的深入研究遇到了重重困难。对此,为有机化学的研究打开新局面的维勒也感到有些迷惘了。他在 1835 年说:"有机化学当前足够使人发狂。它给我的印象就好像是一片充满了最最神奇事物的原始热带森林;它是一片狰狞的无边无际的使人没法逃得出来的丛莽,也使人非常害怕走进去。"[2]

二、李比希等人的基团学说

基团学说是最早的有机化学理论。基的概念是 1786 年法国的德·莫乌提出的。拉瓦锡认为有机物与无机物的含氧物质都是由氧与一个基组成的。1815 年盖-吕萨克通过研究氰化物确立了有机基的存在。贝齐里乌斯则试图把电化学二元论推广到有机化学中去,认为在无机物中一切氧化了的物质包含一个简单基,而在有机物质中则由复合基的氧化物组成,提出了初步的基团学说。

维勒和他的挚友德国化学家李比希一起发展了基团学说。李比希(1803~1873)15 岁时就在药房当学徒,酷爱化学。1822 年在巴黎留学,经德国的洪堡介绍,结识了盖-吕萨克。回国后在吉森大学任教,创办了著名的吉森实验室,主办《化学与药物学年鉴》,是农业化学的创始人。1832 年李比希与维勒指出,

---

[1] 《马克思恩格斯全集》第 31 卷,人民出版社,1972 年,第 309 页。
[2] 梅森:《自然科学史》,上海译文出版社,1980 年,第 433 页。

在苦杏仁油、安息香酸、安息香酰氯、安息香酰氨等化合物中，都包含一个共同的基——安息香基，在化学反应中这个基的组成不变。李比希进一步提出有机化合物是由基组成的，基是一系列化合物中稳定的、不变的组成部分。任何原子团只有在满足下列三个条件中的两个条件时才是一个复杂基：此原子团必须固定不变地存在于一系列化合物中；在这些化合物中，此原子团可被单个元素置换；在此原子团和一种特定的元素形成的化合物中，这种元素必须能被分离出来，并且能被当量的其他元素置换。在无机化学中基是简单的，在有机化学中基是复杂的，在基中蕴藏着整个有机化学的秘密。1843年他把有机化学定义为关于复杂基的化学，认为有机化学中的基相当于无机化学中的元素。

由于基团学说是从电化学二元论发展起来的，所以还带有电化学二元论的局限性。后来又发现在取代反应中，有些基中的原子可以被其他原子所取代，可见基在化学反应中保持不变的观点是错误的。

三、杜马的类型论

1815年盖-吕萨克用氯来漂白蜜蜡时，发现氯可取代蜜蜡中的氢。法国的杜马（1800～1884）在1834年发现，如果醋酸与氯反应，醋酸中的正电性的氢可被负电性的氯所取代，变成三氯醋酸，而三氯醋酸的性质同醋酸十分相似。后来他进一步提出了取代学说，认为当一个含氢物质受到氯、溴、碘等的脱氢作用时，它每失去一个氢原子，就获得一个氯、溴或碘原子。如果化合物含有氧，上述规则不变地成立。如果被氢化的物体含有水，则水失掉氢而不发生置换。如果进一步去掉氢，它就像上述情形同样地进行置换。

1839年杜马又在取代学说的基础上提出了类型论，认为在有机化合物中存在着一定的类型，有机化合物中的氢被等当量的氯、溴等元素取代后，类型保持不变，即决定分子基本性质的是分子的类型。类型有化学类型与机械类型两种，同一化学类型是指化学式相似，化学性质也相似的有机化合物；同一机械类型是指化学式相似，但化学性质不相同的有机化合物。

杜马从取代反应的事实出发，把行星系与化合物相类比，认为化合物的性质主要取决于质点的分布，而不是主要取决于质点的性质。化合物好比一个行星系，各个质点依靠相互吸引而保持在一起。这些质点可以是单质的，也可以是复质的。单质的作用像单个行星,复质的作用则像带有卫星的行星。他认为化合物的性质与质点的排列有关。这是正确的,但他过分夸大了位置的作用,就带有机械论的色彩了。他后来还认为二氧化硫也可以取代碳原子。

取代学说与类型论是针对贝齐里乌斯的电化学二元论的,说明贝齐里乌斯的理论虽能解释许多无机化学现象,但却不适用于有机化合物。贝齐里乌斯反对杜马的理论。在他看来负电性的氯取代正电性的氢是不可思议的事,认为这实际上是"破坏现存的整个化学建筑物,而这场革命的发生,则是醋酸在日光影响下被氯分解所引起的。因此,看来有必要阐明这种对整个化学大厦显然是非常危险的化合物"[①]。

李比希支持类型论,他说氯与锰的化学性质差异之大,是人所皆知的,可是过锰酸化合物中的锰被取代后,化合物的性质却没有什么改变。但李比希不同意杜马的碳也遵守取代规律的说法。李比希还提出,有机化合物与无机化合物之间有相似之处,可是二者毕竟有很大的差别,取代学说就揭示了这种差别。有机化合物只在一定程度上遵循无机化学的原理,超出一定界限就需要用新的原理了。贝齐里乌斯当初把电化学二元论从无机界扩大到有机界时,立足于有机界与无机界的相似性,而李比希则通过取代反应强调二者的差别。当有机化学刚刚发展的时候,为了破除对有机界的神秘的、不可知论的观念,维勒用人工合成尿素的实验指出了有机界与无机界的统一,这是符合当时科学发展的要求的;而当人们要具体揭示有机化合物的变化规律时,就要着重分析有机界与无机界的差异了。在这两个方面,贝齐里乌斯都站在错误的立场上。

在杜马提出类型论的同时,法国的热拉尔(1816~1856)提出了残基学说。他发现两个分子起化学反应时,每个分子都失去一部分,化合成简单的化合物(如水),同时残基也化合在一起。例如苯与硝酸化合,苯放出一个氢原子,硝酸放出 OH,两者结合成水,其他两个残基形成硝基苯。残基不一定能以自由状态存在,它们只表示化学反应的可能形式。基只表示参加变化的物体之间的关系。他说,与大多数化学家的观点相反,他在相互关系的意义下利用基的术语。肖莱马说:热拉尔的基团观念,很快就取代了老的观点;当它被纳入类型论时,便引起了两种理论的融合。

---

① 肖莱马:《有机化学的产生和发展》,科学出版社,1978年,第30页。

四、热拉尔的同系列

1843年热拉尔提出了同系列的概念,认为有机化合物存在着许多系列,每一个系列都各有自己的代数组成式。而在同一系列中,两个化合物分子式之差总是 CH_2 的整数倍。同系列的各化合物的化学性质相似。他写道:"这些化合物按照同一化学方程式进行化学变化,只需要知道一个化合物的反应,就可以推断其他化合物的反应。"[1]他还指出,在同系列中,各化合物的物理性质有规则地发生着变化。例如对蚁酸、醋酸、丙酸、丁酸来说,随着 CH_2 的增加,挥发性逐步降低,在水中的溶解度逐步减小。这个规律生动地说明了有机化合物中量变与质变的辩证关系。

热拉尔通过同系列的研究,又发展了杜马的类型论。1856年他接受了霍夫曼的氨类型与威廉逊的水类型,提出了氢型与氯化氢型,把有机化合物分成四种类型。1857年德国的凯库勒又增添了沼气类型。

热拉尔看到了有机化合物的相互联系,在相互关系的意义下使用基的概念,这是合理的。但热拉尔派认为基是"不起反应的鬼魂",只在想象中存在,这却是错误的。

五、化合价理论与凯库勒

原子化合价概念的确立,是建立有机化合物结构理论的基础,而类型论又为原子化合价概念的提出创造了条件。从热拉尔的四个类型可以看出,一个氯原子可同一个氢原子化合,一个氧原子可同两个氢原子化合,一个氮原子可同三个氢原子化合,这已预示了原子价的存在,而类型论的真谛也正在于此。

1853年英国的弗兰克兰在研究金属有机化合物的成分时,发现每一种金属只能同一定数目的基形成化合物,即有机基团的数目与金属原子的数目之间有一定的比例关系。他指出同氮、磷、砷、锑等化合的元素,都是3个或5个原子,这些元素的结合能力是某种结合能力单位的3倍或5倍。弗兰克兰的发现说

---

[1]　化学发展简史编写组:《化学发展简史》,科学出版社,1980年,第171页。

明了原子的结合决不像贝齐里乌斯所说的像磁石吸铁屑那样随意,而是遵循着一定的从属原子本身的化学力。化学的亲和力好像分成了许多"份",只有当两个元素各"份"的亲和力——结合时,才会形成化合物。弗兰克兰搭起了从类型论过渡到化合价理论的桥梁。他后来说:"这个假说构成此后称为化合价学说或元素当量学说的基础;据我所知,此假说是这个学说的第一个通告。"[①]

发挥弗兰克兰思想的是德国的凯库勒。凯库勒(1829～1896)于1847年进入吉森大学学习建筑,后在李比希的影响下兴趣转向了化学,曾在杜马、热拉尔门下学习。1857年他提出"亲和力值"即原子价的概念。他认为化合物的分子由不同原子结合而成,与某一个原子相化合的其他元素的原子或基的数目,取决于各成分的亲和力值。他用短线表示原子价以及原子间的结合力。

凯库勒指出碳的原子价是4,碳可以互相连接成键。他为了说明碳在各种化合物中都是四价,第一次引进了双键、三键的概念。1874年荷兰的范霍夫与法国的勒比尔分别提出碳原子具有四面体结构的看法,从而解释了巴斯德在1848年发现的左旋与右旋的酒石酸的旋光异构现象。

1865年他又提出了苯的环状结构式:6个碳原子由单键与双键交替相连。1890年德国化学学会开会纪念这个发现25周年时,凯库勒说他的这个发现是由梦中得到启示而完成的。苯的六角形形式曾被人笑称为"猴子环",而现在人们为纪念他则称为"凯库勒结构式"。

他试图揭示原子价的力学意义。他说分子中的原子在不断地运动着,会像弹性物体那样弹来弹去。所谓原子价,就是一个原子对另一部分原子在单位时间内撞击的次数。他深信有机界与无机界是统一的,深信有机化合物与无机化合物所含的元素相同,深信无论在有机界或无机界中元素都服从同样的规律,因而在有机化合物与无机化合物之间,无论在物质方面或有关力的方面,或原子的数目和排列方面,都没有本质的区别。他像许多生物学家认为物种序列是连续的,分类是人为的一样,认为我们在考察化合物的连续系列时,因为各个成员彼此十分相似,所以在任何地方都不能找到一条自然分界线,而只能划出一条人为的分界线。拉瓦锡强调氧的地位,凯库勒在有机化学中则强调碳的地位。他认为可以把有机化合物看作碳的化合物,把有机化学定义为碳化合物的

① 肖莱马:《有机化学的产生和发展》,科学出版社,1978年,第55页。

化学。

凯库勒已接近了新结构理论的边缘，但他未能完全摆脱类型论的束缚。

六、布特列洛夫的结构理论

俄国的布特列洛夫(1828～1886)少年时就爱好化学，经常在学校宿舍里做化学实验。有一次，实验中发生了爆炸，学监就把他关进禁闭室，并在他胸前挂上一个牌子，上面写着"伟大的化学家"。侮辱使他更加发愤地学习，后来果然被人誉为"伟大的化学家"。他幽默地说："这个称号在 20 年前是对我的惩罚。"当原子价概念刚刚提出时，他就看出了它对有机结构理论的重大意义。他熟读了凯库勒在 1859 年出版的《有机化学教程》，可是他遗憾地发现，认识到碳是四价元素、碳原子可以连成环状的凯库勒，本来是完全可以提出一种新的理论来代替类型论的，但凯库勒未能做到这点，他的《有机化学教程》完全是根据类型论写成的。布特列洛夫则认为已经到了抛弃类型论，把对于物质的化学性质的理解建立在原子价和化学构造理论之上的时候了。

布特列洛夫断定每种元素都有一定的价，原子在进行化合时彼此相连接，就抵消了相对应的原子价，所以在化合物分子内原子不是偶然的堆积，而是处于严格的有秩序的状态之中。比如在水分子中，两个一价的氢原子互相连接，那它们就不可能同二价的氧原子连接，水分子也就无法形成；只有当二价的氧原子分别同两个一价的氢原子相连接时，才会形成水分子。在有机化合物中，由于碳、氢、氧的原子比较多，所以同样的几个原子就会有不同的连接方式，则化合物的性质也不相同。决定有机化合物特性的不是基的电荷，也不是类型相似，而是原子的种类、数目以及原子的连接方式，即分子的结构。

1861 年，布特列洛夫在德国科学家与医生代表大会上作了题为《论物质的化学结构》的报告，提出用"化学构造"一词来表示化合物中各原子的相互连接，认为复杂物质的化学结构可以根据它们的化学变化来测定，而其化学性质也可以根据其分子结构来预示。

七、肖莱马

肖莱马(1834～1892)生于德国的化学家之乡——达姆斯塔德。在这个城市里曾经诞生过李比希与凯库勒。他也同李比希、杜马一样,青少年时期曾在药房里当过学徒。1859 年他考进吉森大学化学系,但因交不起学费,只学了半年就停学了。后在英国学习,在曼彻斯特结识了恩格斯,又通过恩格斯的介绍,在伦敦与马克思相识,成为马克思、恩格斯的挚友。1871 年任英国皇家学会会员,1874 年任有机化学教授。他学习、工作十分勤奋,在讲课之余每天从下午 4 时一直工作到深夜;图书馆的有关著作都被他借过,以致管理员见到他都感到"害怕"。

他反对狭隘的经验主义,认真学习马克思主义哲学与哲学史,自觉地应用辩证唯物主义观点来研究科学。他指出:"大约从 1848 年起,一些自然科学家开始持无根据的片面的狭窄经验观点。这种观点忽视了科学不只在于确立个别事实,还在于正确归纳、揭示出这些事实相互间的联系,并解释这些事实。""现在这种观点在自然科学中已完全过时了。"[1]他不同意德国化学家柯尔贝的狭隘经验论,支持那些被柯尔贝扣上"自然哲学家"大帽子而敢于提出新理论的科学家。他强调为了发展科学,需要不断地提出新假说。他认真学习了《反杜林论》,并在自己的化学著作中引用了恩格斯的观点。肖莱马研究有机化学的方法,也受了马克思研究资本主义社会的方法的启发。马克思分析资本主义社会时,首先分析的是最简单、最普遍、最基本、最常见、最平凡的关系——商品交换,从资本主义社会的这个细胞中,揭示了资本主义社会的基本矛盾。肖莱马在研究有机化学时,把有机物中最简单、最基本、最常见、最平凡的脂肪烃(C_nH_{2n+2})看成是衍生一切有机化合物的细胞。

肖莱马认为自然界是不断变化、相互联系的,反对静止、孤立的形而上学观点。他写道:"分子内部的原子处于不断地运动中,因此化合物的一种形态会变成另一种形态。""这就迫使我们辩证地去对待事物,还证明赫拉克利特关于万物都处于不断变迁之中的这一公理,甚至对分子而言也是正确的。"[2]

他研究了物质发展的层次问题。从元素到生命的层次是:元素→有机物→生命物质(蛋白质)→有机生命。同这个发展层次相联系的是如下学科的联系:无机化学→有机化学→生物化学→生物学。

恩格斯称肖莱马是"现代的科学的有机化学的奠基人之一"。布特列洛夫

① 潘吉星:《卡尔·肖莱马》,辽宁教育出版社,1986 年,第 120 页。
② 肖莱马:《有机化学的产生与发展》,科学出版社,1978 年,第 130 页。

提出结构学说以后,有许多问题还需要进一步澄清。凯库勒等人认为烷烃系列有并列的两大类型,替没有异构体的乙烷虚构了一个异构体。布特列洛夫认为碳的 4 个化合价不是同一的,他与门捷列夫还否认丙醇异构体的存在。肖莱马把有机化学定义为碳氢化合物(烃)及其衍生物的化学。他首先以烷烃为研究对象,分离提纯了许多烷烃及其衍生物,对异构现象作了合理的解释。1864 年他指出二甲基与氢化乙基都是乙烷,证明乙烷不存在异构体。他通过实验证明了碳原子 4 个化合价的同一性,确信丙醇有两个异构体。1869 年他还宣布他用合成的方法制取了伯丙醇。他的这些工作,有力推动了原子结合理论的发展。1872 年他出版了《碳化合物教程或有机化学教程》,1877 年又和罗斯科出版了《化学教程大全》这部百科全书式的化学巨著。

他研究了化学史,他揭示了各种有机化学理论、概念和化学式之间的矛盾,说明化学通过否定之否定而不断发展。他说:"我们不应忘记,我们现在的理论并不是教条,而是按辩证法的规律不断变化的。"[①]

第八节　赖尔的地质进化论

地质学的发展同生产的发展有着密切的关系。冶金工业与采矿工业的发展,促使人们去认识地壳的面貌与构造。在 15～18 世纪,地质学还没有超出矿物学的胚胎阶段,在地质构造的形成原因问题上,出现了水成派与火成派的争论。到 19 世纪又出现了赖尔的地质缓慢进化论同居维叶灾变论的争论。

一、水成派与火成派的争论

水成派的主要代表人物是德国的魏尔纳(1750～1817),他受化学家波义耳关于盐从溶液中沉淀、结晶出来的发现的启示,认为地球最初是一片混沌水,所有的岩层都是在海水中通过沉淀、结晶而形成的。魏尔纳是弗赖堡矿业学院的教授,是位出色的教育家,但他只对他的家乡萨克森地区和波希米亚地区的地

---

① 潘吉星:《革命化学家肖莱马》,科学出版社,1978 年,第 92 页。

层作了比较多的研究,发现这些地区的地层都和水的沉积作用有关。他没有对更多的地区进行研究,就以点代面,片面地认为整个地球的地层都是水的沉积作用的结果。由于他声望高、学生多、影响大,所以水成论一度在欧洲地质学界占统治地位。1807 年成立的伦敦地质学会,会员共 13 人,全部是水成派。

比较系统提出火成论的是意大利的莫罗(1687~1764)。他研究过埃特纳火山,认为岩层都是由一系列的火山爆发的熔岩流所造成的。地球最初被海洋所覆盖,后来地下的热力使地壳隆起,形成岛屿、大陆与山脉。

对水成论进行批评的还有苏格兰地质学家赫顿(1726~1797)。他强调地球内热的作用,就这点来说他是个火成派,但他也承认水的作用。赫顿还认为自然界的力是守恒的,地质变化是各种力量长期缓慢作用的结果,认为我们只能用现在还在起作用的地质力量来解释岩石的形成。他不像许多水成论者和火成论者那样把自己的观点同《圣经》扯在一起,而是宣称:“不是地球固有的因素不予使用。”由于教会与水成派的反对,赫顿的思想被埋没了多年,后来却在赖尔那里得到了继承与发展。赖尔用如下的词句来赞美赫顿的著作:“这是宣布地质学与万物的起源问题完全无关的第一篇论文;也是放弃臆测的原因而绝对改用自然作用来解释地壳过去变迁的第一篇著作。赫顿也想像牛顿成功地为天文学确定原理那样,努力为地质学定出原理。”[①]

水火两派争论多年,有一次甚至在英国爱丁堡发生武斗,真是水火不能相容。两派都有一定的合理性,但总的说来,在当时火成派包含有更多的真理因素。比如在固体地球内部有无变化的问题上,魏尔纳的回答是否定的,认为地球是僵硬的,阿尔卑斯山是原来就有的;火成派则认为地球内部的火改变了地球的面貌,虽然对山脉形成的解释不尽全对,但认为地球内部有变化则是可取的。魏尔纳的学生洪堡与布赫后来转向了火成派。塞治威克在 1819 年还表示他“满脑子都是魏尔纳的思想”,发誓要做魏尔纳的“奴隶”,可是到了 1829 年也转向了火成派。赖尔则比较全面地吸取了两派的合理因素。

二、赖尔的方法论思想

赖尔(1797~1875)从小就喜爱地质学与生物学。在牛津大学学法律时,曾

[①] 赖尔:《地质学原理》第一册,科学出版社,1979 年,第 37 页。

跟随巴克兰教授学地质学,做地质考察。1822年写了第一篇地质学论文,1827年被选为皇家学会会员,两度当选为伦敦地质学会会长。1830年他的主要著作《地质学原理》问世。

关于地质学的研究对象,他写道:"地质学是研究自然界中有机物和无机物所发生的连续变化的科学;同时也探讨这些变化的原因,以及这些变化在改变地球表面和外部构造所发生的影响。"①他明确指出地质学是研究连续变化的科学,这是他的地质学思想的核心。这说明自然科学发展到19世纪,已开始把自然界当作发展过程来研究了。他认为地质学不是为《圣经》服务的,反对把地质学与创世说混为一谈。他同意他的先驱赫顿的说法:地质学和"宇宙万物的起源问题"毫不相关。

他反对中世纪的经院哲学的研究方法,指出经院哲学从荒唐无稽的命题出发,进行不着边际的辩论,对追求真理毫无用处。他认为研究地质学要从分析地球的历史着手,认识地球的现状,通过古今的比较,再进一步探索地球变化的规律。他说:"研究了地球和寄居在它上面的生物在过去时期中经过的情况,我们才可以对它的现状求得更充分的知识,而对现在制约有机物和无机物发展的规律,也可以得到更广泛的概念。"②历史—现状—规律,这就是他的研究路线。

赖尔认为地质学的研究方法同历史学的研究方法十分相似。历史学通过古代的文物,用古今社会相比较的方法,用联系因果的方法来研究历史,地质学也可以通过过去的地质遗迹来研究过去的地质变化。历史学同各门精神科学有密切的联系,地质学也同各门自然科学(如化学、物理学、矿物学、动物学、植物学、比较解剖学)有密切的联系。赖尔的这一类比是颇有意思的,生动地体现了自然界本身就是一个历史过程的真理。他从古生物学的发展中领悟到研究自然历史的重要性,并认为这是19世纪科学进步的特征。赖尔用历史的方法研究地质变化,用历史的观点说明地质缓慢变化的过程,把历史的观点带进了地质学。

地质学的发展也存在着一些困难,他认为困难之一是由我们住在陆地上这个特殊地位所引起的。我们居住在陆地上,陆地面积只占地球表面积的1/4,而陆地几乎是个破烂的舞台,不是再生的场所。在海洋和湖沼中每年都在堆积新

---

① 赖尔:《地质学原理》第一册,科学出版社,1979年,第1页。
② 赖尔:《地质学原理》第一册,科学出版社,1979年,第1页。

的沉积物,在地球内部每年都在产生新的火成岩,那些地方才是有声有色地表演地质变化历史剧的壮丽的舞台。可是我们不可能看到这一切,即使地质学家是两栖人,能看到水中的变化,也不能直接看到地下的变化。因而只能靠推理和想象,来研究它的变化,这就难免会犯错误。所以我们在研究地球史时一定要特别慎重。

赖尔虽然认为个人认识地质变化的能力有一定的局限性,但他并未像耐格里那样得出不可知论的结论。他充满信心地说:"我们虽然仅仅是地球表面上的过客,并且束缚在有限的空间,所经过的时间也很短促,然而人类的思想,非但可以推测到人类目光所不能看到的世界,而且也可以追溯到人类肇生以前无限时期内所发生的事故,并且对深海的秘密或地球的内部,都可以洞察无遗;我们和诗人所描写的创造宇宙的神灵,同样自由——在所有的陆地上,所有的海洋里和高空中漫游。"①

三、赖尔的地质缓慢进化论

赖尔认为19世纪地质学的最重要的成就,就是推翻了地球不变的传统见解。"除天文学外,可能没有一种科学,在相等的简短时期内,发现如此之多新颖而出乎意料的真理,推翻了如此之多的成见。很久以来,一般的见解都认为地球是静止的,一直等到天文学家告诉了我们,我们才知道它是以难于想象的速度在空间运动着。地球的表面,也同样被认为自从创造以来一直没有发生过变化,一直等到地质学家的证明,我们才知道这是屡经变化的舞台,而且至今还是一个缓慢的,但永不停息的变动物体。"②

既然地球在不断地变化,那为什么有人看不到这种变化呢? 赖尔同拉马克一样,认为原因在于地球变化是缓慢的,而人的生命又是很短促的。他从阿拉伯人写的《自然界奇观》一书中引证了一个故事来说明这个道理。长寿者季德滋曾游览过一个城市,500年后在这座城市的位置上只看到一块农田,又过500年那儿变成了一片大海,再过500年海水已退了,最后再过500年又兴起了一座繁华的城市。可是各个时代的居民都看不到这种沧海桑田的变化,他们都说

---

① 赖尔:《地质学原理》第一册,科学出版社,1979年,第152页。
② 赖尔:《地质学原理》第一册,科学出版社,1979年,第43页。

这块地方"一向就和现在一样"。故事中的季德滋就是科学思维的化身,赖尔认为只有通过科学才能认识地球缓慢的变化。

正因为地球的变化是缓慢的,所以如果把地球的年龄估计短了,就不会看到这种变化,而且会歪曲地质变化的真相。在历史学研究中,如果把2000年的历史缩短为200年,那一切都成为不可理解的了。许多意外的事件都会紧密地连在一起,军队似乎为了被歼灭而集合,城市好像为了被摧毁而建筑,一部历史就会变成一部荒诞的传奇小说。同样,如果在地质学研究中把几百万年误认为几千年,就会认为地球在短时间内发生了一系列的火山爆发、地震、大洪水,就会认为地球的变化是激烈的、突然的、大革命的结果。比如智利有一次地震使100英里(160.93千米)长的海岸平均升高3英尺(0.915米),这样的地震重复2000次,就会造成一座长100英里、高6000英尺(1830米)的高山。假如我们缩短了时间的长度,认为2000次的大地震是在短时间里发生的,那就会认为这个地区的生物几乎全都被消灭,经历了一场大灾变。只要我们把地球的年龄看得很长很长,那么一系列缓慢的、不易感觉的变化也可以积累成巨大的变革。

因此赖尔反对居维叶的灾变论,强调研究地质变化的过渡形态。他写道:"不留意这种过渡现象的人们,觉得从一种事态转变为另一种事态,是一种非常剧烈的过程,于是不可避免会提出宇宙革命的观念。这种错觉在思想中所引起的混乱,不亚于看到天空中很远的两点忽然互相靠拢。"[①]假设有一个在北冰洋睡着的哲学家,突然被魔力搬到热带,他醒来后看到的是完全不同于北冰洋的热带景色,一定以为自己在做梦。如果一个地质学家在这种幻觉下来建立他的学说,他就不会得出比梦想更合理的结论。赖尔所说的在幻觉下构成学说的地质学家,指的就是居维叶。

赖尔指出:如果我们相信巨大的金字塔是在一天之内造成的,那只有超人的力量、超自然的力量才能完成这个工程,所以灾变论必然要把灾变的原因归结为超自然的神。他认为引起地壳变化的力都是自然界中很普通的力,可分为水成作用与火成作用两类,水可以使不平变平,火可以使平变为不平。这两种作用都是破坏和再造的工具,是两种互相对立的力量。

他还提出了古今一致的原则,"现在是认识过去的钥匙",即过去引起地壳

---

① 赖尔:《地质学原理》第一册,科学出版社,1979年,第47页。

变化的原因,同现在引起地壳变化的原因是相同的,也就是说在地球上起作用的各种力是不变的,无论在质上还是量上都是不变的。因此地球过去变化的速度、强度也同现在一样,现在和过去都没有发生灾变。

赖尔的地质进化论在近代地质学的发展中占有重要的地位。如果说1790～1830年是地质学的英雄时代,那赖尔就是这个英雄时代的一个英雄人物。但他的思想也有一定的片面性。他看到了缓慢、渐进变化的一面,却否认了短促的、激烈的变化;看到了地球变化的连续性,又忽视了它的间断性;看到了地球上各种作用的稳定性,却抛弃了它们的变异性。

赖尔提出地质进化论时,却否认物种进化,并反对过拉马克。在一个不断变化的地球上生活的生物,竟是不变的,这本身就是矛盾的。后来赖尔的地质进化论启发了达尔文,达尔文提出了生物进化论以后又启发了赖尔,使赖尔接受了生物进化论,并用它进一步丰富自己的地质进化论。他虽然在 1836 年就已认识到物种变化的可能性,但对公开发表则犹疑不定。他在给约翰·赫歇耳的信中说:"物种的消灭和创造,从过去便发生了,现在仍然继续着,而且在将来也还要继续下去——当我达到这种认识时,我想,这是在我已经取得的认识之中最重要的认识,我的心里很激动。"①在很长的时间内,居维叶的激变论与赖尔、达尔文的均变论是地质学、生物学中的两个学派。这两派同法国的激烈的政治革命、英国的温和的政治改良有某种内在的联系。

第九节　达尔文的物种进化论

在拉马克以后,生物进化论的中心就由法国转移到英国,最后导致了达尔文进化论的产生。这样,从 1759 年沃尔夫发表《发育论》,到 1859 年达尔文出版《物种起源》,进化论经过一个世纪的酝酿、发展,进入了成熟阶段。

查理·达尔文(1809～1882)8 岁时丧母,父亲是医生,祖父伊拉斯谟·达尔文是位著名的生物学家,曾提出过进化论的思想。老达尔文在《自然的殿堂》中曾用诗句描绘了一幅生存斗争的图画:鲛鱼吃着小鱼,鳄鱼却为鲛鱼准备好死

---

① 小林英夫:《地质学发展史》,地质出版社,1983 年,第 84 页。

亡;植物之间也为战争所统治,为了阳光与空气顽强斗争着;水里、陆地、空中到处都是坟墓,世界成了一个巨大的战场。达尔文小时就喜爱博物学。在大学里他先后学过医学和神学,但亨斯罗的植物学课却把他的心引向了生物学。经亨斯罗的推荐,1831年12月27日,达尔文带着《圣经》和亨斯罗送给他的赖尔的《地质学原理》,开始了近5年的环球考察,亲眼观察到大量生物进化的事实。他说随海军勘探船"贝格尔号"的环球旅行决定了他的全部研究事业。

一、达尔文的自然选择学说

达尔文进化论的核心是自然选择。在达尔文的时代,对生物进行人工选择的活动在英国已相当普遍。达尔文指出,人类很早就开始进行人工选择活动了,在古代中国、罗马的著作中就有这方面的记载。达尔文把人工选择分为两种:有意识的选择与无意识的选择。有意识的选择有确定的目的,即预先有想获得某个动植物品种的目的,比如畜牧场的场主可以按照自己的意愿来改变家畜身体的任何部分。达尔文说人们为了培养新品种的绵羊,好像先用粉笔在墙上画出一个理想的类型,然后再把这图上的类型变成活的绵羊。有意识选择的结果是惊人的。野生的印度鸡每年只产六七个蛋,可是经过有意识的人工选择,多产的鸡每年可产360个蛋。有意识选择成功的条件是:试验个体的数目要多,即可供选择的范围要比较广泛;要有选择的技巧;能巧妙地选出自己所需要的性状,要消除偶然性的杂交,即要把选择出来的有机体严格地隔离起来。无意识选择是预先并没有获得新品种目的的选择活动,人们为了在其他方面的需要不自觉地对生物进行了选择,得到了改良品种的结果。比如人们在需要以家畜作为食品时,总是先吃掉对自己来说价值较小的家畜,这样经过几百年之后,也会无意中产生新种。有意识选择与无意识选择是有联系的,无意识选择是古代的选择形式,有意识的选择是从无意识的选择中发展而来的。人工选择是为了人的利益而进行的,所以选择的结果往往只对人类有利,而对生物无利,甚至损害了生物。

他发现自然界中也有与无意识的人工选择相类似的现象。他用类比的方法对无意识人工选择与自然界的活动作了比较,看出了在许多基本点上二者都是相似的。无意识人工选择需要较多的选择对象,生物界有繁殖过剩现象,可供选择的范围要更加广泛得多;无意识人工选择用淘汰作为手段,生物界可以通过生物体的死亡来进行淘汰;无意识人工选择需要较长的时间,自然界更没有岁月的限制。所不同的是,人类只为了自己的利益而选择,自然只为了被她保护的生物本身的利益而选择。通过这个类比,达尔文便把选择的概念从人类活动的领域引入到自然活动的领域,这是他建立自然选择学说的关键。

俄国生物学家季米里亚捷夫对于达尔文的自然选择学说十分敬佩,他说:"苹果在牛顿以前也是掉落的,园艺家和畜牧家在达尔文以前也培育了自己的各个品种;可是只有在牛顿的头脑中,只有在达尔文的头脑中才实现了这种大胆的,这种看起来好像荒诞的思想的飞跃,这种思想从掉落着的物体跳到在空间飞驰着的行星,从畜牧家实验的方法跳到控制整个有机界的种种规律。"[1]是的,从地上的苹果到天上的星星,从畜牧家的人工育种到自然界的无意识选择,这的确是认识中的飞跃。只有在牛顿与达尔文完成了这个飞跃后,才有可能提出万有引力理论与自然选择学说,而整个达尔文的进化论都是以自然选择学说为核心建立起来的。

他认为变异是进化的原料。遗传虽然是一种强大的倾向,但变异是普遍的、不可避免的。变异产生的原因有三个方面:生活环境的变化、器官的用进废退和器官的相关变异。总的说来,变异是可以遗传的。

自然选择是物种进化的途径。从哪儿入手寻找生物进化的规律呢?除了动植物的人工培养以外,达尔文再没有更好的观察场所了。在自然状态下物种的进化要经历很长的时间,所以不易观察到,而人工培育的时间则比较短,比较容易观察。在人工培育条件下,新品种产生的过程是:偶然变异—人工选择—积累变异—新品种产生。那么在自然条件下,只要把"人工选择"换成"自然选择",就可以说明新品种产生的过程了。

繁殖过剩为自然选择提供了必要性与可能性。他说:"一切生物都有高速率增加的倾向。""这是马尔萨斯的学说,以数倍的力量在整个动物界和植物界的应用;因为在这种情形下,既不能人为地来增加食物,也没有谨慎的方法以限制婚姻。"[2]比如,繁殖很慢的人类,每过 25 年人口就增加 1 倍,这样不到 1 000年,我们的后代在地球上就没有立脚的余地了。林奈计算过,一株一年生的植

---

① 阿烈克谢也夫:《达尔文主义》上卷第二分册,高等教育出版社,1953 年,第 450 页。
② 达尔文:《物种起源》第一分册,三联书店,1963 年,第 80、81 页。

物只生 2 粒种子,第二年每个种子又生 2 粒,20 年后就会有 100 万株植物了。象是一种繁殖得最慢的动物,假定它 30 岁开始生育,一直生育到 90 岁,在这一时期内共生 6 头小象,并活到 100 岁,那么在 700 多年后,这一对象的后代就会有 1 900 万头。每个种都可以繁殖许许多多的后代,如果它们不受抑制,那地球很快就会被一对生物的后代所挤满了。这是一条毫无例外的规律。每个物种可以繁殖很多,可是自然界又只能允许其中的一部分保存下来,这就出现了多与少的矛盾。要解决这个矛盾,就要有淘汰。淘汰哪一部分呢? 这就要选择。有繁殖过剩,就必然有选择;过剩的数目越多,选择的范围就越广,选择的余地就越大。

生存斗争是实现自然界选择的手段。既然一切生物都有繁殖过剩的现象,就不可避免地出现了生存斗争。生存斗争有三种形式:(1) 种内斗争,即同种个体之间的斗争,如狼与狼互相厮杀,同种植物争夺肥料、水分等。这种斗争最激烈,因为同种个体居住在相同的地区,需要相同的食物,所以它们之间的利害冲突最尖锐。(2) 种间斗争,即不同种生物之间的斗争,这种斗争体现了不同种生物的相互联系、依赖与制约。达尔文举了猫—田鼠—土蜂—三叶草的例子,以说明系统相距甚远的植物和动物,如何被复杂关系之网联结在一起。(3) 同环境的斗争,如沙漠中的植物同干旱炎热的气候作斗争。一场又一场斗争不断地发生,一批又一批的生物不断地死亡。关于大批生物死亡的原因,他不同意居维叶灾变论的说法,而认为这是每时每刻都在进行的生存斗争的结果。自然界正是通过生存斗争来淘汰一大批生物,从而实现对生物的选择。

自然选择的标准是适者生存,是选择能适应生存斗争形势的、对生物个体有利的变异。一对生物所产生的许多后代,发育是不平衡的,其器官的形态、功能、特性总或多或少有某些差别。起初这些差别是偶然的、不显著的。自然选择在世界上每时每刻都在精密检查着最微小的变异,把坏的、不利的变异排斥掉,把好的、有利的变异积累起来。无论在什么地方、什么时候,大自然总在年复一年、不知不觉地工作着。它通过种间斗争,挑选出较好物种的个体;通过种内斗争,在同一种内挑选出较好的个体;通过生物同环境的斗争,挑选出能适于生活环境的种与个体。再通过遗传,把有利变异不断地保留、积累起来。偶然的变异通过不断的选择,变成了必然的属性。这就形成了物种不断进化的过程。

达尔文认为,适者就是具有有利变异的强者。对于中性的变化,自然选择是不起作用的。他说:"我把这种有利的个体差异和变异的保存,以及那些有害变异的毁灭,叫作'自然选择',或'最适者生存'。"[1]他还认为,人类能够把生物个体的差异按既定方向积累起来,产生巨大的结果,自然选择同样能这样做,并容易得多,因为人的一生瞬息即逝,而自然的岁月却漫长无边。

旧种消灭、新种形成是自然选择的结果。新种产生与旧种绝灭是联系在一起的,因此种的数目不能无限增加。他指出,在新种形成的过程中,常常对近缘的种类起抑制的作用,并有消灭它们的倾向。

达尔文用这种观点解释了物种的进化。比如海岛上的昆虫翅膀的发育有差异,发育不良的昆虫被海风吹到大海中淹死,而翅膀发育好的昆虫就被一代一代地保存下来,所以海岛上昆虫的翅膀比陆地上要发达得多。

达尔文同赖尔一样,认为变异是缓慢的、渐进的过程,旧种的绝灭与新种的形成都是逐渐实现的。"因为同属的物种和同科的属只能缓慢地、累进地增加起来;变异的过程和一些近似类型的产生必然是一个缓慢的、逐渐的过程——一个物种先产生二个或三个变种,这等变种慢慢地转变成物种,它又以同样缓慢的步骤产生别的变种和物种。"[2]他宣称灾变的观点已被一扫而光,生物学的发展进一步证实了"自然界里没有飞跃"这句格言的正确。他赞同别人的话:自然界在变异方面是奢侈的,但在革新方面是吝啬的。他写道:"如果依据'创造'的理论,那么,为什么变异那么多,而真正新奇的东西却这样少呢?为什么被假定了在自然界里占据一定位置而分别创造的许多独立生物的一切部分和器官,却这样普遍地被逐渐分级的诸步骤连接在一起呢?为什么从这一构造到另一构造'自然界'不采取突然的飞跃呢?依照自然选择的学说,我们就能够明白地理解'自然界'为什么应当不是这样的;因为自然选择只是利用微细的、连续的变异而发生作用;她从来不能采取巨大而突然的飞跃,而一定是以短的、确实的、虽然是缓慢的步骤前进。"[3]

达尔文指出他的进化论还有一些难点。第一个难点就是为什么找不到大量的中间过渡类型。如果物种是从别的物种一点点地逐渐变成的,那我们为什

---

[1] 达尔文:《物种起源》第一分册,三联书店,1963年,第97页。
[2] 达尔文:《物种起源》第一分册,三联书店,1963年,第411页。
[3] 达尔文:《物种起源》第一分册,三联书店,1963年,第223页。

么没有看到无数的过渡类型呢？为什么物种之间的界限会如此清楚分明呢？这是渐进进化论的一个要害问题，也是居维叶反对渐进进化论的一个主要论据。达尔文试图回答这个问题。他认为，在生存斗争中选择所保存的总是最有利的属性，改进较少的亲类型就会受到抑制，甚至被消灭，所以我们现在不可能看到那么多的过渡类型。但这许多过渡类型在过去应当存在过。为什么在化石中又很少发现它们呢？这主要是因为地质记录保存得很不完全。地球上只有很少的区域被认真地发掘过，化石也大多是一些碎片，所以他说地壳是一个巨大的博物馆，但自然的采集品却支离破碎、残缺不全。为什么在具有中间生活条件的中间地带，没有发现中间变种呢？他的回答是：现在是连续的地方，过去曾经是间断的；现在大多数的大陆过去都是一些岛屿。在这样的岛屿上，没有中间变种在中间地带生存的可能性。中间变种在进一步变异的过程中总要受到排挤与抑制，所以中间类型的数目少，它们只生活在一个狭小的领域内，在亲近类型的"侵略"下，这个狭小领域很快也就消失了。他还指出，两个种可以有一个共同的祖先，但这两者之间却没有中间类型。如扇尾鸽与突胸鸽都是从岩鸽传下来的，但它们之间没有过渡形态。

另一个难题是一些高度完善的器官与本能是如何形成的。达尔文说，如果假定动物的眼睛是由自然选择形成的，这好像很荒谬，因为常识不能接受这点。可是当初太阳中心说刚提出时，人类的常识也曾宣称这一学说是错误的。的确，在许多哲学家、科学家看来，眼睛构成的巧妙是上帝存在的一个"有力论据"。牛顿就是这些人中的一个。虽然达尔文也感到这是一个颇为头疼的问题，但他宁可要自然的选择，也不要神的创造。他在对"本能"起源的解释中，也坚决反对唯心主义目的论。

达尔文进化论的提出对科学与哲学的发展具有十分重要的意义。它有力地批评了物种不变论，揭示了生物发生的辩证法，沉重地打击了神创论，用自然选择理论代替了上帝创造物种的说教。它是生物学史上的一块里程碑，也为马克思主义哲学的创立提供了丰富的思想材料。达尔文进化论也有一些不容忽视的缺点：它夸大了繁殖过剩的现象及其作用；强调了生存斗争，但忽略了生物合作；把生物进化同适者生存完全等同起来了；否认了飞跃。对这些缺点，恩格斯作了十分中肯的批评。

二、达尔文关于物种变异规律的思想

达尔文反对"僵硬不变的发展规律"的观点。这种观点认为各种生物都同时、同步,以相同的速度和程度变化。他说,他的学说"不承认有引起一个地域的所有生物突然地,或者同时地,或者同等程度地发生变化的那种僵硬不变的发展规律"[①]。这种僵硬的变化观,实际上是把十分复杂的物种变异简单化了,同直生论十分相似,具有浓厚的机械论味道。如果各种生物的变化规律如此简单,就像若干小球从同一高度的斜面上同时滚下,不论其体积、质量有何差异,滚动的速度都相同,那就完全可以用机械力学来处理生物的进化了。

达尔文指出,不同物种其变化的速度各不相同。"属于不同纲和不同属的物种,并没有按照同一速率或同一程度发生变化。"[②]志留纪的海豆芽与同属的现存物种差异很小,然而志留纪的大多数其他软体动物和一切甲壳类已经大大地改变了。生活条件愈复杂的物体,其变化速率就愈快。高等生物的生活条件比较复杂,所以高等生物的变化速度就比较快。比如,陆栖生物比海栖生物变化得快。物种群(属和科)变化的规律与单一物种相同,它的变化也有大小、缓急之分。单一的物种和物种群的延续时间也不相同。"单一的物种也好,物种的全群也好,它们的延续期间都极不相等;有些群,如我们所见到的,从已知的生命的黎明时代起一直延续到今日;有些群在古生代结束之前就已经消灭了。"[③]

达尔文认为物种群可以逐渐增加它的数目,一旦增加到了最大限度,它就会逐步减少。他猜测到物种量的增加有个极限,不仅生物个体的数目不能无限增加,属、科、种数目的增加也有个限度。

物种的变异会导致旧种消灭,新种产生。达尔文认为这两个过程是密切相关的,在一定意义上可以认为旧种的绝灭是新种产生的必然结果,反之亦然。虽然他在理论上否认飞跃,实际上他所说的旧亡新生就是一种飞跃。他把飞跃理解为居维叶的灾变,他在反对灾变论时,把飞跃也否定了。他认为物种的消

① 达尔文:《物种起源》第三分册,三联书店,1963年,第408页。
② 达尔文:《物种起源》第三分册,三联书店,1963年,第408页。
③ 达尔文:《物种起源》第三分册,三联书店,1963年,第412页。

亡也是逐渐的过程,而且这个过程比新种形成的过程还要缓慢。但他认为新种产生的数目同旧种灭亡的数目几乎相等,达到了某种平衡。

达尔文还讨论了生物的进步标准问题。他认为生物器官专业化与完善的程度,是判定生物进化与否的标志。但他又指出,要确定一个物种是否进步,乃是一件十分困难的工作,我们会在许多方面遇到各种异常错综复杂的问题。我们也很难比较不同模式生物的进步程度。"企图比较不同模式的成员在等级上的高低,似乎是没有希望的;谁能决定乌贼是否比蜜蜂更为高等呢?"①在复杂的生存斗争里,我们完全可以相信甲壳类在它们自己的纲里并不是很高等的,但它们能打败软体动物中属于最高等的头足类。我们在确定进化程度时,不仅要拿任何两个时代中的一个纲的最高等成员来比较,还应当拿两个时代中的一切高低成员来比较,此外还要比较两个时代的全世界高低各纲的相对比例数。"因此,我们可以知道,在这样极端复杂的关系下,要想对于历代不完全知道的动物群的体制标准进行完全公平的比较,是何等极端的困难。"②

达尔文把退化理解为生物适应简单的生活条件,使其器官简单化。生物的退化来源于生活条件的简单化,退化的标志是器官的简单化。一言蔽之,退化就是简单化。因此,生物的进化是一个逐渐从简单到复杂的过程。

达尔文把时间的箭头引入了生物学。他指出物种的变异是不可逆的。如果一个物种一度从地球表面上消失,没有理由可以使我们相信同样的类型会再出现。一个物种群一经消灭,也永不再现。"我们能够清楚地知道,为什么一个物种一旦灭亡了,纵使有完全一样的有机的和无机的生活条件再出现,它也决不会再出现了。因为一个物种的后代虽然可以在自然组成中适应了占据另一物种的位置(这种情形无疑曾在无数事例中发生),而把另一物种排挤掉;但是旧的类型和新的类型不会完全相同;因为二者几乎一定都从它们各自不同的祖先遗传了不同的性状;而既已不同的生物将会按照不同的方式进行变异。"③

他认为变异的原因是多方面的,因此变异的手段也是多种的。自然选择是变异的主要手段,但不是唯一的手段。

他还认为,物种的变异、进化,新旧物种的更替,都是一个十分复杂的过程,

---

① 达尔文:《物种起源》第三分册,三联书店,1963年,第431页。
② 达尔文:《物种起源》第三分册,三联书店,1963年,第432页。
③ 达尔文:《物种起源》第三分册,三联书店,1963年,第410页。

其中有各种偶然因素的作用。研究生物进化的重要根据是地质记录,但地质记录在一切时代都是不完全的,这自然要影响到我们对生物历史的认识。"地质记录是极端不完全的;只有地球一小部分曾被仔细地做过地质学的调查;只有某些纲的生物在化石状态下大部分被保存下来;保存在我们博物馆里的标本和物种的数目,与其至在仅仅一个地质层中所必须经历的世代数目比较起来,好像是完全没有什么一样。"[1]因此我们不可能精确地追溯生物过去各个时刻的各个细节,也不能准确地推测生物在未来各个时刻的状态。例如,我们不可能估计出各个物种能够生存多久。他写道:"似乎没有一条固定的法则可以决定任何一个物种或任何一个属能够延续多长时期。"[2]

达尔文并不认为他的理论已尽善尽美,但若有人借口这一理论还不能详尽说明生物进化的所有原因、所有机制而反对这一学说,则是没有道理的。他说:"几乎不能设想,一种虚假的学说会像自然选择学说以那么令人满意的方式解释了以前举出的若干大类的事实。最近有人反对说这是一种不妥当的讨论方法;但是,这是用来判断生活的普通事件的方法,并且是最伟大的自然哲学者所经常使用的方法。光的波动理论就是这样得来的;而地球绕着自己的轴旋转的信念直到最近几乎没有被直接的证据支持着。要说科学还没有对于生命的本质或起源这个更加高级的问题投射什么光明,这并不是有力的异议。谁能够解释什么是引力的本质呢? 现在没有人会反对遵循引力这个未知因素所得出的结果;尽管莱布尼茨以前曾经责难牛顿,说他介绍了'玄妙的性质和奇迹到哲学里来。'"[3]

达尔文讲变,强调复杂性,强调我们知识的不精确性,反对把生物的变异简单化,反对把我们的认识简单化。他意味深长地说:"我们对于物种的绝灭,不必惊异;如果一定要惊异的话,那么还是对我们的自高自大——一时想象我们是理解了决定各个物种生存的许多复杂的偶然事情,表示惊异吧。"[4]在他看来,把事情简单化,只讲必然性的作用,自认为对物种变异已经完全理解,这是一种自以为是的主观偏见! 在达尔文的著作里,我们看不到当时盛行的机械决定论思想。

---

① 达尔文:《物种起源》第三分册,三联书店,1963 年,第 436 页。
② 达尔文:《物种起源》第三分册,三联书店,1963 年,第 412 页。
③ 达尔文:《物种起源》第三分册,三联书店,1963 年,第 583~584 页。
④ 达尔文:《物种起源》第三分册,三联书店,1963 年,第 416 页。

　　达尔文创立自然选择理论的关键,是把选择的概念从人的活动领域引入了生物界。他以这种独特的方式沟通了自然与社会的联系。他的学说受到了马尔萨斯人口论、霍布斯的哲学、古典经济学关于自由竞争理论的影响,这体现了当时科学发展的一种趋势:哲学、自然科学、社会科学的相互渗透。

　　达尔文的贡献不仅在于提出了一种物种进化的理论,更在于提出了一种进化的模式。许多学科(包括哲学、社会科学)的学者,只要涉及进化问题,都可以用达尔文的模式来分析。因此,达尔文的理论具有重要的方法论意义。由于拉马克、达尔文等人的工作,进化论成为一种思潮。

　　有趣的是,达尔文认为牛顿的万有引力理论是"人类曾经有过的最伟大的发现"。当有人怀疑、反对他的理论时,他就用牛顿的学说来为自己辩护。他说:"没有人反对农学家所说的人工选择的巨大效果;在这种情形下,自然界所提供的,人类为了某种目的而选择出来的个体差异,必然先行发生。其他一些人反对选择这一用语含有在被改变的动物中能进行有意识的选择这一意义;并且甚至极力主张植物既然没有意志作用,自然选择是不能应用于它们的!照字面讲,没有疑问,自然选择这一用语是不确切的;然而谁曾反对过化学家说各种元素有选择的亲和力呢? 严格地实在不能说一种酸选择它所愿意化合的那种盐基。有人说我把自然选择说成一种动力或'神性';然而有谁反对过一个作者说万有引力控制着行星的运行呢? 每一个人都知道这种比喻的言词包含着什么意义;并且为了简单明了起见,这种言词几乎是必要的。"[①]

　　其实达尔文的进化论与牛顿的机械论是两种不同的思潮,二者的一个本质区别是,进化论承认进步,承认自然界的各种运动形态有简单与复杂、低级与高级之分,而机械论是排斥进步概念的。

　　《物种起源》出版后,一时不被学者所普遍接受。生物学家奥温发表了措辞尖刻的批评文章,达尔文的朋友、地质学家塞治威克给他写信说:读了你的著作我感到非常痛苦,落款是"你过去的朋友,现在是猿的后代"。天文学家约翰·赫歇耳把它称为"胡闹定律"。这些都在达尔文的意料之中,他说:我决不期望说服富有经验的自然学者,我满怀信心地看着后起的自然学者。他也像拉马克一样寄希望于后代。

---

① 达尔文:《物种起源》第一分册,三联书店,1963年,第97~98页。

第十节　细　胞　学　说

一、从胡克到普尔金耶

最早提出细胞概念的是英国的胡克。他在 1665 年制成了能放大 40～140 倍的显微镜,在观察软木薄片时发现了空的细胞壁。他在《显微谱志》中说:"我能非常清楚地看到它全部多孔多洞,很像蜂巢,只是它的孔洞不规则,但它在下列特点上与蜂巢无异。首先,它的固体物质很少,……因为中间体,或墙壁(假如我可以这样称法)或空洞的间隔与空洞相比是极薄,正像蜂巢中的薄蜡膜(即包围并形成六角小室的)与蜂巢空洞相比一样。其次,这些空洞,或'细胞',并不很深,而是由许许多多小匣组成,是一连续的长孔,用横壁隔开着。"[①]后来他又看到荨麻叶表皮细胞的壁膜。同一时期意大利的马尔丕基用显微镜证实了胡克的观察,并把活细胞称为小泡。

1675～1683 年,荷兰的列文虎克制造了能放大 270 倍的显微镜,首次描绘出骨细胞与横纹肌的细胞图。

由于显微镜的使用,人们发现了一个新的世界,也发现了细胞的存在。但在这以后的 100 多年中,人类对细胞的认识并没有什么新的发展。显微镜可以使人们一下子看到许多新的东西,但要消化这些发现,提出某种理论来说明这些发现,却需要经过比较长的酝酿时间。

到 19 世纪,重新认识细胞的是奥肯(1779～1851)。这位德国自然哲学家指出:所有的有机物都是由小泡或细胞组成的,这些小泡或细胞乃是一些单胞或原浆。1809 年他又在《自然哲学纲要》中说:世界是个发展过程,经过了机械现象、化学现象和生物现象三个阶段。一切生物都来自原始的黏液,它是球形的,中间是液体,称小泡。他认为小泡是一种简单的生活质,小泡由大海中的无机物变成。他反对预成论,坚信人不是创造出来的,而是逐步形成的。奥肯认

---

① 　戴罗伯底斯等:《普通细胞学》,科学出版社,1964 年,第 7～8 页。

为自然哲学的主要研究对象就是自然的发生史。他主张任何事物都有两极性，没有两极性的力量，就不会有世界。奥肯的这个思想对后来施莱登、施旺的细胞学说有很大的影响。

1831 年英国的布朗(1773～1858)在兰科植物表皮细胞里发现了细胞核。可是布朗本人对自己的发现并不很重视。

捷克的普尔金耶(1787～1869)在 1837 年作了有关发现神经细胞与小脑神经节细胞的报告，指出细胞并不像前人所设想的只是一个坚硬的空壳，而包含有原生质，并认为原生质在细胞中占有重要的地位。他还宣布他在动物脾脏与淋巴腺的细胞中发现了细胞核。1839 年他发表了《论动植物有机体在结构元素上的相似性》，认为一切有机体组织结构的颗粒形式表明了动植物的相似性。

到 19 世纪 30 年代，人们对细胞的大概结构在生物体中的地位已有了一定的认识，提出系统细胞学说的条件已经具备。

二、施莱登与施旺的细胞学说

德国植物学家施莱登(1804～1881)初学法律，后改读医学与植物学，是最早接受达尔文学说的生物学家之一。1838 年他发表《植物发展资料》，认为细胞是一切植物结构的基本单位和借以发展的实体。同年他将自己的研究工作写信告诉了施旺。施旺(1810～1882)是德国动物学家，米勒的学生。他当时正在研究蝌蚪的鳃软骨及其脊索，也发现了细胞构造与细胞核。他进一步概括了施莱登的思想，于 1839 年发表《关于动植物的结构和生长一致性的显微镜研究》。他说他的目的是要"证明在两大有机界中最本质的联系"，"现在我们已经推倒了分隔动植物界的巨大屏障"。①

施莱登与施旺认为细胞是动植物的最基本单位。动植物的外部形态千差万别，但其内部构造却是统一的。细胞是独立的，自己能生存、生长的单位。细胞核是细胞生活的中心。他们强调细胞的独立性、完整性，认为有机体只不过是细胞的集合，是细胞的简单总和。施旺说："我们一般地应该把独立的生命归之于细胞；……营养与生长的基础不在整个有机体中，而在细胞的个别基本部

---

① 玛格纳：《生命科学史》，华中工学院出版社，1985 年，第 299、300 页。

分中。"①施莱登说:"在每个单独的细胞中都存在着生命的本质,建立起这样的概念是必要的,并应以此作为研究生物整体的基本原则。"②

施旺说:"凡有生命的东西都源自细胞。"③施莱登认为细胞有两个生命,一个是自己的,这是首要的;另一个属于有组织结构的部分,这是次要的。他说,在植物内部,每个细胞都"一方面是独立的,进行自身发展的生活;另一方面则是附属的,是作为植物整体的一个组分而生活着"④。这两个生命都是成形的力量。施旺认为细胞具有两种力:新陈代谢力与吸引力;所以细胞现象也有两类:造型现象与代谢现象。新陈代谢力的作用就在于把外界的物质变为构成细胞的原料,而引力的作用就是通过浓缩与沉淀使原料集中、凝聚、成形。施莱登强调细胞核的重要,认为细胞的其余部分都是由细胞核发展而来的。他们没有细胞分裂的思想,这个思想是后来德国生物学家耐格里提出的。

施旺还试图对细胞进行分类:

1. 独立、分离的细胞:血液细胞。

2. 独立、紧挨着的细胞:皮肤细胞。

3. 发育很好、有坚固壁的细胞:骨、牙。

4. 被拉成长纤维的细胞:韧带、腱。

5. 壁与腔都连接起来的细胞:神经、肌肉。

施旺强调研究发育是生物学的重要任务。他用一句话来概括他的细胞学说:"有机体的基本部分不管怎样不同,总有一个普遍的发育原则,这个原则便是细胞的形成。"⑤他认为发育是一切有机体的普遍法则,发育过程就是细胞的形成过程。

施莱登还提出一些生物学方法论的思想。他认为植物学经历了三个阶段:从古代到中世纪末、林奈时期和林奈以后的时期。他批评林奈的分类学方法是一种学术上的独断,因为这种方法把生物学的研究工作只限于采集、记载、分类的狭隘范围内,妨碍了植物学的发展。他指出:"植物学之本领不在于采集、记

---

① 阿烈克谢也夫:《达尔文主义》第二分册,高等教育出版社,1953年,第338页。
② 《科学与哲学》1981年第6、7期,第316页。
③ 玛格纳:《生命科学史》,华中工学院出版社,1985年,第301页。
④ 玛格纳:《生命科学史》,华中工学院出版社,1985年,第297页。
⑤ 梅森:《自然科学史》,上海译文出版社,1980年,第363页。

载与分类,应输入新法。"①他认为植物学应考察个体的发育,这比过去的传统的植物分类研究与成体结构的考察,将能更好地了解植物的本性。施莱登也反对费希特的植物灵魂说与谢林、黑格尔的思辨哲学。

细胞学说认为,生物体有统一的起源、结构和发育原则,细胞学说揭示了动植物的联系、高等生物与低等生物的联系,指出了生物体都经历了一个发育过程,有力地批判了形而上学的自然观与方法论,为各门生物学(比较解剖学、生理学、胚胎学等)的进一步发展奠定了基础。细胞学说的缺点是不了解细胞的来源,片面地强调了细胞的独立性。后来微耳和试图克服第一个缺点,却又进一步扩大了第二个缺点。

三、微耳和的细胞病理学

细胞学说提出以后,人们就很自然地从细胞学的角度来寻找疾病的根据。细胞病理学创始人微耳和(1821~1902)曾对显微镜作过改良,对细胞学也很有研究。《细胞病理学》一书是他在 1858 年 20 次讲演的汇集。

微耳和反对自然发生论,认为任何一种发育都不能凭空产生。有人认为绦虫是由消化不良引起的胃中的不洁黏液产生的,滴虫、菌类、海藻是从动植物的腐败残渣中产生的。他认为这些见解是不能容忍的。施莱登、施旺认为细胞是体液物质的聚集,所以生物体能不断地自动形成新的细胞。微耳和也不同意这种看法。他说:"同样,我们也不能承认,在生理性或病理性组织中,一个新细胞能够由非细胞物质产生出来。正如一个动物只能来自动物,一个植物只能来自植物一样,一个细胞的发生,一定先有一个细胞的存在(一切细胞来自细胞)。"②若就个体发育而言,微耳和认为一切细胞来自细胞是合理的,但他不能说明第一个细胞的来源。

微耳和认为生物体是细胞组成的社会。他说每一个有一定发育程度的机体,都是一个"累进的总体",其结构相当于一个社会组合。每个细胞又都是一个小小的独立王国,所以机体是"细胞联邦"。他说:"每个动物都是许多生命单

---

① 鲍鉴清、洪式闾:《生物学史》,北京文化学社,1927 年,第 93 页。
② 微耳和:《细胞病理学》,人民卫生出版社,1963 年,第 23 页。

位的总和,而每个生命单位皆表现出所有的生命特征。"①每个细胞都"向往自由"、"向往自主",各自"单独地完成它的职责"。他承认各部分有联系,但认为整个有机体并不具有统一性。生物体没有单一的中心点,在所有的部位上都有许多分散的小中心。当时有人认为神经系统构成机体的统一性,微耳和说虽然没有别的系统像神经系统这样遍及全身,但并没有发现哪一单个神经节细胞能单独引起末端的全部运动,任何单个细胞都不能称为全部感觉机能的中心。他宣称机体统一性的观念,是上古神话时代留下的偏见,是对问题认识不清楚的表现。

既然机体是许多细胞的累积,是许多"小国"组成的"联邦",所以他认为疾病在本质上都是机体部分的变化,是一个或一群细胞的变化。除局部病变以外,没有任何其他疾病。微耳和所说的局部病变是存在的,但认为这是疾病的唯一一形式,这就未免有失偏颇了。

他主张在科学领域中实行革新,而反对实行革命。他说:"我们要有革新,而不要革命:这就是说,我们应当保存老的东西,再加上新的东西。"②他是经验论者,认为科学只应记录、观察事实,而不能超出经验的范围,否则就会陷入哲学的教条,他自称是"哲学的敌人"。他的学说带有一定的形而上学色彩:他反对自然发生论,却主张细胞只能来自细胞;看到了细胞的独立性,却忽视了细胞之间的有机联系;看到了局部的独立性,却忽视了整体性;看到了局部病变的存在,却又认为所有疾病都是局部病变。在这些方面,他没有看到量与质、局部与整体的联系。而这些缺点在施莱登、施旺的细胞学说中就已有萌芽了。

第十一节　关于生命起源的研究

地球上各种生物是从哪儿来的? 最初的生命是如何产生的? 这一直是科学与哲学研究的一个难题。当各门生命科学还不够发展,进化论还没有真正确立的时候,许多人都相信自然发生说,因为这种学说提出了一种比较符合当时人们认识水平的说法。

---

① 微耳和:《细胞病理学》,人民卫生出版社,1963年,第11页。
② 微耳和:《细胞病理学》,人民卫生出版社,1963年,序言第5页。

一、自然发生说

自然发生说认为生命是从无生物直接地、迅速地产生的,高等生物是由低等生物直接地、迅速地变成的,不需要通过亲代的遗传,不需要经历一个过程。法国的米塞说,自然发生"不是意味着无中生有,而是指没有母体而产生新的有机体"[①]。各个古老的民族都有自然发生的说法。古代中国人认为腐肉生蛆、枯草化萤。彝族长篇叙事诗《梅葛》说:"大虱子变成老水牛,小虱子变成黑猪黑羊。"古代印度人认为汗液与粪便可产生虫类。古代埃及人认为尼罗河的淤泥经过阳光的曝晒就可以产生青蛙、蟾蜍、蛇、鼠。古希腊的德谟克利特主张生物是从水与土直接变成的。亚里士多德也提出过类似的思想。4 世纪的一个大主教说:"有些生物是由以往即已存在的同类继承下来,另一些直到现在仍然是从泥土中生出。土地不仅在雨天可以生出蝗虫和成千种飞翔在天空的禽类,而且还能生出鼠和蟾蜍。在埃及的费佛附近,夏天多雨时期突然到处皆是田鼠。我们知道鳗鱼不外是由水草生成的。它们不是从卵或从其他方式繁殖出来的,但由泥土可以变成。"[②]中世纪的学者甚至说青蛙是由 5 月的露水变成的,狮子是由荒野里的石头变成的。英国博物学家列克姆认为树脂与海水中的盐相结合,就可以生成鸟类,所以欧洲人曾认为吃鹅是吃素。比利时医生赫尔蒙特认为垃圾可生老鼠。他曾做过用一箱脏东西"产生"老鼠的表演,并惊讶地说人工产生的老鼠同天然产生的老鼠完全相同。此外,拉马克相信水螅能从污泥中自生,黑格尔也说海洋里能自生鞭毛虫。

自然发生说的产生是一种国际现象。当人们还不了解一个物种如何变为另一个物种时,自然发生说的产生和流行是很难避免的。教会的支持也是自然发生说广泛流传的一个因素。诺亚方舟上只有少数几种生物,为什么现在地球上又有那么多生物呢?教会人士解释说,没有必要把许多动物藏在方舟里,因为其他许多动物的产生并不需要有父母亲,而是由腐败物自生的。

---

① 瓦莱里-拉多:《微生物学奠基人巴斯德》,科学出版社,1985 年,第 100 页。

② 奥巴林:《地球上生命的起源》,科学出版社,1961 年,第 11 页。

二、胚种论与自然发生说的争论

首先向自然发生说提出挑战的是 17 世纪意大利医生雷第。他把肉放在封闭的瓶内,几天后肉并未腐烂生蛆。他又把一块纱布盖在肉上,使苍蝇不能直接在肉上产卵,蛆就只可能在纱布上出现,而不可能在肉上出现。所以他认为先有蝇卵,而后有蛆。稍后意大利医学教授伐列斯尼黎认为水果里的蛴螬不是自然发生的,而是由一种卵长大的。

可是到了 17 世纪末,由于显微镜的发明,人们对这个问题的认识又复杂化了。荷兰的列文虎克(1632～1723)用显微镜在雨水、泥土甚至人的牙垢中发现了大量的微生物。他写道:在一个人口腔的牙垢里生活的动物,比整个王国里的居民还多。在封闭容器里的肉虽然没有生蛆,但通过显微镜可以看到在短时间内可以产生许多微生物。这些发现使人们认为各种生物是从微生物直接变成的,而微生物又是从其他无生物中直接形成的,有力地支持了自然发生说。这样,在特定的历史条件下,新的观察工具竟好像帮了错误理论的忙。英国博物学家罗斯说:"怀疑甲虫、蚂蜂产自牛粪,就是怀疑理性、感官和经验。"[①]

后来有个叫波列纳克的主教提出,宇宙间包含无数生命的胚种,一切生物都是由胚种产生的。18 世纪中叶,英国的列德汉姆神父在一个瓶子里放些有机溶液,封口后用加热的方法杀死有机溶液中原有的微生物,可是不久瓶内仍发现了微生物。于是列德汉姆认为凡物质皆有一种生殖力,都能产生微生物。意大利的斯巴兰扎尼认为列德汉姆的实验是不足信的,也许是瓶口未封闭好,或者是瓶内的微生物种子没有杀尽,所以瓶内才会出现微生物。斯巴兰扎尼把密封的 19 个瓶子浸在沸水内达 1 小时,结果没有发现有微生物产生。于是他得出结论:微生物是从空气中进入瓶内的。列德汉姆不相信斯巴兰扎尼的实验。他把有机溶液煮沸后倒在几个瓶子里,封上口,发现仍有几瓶溶液变了质。列德汉姆的实验得到了布丰等人的支持。列德汉姆认为生命是"生长力"作用的结果,生长力能使夏娃由亚当的一根肋骨变成人,能使中国的冬虫夏草在冬天变为虫,在夏天变为草。斯巴兰扎尼则嘲笑说,这种生长力在创造奇迹:忽而产

---

①　克鲁伊夫:《微生物猎人传》,科学普及出版社,1982 年,第 27 页。

生蛙,忽而产生狗;忽而产生一只蚊蚋,忽而产生一头象;今天是一只蜘蛛,明天是一条鲸;这一分钟是一头牛,下一分钟是一个人。

到 19 世纪,施旺认为微生物不能自生。1843 年赫尔姆霍茨也指出,发酵与腐败的原因并非空气中的氧,而是空气中的某种物体。双方争持不下,没有结果。1858 年法国博物学家普谢又挑起了这场争论。他宣布他用实验证明了生物能在短时期内天然自生。他说:"一般认为,普通空气中可能含有微生物的种子。但是这些在显微镜底下可以看到的微小动植物,都是发生在和普通空气隔绝的营养液中的。"①

1860 年法国科学院征奖来解决这个问题,最后获奖的是法国著名的微生物学家巴斯德。巴斯德(1822~1895)幼时才不出众,中学时才逐渐显示了他的才能:意志坚强,观察精细,富于想象力,曾获学校一等物理奖。从巴黎高等师范学校毕业后开始研究化学;因成绩卓著,在 1853 年获爵士称号。1854 年开始研究发酵问题,1858 年开始研究生命自生问题。他受达尔文缓慢进化论的启发,认为微生物不可能在短时期内由其他物质变成,微生物只能通过微生物繁殖而产生,空气中可能有一种能产生微生物的胚种。他问:"如果没有先于生物而存在的、同生物相似的东西,生物能够自己产生出来吗?"②他起初做了如下实验:玻璃瓶内盛有极易腐败的液体,瓶口用棉花堵住,几天后溶液没有变质。棉花上有黑色的尘埃,如果溶液同尘埃接触,很快就会变质,说明尘埃中有胚种存在。普谢反驳道:如果不让空气流入瓶内,那瓶内的生物是无法生成的,所以液体才未变质。此外,若空气中有胚种,那大气岂不是成了一团黑雾?

为了回答普谢的驳斥,巴斯德就设法在有机液体同空气相接触的情况下做实验,并试图证明在不同高度的大气中,胚种的密度是不相同的。1860 年 9 月,他前往阿尔卑斯山,在平原、850 米高的丘陵和 2 000 米高的山峰上,各打开 20 瓶有机液体,让空气流入瓶内,然后封口。后来发现,在平原打开的 20 瓶中有 8 瓶变质,在丘陵打开的 20 瓶中有 5 瓶变质,而在峰顶打开的 20 瓶中只有 1 瓶变质。说明空气中的确有胚种,而胚种的数量同空气的高度成反比。普谢等人也在一座高山上做了类似的实验,宣布结果是所有玻璃瓶的有机溶液都变质了。

争论愈演愈烈。根据巴斯德的要求,法国科学院 1864 年 4 月 7 日在巴黎

① 朱洗:《巴斯德》,中国青年出版社,1956 年,第 32 页。
② 玛格纳:《生命科学史》,华中工学院出版社,1985 年,第 332 页。

大学举行辩论会。他制造了各种形状的长颈瓶，放进煮沸过的肉汤，不封口，肉汤几天后都未变质。巴斯德的解释是尘埃中的胚种经过弯曲的颈部时，都被沾留在管子的内壁上，不能同肉汤直接接触，所以肉汤没有变质。如果把瓶子倾斜或用力摇摆几下，使肉汤同管壁上的尘埃相接触，肉汤就会变质。他得出结论："生命就是种子，种子就是生命。自然发生生物的学说绝对不能复兴了。"[①]法国科学院认为巴斯德"利用最精确的实验，扫清生物自生这个问题上的疑云"。

巴斯德关于微生物的发现启发了英国外科医生李斯特，提出了手术中的消毒措施，挽救了许多病人的生命。巴斯德还研究了鸡、羊、蚕的传染病问题，牛奶发酵、啤酒变质问题，被疯狗咬伤病人的治疗问题，均获得很大成功。所以1882年法国许多地方都为他开庆祝会。人们张灯结彩，授予他各种勋章、头衔，称他是为人类造福的救星。而巴斯德回答说："全部光荣都属于祖国。"

巴斯德重视实验的作用，重视实验室的建设。他说实验室与发明是两个相互联系的名词。实验室是科学的生命。"科学家离开了实验室，正像战场上的士兵被缴械一样。"

由于巴斯德的实验，自然发生说便开始退出历史舞台，可是巴斯德的实验室并没有解决生命的起源问题。自然发生说看到了无机物与有机物、低等生物与高等生物的联系，但忽略了它们之间的本质区别；看到了彼此间转化的可能性，但忽略了转化的必要条件。巴斯德的胚种论在纠正自然发生说的错误方面是有功绩的，但它又夸大了无机界与有机界的界限。既然生物只能来源于生物，那就无法回答最初生物的起源问题了。巴斯德说："研究起源问题并不在科学范围之内，科学只承认能够证明的事实和现象。"[②]难怪当时斯宾塞说，生命的起源问题是超乎认识界限之外的了。1864年贝尔在回顾这段历史时说：在1810～1830年间，科学家中只有几个人不相信自然发生说，通过巴斯德实验，人们已普遍不相信这个学说了，可是生命的起源问题"仍未解决"。在这种情况下，生命永恒论就开始流传起来。

---

① 朱洗：《巴斯德》，中国青年出版社，1956年，第38页。
② 瓦莱里-拉多：《微生物学奠基人巴斯德》，科学出版社，1985年，第119页。

三、生命永恒论

生命永恒论认为：生物体虽然有生有死，但生命本身却是永恒的，所以研究生命的起源问题是毫无意义的。德国化学家李比希在1868年说："我们只可以假定：生命正像物质自己那样古老，那样永恒，而关于生命起源的一切争端，在我看来已由这个简单的假定给解决了。"[①]生命永恒论是同巴斯德的胚种论联系在一起的。开尔文说，既然生命自生的不可能性像万有引力定律那样确定，那生命就是本来就有的。

既然生命是古老的，地球最初又没有生命，那地球上的生命是从哪儿来的呢？一个逻辑上的必然回答是：地球上的生命是从别的天体上迁移来的。赫尔姆霍茨说："如果我们让有机体从无生命的实体中产生出来的一切努力都失败了，那么依我看来，一个完全正确的处理办法就是我们要去问一问：生命究竟发生过没有，它是否和物质一样古老，它的胚种是否从一个天体转移到另一个天体，并且在它找到了有利的土壤的地方到处发展了起来？"[②]

19世纪初法国的莫尼瓦提出陨石可能携带胚种在太空中旅行，开尔文在1871年又重新提出了这种观点。当时有人想在陨石中寻找生命的胚种，但因条件限制，一直未能找到。

生命永恒论的著名代表是瑞典化学家阿累尼乌斯（1859～1927）。人们一直认为牛顿的引力是支配天体演化与运动的力量，可是如果只有引力的作用，则许多天体就会相互吸引，形成巨大质量，但这种情况并未发生。阿累尼乌斯为了解决这个困难，提出了光压理论。他认为一个微小物体的直径是0.0015毫米，则它所受的太阳引力等于太阳辐射的压力；如果小于0.0015毫米，则太阳辐射的压力就大于引力，就会被推离太阳。光压是生命胚种转移的动力。

阿累尼乌斯主张胚种论与生命永恒论，认为生命不是地球上一定时期的产物，而是从别的天体上迁移来的。他说："到目前为止，一般都相信生命是由于所谓'自生'过程而从无机物质里产生出来了。然而，如同能量自生——所谓'永动机'的幻想必须在这方面的实验的相反结果面前彻底破灭一样，关于实际

---

① 恩格斯：《自然辩证法》，人民出版社，1984年，第279页。
② 恩格斯：《自然辩证法》，人民出版社，1984年，第280页。

上不可能见到生命自生的多方面的实验大概也会引导我们得出这种自生根本不可能的观点。要理解行星上产生生命的可能性,就不得不求助于胚种论学说;我把这个学说与辐射压的学说配合起来,给它赋予一种符合科学现状的形式。"[1]他估计胚种在光压作用下,从火星飞到地球要 84 天,而从金星飞到地球则只要 40 天。他推测胚种落向地球表面时,也不一定像陨石那样在大气层中燃烧,因为它下落的速度很慢。

可是有不少人怀疑阿累尼乌斯的观点。他们提出宇宙空间是很广阔的,胚种从一个恒星系到达另一个恒星系要经历很长时间,而星际空间的温度很低,又没有氧气,胚种能经受住这些考验而不死亡吗?恩格斯也提出胚种输入说要成立必须有两个前提:(1)蛋白质是永恒的;(2)生命的原始形态是永恒的。但这两个前提都是不能成立的。

总之,19 世纪关于生命起源的研究,在批判神创论方面是有贡献的,但还不能科学地解决这个问题。这是近代科学遗留给现代科学的待解课题之一。

第十二节　孟德尔的遗传学思想

渐成论否定了预成论,但并没有回答遗传的机制问题。在 18 世纪,生物学家们对进化论的兴趣远远超过了遗传问题。到 19 世纪,一批生物学家开始用杂交实验来研究遗传问题,导致了孟德尔遗传定律的发现。

一、孟德尔以前的遗传学实验研究

1799～1823 年间,奈特用豌豆做杂交实验,发现在种子的颜色方面灰色对白色是显性,他用白色种子的亲本同杂种回交,在子二代中得到灰色与白色两种颜色的种子,但他没有确定两种种子的数量比例。有的遗传学史专家认为意大利的加利西奥在 1816 年已提出了"显性"的概念。

约翰·古斯在 1820 年也做了豌豆杂交实验。他用"蓝色的普鲁士人"和

---

① 索洛维耶夫等:《阿累尼乌斯传》,商务印书馆,1965 年,第 106 页。

"西班牙侏儒"两个品种杂交,发现了第一代全部是白色,第二代蓝白两种颜色都有。1824年西顿也得到了类似的结果。他们两人都观察到显性与分离现象,但都没有研究以后几代的情况,都没有去研究不同性状的数量比例。

托马斯·赖克斯顿在1866～1872年间做豌豆杂交实验,结果同古斯、西顿的相同。但赖克斯顿实验的规模不大,以致不可能对实验的结果进行精确的数量分析。法国的路易·德·维尔莫兰在1856～1860年间发现了毛羽扇豆花色的分离现象。

1863年,法国的诺丹通过杂交实验,发现了子一代的一致性和正反杂交的同一性。第一代杂种通常处于两个亲本之间的中间状态,在第二代杂交中出现了混乱的变异,第二代杂种的各种类型的数目遵守统计性的几率定律。德国现代遗传学家斯多倍认为诺丹的工作已接近孟德尔的发现。

诺丹等人的工作在开辟实验遗传学的新领域方面是有贡献的,但他们实验的规模不够大,没有确定由一代植株自花授粉所产生的子二代性状分离的数量规律,没有提出一种理论来解释这种有规律的分离现象。是孟德尔在这三方面作出了杰出的贡献。

二、孟德尔的遗传学思想

孟德尔(1822～1884)出身于农民家庭,父母亲对园艺都很有研究,孟德尔从小就受到这方面的熏陶。1843年大学毕业后,他当了圣玛汤斯修道院的教士。该修道院有个植物园。这个植物园是他进行豌豆杂交试验的场所。

孟德尔起初研究杂种并不是为了系统地阐述遗传规律,而是为了说明杂交在生物进化中的作用。他认为前人的杂交实验还没有圆满地阐述一个能普遍应用的控制杂种形成和发育的规律。他决心用自己的大规模的精确实验,来达到前人所没有达到的目标。

他十分重视实验对象的选择。他说:"任何试验的价值与用途决定于材料之是否适宜于它所作用的目的。"[①]他认为进行杂交实验的植物应当具有稳定的、便于观察和区分的特性,开花时不易受到外来花粉的影响,能保证实验的准

①　孟德尔:《植物杂交实验》,科学出版社,1958年,第2页。

确性,还应当容易栽培,生长期短。他经过一番思考与选择以后,选定了豌豆作实验对象,并确定对豌豆的 7 对相对性状进行观察研究。

在 8 年大量实验的基础上,他努力探索实验结果的数量关系,把主要的精力放在定量分析上。这在生物学史上具有开创性的意义。他对 7 对相对性状的豌豆进行杂交,发现杂种第一代只有一种性状得到表现。然后他使子一代自花传粉,发现子二代中有两种性状分离出来,两种性状的比例大约为 3∶1。他正确地指出,这种 3∶1 的规律性是一种统计规律性。对于每一个种子来说,究竟是哪一种性状,具有偶然性。他在种子圆形与皱皮这对相对性状中,发现少数植株性状的分配同 3∶1 有很大的偏离,比如有一株有 43 个圆形的,只有 2 个皱皮的;另一株只有 14 个圆形的,却有 15 个皱皮的。可见仅仅孤立地看这些少量植株的结果,就很难发现有什么规律性。可是只要实验的规模大到足够的程度,大量种子的相对性状的分配,又总是遵循 3∶1 的规律性。所以孟德尔指出,必须使实验的豌豆有足够大的数目,否则就会产生“相当大的变动”。他在修道院植物园内一块宽 3.5 米、长 7 米的土地上,做了许多植物的实验。关于豌豆圆形与皱皮相对性状,他就在 15 株豌豆中做了 60 次授精实验。

为了从理论上说明上述的规律性,他提出了显性的概念和遗传因子的假说。他把相对性状区分为显性性状与隐性性状。在子一代中表现出来的性状是显性,在子一代中没有得到表现,暂时隐藏起来,在子二代中得到表现的性状是隐性。他假定生物体内存在着一种遗传物质——遗传因子。每一个遗传因子决定一种性状,它们在细胞中都是成对存在的,分别来自雄性亲本与雌性亲本。在纯种中成对因子是相同的,在形成配子(精子和卵子)时,成对因子互相分离,使每一个配子只含成对因子中的一个,彼此独立,不会互相中和或抵消。当不同因子相结合时,其中一个因子“占压倒的优势”,这就是显性因子,它所决定的性状就是显性性状,而另一个因子就是隐性因子。只有当两个隐性因子相结合时,隐性性状才能表现出来。杂种所产生的不同配子,数目相同,互相结合的机会也完全相等。他没有看到性状的混合,所以认为遗传因子是颗粒状的。

用这种理论很有说服力地解释了 3∶1 的规律。比如当圆形种子同皱皮种子杂交时,圆形是显性,相应的因子是 R;皱皮是隐性,相应的因子是 r。子一代是杂种,同时具有 R 与 r 这一对性状,用 Rr 表示。因为 R 是显性,所以子一代全部是圆形。在子二代中,Rr 与 Rr 交配,R 与 r 互相分离,形成精子 R 与 r 和卵子 R 与 r,这四种因子自由结合,机会相等,就形成了 RR、Rr、rR、rr 四种组合,其分配比例为 1∶1∶1∶1。在前三种组合中,都有显性因子 R,在后一种组合中,全部是隐性因子 r,所以显性与隐性的比例是 3∶1。这是相对性状中的一对性状的遗传表现。

在这些实验与理论的研究中,他总结出两条遗传规律。第一条规律即分离规律:一对因子在杂交结合状态下并不互相影响和互相沾染,而在配子形成时完全按原样分离到不同的配子中去。第二条规律即自由组合规律:当两对或更多对因子处于杂交结合状态时,它们在配子中的分离彼此独立,不相牵连。

孟德尔使遗传学成为科学,开创了用数量统计方法研究遗传规律的道路。他的研究工作也有某些不足之处,比如他夸大了显性与隐性的区别,从生物体的整体中抽出一对或几对性状进行研究,孤立地认为一个遗传因子决定一种性状。孟德尔没有观察到连锁现象,这同他所选择的实验对象有关。后来人们才知道,豌豆有 7 对染色体,而孟德尔所用的豌豆恰好是 7 对相对性状分别位于 7 对染色体上,具有典型的自由组合特点,却没有连锁的特征。

1865 年孟德尔在布隆博物学会上宣读了他的论文《植物杂交实验》。他的传记作者说:"当演讲以相当困难的数学推论着手时,大多数听众被弄得莫名其妙;他们当中也许没有一个人真正理解孟德尔使用的数学方法……许多听众一定为植物学与数学的奇怪联系而感到厌恶。数学也许使他们当中的少数几个专家想起了毕达哥拉斯信徒的神秘数字。"[①]第二年布隆博物学杂志上发表了这篇文章。他曾把自己的思想告诉了德国植物学家耐格里,但没有得到支持。当时很少有人了解和支持他的工作,后来几乎被人遗忘,直到 1900 年他的学说才被重新发现。

三、魏斯曼的种质论

在孟德尔以后,一些生物学家提出了各种遗传学的理论。1868 年达尔文提出"泛生论",认为生物体的每个部分都会产生一种微小的芽球,它散布全身,集

---

① 巴伯:《科学家对科学发现的抵制》,《科学与哲学》1983 年第 4 期。

中起来就构成了性生殖的要素,即机体的每个部分都同遗传有关,没有特殊的遗传物质。达尔文的"泛生论"显然是同莫泊丢的生机体学说一脉相承的。1884年耐格里(1817~1891)提出了生殖质论,认为在生殖细胞中有一种特殊的遗传物质——生殖质,生殖质组成微胞,微胞决定机体发育的方向,他认为生殖质不受环境的影响。

同孟德尔遗传理论关系最密切的是魏斯曼的种质论。魏斯曼(1834~1914)曾在德国哥廷根大学学医,热情地宣传过达尔文学说。1863年任动物学与比较解剖学讲师,一年后由于眼疾被迫停止显微镜研究。他在1885年就有了种质论的思想,1892年系统地阐明了这种理论。他认为生物体分为种质与体质两个部分,生殖细胞与体细胞有严格的区别。种质在生殖细胞中,不受体细胞的影响。生殖细胞世代相传,体细胞则来自生殖细胞。他在《论遗传》一书中说:"在我看来,决定遗传现象的物质只能是生殖细胞内的物质,在世代间传递遗传潜势的这种物质,不因个体(这种物质的携带者)生活过程中所遗传的任何相应状态而改变。"①魏斯曼强调种质的稳定性与连续性,认为只有种质才能产生体质,体质影响不了种质。所以他坚决反对拉马克的获得性遗传的观念。他做了著名的割老鼠尾巴的实验,一共割了22代大约1 600只老鼠的尾巴,可是生下来的小老鼠仍然长有尾巴。种质说承认遗传物质的存在,看到了遗传物质的稳定性,这是可取的。但是否过于夸大了遗传物质的独立性,这是可以研究的。

无论是孟德尔的遗传因子,还是魏斯曼的种质,都没有真正找到遗传信息的物质载体。早期的细胞遗传学是不可能完成这个任务的,这个任务只有20世纪的分子遗传学才能完成。

第十三节 19世纪科学思想的基本特征

16~19世纪的科学都属于近代科学的时期,但16~18世纪与19世纪又是近代科学的两个不同阶段:因为它们的研究任务、研究方法均有明显的差别。

---

① 胡文耕:《遗传物质的认识史》,《自然辩证法通讯》1979年第4期。

19世纪的科学无论在广度或深度上都比16～18世纪的科学有了更高程度的发展。在时间上,它已追溯到太阳系的起源;在空间上,已确立了微小原子与庞大银河系的存在;在深度上,已涉及宇宙的未来、生命的本质与起源等等深奥的理论问题。这些都是牛顿时代的科学所无法比拟的。

19世纪的科学已不再把自然界当作一个既成事物,而是当作一个发展过程来研究;已不再用静止、孤立的方法来研究自然界,而在不同程度上采用发展、联系的观点来研究自然界。所以它不仅描述了各个现象的特点,而且着重揭示了各个现象之间的联系和发展历程。康德、拉普拉斯研究了天体的演化,赖尔研究了地球的演化,达尔文研究了生物的演化。电磁学的发展说明了电、磁与光的联系,元素周期律说明了化学元素之间的联系,有机化学的发展说明了有机界与无机界、各种有机化合物之间的联系,细胞学说说明了动植物之间、高等生物与低等生物之间的联系,达尔文学说揭示了各个物种、各个个体之间的联系,能量守恒与转化定律则揭示了自然界各种运动形态的联系。自然科学为人类提供的已不再是自然界的某种简单投影,而是一幅初具规模的立体图画。

19世纪的科学从搜集材料的阶段,发展到整理材料的阶段,从实验科学走向了理论科学。李比希所说的"努力整理新发现的事实和寻找将这些事实串联在一起的共同纽带"[1]就体现了19世纪科学的这个特色。科学理论思想的不断丰富,就更需要哲学的概括,并给形而上学自然观打开一个又一个缺口,为辩证唯物主义哲学的产生提供大量的宝贵思想材料。恩格斯在《自然辩证法》、《反杜林论》、《费尔巴哈与德国古典哲学的终结》等著作中,对19世纪科学思想的发展作了光辉的总结。当然恩格斯的概括并不是完美无缺的,还需要进一步丰富和发展,比如对电磁学理论和热力学在科学史上的地位,就需要给予更多的重视。

19世纪主导性的科学成果是:物理学中的能量理论、热力学三定律和电磁学理论,化学中的道尔顿原子论、门捷列夫化学元素周期律和有机化学的发展,生物学中的细胞学说、达尔文进化论和孟德尔的遗传学研究。19世纪科学思想的基本特征是:力学机械论继续流行,并已开始突现其局限性。由于在这个时期物理学已取代力学成为新的带头学科、基础学科和主导学科,

---

[1] 肖莱马:《有机化学的产生与发展》,科学出版社,1978年,第21页。

所以科学思想中已开始出现物理学机械论的萌芽。19 世纪科学思想的一个突出矛盾，是科学成果与科学思想的矛盾，科学家的科学成就在客观上已超越了力学机械论，可是一些科学家在思想上仍然被力学机械论所束缚，主观上还迷信力学机械论。能量定律、电磁学理论在客观上已向力学机械论发出了挑战，可是一些科学家主观上却仍然用力学机械论来对待这些研究。人们对热力学所蕴含的富有革命性的新思想缺乏必要的甚至是初步的认识。相对于科学成果而言，科学思想的进展明显滞后。爱因斯坦说："当时物理学在各个细节上虽然取得了丰硕的成果，但在原则问题上居统治地位的是教条式的顽固：开始时（假如有这样的开始）上帝创造了牛顿运动定律以及必需的质量和力。这就是一切；此外一切都可以用演绎法从适当的数学方法发展出来。""因此我们不必惊奇，可以说上一世纪所有的物理学家，都把古典力学看作是全部物理学的、甚至是全部自然科学的牢固的和最终的基础，而且，他们还孜孜不倦地企图把这一时期逐渐取得全面胜利的麦克斯韦电磁理论也建立在力学的基础之上。甚至连麦克斯韦和 H.赫兹，在他们自觉的思考中，也都始终坚信力学是物理学的可靠基础，而我们在回顾中可以公道地把他们看成是动摇了以力学作为一切物理学思想的最终基础这一信念的人。"[①]

---

① 《爱因斯坦文集》第一卷，商务印书馆，1976 年，第 8、9 页。

第四章　20世纪的科学思想

　　到19世纪末,近代自然科学所建立的一座座雄伟壮观的理论大厦耸立在人们的眼前:经典力学、电磁学理论、热力学理论、原子论与分子学说、细胞学说、进化论……一个个科学巨人的名字在史册上闪闪发光:哥白尼、开普勒、伽利略、牛顿、拉瓦锡、道尔顿、克劳修斯、法拉第、麦克斯韦、拉马克、达尔文……近代科学对生产的发展、社会的变革、知识的进步都起着不可估量的作用。在这些成果面前,许多科学家都沉浸在一片胜利喜悦的气氛中。1888年,迈克尔逊在美国科学促进协会上说:"无论如何,可以肯定,光学比较重要的事实和定律,以及光学应用比较有名的途径,现在已经了如指掌了,光学未来研究和发展的动因已经荡然无存了。"1894年他又说:"虽然任何时候也不能担保,物理学的未来不会隐藏比过去更使人惊讶的奇迹,但是似乎十分可能,绝大多数重要的基本原理已经牢固地确立起来了。……一位杰出的物理学家指出:未来的物理学真理将不得不在小数点后第六位去寻找。"①据迈克尔逊的同事密里根回忆,迈克尔逊所说的那位物理学家是开尔文。相传开尔文1900年说:"在已经基本建成的科学大厦中,后辈物理学家只能做一些零碎的修补工作了。"而在这以前,德国物理学家基尔霍夫就曾说过:"物理学将无所作为了,至多也只能在已知规律的公式的小数点后面加上几个数字罢了。"

　　其实,近代自然科学主要研究的只是宏观物体及其缓慢运动的规律,它对物种进化的研究也只停留在表型的范围内。它还遗留了许多重大理论问题有待解决:引力的本质是什么?以太是否存在?原子真的是不可分的吗?光除了

---

① 李醒民:《激动人心的年代》,四川人民出版社,1983年,第13～14页。

波动性以外,是否还有粒子性? 运动除连续性以外,是否还有间断性? 质量与能量的关系如何? 生命的起源与本质是什么? 进化与遗传的内部机制是什么? 可是这几个问题同近代自然科学所取得的成果相比又算得了什么呢? 它们顶多只是晴朗天空中的几片小小云朵,而科学已谱写了它的最后一篇乐章——这就是19世纪末许多科学家的想法。

可是就在这一片震耳的欢呼声中,一件件出人意料的事情发生了:1895年伦琴发现X射线,1896年柏克勒尔发现铀射线,1897年约瑟夫·约翰·汤姆生发现了电子,1898年居里夫妇发现放射性元素镭,1900年普朗克提出能量子假说,同年孟德尔的遗传学研究重新被发现,1905年爱因斯坦提出狭义相对论与光量子假说。这一连串令人目瞪口呆的事件都是在短短的10年内发生的。英国物理学家洛奇当时说:物理学"每月、每星期,甚至几乎每天都有进步","时刻都在活跃地跳动着"。[①] 它们向人们宣告:19世纪科学所取得的丰硕成果,决不意味着科学的终结,而是前面有着更为广阔的未知领域在等待人们去开拓。过去科学所取得的一切,只是我们地球人类科学发展史上的序曲,一个更加伟大的科学新时代开始了!

第一节　原子结构与基本粒子的研究

近代科学原子论的辉煌成就,使许多科学家把原子不可分、不可人、不可变的观点奉为金科玉律。当有人问开尔文原子是如何构造而成时,开尔文很不高兴地回答说:"你连'原子'就是'不可再分'都不懂! 原子还有什么结构?"可是,原子真的是许多科学家们所想象的"宇宙之砖"吗? 一些有见解的人也意识到原子论中可能隐藏有问题。1894年英国的索尔兹伯里说:"每一种元素的原子究竟是什么呢? 是一种运动还是一种物体? 是一个旋涡,还是一个具有惯性的点? 其可分性是否有极限性呢? 如果有极限的话,那么如何定出这个极限? 这个很长的元素表是否有终端? 抑或其中的某些元素具有共同的起源? 所有这些问题仍然像过去那样被深深地包围在黑暗之中。"[②]原子论确实还处于模糊的

---

① 李醒民:《激动人心的年代》,四川人民出版社,1983年,第97页。
② 麦肯齐:《原子结构的发现》,《科学史译丛》1983年第2期。

黑暗之中,不过这是黎明前的黑暗。

其实,早在 1869 年门捷列夫发现原子的属性随原子量的增加而周期性地发生变化时,他就感觉到了原子的复杂性,想到各种原子的内部可能有某种共同的东西。原子是否有内部结构? 当时门捷列夫没有任何的实验资料来回答这个问题,他只能提出这样的设想:组成简单物体的原子实际上是复合原子,是由一些更小的粒子(最终粒子)构成的;我们说原子不可分割,只是说用通常的化学力量无法分割。他说作出这样的假说是很容易的,但目前还没有可能去证实它。所以英国科学史家贝尔纳说:门捷列夫是原子体系的哥白尼,原子体系的伽利略与牛顿还有待后来出现。

1885 年恩格斯在《关于现实世界中数学的无限的原型》一文中说:"原子决不能被看作简单的东西或一般来说已知的最小的实物粒子。"[①]他把原子看作是物质结构中的一个层次,并设想存在着比原子还要小的"以太粒子"。

一、放射线与放射性元素的发现

在法拉第结束了 30 多年电学研究的 1855 年,德国玻璃工人盖斯勒发明了水银空气泵,把金属电极放在玻璃管内,使放电现象的研究有了新的进展。人们发现在放电时阳极附近的玻璃管会发出荧光。如果管内放上一块云母片,玻璃壁上就会出现云母片的影子。英国的克鲁克斯(1832～1919)等人推想有一种射线从阴极发出,沿直线传播,称为阴极射线。正是阴极射线导致了放射线与电子的发现,而产生阴极射线的小小盖斯勒管,就是新原子论诞生的摇篮。

德国物理学家伦琴(1845～1923)也在研究阴极射线。1895 年 11 月 8 日晚,他用一张不透光的黑纸包在放电管上,可是当他在暗室接通高压电流时,偶然发现旁边的荧光屏出现了闪光。他废寝忘食地做了几个星期的研究,确认这是由放电管中射出的新射线引起的。12 月 28 日他写了《一种新的射线》一文,指出这种新射线不是阴极射线,因为阴极射线不能穿透几厘米厚的空气,而新射线的穿透能力却很强;阴极射线在磁铁影响下会发生偏转,而新射线却没有这个性质。由于当时对这种射线的性质知道甚少,所以伦琴称它为 X 射线。他

---

① 　恩格斯:《自然辩证法》,人民出版社,1984 年,第 161 页。

猜想以太除了横向光振动以外,还有纵向光振动,X射线也许是以太纵向振动的产物。X射线的发现,是自然界向人类发出的一个信息。它告诉人们原子内部有着复杂的结构,宣布20世纪新物理学即将到来。伦琴理所当然地成了诺贝尔物理学奖金的第一位获得者。

伦琴的成功似乎来得极其容易:只要向荧光屏一瞥,就作出了一项重大发现。可是实际情况并非如此。伦琴并不是第一个看到这种荧光的人。克鲁克斯在1879年,美国的古兹皮德与詹宁斯在1890年,德国的勒纳德在1892年,都曾看到过这个现象。可是他们的注意力都集中到管内的阴极射线上面去了,对于管外出现的这个不太引人注目的荧光,都未加深究。为什么只有伦琴才成为发现X射线的第一人?伦琴十分重视实验在科学研究中的作用。可是在这方面,克鲁克斯、勒纳德等人并不比他逊色。伦琴之所以成功,是在于他能在实验中不放过意外的发现,从而在预定目标之外获得了意外的成果。科学不仅需要埋头实验的苦干精神,而且还需要敏锐的观察、周密的思考。伦琴本人并未意识到这点。他曾说过:"我在做实验时,不动脑只是动手。"试想如果伦琴真的像他所说的那样,那他只能像克鲁克斯那样错过重大发现的机会。评价科学家的研究方法,不仅要听他是怎么说的,更重要的是看他怎么做的。

X射线发现以后,射线热几乎弥漫了整个欧洲。正如卢瑟福所说,当时欧洲每一位物理学家都踏上了研究X射线的征途。各种新射线发现的消息不断传来:Y射线、Z射线、N射线、黑射线、铀射线等等。发现者都说自己的发现同伦琴的发现一样真实可靠。可是有的发现者在获得奖金、奖章以后,却被实验证明他的发现纯属虚构。一时泥沙俱下,鱼龙混杂,真假难分。真难免伴随着假,假却不可以乱真。后来实践证明,在许多假的发现当中,有一个发现却是真的,那就是法国的柏克勒尔所发现的铀射线。

法国科学家彭加勒(1854～1912)在阅读伦琴的论文时,特别注意到一个细节:X射线产生的地方,正是放电管壁上出现荧光的地方。于是彭加勒想,也许所有能发出强烈荧光的物质都会发出X射线,伦琴在放电管中发现X射线只是巧合。用实验来验证彭加勒的这个设想是不困难的,只要用光照射荧光物质,看旁边用黑纸包着的底片是否走光就行了。于是许多法国科学家都抢着做这种实验。从1896年2月开始,沙尔用硫化锌,涅文格罗夫斯用硫化钙做了实验,并很快宣布那些荧光物质都使底片走了光,即都产生了X射线。看来彭加勒的设想被一次次的实验证实了，以至在那段时期内法国科学院每次开会都有人宣布同样的结果。于是特罗斯特院士说：用不着那些容易打碎的放电管，也用不着复杂昂贵的电装置，只要把一小块磷光物质曝露在强烈的光线下，这物质就会发出 X 射线。人们认为连普通的夜光表都能发射 X 射线。

柏克勒尔(1852～1908)当时也在用实验验证彭加勒的设想。他用许多荧光物质做实验，发现它们在强光照耀下都发出了 X 射线。但他觉得底片上的斑痕不够清晰。他想若用荧光作用更强的物质来实验，结果一定更好。柏克勒尔的父亲也是位科学家，研究过荧光作用强烈的铀化物，于是柏克勒尔就用铀化物来实验，果然底片上的斑痕相当清晰。2 月 24 日他在法国科学院匆匆宣布了实验结果。发表科学论文当然要讲速度，但论文首先要有根据。柏克勒尔的论文发表得太快了，几天以后情况就发生了变化。

2 月 26 日他继续用铀做实验，原想用阳光来照射，可是那几天太阳一直不肯在巴黎露面。3 月 1 日他决定冲洗底片，他想铀盐未经过日晒，洗出的底片一定很模糊。结果却使他大吃一惊：十分清晰。这就使他想到也许铀盐根本不需要日晒也能产生射线。他又把铀盐放在暗室里，再用小盒子、大箱子密封，不让铀盐接触一点阳光。若干天后，底片上仍然留下了清晰的痕迹。若用纯铀，则效果更好。柏克勒尔注意到这种射线的穿透能力不如 X 射线，但它不需要任何外界的刺激，可以不断自发地产生。显然它是一种新的射线——铀射线。3 月 2 日他又在科学院宣布了新的结果。那彭加勒的设想是否对呢？他又用硫化锌、硫化钙重复过去的实验，结果使他瞠目结舌：过去底片统统走光，现在底片一张也不走光。他用更强的电弧光、镁光来照射种种荧光物质，结果仍然如此。他请特罗斯特院士来帮忙。特罗斯特院士原以为这事易如反掌，可是很快也一筹莫展了。

事实最后证明彭加勒的设想是不对的。那过去许多人的实验又如何解释呢？莫非是 X 射线像幽灵一样在捉弄人？人们对此提出种种猜想：也许底片质量不好，也许显影剂是劣等货，也许是黑纸包得不严，也许是硫化物经过日晒后产生了容易挥发的二氧化硫，是它悄悄地穿过黑纸上的小孔，污染了底片，对科学家们开了个小小的玩笑。实践是检验自然科学理论的唯一标准，但这种检验是一个反复进行的过程。科学实验应当尽量排除外界因素的干扰，但这种干扰有时又不可能绝对排除。当某种未知的因素干扰了实验结果时，就会造成假象,导致我们作出错误的判断。人们对彭加勒设想认识的曲折过程,就生动地说明了这一点。

铀射线的发现又导致了放射性元素钍、钋与镭的发现。居里夫人(1867~1934)在巴黎大学留学时,就以铀射线的性质与来源作为自己的博士论文题目。她发现铀的放射性同铀化合物的化学组成,同光照、温度都没有关系。于是她想,也许原子本身(不管是什么原子)都能不断地发出射线。这个想法显然是缺少根据的,但却是一个容易获得新发现的想法。她一一检验了已知的各种化学元素,1898年发现钍也能发出射线。她就把这种现象称为"放射性",把铀、钍称为放射性元素。同年居里夫妇又发现了放射性元素钋与镭。

放射线的发现提出了两个问题。其一,射线是什么? 后来发现镭射线通过磁场时,分为 α、β、γ 三种射线,分别带正电、负电和呈中性,表明原子有复杂的结构。其二,放射性元素放出射线后变成了什么? 卢瑟福、索迪认为已转化为其他元素,提出了衰变理论,说明在一定条件下原子会相互转化。

二、电子的发现

X射线、铀射线、放射性元素的发现都是由阴极射线所引起的"连锁反应"。那阴极射线本身又是什么呢? 赫兹认为它是一种"以太波",有人认为它是一种带电的原子。克鲁克斯曾认为它是物质的第四态。1879年克鲁克斯发现阴极射线是带负电的粒子。他曾猜想这种粒子可能是组成所有原子的原始物质。可是它究竟是一种什么粒子呢? 人们总习惯于用已知的事实来说明未知的事物。当时人们所知道的带负电的粒子只有一种,即阴离子。所以克鲁克斯就认为阴极射线是气体分子在阴极上得到电荷所形成的阴离子,由于同性相斥,它就从阴极射向阳极。他在《论辐射的性质》一文中就提出了阴极射线是阴离子流的假说。这样,由于分析的失误,他就错过了一次重要发现的机会。

克鲁克斯的假说与事实有矛盾。首先,如果阴极射线是离子,它就不可能穿过金属薄膜,可是阴极射线却能穿过相当厚的固体物质。其次,不同气体离子的质量不同,那它在磁场中弯曲的程度也各不相同,但实际上阴极射线在磁场中弯曲的程度同管内气体的种类无关。矛盾推动人们沿着另外的思路去思考问题。

1897 年,约瑟夫·约翰·汤姆生(1856～1940)在剑桥大学测出阴极射线粒子的荷质比是氢离子荷质比的 2 000 倍。这就有两种可能:如果阴极射线粒子与氢离子的质量相等,那么阴极射线粒子带电电荷是氢离子的 2 000 倍;如果二者电荷相等,那么阴极射线粒子的质量是氢离子的 1/2 000。第一种可能容易被人们接受,第二种可能看来是荒谬的,因为它包含着一个难以置信的结论:存在着一种比最轻原子还要轻得多的粒子。起初汤姆生当然倾向于第一种可能,可是他注意到勒纳德在 1893 年测出阴极射线在大气中的射程约 0.5 厘米,这比气体分子在大气中的自由程要大得多,可见阴极射线粒子的质量要比氢离子小得多。于是汤姆生断然选择了第二种可能。他指出阴极射线粒子是一种质量大约为氢原子质量 1/2 000 的带负电的微粒,它的带电量是基本的电荷单位,它就是电子。1897 年 4 月 30 日,他在英国皇家研究院演讲时说:"如果假设阴极射线是高速运动的带电粒子,那么这种粒子的大小必定比普通原子、分子要小。这种把物质划分得比原子更细小状态的假设,不免让人感到惊讶。"8 月 7 日他发表文章指出:"全部化学元素都由这种状态的物质构成。"[1]

其实,早在 1834 年,法拉第的电解定律中就已包含了电子存在的信息。从电解定律中可以推出任何 1 克原子的单价离子永远带有相同的电量,1 克原子的多价离子所带的电量则是单价离子带电量的整数倍,这说明电具有粒子性。再联想 1811 年发现的阿伏伽德罗定律——1 克原子的任何物质都含有相同数目的原子,就不难推论出电荷存在着最小的单位。但法拉第主张连续的以太,认为电也是一种能连续分割的实体,所以他不理解自己提出的电解定律的这层含义,未能提出电具有微粒性的思想。这层含义后来首先被爱尔兰的斯托尼所发觉,他由此推出原子所带的电荷是一个基本电荷的整数倍,并应用阿伏伽德罗常数算出了这个基本电荷的近似值。1891 年,他用"电子"来称呼这个电荷的最小单位。后来汤姆生就借用斯托尼表示基本电荷的"电子",来表示带这份电荷的粒子。

同汤姆生同时代的一些物理学家,曾先后走近电子的大门口。1890 年英国的舒斯特也算出阴极射线粒子的荷质比,但他不敢相信自己的测量结果;7 年后德国的考夫曼测出了更精确的阴极射线粒子的荷质比,但他没有勇气发表这些

---

[1] 派斯:《基本粒子物理学史》,武汉出版社,2002 年,第 105、106 页。

数据,甚至怀疑阴极射线是否是粒子。他们只要再前进一步,划时代的发现就会迎面扑来。可是他们没有勇气迈出这决定性的一步。只有敢于同传统观念决裂的汤姆生,才最先打开通向基本粒子物理学的大门。

电子的发现是科学史上一次革命性的事件。它打破了原子不可分的传统观念,标志着人类对物质微观结构认识的开始。1909 年,汤姆生在担任英国科学促进协会主席时说:"过去几年中,在物理学中所作出的新发现以及由这种新发现所表现出的观念和潜力,影响到渊源于文艺复兴在文化中所产生出的那些工作。热情被激发起来了,到处充满了希望,充满了青春的活力和充沛的精力,这一切使人们满怀信心地去做实验,这些实验在 20 年前会被认为是异想天开。当时流行的下述悲观情绪已经一扫而光:所有感兴趣的事物都被发现了,留下来的一切只是在一些物理常数中变更一两位小数。"[①]

三、卢瑟福原子模型

原子是一种什么样的粒子? 它的构造是怎样的? 1867 年开尔文设想原子是环形的以太旋涡,这实际上是想把原子论与以太旋涡论调和起来。但这种设想根本不能说明物质的重量和密度,而且取消了原子内部的结构问题。汤姆生发现电子以后,立即就想到原子中的电子带负电,而原子一般不带电,可见原子中必然还有带正电的另一部分。1903 年他受原子是实心小球的观念的影响,设想原子是个均匀的正电球,带负电的电子均匀地分布在球内。电子在球体中游动,在静电力的作用下,电子被吸到中心,它们又互相排斥,从而达到稳定状态。他借用软木塞的实验来验证原子的稳定性,并得到了与门捷列夫周期律颇为类似的电子排列规律。当人们开始为原子结构设计模型时,摆在物理学家面前的有两套和谐性:一套是门捷列夫所揭示的化学元素之间的和谐性,另一套是巴尔莫所揭示的原子谱线的和谐性[氢原子光谱中四条谱线的波长比为 n^2 : (n^2-4),$n=3$,4,5,6]。这是原子内部所提供的两套信息。汤姆生的模型认为,电子在原子内部的分布不是任意的,它们处在各个同心圆上。各个同心圆只有有限的电子位置。如果只看最外面的同心圆,那就会出现某种周期性,可

---

① 李醒民:《激动人心的年代》,四川人民出版社,1983 年,第 306 页。

以解释门捷列夫的周期表。所以尽管这个模型包含着不和谐因素(带负电的部分是间断的,带正电的部分却是连续的),但仍然在一个时期得到了科学界的承认。

汤姆生模型解释了第一套和谐性,却解释不了第二套和谐性。于是,日本的长冈半太郎受麦克斯韦关于土星环研究的启发,在 1904 年提出了"土星型模型",设想原子内有带正电的质量较大的中心,电子均匀地分布在一个环中,围绕中心粒子旋转。电子受中心吸引,电子之间又相互排斥,这就使电子在轨道上发生不同方式的振动,发出的光就成为线光谱。长冈模型的优点是能解释线光谱,但却不能说明周期律。他认为原子内带正电的物质也是颗粒状的,这比汤姆生前进了一步。但他的计算、论述仍不能令人满意。直到卢瑟福等人成功地进行了 α 粒子散射实验,才使人们真正认识到汤姆生模型的缺陷。

卢瑟福(1871～1937)自幼聪明勤奋,学习成绩优异。1895 年通过奖学金的考试,他从新西兰横渡重洋到剑桥大学卡文迪许实验室学习。在这个旧原子论摇摇欲坠的时刻,他选择放射线作为研究的课题。他指出:"放射性现象的研究清楚地表明,不仅重元素原子是很复杂的结构,而且这个原子不是永久不变的和不可破坏的。"[1]他确认放射线通过磁场时分为三束射线,γ 射线呈中性,是 X 射线的另一种形式,β 射线是快速运动的电子,α 射线是带正电的粒子。它们都是铀、钍、镭分裂的产物。他在《现代的炼金术》一文中说:"1902 年发现了铀和钍这两个人所共知的元素的原子经历着真正的自然转化(虽然速度是非常缓慢的)过程,于是有力地打击了认为原子不变的思想。"[2]

1907 年,卢瑟福在曼彻斯特大学任教,同他的助手盖革合作,设计了一种计测由镭放射出 α 粒子的方法,推算出 α 粒子的电荷数是氢离子电荷的 2 倍,质量是氢离子的 4 倍,同氦一样。于是他大胆宣布 α 粒子就是带电的氦。在发现原子核以后,他又进一步明确 α 粒子就是氦核。

1910 年,他和助手们用 α 粒子来轰击原子内部,让 α 粒子通过定向障板打在金属薄叶上,四周用荧光屏来观察 α 粒子的运动。卢瑟福原以为,这个实验不会有什么意外结果,因为根据汤姆生模型,无论是微小的电子还是分散的带正电的那部分物质,都不能阻挡 α 粒子前进。可是实验却出现了意外的结果:

---

[1]　阎康年:《古希腊原子论与欧洲近代自然科学》,《自然科学史研究》1983 年第 2 期。

[2]　敦尼克等:《哲学史》第五卷,三联书店,1976 年,第 655 页。

大多数 α 粒子顺利地到达金属薄叶后的荧光屏,可是有少数 α 粒子却发生了大角度散射,有的甚至完全被撞回来了。当盖革兴奋地向他报告这个结果时,他表现出了惊讶与激动。后来他回忆说:那真是我一生遇到的最难以置信的事了。它几乎就像你用 15 英寸的炮弹来射击一张薄纸,而炮弹返回来击中了你那样地令人难以置信。他从 α 粒子散射实验出发,作出了两条假设:(1) 只有极少数的 α 粒子被撞回来,说明原子内带正电那部分物质的质量,集中在一个很小的体积内;(2) 原子内大部分是空的,所以大多数 α 粒子都能自由穿过原子。他又从哥白尼学说得到启发,认为就像太阳系的绝大部分质量集中在中间的太阳上一样,原子的绝大部分质量也集中在位于原子中央的带正电的粒子上,即把原子看作是小小的太阳系。俄国的列别捷夫 21 岁就在日记中写道:"每个原子……都是一个完整的太阳系,即是由不同的原子行星组成的。它们以不同的速度绕中心行星旋转。"[1]1911 年 2 月卢瑟福写了《α 和 β 粒子物质散射效应和原子结构》一文,提出了原子的行星模型,认为原子的中心是带正电的原子核,质量很小的电子在不停地围绕原子核旋转。这样卢瑟福就完成了一个划时代的发现:原子是一分为二的。1905 年卢瑟福说:"过去的十年,是物理学界硕果累累的年代,激动人心的发现接二连三地不断涌现……迅速出现的新发现使得直接参与的研究人员也难以立刻领悟其全部含义。这样神速的进步在科学史上是绝无仅有的。"[2]

四、玻尔的原子模型

卢瑟福的原子模型虽然令人满意地解释了 α 粒子的散射实验,但它也有理论上的困难。首先,根据经典电动力学,核外电子在绕核转动时,由于产生向心加速度,就会不断地辐射电磁能量,使电子沿螺线运动,在一亿分之一秒的时间内电子就会落在核上。可是实际上原子却是非常稳定的。其次,正因为电子要损失能量,而不会在固定的轨道上运转,所以,如果角速度在变化,按傅立叶积分展开,频率就应当连续分布,因此原子的光谱不应是分立的线状光谱,而应当是连续光谱,实际上原子光谱却是分立的线状光谱。

---

① 达宁:《概率世界》,辽宁科学技术出版社,1985 年,第 22 页。
② 派斯:《基本粒子物理学史》,武汉出版社,2002 年,第 161 页。

就在卢瑟福提出原子模型的1911年,丹麦物理学家玻尔来到了曼彻斯特。玻尔(1885~1962)的父亲也是一位科学家,所以玻尔在上中学时就在父亲的指导下做了许多物理实验。1903年进哥本哈根大学,曾选修哲学课。他十分喜爱足球,但最使他入迷的是物理学。1911年他先到卡文迪许实验室,后又在卢瑟福的指导下进行研究。面对着卢瑟福模型所遇到的困难,玻尔敏锐地觉察到经典理论是不适用于原子的内部结构的。他说:按照卢瑟福模型,"原子结构问题就和天体力学问题很相似了。然而,更详细的考虑很快就显示出来,在一个原子和一个行星体系之间是存在着一种根本的区别的。原子必须具有一种稳定性,这种稳定性显示出一种完全超出力学理论之外的特点。例如,力学定律允许可能的运动有一种连续变化,这种变化和元素属性的确定性是完全矛盾的"[①]。

1913年玻尔以《原子和分子的结构》为题,连续发表了三篇论文,抛弃了经典的辐射理论,提出了两条假设:(一)定态假设,即电子只能稳定地处于某些分立的状态,只能在一组特定的轨道上运动,离核越远的稳定态,具有越高的能量。处于稳定状态的电子不向外辐射能量。(二)频率法则,即电子可在不同定态之间跃迁,只有在电子跃迁的一瞬间才会吸收或发出光,其能量等于定态之间的能量差,释放辐射的频率满足$\Delta E = h\nu$。玻尔的理论定量地说明了25年未能说明的氢原子的光谱规律,进一步解释了化学元素的周期性,为研究原子的物理学与化学提供了共同的理论基础。他的理论摆脱了卢瑟福模型所遇到的困难,出色地解释了原子的稳定性与原子光谱的分立性。

如果说卢瑟福模型继承了长冈半太郎的原子有核的思想,那玻尔模型就继承了汤姆生的同心圆轨道的思想。玻尔说:"在一个原子和一个行星体系之间是存在着一种根本的区别的。"[②]玻尔理论的意义在于:它第一次指出了原子体系与行星体系的本质区别,即微观世界与宏观世界的本质区别;第一次试图用量子理论来研究原子的结构;它的跃迁概念也不同于传统的连续变化的概念。玻尔的理论又包含着许多经典理论的成分(如轨道概念),所以他的理论属旧量子论的范围,是从经典理论发展到量子理论的一个重要环节。控制论的创始人维纳曾这样评论说:"一方面是由物质间断性观念产生的量子理论,另一方面是

---

① 玻尔:《原子论和自然的描述》,商务印书馆,1964年,第24页。
② 玻尔:《原子论和自然的描述》,商务印书馆,1964年,第24页。

把世界看作某种不间断物体的典型的经典理论——行星轨道理论。玻尔的理论,就好像是把前一种理论的某些特点嫁接到后一种理论上杂交而成的理论"[1]。对玻尔的理论,卢瑟福尽管有些怀疑,但还是接受了。德国的劳厄却说:"这完全是胡说八道!"汤姆生则反对这一理论,说这是以牺牲对原子结构的理解作为代价而得到的俗不可耐的肤浅皮毛。第二年,德国的弗朗克和古斯塔夫·赫兹用电子与水银原子碰撞的实验,发现水银原子只能从电子那儿接受特定数值的能量,从而证实了玻尔的假设。1915年德国的索莫菲提出电子的轨道是椭圆,电子的质量随速度变化。

玻尔的理论获得了成功,但十几年后人们又发现电子具有波动性质,所以电子没有精确的轨道,原子也没有一定的形状,就像一团有核的电子云。

五、质子与中子的发现

当卢瑟福指出原子由原子核与电子两部分组成以后,有人走到这里就想停步不前了。他们说原子可分,但核与电子是不可分的,不少人还把物质归结为电子。意大利的利希说,电子论"与其说是电的理论,不如说是物质的理论;新体系直接用电代替了物质"。贝歇尔说物质世界的要素乃是电荷。他们认为物质消失了,电代替了物质。在当时的物理学危机中,列宁在1908年明确指出:"电子和原子一样,也是不可穷尽的。"[2]

人们首先研究的是原子核的结构。在发现原子核以后,科学家们就想弄清 α、β、γ 三束射线究竟是来自电子,还是来自核。α 粒子带正电,比电子重几千倍,所以 α 粒子不可能来自电子。电子的能量很低,而 β、γ 射线的能量却为几十万电子伏,因此这两种射线也不可能来自电子。显然这三种射线都来自原子核。既然原子核可以放出带正电、带负电和不带电的三种射线,说明它的内部结构也是复杂的。各种放射性元素都会放射 α 粒子,那 α 粒子是否是核的一个组成单位呢?各种原子核的带电量都是氢核的整数倍,那么氢核是否是原子核的一个组成单位呢?原子核的结构问题在吸引着科学家。

卢瑟福曾用 α 粒子轰开了原子的大门,现在又想用这个炮弹来轰开原子核

---

① 赫尔内克:《原子时代的先驱者》,科学技术文献出版社,1981年,第248页。
② 列宁:《唯物主义和经验批判主义》,人民出版社,1950年,第262页。

的大门。他选择较轻的原子作为轰击目标,因为轻原子核的电荷量小,对α粒子的排斥力也比较小。1919年他用α粒子(氦核)轰击氮核,打出了质量与带电量都同氢核相同的粒子,指出它就是氢核。原来,氦核轰击氮核,变成了氧核与氢核。世界上第一次人工转变元素的试验成功了!古代炼金术士的元素转化的梦想,多少世纪以来被人们称为无稽之谈,现在却变成了现实。卢瑟福也因此被人称为"现代炼金术士"。继而,人们从硼、氟、钠、铝等原子核中都打出了氢核。于是卢瑟福得出结论:氢核是原子核的组成单位,称为"质子",即"第一个"、"最重要"的意思。普劳特曾猜想所有的原子都是由氢原子构成的,此说虽被否定,但若把"原子"改为"原子核",那么他的猜想却是正确的。这说明任何自然科学理论,任何假说,只要不是用唯心主义与宗教迷信的观点来代替自然科学研究,那么即使是错误的,也可能包含有某些合理的因素,能启迪后人的智慧。因此,对这些理论或假说,不要轻易地全盘否定。这如同倒洗澡水,是不应当将在盆中沐浴的婴儿一同倒掉的。

人们起初认为原子核仅由质子组成,可是用这种观点来说明α粒子的结构时,就遇到了困难。α粒子的质量为4,即质子质量的4倍;带电量为+2,即质子带电量的2倍。α粒子若由4个质子组成,则带电量应为+4,若由2个质子组成,则质量又应当为2。为了解决这个矛盾,有人就设想,在组成α粒子的4个质子中,有2个质子又分别粘有1个电子,所以α粒子的质量为4(电子的质量很小,可以不计),带电量为+2。质子带有1个电子,实际上就成了中性粒子。于是,1920年卢瑟福在法国讲学时,就提出了可能存在一种中性粒子的假设。

这又是一个大胆的预言!物理学家们虽然十分了解卢瑟福的才华,但仍然对这个预言持怀疑态度。可是他的学生查德威克却证实了这个想法。查德威克(1891～1974)曾在曼彻斯特大学攻读物理学,1911年毕业后留校,在卢瑟福指导下研究放射性问题。他做完了用α粒子轰击原子核的实验后,就向卢瑟福表示:"我认为,我们应该对不带电荷的中性粒子作一番认真的探索。"1932年,他用α粒子轰击铍,果然打出了质量与质子相同的中性粒子。他根据美国化学家哈金斯的建议,将它命名为中子。随即,苏联的伊凡年柯与德国的海森伯,先后提出了原子核由质子与中子组成的模型。

卢瑟福关于中子的预言得到了证实。发现原子核的是他,发现质子的是他,预言中子的也是他,他不愧是"核物理学之父"。他虽然很少专门谈论认识论与方法论问题,但他的研究成果在哲学上的深远意义却永垂史册。1919 年他继汤姆生之后任卡文迪许实验室主任,培养了一批诺贝尔奖获得者。1937 年卢瑟福去世,被安葬在伦敦威斯敏斯特公墓,陪伴着牛顿长眠于地下。

其实,在查德威克以前,一些法国和德国的科学家就已经在实验中观察到这种中性粒子了,但都未想到这会是一种新粒子,致使他们与重大的发现失之交臂。1932 年,居里夫人的女婿约里奥-居里就误认为这种中性粒子是 γ 射线。虽然这种中性粒子的一些属性,如穿透能力很强,能打出质子,显然不同于 γ 射线,但他根本未想到会有一种新的中性粒子存在,所以仍然勉强地把它算作是 γ 射线。查德威克读到约里奥-居里的论文,几乎立即就想到,这也许是他的老师卢瑟福预言的新粒子,于是马上进行了试验。一个多月后,当约里奥-居里听到查德威克的发现后,就懊恼地用拳头打自己的脑袋,不停地说:"我真笨呀!"当然,他并不笨,他同他的夫人曾因发现人工放射性而获得诺贝尔奖。但他本来应当像他的岳母一样能获得两次诺贝尔奖的,却被他一时不开窍丢掉了一个,这大概同他不重视学术交流有关。卢瑟福曾到法国来讲学,谈到可能存在着新的中性粒子。卢瑟福就像当年的普里斯特列一样,亲自把科学情报送到了巴黎。可是约里奥-居里不是拉瓦锡,他认为与其听一次学术讲演,还不如自己在实验室里做实验,所以就没去听讲。我们设想,如果约里奥-居里去听讲,中子的预言给他留下了深刻的印象,那也许就不会犯类似普里斯特列看到了氧但不认识氧的错误了。事后约里奥-居里说:"大多数物理学家包括我们自己在内,没有注意到这个假设。但是它一直存在于查德威克工作所在的卡文迪许实验室的空气里。因此最后在那儿发现了中子。这是合乎情理的,同时也是公道的。"[1]

六、汤川秀树的介子理论

原子核是由质子与中子组成的,那么是什么力量把质子与中子联系在一起的呢? 当时人们只知道自然界有两种力——万有引力与电磁力。万有引力不能把质子与中子结合在一起,因为它们的质量太小;电磁力也不能做到这点,因

---

[1] 莫里斯·戈德史密斯:《约里奥-居里传》,原子能出版社,1982 年,第 45 页。

为它对中子不起作用,而且还会使质子互相分开。因此,稳定的原子核内部,必然还有一种新的、未知的力——核力。日本物理学家汤川秀树是这种力的第一个成功的探索者。

汤川秀树(1907~1981)上小学与中学时就酷爱数学与物理,尤其喜欢解答各种难题。他说:我一碰到难题,就感到不可思议的快感。没有什么比自己独自一人解决难题更令我高兴的了。它使我体会到思考的乐趣、人生的意义。独立思考是他少年时期就具有的一个特点。高中时数学老师规定学生只能根据他教的方法来解答问题,引起了汤川秀树的强烈不满。后来他回忆说:把我从数学王国赶出来的理由十分简单,因为我不能把自己的一生托付给一门必须按老师所教的去做的学问。1926 年汤川秀树考入京都大学物理系,毕业后就想弄清核力的本质,虽遇到过多次失败,有时甚至失望,可是他终于一次次地从痛苦中振作起来,最后获得了成功。

由于原子核内部能辐射出带正电和带负电的粒子,所以汤川秀树猜想核力的传递可能同电磁力的传递有某些相似之处。1932 年他提出质子与中子之间交换电子引起核力的说法,但失败了。1933 年他又获悉意大利的费米用交换一对电子、中微子来解释核力也没有成功。于是汤川秀树在 1934 年设想质子与中子交换的是一种带电量为 -1 的新粒子。这种粒子与核子间的相互作用力,约比电磁作用强几百倍,而这种强相互作用的力程只有 10^{-13} 厘米。他推算这种粒子质量约为电子的 200 多倍,介于电子与核子之间,故称介子。

1937 年,美国的安德生与尼德迈尔在宇宙射线中发现了一种粒子,质量同汤川秀树的预言一样,人们认为它就是汤川秀树所说的那种介子。可是后来发现这种新粒子同核子的作用很微弱,汤川秀树的预言似乎落空了。1942 年日本的坂田昌一提出了两种介子的理论,1947 年果然发现存在着 μ 与 π 两种介子,而 π 介子正是汤川秀树预言的粒子。

根据汤川秀树的理论,中子放出一个 π^- 介子就变成了质子,而质子吸收了一个 π^- 介子就变成了中子,从一个侧面生动地描绘了原子内部变化不息的图景,并揭示了自然界第三种基本作用——强作用力的存在。

七、狄拉克的反粒子理论

在原子内负电荷的载体是电子,正电荷的载体是质子,而质子的质量比电子要大 1 840 倍。这使人们感到颇为奇怪,为什么负电荷载体与正电荷载体的质量相差如此悬殊?自然界是和谐的,这种不对称现象是否是由我们知识的不完善造成的?英国物理学家狄拉克首先对这个问题作出了肯定的回答。

狄拉克(1902~1984)中学时就喜爱数学,他说他在学习对应方法的投影几何时,感到了一种数学美。大学时学的是电工,毕业后因找不到工作,又留校学了两年数学,后转到剑桥大学研究物理。1928 年,狄拉克把量子力学的薛定谔方程推广到相对论领域,得出的许多结果都同实验相符,但却遇到了电子可能有负能量的困难。其实,这个难题在 20 世纪初就存在了,当时人们得到了微观粒子的总能量公式:

$$E^2 = c^2 p^2 + m^2 c^4,$$

则
$$E = \pm \sqrt{c^2 p^2 + m^2 c^4}$$

会有负的能量吗?真不可思议!于是就有人设法摆脱这个负值,但负值与正值像一对双胞胎一样不能分离,人为地抹掉这个负值乃是自欺欺人。1922 年爱因斯坦在检查广义相对论方程时,曾提到可能存在一种与电子相对应的粒子,但未作出进一步的结论。1928 年,年仅 26 岁的狄拉克却大胆地宣布:负值能是存在的。

如果负值能存在,那能量的最小值就不再是零,而是负的无穷大。这就必然要在逻辑上得出一个结论:任何电子都会无止境地落入这个无底的负能深渊,同时释放无穷大的能量,这显然是不可能的。为了在逻辑上排除这个矛盾,他就选择了一条似乎走不通的道路,假设负能区域已被电子填满。他说:"在以往,人们把真空想象成一种一无所有的空间。现在看来,我们必须要用一种新的真空观念来取代旧的。而在这种新理论中,人们把真空描述为具有最低能量空间的一个区域,这就要求整个负能态都被电子占据着。"[①]这样根据泡利在 1925 年提出的不相容原理,同一个状态只能允许一个电子存在,所以电子就无法从正能区域落到负能区域去了。既然负能区域填满了电子,那为什么我们一直未观察到它们的存在呢?他又大胆地假定填满电子的负能区域所产生的总效果为零,电荷、质量、动量等等所有可观察量都为零,而这样的区域实际上就是通常所说的真空。这样他就通过一种新的真空图像解决了负能的困难。这

---

① 周林等主编:《科学家论方法》第二辑,内蒙古人民出版社,1985 年,第 278 页。

真是一种崭新的真空观念！它不是古代原子论的虚空，也不同于笛卡儿派的真空，而是真正的不空，是一种正能态真空但负能态充满物质的状态。这种狄拉克海洋倒有几点像过去笛卡儿的以太海洋。可是托里拆利、葛利克等许多科学家在做真空实验时，为什么都未发现过这种海洋呢？狄拉克对此提出了一种妙不可言的解释：一条生活在大海深处的深水鱼，从未到海面上去过，它在水中自由自在，不觉得水的存在，而把水看作"自由空间"。只有当海洋溅起水泡时，才会引起这条有智力的深水鱼的注意，才使它认识到它所居住的空间充满了水这种物质。我们人类就好像生活在狄拉克海洋中的深水鱼。

从前面写出的公式也可以看出，由于动量 $p \geqslant 0$，能量的值要么高于 $+mc^2$，要么低于 $-mc^2$，而不可能在这二者之间。我们不妨认为在正能与负能两个区域之间隔着一道宽度为 $2mc^2$ 的禁区，它使负能区域的粒子不易跳到正能区域，所以用一般的仪器测不出负能粒子的存在。如果负能区域的电子从负能态海洋中逸出，那么海洋中就会出现一个空穴。真空中还会有空穴？这空中之空又是什么？其实否定之否定即肯定，空中之空即实。负能区域逸出一个电子，它所留下的空穴就是一种带正电的反粒子。因为缺少一个负电荷，就等于有了一个正电荷。

狄拉克开始认为这个空穴是质子，因为质子是现成的带正电的粒子，而当时人们普遍认为自然界只有两种带电的粒子——电子与质子。普朗克说，"这个正来到的世界图景的实际基元不再是化学原子，而是电子和质子"[1]。所以尽管狄拉克也意识到了质子与电子质量不对称的困难，但他未能提出新的粒子。他公布了他的上述思想以后，引起了人们的批评，批评十分尖锐的是数学家兼物理学家魏尔。魏尔从对称性思想出发，明确地说这种空穴所构成的粒子，应当同电子有相同的质量。魏尔的批评启发了狄拉克。狄拉克本来就是在追求和谐、对称的道路上前进的。当魏尔给他指出了更远的目标后，他就毫不犹疑地向新的目标前进，把质子改为带正电的电子 e^+。他在 1931 年写道："假如有一个洞，那个洞就是实验物中还不知道的一种新粒子，同电子的质量相同，电荷方向相反，我们可以把这种粒子叫作反电子。"[2]现在通常把狄拉克所说的电子的反粒子 e^+ 称作正电子。在他预言正电子存在的 50 年以后，1980 年 5 月，在

① 阎康年：《原子论与近现代科学》，高等教育出版社，1993 年，第 476 页。
② 狄拉克：《量子场论的起源》，《科学史译丛》1982 年第 2 期。

美国举行的国际粒子物理学史讨论会上,他回顾了这段历史。当有人问他为什么一度把新粒子说成是质子时,他坦率地承认:"就是因为缺乏勇气。我的确不敢提出一种新粒子。"①狄拉克的谦虚、坦率、严于自我批评的美德令人敬佩!平心而论,他为创立相对论量子力学而付出的理论勇气比一般的科学家要大得多。他的理论是科学史上最大胆、最离奇的理论之一,他不愧是现代物理学的一位伟大革新者。他说:"我的方程要比它的发明者聪明得多。"②

根据狄拉克理论,当电子从负能区域逸出后,在正能区域就出现一个电子 e^-,而在负能区域留下的空穴就是正电子 e^+,同时吸收光子。如果 e^- 再填补那个空穴,则 e^- 与 e^+ 湮灭而放出光子。正负电子相伴存在,形成电子对。电子对的产生与湮灭,使人们认识到电子与光子是相互转化的,即实物与场是相互转化的,从而克服了电子不生不灭的观念,从根本上否定了电子是物质基元的错误理论,极大地丰富了人类对物质结构的认识。狄拉克是粒子世界的哥伦布,他在没有道路的地方走出了一条路,使人们发现了整整一大片新大陆——反物质。他同卢瑟福一样,都是认识微观世界的开拓者。卢瑟福从纵的方向,狄拉克从横的方向,立下了不朽的功勋。

对大自然美的追求,贯穿于狄拉克的全部研究活动之中。他所说的自然的美,主要指自然的数学美。他为数学所表现出的自然的对称、和谐所陶醉,产生了一种类似宗教信仰的信念。"这种对数学美的欣赏曾支配着我们的全部工作,这是我们的一种信条,相信描述自然界基本规律的方程都必定有显著的数学美。这对我们像是一种宗教。奉行这种宗教是很有益的,可以把它看成是我们获得许多成功的基础。"③他晚年回忆他的研究工作时说,他没有试图直接解决某一物理问题,而只是试图寻求某种优美的数学。

在科学理论的真与美的关系问题上,狄拉克更注重美,实际上他认为科学的真是科学的美的一种表现形式。他说:"我感到一种理论,如果它正确,那它将是美的,因为在建立基本法则时要有美的原则。因为人们从数学基础开始工作,人们在很大程度上受对数学美的需要的支配。如果物理学方程在数学上不美,那标志一种不足,那意味着理论有缺点,需要改进。有时候数学美要优于同

---

① 狄拉克:《量子场论的起源》,《科学史译丛》1982 年第 2 期。
② 特霍夫特:《寻觅基元——探索物质的终极结构》,上海科技教育出版社,2002 年,第 156 页。
③ 周林等主编:《科学家论方法》第二辑,内蒙古人民出版社,1985 年,第 266～267 页。

实验相符。""我相信,理论的基础是比人们能简单地从实验证据的支持中得到的要坚固得多。真实的基础来自理论的极端优美。……它们极其动人,极其优雅。无论未来会给我们带来什么,这些思想将永存。……理论本质的美是我感到要相信它的真实原因。它将支配整个物理学未来发展。它是不可破坏的东西,即使将来实验与其不一致。必须把这些不一致看作不过是目前理论的不完善。"①因为某种理论是美的,我们才相信它是真的。我们常常通过求美来达到求真。如果一种理论在数学上还不美,那就表明理论还不完善。在许多情况下,理论是否美比它是否同实验相符更为重要。狄拉克的这些看法有一定道理,因为理论的美常常体现了大自然的和谐,而理论是否同实验相符,往往同许多具体细节有关。所以他说:"具有数学美的理论比丑陋的适应某些实验数据的理论更像是正确的。"②他判定理论可取性的第一个价值标准就是美。有些不美的理论虽然有某些实验的支持,但却未必是真的。狄拉克是自然科学研究中美学主义思潮的主要代表之一。

在狄拉克看来,数学是描述自然美的最好工具,所以他推崇数学方法。他说:"数学是特别适合于处理任何种类的抽象概念的工具,在这个领域内,它的力量是没有限制的。"③

1930年,我国物理学家赵忠尧在研究物质对高能γ射线的吸收时,发现了由正负电子湮灭而辐射出的光子。1932年美国的安德生在研究宇宙射线时,发现了正电子。1934年约里奥-居里夫妇证明,能量超过50万电子伏的两个光子相遇,会转化为电子对。1955年美国科学家发现了反质子,次年又证实了反中子的存在。1960年,我国物理学家王淦昌和联合核子研究所的科学家们共同发现了$\overline{\Sigma}^-$超子。到20世纪60年代,从理论推测应该存在的各种反粒子都已找到,自然界逐渐显示了它在质量与电量上的对称性。1965年,美国科学家的实验产生了世界上第一个反物质反氘。1971年苏联科学家又利用高能加速器做实验,在极短的一瞬间产生了一种反氦的原子核。于是有人就假设反原子的存在。有人走得更远,设想反物体、反天体、反宇宙的存在。1957年发现阿伦达·罗兰彗星有一个冲向太阳的尾巴,有人就用反物质来解释这个现象。还有人认

---

① 周林等主编:《科学家论方法》第二辑,内蒙古人民出版社,1985年,第268、271页。

② 周林等主编:《科学家论方法》第二辑,内蒙古人民出版社,1985年,第272页。

③ 狄拉克:《量子力学原理》,科学出版社,1965年,第7页。

为通古斯的大火球乃是正反物质相碰的结果。也许,有一天我们会发现一个反太阳,一个反行星,那时我们将会隆重地纪念狄拉克,也不禁会想起古希腊毕达哥拉斯学派所猜想的"反地球"吧?

八、坂田模型

随着各种介子与反粒子的发现,基本粒子的数目日益增多,并已显出有内部结构的迹象。在多样中追求统一始终是科学发展的不可遏制的趋势,所以基本粒子的结构就成为理论物理学必须解决的新课题。

1930年,德布罗意曾提出光子是由正反中微子组成的看法,但后来发现中微子只具有弱作用,不可能产生电磁作用。1949年,意大利的费米与杨振宁认为π介子是正反核子的复合体。这个假说虽然不能解决核子的质量比π介子大的困难,但它却启发了日本物理学家坂田昌一。

坂田昌一(1911~1970)1933年毕业于京都大学,后任名古屋大学教授。坂田等人曾提出中性介子存在的预言,1940年又提出中性介子会很快衰变为一对光子。1942年他首先提出两种介子的理论,1947年π介子的发现证实了这个预言。坂田中学毕业时就阅读了刚出版的恩格斯的《自然辩证法》的日译本,上大学时还学习了列宁的《唯物主义和经验批判主义》。他说,这两部著作"在我内心深处产生了一个强烈的冲动,想在我的真正的研究工作中实际运用自然辩证法作为当代科学的方法论"。他说恩格斯的《自然辩证法》"就像珠玉一样放射着光芒,始终不断地照耀着我40年来的研究工作,给予了不可估量的启示"。他指出,我们不能凭直接的感觉来辨认原子或基本粒子,要发现和认识它们,首先要运用思维。因此,为了使自然科学健康地成长,必须有正确的世界观与思维方法。辩证唯物主义"是哲学的历史发展的总结,是以近代科学的全部成果为依据的唯一科学的世界观;自然科学只有同辩证唯物主义紧密结合,才能够获得正确的思维方法"。他深有感触地说:"现代物理学已经到了非自觉地运用唯物辩证法不可的阶段。"[①]

当时许多物理学家认为基本粒子是物质的始原。人们为了比较方便地描

---

① 坂田昌一:《新基本粒子观对话》,三联书店,1973年,第25、45页。

述基本粒子,常把基本粒子看作是一个具有质量但无体积的数学点,获得了某些成功。这就使不少人忘记了点模型的近似意义,产生一种错觉,以为基本粒子本身就是数学的点。坂田不同意这种看法。他说虽然我们今天还不能把基本粒子分裂成更为根本的东西,但是根据这一点就认为基本粒子是物质的始原是不对的。"把只在实验技术的某一发展阶段上所允许的观点不加批判地固定化,就是形而上学的独断论,是和科学不能相容的观点。"①恩格斯关于分子、原子是物质无限系列中各个"关节"的思想,与列宁关于电子不可穷尽的思想,鼓舞他抵制基本粒子是物质极限的观点,并在1955年提出"重子-介子族"复合模型。

坂田认为强子是由 p、n、Λ 三种粒子及其反粒子构成的,所以他称强子是复合粒子,称 p、n、Λ 是基础粒子。1959年日本池田等人用完全对称性的思想进一步研究坂田模型,预言一种新粒子的存在,其性质同后来发现的 η 粒子相当吻合。新发现的一族介子共振态的性质也符合坂田模型预言的要求。他在1961年发表的《新基本粒子观对话》中写道:"当看到采取了复合模型的观点,神秘的形的逻辑立刻转变为明确的物的逻辑的时候,我心中充满了无限的喜悦。"②1968年他又撰文说:现代科学的一个显著特点,就是主张自然界是由无限个层次组成的。这些不同的层次形成一串演化的历史,其中每一个层次都永远发生、消灭和相互转化着。

九、夸克、层子模型

1964年美国的盖尔曼(1929～　)提出介子由一对正反夸克组成,重子由三个夸克组成。夸克有三种:上夸克 μ、下夸克 d 和奇异夸克 s,均带分数电荷。有人认为这种模型同过去各种关于物质结构见解的一个不同之处,就在于物质不是越分越轻,而是到了强子这个层次后,就越分越重,也就是说每个夸克的质量要比由它组成的强子大得多。这个新的设想或许可以使我们避免在物质无限分割问题上的恶的无限性。一个有趣的问题是:夸克是否也是由别的粒子组成的呢?组成夸克的粒子,其质量是否也比夸克大呢?也有许多人认为夸克质

①　坂田昌一:《新基本粒子观对话》,三联书店,1973年,第2页。
②　坂田昌一:《新基本粒子观对话》,三联书店,1973年,第13页。

量并不比强子大。

要证明夸克模型的正确,最好能捕捉到自由态的夸克。十几年来,科学家们从天上到地下到处在寻找它的踪迹,可是就像过去人们没有找到单独存在的燃素一样,科学家们也一直没有找到单独存在的夸克。盖尔曼说:"夸克有一个非同寻常的性质,它永远被囚禁在'白色'粒子(如中子和质子)之中。只有白色的粒子可以在实验室里直接观测到。""我把这些囚禁的夸克作为'数学上的'夸克"。[①] 但这不一定意味着夸克的命运也同燃素一样。为什么夸克会处于幽禁状态?有人提出口袋模型,说夸克就像被装进口袋里,它不能穿过袋壁逃走。有人提出弦模型,说强子中的夸克被一根弦连在一块,夸克靠近时吸引力较小,就比较自由;夸克之间的距离增大时,弦就被拉紧,吸引力增大,所以一对夸克始终不能分开,即使弦断了,弦断处会产生出正反两个夸克,就像一块磁棒折断后又会形成两个小磁棒一样。有人提出夸克有 3 种"颜色",传递夸克之间的强作用的是带色胶子,色荷的作用比电荷的作用复杂。有人根据这种图像,提出夸克相距越远,吸引作用则越强,所以无法将自由夸克分离出来。因此如果自由夸克存在的话,就要引起一连串的同色感应,同色相吸,使单个夸克的质量趋向无限大。只有几种不同"颜色"的夸克相结合,使"颜色"抵消,才能以有限的质量形态出现。

1970 年格拉肖(1932~)注意到夸克与轻子有很好的对称性,他把 4 种轻子与 3 种夸克按质量大小和其他性质作如下排列:

$$轻子 \quad \upsilon_e \quad e \quad \upsilon_\mu \quad \mu$$
$$夸克 \quad \mu \quad d \quad ? \quad s$$

他预言"?"处是一种新夸克。1974 年丁肇中(1936~)领导的研究小组同美国的里希特的研究小组同时发现了 J/ψ 粒子。为了说明这种粒子的存在,人们又提出了第四种夸克——粲夸克 C,这种 J/ψ 粒子就可以看作是粲夸克与反粲夸克构成的束缚态。1977 年美国科学家又发现一个新类型的共振子,为此又提出第五种夸克——底夸克 b。又有人提出第六种夸克——顶夸克 τ。这样就使人提出一个问题:究竟夸克会有多少?难道为了解释一种新发现的粒子,就要提出一种新夸克吗?有人曾说夸克最多不会超出 16 种,这当然只是一种猜测。

---

① 盖尔曼:《夸克与美洲豹》,湖南科学技术出版社,2002 年,第 178、179 页。

不过,夸克数目的增多,倒是直接涉及夸克学说的命运的。一种层次的物质组分增多了,人们就要求也有可能去探索更深的层次了。

1966 年,我国科学家在物质无限可分的哲学思想指导下,提出了层子模型。所谓"层子",是指一个层次的意思。强子由层子构成,层子可能有 3 种,带分数电荷;也可能有 9 种,带整数电荷。同夸克有些相似,层子的质量也很大,可为质子质量的 10 倍到几十倍。

寻找分数电荷,是寻找夸克、层子的一个重要途径。早在 1910 年美国的密里根在用油滴实验证明电荷只能是电子带电量的整数倍时,有一次却在油滴上发现了分数电荷的事例。他在论文的注脚中写道:"我已去掉了在一个带电油滴上明显地看到的一次不肯定的没有重复出现过的观测结果,它给出这个油滴的电荷数值比最终得到的 e 值大约要少 30%。"[1]也许这唯一的事例,就对电荷只能是 e 的整数倍的说法,起了证伪的作用。也许这唯一的事例就揭示了夸克的存在吧? 遗憾的是 60 多年来再没有遇到这样的事例。直到 1977 年,从美国的斯坦福大学才又传出了一个令人兴奋的消息:他们也发现了 1/3e 的电荷。可是别人至今一直未能重复做出他们的实验。

在夸克模型提出以后的很长一段时间内,许多物理学家都认为夸克与轻子是一种没有结构的点状物,夸克可能是一种数学符号。坂田昌一批评过的对强子的错误看法,现在又用来描述夸克了。美国的格拉肖甚至宣称"夸克的出现将宣告物理学的结束"[2]。另一位美国诺贝尔奖获得者温伯格在 1978 年访问我国时,也一再表示夸克与轻子没有内部结构。但是许多人的观点都很快转变了。温伯格开始对夸克、轻子复合模型发生了兴趣。格拉肖不仅公开承认他过去的说法是不正确的,而且建议将比夸克更深层次的粒子命名为"毛粒子"。他说:"因为这与中国的毛泽东主席有联系。按照他的哲学思想,自然界有无限的层次,在这些层次内一个比一个更小的东西无穷地存在着。"[3]1980 年有一位物理学家写了一篇题为《闪烁:夸克和轻子结构的信号》的文章,列举了当时在文献中出现的有关下一层次物质组分的名称竟达 20 种之多,这的确是个十分可喜的现象。杰弗里·丘提出了靴袢理论,认为每个粒子都由其他所有粒子组

① 罗辽复、陆埙:《基本粒子》,北京出版社,1981 年,第 79 页。
② 郭汉英:《粒子物理的新的里程碑》,《自然辩证法通讯》1981 年第 4 期。
③ 郭汉英:《粒子物理的新的里程碑》,《自然辩证法通讯》1981 年第 4 期。

成,没有任何一种粒子是更为基本的粒子。

强子结构之谜还没有完全揭开,夸克、轻子的结构的研究刚刚开始,摆在科学家面前的道路还很长很长,但是新的信号毕竟在道路的上空升起了。

第二节　量子力学理论思想的发展

当开尔文以十分满意的心情回顾过去的物理发展时,他觉得物理学的大厦已经基本建成了,但他也不得不承认在晴朗的天空中,还飘着两片小小的但却是恼人的乌云,在经典物理学的光辉大厦上笼罩着两片阴影。科学家们想驱散这两片乌云,但是出乎意料,其中一片乌云(以太危机)导致了相对论的创立,而另一片乌云(黑体辐射问题)导致了量子论的诞生。相对论与量子论是现代物理学的两大支柱。它们的出现,立刻使物理学这门古老而硕果累累的学科进入了一个波涛汹涌的新时代。

人们的认识深入到微观世界,在探索微观粒子内部结构的同时,还必须描述微观粒子的运动。人们起初以为几乎是无所不能的经典力学,又可以在这个新领域里大显身手了。但是人们很快就发现,电子根本不像行星,甚至一粒尘埃也不能简单地看作是微观粒子的放大。要描述微观粒子的运动,不能照搬经典力学,也不能仅把量子化条件引入经典力学,而必须创立新的力学——量子力学。

一、普朗克的能量子假说

19 世纪末,科学家们系统地研究了热辐射问题。为了建立热辐射定律,需要用某种标准的物体作为衡量的尺度,人们就很自然地想到了黑色物体。但不同的黑色物体黑的程度又是有差别的,最好能有一个最黑的理想黑体。为此奥地利的维恩设计了一个空腔模型,它几乎能完全吸收投射在它上面的辐射,可看作是绝对黑体。为了说明黑体辐射的规律,说明绝对黑体辐射强度按波长分布的曲线,1896 年维恩根据热力学理论,把光看作一种类似于分子的东西,提出了一个经验公式。这个公式在短波领域同实验数据相符,但在长波领域与实验不符。1900～1905年,英国的瑞利与秦斯又根据经典电动力学和经典统计物理学,把光看作是振动着的波的汇集,提出了另一个公式。它适用于长波领域,但不适用于短波领域,并会导致一个荒谬结论:短波段的能量会达到无限大,公式在紫端之外发散,故称"紫外灾难"。就是说黑体辐射规律无论用热力学理论,还是用经典的电动力学、统计理论,无论是把光看作某种粒子,还是看作某种波,都不能作出满意的解释。经典物理学在黑体辐射面前显得抓东丢西、顾此失彼。于是开尔文惊呼:"热理论已到发疯的程度。"①

在这种情况下,德国物理学家普朗克(1858～1947)于1900年在改进维恩公式的基础上,也得到了一个经验公式,它在短波区域近似于维恩公式,而在长波区域则近似于瑞利-秦斯公式。这个公式令人注目的是引进了一个新的常数h,后称普朗克常数。

这个公式仿佛是凑出来的。在普朗克看来,如果不能从理论上说明一个公式,那这个公式的科学性就是很可疑的。可是这个公式无论如何也不能从经典物理学中推导出来。为了给自己的公式寻找理论根据,1900年12月14日,普朗克在德国物理学会上宣布了一个新的思想:振子(振动着的带电粒子)只可能有一系列特定的不连续的能量,若其振动频率为ν,那振子所具有的能量就只能是$h\nu,2h\nu,3h\nu,\cdots,nh\nu$。$n$只能取正整数。$h\nu$是振子能量的最小单位,称能量子。"量子"在拉丁文中意为"分立的部分"。普朗克第一次提出了能量不连续的概念,为20世纪的物理学提出了一种崭新的观念。后来秦斯说:"物质的基本粒子其运动不像是铁道上平滑走过的火车而像是田野中跳跃的袋鼠。"②

在很长的时期内,科学家们和哲学家们都认为一切自然过程都是连续的,并以此作为科学研究的一个基本理论思想。亚里士多德说:"因为量是连续的,所以运动也是连续的。"③"自然界没有飞跃",这是莱布尼茨的名言。他认为任何一个给定的状态,只能用紧接在它前面的那个状态来解释。如果对这都要提出疑问,那世界将会出现许多间隙,那就会迫使我们去乞求奇迹或机遇来解释自然现象了。莱布尼茨的这条连续性原理自提出以来,一直被学者们所推崇,以各种方式重复,似乎间断性是同科学格格不入的。法国哲学家拉美特利认

①　片山泰久:《量子力学的世界》,辽宁人民出版社,1982年,第32页。
②　秦斯:《物理学与哲学》,商务印书馆,1964年,第135页。
③　亚里士多德:《物理学》,商务印书馆,1982年,第124页。

为,自然界是由一系列的连续阶梯组成的。"这个具有一些无形梯级的阶梯是一个多么不可思议的奇观啊!大自然在它一切形形色色的创造物中循序渐进接连地通过这些梯级,从不跳过一个梯级,宇宙的景色是一幅多么令人惊异的图画啊!宇宙间的一切十分协调,一点也不刺眼;甚至从白色转移到黑色也是通过很长一系列使它变得令人无限快慰的色彩或梯级实现的。"[1]生物学家波涅特说:"自然界不容许飞跃;自然界里的一切都是以着色的方法逐渐而均匀地完成的。如果在两个东西之间有一个空的间隔,那么从一个东西过渡到另一个东西有什么基础呢?"[2]赖尔使连续性观念在地质学上占了上风,微积分则被人们认为是连续性观念的又一光辉的表现。就在普朗克提出量子概念的前7年,赫兹还强调这个观念是任何自然科学研究所必须遵守的原理。

正因为如此,所以普朗克的假说在人类认识史上引起了一次革命性的变革。可是,他又不是一个很自觉的革新者。普朗克是位法学家的儿子,从幼时起就喜爱音乐,曾想当音乐家。他17岁进入慕尼黑大学,那儿的物理教师却反对他学习物理学。后来普朗克回忆说:"当我开始研究物理学和我可敬的老师菲力浦·冯·约里对我讲述我学习的条件和前景时,他向我描绘了物理学是一门高度发展的、几乎是尽善尽美的科学。现在,在能量守恒定律的发现给物理学戴上桂冠之后,这门科学看来很接近于采取最终稳定的形式。也许,在某个角落还有一粒尘屑或一个小气泡,对它们可以去进行研究和分类,但是,作为一个完整的体系,那是建立得足够牢固的;而理论物理学正在明显地接近于如几何学在数百年中所已具有的那样完善的程度。"[3]但这未能打消普朗克献身于物理学的决心。他21岁时因热力学研究而获得博士学位,从1894年起任柏林科学院院士。当紫外灾难出现的时候,普朗克已过了40岁。按奥斯特瓦尔德的说法,这早已过了作重大发现的年龄,但他却在这时作出了划时代的贡献。他认为他的假说要么荒诞无稽,要么可能是牛顿以来物理学最伟大的发现之一。他把他所做的事情叫作"孤注一掷的行动"。

量子假说在提出后最初的5年时间中,并未引起物理学界的积极响应。瑞利与秦斯不相信,马赫与彭加勒反对,洛伦兹甚至到1911年还在怀疑。德国有

① 阿烈克谢也夫主编:《达尔文主义》上卷第一分册,高等教育出版社,1953年,第91页。
② 方宗熙:《拉马克学说》,科学出版社,1955年,第16页。
③ 赫尔内克:《原子时代的先驱者》,科学技术文献出版社,1981年,第113页。

一本《自然科学和技术史手册》,在 1908 年出第二版,列举了 1900 年全世界 120 项发现与发明,就是没有提到普朗克的发现。玻恩对普朗克的评论是:他是一位思想保守的人,他根本不知道何谓革命。普朗克为自己的假说在理论上所产生的革命作用而感到吃惊。他尽量把他的作用量子纳入经典物理学的框架,他说:"经典理论给了我们这样多有用的东西,因此必须以最大的谨慎对待它、维护它。"①他觉得把量子假说引入能量理论是他的"一个绝望的行动",于是开始了 15 年的犹疑、动摇、徘徊、倒退。1911 年他提出能量只有在释放时才是量子化的。1914 年他又认为只有当振子同自由粒子碰撞使能量发生变化时,能量才表现为不连续性。

徘徊、倒退的痛苦,终于使普朗克认识到作用量子的概念是完全不能用经典物理学解释的,"它是一个格格不入而且有爆炸危险的体系","它和物理学所提供的传统宇宙观又极不和谐,终于打破了旧观念的框架"。但是 15 年的黄金岁月却付之流水。他后来后悔地说:"我企图无论如何都得将作用量子列入经典物理理论范畴里,结果是枉费心血。我的这种徒劳无功的尝试延续有好几年;我连续地这样搞了好些年,浪费了我许多劳力。一些同行在这里面看出有一种悲剧性存在。"②

中年时期的曲折经历,使普朗克亲身感受到在科学家的生涯中充满了痛苦的考验,因为任何新的思想很少能顺利地得到公认。下面的话是他发自肺腑的感慨:"伟大的科学思想很少是用乞求和说服自己的对手而巩固起来的。……实际上,事情往往是反对者逐渐地死去,而新生的一代人从一开始就熟悉新的思想——这就是未来属于青年的例证。"③

普朗克在科学研究中坚持了朴素的唯物主义观点。他在同马赫的争论中坚持原子与电子的实在性,坚持自然规律的客观性并反对马赫的经济思维原理。1929 年普朗克总结物理学的发展,提出了一种"三个世界"的说法。他指出,物理学是一门精密科学,所以必须依据量度,而量度又必须运用感官知觉。因此物理学中的一切观念都是由感觉世界推演出来的,物理学定律必须用感觉世界中的事件作印证。然而物理学同其他科学一样,不能只依靠常识,还必须

---

①　《纪念爱因斯坦译文集》,上海科学技术出版社,1979 年,第 284 页。

②　普朗克:《科学自传》,龙门联合书店,1955 年,第 21~22 页。

③　斯捷潘诺夫:《光学三百年》,科学普及出版社,1981 年,第 52 页。

依靠理性。理性告诉我们在感觉世界的背后还有一个实在世界。此外还有第三世界——物理世界,它是人类心灵提出的假说,它的功用是使人尽可能全面地理解实在世界和尽可能用简单的方法描述感觉世界。科学发展的趋势是物理世界越来越远离感觉世界,而越来越接近实在世界。物理学在发展的早期具有某种意义上的拟人化性质,声音、颜色、温度、力等概念都是建立在相应的感觉基础之上的。后来物理学逐渐失去了它的直观性,力的定义中排除了肌肉的感觉,温度的概念中排除了暖热的感觉。物理学每去掉一层直观的色彩,就向实在世界前进了一步。"在这种情形下,物理世界便日益抽象,纯形式的数学计算便起着愈来愈重要的作用,而质方面的差别也愈来愈多地用量方面的差别来解释。"[①]但物理世界又不能同感觉世界失去联系,否则再完备的理论也不过是一吹就破的肥皂泡。

二、爱因斯坦的光量子假说

当普朗克在量子论的道路上犹疑、徘徊的时候,爱因斯坦却从他手中接过了量子概念,提出了光量子假说。这个假说成功地解释了光电效应,也深刻地揭示了普朗克假说的深远意义。

光电效应的迹象最先是由赫兹观察到的。1888 年,他在捕捉电磁波的实验中发现了一个不太引人注目的现象:当发送器打出的火花照射到接收器气隙两侧的金属表面上时,气隙内的火花就更容易发生。这个发现意味着光照射到金属上时就会打出电子来。赫兹万万没有想到,他在致力于证实光的电磁波理论时所偶然得到的这个小小发现,竟会导致光子理论的提出,向他所证实的理论发出了挑战。后来俄国的斯托列托夫和赫兹的学生勒纳德等人系统地研究了光电效应,发现光电效应的一些特点是用光的波动说无法解释的。比如实验发现微弱的紫光能从金属表面打出电子,但很强的红光却一个电子也打不出来。而按照波动说,光波的能量同强度成正比,同频率无关,既然微弱的紫光能打出电子,很强的红光就应当能打出更多的电子,显然理论与实验不符。光的波动说在光电效应面前束手无策。

---

① 普朗克:《从近代物理学来看宇宙》,商务印书馆,1959 年,第 4 页。

　　1905年,爱因斯坦写了著名论文《关于光产生和转化的一个启发性观点》,认为解决困难的关键是处理连续性与间断性的关系。他说,在这个问题上,牛顿力学、气体力学同麦克斯韦的电磁学理论有着深刻的分歧,前者认为一切有限形状的物体都是由有限的原子组成的,气体的状态可以看作由一个个分子的运动构成的,都有"一个一个"的间断性,而麦克斯韦理论却把能量看作是"连续的空间函数"。用"连续的空间函数"来运算光的波动,描述纯粹的光学现象已被证明是十分卓越的,可是把这个理论用于光的产生与转化现象时,就同经验相矛盾了。要克服这个矛盾,就要采用新的假设:"从点光源发射出来的光束的能量在传播中不是连续分布在越来越大的空间之中,而是由个数有限的、局限在空间各点的能量子所组成,这些能量子能够运动,但不能再分割,而只能整个地被吸收或产生出来。"[①]即光所携带的能量是不连续的,而是形成"一个一个"的能量颗粒,称光量子,后简称光子。光子的能量遵守普朗克公式:

$$E = h\nu$$

根据新的假说,光量子的能量同频率成正比,即每个光量子的能量同强度无关。微弱的紫光频率高,每个光量子的能量都比较大,所以能打出电子;红光的频率低,每个光量子的能量不够大,所以一个电子也打不出来。使光的波动说束手无策的难题,却被光量子假说迎刃而解了。

　　光量子假说是在能量子假说基础上提出的,因此爱因斯坦的理论应当首先期望得到普朗克的支持。可是这时普朗克正为他迈出的第一步而感到不安,现在看到爱因斯坦又迈出了第二步,就觉得爱因斯坦走得太远了。

　　后来,密里根的光电效应的精确实验与康普顿关于康普顿效应的研究,证明了光量子假说的正确。密里根起初认为光量子假说是"粗枝大叶"、"不可思议",他想用实验来推翻这个理论。可是,10年精确实验的结果却违背他的本愿,反而证明了爱因斯坦的正确。

　　光量子学说把人们对光的认识提高到一个新的阶段。光究竟是波还是粒子? 这个问题从牛顿时期以来就争论不休。牛顿认为光是微粒,和牛顿同时代的惠更斯则认为光是一种波。由于牛顿的威望,微粒说在17~18世纪占优势。19世纪初,英国的杨与法国的夫累涅尔又通过对干涉、衍射的研究,使波动说重

---

①　《爱因斯坦文集》第二卷,商务印书馆,1977年,第38页。

新抬头。随着麦克斯韦电磁学理论的建立,光不是微粒而是波动,看来已成定论。现在光的微粒说又在爱因斯坦的手中复兴了,但这不是简单地回到牛顿的机械微粒说。牛顿的微粒是机械性的、能量连续的单纯微粒,爱因斯坦的光量子则是电磁性的,能量是间断的,并包含波动性的特征。光的动能与动量,在牛顿那儿写作 $E = \frac{1}{2}mv^2$,$p = mv$,而在爱因斯坦这儿却要写作 $E = h\nu$,$p = h/\lambda$。

这就是说,光量子的动能、动量取决于频率与波长,从而生动体现了光的波动性与微粒性的辩证统一。维恩把光看作是粒子,瑞利把光看作是波。在波动说占绝对优势的 19 世纪末,维恩的观点曾被认为是重犯过去的错误。现在从光量子学说的角度来考虑普朗克公式,就可理解光量子的二象性。当频率高时,光量子就像维恩所设想的粒子;而当频率低时,光量子就像瑞利所设想的波。

那么,光到底是波还是微粒? 难道是半人半兽的怪物? 爱因斯坦在《物理学的进化》中回答说:"单独地应用这两种理论的任一种,似乎已不能对光的现象作出完全而彻底的解释了。有时得用这一种理论,有时得用另一种理论,又有时要两种理论同时并用。"[1]微观粒子的最基本性质——波粒二象性已经开始展示在人们的眼前了。

三、德布罗意的物质波理论

在人们都认为光是波的时候,爱因斯坦指出光子同时是粒子。这就使法国的德布罗意(1892~1987)想到,现在大家都公认电子是粒子,那么电子是否也有波动性呢? 对称性不仅应当体现在波上面,而且也应当体现在粒子上面。也就是说,不仅光有波粒二象性,粒子也应该有波粒二象性。他说:"整个世纪以来在光学上,比起波动的研究方法来,是过于忽略粒子的研究方法;在物质理论上,是否发生了相反的错误呢? 是不是我们把关于'粒子'的图像想得太多,而过分地忽视了波的图像?"[2]经过长时期的独自思索和遐想以后,1923 年他蓦然想到爱因斯坦关于光的波粒二象性的发现,应当推广到一切物质粒子,首先是电子。

---

① 爱因斯坦、英费尔德:《物理学的进化》,湖南教育出版社,1999 年,第 185 页。
② 王发伯:《量子力学浅说》,湖南科学技术出版社,1979 年,第 21~22 页。

1923年德布罗意写了一篇论文,提出了物质波的理论,次年发表在英国的《哲学杂志》上。他认为所有的物体在运动时都会产生一种波。他提出这个想法的思路是:凡物质都有质量;根据相对论的质能关系式,质量同能量相联系,因此凡物体均有能量;根据普朗克公式,能量总是同频率相联系的;有频率必有脉动,而脉动的粒子具有波动性;所以凡物质总是同一定波动性联系在一起。这种波动性既不是机械波,也不是电磁波,它是一种新的物质波。

那么我们过去为什么一直未能观测到这种波呢?这是因为一般宏观物体的物质波波长太短。他把牛顿的动量公式同爱因斯坦光量子的动量公式结合在一起,提出物质波波长的公式:

$$mv = \frac{h}{\lambda} \qquad \lambda = \frac{h}{mv}$$

这种结合就意味着把光量子的规律推广到一般粒子的运动中去。根据这个公式可以算出,地球物质波的波长是 3.6×10^{-61} 厘米,这个数值是用任何仪器都无法测出的。可是对于一个在1伏电位差的电场中运动的电子来说,它的物质波的波长大约是 10^{-7} 厘米,从理论上讲这个波长就不可忽略了。他还猜想电子实际上就是波,微粒性只是一种表面现象。

科学家们习惯于他们所熟悉的机械波、电磁波,所以对这第三种波,他们感到无法理解。1927年在布鲁塞尔举行的索尔维物理学家大会上,没有人赞同德布罗意的理论。1938年普朗克在一次欢迎德布罗意的会议上回忆说:"当时这种思想是如此之新颖,以致于没有一个人肯相信他的正确性;……这个思想的提出是如此之大胆,以致于我本人,说真的,只能摇头兴叹。我至今记忆犹新,当时洛伦兹先生是怎样用信任的口吻对我说:'这些青年人认为,抛弃物理学中老的概念简直易如反掌!'……所有这一切,对我们这些老头子来说,曾是某些很难理解的东西。"[①]当时有一个人看出了德布罗意理论的重要意义,这就是爱因斯坦。因为他不同于普朗克,他并未因提出光量子假说而感到后悔,所以他当然向德布罗意伸出了热情的双手。

德布罗意曾预言电子流穿过小孔时会形成衍射现象,他自己也做过实验,但未成功。1925年4月美国贝尔研究室的戴维逊进行在真空中从镍板上打出电子流的实验,因一次爆炸事故仪器被毁,他们对镍表面进行修复后继续实验,

---

① 赫尔内克:《原子时代的先驱者》,科学技术文献出版社,1981年,第278页。

却意外地得到了一张同 X 射线衍射图样相同的图样。可是实验中并没有 X 射线,只有电子流,于是他们想到了德布罗意的理论,断定这是电子流产生的衍射图样,并用测量证明其波长刚好同德布罗意的预言相符。一次事故竟使他获得了诺贝尔奖,这纯粹是机遇吗?不,他们是善于获得意外成果的有心人。不久,约瑟夫·约翰·汤姆生的儿子也获得了电子衍射图样。这是一个巧合:父亲发现了一个一个的电子,儿子却证明电子是一种波。

关于波粒二象性,德布罗意说:"粒子的图像和波的图像反映在理论家的思想上恰是矛盾的。根据假设,具有波动性质的场是连续而均匀地分布于空间的广阔范围内;而粒子在本质上被看作是在空间可以定位的,具有个性体,并构成一种具有永恒性质的奇异点。从理论上看,把这两种图像之一用于物理学上某些分支,把另一个用于另一些分支是没有什么逻辑上的缺点的。""一定的能量可以从物质形式转变为光的形式,反之亦然。……这一事实把光和物质之间不可逾越的鸿沟填平。"①

科学具有诱发性,一个理论会诱发另一个理论的产生,从能量子概念引出了光量子概念,光量子概念又引出了物质波理论。德布罗意说:"我们任何时候都不应忘记(科学史证明了这一点),我们认识的每一个成就提出的问题,比解决的问题还要多;在认识的领域内,新发现的每一片土地都可使我们推测到,还存在着我们尚未知晓的无边无际的大陆。"②德布罗意的理论又提出了哪些问题?它又会引出什么样的新理论呢?

四、薛定谔的波动观念

德布罗意说:"电子再不能被认为是简单的电的微粒;应当把波同电子联系起来。"③那么电子的位置、运动、形状应当如何描述呢?对庞大的哈雷彗星的位置的准确预言,曾使牛顿经典力学享有巨大的荣誉,可是它对小小的电子,却根本不可能做到这点。人们感到困惑了。英国物理学家季因斯说:"坚实的球体在空间总有一定的位置;电子显然没有位置。坚实的球体占有大小非常固定的

---

① 德布罗意:《物理学与微观物理学》,商务印书馆,1992 年,第 123、48 页。
② 赫尔内克:《原子时代的先驱者》,科学技术文献出版社,1981 年,第 288 页。
③ 赫尔内克:《原子时代的先驱者》,科学技术文献出版社,1981 年,第 277 页。

地位;而电子呢——若问电子占有多少空间,就和问恐惧、忧虑,或者半信半疑占有多少空间一样毫无意义。"[①]如果说玻尔指出了卢瑟福的错误,告诉我们电子决不是行星,那么德布罗意则告诉我们,像玻尔那样仅把量子化条件引入经典力学是不够的,要描述微观粒子的运动,还必须建立新的力学。薛定谔与海森伯以不同的方式完成了这个任务。

20世纪20年代,量子力学是通过两条途径发展起来的。一条途径是在爱因斯坦思想的影响下,从光量子假说到物质波理论,导致薛定谔在1926年提出波动力学;另一条途径是在玻尔思想的影响下,海森伯等人在1925年提出了矩阵力学。同样在1926年,薛定谔证明两种力学是等价的。狄拉克提出普遍变换理论,可以通过数学变换使一种理论转换为另一种理论。但很多人认为波动力学比矩阵力学更深刻地反映了微观世界的波粒二象性,所以后来量子力学的发展主要是以波动力学作为出发点的。

奥地利物理学家薛定谔(1887~1961)的父亲经营工厂,研究过化学,母亲是教授的女儿。对于这个独子来说,父亲是他的朋友、老师和不倦的谈话伙伴。当时许多中学重文轻理,可是薛定谔的兴趣广泛,多才多艺,既喜欢语法、诗歌、戏剧,又特别倾心于数学与物理,但他讨厌单纯地背诵历史。他是一位能说4种近代语言,并出版了一本诗集的科学家。他认为,作为一个科学家,应当好奇和酷嗜猜想。

他曾向狄拉克讲述了他创立波动力学的经过。他是根据力学与光学的相似性,运用类比的方法来建立波动力学的。英国的哈密顿比较早地就对力学与光学进行了类比。哈密顿指出,光学中的光程最短原理(光走的路程最短)同力学中的最小作用量原理(物质沿最短的途径自由运动)是很相似的,因此可以把力学与光学联系起来。光学中有牛顿的几何光学和惠更斯的波动光学。薛定谔又进一步想,既然力学与光学相似,光学中有几何光学与波动光学,而物质皆有波动性,那就应当有波动力学。他说:"从通常的力学走向波动力学的一步",与"光学中用惠更斯理论来代替牛顿理论所迈进的一步相类似。我们可以构成这种象征性的比例式:

通常力学∶波动力学＝几何光学∶波动光学

---

① 巴涅特:《相对论入门》,三联书店,1989年,第20页。

典型的量子现象就类比于衍射和干涉等典型的波动现象"。①

波动力学的出发点是波函数。因为微观粒子具有波粒二象性,所以在描述微观粒子时,就必须对波动性与微粒性作出统一的描述。这种描述就用波函数 ψ 来表示。这是量子力学的一个基本假设。在不同条件下,波函数可以有不同的具体形式。如何求波函数呢?薛定谔先求出自由粒子所满足的运动方程,然后再把它推广到粒子受到场作用的情形,就得到了薛定谔方程。在经典力学中,质点的状态用速度和坐标来描述,质点的运动方程就是牛顿方程;而在量子力学中,微观粒子的状态由波函数来描述,决定微观粒子变化的方程就是薛定谔方程。薛定谔方程正确地反映了微观粒子低速运动的规律。普朗克说:"这一方程式奠定了近代量子力学的基础,就像牛顿、拉格朗日和哈密顿创立的方程式在经典力学中所起的作用一样。"②

波动力学的成功与物质波动理论的影响,使薛定谔提出了一种比较极端的波动观点。他认为物质波是实在的波,波是唯一的实在。整个物理世界只有波,根本没有什么粒子。所谓粒子与能量子都是一种"幻觉",实际上粒子是"波包",即波密集的地方。他说:按照德布罗意-爱因斯坦波动理论,运动的粒子不过是宇宙基质中波动辐射上的泡沫。

薛定谔的波动观点是片面的,但它的出现是可以理解的。既然微观世界的本质是波粒二象性,那人们就有可能片面地夸大一个方面,把它说成是唯一的实在。在光的微粒说与光的波动说的争论中,双方的观点实际上是"不对称"的。光的微粒说同时还主张微粒是世界的本原,光的波动说却未把波提高到这个地位。这是因为微粒的普遍性早已为世人所知,而波却看不出有同样的普遍性。现在德布罗意指出了物质波的普遍性,认为波是唯一实在的观点,就很自然地通过薛定谔在科学历史的舞台上出现了。薛定谔强调连续性,反对玻尔的跃迁概念。1926 年 9 月他应玻尔之邀到哥本哈根讲学,两人整日争论不休。薛定谔说:"如果我们死抱着这个令人讨厌的量子跃迁不放,那么我将为我曾同量子力学打过交道而感到懊恼。"③25 年以后他又说量子跃迁对他来说是"一年比一年更难以接受的"。他对海森伯矩阵力学的态度是:"我要不是感到厌恶,就

---

①　薛定谔:《关于波动力学的四次演讲》,商务印书馆,1965 年,第 6 页。

②　普朗克:《从近代物理学来看宇宙》,商务印书馆,1959 年,第 11 页。

③　麦肯齐:《量子论的发展》,《科学史译丛》1982 年第 2 期。

感到沮丧。"而泡利对薛定谔的理论也同样持否定态度。

薛定谔对哲学有浓厚的兴趣,曾读过斯宾诺莎、叔本华、马赫、阿芬那留斯等人的著作,自己也写过不少哲学论著。他重视哲学对科学的影响。他把哲学比作脚手架,它不是知识大厦本身,但没有它大厦就建造不起来。他认为不少科学家"眼界狭小","与世隔绝","毫不关心自己的狭窄专业以外的一切",还挖苦有志于综合全部知识的人为"半瓶醋"。他呼吁"再一次回头刻苦研究古希腊思想","用古希腊的方式来看待世界"。但他的哲学思想中有一些值得商榷的观点,比如认为由于物理学的发展,主体与客体的障壁已土崩瓦解,主体与客体是一回事了,等等。

关于量子力学的奇异性,薛定谔提出了一个假想的"薛定谔之猫"实验。在一个封闭的钢箱中,放有少量放射性物质,一小时可能有一个原子衰变,也可能以同样几率不衰变。若衰变便有小锤砸碎小瓶,瓶内的氢氰酸毒死箱中的小猫。根据系统的波函数,小猫死活的几率各为 1/2,猫的死活取决于我们何时对它进行观测。

薛定谔的科学思想充满了矛盾。他的波动方程深刻揭示了微观世界的波粒二象性,但他的理论概括却只是波动性;他本人是量子力学的创始人之一,但他的基本思想却同微观世界的量子性背道而驰;他看到了矩阵力学同波动力学的等价性,但又讨厌海森伯的方法;他认为感觉可以获得对外界的认识,但又说我们无法知道这种认识是否同外界一致。1926 年 9 月,薛定谔访问哥本哈根时,提出要用连续性代替分立性,说要他承认跃迁,他就不该创立波动力学。

五、玻恩对波函数的统计解释

波函数对微观粒子的描述是成功的,可是它的物理意义是什么人们还不清楚。当时有这样一首诗:"薛定谔运用波函数,能算不少好东西;要问函数的意义怎么样,却又谁都说不上。"[1]薛定谔认为它是对波粒二象性的统一描述,说明了物质波是一种实在的波。就在这同一年,德国物理学家玻恩提出了一种新的解释:波函数说明德布罗意的物质波乃是电子分布的几率波。

---

[1]　Felix Bloch:《海森伯和量子力学的早期阶段》,《科学与哲学》1982 年第 2 期。

　　玻恩(1882~1970)是犹太人，小时丧母，父亲是大学教师。童年时期的玻恩就常走进父亲的实验室，认识各种仪器，并听父亲同别人的学术讨论，受到了科学研究空气的熏陶。玻恩曾在哥廷根大学学习数学，是著名数学家希尔伯特、明可夫斯基和克莱因的学生，并同时学习了许多物理知识，后来迷恋于量子论。1921年任哥廷根大学物理系主任，学生中有泡利和海森伯。1924年他在论文中首次用"量子力学"一词，1926年提出对波函数的统计解释。

　　人们在研究电子衍射实验时，发现了一些很奇怪的现象。人们起初认为电子从一个小孔射出，就应当像子弹射击一样，在底片上留下的痕迹集中在一个很小的区域，甚至这个区域的轮廓同小孔的轮廓十分相似，可是事实却不是这样。当电子一个个射出时，斑痕杂乱地分布在整个底片上，看来没有任何规律性。可是当电子的数目增加以后，人们就会逐渐发现电子斑痕的分布又显示了规律性，呈环状分布，这就是戴维逊等人所看到的衍射环。有趣的是，一次发射很多的电子和分许多次逐个发射相同数目的电子，所得到的两个衍射环是完全相同的。这个现象形象地说明了波粒二象性并不是二者的机械相加，而是二者的辩证结合。当时对波粒二象性有两种看法。一种看法认为波就是一群粒子的集合，衍射图样是由粒子之间的相互作用造成的。这个实验否定了这种看法，因为当电子一个一个地射出时，这里没有电子的相互作用，却形成了衍射图样，这说明波不是粒子的简单相加。另一种看法是粒子是由波组成的，一个粒子就相当于经典意义下的一个波动。实验也否定了这种看法，因为每一个电子的斑痕只是一个点，而不构成一个完整的衍射图样。

　　究竟应当如何理解波粒二象性呢？玻恩写道："曾经有人说，电子有时候表现为波，有时候表现为粒子，也许就像一位大实验家显然是在对理论家的翻筋斗发脾气的时候嘲笑说的，每逢星期天和星期三就交换过来。我不能同意这个看法。"[①]玻恩的理解是：电子的形状具有颗粒性，但电子没有固定的轨道，它们的分布具有波动性。可以通过对电子衍射图样的分析得到这个结论。在光的衍射图样中，光在各处的强度是不同的。按波动说，强度大的地方光振动的振幅最大，光强同振幅的平方成正比。但根据粒子说，强度最大的地方，入射到那儿的光子数目最多，强度同光子数成正比。这两种看法都是正确的，所以可以

---

　　① 玻恩：《我这一代的物理学》，商务印书馆，1964年，第127页。

认为入射到空间某一点的光子数同那儿的光振动的振幅的平方成正比。电子衍射图样同光衍射图样是相似的,所以物质波的强度同波函数的平方成正比,因此电子的数目同波函数的平方成正比,也就是说电子在该处出现的几率同波函数的平方成正比。微观粒子运动遵守统计规律,我们不能说某个电子一定在什么地方出现,而只能说它在某处出现的几率有多大。微粒是不连续的,但微粒出现的几率却按波的方式连续传播。这个波不是什么实在的波,而是德布罗意的物质波。他说:"粒子不能简单地取消。必须发现使粒子和波一致起来的途径。我在几率概念中发现了衔接的环节。"①

玻恩指出,在经典物理学中也曾出现过统计规律,但那却被认为是对初始条件缺乏详尽认识的时候所采取的一种临时措施。在经典物理学中牛顿式的决定论占统治地位,认为当系统完全不受外界影响时,当初始条件能精确确定时,那完全可以准确地预言质点在某时刻的状态。然而量子力学却认为即使在这种理想情况下,我们也不能达到这个目的。他用一个故事来通俗地说明这个道理:让一个人用手枪射击放在他儿子头上的苹果,那只要他有足够的技巧并认真瞄准,他是能达到目的的;但如果让他用 α 粒子去射击放在他儿子头上的一个氢原子,那即使他的技艺再高,瞄得再准,那也无济于事,我们只能说命中目标的几率比较大,但究竟能否命中,最后取决于机遇。他说:"因果是表示事件关系之中一种必然性的观念,而机遇则恰恰相反地意味着完全不确定性。""自然界同时受到因果律和机遇律的某种混合方式的支配。"②要把因果性和决定论这两个概念区别开来。"因果性并非指逻辑上的依赖性,而是指自然界中实在事物之间的相互依赖。""如果因果性系用于个别事件,则须考虑到它的如下属性:居先性假定原因必须先于结果,或者至少与结果同时发生。接近性假定原因和结果必须在空间上接触,或者由一系列中介事物相接触地联系起来。"决定论是"允许我们从事件 A 的知识预言事件 B 的发生(或者反过来)的那些法则"。③ 牛顿力学认为时间可逆,借助超距说,不满足居先性和接近性原则,是决定论。爱因斯坦引力场理论不满足居先性原则,也是决定论。其实爱因斯坦并未说结果可以在先。

---

① 玻恩:《我的一生和我的观点》,商务印书馆,1979 年,第 13 页。
② 玻恩:《关于因果和机遇的自然哲学》,商务印书馆,1964 年,第 7、9 页。
③ 玻恩:《关于因果和机遇的自然哲学》,商务印书馆,1964 年,第 11、14、13 页。

于是他宣布：在量子力学中机遇是基本概念，统计规律是基本规律。物理学原理的方向发生了质的改变：统计描述代替了严格的因果描述，非决定论的统治代替了决定论的统治。牛顿、拉普拉斯式的决定论已经垮台，物理学在原则上已成为统计的科学。"偶然性成了第一位的概念"，"偶然性就是比因果性更为基本的概念"，"几率性是物理学的基本概念。统计规律是自然界及其他一切的基本规律"。① 他还指出，我们必须抛弃决定论观念，但这并不意味着严格的自然规律不再存在，也不意味着放弃了因果性。

将来能否通过对这种统计解释的推广或改良，使物理学重新再回到决定论呢？玻恩断然否定了这种可能。他说数学方法已证明，量子力学不容许把决定论强加于它。

玻恩十分重视物理学成果的哲学意义，科学的哲学背景始终比科学的特殊成果更使他感兴趣。他十分深刻地指出："真正的科学是富于哲理性的；尤其是物理学，它不仅是走向技术的第一步，而且是通向人类思想的最深层的途径。"② 每个现代科学家，特别是每一个理论物理学家，都深深意识到自己的工作同哲学思维错综地交织在一起，若没有充分的哲学知识，那科学工作就会是无效的。他说这就是他一生中最主要的思想。但他又错误地说马克思主义是在 100 年前发展起来的，很难期望它能给现代科学提供指路明灯。

他指出，过去的物理学带有直观性，所以那时的科学图像主要取决于感官的性质。今天的物理学研究的是"不可闻声、不可见光、不可觉热"，它要建立的是不受任何知觉或者直观限制的图像，它纯粹是概念的结构、精巧的逻辑建筑物。他说科学家必须是实在论者，但他对实在的看法是混乱的。他一会儿说世界独立于求知过程以外而存在，一会儿又说从根本上讲，一切东西都是主观的；一会儿说实在不是感觉、观念的实在，一会儿又说设计实验时的心理活动也是实在的。他反对薛定谔的波动观念，坚持粒子的实在性；反对牛顿、拉普拉斯式的机械决定论，指出了微观世界运动规律的特殊性。这是他对波函数进行统计解释的基本思想。

---

① 舒科夫：《玻恩偶然性的论述》，《自然科学哲学问题丛刊》1984 年第 2 期。
② 玻恩：《我的一生和我的观点》，商务印书馆，1979 年，第 44 页。

六、海森伯的测不准原理

微观粒子既不是经典的粒子,也不是经典的波,因此在应用经典概念来描述微观粒子时,就必然要受到限制。海森伯认为他的测不准原理就指出了这种限制。

海森伯(1901～1976)青年时代曾在慕尼黑大学学习物理,1923年在哥廷根大学任玻恩的助教,1924～1927年在玻尔领导的哥本哈根理论物理研究所工作,1925年创建矩阵力学,1927年提出测不准原理,1932年提出原子核由质子与中子组成的理论,晚年从事统一场论的研究。他强调科学研究中要有创新精神。他说:"在每一个崭新的认识阶段,我们永远应该以哥伦布为榜样,他勇于离开他已熟悉的世界,怀着近乎狂热的希望到大洋彼岸找到了新的大陆。"[①]他倾向于美即真的观念。他说,假如自然把我们引向非常简单而美的数学结构,我们就不禁会想到它们都是真的。

在海森伯看来,在我们的研究工作由宏观领域进入微观领域时,我们就会遇到一个矛盾:我们的观测仪器是宏观的,可是研究对象却是微观的;宏观仪器必然要对微观粒子产生干扰,这种干扰本身又对我们的认识产生了干扰;人只能用反映宏观世界的经典概念来描述宏观仪器所观测到的结果,可是这种经典概念在描述微观客体时又不能不加以限制。这就是提出测不准原理的根据。

他认为,在经典理论中观察对于过程的进行是无关紧要的,比如我们在观察行星时,阳光的压力对它不起任何作用。所以用宏观的仪器来观测宏观物体时,不会改变宏观物体的本来面貌。在这种情况下测量是确定事实的方法,而且这些事实与测量本身无关。因而我们可以严格地确定这些事实间的因果联系,数学公式所描述的也是客观事实本身。但在微观世界中,对于质量极小的粒子来说,每次观察都意味着对它们行为的重大干涉;宏观仪器对微观粒子的干扰不可忽略,同时也无法控制,这时所测量到的结果就同粒子的原来状态不完全相同。事实同测量本身直接有关,因而因果律就不再适用了。数学公式所描述的就不再是宏观事件本身,而是某些事件出现的几率。他认为人类所处的

---

① 赫尔内克:《原子时代的先驱者》,科学技术文献出版社,1981年,第254页。

地位,有点像盲人想知道雪花的形状和构造,雪花一碰着他的手指或舌头就融化了。他说:认识对象、事件、过程是"在观察的瞬间闪现"①。"在观测过程中,发生了从'可能'到'现实'的转变","只有当对象与测量仪器从而也与世界的其余部分(包括观察者在内)发生了相互作用时,从'可能'到'现实'的转变才会发生"。②

海森伯根据数学推导,给出了测不准关系式。就一维坐标和速度而言,这个关系式为

$$\Delta X \cdot \Delta v_x \geqslant \frac{h}{m}$$

ΔX 是对粒子位置的测不准量,Δv_x 是对这些粒子在 X 方向上的速度测不准量。对位置的测量越精确,对其速度的测量就越不精确,反之亦然。总之,对一个量的精确测量必须以放弃对另一个量的精确测量为前提。

在描述微观粒子时,究竟在什么场合下应用经典概念可以得出近似正确的结论,而在哪些场合就根本不能用经典力学的方法呢?海森伯的测不准原理提出了一个鉴别标准,它告诉我们,当普朗克常数 h 是个可以忽略的量时,这时就可以把微观现象近似地看作是宏观现象,用经典力学的方法来处理;如果 h 是不可忽略的量,那就必须考虑微观粒子的波粒二象性,就必须应用量子力学的方法来处理了。测不准原理为经典力学与量子力学的应用范围划出了明确的界限。泡利称此原理是"新时代的曙光,量子理论的时代已经破晓"③。

虽然海森伯对测不准原理的说明有一些不准确之处,但这一原理包含着积极的内容,它指出了微观世界同宏观世界的区别,指出了经典力学在微观世界中应用的局限性,反映了微观粒子的波粒二象性。

海森伯早年有实证主义思想,到 20 世纪 50 年代末,他决心"跨越"实证主义给抽象思维所设立的"界限",逐步从实证主义转向柏拉图主义。早在 1934 年,他说狄拉克的反粒子理论使物质概念发生了根本变化,永远不变的不是物质,而是数学形式,说明这时他已有柏拉图主义思想的萌芽。1958~1959 年,他说我们关于实在的认识,已从德谟克利特哲学回到了柏拉图哲学。柏拉图认为

---

① 萨契柯夫:《论量子力学的唯物主义解释》,上海人民出版社,1961 年,第 52 页。
② 中国社会科学院哲学研究所自然辩证法研究室编:《现代自然科学的哲学问题》,吉林人民出版社,1984 年,第 142 页。
③ 罗伯森:《玻尔研究所的早年岁月》,科学出版社,1985 年,第 118 页。

物质的最初本原是数学形式,而现代科学发现原子、基本粒子都是数学结构。"基本粒子的客观实在性就奇怪地消失了,它不是消失在某种新的、朦胧的或者至今尚未得到说明的实在概念的迷雾之中,而是消失在一种数学的、透明的清晰性之中,而这种数学不再描述基本粒子的行为,而只描述我们对这种行为的知识。"[①]他又说:"量子论并不包含真正的主观特征,它并不引进物理学家的精神作为原子事件的一部分。"[②]

海森伯在去世前的一年多又撰文说:"狄拉克反物质的理论恐怕是本世纪的物理学中所有巨大跃进中的最大跃进,因为它把我们关于物质的整个图景改变了。狄拉克的发现的最惊人结果之一是:基本粒子的旧概念完全崩溃了。基本粒子不再是基本的了。"[③]在狄拉克以前,人们认为基本粒子有质子与电子两类,它们不能改变,因而它们的数目也是守恒的。可是狄拉克却证明光子可以产生电子对,电子对也可以湮灭,因此它们的数目不守恒,它们并不是原来意义上的基本粒子。基本粒子实际上是一个复杂的复合体系。一个氢原子我们既可以说由一个质子与一个电子构成,也可以说由一个质子、两个电子与一个正电子构成。假使夸克存在,我们既可以说质子由三个夸克组成,也可以说由四个夸克与一个反夸克组成。在极高能量的碰撞中,任何数目的粒子都可能产生,唯一条件是初始的对称性与最终的对称性相同。基本粒子与复合粒子的区别也从此根本消失了。能量产生粒子,能量变成了物质。他还认为"分割"、"组成"这些概念也失去了意义。"人能分割电子吗?""质子由什么组成?"这些提法本身也是有问题的。这些概念就像相对论中的"同时",量子力学中的"位置"、"速度"一样,只有有限的适用范围。所以,旧的基本粒子概念崩溃了。那应当用什么概念来代替基本粒子概念呢?"我想我们应当用基本对称性的概念来代替这个概念。""我只想说,我们必须寻找的不是基本粒子,而是基本对称性。"[④]

这位物理学家看到了旧基本粒子概念的局限性,看到了基本粒子是个复杂体系,这毫无疑问是正确的。但他不该因此否认粒子的客观实在性,不该像柏拉图主义那样把原子归结为高度对称的数学基本结构。他好比是一个不幸的

① 杜任之:《现代西方著名哲学家述评》,三联书店,1980年,第424页。
② 海森伯:《物理学和哲学》,商务印书馆,1981年,第22页。
③ 海森伯:《物理学和哲学》,商务印书馆,1981年,第184页。
④ 海森伯:《物理学和哲学》,商务印书馆,1981年,第186页。

探险家,立志像哥伦布那样去寻找新大陆,可是当他真的看到新大陆的边缘时,却误以为那是海市蜃楼的幻影。

七、玻尔的互补原理

波粒二象性是微观世界的本质特征,也是量子论、量子力学理论思想的灵魂。用经典观点来看,粒子与波毫无共同之处,二者难以形成直观的统一图案,可是我们必须把光看作既是波又是粒子。更使人感到困惑的是,在一些实验中,好像光只显示它的波动性,而在另一些实验中,好像光又只显示它的粒子性。我们做不出这样的实验,使光同时显示它的二象性。但我们在认识上又必须承认二象性是统一的。波粒二象性似乎是一对冤家,见不得又离不得。面对着这个佯谬,出路在哪儿呢?玻尔说:哪儿是出路?没有路,我们正在进入一个漠然无知的新世界。他彷徨,但并不甘心,他试图摸索出一条路。德国物理学家约尔丹回忆当时情况时说:"每个人都十分紧张,甚至都喘不过气来。冰冻已经化开了……一切都越来越清楚地表明,我们在探索大自然秘密方面已经进入了崭新的而且是极隐蔽的领域。很显然,为了解决矛盾,除了有以前的物理学概念而外,还得有全新的思维方法。"[①]

1927 年玻尔提出互补原理,其事实根据是:首先,微观粒子在某些实验条件下,只表现波动性;在另一些实验条件下,只表现粒子性。这两种实验条件不能同时在一次实验中出现。其次,根据测不准原理,要精确测量微观粒子的速度,就弄不清它的位置;要精确测量它的位置,就弄不清它的速度。此外,时空描述与因果描述也不可能同时确立,因为要对客体进行精确的时空描述,就要发生仪器对客体的干扰,这就在因果链条上造成缺口,无法确定严格的因果性;要想确定因果性,就要排除任何对客体的干扰,而这样一切观察就不可能了,也就无法实现对时空的描述了。

总之,我们在认识上面临着二难推论,顾此失彼,彼此不可兼得。玻尔认为彼与此这两种图像互相排斥,不能同时存在。无论哪一种图像,都不能单独向我们提供一个完整的描述,但这两种图像都是不可缺少的。因此这两种互相排

---

① 容克:《比一千个太阳还亮》,原子能出版社,1966 年,第 5 页。

斥的图像又是互相补充的。只有把这两种图像综合起来，才能提供某种完整的描述。

玻尔说："量子论的特征就在于承认，当应用于原子现象时，经典物理概念是有一种根本局限性的。"要描述微观现象不能简单地应用经典概念，而必须寻找新的描述方式，这就是互补描述方式。"互补一词的意义是：一些经典概念的任何确定应用，将排除另一些经典概念的同时应用，而这另一些经典概念在另一种条件下却是阐明现象所同样不可缺少的。"①他说："一个肤浅的真理是一个其对立面为谬误的陈述；一个深刻的真理是一个其对立面也为一个深刻的真理的陈述。"②

互补原理在客观上揭示了微观世界的矛盾和我们关于微观世界认识的矛盾，并试图寻找一种解决矛盾的方法。但玻尔明确声称，互补描述同矛盾描述是根本不同的。他认为波粒二象性既然不能在同一种实验条件下同时出现，所以"这两个特点绝不能被置于直接矛盾的情况下"。"事实上，我们这儿所处理的，又不是现象的一些矛盾图景而是一些互补图景"③。

玻尔后来又不断地扩大互补原理的应用范围。他认为在生命现象的研究中，机械论与生命力论是互补的，因为只用生命力论来研究生命，生物体就不可能是台机器；若只用机械论来研究生命，那就把活体当作死体来研究了。思想与感情也是互补的，人生本身也是互补的，每个人既是观众又是演员。玻尔1937 年访问我国时，对中国古代的阴阳学说十分感兴趣，后来还根据中国古代的太极图来设计他家的族徽，表示阴阳互补的意思。

互补原理是玻尔对量子力学所提出的一系列理论问题所作出的一种哲学概括。尽管在哥本哈根学派内部对它含义的理解不尽相同，但它普遍地受到了这个学派成员的热烈欢迎。矩阵力学的创始人之一约尔丹说：这种思想的启蒙力量，在于它解决了似乎不能解决的谜。

当时在哥本哈根流行一首歌："伟大人物尼尔斯·玻尔，从一切虚假的足迹里认出正确的道路。"玻尔在研究微观世界的规律时，不受传统的经典概念的束缚，勇于提出新的描述方式，这种精神是可取的。他提出的互补原理对人们的

① 玻尔：《原子论和自然的描述》，商务印书馆，1964 年，第 9 页。
② 莫兰：《复杂思想：自觉的科学》，北京大学出版社，2001 年，第 269 页注。
③ 玻尔：《原子论和自然的描述》，商务印书馆，1964 年，第 42 页。

认识也有启发作用。但能否说他已指出了正确的道路呢？这还有待研究。实际上自从量子力学诞生以来，在对它的解释上一直有很大的分歧，几十年来争论一直没有平息。

八、量子力学理论思想的争论

很多人都说，量子力学是很奇特的科学。玻尔说："任何人如果没有对量子理论感到震惊，说明他还不理解它。"[①]温伯格说："量子力学比一切理论都具革命性，不管是从前的还是将来的。"[②]美国物理学家费因曼说："我认为可以放心地说没有人理解量子力学。如果你可以尽可能避开量子力学，你就不要坚持对自己说：'但是它怎么能像那样呢？'因为你将'白白地'进入一个还没有人从中逃出去的死胡同。没有人知道它怎么能像那样。"[③]费因曼常说无人能理解量子力学。盖尔曼说，量子力学"神秘而又模糊"，没有人了解它，但都知道如何使用它。玻尔还说："如果你认为自己完全理解了，那只说明你对它仍一无所知。"[④]

从量子力学诞生时起，科学家们对如何理解它的基本概念及其哲学意义，就提出了不同的看法，众说纷纭，争论不休，持续了几十年，这在科学史上是空前的。

所谓正统的解释是哥本哈根学派提出的。1920年9月哥本哈根理论物理研究所成立，以玻尔为领袖逐渐形成了一个学派，主要成员有海森伯、玻恩、泡利、诺伊曼等。30多个国家近千名科学家曾在那里工作过，薛定谔、狄拉克曾在那里作过报告。在量子力学初期，几乎每一项重大进展都同哥本哈根有关。统计解释—测不准原理—互补原理，是哥本哈根学派的理论三部曲。他们的主要观点是：微观粒子的各种力学量（位置、动量、能量等）的出现都是几率性的；量子力学对微观粒子运动的几率性描述是完备的，对几率性的原因不需要也不可

---

① 怀特、格里宾：《斯蒂芬·霍金的科学生涯》，上海译文出版社，1997年，第169页。

② 霍根：《科学的终结——在科学时代的暮色中审视知识的限度》，远方出版社，1997年，第112页。

③ 加来道雄：《超越时空——通过平行宇宙、时间卷曲和第十维度的科学之旅》，上海科技教育出版社，1999年，第304页。

④ 霍根：《科学的终结——在科学时代的暮色中审视知识的限度》，远方出版社，1997年，第127页。

能有更深的解释;决定论不适用于量子力学领域;仪器的作用同观察对象具有不可分割性,量子力学取消了主客观之间的区别。

　　爱因斯坦同玻尔等人的争论,主要有三次交锋,都是爱因斯坦主动挑战。第一次,1927 年的第 5 届索尔维会议,玻恩和海森伯报告了矩阵力学,爱因斯坦指出波函数坍塌是超距作用,提出一些思想实验批评互补原理和不确定原理。玻尔回应,争论激烈。第二次,1930 年第 6 届索尔维会议,爱因斯坦提出光子箱思想实验。箱壁有一小孔,快门打开即放出一个光子。通过箱内的装置,我们可以测定快门打开的时间 Δt,放出光子后光子箱总重量减少 Δm。根据 $\Delta E = \Delta m c^2$,可以确定 ΔE,因此 ΔE 与 Δt 可以同时测定,不确定原理不成立。玻尔却指出,根据广义相对论,重量的变化会影响时钟的快慢,所以 Δt 仍然是不确定的。第三次,1935 年爱因斯坦等人提出 EPR 佯谬,这次争论我们将在"量子纠缠"部分谈到。

　　争论的范围十分广泛。比如在主客观关系问题上,德布罗意指出玻恩、海森伯关于主客观不可分、没有界限的说法在逻辑上引导到主观主义,在哲学上是唯心主义的近亲。海森伯则说:"哥本哈根解释的一切反对者……想要回到经典物理学的实在概念,或更普遍地说,回到唯物主义的本体论。"[①]再比如关于波粒二象性的理解,哥本哈根派的约尔丹说:自然界借助于这种奇怪的互补作用,把互相矛盾的属性和规律统一在同一个物理客体中,使它们永远不能直接同时存在。苏联的瓦维洛夫等人则反对二象性轮流出现的观点,他们问道:如果是这样,我们只要简单地轮流地利用波动理论与粒子理论就可以了,为什么还要创立量子论呢? 德布罗意说:"现代原子物理学对于和神秘的作用量子的存在有关的波-粒二重性的真正性质一点也不了解:它只是用'互补性'这个含糊不清的术语来掩饰自己的无知。"[②]

　　争论最激烈的是对量子力学的统计解释与决定论、因果性的问题。有人认为决定论与因果性已不再适用于物理学了。秦斯说:"决定论显然要全部撤退,不单只要从放射性的领域撤退,而且要从整个物理学的领域撤退。"[③]

　　普朗克认为把几率概念引进量子力学就等于放弃严格的因果性,而采取非

①　玻姆:《现代物理学中的因果性与机遇》,商务印书馆,1965 年,Ⅺ。

②　萨契柯夫:《论量子力学的唯物主义解释》,上海人民出版社,1961 年,第 59 页。

③　秦斯:《物理学与哲学》,商务印书馆,1964 年,第 159 页。

决定论的形式。能满足我们求知欲的定律都是严格的动力学定律,任何统计规律在根本上都是不能令人满意的。在每一个统计定律还没有分析成动力学定律时,我们就没有达到目标。"我个人的意见是:只要还有选择的余地,决定论在一切情况下都比非决定论更可取。道理很简单,对于一个问题,肯定的答复总比不肯定的答复强。"[1]即使在经典的统计性规律中,每一个所谓偶然变动都受着严格因果性的控制。

薛定谔认为近代有关因果性的激烈论战是自然哲学的中心课题之一。他同普朗克一样,认为自然界的终极规律不是统计规律而是动力学规律,统计规律是由于知识不完备而采用的一种临时性的、不完美的方法。他为了反对波函数的几率解释,提出了著名的"猫的比喻"。他相信他的波动理论最后有可能回到决定论的经典物理学。泡利则认为单个量子过程是不服从任何动力学定律的,所以薛定谔的想法是一种"后退的努力"。

狄拉克也相信世界遵守决定论,但在量子力学中找不到因果联系。他认为这是观察对客体的干扰所造成的,而不能说量子现象本身有什么非决定性因素。现在的量子理论是过渡性的,将来可能会回到决定论,但不是回到经典决定论。

法国物理学家郎之万的说法更加尖锐:"那些竭力想把我们对决定论的认识的进步说成是因果性的破产的人援引现代自然科学的最新成就是徒劳无益的。他们的思想根本不是从别的地方来的;这些思想来自敌视科学知识的旧哲学;他们就是想把这种哲学重新硬塞到科学中来。"[2]

爱因斯坦是反对哥本哈根学派观点的主要代表。早在1926年12月,即量子力学刚问世时,他就致信玻恩说:"量子力学固然是堂皇的。可是有一种内在的声音告诉我,它还不是那真实的东西。"[3]爱因斯坦认为量子力学无疑是一种富有成效的学说,但它并没有接触到事物的本质。按照量子理论,所有物理定律都同几率有关,同客观实体无关。爱因斯坦指出,物理规律是精确的,微观世界的规律也不例外。量子力学在说明微观粒子时采用了统计规律,这并不是因为微观世界的物理规律本身具有统计性质,而是因为量子力学的发展还不完

① 普朗克:《从近代物理学来看宇宙》,商务印书馆,1959年,第20页。
② 萨契柯夫:《论量子力学的唯物主义解释》,上海人民出版社,1961年,第138页。
③ 《爱因斯坦文集》第一卷,商务印书馆,1976年,第221页。

备。统计理论并不是什么新的东西,过去在生物学中早已用过了,因为我们对生物过程的认识还不充分,所以生物学定律总具有统计特征。我们不应当永远满足于对自然界如此马虎、如此肤浅的描述。"我对统计性量子理论的反感不是针对它的定量的内容,而是针对人们现在认为这样处理物理学基础在本质上已是最后方式的这种信仰。"①他多次说:"上帝不掷骰子。"

爱因斯坦一心一意地相信决定论,相信因果性,相信未来同过去一样,它的每一个细节都是必然的和确定的。他说:"非决定论完全是一个不合逻辑的概念,……属于量子物理学的非决定论,是主观的非决定论。"②

他也反对海森伯的测不准原理和玻尔的互补原理,称其是"绥靖哲学"或"绥靖宗教"。他说应当对量子论的成功而感到羞愧,因为它是根据耶稣会的格言"不可让你的左手知道你的右手做的事"而获得的。

他对所谓电子有"自由意志"的说法感到完全不能容忍。他说,如果承认电子受到辐射的照射时,不仅它的跳跃时刻,而且它的方向都由电子的自由意志来决定,那他宁愿去做一个补鞋匠,甚至做一个赌场里的雇员,而不愿意做一个物理学家。

他从1927年一直到逝世,提出了各种思想实验,想以此来揭露哥本哈根学派观点在逻辑上的矛盾,但都被玻尔等人一一驳回。他的战友越来越少,晚年他感到孤独与烦恼。1948年他在致玻恩的信中说:"我实在非常了解你为什么要把我看作是一个不悔改的老罪人。但是我相信你并没有了解我是怎样走过我这条孤独的道路的;……我要把你的实证论的哲学看法撕得粉碎,以此来自娱。但是看来,在我们活着的时候,这是不可能实现的。"③他在对玻恩著作的批注中,还有"呸!""脸红,玻恩,脸红!"的字句,愤怒之情,可见一斑。但激烈的争论并未影响他们之间的友谊。1954年爱因斯坦说:"我肯定看起来像是一只鸵鸟,总是把头埋在相对论的沙堆中而不去面对那些邪恶的量子。"④他还说:"我在我同事们的眼中成了一个顽固的异教徒。"⑤"有一种思想时常让我困惑,是我

---

① 《爱因斯坦文集》第三卷,商务印书馆,1979年,第478页。
② 《爱因斯坦文集》第一卷,商务印书馆,1976年,第300～301页。
③ 《爱因斯坦文集》第一卷,商务印书馆,1976年,第440～441页。
④ 卡库、汤普逊:《超越爱因斯坦》,吉林人民出版社,2001年,第34页。
⑤ 卡库、汤普逊:《超越爱因斯坦》,吉林人民出版社,2001年,第54页。

疯了,还是其他人疯了呢?"①

　　爱因斯坦去世以后,玻尔在心里还在继续着同爱因斯坦的争论。在玻尔去世前一天的傍晚,他还在办公室里面对着爱因斯坦的光子箱草图沉思,同爱因斯坦进行了无言的争辩。这两位大师的思想始终未能相互接近,这使很多人感到遗憾。惠勒说:"这是我所知道的在知识史上的最伟大的争论。30年来,我从未听过在两位巨人之间的争论,经历的时间是这样长,争论的问题是这样深奥,争论结果的意义是这样深远,影响我们理解这个奇怪世界。"②玻恩曾经这样谈论他们同爱因斯坦的争论:"我们中间有许多人认为这对他来说是个悲剧,因为他在孤独地摸索他的道路,而这对我们来说也是一个悲剧,因为我们失去了一位导师和旗手。"③钱德拉塞卡谈到爱因斯坦时说:"到20年代早期,他还作出过一些重要的发现。但从此以后,他停步不前,孤立于科学进步之外,成为一个量子理论的批评家,再没有为科学和他本人增添什么光彩。"④派斯在爱因斯坦的传记中说,如果他在1925年以后以钓鱼度过余生,这对科学也无甚损失。此话有失偏颇。

　　量子力学刚创立时,就有人提出了隐参数的解释。如果量子力学的描述不完备,就要求补充一些新的变量或条件,这就叫隐参数。这就可以把某些观测结果不能作精确预言的事实,归结为还不能精确知道这些隐参数的准确值。诺伊曼在1930年证明几率定律同隐参数的存在不相容,致使隐参数理论一度沉寂下去。1952年美国物理学家玻姆(1917~1992)又重新提出了隐参数理论。

　　玻姆认为哥本哈根学派关于必须抛弃因果实在性的结论,是过于仓促、缺乏根据的。薛定谔的波函数不只是一个便于计算某些几率的数学符号,它代表一种实在的场。几率波不能穷尽物质的波动性。物质的波动性是由一个真实的波来表示的,这种波是由波函数描述的某种新型场的振动。因此 ψ 场是一种同电磁场、引力场同样实在的场。ψ 场与物体有相互作用,场对物体施加"量子力学的力",把物体拖向 ψ 场最强的地方;而物体又对 ψ 场施加反作用,在做与布朗运动相仿的无规则运动。这种无规则运动可能同次量子力学级中某种还

①　布朗:《吉尼斯发明史》,辽宁教育出版社,1999年,第8页。
②　加来道雄:《平行宇宙》,重庆出版社,2008年,第117页。
③　玻恩:《我这一代的物理学》,商务印书馆,1964年,第96~97页。
④　钱德拉塞卡:《莎士比亚、牛顿和贝多芬》,湖南科学技术出版社,1995年,第189页。

隐藏着的变量有关。他说花粉微粒之所以在做无规则的布朗运动,其主要原因并不在布朗运动这一级之中,而在更深的原子运动这一级。若只研究布朗运动这一级,那就只能得出统计性规律。量子力学讨论粒子运动的情形也是如此。仅就量子力学这一级来讨论是不完备的,必须进入新的次量子力学级,因为确定单个量子力学测量结果的新因素,在量子理论的范围以内是找不到的。这两种作用斗争的结果,就在统计系统中造成了一个平均分布,即量子力学的统计特征是由更深层级的新型实体的无规则涨落引起的。

玻姆还提出了"自然界质的无穷性"的概念,认为自然界的结构是无限丰富多样的。"我们认为世界作为一个整体是客观真实的,并且就我们所知,它具有一个可以精确描述和分析的无限复杂的结构。"[①]玻姆的这个概念同 18 世纪朗白尔的宇宙无穷等级的思想有些相似,一个是从大宇宙的角度提出的,另一个是从微观的角度提出的。但玻姆认为各个层级并不是简单的重复。有一首儿歌唱道:"大跳蚤背着小跳蚤,小的就把大的咬;小的身上还有更小,一直下去没完了。"他说他的自然界质的无穷性同这首儿歌所表达的想法并不相同。因为他并不假设同一幅事物图像必须会在所有层级上重复出现,也不假设现在已发现的一级一级的普遍图像必定会无限制地继续下去。玻姆主要的思想是:"到目前为止,至少就物理学领域中的研究而言,发现自然界中存在的各种事物组织成一层层的层级。每一层级与较高各级的次级结构有关,反过来,每一层级的特征又依赖于背景中的一般条件,这个背景,部分由其他层级(包括较高的和较低的)决定,部分由同一层级决定。当然,进一步的研究很可能会发现关于事物的组织的一幅更普遍图像。"[②]正如德布罗意所说,玻姆的结论是:我们无权认为量子力学的现有概念已经是最后确定的了,它不能阻止我们去探究更深刻的新领域。

玻姆的理论属定域的决定论的隐参数理论。所谓定域性,是指假定自然界中所有信息传递的速度都不能超过光速,不存在超距作用。贝尔在研究定域的决定论的隐参数理论时,提出了一个不等式。贝尔不等式第一次提供了在实验上检验量子力学与定域的决定论的隐参数理论孰是孰非的可能:如果实验结果与量子力学相符,就证明量子力学的预言是正确的;如果实验结果与贝尔不等

① 玻姆:《现代物理学中的因果性与机遇》,商务印书馆,1965 年,第 117 页。
② 玻姆:《现代物理学中的因果性与机遇》,商务印书馆,1965 年,第 162 页。

式相符,就证明定域的决定论的隐参数理论是成立的。1972～1982 年间,已公布 9 项实验结果,其中 7 项与量子力学相符,2 项与贝尔不等式相符。再考虑到同量子力学相符的 7 项实验是在改进另外 2 项的基础上做的,有些精确度也比另外 2 项高,所以有人认为这些实验基本上已说明了量子力学预言的正确。后来支持量子力学的实验越来越多,也越来越精确。

多少世纪以来,人们一直习惯于在经典力学的世界里漫游。量子力学却使人进入了一个新的领域,这就使物理学遇到了新的矛盾。魏扎克尔曾幽默地指出了一种认识上的"循环性":"经典物理学已被量子理论所胜过;量子理论是用实验来验证的;实验必须用经典物理学来描述。"[1]作为宏观物体的人,只能应用宏观的仪器来研究微观粒子的运动,这就必然要在认识上提出一系列问题:如何克服微观粒子难以用直观图像来描述的困难?如何对待波粒二象性向人们的传统观念发出的挑战?如何用经典概念来描述非经典现象?经典力学的描述哪些是应当抛弃的,哪些是不应当抛弃的?微观现象同宏观现象的本质区别在哪里?成堆的问题就摆在人们的面前,解决问题却需要一个漫长的认识过程。看来爱因斯坦强调的是微观世界与宏观世界的统一性,哥本哈根学派强调的是微观世界的特殊性;或者说,爱因斯坦强调的是确定性,哥本哈根学派强调的是不确定性。

九、薛定谔之猫

量子力学一直使人困惑,让人觉得怪异荒诞。费因曼说:"我想我可以相当有把握地说,没有人理解量子力学。"[2]"从常识的角度来看,量子电动力学理论将自然描述得非常荒谬。……因此,我希望你能够接受自然的本来面目——荒谬。"[3]

量子力学最诱人的说法是叠加态,即每个粒子都可以同时处于许多不同的状态。从理论上讲,任何一颗电子都可以在宇宙中任何一个位置出现,只是出现的概率不同,但所有的概率都大于零。概率呈波状分布,一旦我们在某一位

---

①　戈革:《尼·玻尔学术思想简介》,《自然辩证法通讯》1981 年第 4 期。

②　沃尔特斯:《新量子世界》,湖南科学技术出版社,2005 年,第 1 页。

③　克莱格:《量子纠缠》,重庆出版社,2001 年,序。

置观察到电子,这颗电子在这个位置出现的概率立即变为1。与此同时,它在其他所有位置出现的概率立即为零。玻尔等人把这个变化称为"波函数坍塌"或"波包坍塌"。在观察的一瞬间,一个确定状态出现,不确定的众多叠加态同时消失。对一个状态的测量,是如何同时消除其他无数个状态的?信息是怎么从一个位置立即传递到其他所有位置的?为什么这种传递不需要时间?真是匪夷所思。有人调侃说:"电子是无处不在,同时又是无处在。"[1]

波函数坍塌是哥本哈根学派对量子力学的主要诠释。薛定谔对这种诠释难以接受。1935年,他提出著名的"薛定谔之猫"的质疑性思想实验,想以此表明波函数坍塌会导致荒唐的悖论。一个不透明的箱子中关着一只猫,猫旁边有一个毒气小瓶。每当原子衰变放出一颗粒子,击碎毒气瓶,猫便被毒死。原子衰变的概率为50%。原子衰变了没有,猫是死是活,只有打开了箱子才能知道。根据叠加态的说法,若箱子未打开,我们未看到猫,那只猫就一直处于活与死的叠加态之中,它又活又死,亦死亦活,不活不死,半死半活,这岂不荒唐?用薛定谔的话说:"活猫和死猫混合在一起,或者是以相等的份儿掺和在一起。"[2]波函数坍塌的解释显然同常识和生命科学相悖。原子既衰变又未衰变,毒气瓶既被击碎又未被击碎,猫既被毒死又未被毒死,一切都不确定,这真是怪异的世界。难怪霍金说:"当我听说薛定谔的猫时,我就跑去拿枪。"

波函数坍塌本来是针对微观粒子的叠加态而言的,薛定谔却用宏观的猫的状态来质疑。叠加态是指各种可能状态的并存。但是谁也没见过叠加态,叠加态是假想可能性的世界。薛定谔向波函数坍塌挑战,就是向叠加态挑战,他是想表明量子力学的不完备性,捍卫传统科学和日常生活经验的可信性。

爱因斯坦坚决反对关于叠加态、波函数坍塌的诠释。1935年8月,他在致薛定谔的信中提出了"火药爆炸"的思想实验。假想有一包火药,在一定时间内随时都会爆炸。对此,量子力学"描述了系统尚未爆炸和已经爆炸的一种混合"。但这不是"实际的状态","因为实际上,在爆炸与未爆炸之间不存在中间状态"。[3]11月,薛定谔在德国《自然科学》杂志上发表《量子力学的目前情形》,提出了关于猫的思想实验,用猫取代了火药。爱因斯坦读后十分激动地写信给

---

[1]　柯文尼、海菲尔德:《时间之箭》,湖南科学技术出版社,1994年,第116页。

[2]　格里宾:《寻找薛定谔的猫》,海南出版社,2009年,第245页。

[3]　艾萨克森:《爱因斯坦传》,湖南科学技术出版社,2012年,第401页。

薛定谔:"你的猫表明,在对当前理论特征的评价上,我们的看法完全一致,包含活猫和死猫的 Ψ 函数(即波函数——引者)不能算作对实际事态的描述。"[①] 1950 年爱因斯坦在给薛定谔的信中把火药和猫的思想实验都归功于薛定谔。他说:"当今的物理学家们认为,量子理论提供了一种对实在的描述,甚至是一种完备的描述。然而,这种解释被你的'放射性原子+盖革计数器+放大器+填充的火药+箱子里的猫'这一系统巧妙地反驳了,该系统的 Ψ 函数同时包含了活猫和被炸成碎片的猫。"[②]可是哥本哈根学派对箱内的猫的死活问题没有正面回应。

匈牙利的诺贝尔物理学奖获得者还进一步提出"维格纳的朋友"的思想实验。如果密封箱内的猫处于亦死亦活的叠加状态,那这只猫观察自身时又有何感受?猫不会说话,如果把维格纳的一位朋友关进箱内呢?按哥本哈根学派的说法,这位朋友不可能既活又死,因为他是"观察者"。他在箱内不断观察事物,使波函数不断坍塌。这位先生戴着防毒面具在箱内观察猫。维格纳在箱外,他会认为箱内的猫处于生死的双重状态。然后他向他的朋友询问,他的朋友则根本否认猫的叠加态的存在。猫的观察不能引起波函数坍塌,他的朋友同样在箱内,却能做到这一点。维格纳认为这是因为猫没有意识,而人有意识,当朋友的意识被包含在整个系统中时,叠加态就消失了。人的意识可以作用于外部世界,造成了波函数的坍塌。据说 2003 年荷兰的别尔曼用实验证明了人的意识确有这种功能。薛定谔之猫也有一双眼睛,但是它没有灵魂。维格纳写了《关于灵肉问题的评论》,并收进了他的论文集。

海森伯认为,只有观察者才能使波函数坍塌,也就是说,只有观察者的"上帝之眼"才能把"量子猫"变成"经典猫"。但玻尔认为经典仪器的测量也可以使波函数坍塌,无需观察者。为此诺依曼提出了"无限回归"的数学模型。他认为仪器也是由不确定的粒子构成的,也有自己的波包。当我们用仪器观测对象时,对象的波包坍塌了,而仪器却处于叠加态之中,这可以看作是对象的叠加态转移到仪器。若用第二台仪器观测第一台仪器,第一台的叠加态又转移到第二台。依此类推。只有当人观察最后一台仪器时,这种转移才会结束,即只有人才不会处于叠加态,因为人有意识。人为什么有意识?因为人有灵魂,所以灵

---

① 艾萨克森:《爱因斯坦传》,湖南科学技术出版社,2012 年,第 402 页。
② 艾萨克森:《爱因斯坦传》,湖南科学技术出版社,2012 年,第 402 页。

魂可使波包坍塌,人的灵魂决定猫的死活。人的灵魂竟同薛定谔有这样一种联系? 灵魂也是一种物理作用?

阿拉斯塔尔·雷在《物理学:幻觉还是现实》一书中说:"自从现代科学四五百年前开创以来,科学思想似乎已经把人类和意识从世界中心远远移开了。宇宙中越来越多的事物,变得可以用力学和客观的术语来解释,即使人类本身,生物学家和行为科学家正在用科学的方法加以了解。而现在我们却发现,物理学——以前被认为是所有科学中最客观的科学,正在重新需要人的灵魂,并把它放置在我们对于宇宙理解的中心!"[1]美国物理学家斯塔普1993年出版了《精神、物质和量子力学》一书。意识、灵魂是否会进入物理学领域,应当关注。

同叠加态有关的,还有惠勒的"延迟选择"的思想实验。1979年是爱因斯坦的百年诞辰,普林斯顿举行纪念性的学术讨论会。会上惠勒提出了这个实验的设想。一个光子到达一块半透镜,既可透过,也可反射,即有两条路线,二者出现的概率相等。再通过两块全反射镜使这两条路线相聚。若在这里再放一块半透镜,我们就会观测到光子的自我干涉,于是我们便可以判定这个光子是同时从两条路线到达相聚处的。若不放半透镜,我们就可以确认光子是从哪一条路线来的。我们是否放这块半透镜? 我们尽量延迟做出决定。直到光子即将到达相聚处的最后一刻,我们才做出选择。那光子究竟是同时经过两条道路,还是只经过一条道路,取决于我们最后时刻的决定。而在这以前,尽管光子早已射出,它经过什么途径一直是不确定的。从传统科学和常识的角度来看,这个实验也是无法理解的。这就好比我们要接外地来客,我们知道他何时到,却不知道他是坐火车还是乘飞机来的。我们到哪儿去接? 在客人即将到达的最后一刻,我们才作出选择。若到火车站去接,他就是坐火车来的;若到机场去接,他就是乘飞机来的。而在接到他以前,客人既在天上,又在地上,这真是不可思议! 1984年,美国的阿雷和慕尼黑大学的一个小组,分别做了这个实验,据说都证实了惠勒的说法。

十、量子纠缠

哥本哈根学派认为,一个电子的叠加态可以遍布宇宙。一旦我们观察到身

---

① 柯文尼、海菲尔德:《时间之箭》,湖南科学技术出版社,1994年,第125页。

边的一个电子,宇宙别处众多出现电子的概念立即同时消失。我们身边那个电子是如何把"信息"传到宇宙深处的?这种物理效应的传递,在空间上跨越亿万光年,在时间上却历时为零,这岂不怪异?

1935年5月,爱因斯坦和波多尔斯、罗森在《物理评论》上发表《物理实在的量子力学描述能认为是完备的吗?》,提出了EPR佯谬的思想实验,向哥本哈根学派发起第三次挑战。这次挑战不是批评量子力学的错误,而是批评它不完备。论文指出,根据量子力学,两个粒子分开很远的距离,没有任何相互作用,却仍然保持着某种关联:我们测量其中一个粒子的状态,同时就知道了另一个粒子的相应的状态。例如一个粒子在地球上,另一个相关的粒子发射到银河系中心,我们干涉地球上的这个粒子,远在天边的另一个粒子同时就出现了相应的影响。爱因斯坦认为,这违反了物理效应的传递速度不可能超越光速的原则。"由此可得出这样的结论:波动函数所提供的关于实在的描述是不完备的。"[1]爱因斯坦说,这是超距作用,它无异于"招魂术"。"物理学应当阐明时间和空间中的实在,而用不着幽灵般的超距作用。"[2]

据玻尔的年轻同事罗森菲尔德说,在EPR论文发表的第二天早晨,玻尔狂笑着闯进他的办公室,大喊大叫:"波多尔斯基、欧波多斯基、埃波多斯基、西波多斯基、埃西波多斯基、巴西波多斯基。"经过几个星期的徘徊、喃喃低语,玻尔终于作出了回应。

爱因斯坦说"不可能",玻尔总是说:"可能"。哥本哈根学派认为,物理效应的超光速传递是完全可能的,并把这个现象称为"量子纠缠"。其实这一年,薛定谔几乎在写关于猫的论文的同时,在另一篇文章中提出了"纠缠"一词。

爱因斯坦主张定域性原理:任何物理效应都不可能超光速传递。这是狭义相对论的一个重要结论。玻尔主张非定域原理:在量子世界中处于纠缠态的粒子之间,其相互作用的传递速度可以超光速。非定域性是量子力学的一个推论,已获实验验证。在爱因斯坦看来,定域性有两层含义。一是可分性原则,粒子、物体都具有独立性,因而是可以相互分离的。两个物体可以分开,一个物体的两个部分可以分开,我们可以逐个分别考虑。二是近距作用原则,两个物体的相互作用,必须在直接接触或通过介质间接接触的条件下才会发生。可分性

---

① 《爱因斯坦文集》第一卷,商务印书馆,1976年,第328页。
② 艾萨克森:《爱因斯坦传》,湖南科学技术出版社,2012年,第395页。

定义了什么是物体,近距性规定了物体作用的条件。

定域世界和纠缠世界是两个不同的世界。自然界是复杂的,定域性与非定域性可能是二者并存和互补。完全肯定一方面或完全否认另一方面都未必妥当。在不同的条件下,占主导地位的是不同的方面。

我们生活在其中的宏观世界,定域性占主导地位,所以它符合几千年来人类的常识,被认为是理所当然,不言而喻。在一定意义上可以说,定域性是人类生存的前提。

乔治·马瑟说:"在没有了定域性的世界里,你身体外面的东西能伸到你的体内去而无须穿过皮肤,而你自己的身体对自己的体内状态将失去控制权,和环境融为一体。那么,根据定义,这就是死亡。"[1]当然,为什么日常生活的定域世界里又普遍存在着超距作用的引力,这也是一个有趣的问题。

物理学家比尔·盎鲁这样肯定定域性原则的物理学意义:"如果我真的把'非定域性'看成重要的事,如果地球上所发生的事情决定于遥远的星星,那么研究物理学就没有什么意义了。我们有可能研究物理学是因为世界是可划分的。如果我们真的需要看星星才能知道我们的未来,那么我看不出来我们怎么研究物理。"[2]

有的科学家(如彭罗斯)则认为非定域性比定域性更基本、更普遍。克莱格写道:"我们的存在可能是通过纠缠才成为可能。"[3]非定域性是常态,定域性却成为一个谜。

美国物理哲学家蒂姆·莫德林说:"我一直认为,现在仍然认为,非定域性的发现和证明是20世纪物理学的一个最惊人的发现。""世界不是由一组分置的、定域的、只通过空间和时间外在建立联系的实体组成的。世界是由一些更深层次的、更神秘的东西编织出来的。物理学进展到这个时刻,该开始沉思到底是什么。"[4]在他看来,非定域世界是由更神秘的东西"编织"出来的世界。

量子纠缠可以解释量子力学提出的许多怪异想法。马瑟说:"显然,大自然选择了一个很特别、很巧妙的平衡:在大部分情形下它遵守定域性原则,而且如

---

① 马瑟:《幽灵般的超距作用》,人民邮电出版社,2018年,第5页。

② 马瑟:《幽灵般的超距作用》,人民邮电出版社,2018年,第11页。

③ 克莱格:《量子纠缠》,重庆出版社,2001年,第199页。

④ 马瑟:《幽灵般的超距作用》,人民邮电出版社,2018年,第11页。

果人类存在,它就必须遵守定域性,然而大自然悄悄在基础层面留了一个非定域注脚。这两个方向的张力就是本书要讨论的。对研究非定域性的人来说,所有物理学之谜,物理学家这些日子遇到的跨越物理学各分支的疑点,不仅包括量子粒子的古怪现象,而且还包括黑洞的命运、宇宙的起源以及自然的内在统一性。归根结底,非定域性是始作俑者。"[1]是的,波函数坍塌、虫洞、多世界分裂等等都同量子纠缠有关。在许多人看来,凡是不需要时间、不受空间限制的传统都是量子纠缠。

　　量子纠缠提出了很多深层次的哲学问题,时间与空间问题就是其中之一。如果普遍存在的量子纠缠同时间、空间无关,那时间空间还有什么意义呢? 引力也是超距作用,但引力的强度同距离有关,看来引力不是量子纠缠。日内瓦大学的量子实验物理学家尼古拉斯·吉辛说:"量子关联只不过发生了超越时空概念之外发生的。"[2]莫德林写道:"整体论不禁令人想到恰恰是我们的时间和空间概念在基础层面可能失效了。"[3]如果时空都失效了,那相对论还会有效吗?

　　量子纠缠还引出了隐形传送问题,这既是科学问题、技术问题,也是哲学问题。隐形传送指利用量子纠缠,把信息、粒子、物体从一点瞬时传送到遥远的另一点,并无需消耗能量。1993年美国 IBM 公司的班奈特提出了隐形传送的最初设想:"纠缠使我们不需要知道粒子状态,而将一个粒子的状态剥离,并将其传送到另一个粒子。"[4]将一个粒子的量子态(即量子比特)传送到另一个地方,把另一个粒子制备到这个量子态上,从而制造出同原物量子态完全相同的复制品,而原来的粒子仍留在原处。传送的仅是量子态,而不是原物本身。

　　1997年奥地利的塞林格及其团队把一个光子的偏振传送到另一个光子。塞林格说:"只要重新出现在某一遥远地点,隐形传送的梦想能够成真。采用经典物理学中通过测定来确定的属性,可以对隐形传送的物体的特征进行全面描述。要在远处复制那个物体,人们不需要原来物体的零部件——需要的只是发送扫描的信息,这样,就可以利用这些信息重新构建那个物体。"[5]2004年塞林格小组把纠缠的光子从多瑙河的一边传到另一边,河宽 600 米。他们在《自然》

---

① 马瑟:《幽灵般的超距作用》,人民邮电出版社,2018 年,第 2 页。
② 马瑟:《幽灵般的超距作用》,人民邮电出版社,2018 年,第 151 页。
③ 马瑟:《幽灵般的超距作用》,人民邮电出版社,2018 年,第 151 页。
④ 克莱格:《量子纠缠》,重庆出版社,2001 年,第 174 页。
⑤ 克莱格:《量子纠缠》,重庆出版社,2001 年,第 176 页。

上发表文章,宣称他们已经"在一段距离证明了量子隐形传送,并且是在实验室外的真实条件下进行,具有很高的保真性"①。

那么,较大的物体能隐形传送吗?再进一步,活的生物体能隐形传送吗?物理学家很自然会这样想。塞林格说:"原则上,[可以隐形传送的物体的大小]不存在限制。但是,对足够大的物体来说——可能是任何活的东西——隐形传送仍然只是幻想,但是,谁知道呢!""一位实验主义者应该永远不使用'永远不会'这个单词。我们今天正在做的有些实验,十年前我绝对不会相信可能做到。"②塞林格对幻想的实现充满了信心,他相信未来会实现较大物体和生物体的隐形传送。

再前进一大步,人能够隐形传送吗?克莱格说:"不管是多么简单的生物的传输,仍然还有漫长的路要走。这个过程将不得不从某种类似小晶体的东西开始,然后转向病毒(不是真正的活病毒,而是具有活生物结构更多复杂性的病毒),最后是细菌、真正的活生物体。从真正的活生物体到大型生命,如人类,其间跨越甚至更大,可能永远都是不切实际的。它还需要更多的循序渐进的方法——没有任何方法可以让整个人进入叠加状态——而且人体体内分子的纯粹数量似乎也是无法克服的极限。尽管如此,使越来越大的物体进入叠加的冲动,让安东·塞林格被指责为想要开一辆卡车通过一个干涉仪。"③克莱格是英国科普作家,他没有像塞林格那样乐观。

不仅如此,克莱格指出人的隐形传送不仅是危险的,而且是对人性的扭曲。"想象一下,根据量子纠缠,可能通过发送器发出一个人。这个想法在很多方面都颇有吸引力。原则上,你能够以光速穿越世界,……然而,是否有人愿意承担可能存在的风险,只是为了更快地到达某地吗?""不错,结果将完美地复制你所有的记忆和性格,但是,那还是你吗?如果你相信灵魂的存在,你预计你的灵魂会怎样转移到新的躯体内呢?如果,正如许多科学家认为,你认为你的心灵只不过是肉体的一种机能,那么,对你来说,你的心灵存在完全相同的复制是否就足够了呢?'你'是什么?构成你的意识是什么?"④

---

① 克莱格:《量子纠缠》,重庆出版社,2001 年,第 177 页。
② 克莱格:《量子纠缠》,重庆出版社,2001 年,第 181 页。
③ 克莱格:《量子纠缠》,重庆出版社,2001 年,第 179 页。
④ 克莱格:《量子纠缠》,重庆出版社,2001 年,第 181~182 页。

物理学家已开始用量子力学研究人的意识。英国的维特拉认为量子效应不仅主宰无机物质的行为,而且量子纠缠对生命的存在也是非常重要的。美国的萨得伯利认为我们的身体本身就是纠缠世界的一部分,我们无法超越我们自己的纠缠成分。有人提出"量子意识"的概念,认为大脑中有许多电子,它们处于复杂的纠缠状态。意识就是这些电子在周期性坍塌中产生出来的。它们不断地坍塌又不断重新处于纠缠状态。因此意识也可以隐形传送。

英国诺贝尔物理学奖获得者约琴夫森说:心灵感应同量子力学有联系,"因为不管怎样,它们都是非常模糊的"[①]。他提倡用量子力学研究心灵感应,认为心灵感应和灵魂的存在都是可能的。心灵感应的机理可能就是量子纠缠。如果你大脑中的粒子和你朋友大脑中的粒子相互纠缠,二人之间就会有心灵感应。

彭罗斯和哈梅罗夫谈论了灵魂出窍的可能性。既然大脑中处于纠缠状态的粒子的坍塌就产生了念头,那意识就不可避免地会隐形传送。宇宙中的电子和我们大脑中的电子都来自宇宙的大爆炸,它们可能是纠缠在一起的。意识来自纠缠态电子的坍塌,那意识就不仅存在于我们的大脑细胞中,也存在于宇宙之中。在宇宙中的哪个位置,这不确定,但在某位置一定存在着人的意识。所以人死亡时,他的意识就可能离开躯体,进入宇宙之中,它同人们常说的"灵魂"十分相似。他们认为这些都是可能的。当然,在我们看来,这都是假想可能性。

第三节　爱因斯坦的相对论

爱因斯坦(1879～1955)是一代科学的宗师。他在童年时期并未显示出特殊的才能,很迟才会说话,以致他的叔叔安慰他说:"不要紧,不是每个人都能成为教授的。"上小学、中学时,老师认为他是"笨头笨脑的孩子"。他有什么特别之处呢?也许是他四五岁时第一次看到指南针,就想到一定有什么东西深深地隐藏在事情的后面?也许是他 12 岁时第一次读到欧氏几何的书,那严密的逻辑就给他留下了深刻的印象?他 1896 年进瑞士联邦理工大学学习理论物理,

---

① 克莱格:《量子纠缠》,重庆出版社,2001 年,第 190 页。

1902 年在伯尔尼专利局工作。他在这个时期思想十分活跃,同伯尔尼大学哲学系学生索洛义等经常在一起阅读各种书籍,自由讨论各种问题。他们阅读过斯宾诺莎、休谟、赫尔姆霍茨、马赫、彭加勒、黎曼、拉辛、塞万提斯、狄更斯等人的作品,有时只念了半页,甚至只念了一句就争论起来。他们亲切地称这种聚会为"奥林匹亚科学院"。1902 年爱因斯坦发表第一篇论文,1905 年是他大丰收的一年,共发表五篇重要论文,提出了光量子假说与狭义相对论,并通过对布朗运动的研究证明了原子的存在。1916 年又完成了广义相对论。1921 年访英时,著名作家萧伯纳握着他的手说:"你们一共八位:毕达哥拉斯、托勒密、亚里士多德、哥白尼、伽利略、开普勒、牛顿、爱因斯坦。"希特勒上台后,他被缺席判处死刑,纳粹当局以 5 万马克悬赏他的头颅。他被迫旅居美国普林斯顿,主要从事统一场论的研究工作。

　　伟大的爱因斯坦是位品德十分高尚的人,在一定意义上体现了真善美的统一。他常说:"看一个人的价值,应当看他贡献什么,而不应当看他取得什么。"[①]"人只有献身于社会,才能找出那实际上是短暂而有风险的生命的意义。"[②]他不求名,不求利。他不屑担任以色列总统,却乐于同小女孩讨论数学问题;他可以拒绝每分钟 1 000 美元的电台演说的聘请,但却肯将他关于狭义相对论的论文重抄一遍,为的是把所得的 600 万美元的报酬全部献给西班牙人民。他说:"每个人都有一定的理想……我从来不把安逸和享乐看作是生活目的本身——这种伦理基础,我叫它猪栏的理想。"[③]

　　爱因斯坦曾谈到他研究科学的动机。他说:"当我还是一个相当早熟的少年的时候,我就已经深切地意识到,大多数人终身无休止地追逐的那些希望和努力是毫无价值的。而且,我不久就发现了这种追逐的残酷,这在当年较之今天是更加精心地用伪善和漂亮的字句掩饰着的。每个人只是因为有个胃,就注定要参与这种追逐。而且,由于参与这种追逐,他的胃是有可能得到满足的;但是,一个有思想、有感情的人却不能由此而得到满足。"[④]他看不惯人生舞台上勾心斗角的闹剧,到哪儿去寻找精神的寄托? 第一条出路是宗教。可是他读了一

①　《爱因斯坦文集》第三卷,商务印书馆,1979 年,第 145 页。
②　《爱因斯坦文集》第三卷,商务印书馆,1979 年,第 271 页。
③　《爱因斯坦文集》第三卷,商务印书馆,1979 年,第 43 页。
④　《爱因斯坦文集》第一卷,商务印书馆,1976 年,第 1 页。

些科普书籍后,就发现《圣经》中许多故事是不真实的。宗教的天堂失去了,他发现了还有第二条出路,还有另一个天堂——科学。他对科学有一种类似于宗教信仰的情结。

他说科学庙堂里的人有各种不同的动机。一种人以科学为"特殊娱乐",第二种人"为的是纯粹功利的目的"。上帝的天使会把这两种人赶出科学的庙堂。剩下的是为天使所宠爱的人,"他们大多数是相当怪癖、沉默寡言和孤独的人"。[①] 他们研究科学的消极动机,"是要逃避日常生活中令人厌恶的粗俗和使人绝望的沉闷,是要摆脱人们自己反复无常的欲望的桎梏。一个修养有素的人总是渴望逃避个人生活而进入客观知觉和思维的世界;这种愿望好比城市里的人渴望逃避喧嚣拥挤的环境,而到高山上去享受幽静的生活,在那里,透过清寂而纯洁的空气,可以自由地眺望,陶醉于那似乎是为永恒而设计的宁静景色"。"除了这种消极的动机以外,还有一种积极的动机。人们总想以最适当的方式来画出一幅简化的和易领悟的世界图像……各人都把世界体系及其构成作为他的感情生活的支点,以便由此找到他在个人经验的狭小范围里所不能找到的宁静和安定。"[②]这实际上是想用对宇宙奥秘的探讨来逃避那些残酷而又令他讨厌的人生追逐。他向往的是隐士般的生活。

一、马赫与彭加勒对牛顿时空观的批评

牛顿的绝对时空观反映了人们从时空的具体形式中抽出一般时空概念的要求,符合人们的初级认识水平,所以长期流传。英国主观唯心主义哲学家贝克莱比较早地从唯心主义的立场上批评了牛顿的绝对时空观。他认为空间不能脱离我们对物体的知觉而存在。如果宇宙中没有物体,谈论空间就毫无意义。如果宇宙中只有一个物体,这唯一的物体也无运动可言,因为一切运动都是相对的,所以像牛顿那样谈论绝对空间中的运动也毫无意义。牛顿的水桶实验不能证明绝对空间的存在,因为桶中的水并非在做真正的圆周运动,它还参与了地球的自转与公转运动。所以他认为绝对空间是一种无用的虚构,应从物理学中清除出去。到19世纪与20世纪之交,人们的视野开阔了,认识深刻了,

---

① 《爱因斯坦文集》第一卷,商务印书馆,1976年,第101页。
② 《爱因斯坦文集》第一卷,商务印书馆,1976年,第101页。

一些有见解的科学家对牛顿的绝对时空观又提出了进一步的批评,从一个方面为新物理学的诞生作了思想上的准备。马赫与彭加勒就是这样的科学家。

幼时的马赫(1838～1916)对一切都充满了好奇心。他还记得他2岁时如何为了追逐下山的太阳而在草地上奔跑,3岁时发现远处的东西看上去要小,为此感到惊奇。7岁时父亲带他做些科学小实验,8岁时他的数学知识就超过了一般中学生。1855年进维也纳大学学物理、数学。曾先后在几所大学任教,1895年在维也纳大学成为世界上第一个科学哲学教授。这位奥地利的物理学家、生物学家、心理学家十分重视科学史的研究与教育。1872年他在一本关于能量守恒学说史的著作中说:寻找启发只有一种方法——学习历史。他的哲学思想对当时的科学界影响很大,普朗克、爱因斯坦早年都是马赫思想的信仰者,约尔丹自称是马赫的信徒,玻尔、海森伯、薛定谔、泡利等人也在不同程度上接受了马赫思想的影响。

爱因斯坦说:马赫的伟大在于他的坚定的怀疑主义和独立性。马赫的这个特点鲜明地表现在他对牛顿绝对时空观的批评中。

马赫认为牛顿的水桶实验不能说明绝对空间的存在。他对水桶实验提出了新的解释:如果水不跟随水桶一块旋转,则水面是平的,这时水的静止不是相对于绝对空间而言的,而是相对于水桶下的地球而言的;同样,如果水跟随水桶一块旋转,则水的转动也不是相对于绝对空间而言的,而是相对于地球而言的。水桶本身只起一个容器的作用,丝毫不涉及问题的实质。他认为只存在相对运动,当一个物体相对于恒星转动时,就产生离心力;当它的转动是相对于某个不同的物体而非相对于恒星时,就不产生离心力。他明确指出:"我们切莫忘记,世界上所有的东西都是相互联系和相互依存的。"[①]马赫不像牛顿那样只是孤立地观察水桶和桶内的水,而是联系到水桶周围的地球、日月星辰,这是马赫比牛顿高明的地方。因此马赫认为一切运动都是相对的,转动是一种加速度运动,也同匀速运动一样是相对的。惯性也产生于物体间的相互作用,在一个虚空的宇宙中,物体是没有惯性的。他还指出,当水跟随水桶一块旋转时,水面沿桶壁升高是离心惯性力作用的结果。而这种惯性力本身也是相对的,是无数遥远天体对水面引力作用的结果,所以惯性力本质上就是一种引力。

---

① 马赫:《牛顿关于时间、空间和运动的观点》,《科学与哲学》1983年第1期。

　　1883年马赫出版了他的重要著作《力学史》，对牛顿力学作了全面批评，指出质量的定义是伪定义，力的概念是"形而上学的朦胧"，惯性不是物体的固有属性而是关系，动力学第一、第二定律是同语反复，纯粹力学现象不存在等。该书中第二章第六节的标题是"牛顿关于时间、空间和运动的观点"，第七节的标题是"牛顿观点的概括性批判"。他在这两节中明确地批评了牛顿的绝对运动、绝对时空的观点。他指出一切都是相互联系的，一切运动都是相对的。谈论绝对时间是错误的。我们如果说某物随时间而变化，这就是说某物的状态同另一物的状态有关。我们无法度量事物随时间所发生的变化，因为时间只是我们从事物的变化中所得到的一种抽象。绝对时间既无实用价值，也无科学价值，是一种"无用的形而上学的概念"。谈论一个物体在绝对空间中运动也是错误的。我们如果说某物由于另一物的作用而运动时，这话本身就忽略了某物同别的许多物体的关系。但是如果没有别的许多物体，我们就不可能知道某物如何运动。也就是说某物的运动只有相对于别的许多物体时，才能被我们认识。"没有一个人能对绝对空间和绝对运动作出论断。它们是纯粹的思维产物，纯粹的理智构造，它们不可能产生于经验之中。正如我们已经详细说明的那样，我们所有的力学原理都是与物体的相对位置和相对运动有关的实验的知识。"[①]马赫对牛顿力学所作批评的结论是："把力学当作物理学其余分支的基础，以及所有物理现象都要用力学观念来解释的看法是一种偏见。"[②]矛头直指力学机械论。爱因斯坦说："上一世纪所有的物理学家，都把古典力学看作是全部物理学的，甚至是全部自然科学的牢固的和最终的基础，……是恩斯特·马赫，在他的《力学史》中冲击了这种教条式的信念"[③]。

　　一切运动都是相对的，惯性力本质上也是一种引力。马赫的这个观点被爱因斯坦称为"马赫原理"，并说这表明马赫已经清楚地看出了古典力学的薄弱方面，而且离开提出广义相对论已经不远。所以爱因斯坦说马赫是广义相对论的先驱者。但马赫却断然拒绝这个荣誉，并说他根本就不承认相对论。这使爱因斯坦颇感失望。后来他说：马赫所做的是在编目录，而不是建立体系。的确，马赫同洛伦兹一样，都不能认识自己所做的工作的深远意义，都不是创立体系

---

　　① 马赫：《牛顿关于时间、空间和运动的观点》，《科学与哲学》1983年第1期。
　　② 李醒民：《激动人心的年代》，四川人民出版社，1983年，第45页。
　　③ 《爱因斯坦文集》第一卷，商务印书馆，1976年，第9页。

的人。

法国数学家、物理学家彭加勒(1854～1912)在中学时就表现出数学才能，大学时被人称为"数学巨人"。他认为科学始于选择，发现与发明的本质就是选择。科学家要从纷繁复杂的事实中选择出带有规律性的东西，选择的能力取决于直觉。他还认为简明性与统一性是自然界的两个特点。"在物理学发展史中，人们可以分出两种相反的趋势"："科学走向统一和简明的道路"与"科学似乎走向变化与复杂的道路"。"这两种相反的趋势，有时此胜，有时彼胜"。[①] 但认识的一般情况是：在复杂里找到简明的东西，再从简明里找到更复杂的东西，如此循环不已。他认为科学家研究自然并不是因为这样做有用处，而是因为自然界美，研究它可以从中得到乐趣。如果自然界不美，就不值得去了解它，生命也就没有存在的价值。吸引科学家的不是自然界外观的美，而是内在的、深奥的美——各部分的和谐秩序。追求和谐就是科学家选择事实的标准。

彭加勒在 1906 年出版的《科学与假设》中说，绝对空间是没有的，我们所理解的不过是相对的运动而已。绝对时间也是没有的，所谓两个事件经历的时间相等，这种说法是毫无意义的。我们没有两个相等时间的直觉，也没有同时性的直觉。他认为几何学是一种公约的语言，我们既可以把力学事实归入欧几里得空间，也可以归入非欧几里得空间。虽然归入后者比较复杂，但并非不可能，即几何空间也是相对的。这些思想对于传统的牛顿时空观来说，的确是十分新颖的。

他认为我们不可能测出绝对运动。"不可能测出有质物质的绝对运动，或者更明确地说，不可能测出有质物质相对于以太的绝对运动。人们所能提供的一切证据就是有质物质相对于有质无物的运动。"[②]

他在爱因斯坦之前就具有了后来作为狭义相对论基本假设的思想。他说："光具有不变的速度，尤其是它的速度在一切方向上都是相同的，这是一个公设。"[③]1904 年他十分清楚地把相对性原理从力学现象扩大到各种物理现象。他写道："相对性原理(就是)根据这一原理，不管是对于一个固定不动的观察者还是对于一个均匀平移着的观察者来说，各种物理现象的规律应该是相同的；

---

① 彭加勒：《科学与假设》，商务印书馆，1957 年，第 121、122 页。
② 戈德堡：《彭加勒与爱因斯坦的相对论》，《科学与哲学》1983 年第 4 期。
③ 戈德堡：《彭加勒与爱因斯坦的相对论》，《科学与哲学》1983 年第 4 期。

因此,我们既没有,也不可能有任何方法来判断我们是否处在匀速运动之中。"①

他还预言:既然在超光速时洛伦兹变换失去了意义,那将来我们就必然找到一种带有这一特点的新的力学理论,来代替牛顿理论。"也许,我们应该建立一个全新的力学,在这个力学中,惯性将随着速度而增大,因而光速将变成不可逾越的极限。不过,我们只窥见这个力学的一斑。"②但他坚持以太论,他说:"除了电子和以太而外别无他物。"③

彭加勒的确已窥见相对论的一斑了。可是从 1901 年开始,德国的考夫曼就在测定电子加速以后惯性质量是否会增加的问题。当彭加勒听说测定的结果同他的预期不一样时,他对相对性原理逐渐产生了怀疑。所以他也曾走到了相对论的门口,但后来却离开这个大门越来越远了。爱因斯坦当时也知道考夫曼的测定同自己的预期不符,但他有着对自己理论的坚强信念。他认为,是相对论有问题,还是考夫曼的实验有问题,只有在掌握了大量的各种材料以后才能作出判断。10 年后人们才知道考夫曼的测量是错误的。正是信念在鼓舞爱因斯坦不断前进,而彭加勒所缺少的也就是这种信念。

二、经典物理学危机与洛伦兹

自法拉第、麦克斯韦之后,以太学说曾盛行一时。何谓以太? 见仁见智,众说纷纭。斯托克斯把以太比作果冻,托马斯·杨说以太是穿过树丛的清风。可是随着科学的发展,它又不断暴露出新的矛盾。比如根据经典物理学,作用在介质中传播的速度同介质的密度成正比。如果认为以太是传播电磁波的介质,电磁波的速度快得难以想象,那么以太的密度也应当大得难以想象。可是以太又被说成是没有重量的、透明的东西。这两种矛盾的说法是无论如何统一不起来的。后来矛盾的焦点集中到以太究竟是否存在的问题上,集中到以太与物体运动的关系问题上:当物体在以太中运动时,以太是否参与物质的运动? 赫兹认为以太会跟随物体一块运动,可是 1851 年法国的斐索所作的流水对光速影响的实验,否定了这个看法。荷兰物理学家洛伦兹则设想以太不跟随物体一块

① 伯恩斯坦:《阿尔伯特·爱因斯坦》,科学出版社,1980 年,第 79 页。
② 伯恩斯坦:《阿尔伯特·爱因斯坦》,科学出版社,1980 年,第 80 页。
③ 戈德堡:《彭加勒与爱因斯坦的相对论》,《科学与哲学》1983 年第 4 期。

运动,并设想运动着的物体对以太没有任何影响,这就把以太看作是一种绝对静止的参考系。如果以太不跟随物体一块运动,那么当物体运动时势必会产生"以太风"。可是迈克尔逊与莫雷在1876～1887年间所做的多次实验,却否认了以太风的存在。这就是说,当物体在以太中运动时,我们既没有根据说以太跟随物体一块运动,也没有根据说以太不跟随物体一块运动。迈克尔逊说:"静止以太的假设被证明是不正确的。"①以太概念陷入危机之中。

在矛盾的面前,洛伦兹还坚持以太的存在。他为了解释迈克尔逊-莫雷实验的"零"结果,就同爱尔兰的斐兹杰拉一样,提出了物体在运动方向上长度会缩短的假设。他说,由于地球相对于以太运动,光在地球上来回的时间应比固定在以太参考系上两点间的光的来回的时间长,但由于这样的距离放在地球上后长度会缩短,因此在地球上测不到时间的增长。长度的缩短是以太的压力造成的。他认为这是一种不幸的效应,它抵消了本应能看到的实验结果。1898年洛伦兹在德国物理学会的会议上说:"人们将对这一假说不太重视,但我看不到别的什么出路。"②他认为地球在以太中运动,以太风是存在的,但我们利用任何光学与电磁实验都不可能发现地球在以太中的运动,即不可能测出以太风的速度或地球相对于以太的运动速度。这实际上是把相对性原理推广到电磁学领域,但他未能明确地表述这一点。1904年他又进一步认为电子是带电的圆球,在运动时就会收缩为椭球,试图用这种收缩来解释物体的收缩。他还假设椭球的惯性增大,不易进一步加速。这样在洛伦兹那里,以太的唯一力学属性就是静止不动,以太被看作是绝对参考系。这种以太也就成了完全主观的东西了。以太的危机仍然没有解决。

当时物理学遇到的另一个难题是光速问题。17世纪以前,一般认为光速是无限的。伽利略则对此表示怀疑,他曾试图测量光速,但未成功。1676年丹麦天文学家罗默首次测量光速成功。后来斐索于1849年、佛科于1862年、迈克尔逊于1925～1926年对光速作了精确的测量。人们发现光速同光源的运动、光的频率、光的传播方向都没有关系,即光速是一个常数。这就同经典力学的速度合成公式发生了矛盾。经典力学的速度合成公式是同伽利略变换相联系的,而人们又认为伽利略变换同相对性原理是一致的,那么相对性原理是否还

① 李醒民:《激动人心的年代》,四川人民出版社,1983年,第59页。
② W. Brouwer:《爱因斯坦和洛伦兹:一次科学革命的结构》,《科学与哲学》1982年第2期。

正确呢？再者,电磁学是否符合相对性原理呢？若按速度合成公式,对于以不同速度运动的两个惯性系来说,电磁场方程中的 c(光速)就要有不同的数值,那么电磁场方程在两个不同的惯性系中就会有不同的形式了,这同相对性原理是矛盾的。相反,如果相对性原理成立,那无论在哪个惯性系中,场方程都含有相同的 c,这又同经典力学的速度合成公式发生了矛盾。这又是一个恼人的难题。为了消除经典力学速度合成公式同光速不变的矛盾,洛伦兹又提出了新的变换来代替伽利略变换,称为洛伦兹变换。但遗憾的是洛伦兹并没有理解他自己提出的这个新变换的深刻含义。洛伦兹提出了洛伦兹变换,长度的缩短,惯性质量的增加,并提出了局部时间的概念,这一切都为相对论大厦的建立提供了重要的建筑材料。但洛伦兹同布莱克一样,本质上是一个善于对旧理论进行修补的巧匠,而不是建造新理论的建筑师。

洛伦兹(1853~1928)9 岁时就失去了母亲。中小学时学习成绩优异,1870年进莱顿大学,24 岁时任该校物理学教授。他的一项重大贡献就是把麦克斯韦电磁学理论同物质结构的理论结合起来,提出了电子理论。他一方面采用原子论观点,认为物质是由带电粒子构成的,另一方面又采用麦克斯韦观点,认为粒子间的作用不是超距的,而是通过以太传递的。他试图把不连续的物质同连续的电磁场统一起来,成功地说明了物质的电磁性质。他是一位多产的科学家。他在四五十岁时的十几年间,平均每年发表三四篇论著。但他缺少从根本上对旧理论进行革命变革的那种气魄。他是个启发别人的人,而不是一个善于接受别人启发的人。他后来同相对论朝夕相处 20 年,但始终未能真正理解相对论。他直到去世,都不肯抛弃静止以太与绝对同时性的传统观念。面对着物理学上的革命形势,他眼见他的修补工作不仅不能阻止这场深刻的变化,反而使经典理论更显得破绽百出,他的内心是十分痛苦的。这位性格十分平和的人,竟说出了这样伤心的话:"在今天,人们提出与昨天所说的话完全相反的主张,在这样的时期,已经没有真理的标准,也不知道科学是什么了。我很悔恨我没有在这些矛盾出现的五年前死去。"他的运动物体光学现象的理论与电子理论,说明了他是最后一批经典物理学家中的一个,是经典物理学的一位集大成者,是预示了新物理学——相对论,但却没有创立相对论的人。他是新旧交替时期的过渡性人物。

洛伦兹的不幸在于他没有认识到以太已成为当时物理学发展的负担,他一直背着这个包袱,因而不可能在新的道路上多走几步。在以太危机面前,有位物理学家高呼:"我们期待着第二个牛顿",以便建立新的以太理论。可是,牛顿不可能再生,科学发展到这个时刻,该爱因斯坦出场了。

三、狭义相对论的时空观

爱因斯坦对当时经典物理学所面临的危机,对解决危机的关键所在,有着清楚的认识。他在1946年写的《自述》一文中,回顾了他对当时物理学发展状况的看法。他指出在相对论产生的前夕,物理学在各个细节上虽然取得了丰硕的成果,但在原则问题上却被传统的教条统治着。19世纪所有的物理学家都把牛顿力学看作是全部物理学的,甚至是全部自然科学的最终基础。虽然电磁学的发展是对这种传统教条观点的一个沉重打击,可是人们还在孜孜不倦地企图把电磁学理论建立在牛顿力学的基础上。麦克斯韦和赫兹的工作在客观上动摇了把牛顿力学作为一切物理学最终基础的这一信念,但他们在主观上却仍然维护这种信念。可是这样的希望全成了泡影。于是爱因斯坦写下了一段在科学史上闪烁着永恒光辉的话:"这已经够了。牛顿啊,请原谅我;你所发现的道路,在你那个时代,是一位具有最高思维能力和创造力的人所能发现的唯一的道路。你所创造的概念,甚至今天仍然指导着我们的物理学思想,虽然我们现在知道,如果要更加深入地理解各种联系,那就必须用另外一些离直接经验领域较远的概念来代替这些概念。"[①]他深信沿着法拉第与麦克斯韦开辟的道路前进,就能一步一步地为全部物理学找到一个新的可靠的基础。

爱因斯坦是如何在这条道路上一步一步前进的呢?他是如何创立狭义相对论的呢?

关键的问题是法拉第、麦克斯韦等人的电磁学定律是否遵守相对性原理。前已说过,在电磁现象中相对性原理与伽利略变换是矛盾的。这就有两种可能。第一种可能是电磁学定律不遵守相对性原理,而遵守伽利略变换。这看起来好像是一条比较容易走得通的道路,实则不然,它仍然包含着矛盾。大家都认为电磁学定律在地面参考系中是成立的,如果电磁学定律不遵守相对性原

---

① 《爱因斯坦文集》第一卷,商务印书馆,1976年,第14~15页。

理,那这就等于我们假定地球处于一种特殊的"绝对静止"的地位。但是我们为什么要假定地球处于这个特殊地位,电磁学定律在别的天体参考系中不成立,而不假定别的某个天体处于这样特殊的地位,而电磁学定律在地面参考系中是不成立的? 或者出路在于: 我们可以假定电磁学定律对以太参考系是准确成立的,以太就是一个绝对静止的参考系。那么如果是这样,地球这个惯性系相对于以太就会有绝对运动,就应当能测出"以太漂移"、"以太风"的存在。可是种种测量的结果又都是否定的。可见这条道路是走不通的,以太是不存在的,相对性原理也适用于电磁学现象。

第二种可能就是伽利略变换不适用于电磁学定律,这就要求改变伽利略变换。这条道路能走得通吗? 马上就遇到一个难题,伽利略变换是同牛顿的绝对时空观相联系的,要修改伽利略变换,就要修改牛顿的绝对时空观。

伽利略的坐标变换关系是:

$$X' = X - vt$$
$$Y' = Y$$
$$Z' = Z$$
$$t' = t$$

当我们知道某物体对于某一惯性系的位置时,通过上述关系式,就可以求出该物体相对于任何一个沿着 X 轴方向作惯性运动的惯性系的位置。在伽利略变换中,$t' = t$,这说明对于不同的惯性系而言,无论物体的运动状态如何变化,时间仍然是不变的流逝,即时间与物体的变化无关,存在着统一的不变的时间——绝对时间。在伽利略变换中,物体的长度、空间的距离也是不变的。比如一把尺子在 S 参考系中,尺的两端为 X_1 与 X_2,尺子的长度为 $X_2 - X_1$。它在 S' 参考系中的两端为 X_1' 与 X_2',尺的长度为 $X_2' - X_1'$。根据伽利略变换,

$$X_1' = X_1 - vt \qquad X_2' = X_2 - vt$$

两式相减得 $\qquad X_2' - X_1' = X_2 - X_1$

即不管物体如何运动,物体的长度是绝对的、不变的。

第一条路走不通,走第二条路却要抛弃传统的、多少世纪大家都没有怀疑的牛顿绝对时空观。究竟应该怎么办? 马赫、彭加勒对绝对时空的批评,和洛伦兹维持以太观念的失败,启发了爱因斯坦,使他决心沿第二条道路走下去,而不惜抛弃旧的传统观念,对牛顿力学进行根本的改造。

　　爱因斯坦把下述两个基本假设作为建立狭义相对论的基础：第一，物理定律对所有的惯性参考系都具有相同的形式。这就把相对性原理从力学领域推广到电磁学领域。第二，真空中光的传播速度在各个方向都是相同的，与光源的运动无关。这既是麦克斯韦方程式的推论，又被双星观测等事实所证实。这两个假设有着内在的联系。比如确认光速不变，就要求在真空中，在两个相互做匀速直线运动的惯性系内麦克斯韦方程都一样成立，这就是说电磁现象也遵守相对性原理。由此他得出了一系列重要的结论。

　　首先是同时概念的相对性。设有一列火车在匀速前进，一节车厢的中点挂一个灯。根据相对性原理，此时的车厢内发生的光现象同列车静止时一样，所以在车内人看来，灯光同时到达前后门。可是对于铁路旁边的人来说，在灯光向车门传播的这段时间内，前门已随列车向前移动了一段距离，所以灯光要用一段时间才能追上前门，而后门却迎着灯光而来，所以灯光不是同时到达前后门的。这就说明在不同的参考系中可以有不同的"同时"标准。如果火车速度超过光速，那对于车外的观察者来说，灯光不可能到达前门。这是无法理解的，所以相对论认为各种物理效应传递的速度都不可能超光速。

　　"同时"是相对的，时间间隔也是相对的。设在匀速前进的火车上与站台上分置两个同样的爆竹，当列车驶进站台，两个爆竹紧挨着时，同时点燃它们的引线。由于事件发生在同一地点，所以这里的"同时"对于列车、站台两个参考系都同样成立。过了一段时间，列车离站台一段距离后，两个爆竹各自爆响并出现闪光。从站台上看，列车上爆竹引爆的时间比站台的要长，因为闪光的传递需要一定的时间。而从列车上看，结果刚好相反，会发现站台上爆竹的引爆时间比列车上的要长。原因是同样的。这说明，时间间隔也具有相对性，在不同的参考系中有不同的标准。

　　爱因斯坦还指出：在一个惯性系中，运动的钟比静止的钟走得慢。时间的流逝不是绝对的，运动将改变时间的进程。

　　时间间隔的相对性又同空间长度的相对性相联系，因为时间的测量同空间的测量是相联系的。要测量一个运动着的物体的长度，就要同时确定物体两端的位置，然后再来测量这两个位置之间的距离。由于在不同的参考系中同时的概念是不同的，所以测出的空间长度也是不同的。爱因斯坦指出，运动着的物体将在前进的方向上发生长度缩短的现象，或者说平行于运动方向的尺在运动参考系中的长度比在静止参考系中的要短,这表明空间具有相对性。牛顿力学的基础是质点运动规律(包括相对性原理)和绝对时空观,可是这二者是矛盾的。前者认为没有特殊优越的参考系,后者却认为绝对空间就是这种参考系。所以玻恩说相对性原理从一开始就从本质上限制了绝对空间概念的实在性。

要解决经典力学速度合成公式同光速不变的矛盾,就要用洛伦兹变换来代替伽利略变换。洛伦兹的坐标变换关系是:

$$X' = \frac{X - vt}{\sqrt{1 - v^2/c^2}}$$

$$Y' = Y$$

$$Z' = Z$$

$$t' = \frac{t - v/c^2 \cdot X}{\sqrt{1 - v^2/c^2}}$$

由此得出了新的速度合成公式

$$v = \frac{v' + u}{1 + \frac{v'u}{c^2}}$$

显然,当 $v' = c$ 时,$v = c$。而当 v' 与 u 远远小于 c 时,则与经典力学速度合成公式 $v = v' + u$ 相同。

伽利略变换是线性变换,洛伦兹变换则是非线性变换,更换一个惯性系,时间、长度随相对运动速度而变化。在洛伦兹变换中,空间坐标的变换式里包含着时间坐标,时间坐标的变换式里也包含着空间坐标。一对事件在某一坐标系中的空间距离,在另一坐标系中就转换为时间上的差异;一对事件在某一坐标系中的时间差异,在另一坐标系中也可以转换为空间上的距离。在相对论中时间与空间不再是两个孤立的概念,而是构成了"空间-时间"四维连续体的概念。爱因斯坦写道:"相对论引起了空间和时间的科学概念的根本改变,用明可夫斯基的名言来说——'从今以后,空间本身和时间本身都已成为阴影,只有两者的结合才保持独立的存在。'"[①]

总之,由于电磁学的发展发现了光速不变的事实,提出了电磁现象是否遵守相对性原理的问题,这些都是同伽利略变换相冲突的,而伽利略变换又是牛

---

① 《爱因斯坦文集》第一卷,商务印书馆,1976 年,第 245 页。

顿力学的基础。牛顿力学与麦克斯韦电磁理论是物理学史上的两次大综合,把后者纳入前者框架之中的一切努力都失败了。两大理论在激烈地"碰撞"着,而碰撞的结果导致了物理学的一次新的大综合。

狭义相对论刚问世时,并未得到科学界的重视。1911年美国科学协会主席、物理学家马吉说:"我相信,现在没有任何一个活人真的会断言,他能够想象出时间是速度的函数。也没有一个活人愿意下这样的赌注:他坚持自己的'现在'是另一个人的'将来',或是其他人的'过去'。"[①]汤姆生1909年说:"以太就像我们呼吸的空气一样必不可少。"[②]德国成立了反对相对论的团体,多次集会批判相对论。

四、观察者的物理学[③]

狭义相对论关于时间、空间研究的根据,是关于光信号传递的研究。要研究光信号的传递,就要对时间、空间、光信号的传递速度进行观察、测量,就必须有观察者。从这个意义上可以说,狭义相对论是观察者的物理学。狭义相对论的一个重要科学思想价值,就是第一次把"观察者"的概念引进物理学,使"无人的物理学"开始发展为"有人的物理学"。

经典物理学的一个基本信念认为,利学家只能站在自然之外,以旁观者的身份来认识自然界。科学认识的结论同主体认识方式的选择无关,且只有这样才能保证认识本身的客观性。

伽利略在叙述相对性原理时,谈到了人的观察活动。他在回答为什么地球在转动而我们看到的落体却直线下落的问题时说:"因为,地球、塔和我们自己共有的另一种圆周运动,始终是看不见的,就仿佛不存在似的。只有我们没有参与的石子运动是看得见的。""地球、塔和我们自己,所有这一切连同石子都随着周日运动而运动,所以,周日运动好像并不存在似的;它是觉不到、看不见,仿佛一点效果也没有似的。唯一可以观察到的就是我们所没有的运动,那就是轻

---

① 李醒民:《激动人心的年代》,四川人民出版社,1983年,第171页。
② 李醒民:《激动人心的年代》,四川人民出版社,1983年,第172页。
③ 这部分根据肖玲与林德宏的《从"旁观者"到"观察者"》一文编写,该文载《自然辩证法通讯》2005年第4期。

轻擦过塔旁的向下运动。"①我们"参与"了地球的旋转运动,而未"参与"石子的落体运动,所以我们只能看到石子的直线下落。这儿的"我们"就是观察者。对于观察者来说,他所"参与"的地球以及地球上各种物体的"共有"运动,可以看作是不存在的。人们读了这些叙述,可能会得到这样的启示:我们所能观察到的只是我们所没有"参与"的自然物的运动,所以我们要认识自然,就不应当"参与"自然的变化。这儿的"观察者"实际上是"旁观者"。

伽利略指出,假定我们被关在密封的船舱里,当船匀速前进时,我们所看到的事物的运动同船在静止时一样。"其原因在于船的运动是船上一切事物所共有的,也是空气所共有的。这正是为什么我说,你应该在甲板下面的缘故;因为如果这实验是在露天进行,就不会跟上船的运动,那样上述某些现象就会发现或多或少的显著差别。"②这实际上是指出,在不同的参照系里观察同一现象,会有不同的观察结果。

但我们不能由此认为,没有观察者,就没有相对性原理。伽利略力学相对性原理指出,力学定律在静止参考系和匀速运动参考系中是相同的。无论是否有人观察,这条原理都成立。这是从自然界本身所固有的属性的角度来叙述的,可称为"本体论表述"。有时把力学相对性原理表述为:我们不可能通过任何力学实验把静止参考系和匀速运动参考系区别开来。这是从人的认识活动的角度所作的表述,可称为"认识论表述"。这种表述的前提是人的认识活动的存在。力学相对性原理的认识论表述来自本体论表述,实际上是对本体论表述的理解或解释。

热力学的三定律也可以有不同的表述形式。能斯特的表述是:三种永动机的制造或设想都是不可能的。制造或设想的主体都是人。

没有人,能斯特的表述当然就没有意义。但不能由此认为没有人,热力学的三定律就不成立。能斯特的表述是"操作论表述"或"技术论表述",它是对热力学三定律"本体论表述"的解释和发挥。

这些历史回顾表明,伽利略与能斯特的表述虽然已涉及人的活动,但这只是叙述中的一种逻辑假定,并不是力学相对性原理和热力学三定律的内在必要

---

① 伽利略:《关于托勒密和哥白尼两大世界体系的对话》,上海人民出版社,1974 年,第 213、223 页。

② 伽利略:《关于托勒密和哥白尼两大世界体系的对话》,上海人民出版社,1974 年,第 243 页。

的因素。后来有人把经典物理学中认识主体的地位表述为"旁观者"。伯特说，"给后来思想带来的重大后果是，牛顿巨大的权威给如下的宇宙观以坚定的支持，在这种宇宙观看来，人是一个巨大数学体系的微不足道的旁观者"[1]。普里高津说："在相对论、量子力学或热力学中，各种不可能性的证明都向我们表明了自然界不能'从外面'来加以描述，不能好像是被一个旁观者来描述。"[2]

爱因斯坦在狭义相对论中第一次提出了"观察者"的概念。他在《自述》中说，他16岁时曾有过一个很奇特的猜想，这个猜想已经包含着狭义相对论的萌芽。"我在16岁时就已经无意中想到了：如果我以速度c（真空中的光速）追随一条光线运动，那末我就应当看到，这样一条光线就好像一个在空间里振荡着而停滞不前的电磁场。可是，无论是依据经验，还是按照麦克斯韦方程，看来都不会有这样的事情。从一开始，在我直觉地看来就很清楚，从这样一个观察者的观点来判断，一切都应当像一个相对于地球是静止的观察者所看到的那样按照同样的一些定律进行。因为，第一个观察者怎么会知道或者能够判明他是处在均匀的快速运动状态中呢？"[3]爱因斯坦想象自己以光速在追随光线运动，其中，他提到了两个"观察者"："以速度c追随一条光线运动的观察者"和"相对于地球是静止的观察者"。这两个观察者处于不同的位置，并各有一块表，光信号把他们联系在一起。他们观察的是信息传递的过程，所看到的现象是不同的，这正是此想象所蕴含的狭义相对论的思想萌芽。爱因斯坦对这个想象的叙述方式，同伽利略的叙述是一致的，都属"认识论的叙述"。但是在伽利略的研究中，没有"我们"，相对性原理也成立；而在爱因斯坦的研究中，没有"观察者"，就不可能有狭义相对论。伽利略的"我们"即为"旁观者"，不是相对性原理必需的因素。而"观察者"却是狭义相对论理论中的一个必备要素。旁观者在自然界与科学理论之外，是抽象的假定；观察者则在自然界与科学理论之内，是具体的认识主体。

爱因斯坦在回顾狭义相对论的创立过程时说：如果洛仑兹电动力学方程式在动体参考系中有效，就会导致光速不变的概念，而这个概念是同经典力学矛

---

①　吴国盛：《自然本体论之误》，湖南科学技术出版社，1993年，第71页。

②　普里戈金、斯唐热：《从混沌到有序——人与自然的新对话》，上海译文出版社，1987年，第357页。

③　《爱因斯坦文集》第一卷，商务印书馆，1976年，第24页。

盾的。如何解决这个难题？"我的答案就是对一个时间概念的分析；时间本来是不可能绝对明确地表示出来的，然而在时间和信号速度之间，却有着不可分割的关系。我用这么新的概念第一次得以全部地解决所有的这些难题。"①时间问题是创立狭义相对论的关键。

如何确定时间？爱因斯坦指出，这就需要有"同时性"的概念。爱因斯坦的第一篇关于狭义相对论的论文《论动体的电动力学》（写于 1905 年 6 月，发表于 1905 年 9 月）是从"同时性的定义"开始叙述的。"凡是时间在里面起作用的我们的一切判断，总是关于同时的事件的判断。比如我说，'那列火车 7 点钟到达这里'，这大概是说：'我的表的短针指到 7 同火车的到达是同时的事件。'"②"一个事件的'时间'，就是在这事件发生地点静止的一只钟同该事件同时的一种指示，而这只钟是同某一只特定的静止的钟同步的，而且对于一切的时间测定，也都是同这只特定的钟同步的。"③研究物体运动一定要测定时间，这就要涉及"同时性"的概念，就需要钟表。有钟表就必须有观察者，钟表只对观察者才有意义。

用爱因斯坦的话来说，这是用"我的表的短针的位置"来代替"时间"④。这表明相对论研究的时间不是抽象的时间，而是人用钟表所测定的时间。这是爱因斯坦与牛顿的一个重要区别。牛顿在《自然哲学的数学原理》中说，一般人在理解时间和空间时，都是从可感知事物的联系中来理解的，这就会混淆时空的可感知形式和真正的时空的界限。他认为真正的时间是"绝对的时间"，时间的可感知形式是"相对的时间"，即可以量度的时间。牛顿认为他不研究可以"量度"（即测定）的时间，并反对用这种量度来代替他所研究的时间。牛顿研究的时间是同时间测定无关的时间。在牛顿看来，他的力学理论无需时间的测定；而在爱因斯坦看来，没有时间的测定就没有相对论，他所研究的时间的确是牛顿所说的"相对的时间"。

爱因斯坦关于时间测定方法的叙述表明，观察者具有重要的意义。"我们对于用如下的办法来测定事件的时间也许会感到满意，那就是让观察者同表一起处于坐标的原点上，而当每一个表明事件发生的光信号通过空虚空间到达观

---

① 爱因斯坦：《我是怎样创造相对论的》，《科学史译丛》1983 年第 3 期。
② 《爱因斯坦文集》第二卷，商务印书馆，1977 年，第 85 页。
③ 《爱因斯坦文集》第二卷，商务印书馆，1977 年，第 86 页。
④ 《爱因斯坦文集》第二卷，商务印书馆，1977 年，第 85 页。

察者时,他就把当时的时针位置同光到达的时间对应起来。但是这种对应关系有一个缺点,正如我们从经验中所已知道的那样,它同这个带有表的观察者所在的位置有关。"①

除去质量与能量的关系,狭义相对论主要是关于时间、空间测量的物理学,测量同参考系的选择有关,也就是同观察者的选择有关。在相对论中,"观察者"不是"外来的东西",而是内在的根据。在这个意义上可以说,狭义相对论是"观察者"的物理学。它所研究的自然,已不是单纯的天然自然,至少是已经打上人的活动印记的自然。狭义相对论的问世表明,物理学发生了一个重要变化:认识主体在科学理论结构之外的物理学开始转向其在科学理论结构之内的物理学。

从力学的角度看,认识主体应在一定的参考系之中。可是"旁观者"实际上是在绝对参考系(绝对静止参考系)中来观察自然的。"旁观者"没有参考系的选择,他所在的参考系只能是唯一的绝对参考系。因此,所有的"旁观者"都是在同一个绝对参考系中来观察自然的,他们的观察结果都完全相同,既不需要也无法进行不同"旁观者"之间的比较。因而这种观察结果也是绝对的、不受任何认识主体因素影响的。

爱因斯坦所说的"观察者"是指在一定具体条件下并应用认识工具的认识主体。他可以处于不同的时间、地点,具有不同的运动速度,处于不同的参考系之中。相对于"旁观者","观察者"是具体的、现实的存在,"旁观者"只是抽象的、虚假的认识主体。"观察者"在自然和"体系"之内,即在不同的参考系中观察自然。在观察活动中,观察对象与"观察者"所处的参考系有密切的关系。

在不同的参考系中观察同一个自然变化,就会有不同的观察结果,此即观察的相对性。因此"观察者"的观察结论也具有相对性,同参考系的选择有关。没有绝对的参考系,所有的参考系都是相对的。有众多不同的参考系,就会有众多不同的"观察者"。

"观察者"的观念导致对绝对主义认识论的否定。爱因斯坦说:"'相对论'这名称同下述事实有关:从可能的经验观点来看,运动总是显示为一个物体对另一个物体的相对运动(比如汽车对于地面,或者地球对于太阳和恒星)。运动

① 《爱因斯坦文集》第二卷,商务印书馆,1977年,第85页。

决不可能作为'对于空间的运动',或者所谓'绝对运动'而被观察到的。""在这个意义上,相对论同热力学之间存在着一种类似性。后者所根据的也是一条否定的陈述:'永动机是不存在的。'"①由此可见,"观察者"同相对论有深刻的内在联系,若从"旁观者"的观念出发,就不可能通向狭义相对论。

爱因斯坦还特别提出了"事件"的概念。"事件"一词本用于人的社会活动领域,爱因斯坦却把它引入了物理学。他甚至明确指出:"物理学研究空间和时间里的'事件'。"②这里也可以体现观察者与旁观者的区别。"旁观者"观察的是自然的变化,"观察者"观察的则是"事件"。何谓事件?并未看到爱因斯坦给出的严格定义,他有时候指"自然界事件",有时候指"我的表的短针指到7同火车的到达是同时的事件"。可见,爱因斯坦所指的"事件",有自然发生的变化,也有人引起的变化。于是,从后者而言,"观察者"还包含有"参与者"的因素。

爱因斯坦和英费尔德指出:"我们曾把科学家比作首先搜集必要的情况、然后用纯粹的思维去寻找正确答案的侦探家。至少在一个论点上,这个比喻是很不恰当的,无论在现实生活中或在侦探小说里面,必定先知道有人犯罪,然后侦探才去检查信件、指纹、子弹、枪支等,他至少是知道发生了一件暗杀案子。科学家就不是这样。……科学家却多少要自己犯罪,还要自己来侦察它。"③科学家既是侦探,又是罪犯,这个说法耐人寻味,同玻尔的既是观众又是演员的话比较接近。可惜爱因斯坦后来没有进一步发挥这一想法。

五、质能关系式与唯能论

根据相对性原理,在所有的惯性系中物理定律都具有相同的形式。既然狭义相对论已采用了洛伦兹变换,那就要求物理学定律在洛伦兹变换下具有不变性,这就要求对牛顿的动力学进行新的考察。牛顿动力学的基本定律是第二定律

$$F = ma$$

它满足伽利略变换不变性的要求,但不能满足洛伦兹变换不变性的要求。因为

---

① 《爱因斯坦文集》第一卷,商务印书馆,1976年,第455页。
② 《爱因斯坦文集》第一卷,商务印书馆,1976年,第456页。
③ 爱因斯坦、英费尔德:《物理学的进化》,湖南教育出版社,1999年,第54~55页。

按照这条定律,只要加速的时间足够长,物体的速度就能超过光速,而狭义相对论认为光速是物体运动速度的极限,所以狭义相对论必须对牛顿第二定律进行改造。物体运动的速度不能超过光速,换句话说物体在恒定的外力的作用下速度的增加越来越小。如果我们把惯性质量定义为外力与加速度的比值,那物体的速度接近光速时,增加速度的难度就大得无法想象,惯性质量也就接近无限大。因此爱因斯坦指出:物体的质量随速度的增加而增加。在相对于物体为相对静止的坐标系中所测出的质量称为静止质量,在相对于该物体为运动的惯性系中所测出的质量称为相对论质量。

当物体运动的速度可以同光速相比较时,我们不断地对它供给能量,可是物体速度的增加却越来越困难。那么这时所加的能量又到哪儿去了呢?爱因斯坦解释说,能量并没有消失,而是转化为质量。质量与能量是相互转化的。他提出了著名的质能关系式

$$E = mc^2$$

揭示了质量与能量的本质联系。$E_0(m_0 c^2)$ 称为物体的静能,即一个宏观上静止的物体所具有的能量。如果某物体的质量增加了一部分,那它的能量也相应地有所增加。这些就在理论上为原子能的应用开辟了道路。

这个质能关系式在相对论以前一直未被人们所知,这是因为比例系数 c^2 是一个巨大的数字。在过去,同一切能量形式的转移相伴随而发生的质量转换是如此之小,以至在实验中根本无法觉察出来。这使人们又想起了热素说与热动说的争论。热素说者认为热水比冷水重,一直想测出这个 Δm 都未成功,他们当然没想到是 c^2 这个庞大的数字妨碍了他们。今天看来,热素说者认为物体散发热量就会减少质量,却是合理的。不过,质量减少不是由于热素粒子逸出,而是由于能量的降低而引起的。

质能关系的发现使爱因斯坦认为质量与能量在本质上是一个东西。他说:"惯性质量就是潜在的能量。质量守恒原理失去了它的独立性,而同能量守恒原理融合在一起了。""能量守恒原理以前并吞了热守恒原理,现在又进而并吞了质量守恒原理,从而独自占领着整个领域。"[1]爱丁顿说,为了方便,假定 $c=1$,那么 $E=m$,这就消除了质量与能量的区别。在一些人看来,质能关系式支持

---

[1] 《爱因斯坦文集》第一卷,商务印书馆,1976 年,第 111、430 页。

了唯能论。唯能论是由德国化学家奥斯特瓦尔德(1853～1933)提出的。他曾因催化方面的成就获得诺贝尔奖,是物理化学的创始人之一。他重视哲学,曾在演讲中引用李比希的话,说化学中99％是手工,1％是哲学,但务必要重视那1％。1887年他把能量说成是同有重量的物质相类似的一种实体。1890年说物质与能量是两个独立的本原。1895年他提出唯能论,认为能量是唯一的本原,而物质不过是能量的集合。继而他又进一步否认原子、分子的存在,说原子只存在于德谟克利特的头颅中,只存在于图书馆的灰尘里,并把分子学说比喻为"恶魔的夜总会"。因此我们试图仅仅用能量的素材而完全不用物质的概念来建立世界观。他的唯能论提出以后,受到了许多人的反对。1904年,他在英国对化学家们说:"我有点像站在火山上一样。在你们中间只有为数较少的人不会反对我。"1908年他承认原子的存在,1909年他说:最近一个时期的研究为原子的存在提供了非常令人信服的证明。在这些证明中,首先应当指出的是爱因斯坦关于布朗运动的研究。

唯能论是错误的,但它的出现却是有认识根源的。它同热力学的发展有关。科学家最初研究热力学时是采用原子论观点的,后来他们发现只要研究气体分子的运动就可以了,而不必考虑气体分子的性质。卡诺曾证明热机的操作和构成机器的物质属性没有关系。后来许多人强调热力学研究只涉及能量的变化,而不涉及任何物质属性。马赫在概括奥斯特瓦尔德的观点时说,在热力学研究中只能谈观察,而不能谈物质及其客观属性。这就使人们有可能把能量同物质分割开来。唯能论又同能量守恒与转化学说有关。正如恩格斯所说,"能"的概念虽然比"力"的概念好,但也有缺陷,它会造成一种假象:能是物质以外的某种东西。由于能量守恒与转化学说得到了广泛承认,人们开始用"能"来说明自然界的各种运动形态及其转化,这就容易使人们只看到能,而忽略了能的物质承担者。唯能论又是对放射性现象的曲解,以为物质可以消灭,唯有能量是真实的存在。其实从认识的发展逻辑来说,既然能量同物质一样都遵循一种普遍的守恒与转化定律,那就必然会有人把它看作是世界的本原。

自爱因斯坦提出质能关系式以来,如何理解这个关系式,特别是质量和能量能否相互转化,一直都有不同的看法。有人认为,说质量和能量可以相互转化,就会回到唯能论。有人则认为,质量和能量的转化并不意味着物质和能量、物质和运动的转化,并不是唯能论。

六、广义相对论的基本思想

广义相对论是爱因斯坦的精心之作、得意之作。他说，同广义相对论相比，"狭义相对论犹如儿戏"[①]。"狭义相对论如果我不发现，五年之内就会有人发现。广义相对论如果我不发现，50年内也不会有人发现。"[②]

狭义相对论没有谈到万有引力问题，这不是爱因斯坦的疏忽，而是因为牛顿的引力理论同狭义相对论是不相容的。比如引力理论认为引力是超距作用，即引力作用传播的速度为无限大，这显然同狭义相对论的讯号传递的速度以光速为极限的观念相矛盾。所以爱因斯坦在对牛顿的动力学定律(主要是第二定律)进行改造以后，就着手改造万有引力定律。此外，狭义相对论已指出匀速度具有相对的意义，那么加速度是否也具有相对的意义呢？狭义相对论否定了一个绝对的特殊优越的参考系，却肯定了惯性系这一类特殊优越的参考系，这是十分不和谐的。他在题为《广义相对论的来源》的报告中说："当我通过狭义相对论得到了一切所谓惯性系对于表示自然规律的等效性时(1905年)，就自然地引起了这样的问题：坐标系有没有更进一步的等效性呢？换个提法：如果速度概念只能有相对的意义，难道我们还应当固执着把加速度当作一个绝对的概念吗？"[③]解决这个难题可能有两条出路：第一条出路是从理论上说明惯性系特殊优越的原因，第二条路是取消惯性系的这种特殊优越的地位。牛顿、马赫等人在第一条路上没有走通，所以爱因斯坦决定选择第二条路，即不仅承认物理规律对惯性系有效，而且还承认对非惯性系也同样有效。于是他在创立了狭义相对论之后，又经过10年的艰苦探索，把狭义相对论的原理推广到加速度领域，创立了广义相对论。

爱因斯坦建立广义相对论的出发点，是伽利略所发现的一个十分平凡的事实：物体自由下落的速度同物体的质量无关。这个发现本身又包含着一个重要的事实：引力质量与惯性质量相等。牛顿也知道这两种质量相等，他在计算中不加区别地使用这两种质量，但却未能揭示这个现象的本质。爱因斯坦认为，

① Balibar:《爱因斯坦——思考的乐趣》，汉语大词典出版社，2011年，第71页。

② 赵峥:《爱因斯坦与相对论》，上海教育出版社，2015年，第1页。

③ 《爱因斯坦文集》第一卷，商务印书馆，1976年，第319页。

建立在超距说基础上的牛顿引力理论是不可能解决这个问题的。于是我们可以用引力场的概念来代替超距引力的概念,写出如下等式:

$$惯性质量\times加速度=引力质量\times引力场强度$$

既然不同的质量在引力场中得到同一的加速度,因此任何引力场都不能同加速度区别开来,即任何引力场都可以归之于一种相对的加速度。这样通过引力质量与惯性质量的相等,就把加速度与引力场联系起来了。在这个基础上他提出了广义相对论的一个基本原理——等效原理,认为一个有引力场作用的参考系,同一个没有引力作用但作相应加速度运动的参考系,对物理过程的描述是完全等效的。在一个密封的加速上升的电梯内,观察者无法分辨电梯在作加速运动,还是电梯内的物体受到惯性力的作用,他可以认为电梯没有作加速运动但处于引力场之中,电梯内的物体受到引力的作用。"在一个封闭箱中的观察者,不管用什么方法也不能确定,究竟箱是静止在一个静止的引力场中呢,还是处在没有引力场但却作加速运动(由加于箱的力所引起)的空间中呢(等效假说)。"[1]可见,引力和惯性力可以看作是一回事,加速运动也是相对的。爱因斯坦写道:"在引力场里,一切物体都以同一加速度下落,或者说——这不过是同一事实的另一种讲法——物体的引力质量同惯性质量在数值上是彼此相等的。这种数值上的相等,暗示着性质上的相同。引力同惯性能够是同一的吗?这问题直接导致了广义相对论。"[2]

应用等效原理,就可以得出一个崭新的观念:光线被引力场所弯曲。假设有一个加速上升的电梯,其侧面有一小窗,有一束光从窗口水平地射进电梯。在电梯外的人来看,光相对于电梯走的是曲线,因为当光到达对面一侧时,那一侧已跟随电梯上升了一段距离。那么根据等效原理,也可以得出在引力作用下光走曲线路程的结论。也就是说,对电梯内的人来说,他也看到了光射入电梯后向下弯曲的现象,但他认为这是光受引力作用的结果。一束光在引力场中会弯曲,正如以光速水平抛出的物体其运动轨迹会弯曲一样。此外,在引力场的作用下,时间也会流慢。

光走的是短程线,而光通过引力场时又走的是曲线,这如何理解呢?爱因

① 《爱因斯坦文集》第二卷,商务印书馆,1977年,第224页。
② 《爱因斯坦文集》第一卷,商务印书馆,1976年,第153页。

斯坦说我们仍然可以认为光走的是短程线,只要假设在引力的作用下空间发生弯曲就行了。其弯曲程度取决于引力场的强度或物质的分布。这样两点之间最短的距离就不是直线,而是曲线了。他估计光在太阳表面的弯曲为 1.7 秒。据说爱因斯坦的小儿子曾问他为什么这样出名,他幽默地答道:"一个瞎眼的小虫子在球上爬行,它不知道自己所走过的路是弯的。很幸运,你爸爸知道了。"空间同物质有密切的关系,平直的空间不是唯一的空间,这是对形而上学时空观的又一次重大突破。

利用空间弯曲的理论,还可以把惯性系与非惯性系统一起来。他坚信大自然是统一、和谐的,因此一切参考系也应当是统一、和谐的。惯性系与非惯性系的不一致不是自然界本身所具有的,而是我们表达方式不完善的结果。如果采用恰当的表达方式,那物理定律就会在所有的参考系中都具有相同的形式。比如他通过空间弯曲的理论,就可以使惯性定律在惯性系与非惯性系中都同样成立。这只要把惯性定律修改为如下的表述形式:在不受外力作用时(引力除外),质点的运动在四维时空中的轨迹是一条短程线。在惯性实验室中,短程线是直线;在加速度实验室和引力实验室中,空间发生了弯曲,短程线是曲线,质点在这三个实验室中运动的轨迹都是短程线。广义相对论的另一条基本原理是广义相对性原理,它指出:惯性系与非惯性系可以等效地用来描述物理规律。惯性系与非惯性系终于统一起来了。他把狭义相对论从惯性系推广到非惯性系,从匀速度推广到加速度,从不考虑引力场推广到引力场。假设有一个巨大的圆盘绕中心轴旋转,离中心越远的点转动得越快,盘边缘上的观察者在测量圆周与半径之比。他测大圆半径时,运动方向与尺垂直,没有尺缩效应;测量圆周周长时,尺与运动方向一致,就要考察尺缩效应。因此他测出的圆周与半径之比,就会同盘外观察者测出的不同。所以在转动的参考系(或引力场)中,欧氏几何学不再适用,因为空间弯曲了。盘上观察者测量时间时,会发现放在边缘的钟走得较慢,这表明即使在同一个参考系内,放在不同位置上的钟,其运行节奏也不相同。"放在太阳上的钟跟放在地球上的钟快慢不同,因为引力场在太阳上比在地球上要强得多。"[①]

爱因斯坦还根据空间弯曲的理论,提出了一种引力理论。他认为引力可以

---

① 爱因斯坦、英费尔德:《物理学的进化》,湖南教育出版社,1999 年,第 169 页。

解释为空间弯曲的结果,所以人称是没有引力的引力理论。引力现象是自然界最普遍、最常见、最平凡的现象。多少世纪以来,许多科学家都在探索引力之谜,可是至今引力场量子化的问题尚未完全解决。

他根据广义相对论曾提出三个预测,先后都得到了验证。其一是关于水星近日点的进动。水星近日点的进动是每世纪 5 599 秒,牛顿力学可以通过金星的摄动等因素,解释其中的 5 556.5 秒,但还有 42.5 秒得不到解释。勒维列受到海王星发现的鼓舞,在 1859 年预言这是一颗未知行星摄动的结果,并命名为火神星。同年一位法国天文学家声称他看到一个黑点经过日面,所以许多人认为这个黑点就是勒维列预言的火神星。可是后来找了半个多世纪也未找到这颗火神星,于是这 42.5 秒的进动一直是个谜。爱因斯坦则把行星绕日运行看作是行星在太阳引力场(弯曲空间)中沿测地线的运动,算出水星的进动为 43 秒。其二是光谱线的引力红移。由于引力场会使时钟变慢,所以恒星的光谱线应向红端移动,这个现象在 1924 年被观察到。其三是爱因斯坦算出光线经过太阳表面时,将发生 1.75 秒角度的偏转。1919 年英国两个观测队观测的平均值为 1.79 秒。当爱因斯坦听到爱丁顿的观测结果的消息时,他说:“我没有期待过其他的结果。”怀特海用如下的话来描述这次预言的证实:“一场伟大的思想领域内的探险终于安然结束了。”

同狭义相对论的创立相比,广义相对论的创立带有更多的爱因斯坦个人探险的色彩,但决不能因此说这是一次偶然的、孤立的、纯属个人探险的事业。早在牛顿的《光学》中就提出了这样的问题:各种物体对于光是否有超距作用,而且是否在它们的作用下使光线发生了弯曲? 1801 年德国数学家索尔德纳猜想光经过太阳附近时,其轨道会发生弯曲,并算出弯曲的角度是 83 角秒。狭义相对论创立以后,日本的石原纯也曾努力于狭义相对论的推广工作,但未成功,据说失败的原因在于缺乏必要的数学。这说明在一个新理论诞生以前,总有人会提出或多或少的类似想法的。爱因斯坦在求学时代对高等数学也不太感兴趣,他之所以比石原纯幸运,主要是靠了数学家格罗斯曼的帮助。

七、爱因斯坦的方法论与科学观思想

爱因斯坦认为物理理论有两类。一类是构造性理论,它从比较简单的假设出发,用综合方法对比较复杂的现象构造出一幅图像。这种理论的优点是明确、完备、适应性较强。另一类是原理性理论,它从在经验中发现的基本原理出发,用分析的方法来形成理论。这种理论的优点是逻辑上完整与基础巩固。相对论就属于这类理论。在原理性理论建立的过程中,感性材料是不可少的。但逻辑推论的出发点不是这些感性材料,而是基本原理。基本原理来自经验,但不是通过归纳的逻辑方法获得的,而是靠直觉获得的。什么是直觉?他没有明确回答。他在谈到理论的形成时,曾使用了这样一些字句:"自由创造"、"自由发明"、"纯粹思维"、"纯粹虚构"、"放荡不羁的思辨方式"、"自由游戏"、"幻想"、"做梦"等等。有了普遍的原理以后,就可以通过演绎的方法推导出一系列的命题,建立理论体系。"一般地可以这样说:从特殊到一般的道路是直觉性的,而从一般到特殊的道路则是逻辑性的。"①他主张从特殊的感觉经验开始,通过直觉达到一般的原理;然后再从这些原理出发,通过演绎得到各个特殊的命题。他主张的认识道路不是弗兰西斯·培根的渐进式认识道路,而是亚里士多德的跳跃式认识道路。

玻恩称广义相对论为"人思考自然的最伟大成就,哲学洞察、物理直觉和数学技巧最令人惊叹的结合"②。我们可以说,它是思辨、想象和数学模型相结合的艺术珍品。在爱因斯坦影响下,推导型理论物理学开始成为现代物理学的主流,并日趋数学模型化。

近代以来有实验物理学与理论物理学之分。理论物理学有两种形态。一是对实验结果和实验定律的理论概括,可称为"概括型"理论物理学。如麦克斯韦电磁学理论,概括了库仑定律、安培定律、毕奥-萨伐定律、法拉第电磁感应定律、奥斯特实验。二是对已有理论所作的推导,包括逻辑推论和数学推算,可称为"推导型"理论物理学。它不同实验发生直接关系,只是为了超越已有理论而进行的纯粹思考过程。这同爱因斯坦所说的"构造性理论"和"原理性理论"比较接近。

爱因斯坦看好原理性理论。他在《自述》中说:"早在1900年以后不久……渐渐地我对那种根据已知事实用构造性的努力去发现真实定律的可能性感到绝望了。我努力得愈久,就愈加绝望,也就愈加确信,只有发现一个普遍的形式

---

① 《爱因斯坦文集》第三卷,商务印书馆,1979年,第490~491页。
② 艾萨克森:《爱因斯坦传》,湖南科学技术出版社,2012年,第199页。

原理,才能使我们得到可靠的结果。"①

"但是这样一条普遍原理究竟是怎样找到的呢?经过十年沉思以后,我从一个悖论中得到了这样一个原理,这个悖论我在 16 岁时就已经无意中想到了:如果我以速度 c(真空中的光速)追随一条光线运动,那末我就应当看到,这样一条光线就好像一个在空间里振荡着而停滞不前的电磁场。可是,无论是依据经验,还是按照麦克斯韦方程,看来都不会有这样的事情。从一开始,在我直觉地看来就很清楚,从这样一个观察者的观点来判断,一切都应当像一个相对于地球是静止的观察者所看到的那样按照同样的一些定律进行。因为第一个观察者怎么会知道或者能够判明他是处在均匀的快速运动状态中呢?""这个悖论已经包含着狭义相对论的萌芽。""对于发现这个中心点所需要的批判思想,就我的情况来说,特别是由于阅读了戴维·休谟和恩斯特·马赫的哲学著作而得到决定性的进展。"②这段话简明扼要地叙述了他创立狭义相对论时的思维过程。他发现的这条原理就是适用于光电效应的相对性原理,思想实验、想象、直觉、悖论、哲理是思考的基本元素。

推导型理论与概括型理论的一个重要区别是:概括型理论依靠实体实验,是对实体实验的概括;推导型理论依靠思想实验(又称理想实验、假想实验),是对思想实验的推导。爱因斯坦与英菲尔德写道:"理想实验无论什么时候都是不能实现的,但它使我们对实际的实验有深刻的理解。"③许多思想实验是根本不可能去做的,因为思想实验中的假想情节在现实生活中是不可能出现的。牛顿在思考引力时,设想大炮沿水平方向射出的炮弹一直在围绕地球转而不落到地面,这是不可能的。爱因斯坦设想他以光速追随光线,这也是不可能的,"观察者"是根本观察不到的。

爱因斯坦还叙述了他的另一个思想实验:"一天,我坐在伯尔尼专利局的椅子上突然想到:假设一个人自由落下时,他决不会感到自身的重量。我吃了一惊,这个简单的思想实验给我打上了一个深深的烙印,这是我创立引力论的灵感。"④假想在电梯内,突然发生故障,整个电梯都自由下落,与此同时,电梯内的

---

① 《爱因斯坦文集》第一卷,商务印书馆,1976 年,第 23 页。

② 《爱因斯坦文集》第一卷,商务印书馆,1976 年,第 24 页。

③ 爱因斯坦、英菲尔德:《物理学的进化》,湖南教育出版社,1999 年,第 6 页。

④ 爱因斯坦:《我是怎样创立相对论的》,载《科学学与科学技术管理》1983 年第 7 期。

观察者松手落下的物体，就会停在空中。这样的实验也没有必要真的去做，因为有危险。在思想实验中，科学家用想象的对象取代实体对象，用想象的自己的行为取代实验的过程，从而推导出实体变化的结果。实体实验的结果是对象"应该如此"，思想实验的结果是对象"肯定如此"。思想实验是通过自由想象和逻辑推论在头脑中进行的实验，是虚拟化、理想化、逻辑化的实验。它超越了实体实验的局限性，使那些没有条件进行，或因成本太高不值得去进行的实体实验在想象中实现。它比实体实验更纯净，因为它排除了外界的干扰和环境的污染；更准确，因为它排除了实验者动作的误差和实验工具的缺陷，具有更高的审美价值，是思维的艺术珍品。它是主体对客体的超越，不受时间、空间和客观条件的制约。思想实验更富创造性和科学家的个性。

思想实验不能作为检验科学理论的标准。它的结论与预言，最后仍需实体实验的检验。1919年5月英国爱丁顿团队的日食观测，证实了广义相对论的光线弯曲的预言。欧洲大型强子对撞机（LHC）实验，为了寻找希格斯粒子，不惜投入500多亿美元，几万台计算机联网，全球5 000多名科学家参加。爱因斯坦创立相对论又花费了几美元？又有几人参与？相对论是思想实验创造的奇迹，可是真正使相对论闻名于世的，却是1919年的观测。

狭义相对论涉及极快的速度，广义相对论涉及极大的空间尺度，由于极限问题的研究，理论物理学离经验越来越远。爱因斯坦说："如果要更加深入地理解各种联系，那就必须用另外一些离直接经验领域较远的概念……"[1]在这种背景下，想象的作用就更加突显。他认为想象比逻辑更重要："逻辑可以使你从A到B，而想象则可以带你到任何地方。"[2]"想象力比知识更重要，因为知识是有限的，而想象力概括着世界上的一切，推动着进步，并且是知识进化的源泉。"[3]

看来科学问题解决的难度，通常同它与直接经验的距离成正比，可是却离理论物理学的宏伟目标更加接近。爱因斯坦指出："相对论是说明理论科学在现代发展的基本特征的一个良好的例子。初始的假说变得愈来愈抽象，离经验愈来愈远。另一方面，它更接近一切科学的伟大目标，即要从尽可能少的假说或者公理出发，通过逻辑的演绎，概括尽可能多的经验事实。同时，从公理引向

① 《爱因斯坦文集》第一卷，商务印书馆，1976年，第15页。
② 郭光灿、高山：《爱因斯坦的幽灵》，北京理工大学出版社，2009年，第4页。
③ 《爱因斯坦文集》第一卷，商务印书馆，1976年，第284页。

经验事实或者可证实的结论的思路也就愈来愈长，愈来愈微妙。理论科学家在他探索理论时，就不得不愈来愈听从纯粹数学的、形式的考虑，因为实验家的物理经验不能把他提高到最抽象的领域中去。"①理论物理学正发展到新的阶段，这就决定了它必然要更多地依赖思想实验和数学模型。

爱因斯坦重视数学模型的作用。通过广义相对论的创立，他的科学方法论思想发生了重大转折，从经验论转向唯理论。他写道："从有点像马赫的那种怀疑的经验论出发，经过引力问题，我转变成为一个信仰唯理论的人，也就是说，成为一个到数学的简单性中去寻求真理的唯一可靠源泉的人。"②这个转变也可以表述为从传统的经验方法为主转向现代的数学方法为主。他在《关于理论物理学的方法》一文中说："自然界是可以想象到的最简单的数学观念的实际体现。我坚信，我们能够用纯粹数学的构造来发现概念以及把这些概念联系起来的定律，这些概念和定律是理解自然现象的钥匙。……当然，经验始终是数学构造的物理效用的唯一判据。但是这种创造的原理却存在于数学之中。"③他在《评理论物理学中问题的提法上的变化》一文中说："如果最初是把理论想象为对实在客体的描述，那末，在较晚的时期，理论就被认为仅仅是自然界里发生的过程的一种'模型'。"④把这两段话联系起来，可以认为爱因斯坦把理论物理学理解为一种数学模型，即他所说的"纯粹数学的构造"。

在传统物理学中，物理学家在建构科学理论时，需要获取有关研究对象的经验材料，主要是物理量即实验数据，观测、实验是取得这些数据的方法。思想实验本身不可能提供这些材料，所以仅靠思想实验还不能构成科学理论，思想实验需要同数学模型相结合。

数学模型是关于研究对象各种要素的数量关系、空间关系及其与对象属性之间对应关系的数学结构，它通常是用函数关系式、微分方程式、几何图形、拓扑结构等数学方法表述的关于研究对象的猜想，它是数学的想象，是在想象中建构的现实。作为理论演算形式的数学模型，可以包含许多非实在因素。物理学家通过数学模型，可以构造现实，并推导出可能出现的现象。数学上的可能

① 《爱因斯坦文集》第一卷，商务印书馆，1976年，第262页。
② 《爱因斯坦文集》第一卷，商务印书馆，1976年，第380页。
③ 《爱因斯坦文集》第一卷，商务印书馆，1976年，第316页。
④ 《爱因斯坦文集》第一卷，商务印书馆，1976年，第309~310页。

性远远多于现实的可能性,所以数学模型构造出的世界,远比现实世界广泛。物理学家预先设计一种模型,由此通过数学计算,得出相关数据,可称为"模型数据",以弥补实验数据的缺位,并进而推论出能够用观测、实验检验的结论。在爱因斯坦看来,数学模型是有效的方法。"所有这些构造和把它们联系起来的定律,都能由寻求数学上最简单的概念和它们之间的关系这一原则来得到。"[①]

广义相对论的数学模型主要是采用黎曼几何创立起来的,从而实现了引力的"几何化"。他还说,"既然没有几何学的帮助,物理学的定律就无法表示,那末几何学就应当走在物理学的前面"[②]。他的这些思想有力地推动了现代理论物理学的数学模型化。

同马赫一样,爱因斯坦对科学思想史非常重视。他对牛顿以来的物理学的理论思想作了批判性的考察。他说科学从一开始就在寻找统一的理论基础。科学的理论基础是由最少数的概念和基本关系组成的,我们可以由此推导出各个学科的一切概念和基础。若科学知识受到冲击,科学基础所受到的冲击就会更加强烈。他所说的科学基础,是科学的最基本的理论思想,相当于我们所说的科学纲领、科学传统。

在科学史上第一个提供这种基础的是牛顿。爱因斯坦认为组成牛顿理论基础的基本因素是:(1)具有不变质量的质点。(2)质点之间的超距作用。(3)质点的运动定律。(4)绝对时间和绝对空间。他把这种基础称为"力学基础"、"力学传统"、"力学的根基"、"机械的世界图景"、"牛顿的框子"等。他认为这个基础是作为经典力学根基的机械论。

爱因斯坦说在近200年中,这个基础给科学以稳定性和思想指导,并被看作是科学的唯一基础。"这个牛顿的基础判明是卓有成效的,到19世纪末为止,它一直被看作是最终完成了的基础。它不仅给出了天体运动的结果,直到最详细的细节,而且还提供了一种关于分立物质和连续物质的力学理论,提供了一种对能量守恒原理的简单解释,也提供了一种完整的和辉煌的热理论。"[③]物理学家甚至企图把麦克斯韦的电磁学理论也纳入到这个框架之中。200年的

---

① 《爱因斯坦文集》第一卷,商务印书馆,1976年,第317页。

② 《爱因斯坦文集》第一卷,商务印书馆,1976年,第205页。

③ 《爱因斯坦文集》第一卷,商务印书馆,1976年,第386页。

物理学虽然在细节上取得了丰硕的成果,但在原则问题上占统治地位的是顽固的教条——对牛顿基础的迷信。因此他认为需要对牛顿的基础进行批判性考察。

爱因斯坦说我们可以根据两个观点来考察。其一是"外部的证实",理论应同经验事实一致。其二是"内在的完备",理论的逻辑简单性。经过考察,他指出牛顿基础有三个缺点:(1)绝对时间、绝对空间的概念。(2)用即时传递的超距作用力来表示重力的效应。(3)未能解释引力质量与惯性质量相等这一重要事实。

在新知识面前,牛顿基础已遇到困难。

第一个困难,是从"外部的证实"角度看,很难把波动光学、电磁学纳入力学框架。"被认为是整个理论物理学纲领的牛顿运动学说,从麦克斯韦的电学理论那里受到了第一次打击。人们已经明白,物体之间的电的和磁的相互作用,并不是即时传递的超距作用,而是由一种以有限速度通过空间传播的过程所引起。按照法拉第的概念,除了质点及其运动以外,还有一种新的物理实在,那就是'场'。……牛顿的超距作用力的假说一旦被抛弃,电磁场理论的发展也就导致了这样的企图:想以电磁的路线来解释牛顿的运动定律,……力学的基本概念已经不再被认为是物理世界体系的基本组成了。"[1]电磁学否定了牛顿基础中的质点、超距作用和质点的力学定律这三个因素。

第二个困难,是从"内在的完备"角度看,绝对时空观(牛顿基础的第四个因素)在逻辑上不能成立。马赫对水桶旋转实验的分析表明,绝对空间是应当摒弃的概念。

爱因斯坦还指出,他的相对论也向牛顿基础发出了挑战。"狭义相对论既然放弃了绝对同时性观念,也就排除了超距作用力的存在。由这一理论可知:质量不是一个不变的量,而是依赖于(实际上是相当于)所含的能量。它也表明,牛顿的运动定律只能认为是对低速才有效的极限定律;它建立了一条新的运动定律来代替牛顿定律"[2]。他指出,广义相对论采用了引力场的概念,而广义相对论是以惯性质量与引力质量相等为基本假设的,所以相对论克服了牛顿基础的三个缺点。

---

① 《爱因斯坦文集》第一卷,商务印书馆,1976年,第227页。
② 《爱因斯坦文集》第一卷,商务印书馆,1976年,第228页。

牛顿基础被超越了,我们应当用新的基础来取代它。他说广义相对论还不能提供新的基础,因为它未揭示引力作用和电磁作用的内在联系,统一场论可以完成这项任务。"引力场"是广义相对论的核心概念。1920年爱因斯坦说:物质有两种形态:有重物质和场。电磁场和引力场有"原则性的差别"。"如果引力场和电磁场合并成为一个统一的实体,那当然是一巨大的进步。那时,由法拉第和麦克斯韦所开创的理论物理学的新纪元才获得令人满意的结束。"[1]1918年德国数学家魏耳试图把电磁作用纳入引力框架之中。1919年爱因斯坦的《引力场在物质基元粒子的结构中起主要作用吗?》一文,表明他已开始这方面的研究。场论纲领经历了三个阶段:电磁场理论、广义相对论(引力场理论)和把这二者统一起来的统一场论。

爱因斯坦在探索统一场论的同时,还力图建构新的科学统一理论基础以取代牛顿的纲领。从他的著作来看,我们可以把他的纲领概括为以下基本观点。

1. 自然界本质上是简单的统一的世界,自然科学的基本目标是追求简单性和统一性。

爱因斯坦认为,真实的自然界是简单的世界。自然界逻辑简单性的基础是统一性。他说:"经过引力问题,我转变成为一个信仰唯理论的人,也就是说,成为一个到数学的简单性中去寻求真理的唯一可靠源泉的人。逻辑简单的东西,当然不一定就是物理上真实的东西。但是,物理上真实的东西一定是逻辑上简单的东西,也就是说,它在基础上具有统一性。"[2]

为什么自然界在逻辑上具有简单性? 这是因为自然规律具有简单性。"实际上,自然规律的简单性也是一种客观事实,而且正确的概念体系必须使这种简单性的主观方面和客观方面保持平衡。"[3]规律是事物的本质,自然规律的简单性就是自然界本质的简单性,因此这种简单性具有客观性。

自然科学的基本目标之一,是追求简单性。"人们总想以最适当的方式来画出一幅简化的和易领悟的世界图像"。"物理学家对于他的主题必须极其严格地加以限制:他必须满足于描述我们的经验领域里的最简单事件;企图以理论物理学家所要求的精密性和逻辑完备性来重现一切比较复杂的事件,这不是

---

① 《爱因斯坦文集》第一卷,商务印书馆,1976年,第128页。

② 《爱因斯坦文集》第一卷,商务印书馆,1976年,第380页。

③ 《爱因斯坦文集》第一卷,商务印书馆,1976年,第214页。

人类智力所能及的。"①

科学理论的简单性,就是公理最少。"我们在寻求一个能把观察到的事实联结在一起的思想体系,它将具有最大可能的简单性。我们所谓的简单性,并不是指学生在精通这种体系时产生的困难最小,而是指这体系所包含的彼此独立的假设或公理最少"②。

2. 自然科学理论具有统一的理论基础,从这个基础出发,我们可以用逻辑方法推导出自然科学的一切结论。

爱因斯坦说:"从一开始就一直存在着这样的企图,即要寻找一个关于所有这些学科的统一的理论基础,它由最少数的概念和基本关系所组成,从它那里,可用逻辑方法推导出各个分科的一切概念和一切关系。"③请注意,他是说自然科学的一切知识都可以从这个"统一的理论基础"推导出来。

"科学的目的,一方面是尽可能完备地理解全部感觉经验之间的关系,另一方面是通过最少个数的原始概念和原始关系的使用来达到这个目的。(在世界图像中尽可能地寻求逻辑的统一,即逻辑元素最少。)"④他认为理论概念与理论关系具有层次性,原始理论概念和理论关系缺乏逻辑的统一性。为了弥补这个缺陷,我们就创造出一个由较少概念和关系构成的体系,第一层的原始概念和关系是它的"导出概念"和"导出关系"。对逻辑统一性的进一步追求,我们又创造了第三层体系,它的概念和关系的数目更少,并能推导出第二层体系。"这种过程如此继续下去,一直到我们得到了这样一个体系:它具有可想象的最大的统一性和最少的逻辑基础概念,而这个体系同那些由我们的感官所作的观察仍然是相容的。"⑤这样的体系是科学的统一的理论基础,由此可以推导出自然科学的所有层次的概念和关系。

3. 物理实在是我们认识以外的独立存在,与测量无关。

"相信有一个离开知觉主体而独立的外在世界,是一切自然科学的基础。"⑥他所说的这个"外在世界"就是物理实在,这是自然科学实在论的最一般的

---

① 《爱因斯坦文集》第一卷,商务印书馆,1976 年,第 101～102 页。
② 《爱因斯坦文集》第一卷,商务印书馆,1976 年,第 298～299 页。
③ 《爱因斯坦文集》第一卷,商务印书馆,1976 年,第 385 页。
④ 《爱因斯坦文集》第一卷,商务印书馆,1976 年,第 344 页。
⑤ 《爱因斯坦文集》第一卷,商务印书馆,1976 年,第 345 页。
⑥ 《爱因斯坦文集》第一卷,商务印书馆,1976 年,292 页。

观点。

那么,如何理解物理实在的概念呢?"就我们的目的来说,并不需要一个关于实在的广泛的定义。我们将满足于下面这样的判据,这判据我们认为是合理的。要是对于一个体系没有任何干扰,我们能够确定地预测(即几率等于1)一个物理量的值,那末对应于这一物理量,必定存在着一个物理实在的元素。"①这就是说,在没有外界干扰的情况下,实在的物理量是唯一确定的,也是可以唯一地预言的,这里没有任何偶然性、随意性、不确定性的地位。如果出现了随机性的因素,那只是外界干扰的结果。这样,爱因斯坦就赋予了物理实在的机械决定论性质。

4. 物理实在的状态与数量具有确定性,我们对其可以做出尽可能精确的测量。

"理论物理学家的世界图像在所有这些可能的图像中占有什么地位呢? 它在描述各种关系时要求尽可能达到最高标准的严格精确性,这样的标准只有用数学语言才能达到。"②爱因斯坦认为物理学所追求的不是一般的"严格精确性",而是"最高标准"的严格精确性。

他还说:"高度的纯粹性、明晰性和确定性要以完整性为代价。"③他所追求的高度精确性,也就是高度的纯粹性、明晰性和确定性。总之,他追求的是简单性,而不是复杂性。

5. 除热力学过程以外,自然界的基元过程均同时间箭头无关,都是可逆的过程。

他说:"无论在哪种情况下都是这样:时间箭头是完全同热力学关系联系在一起的。"但他又认为"在热力学平衡中所发生的东西本身根本就没有什么时间箭头"。他举例说,如果我们把一个粒子的布朗运动拍摄下来,并把这些图像确切地按照时间的顺序保存好,但这只能看出图像的相邻性,却不能显示正确的时间顺序究竟是从第一个字母 A 到最后一个字母 Z,还是从 Z 到 A。连"最机灵的人"也不能从这全部图像中查出时间箭头。如果扩散过程有时间箭头,那也只同初始条件有关。"解释时间箭头的全部问题同相对论问题毫不相干。"

---

① 《爱因斯坦文集》第一卷,商务印书馆,1976 年,第 329 页。
② 《爱因斯坦文集》第一卷,商务印书馆,1976 年,第 101 页。
③ 《爱因斯坦文集》第一卷,商务印书馆,1976 年,第 102 页。

"统计性量子力学也完全同基元过程的无箭头性相符。只要我们能更直接地了解基元过程,每一过程就有它的逆过程。辐射也不例外。在基元事物中,每一过程都有其逆过程。""在关于基元过程的经验定理中,没有什么东西支持这种箭头,正如古典力学中一样。"①如果非基元过程出现了时间箭头的话,由于非基元过程可以还原为基元过程,所以时间也就失去了它的箭头。

6. 场是不可能再简化的实体,是自然界的基元物质,基本粒子是场的一种形态。

爱因斯坦在创立广义相对论的过程中,提出了引力场的概念,继而他又想把引力场与电磁场统一起来,建立统一场论。不仅如此,他还把粒子看作是场的一种形态,把场看作是自然界的基元物质,使他的统一场论具有本论的性质。

"按照法拉第的概念,除了质点及其运动以外,还有一种新的物理实在,那就是'场'。最初人们坚持力学的观点,试图把场解释为一种充满空间的假想媒质(以太)的力学状态(运动的或者应力的状态)。但是当这种解释虽经顽强的努力而仍然无效时,人们便逐渐地习惯于这样的观念了,即认为'电磁场'是物理实在的最终的不能再简化的成分。"②这就是说,电磁场是基元物质。

不言而喻,引力场也是基元物质,所以爱因斯坦就想把引力场与电磁场统一起来。"下述纲领看来是自然的:总的物理场是由一个标量场(引力场)和一个矢量场(电磁场)组成的"③。

"物质的基本粒子按其本质来说,不过是电磁场的凝聚,而决非别的什么……""粒子则不过是场能特别稠密的区域。在这种情况下,人们可以希望,质点的概念连同粒子的运动方程都可以由场方程推导出来——那种恼人的二元论就会消除了。"④

7. 场是连续状态的物质,时间与空间也是连续的。

在爱因斯坦看来,自然界是连续的,场是连续的,在数学上用连续函数描述。自然界是个连续的系列,不可能从一个部分跳跃到另一个部分,而只能逐个地通过一系列的"中介",从一个部分逐步过渡到另一部分。"一张大理石桌

---

① 《爱因斯坦文集》第三卷,商务印书馆,1979 年,第 498、497、496 页。
② 《爱因斯坦文集》第一卷,商务印书馆,1976 年,第 227 页。
③ 《爱因斯坦文集》第一卷,商务印书馆,1976 年,第 28 页。
④ 《爱因斯坦文集》第一卷,商务印书馆,1976 年,第 128、16～17 页。

摆在我的面前,眼前展开了巨大的桌面。在这个桌面上,我可以这样地从任何一点到达任何其他一点,即连续地从一点移动到'邻近的'一点,并重复这个过程若干(许多)次,换言之,亦即无需从一点'跳跃'到另一点。""具有这个意义的'世界'也是一个连续区"。①

8. 物理学对自然界可以作出完备的描述,即如果实在的某一状态是完全已知的,我们可以根据物理学知识,推导出它在任何时刻的状态的细节。

爱因斯坦相信自然界的规律是完备的。他在给玻恩的信中说:"在我们的科学期望中,我们已成为对立的两极。你信仰掷骰子的上帝,我却信仰客观存在的世界中的完备定律和秩序,而我正试图用放荡不羁的思辨方式去把握这个世界。"②那么什么是规律的完备性呢?"实在的外在世界的规律在下述意义中被认为是完备的:如果客体在某一时刻的状态完全是已知的,那末,它们在任何时刻的状态就完全是由自然规律决定的。当我们谈论'因果性'时指的就是这一点。"③爱因斯坦所理解的自然规律的完备性,就是因果性;他所理解的因果性,就是排除偶然性、随机性、不确定性的因果性。他认为只有这种因果性才是完备的规律性。

"真正的自然规律所必须概括的是完备描述的资料,而不是不完备描述的资料。"④物理学要认识自然规律,就必须概括完备描述的资料,使自己具有完备性。物理学对自然界的描述是完备的:"未来同过去一样,它的每一细节都是必然的和确定的。"⑤

9. 生物学、心理学均可以归结为物理学。

在爱因斯坦看来,物理学的研究对象是极其广泛的。"还在文艺复兴时代,物理学就想找到决定物体在时间和空间里的行为的普遍规律。哲学是研究这些物体的存在问题的。对于物理学来说,天体和地球上的物体,以及各种化学上的品种,都是存在于时间和空间里的实在的客体"⑥。哲学研究的是物体的存在,物理学研究的是物体的行为,二者都以客体为对象,这样就赋予了物理学以

① 爱因斯坦:《狭义与广义相对论浅说》,上海科学技术出版社,1964年,第68、45页。
② 《爱因斯坦文集》第一卷,商务印书馆,1976年,第415页。
③ 《爱因斯坦文集》第一卷,商务印书馆,1976年,第519页。
④ 《爱因斯坦文集》第一卷,商务印书馆,1976年,第538页。
⑤ 《爱因斯坦文集》第一卷,商务印书馆,1976年,第283页。
⑥ 《爱因斯坦文集》第一卷,商务印书馆,1976年,第519页。

哲学的品格。

他又说:"应当在最广泛的意义上来了解物理学;换句话说,它包含了研究无机界的全部科学。"①按照这个看法,至少无机化学应当包含在物理学之中。

关于生物学与物理学的关系,爱因斯坦写道:"物理学家的最高使命是要得到那些普遍的基本定律,由此世界体系就能用单纯的演绎法建立起来。""有了它们,就有可能借助于单纯的演绎得出一切自然过程(包括生命)的描述,也就是说得出关于这些过程的理论"。②既然从物理学中可以推导出关于生命的理论,那生物学就可以归结为物理学,所以生物学便失去了它的独立意义。

关于心理现象,爱因斯坦说:从伽利略时代保存下来的科学思想的一个重要特点是:"空间-时间规律是完备的。这意味着,没有一条自然规律不能归结为某种用空间-时间概念的语言来表述的规律。根据这条原理得出的结论是,举例说吧,相信心理现象以及它们之间的关系,最终也可以归结为神经系统中进行的物理过程和化学过程。"③既然人的心理现象都可以归结为物理过程,那还有什么自然现象不能作出这种归结呢?

10. 已知的物理学纲领在宏观领域与微观领域都同样有效。

在爱因斯坦看来,我们的物理学统一理论基础是在宏观领域的研究中形成的。那它在微观领域是否有效? 这是非常重要的问题。他说:"在'宏观'领域里,大概没有人会倾向于放弃这个纲领……但是,'宏观'和'微观'是如此相互联系着的,以致单独在'微观'领域中放弃这个纲领似乎是行不通的。我也不能在量子领域的可观察事实范围内的任何地方看出有这样做的任何根据"④。他认为物理学的统一理论基础既是自然科学各个学说的统一基础,又是宏观世界与微观世界研究的统一基础。

在一定意义上可以说,爱因斯坦对新科学纲领的建构,在客观上是用物理学机械论来取代以牛顿为代表的力学机械论。

---

① 《爱因斯坦文集》第一卷,商务印书馆,1976年,第522页。
② 《爱因斯坦文集》第一卷,商务印书馆,1976年,第102页。
③ 《爱因斯坦文集》第一卷,商务印书馆,1976年,第523页。
④ 《爱因斯坦文集》第一卷,商务印书馆,1976年,第470页。

第四节 现代宇宙学

现代宇宙学所研究的课题,就是现今观测所及的大天区上的大尺度特征,即大尺度上的时间和空间的性质、物质及运动的基本规律,即从整体的角度来研究宇宙的结构与演化。人们认为现代宇宙学是从爱因斯坦 1917 年发表的《根据广义相对论对宇宙学所作的考查》一文为开端的。

一、爱因斯坦的有限无边宇宙模型

牛顿力学的出发点是惯性。惯性定律指出,当物体在做匀速直线运动时,若没有外力的作用,就会永远维持这种匀速直线运动。这条定律实际上是欧几里得的第二公设——线段可以无限作直线延长的力学化。牛顿力学要求的空间是欧氏几何学空间,即平直的、无限的空间。所以牛顿认为宇宙是无限的,物体无论沿哪个方向运动,无论运动多远都不会遇到障碍。由于我们没有看到某一区域的物质会在引力的作用下聚成一个密集的质量,所以牛顿必须假定宇宙空间的物质平均密度是相同的。人们一直习惯于牛顿的这种宇宙模型。可是 1823 年德国的奥尔波斯提出了光度学悖论:如果宇宙是无限的,均匀分布在空间中的恒星也是无限的,那我们在任何方向上都应当看到无限多的恒星,星空每一个角落都塞满恒星,像太阳表面那样灿烂夺目,但我们并未观察到这种情形。1894 年德国的塞里格尔又提出了引力悖论:如果宇宙中的恒星无限多,那任何一个物体就会受到无限多恒星的无限大的引力作用,产生无限大的加速度,但我们也未看到这种现象。当然,如果宇宙物质密度分布绝对均匀,各个方向上的物质引力的贡献会正好抵消。然而,对于无限宇宙,这种抵消是"无穷大减去无穷大"的结果。实际上宇宙物质分布不会严格均匀,抵消所剩仍将是可观的,即远处物质仍会有巨大的引力贡献,这也与事实不符。即使物质分布均匀,无限宇宙内的牛顿引力势也不存在有限解。[①]

---

① 参见陆埃《粒子与宇宙》,《自然杂志》第 5 卷第 5 期。

解决悖论的一条出路,就是放弃物质均匀分布的假设,提出等级模型。1908年瑞典的沙利叶从数学上改善了朗白尔的等级模型,认为假定系统是球形的,在系统的阶增加的情况下,它的半径平方比它的质量增加得更快,因而物质的密度随着系统的阶的增加而减少,并在极限的情况下等于零。这样宇宙的质量虽然是无限的,但在宇宙的任何观测区域中,引力场的强度又都是有限的,这就避免了引力悖论。有人为了克服光度学悖论,就设想宇宙中存在着一种能吸收光的星际物质,但这又使引力悖论更加尖锐。有人为了克服引力悖论,就设想当距离很大时,引力不按距离的平方减小,而是减小得更厉害些,这样宇宙空间各处的物质平均密度相同,而又不会产生一个无限大的引力场。

爱因斯坦对上述种种方案都不满意。他认为根据沙利叶的理论,就要假定宇宙有某种类似中心的东西,在那儿物质的密度最大;离中心越远,密度就越小;远至无限处,世界就是一片空虚。这种理论显然是不合理的。而对万有引力定律的修改既无经验根据,也无理论根据。

那么出路在哪里呢?爱因斯坦认为应当坚持物质均匀分布的原理,但要放弃宇宙无限的观念。于是他根据广义相对论空间弯曲理论,提出了有限无边静态的宇宙模型。他认为宇宙空间的体积有限,但是一个弯曲的封闭体,没有边界。这样的模型我们不可能用直观来描述它,只能通过二维的弯曲封闭空间来想象三维的弯曲封闭空间。当时估算宇宙半径为35亿光年。宇宙没有边界就是没有内外,所以宇宙是唯一的,"宇宙之外"的说法是不成立的。有限无边的宇宙一般人觉得难以想象,就像古人难以想象大地是球形一样。所谓静态,是说宇宙在小范围内有运动,但从大范围来看则是静止的。爱因斯坦说:"由于这个讨论的结果,对天文学家和物理学家提出了一个最有兴味的问题:我们所居住的宇宙是无限的,还是像球形宇宙那样是有限的? 我们的经验远不足以使我们回答这个问题。但是广义相对论使我们得以在一定程度上可靠地回答这个问题"[①]。

哈勃定律提出后,人们很自然联想到宇宙膨胀问题,而宇宙膨胀就意味着整个宇宙的变化,所以爱因斯坦承认他的静态模型是错误的。另外,由于引力的作用,宇宙要缩小,于是他又修改了引力场方程,增添了具有斥力的"宇宙

---

① 中国科技大学天体物理组:《西方宇宙理论评述》,科学出版社,1978年,第150页。

项"。有人说这是爱因斯坦生平所犯的一个最大错误。爱因斯坦本人也有同感。

从亚里士多德到牛顿,再到爱因斯坦,宇宙理论经历了一个否定之否定的发展过程。爱因斯坦在某些方面又回到了亚里士多德,但又不是简单地重复亚里士多德的观点:从亚里士多德的宇宙有限有边,到牛顿的宇宙无限无边,又到爱因斯坦的宇宙有限无边;从亚里士多德承认水晶般的实在天球,到牛顿否定天球,又到爱因斯坦承认由空间弯曲所构成的天球;从亚里士多德认为空间关系(自然位置)决定天体的运动,到牛顿认为引力决定天体的运动,又到爱因斯坦认为空间的几何性质决定天体的运动,但这种空间的几何性质又是由物质的分布决定的。

然而爱因斯坦的宇宙理论也包含着矛盾。宇宙是否有限有待研究,就空间弯曲的理论基础等效原理而言,它只有在均匀引力场的条件下才能成立。可是在一个天体的周围引力场并不是均匀的,严格说来重物下落的方向并不是平行的,所以等效原理又有一定的局限性。重物下落问题同亚里士多德、牛顿与爱因斯坦的宇宙理论都有密切的关系,在这里我们又戏剧性地碰到了这个问题。它曾启发了那三位科学伟人,也许还会启发后人提出一种更新的宇宙理论吧。

二、哈勃定律

1922 年苏联的弗里德曼等人发现,广义相对论的场方程无需引进"宇宙项",由此可得到各种膨胀或收缩的宇宙模型,因为一个物质均匀分布,各向同性的宇宙是不稳定的。1927 年,比利时的勒梅特(1894~1966)在弗里德曼工作的基础上,提出了大尺度宇宙空间随时间而膨胀的概念。但这个思想并未引起人们的注意,直到 1929 年哈勃提出了哈勃定律以后,才显示出了它的生命力。

美国天文学家哈勃(1889~1953)既是为宇宙膨胀提供观测证据的第一人,又是现代河外星系天文学的奠基者。银河系的概念确立以后,接着要解决的问题就是河外星系是否存在。解决这个问题的条件是要承认有些星云是恒星集团,然后再测量这些恒星系的距离,估计银河系的大小。若恒星系的距离超过了银河系的范围,就证实了河外星系的存在。

银河系有多大? 威廉·赫歇耳估计是 7 000 光年。1918 年美国的沙普利研究球状星团的空间分布,发现90%以上的球状星团位于人马座方向的半个天球上,于是提出太阳系不在银河系的中心,偏离中心约5万光年,纠正了威廉·赫歇耳认为太阳系在银河系中心的错误。沙普利估计银河系的直径为30万光年,后来证明银河系的直径是10万光年,他把银河系估计过大了,原因是忽略了星际消光的因素。另一方面,旋涡星云——恒星系统又有多远呢? 1917年以后,美国的柯提斯利用造父变星的周光关系,估计仙女座大星云的距离是1000万光年(后修改为50万光年),更远的星云达2000万光年。

1924年哈勃确认M31中的12个造父变星的距离是90万光年,后人修改为200多万光年,这大大超出了银河系的范围。哈勃的结论在1924年底的美国天文学会的一次会议上公布了。与会者都认识到:争论已经结束,宇宙学的一个启蒙时代已经开始。后来有人曾这样说过:"想想哈勃已经到达可观测的宇宙领域也许就像赫歇耳父子达到了银河系和伽利略达到了太阳系一样,那是很诱人的事。"

至于要证实宇宙膨胀,先决条件就是要测量天体的径向运动。由于径向运动是沿我们视线方向的运动,所以很难直接测定。1842年发现的多普勒效应却提供了一种简便有效的方法。多普勒效应是由奥地利物理学家多普勒(1803~1853)首先提出的。这是一种当波源与观察者做相对运动时,观察者接收到的频率和波源发出的频率不同的现象。两者相互接近时接收到的频率升高,相互离开时则降低。例如,当火车向我们驶来时,汽笛声显得尖利(频率升高);当火车离我们而去时,汽笛声则变得低沉(频率降低)。在天文观察中,利用天体发出的光谱中谱线的移动(即频率变更),可以准确测定天体的视向速度。若谱线向红端(频率低的一端)移动(称为"红移"),表示天体离我们而去;若向蓝端移动,表示天体向我们而来。红移或蓝移量的大小,反映了天体视向速度的大小。1868年英国的哈金斯宣称,他用这种方法测出天狼星以46.5千米每秒的速度离开我们。1914年美国的斯莱弗发现13个星系以几百千米每秒的速度远离我们而去。为什么大多数星系都远离我们而去(其光谱线红移)? 这是一个十分引人注意的问题。

1929年哈勃指出,星系的距离越远,则红移越大,退行的速度也越大。后来人们就把红移和距离之间的线性关系称为哈勃定律。哈勃常数表明河外星系的距离每增加100万秒差距(每秒差距约3.26光年),其退行速度则增加30~

110千米每秒。

那些距离我们十分遥远的天体系统,都像发狂一样以惊人的速度朝四面八方远离我们,但这并不说明地球、太阳系或银河系是宇宙的中心。相反,在任何星系上都可以看到其他星系远离它们而去,并都遵守哈勃定律。任何一个星系都没有特殊的地位,这从一个方面说明了宇宙的各向同性,由此也可以推想到宇宙是均匀的。哈勃说:"对整个可观测区域的研究导致了两个很重要的结果。一个是整个区域的同一性,即星云的大尺度分布的均匀性。另一个是速度-距离关系。"①星云在小尺度范围内的分布是很不均匀的,但在大尺度范围内这种不均匀性就被平均掉了。于是,可观测的区域不仅是各向同性的,而且也是均匀的,即处处相同并且一切方向上相同。这样可观测的区域就成了宇宙的一个"样品",它的特征将反映整个宇宙的面貌。

这就为宇宙学研究提供了一个基本的方法论思想。这个思想爱因斯坦就已提出过,现在用哈勃的话来表述就是:"为了理论探讨的方便,我们可以采用均匀性原理,而假定宇宙的任一个随意选择的相等部分都和我们的可观测的区域相同。我们可以假定这个星云的世界就是宇宙,并且这个可观测区域就是一个十分满意的样品。"②

三、宇宙学原理与人择原理

英国的米尔恩把宇宙均匀性与各向同性的思想称为宇宙学原理。这一原理虽然带有假设的性质,但很快就得到绝大多数宇宙学家的承认,因为它符合人们的认识过程,符合科学研究中的简单性要求。如果在研究宇宙学的初期我们就假设宇宙是不均匀的,各个方向是不同的,我们所观测到的区域不是宇宙的一个"样品",那只能是作茧自缚。

20世纪60年代,美国的迪克提出,我们人类虽然不处于宇宙的中心,但人类也有某种优越性,优越到容许我们作为观察者而存在的程度。比如从空间上说,我们附近必须有老一代的恒星,因此从它们核心爆发出来的重元素能构成我们的躯体;从时间上讲,我们人类生活的时代不能太早,以致这些前代恒星还

---

① 中国科技大学天体物理组:《西方宇宙理论评述》,科学出版社,1978年,第159页。
② 中国科技大学天体物理组:《西方宇宙理论评述》,科学出版社,1978年,第164页。

没有形成，但也不能太晚，以致我们的太阳已耗尽了自己的光和热。后来英国的卡特就把迪克的这个说法称为弱人择原理，并发挥了迪克的思想，在 1970 年提出强人择原理：宇宙必须能够容许在某一阶段产生出作为观察者存在的生命体。

研究表明，自然界的各种基本物理常数配合得相当巧妙，稍有差错，便会危及人类生存。迪克指出万有引力常数的变化可能会引起太阳光度和日地距离的变化，从而影响地球表面温度的变化。如果像狄拉克所预言的那样，引力常数随时间成反比，那地球表面的温度在 10 亿年前就会高于水的沸点。这显然是不利于生物进化的。人择原理的基本思想就是用人类的存在来说明宇宙的初始条件和物理基本常数之间的关系。它所提供的解释是：事情现在之所以是这样，那是因为现在有人存在。起初可能存在着各种不同的宇宙，各具有不同的初始条件与物理常数，但作为观察者的生物只能生存于具有特定常数值的宇宙中，因此人也就只能看到具有这种特定常数的宇宙，而看不到其他的宇宙。这就像春生秋灭的昆虫不可能看见严寒一样，虽然严寒是存在的。所谓人择，并不是人去选择，而是宇宙产生了各种可能状态，但只有在我们现在所看到的这种状态中才能演化出人类。所以我们所看到的宇宙就是这种状态。

为什么宇宙学原理能成立？为什么我们的宇宙是各向同性与均匀的？人择原理的解释是：过去的宇宙也许是非常不规则的，但在那种条件下不可能出现人。即各向同性与均匀性适宜生命的发展，所以我们现在所看到的宇宙当然是各向同性与均匀的。

人择原理在说明现状方面，当然可算作是一种尝试，然而它的一些假定是无法用观察来验证的。比如它假定物理常数的任何其他配合，都不可能或很难为生命的演化提供条件。这个假定让科学家如何去验证？

1963 年，南京大学戴文赛先生提出了"宇观"的概念。宇宙学研究的是宇观世界，但宏观的人所能接触的宇宙范围总归是有限的。在有限范围内所获得的知识只有通过外推的方法，才能得出宇宙学的结论。宇宙学原理认为我们所接触的宇宙这一区域，同尚未接触的区域没有本质的差别，这就成了外推的根据。就这个意义说，没有宇宙学原理，宇宙学研究就很难进行。但这个原理本身只是一种假设。由于大尺度没有明确界限，这一原理的适用范围也就不明确。宇宙的过去与未来是否均匀与各向同性，尚无法作出结论。此外类星体在空间或时间上分布的不均匀,宇宙背景辐射的精确测量发现了四极各向异性,宇宙空间中还发现了直径可达 5 亿光年的巨大空区(巨洞),对这些现象现在还未能提供令人满意的解释,因此宇宙学原理仍旧面临着挑战。

如何理解红移现象与哈勃定律? 最自然的一种说法就是宇宙在不断膨胀。所以以后出现的许多宇宙学理论都以宇宙膨胀为核心,但对膨胀的起因与过程的解释又各不相同。膨胀中是否有演化? 有稳恒态理论与演化态理论两种。就演化型而言,又有从热到冷的热模型与从冷到热的冷模型。此外,还有正反物质宇宙模型,以及否认宇宙学原理的等级式宇宙模型。

四、大爆炸宇宙理论

哈勃定律的提出,是对宇宙膨胀学说的巨大鼓舞,爱丁顿立即把勒梅特的宇宙膨胀的概念同哈勃定律结合起来。1932 年勒梅特又进一步提出原始原子爆炸起源的理论。他认为放射性是物质的一种普遍属性,化学元素要么是放射性元素,要么就是放射性变化的产物。铀的平均寿命是 40 亿年,而铀本身很可能就是某个原始原子蜕变的产物,当然这个原始原子早已蜕变光了。所以他说:天体演化的最简单的出发点不再是或多或少均匀的星云了,而应该是一个单独的原子。原始原子,也有人称为宇宙蛋,由于剧烈的放射性衰变而发生的爆炸,就是宇宙膨胀的原因。起初整个宇宙中的物质都包含在这个宇宙蛋中,它的膨胀经过三个阶段。先是在原子蜕变的时刻发生爆炸,原子碎片迅速散开,形成一种气体云,这是快速膨胀过程。其次是由于密度很大,引力超过斥力,碎片散开的速度减慢,气体云由于碰撞而形成星云,这是减速膨胀过程。最后是斥力超过引力,星云形成星团,这又是快速膨胀过程。他用康德的口吻说:"给我一个原子,我将用它建造出一个宇宙。"

1946 年美国的盖莫夫(1904～1968)根据恒星热核反应理论,提出大爆炸宇宙模型,发展了勒梅特的理论。他指出物质与辐射都有质量,在今天的宇宙中物质的质量比辐射的质量大,但在宇宙演化的早期阶段,辐射的质量密度就曾经超过普通物质的密度,那时的宇宙几乎全由高温热辐射组成,而各种原子(无论有无放射性)的作用,都是可以忽略不计的。这是盖莫夫不同于勒梅特之处。

盖莫夫认为宇宙始于一次大爆炸,在最初几分钟内温度达到 100 亿度,物质只由质子、中子和电子组成,密度极高,它们就是"物元"。随着宇宙不断膨胀,原始物质的温度与密度都不断下降,在 10 亿度左右中子失去了自由存在的条件,质子与中子开始聚合为氘、氚、氦以及更重一些的元素。在最初半小时内,各种化学元素形成。当温度下降到几千度时,气态物质逐渐形成星云,以后又凝聚成亿万颗恒星。

大爆炸宇宙理论除了得到哈勃定律的支持以外,它还能对天体的年龄与氦的丰度提出一种解释。尤其是 1953 年盖莫夫曾预言今天的宇宙温度很低,只有绝对温度几度。1965 年美国的彭齐亚斯与威尔逊果然发现了 3K 的微波背景辐射。但是它在星系的起源等方面还有些问题没有解决,奇点问题就是其中之一。从膨胀宇宙倒退到过去,将会在 10^{10} 年前得到一个温度与密度、时空曲率均为无穷大的而半径为零的奇点状态。这种状态如何理解? 奇点之前宇宙是否存在?

根据现代宇宙学,如果宇宙物质平均密度大于临界密度,那宇宙先膨胀后收缩,是封闭式宇宙;如果宇宙物质平均密度小于临界密度,那宇宙就永远膨胀,是开放式宇宙;如果宇宙物质平均密度等于临界密度,则宇宙既不膨胀,也不收缩。

暗物质问题是当代科学前沿问题。测量天体质量一般有两种方法:光度学方法和动力学方法。从 20 世纪 30 年代起,科学家发现用这两种方法测量同一个天体系统,动力学质量竟是光度学质量的几百倍。科学家由此提出:宇宙中存在着暗物质,用动力学方法可以测出其质量,用光度学方法却测不出。他们估计宇宙中的物质 90% 以上是暗物质,宇宙基本上是"暗宇宙"。

20 世纪 80 年代,古斯和林得提出了暴胀宇宙假说,认为宇宙经历过一个急剧膨胀的短暂时期,宇宙的物质与能量可能是在暴胀过程中从虚无中产生的。

宇宙蛋又是从何而来的? 有人认为宇宙开始时是由极端稀薄的气体在引力的作用下逐渐收缩而成的。在这个阶段宇宙是收缩的,后来宇宙蛋突然爆发,收缩宇宙才变为膨胀宇宙。这是双曲型宇宙或振荡宇宙,是交替胀缩的宇宙模型。

五、稳恒态宇宙理论

大爆炸宇宙理论流行较广,影响很大,但受到了英国的霍伊尔、德国的戈尔德、奥地利的邦迪等人的反对。霍伊尔指出，如果宇宙是在有限时间以前的一次大爆炸中创生的，为什么我们现在在银河系内看不到一点大爆炸的痕迹？而且大爆炸理论对宇宙年龄的估计也往往偏低。比如它最初的估计是 10 亿年，可是人们用同位素年代学定出铀矿的年龄是 13 亿年。后来又估计为 20 亿年，但地质学家们指出地球的固态地壳已经有 43 亿年了。此外大爆炸理论也不能说明星系是如何通过凝聚从背景物质中形成的，因为爆炸与凝聚是两个对立的概念。为此霍伊尔声称要提出一种新思想，这就是稳恒态宇宙理论。

稳恒态宇宙理论的出发点，是既承认宇宙在不断膨胀，又要扩大宇宙学原理。一般宇宙学原理认为在宇宙学的大尺度上，空间在任何一点和任何一点的任何方向上都是相同的，但同一点在不同的时刻则是不同的，所以一般宇宙学原理允许宇宙的演化。1948 年霍伊尔、邦迪等人则提出了完全的宇宙学原理，认为宇宙不仅在空间上是均匀的和各向同性的，而且在不同时刻也是完全相同的。邦迪写道："除去局部的不规则性以外，从任何时刻任何地点去看，宇宙都具有相同的式样。""仅只这一条原理就能够提供一个充分的基础，用以没有歧义地发展一个宇宙学理论。"[1]

霍伊尔认为宇宙理论要着重研究以下问题：宇宙膨胀的原因是什么？宇宙的不断膨胀是否意味着在可观测的宇宙内物质的含量会不断减少？宇宙在空间上是有限还是无限的？宇宙的年龄有多大？等等。他认为，根据哈勃定律，当星系离我们 20 亿光年时，星系退行的速度刚好等于光速，这时这个星系向我们发出的光既不前进，也不后退，我们就不可能获得有关这个星系的任何信息，它对我们来说就是不可观测的了。因此，由于宇宙不断膨胀，我们只能观察有限一部分的宇宙，一旦星系离我们 20 亿光年时，它就犹如消失在永恒的黑暗之中。这样一来，由于不断有星系超出 20 亿光年这个临界极限，它们就不断地消失，那在一个空间范围内星系的密度将越来越小，宇宙也将越来越空。霍伊尔在《宇宙的本性》中说："所以如果这些老理论任何一个是正确的话，我们最后就要生活在一个看不见什么东西的空宇宙之中了。除了或许还有一两个非常近邻的星系像卫星一样依附在我们银河系近旁以外，就是全空的宇宙了。演化到这种情况的时间并不是太长的，仅仅只要 10 亿年左右（相当于太阳寿命的

① 中国科技大学天体物理组：《西方宇宙理论评述》，科学出版社，1978年，第176页。

1/5),我们现在能观测得到的包含着 100 000 000 个左右星系的太空,就会变成空的了。"①总之,由于宇宙的不断膨胀,在逻辑上就会得出物质不断减少、星系不断消失的结论。所以霍伊尔认为,要承认宇宙膨胀,就要设法找到宇宙物质的来源,来补偿星系的消失。

这个来源就是宇宙背景物质。他说,在我们观察到的 10 亿光年的范围内,背景物质的平均密度虽然很低,1 品脱(约 0.56 升)容积内平均只有一个原子,但整个宇宙背景物质的总量却超过了所有星系物质总量的上千倍。背景物质通过凝聚,可以形成新的星系来补偿星系的消失。

这个过程将无限制地进行下去,背景物质最终会被用完。于是霍伊尔必须对物质的补充来源作进一步假设:在宇宙空间中会源源不断地产生出新物质,来弥补背景物质的损耗。背景物质由什么来补偿呢? 只能由空间来补偿,因为除去星系、背景物质外,剩下的就是空间了。他们认为宇宙在不断地创生物质,创生率为每 5 000 亿年在 1 立方米的体积内产生 1 个氢原子。这种微小的创生率是无法直接探测到的,但在可观测的宇宙范围内,每秒钟所创造的物质数量却是惊人的,可达 1 亿亿亿亿吨之多!

可是,这么多的物质究竟是从哪儿来的呢? 空间本身能创造物质吗? 很难作明确的回答,但只能作如此假设,别无他法。霍伊尔写道:"关于不断创生的最明显的问题是:创生的物质究竟从何而来? 我认为,它们不来自任何地方。物质就是出现了——它被创造了。在某个时刻,组成这些物质的各种原子并不存在,而过了一些时候,它们就出来了。看上去这似乎是一个非常奇怪的思想,而且我也同意这一点。不过,在科学上,一种观念看上去不管多么奇怪是没有多大关系的,只要这种观念有用。这也就是说,只要这种观念能表述成精确的形式,只要由它所得到的结果与观测相符就行。"②在霍伊尔等人看来,既然承认宇宙在不断膨胀,那么要么宇宙会消失,要么就要假设物质的不断创生。他们硬是选择了后者。他们就这样用宇宙的不断创生,来代替大爆炸理论的一次大爆炸。稳恒态模型认为虚无可以不断创造能量,避免了热寂状态。宇宙被看作是一台永远运转的机器。

宇宙一面在不断扩大体积,一面在不断创生物质,所以宇宙中的物质密度

---

① 中国科技大学天体物理组:《西方宇宙理论评述》,科学出版社,1978 年,第 220~221 页。
② 中国科技大学天体物理组:《西方宇宙理论评述》,科学出版社,1978 年,第 222 页。

始终是相同的,过去没有一个高度集中的时期,将来也不会发生物质消失的情况。就整个宇宙来讲,现在同过去一样,将来也同现在一样。如果给宇宙拍一部电影,我们将会看到虽然在星系内部的细节上有一些变化,但总的画面是不变的。如果有个观众在电影放映中间打了个盹,当他醒来以后他也不会发现银幕上有什么大变化。即使把影片倒过来放映,总的画面也仍然是不变的。这就完全否认了宇宙的变化。

他们认为这种理论可以对宇宙膨胀的原因提出一种解释:因为空间不断创生物质,而宇宙又要保持不变的物质密度,新创生的物质就会产生一个向外的压力,就会使宇宙不断膨胀。

稳恒态理论提出以后,也引起了不少人的怀疑,因为这个理论同重子数守恒、轻子数守恒、质量守恒等定律不一致。大概霍伊尔也觉得稳恒态理论过于简单了,又提出了"涨落的稳恒态"的说法,即认为已观测到的演化只是一种涨落,而在超出现今观测范围的更大尺度上就看不到这种演化现象了。

六、正物质反物质宇宙理论

宇宙膨胀的动力是什么?为什么星系能克服引力的作用而不断膨胀?瑞典物理学家克莱因从狄拉克的反物质理论中得到启发,提出了正物质反物质宇宙理论。这一理论的基本前提是:宇宙在大范围内是由等量的物质与反物质组成的,它们遵守已知的物理学规律。

克莱因认为宇宙的初始状态是由球状的稀薄的气体云构成的,它包含有正反粒子。起初正反粒子相距很远,其密度每百万立方米不超过一个粒子,所以正反粒子几乎不会相碰而湮灭。云不断收缩,正反粒子不断相碰,相互湮灭时所产生的能量主要以辐射的形式放出,辐射压也不断增加,这就是宇宙膨胀的原因。宇宙的膨胀就会使物质区域与反物质区域分离开来。

关于宇宙膨胀的原因,还有人提出当两个粒子离得相当远时,就互相排斥,即宇宙间存在着万有斥力,是斥力造成了膨胀。但霍伊尔认为这种理论简直就是对万有引力定律的恶作剧。因为这样一来,背景物质又怎么能聚集成星系?也许将来人们还会回到南斯拉夫的波什科维奇在18世纪提出的思想:引力与斥力随着物质距离的变化而交替起作用。

七、等级式宇宙理论

上述的各种宇宙理论都是以宇宙学原理为前提的,稳恒态宇宙理论甚至把这一原理夸大到极端,而等级式宇宙理论则对宇宙学原理提出了批评。法国的伏库勒说宇宙学原理如同古希腊的柏拉图原理、毕达哥拉斯的天文学理论一样,只是一种对美、简单与和谐的追求,而不一定有根据。柏拉图、毕达哥拉斯、亚里士多德固执地认为行星运动的轨道是正圆的,速度是均匀的,在数学上的确简化了,在心理上也得到了圆满优美的感觉,但后来开普勒证明这些假设都是没有根据的。同样,现在的宇宙学家们坚持宇宙学原理,认为星系在大尺度上的分布是均匀的,各向同性的,宇宙膨胀的速度是均匀的,这一切同样都是没有根据的。不幸的是,对现代宇宙学的历史的研究揭示了现代宇宙学和中世纪的经院哲学之间存在着令人不安的类似。伏库勒认为,假说的经济或简单虽然是研究方法中的一条有效原则,但是一切假说都必须经受经验的检验。在科学史上"丑陋"的事实破坏了"美妙"的理论,是屡见不鲜的。他批评相信宇宙学原理的学者,是"空想理论家","他们总是更多地考虑着想象中的(因而是并不存在的)宇宙的虚假属性,而不去关心从观测中所揭示的真实世界"[①]。他问:我们怎么知道宇宙的均匀性与各向同性的?宇宙平均密度的确切定义是什么?宇宙的年龄究竟有多少?诸如此类的问题是不能够凭美学上的偏见或者数学上简化的考虑来回答的。那些疏忽大意的人把一些先验的假设不加批判地当作既成事实,是十分危险的。

伏库勒的见解有几分道理。的确,宇宙学原理是研究太阳系的柏拉图原理、研究银河系的赫歇耳假设的继续,都是研究初期的一种简单化方法,都是一种对美与和谐的追求。这种方法在研究的早期是必然出现的,也有一定的方法论意义。正如伏库勒所说,这只是假设,而不是既成事实。伏库勒是科学研究中的现实主义者,他认为宇宙学原理是先验的假设、美学的偏见,反对把对自然界美与和谐的追求看作是研究宇宙学发展的一个动力,这作为一家之言也不能简单否定。但要否认宇宙学原理,也同样要拿出宇宙在大尺度上不均匀,各向

---

① 中国科技大学天体物理组:《西方宇宙理论评述》,科学出版社,1978年,第241页。

不同性的事实,就像开普勒用行星运行三定律来否定柏拉图原理一样。

伏库勒认为宇宙在结构上是不均匀的、分层次的,如有恒星、星系、星系团、超星系团等。星系成团是宇宙结构的主要特征。随着尺度的变化,层次的性质也在变化。所谓宇宙的均匀性与各向同性在不同的层次上有不同的含义。他说,认真考虑等级式宇宙模型的时刻似乎已经到来了。等级式的宇宙理论虽然有机械循环论的缺点,但伏库勒的批判精神是可贵的。现代宇宙学正在等待自己的开普勒出现,而伏库勒对已有宇宙学的批评,正反映了这种历史的要求。他问:难道我们真的有理由宣称,或者甚至有理由希望,我们现在已经接近于最终解决宇宙学问题了吗?

第五节　从大陆漂移说到板块构造学说

德国气象学家魏格纳在《海陆的起源》中说,任何人观察南大西洋的两对岸,一定会被巴西与非洲间海岸线轮廓的相似性所吸引。这个现象是关于地壳性质及其内部运动的一个新见解的出发点,这种新见解就叫做大陆漂移说。

大地浮动的猜想古已有之。古希腊的泰勒士曾有大地是浮在水上的圆盘的设想,古代中国人也提出过"地若浮舟"的地动理论。1620年,弗兰西斯·培根与后来德国地理学家洪堡也已注意到大西洋两岸轮廓的相似,并认为这不是偶然的现象。1668年天主教神甫普赖斯主张在大洪水前美、欧、非三大洲连在一块,并猜想当年诺亚方舟是沿着不太宽的大西洋航行的。1756年德国神学家利连撒尔曾根据许多大陆相对两岸的轮廓相似性,认为地球曾在大洪水以后发生过破裂。18世纪末19世纪初,埃希尔父子在欧洲阿尔卑斯山发现,较年轻的灰岩被较古老的暗色砂岩所覆盖,而这种暗色沙岩是外地具有的。埃希尔说:"没有人相信我,他们要送我去收容所!"[①]1858年意大利的斯奈德也利用一些地质学材料说明非洲与美洲过去是一块大陆。1910年美国的泰勒猜想大陆向赤道漂移。可是真正使大陆漂移说作为一种系统的假说出现在科学界并轰动一时的,却是魏格纳。

---

① 孙荣圭:《地质科学史纲》,北京大学出版社,1984年,第74页。

一、大陆漂移说的提出

魏格纳(1880~1930)一生喜爱探险,具有不畏艰险、勇往直前的气概。他26岁时就同他的兄弟乘气球连续飞行了52个小时。1912~1913年他在格陵兰考察,曾亲眼看到一座座巍峨的冰山在缓慢运动。这些经历使他比较容易想象大陆的漂移。1930年他再度在格陵兰考察,在－65℃的严寒里,顶着狂风,冒着大雪,艰难跋涉了160千米(100英里),最后为科学事业献出了自己的生命,人们在第二年才找到了他的遗体。

1910年的一天,魏格纳卧病在床,无事可做,看着墙上的世界地图,偶尔注意到南大西洋两岸轮廓的相似,头脑中便闪过了大陆漂移的念头。第二年秋天,他偶然读到一些文献,了解了一些有关巴西与非洲之间以前连在一起的古生物学证据。1912年他发表《大陆的生成》一文,1915年出版《海陆的起源》一书,认为在古生代石炭纪以前(大约在3亿年以前),各大陆连成一块(原始大陆),后来,特别是在中生代末期分裂,逐渐漂流到现在的位置上。

魏格纳意识到,仅仅用两岸轮廓的相似还不能说明美非两大洲过去是连在一起的,还必须用对应两岸的地质构造、生物分布的连贯性来作为根据。"就像我们把一张撕碎的报纸按其参差不齐的断边拼凑拢来,如果看到其间印刷文字行列恰好齐合,就不能不承认这两片碎纸原来是连接在一起的。"[①]为此他为大陆漂移说提出了以下几方面的论据。

在古生物学方面,他指出大西洋两岸的许多生物有亲缘关系。比如有一种蚯蚓,西欧有,美国东部也有。园庭蜗牛的足迹在大西洋东岸的西欧与西岸的北美都有发现。在南美、非洲、澳大利亚都生活着肺鱼、鸵鸟。中龙的化石也分别在巴西与南非的地层中发现。舌羊齿植物化石广泛地分布在印度以及南半球各大陆的晚古生代地层中,说明过去的确存在过南方古大陆(冈瓦纳古大陆)。

这些现象在魏格纳以前也有人注意到了,但人们为了说明大洋两岸生物的亲缘关系,比较容易想到生物的迁徙,而难以想象大陆的漂移。有人认为鸟会

---

① 魏格纳:《海陆的起源》,商务印书馆,1964年,第50页。

飞,鱼会游,爬行动物可以通过木块从一块大陆漂移到另一块大陆,大风也会把植物的种子吹过宽广的海洋。但魏格纳认为这种解释是缺乏说服力的。比如肺鱼是淡水鱼,它如何穿洋过海?鸵鸟的翅膀早已退化,难道它也能飞越万里?有人又提出了陆桥说,认为大陆是不动的,但大洋中过去有狭窄的陆地是联系大陆的桥梁,后来这些桥在海洋中沉没了。魏格纳认为这种说法也不能令人信服。试问,素以步履缓慢著称的园庭蜗牛,何时才能爬完万里陆桥?如果真的有那么长的陆桥,那它的宽度应当同长度相称,那它就不是一座桥而是一块大陆了。而且在洋底也未发现过陆桥的迹象,后来虽然发现了庞大的海岭,它看起来倒有点像陆桥,但它们同海岸线却是平行的。陆桥说同当时流行的海陆固定论、地壳运动主要是垂直运动的观念是一致的,但魏格纳却敢于对这种传统观念提出怀疑。

在地质学方面,大西洋两岸的岩石、地层与皱褶构造也是相吻合的。例如南非的开普山脉同南美的布宜诺斯艾利斯山脉相接,不但地质构造相同,岩层的成分与年龄都一样。加拿大的阿巴拉契亚山脉同欧洲的加里东山脉也有许多相似之处。欧洲的石炭纪煤层一直延续到北美洲。

在古气候方面,我们能在两极地区找到热带沙漠的征兆,在赤道森林中找到冰盖,说明在2.5亿~3.5亿年前,今天的两极地区是炎热的沙漠,今天的赤道地区则出现过冰川。此外19世纪瑞士的阿加西斯发现了冰川的漂移,这个现象用大陆漂移说来解释也比较合理。

在魏格纳的时代,人们已认识到地壳有硅铝与硅镁层两层。魏格纳根据地壳均衡的观念,设想硅铝质的大陆在硅镁质的海底上漂移。当时深海探测的工作还很少进行,一些零星的资料似乎说明海底基本上是平坦的,因此魏格纳认为大陆在平坦的海底上漂移是完全可能的。他举例说在铺设中途岛到关岛的海底电缆时,在100处的深度测量中,最深处是6 277米,最浅处是5 510米,只差767米。他说:海底与大陆就像水和水上的冰块一样。后来事实证明海底并不是平坦的,他用海底的平坦性说明大陆漂移的可能性是没有根据的,而这个缺点后来直接影响到他的学说的命运。

是什么力量使大陆漂移的可能性变为现实性的呢?魏格纳从大陆漂移的方向来寻找大陆漂移的动力。他认为大陆的漂移有两个方向,一是从两极向赤道漂移,他认为这是离极力造成的,而离极力来自地球自转时所产生的离心惯性力。二是从东向西漂移，他认为这是潮汐摩擦力的结果。许多地球物理学家指出，海底并不是液态物质，大陆根本不可能像船一样在坚硬的洋底上滑动。离极力与潮汐摩擦力也都极小，不足以使巨大的陆地漂移。虽然魏格纳以赖尔的口吻说微弱的力经过几百万年的持续作用，也可以推动大陆，但他自己也承认，形成大陆漂移的动力问题一直是处在游移不定的状态中。他不无遗憾地说：漂移理论中的牛顿还没有出现。

魏格纳的大陆漂移说第一次揭示了大陆大规模水平运动的可能性，是对当时占优势的海陆固定论的一次冲击。以赖尔的层序律为基础的历史分析方法所建立起来的大地构造学派，只承认地壳在垂直方向上的运动，否认水平方向的运动，主张海洋、陆地的位置是固定的。1910年维理士在英国《科学》杂志上发表文章说："大洋盆地是地面上的永存现象，自从贮水以来，它们的轮廓虽少有变化，但它们的位置却今昔无异。"[1]当时地槽-地台说占统治地位，它认为地壳分为地槽和地台两个构造单元。地槽先缓慢下沉，然后上升；地台相对稳定，但也略有升降。魏格纳却冲破了大陆固定论的樊篱，走进了活动论的领域。所以魏格纳的假说提出后，受到许多固定论者的反对。以英国地球物理学权威杰弗里斯为首，许多人从地球物理学的角度对大陆漂移说提出责难。魏格纳的假说面临的处境是：虽然从古生物学、地质学、古气候学来看大陆曾经漂移过，但从地球物理学的角度来看，大陆又根本不可能漂移。而在多数人的心目中，古生物学等方面的证据只能说明现象，而地球物理学的理论却反映了地壳运动的本质；魏格纳是地质学的外行，杰弗里斯等人却是地球物理学的权威。虽然魏格纳的假说属渐变论，但有人却对它产生了误解，把它同灾变论扯在一起，而在赖尔以后灾变论被认为是荒诞的。魏格纳被拒绝参加地质学会议，理由是他只是气象学家。1926年，在美国召开的一次石油地质学会会议上，大陆漂移说受到了多数人的反对，甚至连魏格纳的为人，也遭到了一些非议。一篇篇批评的文章几乎淹没了他。这个说："它定量不够，定性不当。"那个说："这个学说必须摒弃。"法国地质勘探局主任特迈说，魏格纳的理论是"一个伟大诗人之梦"，当人们"试图抱住它"时，将发现"他怀抱的只是一个泡沫或一缕轻烟"。舒克特说："一个门外汉把他掌握的事实从一个学科移置到另一个学科，显然，不会获

---

[1] 魏格纳：《海陆的起源》，商务印书馆，1964年，第25页。

得正确的结果。"①看来大陆漂移说只能是很快被人遗忘的一枕黄粱了。

二、大陆漂移说的复兴

科学史上常有这种现象：当一种颇有创见的新思想刚问世时，或由于还未得到充分的证实，或由于超出了当时一般人的理解能力，或由于受到传统观念的反对，或由于种种其他原因，很可能会沉寂下去，似乎销声匿迹，不复存在。但它的活力仍然潜藏着。一旦新思想得到新的论据，旧观念受到冲击，它就会复兴，以更新的面貌重新活跃在科学的舞台上。大陆漂移说就是这种理论。它在 20 世纪 30 年代开始"冬眠"，到 50 年代"春风吹又生"，是古地磁学的研究给它带来了春天的信息。许多岩石都具有相当稳定的磁性，它是在岩石形成的地磁场作用下取得的，它的磁化方向与岩石形成时的磁场方向一致，这就是所谓的化石磁性。对化石磁性的研究表明，从古到今纬度已发生了很大的变化，甚至地球磁极也在不断迁移。人们又进一步发现，北美与欧洲的磁极迁移曲线在形状上相同，但前者位于后者的西面。为什么会有两条磁极迁移曲线？难道地球有两个旋转极？这当然是不可能的。可是如果北美与欧洲两块大陆移动靠拢，这两条曲线就合二为一，而大西洋却不存在了。这就有力地说明欧美两块大陆过去的确是相连的。这些现象只有用大陆漂移说才能作出圆满的解释。所以英国的布莱克特在 1954 年宣布，英国在 2 亿年以来已向北移动了很大的距离。1962 年英国的朗科恩编辑出版了《大陆漂移》论文集。大陆漂移又重新成为人们谈论的题目。大陆漂移说的复兴表明了在地学中物理学方法的优越性。

1962 年，杰弗里斯又提出，大西洋两边海岸线的相似纯属偶然，实际上并不吻合，例如非洲与南美洲的接合就有 15 度的误差。这又促使英国的布拉德在 1965 年用电子计算机进行大陆的拼合。他不是按海岸线拼合，因为这并不是大陆与海洋的真正分界线，而是按大陆坡某一深度线来拼接，拼合的结果平均误差不超过 1 度。于是人们开始对大陆漂移说刮目相看了。

---

① 科恩：《科学革命史》，军事科学出版社，1992 年，第 456 页。

三、海底扩张说

魏格纳认为大陆是在海底上漂移的,假设了海底的平坦性与可塑性,可是海底的实际情况究竟如何,当时人们并不很清楚。1917年人们开始用新的回声法来测量海洋的深度,发现海底起伏不平,有山有岭有盆有沟。高耸的海岭重力值并不大,说明洋壳以下的地幔物质热而轻,密度比较小,海岭是地幔物质向上涌升造成的。海沟的重力值也很小,但它为何下沉得很深?一定有一种向下的拉力。这又使人们重新注意了1928年英国霍姆斯提出的地幔对流的观点。此外还发现海洋沉积层的厚度很薄。根据固定论,海底同大陆一样古老,都有30亿年的历史,若每年沉积1毫米,沉积物也应有30千米厚,可是实测结果平均只有0.5千米厚。从海底取出的最古老的岩石样品距今只有1.3亿年,可是海洋动物早在5亿年以前就已经存在了。

总之,由于探测手段的提高,人们对海底的面貌有了进一步的认识。海底比较年轻,可能地幔物质从海岭涌出,再从海沟下降,固定论已暴露出矛盾;大陆漂移说虽然有理,但大陆不可能在起伏不平的海底上漂移。要说明大陆漂移的机制,还必须提出新的理论。1960~1962年美国的赫斯与迪茨同时提出了海底扩张说,认为地幔中的熔岩物质从海岭的裂谷中涌出,冷却后凝聚成新的海底,并推动原来的海底逐渐向两侧扩张,其速度每年约几厘米。大陆同海底一块在地幔对流体上漂移。熔岩通过海沟又回到地幔中去。旧海底不断消失,新海底不断创生,只要2亿年海底就可以重换一次。这就解释了海洋沉积层薄,海底比较年轻的现象,又把大陆漂移的传送带从海底改为更深的地幔对流体,从而解决了魏格纳学说所遇到的难题。赫斯说:"我的观点和大陆漂移说不是完全相同的。大陆不需要被未知的力的推动而在洋壳上运动,而是在地幔物质在洋脊顶峰处上升到地表时,大陆骑在地幔物质上被动地做侧向运动离去。"[①]

大规模的深海钻探工作表明,最古老的沉积物的年龄不超过1.6亿年,海底地壳的年龄随它同海岭距离的增加而增加,其扩张速度约每年2厘米。1965年加拿大的威尔逊对大洋火山岛进行考察,发现除个别岛屿外,所有大洋岛屿

---

① 弗兰克勒:《赫斯海底扩张假说的发展》,《科学史译丛》1985年第3期。

的年龄都小于 1.5 亿年,而且离海岭越远就越古老。威尔逊提出的转换断层的概念,英国的瓦因、马修斯关于海底磁异常条带的研究,也有力地支持了海底扩张说。以致威尔逊在 1967 年很有把握地说:地球科学已经从根本上发生了变化。1967 年也被人认为是从固定论占优势转为活动论占优势的一年。

四、板块构造学说

"板块"一词最早出现在 1965 年威尔逊关于转换断层的论文中。这一年威尔逊、赫斯访问剑桥,同布拉德、马修斯、瓦因讨论了大陆漂移的许多理论问题。他们的共同努力,又使海底扩张说发展为板块构造学说。他们发现大陆经过 1 亿多年的漂移,其轮廓变化很少,就设想大陆的漂移是坚硬的板块运动,海底扩张实际上是一对板块沿海岭轴向两侧拉开。根据这一学说,岩石圈被构造活动地带割裂为若干板块,地幔对流发生在岩石板块下面的软流圈,软流圈以每年几厘米的速度作对流循环运动。板块运动的动力是地幔对流。1968 年法国的勒比雄把全球板块分为 6 块,后来又有人分为 9 块,大板块之外还有许多小板块。

板块构造学说深刻地说明了 2 亿年以来联合古陆破裂、漂移的过程。但 2 亿年前的情况又是怎样的?联合古陆是否是自古就有的?魏格纳没有研究这个问题。板块构造学说则认为联合古陆也有形成的历史,它是由几块大陆焊接起来的,乌拉尔、阿巴拉契亚、加里东等褶皱山脉就是焊接的接缝线,即褶皱山脉是古大洋闭合的结果。地球上最古老岩石的年龄是 40 亿年左右,估计板块运动大约是在 30 亿年前开始的。地球的未来又将如何?板块构造学说认为,几亿年以后各大陆将会在太平洋区域重新汇集,又组成了一个新的联合大陆。板块不断产生又不断消失;大陆分久必合,合久必分;大洋扩张了又封闭,封闭了又扩张。地壳下面不断缓慢地发生着这种循环运动。板块构造学说是在海底扩张的基础上形成的,它既肯定了大陆漂移的事实,又基本上解决了它的致命弱点漂移的动力问题,使人们认识到板块运动是地球运动的一种基本形式。到 20 世纪 60 年代,除英国的杰弗里斯、苏联的别洛乌索夫以外,大多数地球物理学家都赞同板块构造学说,一些人认为它在地球科学中的地位,就像血液循环学说对于生理学、进化论对于生物学一样重要。

大陆漂移、海底扩张、板块构造是一个主题的三部曲,具体内容虽然不同,但其思路是一脉相承的。海底扩张是大陆漂移假说的一种新形式,板块构造是海底扩张假说的引申。从硅铝层的漂移,到地壳的漂移,再到岩石圈的漂移,在空间层次上越来越深;从现在的大陆分离,推想到过去联合古陆的形成与将来大陆的重新汇集,在时间的延续上向过去与未来伸展得越来越远。我们的地球运动不息,地壳既有垂直运动,又有水平运动,地表的大陆在不断漂移,地幔内的物质在不断循环。它们像赖尔的渐变论一样,认为不显著变化的长期积累会产生显著的后果,进一步把历史的观点带进了地球科学。

威尔逊在 1967 年出版的《地球科学的革命》和 1972 年出版的《大陆漂移》中指出,过去大多数科学家认为地球是坚硬的,大陆是固定的,现在人们发现地球表层在缓慢地变化,大陆如同"木筏"漂在密度较高的岩石之"海"上。"地学进行重大的科学革命时机已经成熟。至少,现在它的境遇,很像哥白尼和伽利略的设想被承认以前天文学家所处的境遇;或像原子分子被介绍出来之前化学所处的境遇;或像进化论以前生物学所处的境遇;或像量子力学之前物理学所处的境遇。"[1]他说,现在再也不能把一个不断活动的地球,硬套在一个固定不变的大陆框框中了。

地学是成熟得比较晚的一门基础科学。可是到了 20 世纪 60 年代,它以崭新的面貌站立在人们的面前。

第六节 分子生物学的发展

分子生物学一词,最初是由英国的阿斯特伯里在 1945 年提出来的。它是研究生物大分子的结构与功能关系的科学。生物大分子是指细胞成分中的高分子聚合物,如蛋白质、核酸、糖、脂肪及其相结合的产物,它们在分子水平上体现着遗传、新陈代谢等各种生命功能。过去生物化学也研究过生物大分子,可是对结构的研究同对功能的研究是脱节的。后来由于把核酸结构与核酸功能的研究结合起来了,才导致了分子生物学的诞生。

---

① 竹内均等:《地壳运动假说》,地质出版社,1978 年,第 222 页。

一、染色体、基因理论

1900年,荷兰的德伏利斯和德国的柯仑茨从事玉米的研究工作,奥地利的彻马克从事豌豆的研究工作。1901年,德伏利斯提出突变学说。他说:"新种是突然起源的,它是由现存的物种产生,用不着可观察到的准备阶段,也不用过渡。"[①]他们无意中看到了孟德尔的《植物杂交试验》一文,感到十分惊讶,因为他们发现他们正在做的工作孟德尔早在35年以前就做过了,而且记述得十分详细精确。次年,德国一家植物学杂志重新刊登了孟德尔的文章,英美各国也很快转载了。孟德尔遗传理论的重新发现,揭开了新生物学的序幕。

在20世纪初的生物学家看来,孟德尔的理论是新的而且有点难以理解。当时许多人深受达尔文连续变异思想的影响,认为孟德尔主张不连续变异,所以对孟德尔理论持怀疑、否定态度。孟德尔理论又有重新受到冷遇的可能。这时多亏英国的贝特森热情宣传孟德尔理论,并用杂交实验来证明它的正确。在1904年的一次辩论中,贝特森战胜了反对者,使人们认识到不连续性变异在遗传中的作用,孟德尔理论才真正被人们所认识。可是遗憾的是,这位积极宣传遗传因子学说的贝特森,到晚年竟拒绝基因论。

孟德尔的理论是正确的,那么孟德尔所说的遗传因子究竟在什么地方呢?人们很自然地想到了染色体。1879年德国的弗莱明发现用碱性苯胺染料可以把细胞核里的一种物质染成深色,这种物质就称染色质。1882年弗莱明描述了有丝分裂现象,指出细胞开始分裂时染色质聚集成丝状,然后又分裂为数目相等的两半。后来染色质丝就被称为染色体。1883年德国的鲁克斯指出染色体是遗传物质。当人们开始认真考虑孟德尔的遗传因子概念时,就觉得没有比染色体更像遗传因子的了。1904年美国的萨顿指出染色体同遗传因子一样都是成对的,分别来自父本与母本。但染色体的对数很少,豌豆只有7对,人也只有23对。遗传特征的数目远远超过这个数字,因此萨顿猜想一条染色体上可能有若干个遗传因子。1906年贝特森等发现,豌豆的一些特征常同另外一些特征一块遗传,从不分开,证明萨顿的猜想是有道理的。1909年丹麦的约汉逊提出用

---

① 迈尔:《生物学思想发展的历史》,四川教育出版社,1990年,第623页。

基因来代替遗传因子的概念。

对基因理论作出重大贡献的是美国遗传学家摩尔根。摩尔根(1866~1945)出身于名门望族,从小热爱自然界,热爱博物学。1880年上大学学习生物,1904年在哥伦比亚大学动物系工作,进行了著名的果蝇的遗传学研究,创立了基因理论。他强调实验在科学中的作用,认为玄奥的思辨只能妨碍科学思想的健全发展。他不反对假说,但认为只有经得住实验验证的假说才是可以接受的。他自称是一头"实验动物"。摩尔根起初是不相信孟德尔理论与染色体学说的,因为在他看来,这些理论缺少实验根据,带有思辨色彩,并有预成论的味道。1910年他在一群红眼果蝇中发现了一只白眼雄果蝇,他用这只白眼果蝇同别的红眼雌果蝇交配,子二代中的白眼果蝇全都是雄性的,他由此认识到决定白眼的遗传因子是同决定性别的因子联系在一起的。而当时人们已知道决定性别的是染色体,可见遗传因子的确在染色体上。于是尊重事实的摩尔根就改变了对孟德尔理论与染色体学说的态度。他提出了细胞遗传学的第三定律——环连与互换定律。他和他的学生证明在一条染色体上可以有好多基因,并把代表某一特定性状的特定基因,同某一特定染色体上的特定位置联系起来。这就告诉人们,基因不是一个抽象的符号,而是在染色体上占有一定位置的物体。

1915年摩尔根出版《孟德尔遗传的机制》,把染色体学说与孟德尔理论统一起来。1919年他出版了《遗传的物质基础》,1926年出版了《基因论》,使基因理论系统化了。基因理论的主要思想是:染色体是基因的载体,在正常情况下各种生物的染色体数目是恒定的。遗传性状是由一定数量的基因来控制的,许多基因在同一染色体上组成连锁群,成直线排列。生物之间遗传性状的差异主要取决于基因的组合。

长期以来,在遗传学上形成了摩尔根学派与米丘林学派,两派对一些重大问题的看法是不同的。在遗传基础问题上,摩尔根学派认为遗传基础主要在细胞核内,染色体上的基因是遗传物质,遗传基础是连续的,不同的遗传因子在一起不会融合变质。米丘林学派则认为整个活体、整个生殖细胞都是遗传基础,生物体内没有特殊的遗传物质。遗传性同生物体一样,都是不连续的,都是每一代在个体发育中重新形成的。这个观点颇像达尔文的泛生论。

关于生活环境的作用问题,摩尔根学派认为生活环境所引起的变异是表现型的变异,这是不遗传的,只有基因型的改变才是遗传的。基因型的改变可能是环境变化的结果,也可能不是环境变化的结果。米丘林学派则认为没有必要区分基因型与表现型,生物体如果适应了变化了的生活环境,出现了变异,那这些变异就会遗传下去。所以环境的改变是变异的根本原因。

不同学派的争论本来是正常的现象,可是苏联在一个时期内,采用不正常的行政手段,压制摩尔根学派,把"唯心主义的"、"资产阶级的"、"反动的"等帽子强加在孟德尔、魏斯曼、摩尔根的理论上,造成了很坏的影响。事实证明:一种自然科学理论只能在科学的内部被另一种科学理论所代替,而不可能被外部的行政力量所消灭。封闭研究单位、逮捕研究人员,只能使某种理论受到一个时期的压抑。只要这种理论扎根于事实的土壤之中,那它在一定的条件下,迟早还要萌发成长、开花结果的。

摩尔根的工作确定了基因是遗传物质。可是究竟基因是什么呢?当时不少人认为基因并不是实体,而是一种抽象的东西,由此也引起了一些争论。约汉逊反对基因实体化。缪勒在1921年提出基因是一种粒子,"我们终归可以在研钵中研基因,在烧杯中烧基因"[1]。摩尔根对这个问题的看法虽不十分明朗,但总的说来他强调基因"代表一个有机的化学实体"。他说虽然基因是看不见的东西,但它的性质并不是人为确定的,而是有事实根据的。"像化学家和物理学家假设看不见的原子和电子一样,遗传学者也假设了看不见的要素——基因。三者主要的共同点,在于物理化学家和遗传学家都根据数据得出各人的结论。只有当这些理论能帮助我们作出特种数字的和定量的预测时,它们才有存在的价值。这便是基因论同以前许多生物学理论的主要区别。以前的理论虽然也假设了看不见的单元,不过这些单元的性质都是随意指定的。相反,基因论所拟定的各种单元的各种性质,却以数据为其唯一根据。"[2]

随着基因理论的提出和发展,下一步要解决的问题必然是弄清基因的物质成分。

二、DNA 遗传物质概念的确立

基因在染色体上,染色体在细胞核内,而细胞核又在细胞内,所以基因的物

---

① 胡文耕:《遗传物质的认识史》,《自然辩证法通讯》1979年第4期。
② 摩尔根:《基因论》,科学出版社,1959年,第1页。

质成分应当同细胞、细胞核与染色体的物质成分有密切的关系。当时已经知道细胞主要是由蛋白质、核酸等生物大分子组成的。人们对蛋白质的认识比较早,所以也比较重视蛋白质的作用。蛋白质一词是贝齐里乌斯与当时正在研究鸡蛋蛋白类化合物的荷兰化学家穆尔德在 1836 年的通信中采用的。1842 年李比希指出,对于生物体来说,蛋白质要比糖与脂肪重要得多。恩格斯也曾指出生命是蛋白体的存在方式。他所说的蛋白体就相当于现代生物学所说的原生质。后来发现蛋白质由 20 种氨基酸组成,氨基酸是碳、氢、氧、氮的化合物,有些氨基酸还含有硫。氨基酸分子的基本特征是一边有个氨基,另一边有个羧基。各种氨基酸分子的氨基和羧基互相连接,能形成长长的链条——肽链。不同的氨基酸可以有许多不同的排列组合。随着蛋白质的功能被发现得越来越多,它的重要性也越来越明显,所以许多人都认为生物的遗传是由蛋白质的 20 种氨基酸的不同排列组合来控制的,也许基因是由蛋白质组成的。

核酸则是在 1869 年发现的。这一年瑞士的米歇尔从病人绷带上取下来的脓细胞中,得到了一种不同于蛋白质的物质,称为"核素"。后来人们发现它呈酸性,故又称"核酸"。1911 年在俄国出生的美国科学家莱文发现核酸有核糖核酸(RNA)和去氧核糖核酸(DNA)两种。1934 年他又提出核酸由 4 种核苷酸组成,核苷酸由一个核糖(或一个去氧核糖)、一个磷酸和一个有机碱基分子组成。19 世纪末,美国的威尔逊认为染色体的主要成分是核素,所以核素是遗传物质。

肺炎双球菌有两种类型:一种有外膜,有传染性;另外一种没有外膜,没有传染性。1928 年英国的格里菲斯发现有一种转化因子能使无膜型变成有膜型。1944 年美国的艾弗里(1877～1955)通过 10 年的研究,发现这种转化因子就是DNA。但是他的这个发现当时没有得到广泛承认,人们认为艾弗里提取的DNA 不纯,还残留有少量的蛋白质,而正是这一点点蛋白质造成了病菌的转化。

当艾弗里的工作受到普遍怀疑时,以美国德尔伯鲁克为首的噬菌体研究小组却对这项工作发生了浓厚的兴趣。德尔伯鲁克(1906～1981)原是德国人,在哥廷根大学毕业时,从天体物理学转向理论物理学,曾到哥本哈根向玻尔学习,是薛定谔的好友。玻尔认为可用互补原理来分析物理学与生物学关系的看法,给他留下了深刻印象。他在柏林研究铀分裂时,就常同遗传学家讨论问题,使他的兴趣又转向了生物学。后来他辞去了同哈恩一起研究铀分裂的工作,于

1938 年到美国研究基因,选择噬菌体为研究对象,创建了著名的噬菌体小组。噬菌体构造简单,只有一个蛋白质组成的外壳,其中含有 DNA,它比细菌小,繁殖又快,是研究的好材料。他们发现噬菌体能在细菌体内大量繁殖后代,但噬菌体并不需要钻入细菌体内,它只要把 DNA 注入到细菌体内就行了。这个实验雄辩地说明噬菌体的子代之所以像亲代,并不是因为子代获得了亲代的蛋白质,而是因为从亲代那儿获得了 DNA,可见主管遗传的不是蛋白质,而是 DNA。噬菌体小组对 DNA 遗传物质概念的确立作出了重大的贡献。这个小组有 20 名成员先后获得诺贝尔奖,成了举世瞩目的分子生物学的摇篮。

三、DNA 双螺旋结构的发现

DNA 在遗传过程中扮演如此重要的角色,自然就吸引了一大批生物学家、物理学家、化学家的注意。他们试图弄清 DNA 是如何决定蛋白质合成的,而这首先要弄清 DNA 的结构。

DNA 有 4 种碱基,那么这 4 种碱基的含量是否相同呢? 在没有根据说明 4 种碱基的含量不相同时,人们往往设想是相同的。莱文就根据当时粗糙的分析,得出 4 种碱基含量相同的结论,提出了四核苷酸说。根据这一假说,核酸的化学结构是: 含有 4 种不同碱基的 4 个核苷酸组成一个分子,这些分子再聚合为一个核酸大分子。因此核酸只是某种相同亚基的简单重复,同脂类、多糖一样是种单调的分子。这种假说符合简单化原则,但却否认了核酸的多样性。而否认了核酸的多样性,它是否是遗传物也就成了问题。可见四核苷酸说的提出虽有认识根据,但它在客观上又成了分子生物学发展的障碍。

奥地利的查哥夫对四核苷酸假说提出了怀疑。他在 1948～1952 年用比较先进的方法测出 DNA 中 4 种碱基并不是相等的,各种来源不同的 DNA,其 4 种碱基也不相同,DNA 具有丰富的多样性。但是这里又有一种规律性: 在 4 种碱基中,腺嘌呤(A)与胸腺嘧啶(T)的总量相等,鸟嘌呤(G)与胞嘧啶(C)的总量相等。查哥夫的发现推翻了错误的四核苷酸说,直接导致了碱基的配对原则,为后来沃森和克里克建立 DNA 双螺旋模型创造了条件。

美国科学家沃森(1928～　)毕业于芝加哥大学动物系,兴趣在鸟类学,后来成为噬菌体小组的成员。1951 年在意大利接触到分子生物学发展的情况,他决心从事分子生物学研究。随后他来到英国卡文迪许实验室,进行蛋白质和多肽的结构分析工作,并结识了克里克。克里克(1916～2004)原来在伦敦大学学习物理,后来转向生物学。他俩在一间办公室工作,都读过薛定谔的《生命是什么?》,都决心解决 DNA 的分子结构问题。

英国的威尔金斯与弗兰克林也在进行这方面的工作。威尔金斯毕业于剑桥大学物理系,后在薛定谔《生命是什么?》的影响下,开始研究生物学。1951 年他通过 DNA 的晶体结构分析,证明在一定的温度下,DNA 呈螺旋形结构,并初步算出螺旋的直径与螺距。弗兰克林(1920～1958)是一位女 X 射线衍射结晶学专家,她也曾在剑桥大学学习物理。1951 年开始研究 DNA 分子的 X 射线衍射技术。她一开始就推测 DNA 分子呈螺旋形,有多股链,磷酸根集团在螺旋的外侧,则碱基应在内侧。

1951 年 11 月,沃森在伦敦皇家学院听了弗兰克林的报告,就同克里克提出了三股链的螺旋结构分子模型。他们请威尔金斯与弗兰克林来参观这个模型。威尔金斯与弗兰克林指出他们把 DNA 的含水量算少了,即把 DNA 的密度估计大了。于是他们的第一个模型宣告失败。

不久克里克建议数学家格里斯计算碱基之间的吸引力,计算表明嘌呤与嘧啶有相互吸引的趋势。克里克由此提出不同碱基相互吸引的概念。1952 年 7 月查哥夫访问剑桥,告诉克里克,DNA 中的 4 种碱基的含量并不相等。克里克在查哥夫的启发下,进一步提出了碱基配对的思想,即 A－T,G－C,迈出了关键性的一步。过去缪勒等人曾把 DNA 分子与染色体作了类比,主张相同碱基配对,即 A－A,T－T。沃森当时根据对称性观念,也很偏爱相同碱基的配对,并在此基础上提出了第二个模型。可是用沃森的话来说,这个模型只活了 24 个小时。

碱基配对问题解决以后,还剩下一个重大问题就是 DNA 究竟是两股结构,还是三股结构。三股已被否定,克里克对两股还没有把握。这时沃森又根据对称性原则,认为既然染色体是成对的,DNA 二链成对的可能性也很大。这回沃森猜对了。1953 年他们在看到了威尔金斯拍得非常清晰的 X 射线衍射照片和弗兰克林精确的数据之后,终于提出了正确的 DNA 双螺旋结构。1953 年 4 月,他们在英国《自然》杂志上发表了一篇 1 000 多字的短文,宣布了他们的模型。历史很快就证明,这篇可以同达尔文的《物种起源》相媲美的论文,是生物学史上的又一块里程碑。

沃森与克里克从开始研究到获得成功,前后不到两年时间。他们的最大特点就是:一个是学生物出身,一个是学物理出身,两人各自发挥自己的特长,配合得十分默契;他们又都善于吸取别人的成果,善于接受别人工作的启发,善于在别人已达到的高度上,更上一层楼,达到更高的目标。他们不到两年就跑完了通向诺贝尔奖的道路,关键在于他们在接过接力棒时,别人已跑完了大部分路程。美国物理学家齐曼在谈到这一划时代重大发现时说:有成就的科学家就像这样一些士兵,他们"在一次强大的突击后,最后把战旗插上城堡的顶端。在他们加入战斗的时候,胜利已经在握;主要是由于偶然的机会才把胜利的标志交到他们手中"①。没有查哥夫、威尔金斯、弗兰克林等人的努力,没有更多的无名英雄的工作,没有一群科学家发起的强大突击,沃森与克里克就不可能把战旗插上城堡的顶端。而一旦条件成熟后,即使没有沃森与克里克,别人也会很快完成这个任务的。后来发现,弗兰克林 1953 年 3 月 17 日的一篇论文已非常接近目标,有人认为,只要再给一段时间,威尔金斯也会成功。甚至大西洋彼岸美国的鲍林离胜利也不远了。难怪克里克说:与其相信沃森与克里克证明了DNA 结构,倒不如强调 DNA 结构成全了沃森、克里克。

四、遗传密码的破译

DNA 是遗传物质,DNA 决定蛋白质的合成。蛋白质由 20 种氨基酸构成,蛋白质的性质不仅取决于氨基酸的种类与数量,还取决于它们的排列情况。20种氨基酸排列成的组合数目确实大得惊人。那么小小的 DNA 又是怎样决定蛋白质合成的呢? DNA 有 4 种碱基,而蛋白质有 20 种氨基酸,那么 4 种碱基又如何对应 20 种氨基酸呢? 人们好像遇到两篇文章,蛋白质文章的内容是由DNA 文章决定的,DNA 文章是用拼音文字写成的,这种语言的字母只有 4 个,而蛋白质文章是用非拼音文字写成的,它很像汉语的方块字,一共有 20 个字。所以两种不同语言不能简单照抄,而必须把一种语言翻译成另一种语言。要翻译就要有词典,即找到两种词汇的一一对应关系。那么 4 种碱基如何对应 20

① 朱克曼:《科学界的精英》,商务印书馆,1979 年,第 78 页。

种氨基酸呢?

最早对这个问题发表意见的是薛定谔。他在 1944 年出版了《生命是什么?》一书,试图用物理学的观点来研究生命运动。他说,复杂的生命现象是无法归结为物理学的普通定律的,我们不必为此感到沮丧,因为这是预料之中的事情。这不是因为生命体上有一种"新的力量"在起作用,而是因为生命体的构造同在物理实验室中实验过的任何东西都不一样。他认为我们要发现在生命物质中占支配地位的新的定律。这些定律既不是超物理学定律,也不能称为非物理学定律,而是涉及量子论的新物理学原理。所以他第一个把量子力学的概念和方法引入生物学。随着生物学与物理学的发展,物理学向生物学的渗透已经是不可避免了。早在 20 世纪初,摩尔根的一位没有名气的同学洛布就提出,生命运动的规律同一般的物理、化学规律是完全一致的。所以要理解生命现象,就必须用物理学、化学的观点,用实验、定量的方法来研究生物学。20 世纪 30 年代玻尔也曾用物理学的观点来谈论生物学问题。后来有一批物理学家先后转向生物学研究,给生物学带来了新的方法、新的思想。薛定谔的《生命是什么?》就像是一篇号召书,呼唤物理学家走上探索生命之谜的道路。分子生物学正是物理学与生物学相结合的产物。

薛定谔在这部著作里还提出了关于遗传密码的最初设想。他猜想染色体是一种微小而复杂的有机分子,它以遗传密码的形式来决定生物体的遗传性状,决定生物体未来发育的模式。可是在微小的遗传物质中怎么能包含那么多性状的密码呢? 他写道:"一种赋予足够的抗力来永久地维持其秩序的、秩序井然的原子结合体,看来是一种惟一可以想象的物质结构,这种物质结构提供了各种可能的('异构的')排列,在它的一个很小的空间范围内足以体现出一个复杂的'决定'系统。真的,在这种结构里,不必有大量的原子就可以产生出几乎是无限的可能的排列。"[①]他说,莫尔斯电报密码只用点与划两种符号,如果每一个组合用的符号不超过 4 个,就可编成 30 种不同的代号。如果再加上第三种符号,每一组合用的符号不超过 10 个,就可以编出 88 572 个不同的字母。因此,他认为微型密码可以同生物大分子的复杂结构相对应。

1954 年,盖莫夫认为 DNA 的 4 种碱基可能就是薛定谔所说的点与划,即

---

① 薛定谔:《生命是什么?》,上海人民出版社,1973 年,第 66~67 页。

密码子,它们的不同排列组合表示蛋白质中氨基酸的种类。一种碱基对应一种氨基酸显然是不够的,盖莫夫就设想两种碱基对应一种氨基酸,可是用 4 种碱基每两个碱基排列在一起,只有 16 种组合,仍然不够用。于是他就设想三种碱基决定一种氨基酸,其排列组合共 64 种,比氨基酸的种数还多 44 种,他又假定有的氨基酸可以用几种碱基密码来重复表达。盖莫夫知识丰富、兴趣广泛、想象力强,他主要从事天文学研究,生物学是他的业余爱好,三联密码假说是他业余活动的成果。所以有人把他的这项工作称为"也许是在最高等级的科学工作中业余活动的最后事例"。

当盖莫夫的假说刚提出时,并未引起人们的重视。因为有一个问题没有解决:DNA 在细胞核内,而蛋白质的合成是在细胞质中进行的。如果 DNA 决定蛋白质的合成,那 DNA 又怎么能穿过核膜从细胞核跑到细胞质中去呢?

盖莫夫曾邀请一些科学家讨论遗传密码问题。克里克是被邀请者之一。1959 年当人们几乎忘却了三联密码假说时,克里克却出乎意料地提出了中心法则,有力地支持了这个假说。克里克认为 DNA 分子一方面自我复制产生新的DNA 分子,另一方面又把遗传信息转录给信使 RNA,把遗传信息从细胞核携带到细胞质,再在细胞质内决定蛋白质的合成,这个次序是不可逆的。1970 年,美国的特明和巴尔第莫各自独立地发现了反转录酶,所以克里克后来对不可逆这点作了修订。华裔女科学家黄诗厚对此也作出了重要贡献。

1961 年,克里克与布伦纳用实验证明核酸密码的确是由三个核苷酸组成的。这年夏天,美国尼伦伯格领导的生物化学小组合成了碱基尿嘧啶(U),然后用三个尿嘧啶合成了苯丙氨酸,这就确定了苯丙氨酸的密码是 UUU。以后各个密码陆续被破译。1966 年克里克根据许多人的工作,排出了一个遗传密码表。这张表对于生物学的重要性,就像化学元素周期表对于化学一样。

五、现代生物学的几个理论问题

分子生物学的建立与发展,使生物学进入了一个新的历史时期,丰富了人们的生物学理论思想,也提出了许多新的理论问题。19 世纪的生物学证明从单细胞生物到高级生物都是由细胞组成的,揭示了生命在细胞水平上的统一。20世纪的分子生物学则指出一切生物都有共同的遗传物质和遗传密码,在分子水平上进一步证明了生命的统一性。19 世纪生物学强调蛋白质在生物体中的作用,20 世纪分子生物学则指出核酸和一种特殊蛋白质——酶的作用,加深了我们对生命本质的理解。19 世纪的进化论强调环境对生物体变异的作用,但未能很好地说明遗传与变异的内在机理。20 世纪分子生物学则认为遗传的本质就是 DNA 的自我复制,变异的本质就是 DNA 碱基序列的突变。它强调基因的作用,并不强调环境的作用,并认为由于 DNA 碱基序列的突变是随机的,因而变异是随机的。目前生物学界对环境的作用、必然性与偶然性等问题上的看法还不一致,有人还认为现代生物学提出了一些达尔文进化论难以回答的问题。

1968 年,日本的木村资生提出了"中性突变"的概念,认为生物的进化不是自然选择的结果,而是中性突变在自然群体中进行随机的遗传漂变的结果。许多突变是中性的,如有的突变虽改变了某些核苷酸的排列,但并未改变氨基酸的成分,属同义突变;有的突变虽然改变了氨基酸的成分,但并未改变其功能,属同功突变。既然这些突变未影响核酸与蛋白质的功能,那它们对生物体就谈不上有利或有害,不会使生物成为适者或不适者,达尔文的自然选择对它们就不起作用。通过在群体中的"婚配",一些中性突变消失,另一些固定下来,这就是随机的遗传漂变。新种的产生不是微小有利变异长期积累的结果,而是中性突变长期积累的产物。他说:"中性突变中命运好的才增殖。"[1]进化的速率是由中性突变的速率所决定的,而不像达尔文主义所认为的取决于环境变化的速度与生物世代的长短。核苷酸与氨基酸的置换是恒定的,中性突变的速率等于分子进化速率。木村资生认为中性学说是对达尔文自然选择学说的补充与发展。达尔文也曾看到了自然选择的局限性,他说:"无用也无害的变异则不受自然选择的作用。"[2]1969 年美国的金与朱克斯支持木村资生的学说,并提出了非达尔文主义的概念。他们在《非达尔文主义进化》一文中说:"在表型水平上观察到的进化变化的形式,不一定适用于基因水平和分子水平。我们需要有新的法则,以便了解分子进化的形式和动力学。""在分子水平上看来,有相当大的一部分是随机的遗传变化,不影响生物体的适合度。选择中性突变如果出现了,就通过随机的遗传漂变作用,作为进化变化而被动地固定下来。"[3]有人认为中性

① 钟安环:《从原始生物学到现代生物学》,中国青年出版社,1984 年,第 236 页。
② 达尔文:《物种起源》第一分册,三联书店,1963 年,第 79 页。
③ 钟安环:《从原始生物学到现代生物学》,中国青年出版社,1984 年,第 236 页。

学说使生物学处于"重大概念发生剧变的阵痛之中"。有人则认为严格的中性突变是很少的,建立在中性突变概念基础上的遗传漂变理论还缺少充分的根据,也有人认为达尔文从表型水平的研究中得到的进化规律是不精确的,主张在分子生物学的基础上用新的方法来探索新的进化规律。

法国分子生物学家雅克·莫诺(1910～1976)认为决定生物演化的是纯粹的偶然性。莫诺对生物学的主要贡献是引进信使核糖核酸的概念,提出了操纵子学说,1965年获诺贝尔奖。他的研究工作在很多方面都体现了生命的辩证法。他认为氨基酸的顺序是随机的,突变是纯粹偶然的事件,诱导物与产物之间没有化学上的必然联系,生物进化是由DNA分子突变引起的,由于分子突变是随机的,生物进化也完全是偶然的。一条原始鱼偶尔想起要上岸探索,爬上陆地以后就改变了行为方式,变成了四足动物。这条鱼可称为进化过程的麦哲伦。我们人类只是在摩纳哥国的蒙特卡洛赌窟中中签得彩的一个号码。他说这样讲并非出于无知,相反它正反映了事实的本质。他得出结论:"只有偶然性才是生物界中每一次革新和所有创造的源泉。进化这一座宏伟大厦的根基是绝对自由的,但又是盲目的纯粹偶然性。"[①]他说这是现代生物学的中心概念,是同观察到的并检验过的事实相一致的唯一假设。虽然他有时也讲偶然性同必然性的转化,但在这时他把偶然性理解为变化的事物,把必然性理解为不变的事物。他所说的偶然性向必然性的转化,乃是运动向静止的转化。莫诺的观点受到了一些科学家的批评。比利时生物化学家斯考芬尼尔斯撰写了《反偶然论》一书,引用了一位化学家的话:"偶然性与必然性彼此合作而不是相互对立。"莫诺还把承认客观规律性的马克思主义说成是"万物有灵论"。这是对马克思主义的误解。

杜布赞斯基则认为进化论不是建立在信仰偶然性的基础之上的。杜布赞斯基(1900～1975)出生在俄国,1927年到美国,同摩尔根一道工作。他的《遗传学与物种起源》一书,为综合进化论奠定了基础,被誉为20世纪的《物种起源》。他很重视哲学问题的讨论。他的同事说:在他的整个事业中,杜布赞斯基一直十分关注他的工作的更广泛的哲学意义。他认为进化的创造近乎一种美学创造,虽然这种美并不是为了人类的欣赏,但它对人类却具有无限的魅力。"世界

---

① 雅克·莫诺:《偶然性和必然性》,上海人民出版社,1977年,第84页。

上有机体的极度多样性,常使人感到惊奇。人们已经用了许多方法,想尝试去了解这种多样性的意义,及其形成的原因。这个问题对于许多人具有不可抗拒的美学魅力。科学研究在一定程度上是一种美学努力,因此生物学之得以存在,部分亦是由这种美学的魅力所造成的。"①

杜布赞斯基认为进化论已获得了承认,但19世纪进化论主要是研究进化的历史过程,现在则主要要研究进化的原因。生物学的发展已出现了一种趋向,过去往往认为是分歧的历史和原因,现在正趋向于综合,产生了综合进化论。他认为进化可分为三个阶段:首先是基因的突变给进化提供了基本原料;其次是突变一旦发生就被贯注到群体的基因库中,它们的命运取决于群体生理的动态调节,在选择、迁移和地理隔离的影响下,把群体的遗传结构铸成了新的形式,以符合环境与生态条件特别是它的生育习性;最后,把前两阶段所得到的多样性固定下来。

在谈到进化的原因时,他认为进化是内因与外因共同作用的结果。内因(基因的突变)为进化提供了材料。没有建筑材料,大厦无法建造,但是材料的无限供应,本身并不能保证一座房屋就可以建成。变异产生以后,要在外因(环境、自然选择、人工选择等)的作用和影响下,才能表现为具体的进化事实。

在谈到必然性与偶然性问题时,他认为进化不是直线发展的,而是一种在黑暗中的摸索。基因的突变与重组使进化具有无限的潜在可能性,然而这些突变与重组并不都具有适应的意义,自然界就要选择具有适应意义的突变与重组。所以,"选择给了偶然性一种限制,并使得进化具有方向性"②。自然选择本身带有偶然性的特点,因为选择是盲目的,它好比是一个"又瞎又聋的工程师"。基因的突变带有随意性,但并不是无规律可循的,不可能想象在人类的基因库里会出现长翅膀的突变型。突变的种类及其频率并不是不定的,它们要受到基因本身的结构与有机体遗传成分的控制。"通过偶然性的进化和宿命论式的进化这两极,在最后的分析上殊途同归了。""我们必须求助于黑格尔或马克思的辩证法。我们需要偶然性的'正题'与宿命论的'反题'的一种'合题'。"③

许多人说21世纪是基因世纪,人类基因组序列的测定是生物学史的又一

---

① 杜布赞斯基:《遗传学与物种起源》,科学出版社,1982年,第1页。
② 李昆峰:《杜布赞斯基的科学思想》,《自然辩证法通讯》1983年第1期。
③ 李昆峰:《杜布赞斯基的科学思想》,《自然辩证法通讯》1983年第1期。

个里程碑。1986年诺贝尔奖获得者杜伯柯建议测出人的遗传物质大约30亿个碱基的全部系列。他说，人类的DNA系列是人类的真谛，世界上发生的一切事情都同它息息相关。1990年美国国会决定为此投资30亿美元，我国科学家承担其中1％序列的测定工作。2001年2月公布的基因图谱占人类基因组的95％。研究成果表明，人类基因的数量比预计的要少。原来估计包含6万～10万个蛋白编码基因，实际上只有约3万个。人类与低等动物的差别主要不在于基因的数量，人类基因的数量相当于蚯蚓、果蝇的2倍，只比老鼠多大约300个。人类基因在染色体中的密度很低，整个基因组中只有5％的碱基含有能决定蛋白质合成的真正的基因。人与人之间99.99％的基因密码相同，两个不同人种的人的基因，可能比同一人种的两个人更加接近。看来人类基因的优势不在数量而在功效。

六、人工生命

1946年第一台计算机问世，1956年美国的麦卡锡提出"人工智能"一词。计算机、人工智能在生命科学中的应用，开创了人工生命的研究。

1952年图灵提出可以应用计算机方法研究生物的胚胎发育。几乎与此同时，冯·诺依曼试图用计算机方法研究生物自我繁殖的逻辑形式。1956年莫尔在《美国科学》发表题为《人造生命植物》一文，建议制造各种人造植物，它像机器，却可以以大自然中的各种养分和阳光为原料进行自我繁殖。"从这些植物中可以得到它们的构成物。正如棉花、黑檀木和甘蔗都是从自然界植物中得到的那样，从以镁作为其主要结构材料的人造植物中可以得到镁。"[①]这些都可以看作是人工生命的思想萌芽。1987年9月人工生命学术研讨会在美国召开，标志着人工生命这个学科的诞生。

什么是人工生命？首先提出这个概念的美国人兰顿说："人工生命是具有自然生命现象的人造系统。"[②]"人工生命是这样的一个研究领域：致力于去抽象出生命现象的基本动力学原理，并把这些原理运用到别的媒体——比如说计算

---

①　里吉斯：《科学也疯狂》，中国对外翻译出版公司，1994年，第178页。

②　班晓娟等：《人工智能与人工生命》，《计算机工程与应用》2002年第15期。

机——使得它们进入到这些媒体实现操纵和接受检验。"①恩格斯曾说生命是蛋白体的存在方式,后来许多人认为生命是蛋白体和核酸的存在方式。兰顿等人认为生命的本质不在于物质,而在于物质的形式。或者说,生命不是"物",而是"物"的结构方式。按这种看法,生命当然需要物质载体,但生命并不需要特定的物质载体(如蛋白体、核酸或碳水化合物),任何物质都可以成为生命的载体,都可以具有生命,只要它具有生命的逻辑。生命之所以是生命,不在于它是某种特殊物质的运动,而在于它是物质的某种特殊的结构。

兰顿等人认为,人造生命概念是一种同传统生命观和生命科学观不同的新生命观和新生命科学观。传统生物学用分析方法研究生命,通过分析、解剖现有生命的物种、生物体、器官、细胞、细胞器来理解生命,即通过分析现有生命的最小部件来理解生命。人工生命用综合方法研究生命,在人工系统中对简单的零件进行组合,使其产生类同生命的行为,力图在计算机或其他媒体中合成生命。传统生物学所理解的生命,是"如吾所说的生命"(life-as-we-know-it),人工生命所理解的生命,是"如其所能的生命"(life-as-it-could-be)。② 传统生物学是关于现有生命的科学,人工生命则是关于一切生命可能形式的科学,并不特别关注我们所知道的地球上的以碳水化合物为基础的生命。所以人工生命拓宽了生命的外延。

根据这个想法,兰顿等人认为我们可以从生命体中抽出控制生命的逻辑,如果我们使某一种物质获得这种逻辑,那这种物质就具有了生命。只要我们能正确地把"物"构筑起来,无论什么物质都会有生命,不管是在血肉之躯中,在计算机的屏幕上,还是在沙粒里。我们在制造人工生命时,当然要对现有生物进行模拟,但兰顿力图取消"生命"和"对生命模拟"之间的界线。他说:"我们希望制造出与生命酷似的模型,它们将不再是生命的模型,而是生命本身。"③"一个伟大的见解是:适当组织起来的一组执行与自然生命系统相同功能作用的人工基元,将以自然有机体是生命的同样的方式支持生命过程。人工生命因此将是真正的生命——与地球上进化出来的生命相比,只不过是组成物质不同。"④

---

① 艾迪明等:《人工生命概述》,《计算机工程与应用》2002年第1期。
② 李建会:《人工生命对哲学的挑战》,《科学技术与辩证法》2003年第4期。
③ 里吉斯:《科学也疯狂》,中国对外翻译出版公司,1994年,第187页。
④ 李建会:《人工生命对哲学的挑战》,《科学技术与辩证法》2003年第4期。

美国计算机专家杰斐逊认为计算机程序可以繁衍、进化，所以程序就是生命。这样，生命也不需要原来意义上的物质载体，实际上认为生命也可以以信息的形式存在。他编制出"程序动物"的计算机程序。在他看来"程序动物"和现实动物没有本质区别。杰斐逊写道："我将毫不犹豫地说，程序是可以'有生命'的，不管人们对'生命'一词给出如何合理的定义（如'能适应其环境，并能产生自身的不同变种的、精力旺盛的开放性系统'之类），程序都能符合该定义。关于程序不能有生命的说法不是反映了'生命'定义的狭隘，就是反映了对计算机的丰富性和多样性的了解过于贫乏。"①

兰顿说："我们唯一的选择是自己合成其他生命形式——人造生命，即由人而不是大自然创造的生命。"②生命有两大类：自然生命和人造生命。我们现在只看到一种自然生命的形式，包括我们人类的生命，而人造生命的形式则是多种多样的。天文学家卡尔·萨根曾经说过："与化学家、物理学家、地质学家或气象学家相比，生物学家存在着基本的缺陷。前者对其各自学科的研究都已超出了地球的范围。从根本上说，地球上只有一种生命形式这种说法太没有眼光了。"③

制造人工生命有三种主要途径，与此相对应人工生命也有三种基本形式。第一种，通过软件形式，即通过编制程序的方法建造人工生命，这种生命主要是在计算机内运行，其行为表现可通过计算机屏幕显示，称虚拟人工生命或数字人工生命。第二种，通过硬件形式（电线、硅片、金属、塑料等）在现实环境中建造类似动物或人类的人工生命，称"现实的人工生命"或机器人版本的人工生命。第三种，通过湿件的方法在试管或其他环境中将生物分子重新组合从而创造出的人工生命，这是以现有的生物分子为基础，采用遗传工程的方法，对现有生命进行的改变。人工生命研究者关注的是前两种，第三种常被认为不是真正意义上的人工生命。

人工生命研究者认为人工生命是自然生命的模拟、延伸与扩展，是自然生命的改良品种和进化系统。奥地利的莫拉维奇说，未来的人工生命将取代自然生命，50年后未来的"人造人"将取代现在的人类。"到那时，脱氧核糖核酸将会

---

① 里吉斯：《科学也疯狂》，中国对外翻译出版公司，1994年，第198页。

② 里吉斯：《科学也疯狂》，中国对外翻译出版公司，1994年，第176页。

③ 里吉斯：《科学也疯狂》，中国对外翻译出版公司，1994年，第176页。

无事可做。它在新的竞争中落伍了,将把火炬传给新型的竞争对手。在新的物体系统中,基因信息的载体将不再是细胞而是知识,即把人的大脑传送给人造大脑的知识。"①人工生命的支持者法默在题为《人工生命:即将来临的进化》演讲中说:"随着人工生命的出现,我们也许会成为第一个能够创造出我们自己的后代的生物。""作为创造者,我们的失败会诞生冷漠无情、充满敌意的生物,而我们的成功则会创造风采夺人、智能非凡的生物。这种生物的知识和智慧将远远超过我们。当未来具有意识的生命回顾这个时代时,我们最瞩目的成就很可能不在于我们本身,而在于我们所创造的生命。人工生命是我们人类潜在的最美好的创造。"②

兰顿说:"到这个世纪的中叶,人类已经具有了毁灭地球上所有生命的能力。到了下个世纪中叶,人类将具有创造生命的能力。""人工生命不仅是对科学或技术的一个挑战,也是对我们最根本的社会、道德、哲学和宗教信仰的挑战。就像哥白尼的太阳系理论一样,它将迫使我们重新审视我们在宇宙中所处的地位和我们在大自然中扮演的角色。"③

人工生命是生命科学、信息科学、系统科学和工程技术的综合性研究。许多人说 21 世纪是生物学世纪,计算机技术、人工智能与生物学的结合,有可能会引起新的生物学革命。人工生命虽然涉及许多技术问题,但它对生命的新理解却是根本性的,值得科学家和哲学家的重视。

2010 年 5 月《科学》刊文宣布,世界上首例"人造生命",由美国文特尔研究所经 15 年失败后终于研究成功。这是一种由人工合成的基因组所控制产生的单细胞生物丝状支原体,命名为辛西娅。当时有人引述詹姆斯·华森的话:"如果我们不扮演上帝,谁扮演?"

第七节　探索复杂性的道路

20 世纪前 50 年的科学思想,以爱因斯坦和哥本哈根学派的争论而结束。

---

① 里吉斯:《科学也疯狂》,中国对外翻译出版公司,1994 年,第 180 页。
② 沃尔德罗普:《复杂——诞生于秩序与混沌边缘的科学》,三联书店,1997 年,第 399 页。
③ 沃尔德罗普:《复杂——诞生于秩序与混沌边缘的科学》,三联书店,1997 年,第 397、398 页。

20 世纪后 50 年的科学思想有两大主要思潮：追求统一性和探索复杂性。

统一性与复杂性是两个不同的概念。统一性与一元性相关，而多元性是复杂性的一个基本特征。从古希腊的哲学家到牛顿、爱因斯坦都在追求统一性，力图用简化的方式建构能解释一切自然现象的统一理论。他们拒绝自然复杂性的观念，在他们看来自然界之所以是统一的，是因为自然界的本质是简单的。爱因斯坦和哥本哈根学派的争论那么持久又那么激烈，归根结底是因为爱因斯坦信仰的是统一性，玻尔等人向往的是复杂性。20 世纪后 50 年的两大科学思潮，分别继承的是爱因斯坦的传统和哥本哈根学派的传统。

长期以来，追求统一是科学的主流，而复杂性的探讨则刚刚兴起。法国的莫兰说："无论在科学思想里，在认识思想里，还是在哲学思想里，复杂性的问题现在仍然是不受重视的。"[①]这种状况现在正在改变。

一、秦斯

要探索复杂性，就要批评机械论。在以玻尔为代表的哥本哈根学派之后，对物理学机械论进行批评的还有以秦斯为代表的剑桥学派和以普里高津为代表的布鲁塞尔学派。

秦斯在黑体辐射和天体演化学方面颇有建树。他认为物理学的发展使科学思想有重新确立方向的必要。他说："机械的时代已经衰亡，不论在物理学还是在哲学都是一样"[②]。他认为已经衰亡的不仅是同经典力学相联系的机械论，还有 19 世纪物理学的许多基本观点。相对论和量子力学的问世，迫使今天的物理学家在观察自然时，不得不采用同传统观念迥然不同的新观念。20 世纪物理学已提出了这样一些新思想，如："就现象来说，并没有自然齐一性。""我们不可能得到外界精确的知识。""主体和客体的划分再不是确定的或正确的；只有把主体和客体联结成单一个整体才能够重新得到全部的准确性。""如果我们必须说出一个结论的话，那就会是 19 世纪科学在哲学问题上的许多过去的结论都一再的放在坩埚里熔化了。"[③]

---

① 莫兰：《复杂思想：自觉的科学》，北京大学出版社，2001 年，第 137 页。
② 秦斯：《物理学与哲学》，商务印书馆，1964 年，第 133 页。
③ 秦斯：《物理学与哲学》，商务印书馆，1964 年，第 153、227 页。

在科学认识过程中的主体与客体的关系问题上,秦斯赞同哥本哈根学派的观点。他说,经典科学的一个基本假设是:"一个孤立的观察者可以不干扰这个体系而从事观察。"[1]相对论首先表明这个假设并不完全正确。不同的观察者在同一时间、同一地点所建构的世界图景一定是不相同的,除非各个观察者都沿相同方向、以相同的速度运动。量子力学进一步告诉我们,每个观察者都包含从被观察客体到观察主体的量子的传递,量子就构成观察者与观察对象的耦合。我们再也不能对这二者进行截然的划分,只有把这二者看作一个系统的两个部分,我们才能达到认识的客观性。"19 世纪的科学企图像探险家坐在飞机上面探索沙漠一样去探索自然。测不准原理使我们明白,探索自然不能用这种隔开的方法。我们只能用踏在它上面并且扰动它的方法去探索它。我们所见的自然景致,含有我们自己扬起的尘烟。"[2]所以,"自然就是被观察所破坏了的某种东西"。"每一个观察,就破坏了被观察的一部分宇宙。"[3]正因为我们观察世界,所以我们才改变着世界,就像渔夫钓起一条鱼,既钩伤了鱼,又扰动了水面。物理学家还在创立一种新的哲学——自然界不再是同自己完全分离的东西,而是他选择以及制造和破坏的对象。

秦斯把同样原因产生同样结果的观念,称为长期被科学界深信不疑的"自然齐一性"原理。根据这个原理,自然界的一切都是严格决定的。可是量子力学表明,严格决定论需要一个前提:假定存在着不干扰对象却能对对象进行观察的观察者。但这种孤立的观察者并不存在,任何观察都会影响观察对象的未来进程。因此他认为在微小尺度的自然过程中,起作用的是非决定论的统计法则。

新物理学向我们提供了两种图像:粒子和波。"自然是不是受因果法则支配的?粒子图形回答说:不是,我们的粒子运动只能比拟于袋鼠之任意跳跃,并无支配跳跃的因果法则可言。但是波图形却说:是的,我们每一时刻的波都唯一地跟从着前一时刻的波,从而便不能不是前一时刻的波的必然结果。"[4]于是他说,不连续性从一个门口大踏步地走进现象的世界,因果性就要从另一个门口走出去。"决定论显然要全部撤退,不单只要从放射性的领域撤退,而且要从

① 秦斯:《物理学与哲学》,商务印书馆,1964 年,第 152 页。
② 秦斯:《科学的新背景》,开明书店,1935 年,第 206 页。
③ 秦斯:《科学的新背景》,开明书店,1935 年,第 2 页。
④ 秦斯:《物理学与哲学》,商务印书馆,1964 年,第 185 页。

整个物理学的领域撤退。"①他在这儿所说的"决定论"应更准确地表述为"机械决定论"。

　　秦斯还谈到了"简单性公设"："当两个假设都是可能的时候,暂时我们便选择我们心灵断定是较简单的那一个假设,假定这个假设是较可能导致真理的方向的。"②因此大多数科学家都认为简单的理论比复杂的理论更可取。正如爱因斯坦所说,物理学家在每一次重大进展中都发现基本定律越来越简单了。哥白尼体系比托勒密体系简单,相对论比哥白尼体系更简单。牛顿力学在说明高速运动时会显得十分复杂,而相对论却把惊人的简单性引入了整个主题。量子力学也找到了体现简单性的新背景。但秦斯反对过分简单化的倾向。他说,对一个简单问题的回答也会相当复杂。例如,为什么我们看到一朵花是红的? 这就涉及许多因素,照射花的必须是含有红色的光,花的表面必须具有反射红色的光的能力,看花的人不是红色色盲,等等。"这个简单的讨论已经表明红色的知觉是远比哲学者通常假定的简单原理更为复杂,而且即便这样它还和隐蔽着的全部原因相去甚远。""这个世界并不像他们企图制作的那个世界那末的简单。"③当哲学家意识到他们所要说明的是极复杂和极费解的世界时,他们便会摒弃把所有事物都还原为最简单因素的企图。科学家则欢迎复杂的事物,因为复杂事物会向他们指明通向知识新领域的道路。

　　秦斯对机械论的批评是有贡献的,但他有时把机械决定论同一般决定论混为一谈,把机械唯物论同一般唯物论混为一谈,说决定论已经废弃,唯心主义获得胜利,这是不能令人同意的。

二、耗散结构理论

　　普里高津(1917～2003)生于莫斯科,1929年到比利时定居。1941年在布鲁塞尔自由大学攻读化学并获博士学位。他领导的非平衡统计物理学的布鲁塞尔学派,从1947年到1967年,经过20年的探讨,终于提出了耗散结构理论。他从青年时代起就兴趣广泛,对历史、考古学、音乐尤其喜爱,并读过许多哲学

　　①　秦斯:《物理学与哲学》,商务印书馆,1964年,第159页。

　　②　秦斯:《物理学与哲学》,商务印书馆,1964年,第192页。

　　③　秦斯:《物理学与哲学》,商务印书馆,1964年,第103、104页。

书籍,富有哲学智慧。他注重综合性研究和学术合作。他在《我的科学生活》一文中,提到 60 多人,包括他的老师、同事和学生。他用下列这些话来表述别人对他的帮助:"对我后来的研究方向给予了不可磨灭的影响","对我的鼓舞是极大的","极大地激励着我","特别重要的作用","给予的帮助是极其宝贵的","非常重要的作用","来自各方面的支援和可喜的合作","表示敬意","如此感受之深","给我们指明了前进的道路","没有我的同事们""我是不可能获得成功的","增强了我的信心","突出的重要作用","始终不渝的支持","慷慨的援助",等等。感激之情溢于言表。

普里高津和他领导的布鲁塞尔学派在科学上的主要贡献,是创立了耗散结构理论,发展了生命热力学。

19 世纪的热力学理论和生物进化论都同自然界的演化有关。热力学第二定律指出物质的演化朝着熵增加的方向发展,达尔文进化论则指出生物的进化朝着产生有序的方向发展。这两种理论看来是矛盾的,似乎克劳修斯和达尔文不可能都正确。1851 年开尔文就认为热力学第二定律不适用于生命领域,因为生物体不是热机。这样看来,好像无生命的物质世界与有生命的物质世界是两个完全不同的世界,维勒人工制造尿素的实验并不能真正填平这二者的鸿沟。

但是波尔茨曼在 1866 年说:"生物为了生存而作的一般斗争,既不是为了物质也不是为了能量,而是为了熵而斗争。"[①]后来人们发现,热力学第二定律研究的是平衡态,处理的是孤立系统与自发过程,而生物体是开放系统。广义的平衡态是相对稳定的状态,非平衡态将导致系统的演化。科学一般都从研究平衡态开始,力学起初是研究力的平衡的静力学,电学先研究静电,化学先研究平衡反应。但科学总要从研究平衡态向研究非平衡态发展。现实的热力学系统都是开放系统。开放系统可能有三种状态。一种是热力学平衡态,熵趋向极大值,不可能产生有序。开放系统的平衡是一种动态平衡。另一种是近平衡态,同平衡态只有微小的偏离,但最终还会自发趋向平衡态。这种非平衡态又称线性非平衡态,它也不会产生有序。第三种是远离平衡态,在一定条件下会趋向有序。耗散结构理论说明了远离平衡态是如何产生有序的,指出非平衡态可以成为无序之源。所以耗散结构理论又被称为非平衡态的自组织理论。自组织

① 陈润生:《熵》,《百科知识》1981 年第 10 期。

过程就是系统自己趋向有序结构的过程。

耗散结构理论指出,当系统处于远离平衡态的非线性区时,如果系统某个参量的变化达到一定的阈值,通过涨落以及和外界环境的物质、能量的交换,系统就有可能发生突变,形成能产生有序结构的新状态。这种在远离平衡的非线性区形成的新的稳定的宏观有序结构,需要不断与外界交换物质或能量才能维持,故称"耗散结构"。

耗散结构理论主要研究一个系统从混乱转向有序的机理和条件。普里高津指出,系统的熵增量由系统内的熵增和来自外界的熵两部分组成,即

$$dS = diS + deS$$

diS 总是大于零,deS 可等于零,也可大于零或小于零。当 deS 小于零而其绝对值大于 diS 时,则

$$diS + deS < 0$$

即当系统从外界吸收的负熵的绝对值超过系统自身的熵增时,系统的总熵就会减小,使系统进入相对有序的状态。耗散结构的出现,是通过阈值附近的突变实现的。

系统的开放性、系统的远离平衡态、系统各要素间的非线性的相互作用以及涨落,是耗散结构产生的主要条件。生命具有这些条件,所以是耗散结构,而传统热力学所研究的系统则不是耗散结构。

1940 年薛定谔就认为,生命依靠从外界环境吸收负熵而生存。他说:"一个生命有机体在不断地增加它的熵——你或者可以说是增加正熵——并趋于接近最大值的熵的状态,那就是死亡。要摆脱死亡,就是说要活着,唯一的办法就是从环境里不断地汲取负熵。……有机体就是赖负熵为生的。或者更确切地说,新陈代谢中本质的东西,乃是使有机体成功地消除了当它活着时不得不产生的全部的熵。""当前物理学和化学在解释这些事件时明显的无能为力,决不能成为怀疑这些事件可以用物理学和化学来解释的理由。"①薛定谔的这些看法是耗散结构思想的萌芽,普里高津的研究实现了薛定谔的愿望。

---

① 胡新和:《薛定谔:为人类理解自然和自身而奋斗》,《自然辩证法通讯》1986 年第 2 期。

三、普里高津的科学思想

耗散结构理论蕴含着关于力学规律性与统计规律性、可逆性与不可逆性、进化与退化、有序与无序、平衡与非平衡、线性与非线性等深刻的哲理，而且普里高津还提出了许多重要的自然哲学思想和科学哲学思想，使他成为新时代的科学思想的主要代表人物。

普里高津的科学思想同爱因斯坦等人追求统一和终极的思想有本质的区别。他在同斯坦格尔斯合著的《对科学的挑战》一文中，鲜明地叙述这个有关现代科学思想发展方向的问题。他们说："西方科学的伟大奠基者们，强调自然定律的普适性和永恒性，他们要表述的是符合真正理性定义的普遍图式。正如伯林在《反潮流》的导言中极好地表达的那样，'他们寻求包罗万象的图式，宇宙的统一框架。在这个框架中，所有存在的事物都可以被表明是系统地，即逻辑地或因果地相互连接着的。他们寻求广泛的结构，这结构中不应对"自然发生"或"自动发展"留下空隙，在那里所发生的一切，都应至少在原则上完全可以用不变的普遍定律来解释。'"[①]他用伯林的话，明确表示不赞同寻求永恒不变的"包罗万象的图式"、"宇宙的统一框架"。他并不否认自然界具有统一性（耗散结构理论就深刻揭示了无机界与生物界的统一），他反对的是否定复杂性的科学观。

普里高津认为这种经典科学观是一种机械论。"它为人们揭露了一个僵死的、被动的自然，其行为就像是一个自动机，一旦给它编好程序，它就按照其程序的规定不停地进行下去。"[②]"以这种方式'解释'的世界，就像是一个自动机，一个机器人。"[③]

可是，经典科学的这个目的能够达到吗？他说："这种寻找普遍图式的企图确实有过富有戏剧性的似乎接近成功的时刻。提到这种时刻，人们会想起玻尔对原子模型的著名表述，他的原子模型把物质归纳为电子和质子所组成的简单的行星系统。另一次大的振动人心的时刻发生在爱因斯坦想把物理学的一切

---

① 湛垦华等编：《普里高津与耗散结构理论》，陕西科学技术出版社，1982年，第201页。

② 普里戈金、斯唐热：《从混沌到有序——人与自然的新对话》，上海译文出版社，1987年，第38页。

③ 湛垦华等编：《普里高津与耗散结构理论》，陕西科学技术出版社，1982年，第202页。

定律都压缩到一个'统一场论'中去的时刻,这个巨大的梦想今天已经破灭了。无论向哪里看去,我们发现的都是进化、多样化和不稳定。令人惊奇的是,无论在基本粒子领域中,在生物学中,还是在天体物理学中(它研究膨胀着的宇宙以及在黑洞的形成中达到其顶点的恒星进化),都是这样的。"①普里高津在这儿举了两个例子。一个是玻尔的原子模型,这个模型属于经典的量子理论,还不属于量子力学。另一个是爱因斯坦的统一场论。这两位是20世纪前50年的科学的"巨星",可是在普里高津看来,他们的这两个理论都是机械论。无论梦想何等巨大,迟早都要破灭。这段话表明,普里高津站在比量子理论和统一场论还要高的层次上。

"但现今的科学已不再是这种'古典'的科学了,把一切自然之物归入少数几个'永恒'定律的企图已被放弃。""人们对自然的看法经历了一个向着多重性、暂时性和复杂性发展的根本变化。……在科学史上不曾有过的新形势。"②在普里高津看来多重性、暂时性与复杂性一致,而绝对的统一性、永恒性(或终极性)与复杂性相悖。普里高津走的是不同于爱因斯坦的道路。

追求统一和终极是历史悠久、势力强大的传统。量子力学的成果虽然在客观上向这种思潮发出了挑战,但一些杰出的量子力学家也难免受这种传统的影响。玻恩说:"理想的情况应该是所有的定律都浓缩为一个单一的定律,浓缩为一个普适公式。早在100多年前,伟大的法兰西天文学家拉普拉斯就假设过这种公式的存在了。"这是一个"正当的理想"。③ 由此可见普里高津的反潮流精神是何等难能可贵。

普里高津认为,我们生活在一个大转变的年代,这个转变的实质是努力建立一种与大自然破坏性较少的共存关系。与此相对应,自然科学也正在经历一个理论变革时期,其实质是科学思想的变革,这场变革将对科学和哲学产生深远的影响。

普里高津的新思想是针对经典物理学的局限性而发的。他在科学思想史上的重要地位,首先表现在他继爱因斯坦、玻尔之后,敢于向经典物理学的传统观念发出新的挑战。普里高津写道:"物理学似乎就要被统一起来了,而且实证

---

① 湛垦华等编:《普里高津与耗散结构理论》,陕西科学技术出版社,1982年,第201页。
② 湛垦华等编:《普里高津与耗散结构理论》,陕西科学技术出版社,1982年,第207、201页。
③ 周林等主编:《科学家论方法》第一辑,内蒙古人民出版社,1983年,第346页。

主义的谨慎面具已被摘去。每一次,物理学家都重复着安培的儿子所说的如此明确的话:这个词——无论是万有引力、能、场论或基本粒子——正是那造物的字音。每一次,无论是在拉普拉斯时代,或是在 19 世纪末,甚至在今天,物理学家都宣告:物理学已经到了或即将进入最后一章了。只剩一个自然能据以抵抗的最后据点了,这个最后据点的陷落将使自然界整个地无防御地被我们的知识征服。"①可是这每一次宣告都毫无例外地被历史的长河所淹没。"过去三个世纪里追随牛顿综合法则的科学历史,真像一桩富于戏剧性的故事。曾有过一些关头,经典科学似乎已近于功德圆满,决定性和可逆性规律驰骋的疆域似乎已尽收眼底,但是每每这个时候总有一些事情出了差错。"②在普里高津看来,经典物理学的基本信念,有严重的局限性。

他说经典物理学的基本信念是:"经典科学不承认演化和自然界的多样性。""相信在某个层次上世界是简单的,且认为自然界为一些时间可逆的基本定律所支配。""经典力学以特别清楚和显著的方式表达了静止的自然观。这里,时间显然被约化为一个参数,未来和过去是等价的。"③"在经典物理学中,观察者置身于体系之外,当体系本身被认为是服从确定论规律时,他是进行判断的人。"④等等。

经典物理学的最主要代表是牛顿。"牛顿科学的雄心是要提供一个自然图景,该图景将是普适的,决定论的,并且是客观的(因为它不涉及观察者),完备的(因为它达到了摆脱了时间束缚的描述水平)。"⑤既然经典物理学还有这么多的局限性,那怎么能认为它已经功德圆满了呢?

几十年来,在科学界和哲学界形成了一种流行观点:20 世纪物理学革命是以相对论和量子力学为主要标志的,狭义相对论开拓了高速运动领域,物质微观结构理论和量子力学开拓了微观领域,广义相对论则开拓了宇观领域。至于

---

① 普里戈金、斯唐热:《从混沌到有序——人与自然的新对话》,上海译文出版社,1987 年,第 116 页。

② 尼科里斯、普里高津:《探索复杂性》,四川教育出版社,1986 年,Ⅳ。

③ 普里戈金、斯唐热:《从混沌到有序——人与自然的新对话》,上海译文出版社,1987 年,第 364、40、45 页。

④ 尼科里斯、普里高津:《探索复杂性》,四川教育出版社,1986 年,Ⅵ。

⑤ 普里戈金、斯唐热:《从混沌到有序——人与自然的新对话》,上海译文出版社,1987 年,第 262 页。

低速的宏观领域似乎已不大可能有突破性进展了。普里高津则独树一帜，认为在人们所生活并十分熟悉的领域中，我们可以做出轰轰烈烈的事业，就如同当年爱因斯坦、玻尔所做的那样。他说："就在我们的宏观层次上，一些基本问题还远远未得到回答。几年前如果有人问一位物理学家，物理学能使我们解释些什么，哪些问题还悬而未决，那么他会回答说，我们显然还不能确切地认识基本粒子或宇宙进化，但我们对介于这两者之间的事物的认识却是相当令人满意的。今天，正在成长起来的少数派（我们就属于这一派）是不能分享这种乐观主义的：我们只是刚刚开始认识自然的这个层次，即我们所生活的层次。"①

总之，科学革命正在一切层次上进行着，在基本粒子层次上，在宇宙学层次上，并在宏观物理学的层次上进行着。普里高津就这样预言了宏观物理学的新的革命，并用他的耗散结构理论拉开了这场科学革命的序幕。

普里高津认为，新的科学理论的变革，主要表现在以下一些方面：我们在宏观领域会发现一些新的意想不到的规律，从可逆性到不可逆性、从稳定性到不稳定性、从线性关系到非线性关系、从存在到演化、从机械决定论到非机械决定论、从简单性到复杂性、从一元的世界到多元的世界、从封闭系统到开放系统，人在认识自然的活动中从旁观者到参与者、从分析到新的综合、西方传统与东方传统的结合，等等。这就是普里高津为我们描绘的新科学革命的图景。

普里高津指出，经典科学把世界过分地简单化了。自然界不是自动机器，而是一件艺术品。"按照经典的观念，在物理学和化学中研究的简单物系是与生物学和人文科学研究的复杂系统有着显著区别的。的确，人们不可能想象出还有什么样的差别比之于经典动力学的简单模型，或者一种气体、一种液体的简单性能与我们在生命的演化或人类社会的历史中所发现的复杂过程之间的离歧更为悬殊的了。"②物理-化学系统同生物系统相比，组织程度是比较低的，但在一定条件下，物理-化学系统也可以通过自组织过程产生复杂性。

他对贝纳德流的分析告诉我们，平衡态是一种简单状态，但远离平衡态的耗散结构却能使简单的系统产生复杂性：从无结构到有结构，从无序到有序，从非相干性到相干性，从整体无运动到整体有运动，有的因素受必然性支配，有的

---

①　普里戈金、斯唐热：《从混沌到有序——人与自然的新对话》，上海译文出版社，1987年，第27～28页。

②　尼科里斯、普里高津：《探索复杂性》，四川教育出版社，1986年，Ⅴ～Ⅵ。

因素受偶然性支配。假如有一个极小的智慧生物在液层中观察这个过程,它就会发现世界完全变了,由简单的世界变成了复杂的世界。只要无机物出现了自组织过程,简单性就会转化为复杂性。一滴水珠是比较简单的,当它变成一朵雪花时,复杂性便展现在我们面前。他感叹地说,凝视着大自然创作的这些无与伦比的艺术品,我们就会情不自禁地谈论复杂性。"长期以来,不可逆现象热力学理论、动力系统理论以及经典力学平行发展,最后共同指明了一条必由之路:简单与复杂、无序和有序之间的距离远比人们通常想象的狭得多。"①"简而言之,复杂性不再仅仅属于生物学了。它正在进入物理学领域,似乎已经植根于自然法则之中了。"②

微观世界是否是简单的世界呢? 普里高津写道:"什么是今天科学家已经远离的那些古典科学的前提呢? 可以说这些前提都围绕一个总的信仰,即微观世界是简单的,受简单的数学规律支配。这意味着,科学的任务就是超越复杂的表面现象,把自然过程的多样性全部化为(至少有权这样做)这些规律的结果。"③从古希腊原子论者留基波一直到现代的一些物理学家,都相信原子、分子、基本粒子是简单的物体。但我们已知道基本粒子有产生和衰变过程,有复杂的结构。"在这个世纪的开端,物理学似乎接近于把物质的基本结构归结为少数几个稳定的'基本粒子',例如电子和质子。目前我们远远超出了这样简单的描述,无论理论物理学的将来可能如何,'基本'粒子都显示出了如此巨大的复杂性,以致'微观的简单性'这一古老的格言再也不适用了。"④他说,研究宏观对象可以建立某种简单模型,但我们用这种简单模型来描述非常大和非常小的系统时,简单的模型就不再适用。

复杂性问题"把我们引导到了已经成为自然科学和哲学的核心的种种基本问题"⑤。过去的科学以描述简单性为主,未来科学应以探索复杂性为主。首先指出这个方向的,正是普里高津。

普里高津指出,牛顿力学所提供的自然图景是机械论,他把这种图景称为"牛顿纲领"、"牛顿传统"、"牛顿宇宙模型"、"牛顿的综合"、"在牛顿力学中所表

① 尼科里斯、普里高津:《探索复杂性》,四川教育出版社,1986年,第3页。
② 尼科里斯、普里高津:《探索复杂性》,四川教育出版社,1986年,第4页。
③ 普里高津等:《软科学研究》,社会科学文献出版社,1988年,第36页。
④ 湛垦华等编:《普里高津与耗散结构理论》,陕西科学技术出版社,1982年,第142页。
⑤ 尼科里斯、普里高津:《探索复杂性》,四川教育出版社,1986年,第242页。

达的基本世界观"、"古典世界观"、"机械世界观"。"它为人们揭露了一个僵死的、被动的自然,其行为就像是一个自动机,一旦给它编好程序,它就按照程序中描述的规则不停地运行下去。"①他认为,除热力学外,整个物理学都属于机械论传统。牛顿动力学的经典性(即机械性)主要有两个标志:机械决定论和可逆性。化学过程虽然不同于经典动力学的轨道,相当于不可逆过程,但经典化学仍然坚持决定论的描述,所以经典化学也属于机械论纲领,尽管它的经典性要比动力学淡些。

由此可见,普里高津所理解的机械论是广义的机械论,不仅是力学机械论。他认为爱因斯坦也有很多机械论思想,例如爱因斯坦强调科学和任何观察者的存在无关,否认时间的不可逆性,倡导严格的决定论、自然界和科学理论的简单性。"爱因斯坦和他那一代的许多物理学家一样,受到一个很深的信念的引导,即相信自然中有一个基本的、简单的层次。"②普里高津对爱因斯坦的科学成就和科学思想的局限性,有独到的评价。"相对论改变了客观性的经典概念。但是,它留下了经典物理学的另一个基本特征没有改变,就是要得出对自然的一个'完备'描述的雄心。在相对论以后,物理学家再也不能求助于某个从外部观察整个世界的小妖,但是他们仍然可以想象出一个最高的数学家,他像爱因斯坦主张的那样,既不骗人,也不掷骰子。这个数学家会占有宇宙的公式,这个公式包括对自然的一个完备的描述。在这个意义上,相对论仍然是经典物理学的一个继续。"③普里高津认为爱因斯坦的"雄心",就是牛顿式的雄心;他的决定论,就是拉普拉斯式的决定论;相对论未能超越经典物理学的范畴。

在普里高津看来,量子力学的确是同经典物理学决裂的第一个物理学理论,但它仍保留了若干经典物理学或机械论的痕迹。最重要的一点是量子力学也没有引进时间的箭头,仍然属于存在物理学。"诚然,量子论已经提出了许多经典动力学未能解决的新问题。但它仍然保留了不少经典动力学的概念立场,

① 普里戈金、斯唐热:《从混沌到有序——人与自然的新对话》,上海译文出版社,1987年,第38页。

② 普里戈金、斯唐热:《从混沌到有序——人与自然的新对话》,上海译文出版社,1987年,第264页。

③ 普里戈金、斯唐热:《从混沌到有序——人与自然的新对话》,上海译文出版社,1987年,第267页。

尤其是对时间和过程而言。"①相对论和量子力学超越了牛顿力学,"尽管它们自身相当革命,却仍因袭了牛顿物理学的思想:一个静止的宇宙,即一个存在着的、没有演化的宇宙"②。正是在这个意义上,他有时把量子力学看作是经典物理学的一个分支。什么是经典科学? 爱因斯坦说:"为简便起见,我们把量子物理学以外的全部物理学叫做经典物理学。"③爱因斯坦认为相对论属经典物理学。普里高津则说:"经典科学,甚至可以包括量子力学在内的经典科学。"④他们两人的说法是很耐人寻味的。普里高津又把量子力学看作是从机械论向非机械论转化的中间环节。"今天正在进行的物理的重新概念化,从决定论的可逆过程转向随机的不可逆的过程。我们相信,量子力学在这个过程中占有一种中间的位置。在那里,出现了概率,但没有出现不可逆性。"⑤这就是说,就非机械决定论而言,量子力学是非经典的;就没有提出不可逆性而言,量子力学是经典的。正因为如此,普里高津有时强调量子论同机械论的区别,例如:"量子论已经从一种机械论的理论(它被修正得去说明普适常数 h 的存在)演变成一种基本粒子相互变换的理论。"⑥有时他又强调量子论同机械论的联系,例如:"在经典力学中(我们将看到,在量子力学中也是一样),任何事物都由初态和运动定律决定。""热力学第二定律标志着与经典力学或量子力学的机械论世界的根本分歧。"⑦普里高津这样评价量子力学的科学思想,实属罕见。由此可见普里高津的思想在科学史上的位置。

时间问题是普里高津非常重视的问题。当年他在布鲁塞尔大学求学时,就选修过历史学和考古学,时间之矢给他留下了深刻的印象,并对物理学、化学很少谈论时间而感到惊奇。牛顿力学、相对论力学、量子力学都未提出不可逆问

---

① 普里戈金、斯唐热:《从混沌到有序——人与自然的新对话》,上海译文出版社,1987 年,第 45 页。

② 普里戈金:《从存在到演化》,上海科学技术出版社,1986 年,第 14 页。

③ 爱因斯坦、英费尔德:《物理学的进化》,湖南教育出版社,1999 年,第 203 页。

④ 普里高津:《熵的意义》,《大自然探索》1988 年第 1 期。

⑤ 普里戈金、斯唐热:《从混沌到有序——人与自然的新对话》,上海译文出版社,1987 年,第 282 页。

⑥ 普里戈金、斯唐热:《从混沌到有序——人与自然的新对话》,上海译文出版社,1987 年,第 281 页。

⑦ 普里戈金、斯唐热:《从混沌到有序——人与自然的新对话》,上海译文出版社,1987 年,第 169 页。

题。"从牛顿起,物理学就设想自己的任务是要达到一种没有时间的实在性,在这个层次的实在性中没有什么真正的变化,只有初始状态的决定论的展开。……在动力学中,无论是在经典的、量子的,还是在相对论的动力学中,时间只是一个外部的参量,它没有什么优惠的方向。在动力学中,没有任何东西能够区别过去和将来。"①时间之矢被折断了,时间被遗忘了。这同社会科学、人文科学普遍存在的时间定向的观点是冲突的。这种冲突在文化上带来了灾难性的后果。面对这种状况,有两种态度可供选择:一种是步经典科学后尘回避时间问题,另一种是另辟蹊径,揭示时间在自然界中的根本作用。他采取了后面一种的积极态度,他要重新发现时间。

耗散结构理论是以不可逆性为基础建立起来的,它的任务就是揭示远离平衡态的不可逆过程,不可逆性处于大多数自组织过程的开端。普里高津通过他的耗散结构理论重新发现了时间。"我们的物理学重新发现了时间的实在性。时间不再是一个简单的运动参数,而是在非平衡世界中内部进化的度量。但是,一旦建立起这个时间的实在性,科学与人性之间达到更大统一的主要困难就会消失,我们用不着在'实践'的自由与'理论'的宿命之间进行选择了,明天不再含于今天之中。"②这样我们就能建造从静止自然观通向演化自然观的桥梁。

普里高津曾谈到柏格森的时间意味着创造观点给他的启迪。"在我年轻的时候,我就读了许多哲学著作,在阅读柏格森的《创造进化论》时所感到的魔力至今记忆犹新。尤其是他评注的这样一句话:'我们越是深入地分析时间的自然性质,我们就会越加懂得时间的延续就意味着发明,就意味着新形式的创造,就意味着一切新鲜事物连续不断地产生。'这句话对我来说似乎包含着一个虽然还难以确定,但是却是具有重要作用的启示。"③普里高津认识到时间就是建设,不可逆性就是有序之源。"不可逆性在自然中起着建设的作用,因为它容许自我构成的过程。"④"不可逆过程具有非常大的建设性的作用:没有不可逆过程就不可能有生命。""一种新的统一正在显露出来:在所有层次上不可逆性都

①　普里戈金:《从存在到演化》,上海科学技术出版社,1986年,第185页。
②　湛垦华等编:《普里高津与耗散结构理论》,陕西科学技术出版社,1982年,第216页。
③　湛垦华等编:《普里高津与耗散结构理论》,陕西科学技术出版社,1982年,第2页。
④　普里高津等:《软科学研究》,社会科学文献出版社,1988年,第37页。

是有序的源泉。不可逆性是使有序从混沌中产生的机制。"①

普里高津注意到不可逆性与随机性的联系。他说在不可逆的描述中,我们发现有三个基本要素:不稳定性、内在随机性和内在不可逆性。时间之矢隐含着随机性和不稳定性。在他看来,不可逆性是从随机性和不稳定性中产生出来的。

他还注意到不可逆性与复杂性的联系。"不可逆性是从复杂性最低的动态系统开始的。有意思的是,随着复杂性的增高,从石头到人类社会,时间之矢的作用(也就是演变节奏的作用)在增长。""我们已经发现,不可逆性远不是什么幻影,……我们自己处在一个可逆性和决定论只适用于有限的简单情况,而不可逆性和随机性却占统治地位的世界之中。"②的确,系统的随机性越高,就越无序,熵的量就越大,不可逆性就越强。

普里高津对人为过程和自然过程作了区分。我们知道,不可逆性并不是指绝对不能回到起始状态,而是需要严格的条件,这些条件在自然状态下一般不会自发出现,但人可以自觉地创造这些条件。所以由人设计和控制的过程是可逆的,并可准确预测它的细节,自然过程却不可能这样。"人为的过程可以是决定论的和可逆的。自然的过程包含着随机性和不可逆性的基本要素。这就导致了一种新的物质观,在其中,物质不再是机械论世界观中所描述的那种被动的实体,而是与自发的活性相联的。这个转变是如此深远,所以我们在序言中指出,我们真的能够说到人与自然的新的对话。"③

1986 年 12 月,普里高津在北京作了题为《时间的再发现》报告,说时间的再发现有三个标志:(1)基本粒子的不稳定性的发展;(2)现代宇宙学演化观念的发展;(3)非平衡系统中的一致性或相干性的发现。"旧物理学与新物理学在上述三方面是完全对立的,关键在于旧物理学用的时间是静态的、对称的、可逆的。"④这样我们就有了两种物理学。

① 普里戈金、斯唐热:《从混沌到有序——人与自然的新对话》,上海译文出版社,1987 年,第 169、349 页。

② 普里戈金、斯唐热:《从混沌到有序——人与自然的新对话》,上海译文出版社,1987 年,第 359、40 页。

③ 普里戈金、斯唐热:《从混沌到有序——人与自然的新对话》,上海译文出版社,1987 年,第 42 页。

④ 《科学》第 39 卷第 4 期,第 244 页。

在物理学中重新发现了时间,就意味着演化已成为物理学研究的重要内容。普里高津第一次把物理学分为存在物理学和演化物理学,这对科学史研究很有意义。"用哲学的语汇,我们可以把'静止'的动力学描述与存在联系起来;而把热力学的描述,以及它对不可逆性的强调,与演化联系起来。"①在他看来,牛顿力学、相对论、量子力学都属于存在物理学,"在动力学中,系统按某一轨道变化,轨道一旦给定,就永远给定了,轨道的起点永远不会被忘记(因为初始条件确定着任何时刻的轨道)"②。普里高津把机械决定论称为"拉普拉斯妖"。热力学则属于演化物理学。"我们已开始破译著名的热力学第二定律所传达出来的深刻的信息。无处不在的,或称为万有的时间箭头,即时间对称性的破缺,正是第二定律的核心,正是从这里再度发现时间。"③

由此可见,在普里高津看来,两种物理学的根本区别不在于是否讲运动,而在于是否讲时间箭头和不可逆性。自然科学要探索复杂性,就要研究演化,耗散结构理论是演化物理学的一个新分支。从存在物理学到演化物理学,是物理学的演化方向。

他指出机械决定论同经验矛盾。我们要准确地预言系统的未来,就要精确地知道系统中每个分子的位置和速度,但这是不可能的。"只有当一个完全确定的初始态的概念并不意味着过分理想化时,经典动力学的这个严格决定论的信念才是正确的……只要系统足够复杂(例如在'三体问题'中),我们就会看到,关于系统初始状态的知识,无论具有怎样的有限精度,也无法使我们预言该系统在过了一段长时间后的行为。即使确定这个初始状态时精度变得任意大,这个预言的不确定性也还是存在。"④

普里高津认为决定论现象是存在的,他并不反对一切决定论。但自然界也存在随机现象,哪里有不可逆性,哪里就有随机性。决定论与随机性是协同的关系,二者的并存表明了世界的复杂性。但决定论现象与随机现象的地位并不相同,随机性是自然界更为基本、更为本质的属性。决定论原则只适用于比较简单的情况,只要系统稍微具有一定的复杂性,随机性的作用就不容忽视了。

---

① 普里戈金:《从存在到演化》,上海科学技术出版社,1986年,第21~22页。

② 普里戈金、斯唐热:《从混沌到有序——人与自然的新对话》,上海译文出版社,1987年,第165页。

③ 《科学》第39卷第4期,第243页。

④ 普里戈金:《从存在到演化》,上海科学技术出版社,1986年,第27页。

他说物理世界是不稳定的涨落的世界。这使我们避免了一种传统的看法：丰富多彩的自然现象是按照节目单像钟表那样滴滴答答按部就班地排演出来的。"在一定意义上说，我们已从对封闭宇宙——其中现在完全决定未来——的认识，走向对开放宇宙——其中有涨落，有历史的发展——的认识。"[1]

经典科学观认为我们只能站在自然界之外，以单纯旁观者的身份来认识自然界。普里高津说："经典的科学观常称'伽利略'科学观。它试图把物质世界描述成一个我们不属其中的分析对象。按照这种观点，世界成了一个好像是被从世界之外看到的对象。"[2]"在经典物理学中，观察者置身于体系之外。"[3]这置身于自然界之外的观察者便是旁观者。他把这种观念称为"客观性的经典概念"，并把其基本内容概括为一句话："在经典观点中，仅有的'客观'描述是照系统原样对系统进行完整描述，而和怎样观察它的选择无关。"[4]

普里高津认为，爱因斯坦强调科学必须同任何观察者的存在无关，但相对论恰恰把观察者的概念引入了物理学，并改变了客观性的经典概念。"在相对论、量子力学或热力学中，各种不可能性的证明都向我们表明了自然界不能'从外面'来加以描述，不能好像是被一个旁观者来描述。描述是一种对话，是一种通信，而这种通信所受到的约束表明我们是被嵌入在物理世界中的宏观存在物。"[5]

科学是对话，科学家在研究自然时必然要作用于自然，所以在普里高津看来，在自然界之中研究自然的观察者，便是参与者。他给出了下列的图：

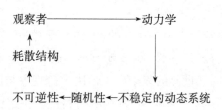

---

① 普里高津：《从存在到演化》，《自然杂志》第 3 卷第 1 期，第 14 页。
② 普里戈金：《从存在到演化》，上海科学技术出版社，1986 年，第 5 页。
③ 尼科里斯、普里高津：《探索复杂性》，四川教育出版社，1986 年，Ⅵ。
④ 普里戈金、斯唐热：《从混沌到有序——人与自然的新对话》，上海译文出版社，1987 年，第 274 页。
⑤ 普里戈金、斯唐热：《从混沌到有序——人与自然的新对话》，上海译文出版社，1987 年，第 357 页。

我们作为观察者,通过耗散结构认识到世界要成为观察者居住的世界所必需的条件。他说这张图表明:"我们可以把自己看作是我们所描述的宇宙的一个部分。"①普里高津在这里不是从本体论而是从认识论角度讲我们是宇宙的一个部分的。他要说的是,我们就是我们的认识对象的一部分,因为我们在研究过程中,我们的作用已进入认识对象之中,并同认识对象不可分。

他说近代科学也是一种同自然的对话,但这种对话的后果,竟是把人与自然、观察者与参与者作了截然的区分。于是人们发现自己在自然界中是孤独者,自然界是沉默的世界。这是经典科学的一个佯谬。"现在,我们已经离这种二分法越来越远了。我们知道,用玻尔的名言来说,我们既是演员又是观众,不仅在人文科学中是这样,在物理学中也是如此。代替'现在即意味着将来'的观念结构,我们正步入一个世界,在其中将来是未决的,在其中时间是一种结构,我们所有人都可以参与到这当中去。"②他说他探索的就是这种"既作为参与者又作为旁观者的知识概念"③。

坚持参与者的观念,并不是倡导主观主义科学观。根据相对论,时间与空间的测量都同观察者所处的参考系有关,但不能由此说相对论是主观主义物理学。"相对性是基于一种约束之上的,这约束只适用于物理上局域化的观察者,适用于在某一时刻只能处于一个位置而不可能同时处于各处的那些人。这个事实赋予这个物理学以一个'人类的'性质。但是这并非意味着它是一种'主观'物理学,是我们的偏爱和信念的结果;它仍然服从那些把我们认作是我们所描述的物理世界的一部分的内在约束。这是一种预先假定了一个位于被观察世界之内的观察者的物理学。我们和自然的对话仅当它是来自自然之内时才会成功。"④

托夫勒对普里高津的方法论思想有一个十分精辟的评论。他在《从混沌到有序》一书的前言中写道:"在当代西方文明中得到最高发展的技巧之一就是拆

---

① 普里戈金、斯唐热:《从混沌到有序——人与自然的新对话》,上海译文出版社,1987年,第358页。

② 尼科里斯、普里高津:《探索复杂性》,四川教育出版社,1986年,Ⅵ。

③ 普里戈金、斯唐热:《从混沌到有序——人与自然的新对话》,上海译文出版社,1987年,第357页。

④ 普里戈金、斯唐热:《从混沌到有序——人与自然的新对话》,上海译文出版社,1987年,第267页。

零,即把问题分解成尽可能小的一部分。我们非常擅长此技,以致我们竟时常忘记把这些细部重新装到一起。""但是,伊·普里戈金却不满足于仅仅把事情拆开。他花费了他一生的大部分精力,试图去'把这些细部重新装到一起'。"①

系统论思想是 20 世纪重要科学思潮之一。普里高津不仅自觉地应用系统论思想来研究物理学和化学,而且把整个科学也看作一个系统,注重科学系统的整体功能,注重各子系统的相互作用、系统与环境的相互作用。他追求的是新的综合。

他指出科学与技术的联系比以往任何时候都更加紧密。他呼吁要"打破学科间的壁垒",强调自然科学各个分支的相互渗透。他致力于把物理学与生物学重新装到一起,用耗散结构来解决热力学与物种进化论的矛盾。他看出了自然科学与人文科学有相互接近的趋势。他说人类的历史正处在一个转折点上,因此保持自然与社会之间通信渠道的畅通比以往任何时候都更加重要。他发现物理现象与社会现象有一些共同性,即不稳定性、随机性、复杂性、不可逆性都包含有涨落,并能产生新的结构。他尝试用耗散结构理论来解释一些社会现象。他的推广是大胆而又谨慎的。

他重视科学与整个文化背景的联系。他十分赞赏薛定谔的下面这一论断:"有一种倾向,忘记了整个科学是与总的人类文化紧密相联的,忘记了科学发现,哪怕那些在当时是最先进的、深奥的和难于掌握的发现,离开了它们在文化中的前因后果也都是毫无意义的。"②普里高津说他的《从混沌到有序》的基本论题之一,就是整个文化所固有的问题和个别科学内部的概念问题之间的强相互作用。

在普里高津看来,科学是社会的产物,科学家不能脱离社会来研究科学,即科学不是孤独的、理性"苦修"的事业。他说,科学的进步常被说成是一种从具体经验到抽象阶段的变换,这是一种用分裂的术语所做的描述。"我们相信,在认识论上,这种解释只是历史情况的反映(经典科学在这种历史情况中找到了自己),是经典科学无能力把人与环境相互关系的广泛领域包括到它的理论框

---

① 普里戈金、斯唐热:《从混沌到有序——人与自然的新对话》,上海译文出版社,1987 年,第 5 页。
② 普里戈金、斯唐热:《从混沌到有序——人与自然的新对话》,上海译文出版社,1987 年,第 53 页。

架中去的结果。"①他反对下述传统观念：科学进步是自我完善的过程,任何外来的影响(如科学家参与文化、社会或经济活动)只能起干扰和阻碍的作用。他尖锐地指出：科学不能与世隔绝,即使科学家躲到疯人院里从事研究,社会生活的各方面也会对他产生影响。科学概念、科学理论的提出"既有科学内部历史的根源,又有社会关系中的根源,今天,科学正是在这个社会关系中找到了自己"②。

当前,西方一些第一流的科学家开始把目光转向东方,注视东方的文化传统,注视古代东方的哲学思想和科学思想。普里高津便是其中之一。

普里高津重视中国传统文化,认为其中有很多合理内容,尤其是关于整体性、协和性的理解,更有助于现代科学的发展。他喜欢引用老庄的思想,认为其中包含着积极的整体和谐,这种整体和谐是由"各种对抗过程间的复杂平衡造成的"。现代物理学和数学的研究,如托姆的突变理论、重整化群、分支点理论等,都更符合古代中国关于整体性、自发性、协调和协和的哲学思想。普里高津说,17世纪是欧洲科学的创始时代,也是欧洲人民开始同中国文化接触的时代,莱布尼茨就曾高度赞扬中国的灿烂文化和自然观,从那时起,中国文化就成为欧洲科学的灵感来源。

所以普里高津说,艺术和文学是不分地域的,我们既不能在中国山水画和西方印象派风景画之间容此而拒彼,也不能在印度史诗和荷马史诗之间抑是而扬他。我们的自然观正在经历变革,其中一个重要方面就是西方科学的定量化和中国古代系统思想的有机结合。"这将是西方科学和中国文化对整体性、协和性理解的很好的结合,这将导致新的自然哲学和自然观。"③

普里高津的科学思想具有强烈的哲理性和时代性。他吸收了现代新科学思想的主要成果,如爱因斯坦对牛顿绝对时空观的批评和把观察者引入物理学、哥本哈根学派的许多思想、系统论思想、雅克·莫诺重视偶然性作用的思想等。他能用批判的眼光看待相对论与量子力学,并提出了探索复杂性的口号。

---

① 普里戈金、斯唐热：《从混沌到有序——人与自然的新对话》,上海译文出版社,1987年,第54页。

② 普里戈金、斯唐热：《从混沌到有序——人与自然的新对话》,上海译文出版社,1987年,第54页。

③ 普里高津：《从存在到演化》,《自然杂志》第3卷第1期,第14页。

他是机械论(力学机械论与物理学机械论)的彻底的批判者,是现代新科学传统的主要创建者之一。

四、协同学

德国斯图加特大学教授哈肯(1927~)通过非平衡现象的研究创立了自组织理论的另一个分支——协同学。协同学的基本观点是:一个由大量子系统构成的系统,在一定条件下,由于子系统之间的相互作用与协同,可以形成具有一定功能的自组织结构。哈肯说他之所以把他的新理论称为协同学,既是因为他研究的是许多子系统的联合作用,也是因为这个理论需要多学科的协作。

普里高津的研究工作以化学反应为出发点,哈肯的协同学则以激光为基础。1960年美国的梅曼发明了激光器,当时正在贝尔实验室工作的哈肯立即着手激光的理论研究,后出版了《激光理论》一书,该书被誉为激光理论的经典。激光是一个典型的远离平衡的物质系统,在一定条件下原来是无规则振荡的原子发射系统,可以以自组织的方式发生同相振荡。哈肯发现激光理论有助于说明自组织的机理。

哈肯认为子系统的运动有两种,一种是各子系统无联系的独立运动,另一种是各子系统协调一致的集体运动,这两种运动并存并相互影响。他发现当集体运动占主导地位时,系统就会产生有序结构。他说:“在这个意义上,我们可以把协同学看成是一门在普遍规律支配下的有序的、自组织的集体行为的科学。”[①]

很多子系统的合作受相同的原理支配而同子系统的特性无关,是哈肯的一个基本信念,因此我们可以用类比方法,对各种从无序到有序的现象建立一套数学模型。他写道:“协同学是研究由完全不同性质的大量子系统(诸如电子、原子、分子、细胞、神经元、力学元、光子、器官、动物乃至人类)所构成的各种系统。……尤其要集中研究以自组织形式出现的那类结构,从而寻找与子系统性质无关的支配着自组织过程的一般原理。”[②]

子系统的集体行为有合作也有竞争。从理论上讲,无序可能演变为许多可

---

① 哈肯:《协同学——大自然构成的奥秘》,上海译文出版社,2001年,第9页。
② 哈肯:《高等协同学》,科学出版社,1989年,第1页。

能的有序结构,或者说这些有序结构可能有各种模式。这些不同模式相互竞争,最后只有一种长寿命的模式保留下来。"我们将发现,许多个体,无论是原子、分子、细胞,或是动物、人类,都是由其集体行为,一方面通过竞争,另一方面通过协作而间接地决定着自身的命运。"①

哈肯提出了序参量的概念。序参量是在系统演化中起主导作用的参数,系统演化的最终结构和有序程度决定于序参量。系统的参数分快变量和慢变量两种。快变量是多数的变量,变化快,衰减很快,对系统演化不起什么作用。慢变量是一类或几类的变量,变化慢,不衰减,始终决定着系统的演化。慢变量便是序参量。抓住了序参量,便在众多的因素中抓住了关键因素。不同系统有不同的序参量。激光系统的序参量是光场强度,化学反应的序参量是浓度或粒子数。当系统无序时,序参量为零。当外界条件变化时,序参量也变。达到阈值时序参量增长到最大,此时便出现宏观有序结构。系统的面貌是几种序参量协同作用的结果。"我们将认识到,单个组元好像由一只无形之手促成的那样自行安排起来,但相反正是这些单个组元通过它们的协作才转而创建出这只无形之手。我们称这只使一切事物有条不紊地组织起来的无形之手为序参数。""序参数由单个部分的协作而产生,反过来,序参数又支配各部分的行为。"②哈肯由此提出了支配原理:快变量服从慢变量,序参量支配子系统的行为。他还提出了"功能结构"的概念。哈肯应当知道经济学家斯密所说的市场这只无形之手,现在哈肯又把协同比作一只无形之手,是意味深长的。

协同学具有十分广泛的用途。长期以来人们认为协同学只适用于宏观系统,在1982年的国际协同学学术会议上,德国的艾根指出生物大分子的微观系统中也有有序结构。艾根创立的超循环理论试图通过生物大分子的自组织过程来揭示生命起源之谜。艾根说超循环理论的目的是:"首先,分子进化中的突破必定是由几种自复制单元整合成协同系统所带来的;其次,能够进行这种整合的机制只能由超循环这类机制提供。"③1981年哈肯指出协同学也可用于宇观系统。

---

①　哈肯:《协同学——大自然构成的奥秘》,上海译文出版社,2001年,第9页。
②　哈肯:《协同学——大自然构成的奥秘》,上海译文出版社,2001年,第7~8页。
③　艾根、舒斯特尔:《超循环论》,上海人民出版社,1990年,第58页。

五、混沌学

20 世纪 80 年代以来,非线性科学的热潮席卷全球,这是探索复杂性的一个新领域。线性是简单的比例关系,遵循叠加原理(两个解加起来还是解);非线性关系则意味着相互作用产生新东西,整体不等于部分之和。线性关系是简单性关系,要探讨复杂性则离不开非线性科学。对于非线性问题,过去常采用多次线性逼近的方法,通过多次解线性问题得出非线性问题的近似解,即把非线性问题还原为线性问题。但这种方法只适用于近似于线性的现象。所以对非线性问题必须要用非线性科学来回答。非线性科学以非线性复杂系统为对象,是关于复杂性的科学,而混沌是非线性现象的核心问题,许多非线性问题可以用分形几何来表征。

几何学是一门古老的科学,欧氏几何的逻辑严谨性使儿时的爱因斯坦都感到震惊。几何学研究的一直都是规则的、光滑的形,但自然界许多的形是不规则、不光滑的。用机器制造的人造物是高度标准化的,自然物基本上是不规则的。所以过去几何学研究的实际上是不规则形的相对规则的轮廓,或复杂形体的近似轮廓。世界上最圆的是什么,不是铜镜、车轮,也不是中秋明月,而是几何学中圆的概念。古希腊哲贤把正圆视为最完美的图形,意为不规则即不完美。分形几何却使几何学研究进入不规则的领域。

分形几何为法国数学家曼德布罗特(1924~)所创。他兴趣广泛,研究工作涉及数学、物理学、天文学、地学、生理学、经济学、计算机、情报学、信息论、哲学、艺术等。他的分形几何学研究以海岸线长度的测量为切入口。海岸线是不规则、不光滑的曲线,大的弯曲里有小的弯曲,小的弯曲里又有更小的弯曲。因此两个港口之间的海岸线的长度是不确定的。用的尺子越小,测量得越细致,测量出的海岸线就越长,在理论上可以认为是无限长。曼德布罗特说:"定量结果依赖于物体和观察者之间的关系,这一观点是 20 世纪物理学的灵魂"[1]。

曼德布罗特常说云不是球体,山不是锥体,闪电不是直线。他试图用一种新的几何学来描述像海岸线这样的不规则图形。1975 年他创造了"分形"一词,

① 格莱克:《混沌学——一门新科学》,社会科学文献出版社,1991 年,第 90 页。

意为断裂、碎片、分数的意思。分形即不规则。分形体是由与整体以某种方式相似的各个部分所组成的客体。自相似是分形的一个特征，这又是一种规则性。自相似是部分的形态同整体的形态相似，在一定程度上可以把部分看作是整体的缩影。莱布尼茨曾表述过自相似的想象："物质的每一部分都可以看成是一个长满植物的花园，是充满鱼的池塘。但是每一棵植物，每一只动物，它们的每一滴汁液也是这样的花园或者池塘。"[①]曼德布罗特说："分形是非线性变换下的不变性，但是我首先研究的是在线性变换下不变的自相似性。"[②]"自相似性是不同尺度的对称。它意味着递归，即结构之中存在着结构。"[③]在通常的几何变换下，分形的形态不变。分形的内部结构没有特征长度，具有无标度性。

分形可以从某个简单图形出发，按一定的规则通过无穷多次数学变换而形成，这种分形称有规分形。自然界存在无规分形，其自相似性具有层次性。越靠近的层次，自相似性就越强。超出无标度区间，自相似性就不再存在。分形具有无穷嵌套的几何结构，有点像俄罗斯套娃，但每个娃都外形相似。曼德布罗特说："分形是几何外形，它与欧几里得外形相反，是没有规则的。首先，它们处处无规则可言。其次，它们在各种尺度上都有同样程度的不规则性。不论从远处观察，还是从近处观察，分形客体看起来一个模样——它是自相似的。整体中的小块，从远处看成不成形的小点，近处看则发现它变得轮廓分明，其外形大致和以前观察到的整体形状相似。"[④]分形即意味着自相似。

分维是分形不规则性的量度。曼德布罗特所说的维数不是空间维数，而是物体形状的维数。分维一般是分数，如科赫雪花曲线的分维是 1.261 8…，谢宾斯基"海绵"的分维是 2.726 8…。曼德布罗特说："为使分形几何有意义，我们不得不寻找一种方法，从数量的观点来表述形状的复杂性，就像欧几里得几何引用角度、长度、面积、曲率，以及用一维、二维、三维这些概念一样。""最简单的分形维变量是相似维 D_S。用之于点、线、面、体，D_S 只不过给出描述客体所需的普通维数——分别为 0、1、2、3。对一条曲线线性自相似分形又该怎么看呢？这样一条曲线能从很光滑的一维线，到接近充填成一个面，这意味着线缠绕得太

①　李后强等著：《分形理论的哲学发轫》，四川大学出版社，1993年，第98页。

②　曼德布罗特：《分形及迭代理论的复兴》，《数学译林》1992年第3期。

③　格莱克：《混沌学——一门新科学》，社会科学文献出版社，1991年，第95页。

④　曼德布罗特：《分形——自然界的几何学》，《世界科学》1991年第11期。

多了,以致看起来它的每一部分都是面上的某个区域,变得差不多是二维。相应的 D_S 值就要在大于 1 而小于 2 的范围内。这样就能把 D_S 说成是对这条曲线复杂性的量度。更一般地说,D_S 是分形外形复杂性或粗糙程度的量度。"[①]分形即意味着自相似。这表明分数维虽然是物体形状的维,但仍同空间的维有一定联系。分数维比整数维能更好地表征形状的复杂性。

曼德布罗特还提出了负分维的概念。他说,系统的生长过程涉及实体和空隙两大区域。实体区域是分形已经生成的区域,不会再生长出新东西;空隙区域是分形生长过程正在进行的区域。空隙充满活力和创造,是新事物诞生之地。如果实体是分形,则与其相对应的空隙也是一种分形。实体和空隙是个整体,二者密切相关。系统的生长就是空隙向实体的转化,因此我们可以通过对空隙的认识来预言系统生长的动力学机制。他用负分维作为空隙区域空的程度的量度。他认为空隙是潜在的存在和过程,蕴含着分形生长的可能前景。这就是说,实体与空隙(有与无)不可分离又相互限定,实有形,空也应有形,所以分数维有正负之分。

分形理论深化了我们关于整体与部分、规则性与非规则性、实体与空隙的认识,对形的认识有了新的突破。伽利略曾说:"大自然这本巨著是用数学语言写成的。""三角、圆和其他几何图形就是它的文字。没有这些,人们只能在黑暗的迷宫中到处摸索。"[②]分形理论为伽利略的这些话提出了很好的佐证。美国物理学家惠勒说:"在过去,一个人如果不懂得'熵'是怎么回事,就不能说是科学上有教养的人;同样,在将来,一个人如果不能熟悉分形,他就不能被认为是科学上的文化人。"[③]

"分数维成为一种新方法,用以量度舍此就无法定义的客体的性质:粗糙、破碎或不规则的程度。例如,曲折的海岸线,尽管我们已经知道它在长度上不能精确测量,然而其曲折程度却有某种特征。""'分形'一词终于成为一种新方法,可以用于描绘、计算和思考那些不规则的、凹凸不平的、零星分布的、支离破碎的图形,从雪花晶体的曲线到散落在星系中的繁星点点。分数维曲线代表一

[①] 曼德布罗特:《分形——自然界的几何学》,《世界科学》1991 年第 11 期。
[②] 李后强等:《分形理论的哲学发轫》,四川大学出版社,1993 年,第 83 页。
[③] 刘华杰:《分形艺术》,湖南科学技术出版社,1985 年,第 5 页。

种隐藏在这些令人望而生畏的复杂图形中的有序结构。"①分形几何为混沌学研究提供了一种方法。

"混沌"的本意是混乱、无序的意思。传统文化中混沌一般指一种尚未分化的原始自然形态或形成宇宙的演化状态。20世纪初彭加勒在研究三体问题时，已涉及混沌现象。他反对拉普拉斯式决定论，认为初始条件中的微小差别最后会产生巨大的误差，使预言成为不可能。

湍流也是混沌的一种表现。湍流是流体的一种不规则的流动，其特点是流体质点互相混杂、迹线极不规则，描述流体运动的物理量（如速度、压强等）常有不规则的涨落。湍流的本质一直难以捉摸。据说海森伯临终前说他要问上帝两个问题：为什么要有相对性？为什么要有湍流？他说上帝只能回答第一个问题。

1963年美国气象学家罗仑茨用计算机模拟大气湍流，发现如果输入有一点微小的差别（如0.506 127，只取小数点后的前三位，改为0.506），结果气象图样就完全不同。他由此认识到精确的天气预报是不可能的。后来他作了一次演讲，题目是《可预言性：一只蝴蝶在巴西扇动翅膀，会在得克萨斯引起龙卷风吗?》。后来人们就把微小涨落引起巨大变化的效应称为"蝴蝶效应"。罗仑茨又发表了《决定性的非周期流》一文，指出决定性的非周期流就是混沌，它决定了精确气象预报的不可能。"当看到我们能够提早数月对潮汐作出满意的预报时，普通人会执经问难，为什么对天气我们就做不到这点呢？它们只不过是不同流体系统而已，内部的规则也差不多同样复杂。但我认为，任何具有非周期地活动的物质系统最终将是不可预测的。"②实际上潮汐的周期性变化同气流的非周期变化有本质的区别。有人把罗仑茨的研究工作看作是现代混沌学诞生的标志。

1971年法国的罗尔和塔肯斯用混沌描述湍流形成的机理，并发现"奇怪吸引子"的图像。1975年美籍华人李天岩和美国数学家约克发表《周期三蕴含着混沌》一文，首次提出对混沌一词的现代理解。1983年伯瑞提出"混沌学"这一学科名称。

吸引子是混沌学的一个基本概念。系统的演变一般总有一个归宿，好像被

① 格莱克：《混沌学——一门新科学》，社会科学文献出版社，1991年，第90、107页。
② 格莱克：《混沌学——一门新科学》，社会科学文献出版社，1991年，第10页。

吸引到某一个特定的点。系统变化被吸引到的极限状态,便称为吸引子。吸引子可分为两类,一类是平庸吸引子,用整数维描述,可以有不动点(表征系统的平衡运动)、极限环(表征系统的周期运动)和环面(表征系统的拟周期运动)几种形态。另一类是奇怪吸引子,具有自相似结构,用分数维描述,是一种分形。奇怪吸引子隐藏着深邃的自然之谜。罗尔说:"我还没有谈论过奇怪吸引子的审美感染力。这一群群曲线,这一堆堆点,有时向人暗示烟火或星系,有时向人暗示离奇古怪的令人不安的植物增殖。还有无穷无尽的形态有待开发,还有整整一个和谐的世界有待发现。"[1]

澳大利亚的梅依在生态学领域进行混沌学研究。1974 年,他研究单个生物群体随时间而呈现的变化,发现当参数值小时,他的简单模型就处于稳定状态;当参数值大时,稳定状态就被破坏,群体总数在两个数值之间波动。当参数值很大时,系统的行为似乎变得不可预测。如果参数为 2.7,则群体总数为0.629 2。随着参数的增加,最终的群体总数就略有增加,可画出一条缓慢上升的线。可是当参数增加为 3 时,这条线就突然一分为二,群体总数在两点之间振荡。参数再增加一些,分岔再次发生,出现以 4 年为周期的振荡。倍增是分岔,每次分岔都是原有模式的破坏。群体总数开始时是每隔 1 年在不同值之间跳动一次,后又从 2 年周期转换为 4 年周期,分岔按 4、8、16、32…数列进行,分岔越来越快。超过"累积点",周期性消失,系统处于混沌状态,群体的变化完全是随机的。然后混沌中又出现稳定的奇数周期 3 或 7,即群体总数以 3 年或 7 年为周期不断重复变化。接着又开始分岔(周期 3、6、12…或周期 7、14、28…),然后又再次进入混沌状态。只要某个参数值稍微变化,系统行为就出现完全不同的模式。于是梅依发现了种群整体演化规律——倍周期分岔,实际上倍周期也是一种分形。20 世纪 70 年代早期,生态学在生物群体演化问题上分为两派:一派认为群体是稳定的,为某种决定论的机制所调节;另一派主张群体的行为是不规则的,被不可预测的环境因素所左右。不是简单的决定论,就是无规律混乱,似乎二者必居其一。可是梅依的分岔研究表明,简单的决定论模型可以产生好像是随机的行为,而这种行为又具有精致的结构。梅依说:"如果更多的人认识到,简单的非线性系统并不一定具有简单的动力学性质,那么不仅在研究

---

[1] 格莱克:《混沌学——一门新科学》,社会科学文献出版社,1991 年,第 147 页。

中,而且在日常的政治与经济生活中,我们的境况都会更佳。"[1]他指出倍周期分岔是通向混沌的道路之一。

美国物理学家费根鲍姆(1945～　　)1976年在研究这一类非线性迭代关系时,发现倍周期分岔的两个常数,提出了标度律。他指出,随着控制参量的增加,在分岔图上,横轴方向的分岔间距按常数 δ 衰减, $\delta=4.669\,2\cdots$;纵轴方向的分岔宽度按常数 α 衰减, $\alpha=2.502\,9\cdots$。如果我们把标尺按 α 倍放大(或缩小),我们在分岔图上就会看到一样的几何图形,说明分岔是一种分形,具有自相似结构。他还认为标度律具有普适性,通过倍周期分岔到达混沌是某一类非线性动力学系统的共同性质。费根鲍姆说:"人们必须寻找标度不变的结构——大的细节与小的细节如何关联。你观察液体的湍流,观察复杂性随着一种持续的过程而产生出来的复杂结构。在一定层次上,它们并不太关心过程的尺度大小——它可能是豌豆大小,也可能像篮球那么大。也不关心这个过程在何处,而且也不关心它将持续多久。唯一能成为永久的是普遍的东西,在某种意义上就是与标度无关的事物。"[2]

混沌学方兴未艾,却已向我们描绘了一幅新的世界图景,非平衡、非线性、非周期、不规则、不稳定、不连续、不对称,都是一道道迷人的风景线。

混沌一词古已有之,但混沌学提供的是崭新的混沌观。法国的布多说:"混沌学首先迫使我们对人们所说的简单与复杂的辩证法进行重新思考。从传统上说,某一复杂的行为只能是复杂原因造成的,或更确切地说,是原因的复杂性造成的;反之,某一简单的系统只能具有简单的行为。从某种意义上说,整个经典科学的依据就是这种双重公理。"[3]布多指出,经典科学的混沌观有三个预先的假设:简单系统不可能出现混沌,混沌不是系统所固有的,混沌同决定论无关。"混沌学与这三个预先假设的每一个都有关,并向我们提供有关混沌的从未见过的形象。它首先告诉我们,混沌能够出现在简单的系统里。其次告诉我们它是固有的。最后告诉我们,它是决定论的。"[4]混沌学的一大特征是揭示简单系统的复杂性。这表明简单性与复杂性相互包容、相互渗透、相互缠绕。

---

①　格莱克:《混沌学——一门新科学》,社会科学文献出版社,1991年,第72页。

②　格莱克:《混沌学——一门新科学》,社会科学文献出版社,1991年,第179～180页。

③　布多:《混沌哲学》,《哲学译丛》1992年第3期。

④　布多:《混沌哲学》,《哲学译丛》1992年第4期。

有位物理学家说:"相对论粉碎了牛顿学说绝对空间和绝对时间的错觉,量子力学粉碎了牛顿学说测量过程可控的幻象,而混沌学粉碎了拉普拉斯决定论预测的梦想。"①这三大理论表明科学在探索复杂性的道路上不断前进,但决定论描述和概率论描述并不是绝对对立的。我国物理学家郝柏林说:"混沌研究的进度,无疑是非线性科学最重要的成就之一。它正在消除对于统一的自然界的决定论和概率论两大对立描述体系间的鸿沟,使复杂系统的理论开始建立在'有限性'这更符合客观实际的基础之上。"②

混沌不是单纯的无序,而是"有序的无序",或"无序的有序",是无序与有序的辩证统一。罗仑茨认为混沌是确定性的非周期流,郝柏林认为混沌是非周期性的有序性,讲的都是这个意思。动力学系统的混沌,实质上是一种有组织的无序,它同热力学所研究的分子的无序,既有相似之处,又有明显差别。混沌学告诉我们,不规则性来源于确定性,而确定性又来源于混乱。过去人们认为演化的过程是"无序→有序→无序",混沌学则给出了这样的描述:"混沌→有序→新的混沌→新的有序"。被称为"混沌学小集团"的一个成员法默说:"事物都有两重性。有序中隐含着内在随机性,而随机性中又有潜在的有序。"③

混沌学不是存在的科学,而是演化的科学。分形几何是研究混沌的一种方法。尤金斯等认为:"分形与混沌之间存在的一致性并非偶然,说得更恰当一点,这种一致性的背后存在着一种根深蒂固的联系:分形几何就是混沌几何。"④彭加勒曾把拓扑学和动力学比作是一枚硬币的两面,混沌学则把这二者结合起来,用几何形状来直观地表示系统的整体行为。"混沌学小集团"的另一成员帕卡德说:"混沌现象本应在很久很久以前就被发现。但却没有,部分原因是规则运动动力学的那些大量工作都未朝这个方向发展。……重要的是人们应该让自己接受物理学和观察资料的指导,去发现人们可以构造什么样的理论蓝图。从长期来看,我们领会到对复杂动力学的探索将成为理解真实的、真正的复杂动态行为的突破口。"⑤

在分形几何、混沌学研究中,计算机的应用具有重要的意义。诺伊曼说:

---

① 格莱克:《混沌学——一门新科学》,社会科学文献出版社,1991年,Ⅵ。
② 格莱克:《混沌——开创新科学》,上海译文出版社,1990年,第1页。
③ 格莱克:《混沌学——一门新科学》,社会科学文献出版社,1991年,第243页。
④ 尤金斯等:《分形语言》,《科学》(中译本)1990年第2期。
⑤ 格莱克:《混沌学——一门新科学》,社会科学文献出版社,1991年,第243页。

"科学不是试图作解释,更不是作说明,主要是建立模型。一种模型就是一种数学构造,附加些文字说明后,来描述观察到的现象。这样的数学构造之所以合理,只是也正是在于可以指望它起作用。"①计算机模拟成为建构模型的有效工具。非线性科学具有高度的综合性,是多学科综合研究的产物。

有人认为混沌学可以同相对论、量子力学相提并论。郝柏林说:"越来越多的人认识到,这是相对论和量子力学问世以来,对人类整个知识体系的又一次巨大冲击,这也许是20世纪后半叶数理科学所作的意义最为深远的贡献。"②

第八节　追求统一的历程

一、追求统一和终极的理论

科学家(特别是物理学家)总在不断地追求统一——物质的统一、作用的统一以及与此相联系的理论的统一。这相对于工业文明的专业化来说,是一种积极的追求。格拉肖在接受1979年诺贝尔奖的演讲中说:"1956年当我从事理论物理时,基本粒子的研究就像是一床拼缝起来的被子,量子电动力学,弱相互作用,还有强相互作用都是不同的学科,分开来教,分开来学,没有一个一致的理论来全部描述它们。情况已经改变。今天我们有了被称为基本粒子标准理论这样的东西,其中强、弱和电磁相互作用都从一个原理中引出……我们现在所拥有的理论是一件完整的艺术作品;拼缝的被子变成了一块挂毯。"③

当年爱因斯坦把物质的简单性与统一性相联系,与此相对应也把理论的简单性与统一性相联系,而简单性和统一性的结合便是基元性,而基元物质、基元理论都具有终极性。所以许多科学家追求自然的统一,同时也就在追求终极的理论。

温伯格认为我们应当探求能推导出一切物理学知识的最简单的物理学原

---

① 格莱克:《混沌学——一门新科学》,社会科学文献出版社,1991年,第263页。
② 格莱克:《混沌——开创新科学》,上海译文出版社,1990年,第1～2页。
③ 卡库、汤普逊:《超越爱因斯坦》,吉林人民出版社,2001年,第75页。

理。"我们要探索的就是：寻求一组简单的物理原理，它们可能具有最必然的意味，而且我们所知有关物理学的所有一切，原则上都可以从这些原理推导出来。"①这其实就是爱因斯坦所追求的目标。温伯格说他不能肯定是否有以及是否能找到这些原理，但寻求它是有益的。即使找到了这些原理，许多学科仍然存在。"终极理论的发现不会终结科学事业。"②许多人都想当然地认为，每个原理后面都跟着更深的原理，这是一个无穷的原理链。温伯格引述了波普尔的话："每一个说明都能由普适性程度更高的理论或猜测来进一步说明。不可能有不需要进一步说明的说明。"③但是温伯格猜测，存在一个终极理论，我们也有能力去发现它。虽然机械还原论者给人的印象的确很糟糕，但今天我们都是还原论者了。如果发现了终极理论，我们又会对自然界越来越寻常而感到遗憾。但未来的科学家将会嫉妒今天的物理学家，因为我们正走在发现终极定律的航线上。

1999 年诺贝尔物理学奖获得者特霍夫特说："如果物理学的最终定律是一些仅含 0 和 1 的定律，那么人类迟早会把它搞清楚的。对于人类创造性的这种巨大信念，我确实是有的。""有一天我们会有一个坚如磐石的'万物之理'——一个基本定律，其最终的数学表达是如此的简单和普适，以至不可能有任何小的变化和修正，正如我们在前面所见到过的，这是一个'整体论的'定律。物质的所有性质，时空中的一切现象，以及物理学中的全部其他定律都由这一普适定律导出。"④特霍夫特在讲述"万物之理"时，用的是"简单"、"普适"、"最终"、"任何"、"所有"、"一切"、"全部"这些词，颇有爱因斯坦之遗风。他又说即使找到了"万物之理"，解答这种科学问题的难度仍一如既往，也不能在心理学、社会学中乱用。

爱因斯坦之梦也感染了霍金。霍金说："科学的终极目的在于提供一个简单的理论去描述整个宇宙。""一套能描述宇宙中任何东西的完整统一理论。"⑤"我们会拥有一套物理相互作用的完整的协调的统一理论，这一理论能描述所

① 费曼、温伯格：《从反粒子到最终定律》，湖南科学技术出版社，2003 年，第 42 页。

② 温伯格：《终极理论之梦》，湖南科学技术出版社，2003 年，第 191 页。

③ 波普尔：《客观知识》，上海译文出版社，1987 年，第 206 页。

④ 特霍夫特：《寻觅基元——探索物质的终极结构》，上海科技教育出版社，2002 年，第 194～195 页。

⑤ 霍金：《时间简史——从大爆炸到黑洞》，湖南科学技术出版社，1996 年，第 20、22 页。

有可能的观测。"①这种统一理论存在吗？霍金说有三种可能：存在、不存在、连宇宙理论都不存在。第三种可能已被排除，第二种可能同我们迄今为止的经验相符。可是当研究对象的能量越来越高时，精密的理论应当有某一极限，所以必须有宇宙的终极理论。看来引力可以提供俄罗斯套娃系列的极限。霍金指出："即使我们发现了一套完整的统一理论，由于两个原因，这并不表明我们能一般地预言事件。第一是我们无法避免不确定性原理给我们的预言能力设立的极限。然而，更为严厉的是第二个限制。它是说，除了非常简单的情形，我们不能准确解出这理论的方程。"②2001 年 5 月，霍金在《果壳中的宇宙》前言中说："当 1988 年《时间简史》初版时，万物的终极理论似乎已经在望了。从那时开始情形发生了什么变化呢？我们是否更接近目标？正如在本书将要描述的，从那时到现在我们又走了很长的路。但是，这仍然是一条蜿蜒的路途，而且其终点仍未在望。正如古老谚语所说的，充满希望的旅途胜过终点的到达。……如果我们已经抵达终点，则人类精神将枯萎死亡。"③

　　一些弦理论科学家认为，弦理论就是"万物之理"。卡库说得非常形象："德国物理学家就曾编辑过一本百科全书，《物理学手册》，那是一部总结了全世界物理学知识的详尽无遗的著作。这部在图书馆中可以占据整整一个书架的《手册》，代表了当时科学知识的顶峰。如果超弦理论是正确的话，这本百科全书中包含的所有信息就能够（在原则上）从一个方程中推导出来。"④德国新闻记者格罗特里希说："这个难以置信的'宇宙公式'在理想情况下，应该是极简短和精辟的，可以印在一件 T 恤衫的胸前，让狂热的物理系学生能穿着它去散步。"⑤

　　一些学者对包罗万象的终极理论持质疑的态度。系统哲学家拉兹洛写道："尽管大统一理论在技术方面取得了值得注意的成绩，但它的范围和意义还不十分清楚。科学家们一直太专注于创造出统一他们所观察到的现象的数学，以至于没有大胆地深入解释他们的公式的含义，而作为他们时代知识传统阐释者的哲学家则多半已经不沾边——除了少数例外，他们都没有赶上最新的发展。"

---

①　《霍金讲演录——黑洞、婴儿宇宙及其他》，湖南科学技术出版社，1999 年，第 35 页。

②　霍金：《时间简史——从大爆炸到黑洞》，湖南科学技术出版社，1996 年，第 152 页。

③　霍金：《果壳中的宇宙》，湖南科学技术出版社，2002 年，前言。

④　卡库、汤普逊：《超越爱因斯坦》，吉林人民出版社，2001 年，第 4～5 页。

⑤　格罗特里希：《超弦的音响——自然中之最小》，百家出版社，2001 年，第 78 页。

"就物理学中的大统一理论和超大统一理论而言,贴上'一切事物的理论'的标签显然是夸大其词。"①

萨拉姆说:"说到我们能达到一个包罗万象的理论,我个人并不相信。无论如何,我们不应该在一个理论可检验的范围之外相信它。"②萨拉姆同温伯格、格拉肖一起因弱电统一的工作获诺贝尔物理学奖,可是他们对一些物理学基本问题的看法却有明显差别,这是耐人寻味的。

追求自然界和自然科学理论的简单性、统一性,以及作为二者结合的终极性,是近代以来科学的传统。黎曼在致父亲的信中说,"我专注于关于所有物理定律统一的研究"③,并认为数学将为此铺平道路。爱因斯坦、玻尔之后,许多科学家认为建构终极理论的时机已经到来。

终极理论要成立,在本体论上应具备两个条件。其一,自然界存在一个终极层次,即不由别的层次构成的层次。这是终极性原则。为了证明终极理论的存在,就要假定终极层次的存在,而终极层次恰恰是需要证明的。连美国弦理论专家格林都说:"我个人就不认为存在所谓的'最终组成单元'。"④其二,浅层次的本质完全是由深层次决定的,完全可以归结为深层次的属性。这是决定性原则。这就意味着浅层次相对于深层次,没有任何新东西。那自然界就不需要多层次的结构,这显然不符合实际。

为了建构终极理论,在认识论和方法论上又必须倡导大物理学主义、简化主义和绝对主义。戴维斯说:"物理学是最自负的一门科学,物理学家把理解宇宙的奥秘视为自己的职责。而其他科学家只限于研究一些具体的东西。""像神学家一样,物理学家们不承认任何系统在原则上处于他们的研究范围之外。""任何复杂系统不管多么神秘,其行为最终总是由物理定律所决定的,绝无例外。""简化主义哲学一直引导着物理定律细致入微地主宰着宇宙的观念。这个思想学派的鼓吹者,包括许多科学家,一直相信原则上心理学、生物学、化学可以依次简化,最后到物理学。"⑤戴维斯、布朗虽然是英国广播公司的节目主持

---

① 拉兹洛:《微漪之塘——宇宙中的第五种场》,社会科学文献出版社,2004年,第147页。
② 戴维斯等:《超弦》,中国对外翻译出版公司,1994年,第153页。
③ 加来道雄:《超越时空——通过平行宇宙、时间卷曲和第十维度的科学之旅》,上海科技教育出版社,1999年,第43页。
④ 戴维斯等:《超弦》,中国对外翻译出版公司,1994年,第126页。
⑤ 戴维斯等:《超弦》,中国对外翻译出版公司,1994年,第1页。

人,但他们在"寻求超弦"的专题节目中,直接采访了薛瓦茨、威滕、格林、萨拉姆、格拉肖、温伯格、费因曼等人,所以这些看法有一定的根据。按特霍夫特的说法,终极理论"不可能有任何小的变化和修正",那终极理论便是绝对真理、终极真理。

在科学史上,曾不止一次出现物理学家宣布物理学已经完成的事情,可是话音刚落,物理学便有了新的突破。20世纪20年代末,玻恩对一群访问哥廷根的科学家说:"尽我们所知,物理学将在六个月内完结。"[1]可是不久就发现了中子和核力。

霍金在谈及终极理论时已提到不确定性原理,而卡库所说的那个能推导出所有物理学知识的方程式却是确定的。世界如此不确定,为何科学理论如此确定? 主张终极理论的不少物理学家,同时主张多重宇宙、多重历史。这是否意味着"终极宇宙"、"终极历史"的存在? 终极理论是否能包容多重宇宙、多重历史的万象? 为什么宇宙和历史是多重的,而科学理论最终是单一的? 其实科学史上只有一定层次上的统一、一定阶段的终极。

中国科学院院士、前中国物理学会理事长、南京大学教授冯端说:"有些科学家说粒子理论现在已经建立了标准模型,下一步就希望建立万事万物的理论。要进行这类尝试是完全应该的,但一定要采取辩证的观点来对待这一问题。即使这个理论取得进展,也不意味着万事万物的问题就可以迎刃而解了。物质科学现在还是很有生命力的,它有很多新的发展余地。切不可把它们的命运都跟囊括万事万物的'理论'联系在一起。"[2]这是对追求终极理论思潮的科学态度。

在追求统一和终极的过程中,科学家的思想异常活跃,弦、膜、虚粒子、虚时间、多重宇宙、多重历史、高维空间、空间卷缩、时间圈环、真空能量、黑洞辐射、虫洞、婴儿宇宙,新概念、新思想层出不穷。当今物理学所追求的目标,使它的思辨性日益浓厚,越来越像一种哲学,也许更像古希腊自然哲学。当然,知识背景与文化氛围已完全不同。

我们进入了假说林立的新时代,弦理论就是一个假说网络。这些假说不仅离生活经验,而且离科学实验越来越远。科学家不是根据实验经验,而是根据

---

[1]　《霍金讲演录——黑洞、婴儿宇宙及其他》,湖南科学技术出版社,1999年,第35页。
[2]　冯端:《零篇集存——物理论丛及其他》,南京大学出版社,2003年,第401页。

模型来建构假说的。这些假说不是对经验的概括,而是对数学模型的理解。他们追求的不是理论同实验、实在的吻合,而是数学和逻辑上的自洽。看来他们建构假说主要有三个原则。

第一,数学模型原理。

霍金认为科学理论是一种数学模型,科学研究的任务是建构数学模型,并以此来描述观察和作出预言。至于科学理论是否同实在对应,是无意义的问题。他说:"如果我们认为,实在依我们的理论而定,怎么可以用它作为我们哲学的基础呢?在我认为存在一个有待人们去研究和理解的宇宙的意义上,我愿承认自己是个实在主义者。我把唯我主义者的立场认为是在浪费时间,他们认为任何事物都是我们想象的创造物。没人基于那个基础行事。但是没有理论我们关于宇宙就不能说什么是实在的。因此,我采取这样的被描述为头脑简单或天真的观点,即物理理论不过是我们用以描写观察结果的数学模型。如果该理论是优雅的模型,它能描写大量的观测,并能预言新观测的结果,则它就是一个好理论。除此以外,问它是否和实在相对应就没有任何意义,因为我们不知道什么与理论无关的实在。这种科学理论的观点可能使我成为一个工具主义者或实证主义者"①。他认为他既不是唯我主义者,也不是实在主义者,而是实证主义者或工具主义者。他认为科学是工具,而工具只要有用即可。科学是一种设计。他说:"去问诸如这样的问题是毫无意义的:'实'的或'虚'的时间,哪一个是实在的?这仅仅是哪一个描述更为有用的问题。"②"从实证主义的观点,我们不能问什么才是实体,是膜还是泡泡?两者都是描述观测的数学模型。我们可以随意使用这两个模型,哪个方便就使用哪个。"③"至少对于一名理论物理学家而言,把理论视作一种模型的实证主义的方法,是理解宇宙的仅有手段。"④

弦理论就是由一组数学模型构成的。所以威滕说:"在过去的年代里,物理学的进步总是伴随着不断丰富的数学结构。"⑤美国数学家帕帕斯说:"数学思想是想像力的虚构物。数学的想法存在于另一世界中,数学的对象是纯由逻辑和创造力产生的。标准的正方形或圆形存在于数学世界中,而我们的世界所具有

① 《霍金讲演录——黑洞、婴儿宇宙及其他》,湖南科学技术出版社,1999年,第32页。
② 霍金:《时间简史——从大爆炸到黑洞》,湖南科学技术出版社,1996年,第128~129页。
③ 霍金:《果壳中的宇宙》,湖南科学技术出版社,2002年,第198页。
④ 《霍金讲演录——黑洞、婴儿宇宙及其他》,湖南科学技术出版社,1999年,第34页。
⑤ 戴维斯等:《超弦》,中国对外翻译出版公司,1994年,第83页。

的只是数学对象的代表物而已。"①这番话代表了不少当代物理学家的看法。

爱因斯坦经过广义相对论的研究,也很重视数学模型的作用,但他反对实证主义。他说:"如果最初是把理论想象为对实在客体的描述,那末,在较晚的时期,理论就被认为仅仅是自然界里发生的过程的一种'模型'。""我坚信,我们能够用纯粹数学的构造来发现概念以及把这些概念联系起来的定律,这些概念和定律是理解自然现象的钥匙。"②盖尔曼则把被幽禁的夸克称为"数学上的"夸克,把可以单独出现的夸克称为"真实的"夸克,这个看法比较接近爱因斯坦。狄拉克 60 岁时说:"我的特色就是,喜欢摆弄方程,只是寻找漂亮的数学关系,它们可能根本就不具有任何的物理意义,而有时它们则有物理意义。"他 78 岁时又说:"这只是寻找漂亮的数学。到后来,也许会搞清楚这工作确有一种应用。于是,人们就交了好运。"③他主张先发现数学方程,然后再寻找数学方程背后的物理思想。"人们首先发现方程,然后,在检查它们之后就逐渐懂得如何去应用它们。……找到方程背后的物理思想。"④

有的科学家对此提出不同意见。玻姆说:"我们正越来越倾向于认为,数学是处理实在的唯一手段,那只是因为数学手段确实曾一度相当奏效,以致于我们竟想当然地认为这是唯一正确的途径。"⑤玻姆希望科学家少借助数学来模拟世界。由物理学家转为新闻工作者的戴维·林德利说粒子物理学正面临变成美学一个分支的危险。当杨振宁发现规范场在概念上和数学家的纤维丛理论相同时,感到十分惊奇。1975 年他对陈省身说:"这既令人惊奇又令人困惑,因为你们数学家能无中生有地幻想出这些概念。"陈省身立刻抗议道:"非也,非也,这些概念并不是幻想出来的。它们是自然的,而又是真实的。"⑥

第二,不确定性原理。

当代不少物理学家大大推广了海森伯不确定原理的内涵和应用范围,把它看作自然界的基本规律。霍金说:薛定谔猫的理想实验,"有些科学哲学家觉得

①　帕帕斯:《数学的奇妙》,上海科技教育出版社,1999 年,序言。

②　《爱因斯坦文集》第一卷,商务印书馆,1976 年,第 309～310、316 页。

③　派斯:《摆弄方程,狄拉克的作法》,《科学与哲学》1986 年第 4 期。

④　周林等主编:《科学家论方法》第二辑,内蒙古人民出版社,1983 年,第 264 页。

⑤　霍根:《科学的终结——在科学时代的暮色中审视知识的限度》,远方出版社,1997 年,第 124 页。

⑥　《杨振宁演讲集》,南开大学出版社,1989 年,第 321 页。

这很难接受。猫不能一半被杀死另一半没被杀死,他们断言,正如没人处于半怀孕状态一样。使他们为难的原因在于,他们隐含地利用了实在的一个经典概念,一个对象只能有一个单独的确定历史。量子力学的全部要点是,它对实在有不同的观点。根据这种观点,一个对象不仅有单独的历史,而且有所有可能的历史。"①这就是说,宇宙不再是"存在的一切",而是"可能存在的一切"。霍金非常赞同费因曼的多重历史的观点。在经典科学中,一个粒子从 A 移动到 B,它会沿着从 A 到 B 唯一一条线进行。然而费因曼指出,这个粒子能沿着从 A 出发的任何可能路径运动。这就像在吸水纸上滴一滴墨水,墨水粒子就会沿着所有可能路径在吸水纸上弥漫开来。霍金甚至说:"我们现在所从事的是把爱因斯坦的广义相对论和费因曼的多重历史的思想合并成一个完备的统一理论"②。他认为任何历史都是可能的。宇宙必须有这样一种历史,某位运动员囊括了奥运会的全部金牌,虽然也许其概率很小。如果一个系统的历史是单独确定的,那就会出现所有种类的二律背反,如一位航天员一半在地球上,而另一半在月亮上。正是利用不确定性原理,霍金使黑洞发生辐射,使膜从无中产生。

格林称不确定性原理彻底粉碎了经典物理学"复辟"的幻想。"几率、波函数、干涉和量子,都带着认识实在性的崭新思路。不过,顽固的'经典'物理学家们还抱着一丝希望,盼着当一切都弄清楚以后,这些'离经叛道'的东西会重新回到离过去不远的思路上来。然而,不确定性原理把所有的'复辟'幻想都扫荡干净了。"③我们考察的时空范围越小,宇宙就变得越"疯狂"。格林有两句话非常概括地表述了他对不确定原理的理解:"什么东西都可能有","什么情况都可能出现"。④ 这实际上是把不确定性原理理解为"一切都可能发生",变成了"无不可能性原理"。

第三,人择原理。

既然宇宙和历史是多种多样的,那为什么我们的宇宙和历史偏偏是这样的呢? 霍金等人就用人择原理来回答这个问题。霍金写道:"如果任何历史都是可能的,就可以用人择原理去解释为何我们发现宇宙是现今这样子。尽管我们

---

① 《霍金讲演录——黑洞、婴儿宇宙及其他》,湖南科学技术出版社,1999 年,第 33 页。
② 霍金:《果壳中的宇宙》,湖南科学技术出版社,2002 年,第 80 页。
③ 格林:《宇宙的琴弦》,湖南科学技术出版社,2002 年,第 113 页。
④ 格林:《宇宙的琴弦》,湖南科学技术出版社,2002 年,第 114、352 页。

对自己并不生存于其中的其他历史究竟有什么意义还不清楚。然而,如果利用对历史求和可以显示,我们的宇宙不只是一个可能的,而且是最有可能的历史,则这个量子引力论的观点就会令人满意得多。"①为什么热力学和宇宙学的箭头指向同一方向?为什么要在大量宇宙中挑出膜模型?他认为这都可以用人择原理来解释。所以霍金说:"事物之所以如此是因为我们如此。"②"如果它不是这个样子,我们就不会在这儿!"③伏尔泰曾说:"我们生活在所有可以允许的最好的世界中。"霍金主张把这句话改为:"我们生活在所有可以允许的最有可能的世界中。"④他认为"最可能的"和"最好的"不是一个概念。

有的物理学家对人择原理提出了质疑,认为它无法检验,不是科学原理,"是在人们想不出更好的办法时才选择的"⑤。

这三条原理是三种信念,构成了当代物理学追求统一、终极理论时自由想象、自由创造的理论基础。科学是数学模型,所以科学家在建构假说时可以不受实在状态的限制。什么事情都可能发生,所以任何数学模型都具有合理性。为什么许多数学模型所描述的现象我们未能看到?那是因为我们生活在我们现在所看到的宇宙中。我们可以以此来选择某种数学模型。所以什么都能想象,没有不能想象的东西。霍金在自己的著作中引述莎士比亚的一句台词:"即便把我关在果壳之中,仍然自以为无限空间之王。"霍金说:"哈姆雷特也许是想说,虽然我们人类的肉体受到许多限制,但是我们的精神却能自由地探索整个宇宙⑥。

尽管模型与原型、可能与现实、"我们生活在这样的世界之中"和"世界为何这样"并不是一个概念,数学模型与客观实在、不确定性与确定性、事实与原因的关系还需要进一步探讨,但这三个信念对活跃科学思想是有积极意义的。

可是哲学家对当代物理学发表的意见却很少。霍金说:"以寻根究底为己任的哲学家不能跟得上科学理论的进步。……在19和20世纪,科学变得对哲学

① 霍金:《时间简史——从大爆炸到黑洞》,湖南科学技术出版社,1996年,第127页。

② 《霍金讲演录——黑洞、婴儿宇宙及其他》,湖南科学技术出版社,1999年,第37页。

③ 霍金:《时间简史——从大爆炸到黑洞》,湖南科学技术出版社,1996年,第117页。

④ 《霍金讲演录——黑洞、婴儿宇宙及其他》,湖南科学技术出版社,1999年,第46页。

⑤ 加来道雄:《超越时空——通过平行宇宙、时间卷曲和第十维度的科学之旅》,上海科技教育出版社,1999年,第301页。

⑥ 霍金:《果壳中的宇宙》,湖南科学技术出版社,2002年,第69页。

家,或除了少数专家以外的任何人而言,过于技术性和数学化了。哲学家如此地缩小他们的质疑的范围,以至于连维特根斯坦——这位本世纪最著名的哲学家都说道:'哲学仅余下的任务是语言分析。'这是从亚里士多德到康德以来哲学的伟大传统的何等的堕落!"①杨振宁说:"物理学影响哲学,但哲学从来没有影响过物理学。"②

二、杨振宁的规范场理论

爱因斯坦之后,越来越多的物理学家在追求统一的理论——基本粒子与基本作用的统一。爱因斯坦试图用统一场论来实现这种统一。后来人们常说的"大统一"、"统一场论"有不同的含义。起初指电磁场和引力场的统一。20世纪30年代初,费米提出弱相互作用的看法,1935年汤川秀树提出强相互作用的猜想。所以物理学家就开始追求电磁作用、强作用和弱作用的统一。1958年海森伯提出了把所有场统一起来的目标,但没有成功。如果这个目标达到了,那爱因斯坦的"从科学的统一理论基础推导出所有自然科学知识"的梦想就会实现。这种统一理论就被许多科学家理解为包罗万物的终极理论,追求统一和追求终极就联系起来了。

爱因斯坦于1920年3月3日在致玻恩的信中说,他已经用相对论的观点来思考量子理论的问题,他想用连续性和因果性推导出玻尔的量子条件,但未成功。他在1920年的《以太和相对论》一文中说:"量子论所概括的事实有可能会给场论设下无法逾越的界限。"③

他说,量子理论与相对论"两者在一定意义上都被认为是正确的,虽然迄今为止想把它们融合起来的一切努力都遇到了抵制。这也许就是当代理论物理学家中,对于未来物理学的理论基础将是怎样的这个问题存在着完全不同意见的原因"④。后来他在量子力学诠释方面,同哥本哈根学派展开了长时间的争论。这场争论说明很难把广义相对论和量子力学统一起来。宏观领域可以不

---

① 霍金:《时间简史——从大爆炸到黑洞》,湖南科学技术出版社,1996年,第156页。
② 《杨振宁演讲集》,南开大学出版社,1989年,第151页。
③ 《爱因斯坦文集》第一卷,商务印书馆,1976年,第128页。
④ 《爱因斯坦文集》第一卷,商务印书馆,1976年,第36页。

考虑强作用和弱作用,微观领域可以不考虑引力作用。二者在一系列基本问题上立场相悖,如实在与观测的关系、是连续性还是间断性、是物质运动方程还是几率运动方程、定域性原则是否具有普遍性等等。格林说:"现代物理学所依赖的是两大支柱。一个是爱因斯坦的相对论,它为我们从大尺度认识宇宙(如恒星、星系、星系团以及比它们更大的宇宙自身的膨胀)提供了理论框架;另一个是量子力学,我们用这个框架认识了小尺度下的宇宙:分子、原子以及比原子更小的粒子,如电子和夸克。几十年来,两个理论的差不多所有预言都在实验上被物理学家以难以想象的精度证实了。但同样的这两个理论工具,却无情地把我们引向一个痛苦的结论:从广义相对论和量子力学今天的形式看,它们不可能都是正确的。在过去的百年里,我们获得了巨大的进步——解释了宇宙的膨胀,也认识了物质的基本结构——然而,作为这些进步的基础的两个理论,却是水火不相容的。"③这两大理论在各自的领域都是正确的,但二者的统一的确遇到了很大的困难。

追求统一是当代物理学的主流,场论与弦论是两类基本理论,量子场论、弦理论、量子宇宙学是主要成果。

一些科学家试图用场来描述粒子及其相互作用。在这方面,已有麦克斯韦电磁场理论、洛伦兹的电子理论、爱因斯坦的引力场理论。考虑量子效应的场论是量子场论。20世纪40年代,经典的电磁理论、电子理论开始同量子力学相结合,出现了量子电动力学。1949年费因曼把狭义相对论和量子力学统一起来,指出两个电子碰撞时交换光子。量子电动力学是量子场论的一个分支。

1954年杨振宁和米尔斯提出了规范场理论。杨振宁(1922~)1942年毕业于西南联大,1945年赴美留学,1956年他与李政道提出宇称守恒定律不适用于弱相互作用,被吴健雄的实验所证实,因此获得次年的诺贝尔奖。规范场理论于1995年获美国鲍尔科学成就奖,是荣获该奖的第一位物理学家。有几位物理学家因为成功地运用了规范场理论,而获得诺贝尔奖。如1984年鲁比亚和凡德米尔因发现 $W^\pm$ 和 Z^0 粒子而获诺贝尔奖,这些粒子其实均是规范粒子(杨-米尔斯类的粒子)。所以很多人都认为杨振宁的规范场论也应获诺贝尔奖。此外还有杨振宁-巴克斯特方程,以及他在统计力学、凝聚态物理学等方面

---

③ 格林:《宇宙的琴弦》,湖南科学技术出版社,2002年,第3页。

的成就,使他成为一代科学大师。他在芝加哥大学学习时,本想作一篇实验论文,可是他后来说他动手能力不行,当时实验室有句笑话说:"凡是有爆炸的地方一定有杨振宁。"他从此致力于理论物理研究。在普林斯顿研究所期间,爱因斯坦曾找他谈统计力学问题。丁肇中在《杨振宁小传》中说:"国人在国际科学坛上有建立不朽之功绩者,乃至杨振宁始。""杨教授为人耿直,教诲不倦。聪敏过人而治学严谨。年逾耳顺而精神蓬勃,是年轻人无上的榜样。"①杨振宁著《基本粒子及其相互作用》一书的扉页上印有一段文字:"杨振宁教授是 20 世纪最伟大的物理学家之一,他是炎黄子孙的骄傲,亿万华人的楷模。他的科学思想、人文精神,以及睿智而深沉的思考,已成为中华文化宝库中的一部分。"

规范场可以看作是麦克斯韦电磁场的推广。同规范场相对应的粒子是规范粒子,它们都是相互作用的媒介粒子。弱作用和强作用也是由交换某种量子引起的,也就是说,粒子之间的相互作用都以一定的粒子为媒介。从规范场的角度来看,弱作用由交换中间矢量玻色子引起,强作用由交换胶子引起。1971年荷兰的 20 多岁的研究生霍夫特证明,规范场是一种关于粒子相互作用的理论。我们可以用规范场来描述这些粒子及其相互作用,相对论中的引力场、量子电动力学中的电磁场、量子色动力学中的胶子场、量子味动力学中的光子场、中间矢量玻色子场都可以看作是规范场的不同形式。杨振宁说:"最后的粒子是什么,基本力量是什么,这就是基本物理学研究的主要内容。""四种力和它们的能都是规范场,这是近三十年来的一项基本了解。"②

在杨-米尔斯理论的基础上,科学家建立了标准模型。加来道雄说:"今天,杨-米尔斯场已经使建立一种关于所有物质的无所不包理论成为可能。事实上,我们如此坚信这一理论,以至于满不在乎地称它为标准模型。"③丁肇中则称规范场理论"是一个划时代的创作,不但成为今日理论的基石,并且在相对论上及在纯数学上也有重大的意义"④。

规范场理论是非线性的量子场论。量子场论是研究基本粒子及其相互作用的主要理论工具。各种粒子都具有特殊的场(电子场、质子场、介子场等),量

---

① 《杨振宁演讲集》,南开大学出版社,1989 年,第 7 页。

② 《杨振宁演讲集》,南开大学出版社,1989 年,第 174、127 页。

③ 加来道雄:《超越时空——通过平行宇宙、时间卷曲和第十维度的科学之旅》,上海科技教育出版社,1999 年,第 142 页。

④ 《杨振宁演讲集》,南开大学出版社,1989 年,第 7 页。

子场的激发和退激是粒子产生和消失的过程。量子场的基态（能量最低状态）
是真空。真空是物质的一种特殊形态。真空中有各种虚粒子，并同实粒子相互
转化。各种量子场在真空中不停地振荡。由于相互作用，虚粒子不断产生、消
失、转化。真空是各种虚粒子组成的波涛起伏的海洋。有人认为量子场论中的
真空颇像我国古代元气说中的气。量子场论在计算低近似下的电磁作用与弱
作用时同实验相当吻合，但在作高级近似时却遇到计算中出现无穷大的发散困
难。20 世纪 40 年代以后，出现了重整化方法，即按一定法则把导致无穷大的因
子提出，用质量、电荷等实验观测值取代，克服了发散的困难。

后来杨振宁发现规范场的方程同陈省身的纤维丛理论有密切关系，表明规
范场也可以几何化。虽然在杨振宁看来量子场论同爱因斯坦的统一场论不是
一回事，但他说："尽管爱因斯坦的尝试没有得到成功，尽管爱因斯坦统一场的
尝试受到许多说出来的或没有说出来的批评，也尽管有些人说爱因斯坦的工作
完全是枉费心机，但爱因斯坦仍坚持他的基本观念，即物理学的伟大目标，是场
的理论的统一。"[1]他认为 20 世纪 60 年代温伯格、萨拉姆和格拉肖提出的弱电
统一理论表明这一目标已部分实现。

三、弦理论

弦理论的基本观点是自然界的所有物质和作用都是由振动着的弦组成的。
有的弦像一根线，有的弦像一个环。弦很小，比基本粒子都要小许多。同电子
对应的弦的空间尺度只有 10^{-33} 厘米，一个闭合弦的长度大约只有原子核的一
千亿亿分之一。所有的弦在本质上都相同，它不是由别的东西构成的。格林
说：弦理论"宣布所有物质和力的'基元'都是相同的。每个基本粒子都由一根
弦组成——就是说，一个粒子就是一根弦——而所有的弦都是绝对相同的。粒
子间的区别是因为各自的弦在经历着不同的共振模式。不同的基本粒子实际
上是在同一根基本弦上弹出的不同'音调'。由无数这样振动着的弦组成的宇
宙，就像一支伟大的交响曲"[2]。弦理论实际上是一个理论群。

1995 年十维超弦理论发展为 M 理论。M 理论认为世界的基元物质是

---

① 《杨振宁演讲集》，南开大学出版社，1989 年，第 389 页。
② 格林：《宇宙的琴弦》，湖南科学技术出版社，2002 年，第 139 页。

"块",它包括一维的弦、二维的膜、三维以及高维的体。M 理论统一了 5 种超弦,其最终目标是统一四种基本作用。

弦理论发端于 20 世纪 60 年代。弦理论的一个基本观点,是空间的多维性。关于空间多维的设想,却可以追溯到 17 世纪。

许多学者很早就指出:空间只能是三维的。亚里士多德在《论天》中说:"直线由一个方向度量,平面由两个方向度量,立体由三个方向度量。除此之外,别无他物,因为这个三就是一切。"[①]托勒密在《论距离》一书中指出四维空间既不能测量,也无法定义。1685 年数学家沃利斯说:第四维是"自然界的怪物,它比狮首羊身蛇尾怪物或者人头马身怪更不可能存在。……长、宽、高占据了整个空间。鬼也不会想象出在这些三维之外怎么还会有第四个局部的维"[②]。

可是 1844 年德国数学家格拉斯曼研究多元代数系统时,提出了多维空间概念。1854 年 6 月 10 日德国数学家黎曼发表演讲,提出力的几何化的构想。一张二维的纸如果被弄皱了,二维的虫爬过时,就会觉得有一种力在干扰它直线前进。实际上这儿并没有什么力,只是因为空间弯曲了。黎曼猜想引力、电力、磁力都可用被弄皱了的三维宇宙来解释,多引进一个维,自然规律就变简单了。黎曼还说,两张纸各有一个切口,若两切口相连,小虫就会从一个世界爬到另一个世界,这可看作是关于"虫洞"的最初设想。

在爱因斯坦的引力场方程中,时间和空间是统一的,称为四维时空。1921 年,德国数学家卡鲁扎发表论文说,通过增加一维空间的方法可以写出五维时空的场方程,这个新方程不仅给出了爱因斯坦方程,同时还给出了麦克斯韦方程,即一个理论可以同时得出引力理论和电磁学理论。卡鲁扎由此认为电磁作用只是引力作用的一种形态。1919 年初卡鲁扎曾把这个想法写信告诉爱因斯坦。该年 4 月爱因斯坦回信说:"借助五维世界获得统一场论的思想我从来未意识到……咋一看,我就非常喜欢你的思想。"几周后爱因斯坦又写道:"你的理论形式上的统一是令人吃惊的。"[③]

那么,为什么那空间的一个额外维我们没有观察到? 1926 年瑞典数学家克

---

① 加来道雄:《超越时空——通过平行宇宙、时间卷曲和第十维度的科学之旅》,上海科技教育出版社,1999 年,第 41 页。

② 加来道雄:《超越时空——通过平行宇宙、时间卷曲和第十维度的科学之旅》,上海科技教育出版社,1999 年,第 42 页。

③ 卡库、汤普逊:《超越爱因斯坦》,吉林人民出版社,2001 年,第 186~187 页。

莱因说,这额外的维卷缩成一个很小的尺度,像很细的管子,其周长为 10^{-30} 厘米,所以我们看不到。

弦的概念的提出是同基本粒子的研究相联系的。肯尼思·威尔逊曾用弦来解释夸克幽禁问题。1970 年南部阳一郎等提出,强子由振动的弦构成。1974 年加来道雄(即卡库)等完成了弦的场论,这只是关于玻色子的理论。奈费尤等人又提出包括费米子在内的超弦理论。可是这种弦理论面临着许多困难。洛夫莱斯发现玻色弦在二十六维时空中才能自洽,而在奈费尤、薛瓦茨、拉蒙德模型中,超弦在十维条件下自洽,似乎随意性太大,不像科学。更重要的是,这个弦理论是为了解释强作用而提出的,却包含与强作用无关的引力子、光子。所以在1974~1984 年间,弦理论受到冷落,许多人转向弱电统一、大统一的研究。

1976 年谢克和薛瓦茨提出对弦理论的新理解:它不是关于强作用的理论,而是关于四种基本作用的理论;它包含引力子和光子这不是缺点,恰恰是优点。这个想法使弦理论获得了新生命。可是正如薛瓦茨所说,当时虽没人骂他们是疯子,但他们的工作仍无人问津。转机出现在 1984 年。格林、薛瓦茨指出在弦理论中反常均可相互抵消。弦理论的突出优点是对称性,它可以消除无穷大的困境。弦理论开始备受人们关注。温伯格说他丢掉了正在做的所有事情,立刻开始研究弦理论。仅 1995 年这一年,世界上发表的关于弦的论文就有 1 000 余篇。卡库写道:"在科学的编年史中,超弦理论的历史大概最不可思议了。没有任何其它地方是这样的,我们通过对错误的问题提出一个解而发现了一套理论,又把它抛弃了十来年,然后作为解释世界的理论而让它起死回生。"①

从古代开始,学者们就在追求基元物质,追求自然界的基元性和统一性是一致的。但我们可以把基本粒子、夸克看作是基元物质,却很难把四种基本作用统一起来。爱因斯坦认为场是基元物质,却无法实现引力作用与电磁作用的统一。弦理论则认为基元物质是弦。弦是一维物体,其长度为普朗克常数(10^{-33}厘米)。格林说:"弦就是弦,没有比它更基本的东西,所以不能把它描写成由别的任何物质组成的东西。"②弦在性质上是相同的,但可以做不同频率的振动。自然界的各种基本粒子和基本作用都是振动弦的不同形态。如引力作用是一根封闭的弦(圈)的最低振动模式,弦的更高阶的激发便形成了不同形态

---

① 卡库、汤普逊:《超越爱因斯坦》,吉林人民出版社,2001 年,第 93 页。

② 格林:《宇宙的琴弦》,湖南科学技术出版社,2002 年,第 135 页。

的物质。卡库写道:"对'物质是什么'这个古老问题的回答其实很简单,……由弦所产生的'音乐'就是物质本身。"[1]弦理论实际上是认为自然的基元是弦和振动的统一、实体和运动的统一,颇有"弦与振动二象性"的味道。弦理论认为没有一种粒子或作用比其他粒子或作用更为基本,有人认为这就排除了俄罗斯套娃的困境:小的里面还有更小的。《科学美国人》杂志的专职撰稿人霍根在评价弦理论时说:"就像小提琴弦的振动能产生不同的音调一样,这些弦的振动也能产生出物理世界中所有的力和粒子。同时,超弦还能消除粒子物理学家的忧虑:并不存在物理世界的最终基础,它只是在向越来越小的粒子无限退却,每种粒子里面包含更小的粒子,就像层层嵌套的俄罗斯玩偶那样。按照超弦理论,则存在着一种最基本的尺度,在这种尺度之外,所有关于时间和空间的问题都将毫无意义。"[2]

弦之间也有相互作用,加来道雄和柯卡瓦认为根据他们的弦的场理论,只需以下五种弦的相互作用:一根开弦分为两根开弦,一根闭弦分为两根闭弦,两根开弦碰撞后形成另外两根弦,一根开弦变形为一根开弦和一根闭弦,一根开弦两端相接成为一根闭弦。当然弦的相互作用并不只是这五种,例如两根弦可以连接成一根弦。霍金说:"在弦理论中,原先以为是粒子的东西,现在被描绘成在弦里传播的波动,如同振动着的风筝的弦上的波动。一个粒子从另一个粒子发射出来或者被吸收,对应于弦的分解和合并。例如,太阳作用到地球上的引力,在粒子理论中被描述成由太阳上的粒子发射出并被地球上的粒子所吸收的引力子。在弦理论中,这个过程相应于一个 H 形状的管(弦理论有点像管道工程)。H 的两个垂直的边对应于太阳和地球上的粒子,而水平的横杠对应于在它们之间传递的引力子。"[3]

萨拉姆指出:"弦理论提供了玻尔会喜爱的东西——一个有限的基本长度——10^{-33}厘米。但是尽管有这有限的长度,理论还是局域的。""弦理论的妙处在于,虽然我们处理的是延展的客体,弦的相互作用却发生在一点——它们并不发生在整个弦上,弦在它们上的一个点分开或重连,并且弦彼此间也仅在

---

① 卡库、汤普逊:《超越爱因斯坦》,吉林人民出版社,2001 年,第 6 页。

② 霍根:《科学的终结——在科学时代的暮色中审视知识的限度》,远方出版社,1997 年,第 92 页。

③ 霍金:《时间简史——从大爆炸到黑洞》,湖南科学技术出版社,1996 年,第 144 页。

一点处接触，这就是它们局域性的奥妙所在。"①

　　威滕说我们可以把弦拉得很长而不至于被扯断，这就可以成为一根宏观的超弦，类似于人们说的"宇宙弦"。有些宇宙弦横越太空，或许我们可以用望远镜观察。

　　克莱因认为空间的维有两种：延展的维，很大，能延伸很远，可直接显露；卷缩的维，很小，卷缩起来了，很难看出来。这样既可以想象多维空间，也可以解释我们所感受到的空间是三维空间。不同的弦理论可以有不同的多维空间。

　　那么，为什么我们的宇宙只有3个空间维是展开着的，而其余的维都卷缩起来呢？为什么不是其他可能的情形呢？格林说目前我们还不知道答案。从大爆炸宇宙学的观点来看，宇宙最初所有的维都紧紧卷缩着，在大爆炸中3个空间和1个时间维展开，一直膨胀到今天的尺度，而其余的空间维仍然卷缩在一起。当然我们也可以想象时间维的卷缩，如果我们在卷缩成圆圈的时间里前进，我们就会走到过去。虽然有些弦理论家已经尝试过在弦理论中包含更多的时间维，但还没有得出什么结论性的东西。

　　多余的卷缩着的空间维虽然我们观察不到，却具有现实的物理意义。弦的共振模式受空间环境的影响。多余维度的几何形态决定着我们在三维空间里所观察到的粒子的基本物理属性，如质量、电荷等。格林说："宇宙的这些基本性质在很大程度上决定于多余维度的几何形态和大小。这是弦理论的一个最深远的洞察。"②

　　有的弦理论需要九维空间，这就有6个多余的维。三维空间的每一个点都可以生出一个卷缩的六维空间。多余的维并不是可以以任何方式卷缩的。1984年弦理论科学家发现，某类特殊的六维空间的几何形态能满足卷缩的条件，这就是卡拉比和丘成桐研究的空间，称卡-丘空间。在二维平面上表现六维形态，就是一种卡-丘空间。典型的卡-丘空间都包含着孔（洞），不同的卡-丘空间所含的孔数各不相同，其数目可为3、4、5、25，甚至多达480。若卷缩的卡-丘空间有3个孔，就可以对应3族基本粒子。当弦在卷缩的维里振动时，卡-丘空间的孔的分布和褶皱形态就直接影响可能的振动模式。多种多样的卡-丘空间都是平等的，我们需要进行选择。"有些卡-丘空间在选择为弦理论所要求的

　　①　戴维斯等：《超弦》，中国对外翻译出版公司，1994年，第154页。
　　②　格林：《宇宙的琴弦》，湖南科学技术出版社，2002年，第199页。

卷缩维的形态时,产生的弦振动非常接近标准模型的粒子。"①

爱因斯坦认为空间在引力场的作用下会弯曲,弦理论认为空间维会卷缩,那么空间会破裂吗? 相对论否定这种可能,有人认为空间的破裂可能是空间结构的普遍特征,虫洞的想法就是由此提出来的。虫洞是连接宇宙遥远区域间的时空细管。1987年丘成桐和他的学生田刚发现,一定的卡-丘空间形式可以通过数学步骤变换成其他形式:空间表面破裂,生成孔,然后按照一定数学形式把孔缝合起来。

有伸展和卷缩的空间,就会有开放和卷缩的宇宙。多维的空间和多重的宇宙相联系。卷缩的宇宙可能只有一两个没有展开的空间维,而开放的宇宙可能有八九个甚至十个展开的维。格林说:"通过M理论的研究,我们已经看到,在普朗克尺度下隐藏着一个新奇的世界,那里可能没有空间,也没有时间。在另一个尽头,我们也看到,我们的宇宙也许只是在巨大的波涛汹涌的汪洋(即所谓的多重宇宙)表面上无数跳荡的泡沫中的一个。"②这许多个宇宙是相互平行的,如果空间中有个窗口,我们就可以看到另一个宇宙的画面,甚至把手伸进另一个宇宙。不同宇宙的物理学可能比较接近,也可能差别很大。"让我们自由想象,那定律本身也可能是各不相同的。什么情况都可能出现。"③

莱布尼茨在近代曾说:"既然在上帝的观念中有无穷个可能的宇宙,而只能有一个宇宙存在,这就必然有一个上帝进行选择的充足理由,使上帝选择这一个而不是选择另一个。"④弦理论一般是用人择原理来回答这个问题的。此外,林德认为各个宇宙都有各自的暴涨过程,演化成为新的分离的宇宙。新的宇宙不断喷涌,形成一张无穷的宇宙膨胀的大网。斯莫林认为,每个黑洞都是一粒新宇宙的种子,新宇宙从种子爆发出来,但永远藏在黑洞视界的背后,所以我们看不见。黑洞由星体生成,而星体的生成依赖于粒子的质量与作用的强度,这些参数决定一个宇宙能生成多少黑洞。"子宇宙"参数的变化比"母宇宙"更有利于黑洞的形成,从而拥有更多的后代。黑洞生成条件孕育得很好的子孙宇

---

① 格林:《宇宙的琴弦》,湖南科学技术出版社,2002年,第214页。
② 格林:《宇宙的琴弦》,湖南科学技术出版社,2002年,第372页。
③ 格林:《宇宙的琴弦》,湖南科学技术出版社,2002年,第352页。
④ 北京大学哲学系外国哲学史教研室:《十六～十八世纪西欧各国哲学》,商务印书馆,1975年,第492页。

宙,将在多重宇宙中占绝大多数。斯莫林认为这可以说明为什么一代代宇宙会一步步接近最有利于黑洞生成的参数值,而没有借助人择原理。格林说:"当多重宇宙历尽新生之后,斯莫林的假说将为我们带来一个期望:我们将拥有一个典型的宇宙,它的卡-丘空间孕育着无限生机。"[1]这儿讨论的不是我们的宇宙的演化,而是多重宇宙的演化。

霍金主张宇宙多重,但认为现实空间只能是三维的。他在谈论弦理论时说:"为何我们不生活在八维被卷曲得很小只留下二维可让我们觉察到的历史中呢?一只二维动物要消化食物非常困难。如果它有一根穿透自身的肠子,它就把动物分离成两部分,而这可怜的生灵就一分为二了。这样两个平坦的方向对于任何像智慧生命这样复杂的东西是不够的。另一方面,如果存在四个或者更多个的几乎平坦的方向,那么两个物体之间的万有引力在它们互相靠近时就增加得更快。这就意味着行星们没有围绕其太阳公转的稳定轨道。""原子中的电子的轨道也不稳定,因此我们所知的物体便不存在。这样,尽管多重历史的思想允许任何数目的几乎平坦的方向,只有具有三个平坦方向的历史才包含智慧生命。也只有在这种历史中才会提出这样的诘问:'为何空间具有三维?'"[2]

弦理论还作出了一些预言,如分数电荷(电子电荷的 1/5、1/11、1/13、1/53),宇宙大爆炸遗留下的、可以观测到的大尺度的弦、暗物质的某些性质,不同于引力、电磁力的新的长程力等等。其中一项预言若被证实,都具有重要的物理学意义。

不少科学家认为弦理论在化解广义相对论与量子力学的矛盾方面,作了有价值的尝试。

格林说,在广义相对论里,空间是弯曲而又光滑的,没有任何褶皱、破裂或裂痕,而在量子力学中,万物都经历着量子涨落。粒子越小或能量越高,量子"颤栗"就越剧烈。在普朗克尺度(约 10^{-33} 厘米)以下,疯狂的量子涨落会冲垮广义相对论的根基。认识一物体的常用方法,是用另一物去撞击它,以观其反应,这另一物便是"探针"。探针越小,观察越细。1988 年格罗斯、孟德证明,在量子力学条件下,开始持续增加弦的能量时,弦颇像粒子,能探测较小的物质结构。但当能量超过普朗克长度下的结构所要求的能量时,弦会变长,从而降低

① 格林:《宇宙的琴弦》,湖南科学技术出版社,2002 年,第 356 页注释 7。
② 霍金:《果壳中的宇宙》,湖南科学技术出版社,2002 年,第 88~90 页。

了观测的灵敏度,使我们不可能观测到普朗克长度以下的现象。"因为弦能在空间生长,它对小尺度的感觉也有一定的极限。它'感觉'不出普朗克距离尺度下的变化"①。在普朗克长度以下,弦理论看事物都是模糊一片,这是宇宙的最终图景。实证主义者认为只有可以测量的事物才是存在的,所以在弦理论看来,既然量子涨落无法测量,那就不存在。"广义相对论与量子力学间的矛盾就这样简单地克服了"。"假想的普朗克尺度以下的空间涨落是在以点粒子框架建立广义相对论和量子力学时产生的人为现象。所以,从某种意义说,当代理论物理学的核心矛盾是我们自己造出来的问题。"②这正是弦理论优于点粒子理论之处。泡利、海森伯、狄拉克、费因曼等人曾设想物质基元不是点粒子,但却很难建构出新的理论,弦理论却完成了这项任务。格林还指出:"弦有两点是很奇特的。第一点,弦虽然在空间延展,但还是可以很好地在量子力学的框架里描述,第二点,在无数的共振模式中,有一种完全具有引力子的性质,这使得引力成为弦结构的一个天然的组成部分。""弦理论是包括了引力的量子理论。"③

科学界对弦理论的评价很不相同。

弦理论科学家威滕认为弦理论有两大优点,"量子场论中是无法包括引力的,这一点必须由弦理论来解决"。"另一方面是它所产生的极为丰富的数学结构。"④"一般说来,物理学中所有真正重大的思想,实际上都是超弦理论的副产品。"⑤他预言弦理论将统治物理学50年。

温伯格认为:"这一理论之所以如此激动人心的原因之一就在于它第一次给我们带来了一个没有无穷大的引力理论"。"这个理论有了点不可避免的味道。它是这样一个理论,你若是要改动它一点的话就会弄得一团糟。""我们中的很多人都确信,我们这个时代所拥有的最有价值的东西,就是这个如此美丽的理论,它一定会在最终的基本物理定律中保留下来。"⑥

夸克理论创始人盖尔曼说:"超弦理论(特别是杂化超弦理论),是历史上首

---

① 格林:《宇宙的琴弦》,湖南科学技术出版社,2002年,第148页。
② 格林:《宇宙的琴弦》,湖南科学技术出版社,2002年,第150、149页。
③ 格林:《宇宙的琴弦》,湖南科学技术出版社,2002年,第156、150页。
④ 戴维斯等:《超弦》,中国对外翻译出版公司,1994年,第83页。
⑤ 霍根:《科学的终结——在科学时代的暮色中审视知识的限度》,远方出版社,1977年,第101页。
⑥ 费曼、温伯格:《从反粒子到最终定律》,湖南科学技术出版社,2003年,第63、66、67页。

次对所有基本粒子和它们的相互作用(即自然中所有的力)提出的一个严肃认真的建议。""超弦理论在适当的极限情况下,可以预言爱因斯坦的广义相对性引力理论。自动地将爱因斯坦的引力耦合到一个统一的量子场论中去,而且没有遇到通常的困难(和无限大),这已经是一个重大的胜利。"①

加来道雄说:"弦理论足以解释自然界所有基本定律。从一个振动弦的简单理论开始,人们能推导出爱因斯坦理论,卡鲁查-克莱因理论,超引力,标准模型,乃至大统一理论。看起来简直是一个奇迹:从一些弦的纯几何讨论出发,人们能够重新导出过去 2000 年中物理学的所有进展。"②

格拉肖批评弦理论"除了自吹自擂之外,一无可取之处"。"研究超弦将导致远离传统粒子物理学,犹如粒子物理学远离化学一样。或许将来它们会像中世纪的神学那样在神学院中讲授。"③"那些弦理论与我所了解并且热爱的客观物理世界简直是格格不入,……我将尽我所能将这一比艾滋病更具传染性的超弦理论拒于哈佛之外。但很遗憾我的工作并不十分成功。"④他说他"正在等待超弦的断裂"⑤。

费因曼也尖锐地说:"我确实强烈地感到这些新思想是毫无意义的。尽管我知道这种观点的危险,但我没有办法。所以我认为所有关于超弦的东西是奇怪的并且是在错误的方向上,这可能使未来的历史学家感到好笑。"⑥

1986 年当我国研究生向杨振宁问及弦理论时,杨振宁说:"我很难相信这个理论最后会是对的。高能物理理论最基本的观念是场,是场论。""我在任何时候也不会去搞这种东西。"⑦

霍金认为:"弦理论被过分兜售","弦理论迄今的表现相当悲惨:它甚至不

① 盖尔曼:《夸克与美洲豹——简单性和复杂性的奇遇》,湖南科学技术出版社,2002 年,第 195、196~197 页。
② 加来道雄:《超越时空——通过平行宇宙、时间卷曲和第十维度的科学之旅》,上海科技教育出版社,1999 年,第 181 页。
③ 霍根:《科学的终结——在科学时代的暮色中审视知识的限度》,远方出版社,1977 年,第 95、94 页。
④ 戴维斯等:《超弦》,中国对外翻译出版公司,1994 年,第 175~176 页。
⑤ 戴维斯等:《超弦》,中国对外翻译出版公司,1994 年,第 164 页。
⑥ 戴维斯等:《超弦》,中国对外翻译出版公司,1994 年,第 178~179 页。
⑦ 《杨振宁演讲集》,南开大学出版社,1989 年,第 152、153 页。

能描述太阳结构,更不用说黑洞了"。①

在许多科学家看来,弦理论有以下主要缺点。

想象成分太多。费因曼指出,弦理论认为 10 个自由度中有 6 个被禁锢。为什么被禁锢的自由度不是 8 个?没有证明。"这意味着他们毫无根据。""我不喜欢他们不做任何计算,不喜欢他们不检验他们的思想,不喜欢任何与实验不符的东西,他们拼凑了一个借口——说:'好,它可能还是正确的。'"②霍根说:"似乎存在无数可能的途径,理论家们无从知道哪种正确"③。

弦的空间尺度太小,要探究它需要我们不可能达到的极高能量。霍根说:"超弦之于质子犹如质子之于太阳系那般小……要想探索超弦盘踞的王国,物理学家将不得不建造一个周长为 1 000 光年的粒子加速器(而整个太阳系的周长只有 1 光天)。即便是那样的加速器仍不足以使我们观测超弦们翩翩起舞的那些额外维度。"④弗罗因德说,探测第十维所需能量超过我们最大原子对撞机所产生能量的 1 000 万亿倍。美国科学家曾建议用 110 亿美元建造超导超级对撞机,以间接检验超维空间的某些特性,1993 年 10 月被美国国会否定。

所作的预言难以用实验验证。盖尔曼认为:"超弦理论低质量部分还包含一些额外的新粒子,它们的预言性质可以由观测检验。""可以得到一些宇宙学方面的结论,而且可由天文观测验证。"⑤但是杨振宁说:"场的观念是从法拉第开始,经过麦克斯韦到现在,经历无数周折,通过无数实验验证后提炼出来的一个总的想法,超弦则另起炉灶,把场的观念推广,没有经过与实验的答辩阶段。现在超弦方面的文章很多,但没有一篇真正与实验有什么关系。它很可能是一个空中楼阁。"⑥霍金说:"弦理论没有做过任何可以检验的预言。""没有特别的可以在观测上检验的预言,光是数学上的漂亮和完备是否就已经足够了?况且,现阶段弦理论既不漂亮也不完备。"⑦霍根说:"没有人能帮助我准确地理解

---

① 霍金、彭罗斯:《时空本性》,湖南科学技术出版社,2002 年,第 2、113 页。
② 戴维斯等:《超弦》,中国对外翻译出版公司,1994 年,第 181、179 页。
③ 霍根:《科学的终结——在科学时代的暮色中审视知识的限度》,远方出版社,1977 年,第 92 页。
④ 霍根:《科学的终结——在科学时代的暮色中审视知识的限度》,远方出版社,1977 年,第 93 页。
⑤ 盖尔曼:《夸克与美洲豹——简单性和复杂性的奇遇》,湖南科学技术出版社,2002 年,第 197 页。
⑥ 《杨振宁演讲集》,南开大学出版社,1989 年,第 152 页。
⑦ 霍金:《时空本性》,湖南科学技术出版社,2002 年,第 2、3 页。

超弦究竟是什么。据我所知,它既不是物质也不是能量,它只是一些能产生物质、能量、时间和空间的数学原材料,但本身又不对应现实世界的任何东西。"①

　　关于自然界的物质基元,先有微粒说(从原子、基本粒子到夸克),后有场论(从电磁场、引力场、爱因斯坦所追求的统一的场到杨振宁的规范场)。弦理论则开辟了一个新方向。费因曼在谈到物理学研究时说:"有无穷多的可能,任何一种都可能正确,或者一种也不可能,我们必须去探索,在尽可能多的方向上尝试。"②我们现在还不能说弦理论会走向何处,能走多远,但毕竟这是一条新路。弦理论在很长一段时期内都很难用观测或实验来检验,所以它现在还不能充分体现它的价值。但它包含不少新思想,是追求自然统一图景的新尝试。

四、霍金的量子宇宙学

　　量子宇宙学的主要创始人是英国科学家斯蒂芬·霍金。

　　1942年1月8日,正是伽利略逝世300周年的日子,霍金诞生在英国的牛津。1962年他在剑桥学习期间,患有肌萎缩性侧索硬化症,当时医生说他只能活两年。1973年他用量子力学研究黑洞,提出量子黑洞假说,1974年被选为英国皇家学会会员。1979年任当年牛顿长期担任的卢卡西数学教授。1980年开始量子宇宙学研究。1999年英国广播公司评选第二个千年最伟大的十大思想家,霍金名列第六。他的《时间简史》自1988年出版以来,已发行1000多万册。南京书城在最醒目的位置上陈列着他的著作,书的上方悬挂着一句话:"即使看不懂,也会有收获。"据说梵蒂冈教皇为了听清他微弱的话音,只得半跪在他的身旁。他热心参与关怀残疾人的慈善活动。霍金兴趣广泛,尤其喜欢音乐和玛丽莲·梦露的影片。他在心中处理各种方程,一次可口述满满40页纸的方程式。伊斯雷尔把这一绝技比作莫扎特在脑中创作和演奏交响曲。"他虽身有残疾,却仿佛是一位进入黑洞的宇航员"③。霍金从28岁起就被禁锢在轮椅上,后来不能用笔写字,甚至讲不出话。虽身陷轮椅,他却在不断思索最深邃的宇宙

---

　　① 霍根:《科学的终结——在科学时代的暮色中审视知识的限度》,远方出版社,1977年,第103页。

　　② 戴维斯等:《超弦》,中国对外翻译出版公司,1994年,第181页。

　　③ 怀特、格里宾:《斯蒂芬·霍金的科学生涯》,上海译文出版社,1997年,第123页。

奥秘。他的思绪飞到 150 亿年以前，150 亿光年之外，来往于宇宙的起点和结局。《果壳中的宇宙》是一个充满诗意的书名。轮椅是他的果壳，对科学无尽的追求便是他的宇宙。

霍金也看到广义相对论和量子力学的内在鸿沟，他想用量子引力论来填平这个鸿沟。霍金在《时间简史》中说："今天科学家按照两个基本的部分理论——广义相对论和量子力学来描述宇宙。它们是本世纪上半叶的伟大的智慧成就。……然而，可惜的是，这两个理论不是互相协调的——它们不可能都对。当代物理学的一个主要的努力，以及这本书的主题，即是寻求一个能将其合并在一起的理论——量子引力论。"①霍金认为宇宙学问题最终只能用量子力学解决，他开创了量子宇宙学的研究。他把宇宙看作是一个量子粒子，他相信有无限个平行宇宙，可用波函数描述。宇宙的波函数遍及所有可能的宇宙。他假定波函数在靠近我们宇宙处相当大，在其他宇宙中则衰减得很小。

霍金指出，物体如果落入黑洞之中，要想逃逸出来其速度必须超过光速，这是相对论所不允许的。爱因斯坦为坍缩而深深困扰，并且不相信会发生这样的事。霍金和彭罗斯的研究表明时空弯曲"必须存在奇性，也就是时空具有一个开端或者终结的地方"。可是"把时空曲率和质量能量分布相关联的广义相对论方程在奇性处没有意义。这表明广义相对论不能预言从奇性会冒出什么东西来。尤其是，广义相对论不能预言宇宙在大爆炸处应如何启始。这样，广义相对论不是一个完整的理论。为了确定宇宙应如何启始以及物体在自身引力下坍缩时会发生什么，需要一个附加的要素"。"量子力学看来是这个必须附加的要素。"②在霍金看来，只有广义相对论同量子力学相结合才能构成一个完整的理论。

黑洞是霍金研究的重点和切入口，犹如当年开普勒关于火星的研究。正如格林所说，广义相对论研究"大而重"的领域，量子力学研究"小而轻"的领域，而黑洞属"小而重"的领域。黑洞这种特殊属性，为广义相对论和量子力学的结合提供了空间，量子宇宙学也就成了创建量子引力论的一个途径。

1783 年英国的约翰·米歇尔猜想，一个质量和密度足够大的恒星，其强大的引力使光都不能从恒星逃逸。1798 年拉普拉斯根据牛顿引力理论，猜想明亮

---

① 霍金：《时间简史——从大爆炸到黑洞》，湖南科学技术出版社，1996 年，第 21 页。
② 《霍金讲演录——黑洞、婴儿宇宙及其他》，湖南科学技术出版社，1999 年，第 55 页。

星体若自身引力极强,光都发射不出来,便成了暗星。

广义相对论提出后几个月,德国的史瓦西求得引力场方程的一个解,其临界半径同拉普拉斯根据牛顿力学推出的完全相同,所有位于引力半径以内的物质,都必将落向其中心的一个几何点(奇点)上,这是无自转、球对称的黑洞。1924年印度的钱德拉塞卡算出,一个变冷的恒星当其质量约为太阳质量的一倍半时,它将无法抵抗自身的引力,无法维持原有状态。如果白矮星的质量超过了这个"钱德拉塞卡极限"(或中子星的质量超过了"奥本海默-沃尔科夫极限"),就会坍缩成密度极大的一个点。

1939年奥本海默提出,如果中子星的质量超过一定限度,就会坍塌为暗星。但爱因斯坦认为暗星不可能存在,因为这要求物质密度达到极高标准。后来莱斯纳提出带电荷的黑洞,克尔提出具有质量、角动量的黑洞即旋转黑洞的设想。1965年纽曼等人提出同时具有质量、电荷、角动量的黑洞解。1964年惠勒认为中子星坍塌为暗星是完全可能的。1969年他把暗星称为黑洞。1971年霍金认为一个稳定的黑洞必须是静态的或轴对称的。1975年罗宾逊证明克尔、纽曼解是具有轴对称的纯真黑洞的可能解。关于黑洞的研究具有重要的意义,并不只是量子宇宙学研究的课题。

1973年霍金与彭罗斯用热力学方法研究黑洞,提出黑洞的热力学三定律等黑洞定律。第一定律:黑洞质量的变化总是伴随着其面积、角动量和电磁能量的变化,并可表述为守恒定律的形式。第二定律:黑洞视界(边界)的面积不会减少并一般总在增大。第三定律:不可能通过有限步骤把引力加速度降为零。黑洞无毛定律:黑洞稳态仅同质量、角动量和电荷有关,而同黑洞形成以前的其他性质无关。第零定律:稳态黑洞视界上的引力加速度处处相等。美国普林斯顿大学研究生柏肯斯坦认为黑洞的面积就是黑洞的熵,并提出广义黑洞热力学第二定律:黑洞熵和它外面物质熵之和永不减少。霍金等人给出了黑洞熵与其表面积成正比的关系式。

"黑洞辐射"是霍金对黑洞研究的突破性贡献。霍金说,如果黑洞具有熵,那它就应当有温度,就会以一定的速率发出辐射。可是这同黑洞的传统定义矛盾。霍金认为黑洞并非绝对的黑,并用量子力学来解释黑洞辐射的原因。"何以黑洞会发射粒子呢?量子理论给我们的回答是,粒子不是从黑洞里面出来的,而是从紧靠黑洞的事件视界的外面的'空'的空间来的!我们可以用以下的方法去理解它:我们以为是'真空'的空间不能是完全空的,因为那就意味着诸如引力场和电磁场的所有场都必须刚好是零。然而场的数值和它的时间变化率如同不确性原理所表明的粒子位置和速度那样,对一个量知道得越准确,则对另一个量知道得越不准确。所以在空的空间里场不可能严格地被固定为零,因为那样它就既有准确的值(零)又有准确的变化率(也是零)。场的值必须有一定的最小的不准确性量或量子起伏。"①可以把这种量子起伏理解为一对粒子。根据测不准关系,时间越精确,能量的不确定性就会大到足以产生粒子与反粒子,它们是虚粒子。虚粒子是在量子力学中一种永远不能直接观测到,但又具有可测量效应的粒子。虚粒子从虚无中产生,瞬间又归于虚无。宇宙空间充满虚粒子、反粒子,它们经常成对产生、分开、再聚并且湮灭。"因为能量不能无中生有,所以粒子反粒子对中的一个参与者有正的能量,而另一个有负的能量。由于在正常情况下实粒子总是具有正能量,所以具有负能量的那一个粒子注定是短命的虚粒子。它必须找到它的伴侣并与之相湮灭。……如果存在黑洞,带有负能量的虚粒子落到黑洞里变成实粒子或实反粒子是可能的。这种情形下,它不再需要和它的伴侣相湮灭了,它被抛弃的伴侣也可以落到黑洞中去。啊,具有正能量的它也可以作为实粒子或实反粒子从黑洞的邻近逃走。对于一个远处的观察者而言,这看起来就像粒子是从黑洞发射出来一样。"②霍金还认为,物理定律在时间上是对称的,既然存在着只能进去但不能出来的黑洞,那就应当存在只能出来但不能进去的"白洞"。我们甚至可以想象,某人从某处的某个黑洞进去,而在另一处从一个白洞中出来。霍金又说量子力学的不确定性原理允许粒子在短距离的速度超过光速,从而逃出黑洞。对"霍金辐射"的原因可有多种理解,但其理论根据都是一个——量子力学的不确定性原理。

霍金认为宇宙没有边界。我们可以把宇宙的封闭表面同地球的封闭表面相比较,地球之外有其他天体,宇宙之外也有其他宇宙。霍金对"无边"的理解,显然不同于爱因斯坦。他赞同"混沌膨胀"的说法:总宇宙起初处于混沌状态,有的膨胀,有的收缩。我们正好生活在混沌之中由随机涨落所形成的宇宙之中,它适合于膨胀。斯塔罗宾斯基、林得等人认为,原始宇宙受激状态的不同区域可能各自独立地向低能量状态转换,这时就有可能出现许多"气泡",每个气

---

① 霍金:《时间简史——从大爆炸到黑洞》,湖南科学技术出版社,1996年,第101页。

② 霍金:《时间简史——从大爆炸到黑洞》,湖南科学技术出版社,1996年,第102页。

泡对应于一个真空,并以自己的方式膨胀。霍金认为,或许我们的宇宙就是一个尚未同别的气泡合并的气泡。在膨胀中两个区域越分越远,越分越快,以至不可能用光信号进行交流。这个层面就很像黑洞的层面,也会产生辐射,气泡便生成为宇宙。根据这个模型,宇宙是无限的。

这样的气泡便是"婴儿宇宙"。这样的幼年宇宙处于一种质量的超密浓集状态。每个婴儿宇宙都有自己的真空,在这个真空中都会发生另外的量子涨落,从而产生更多的婴儿宇宙。每个婴儿宇宙扩展时,各个维都同"母亲宇宙"的维成直角,所以各个宇宙形成后不会发生相互作用。康德首创天体演化的研究,霍金则开辟了宇宙演化的新领域。他们的思想都带有一定的思辨性,但背景知识已从牛顿力学转向广义相对论和量子力学。

霍金还提出了"虚时间"的概念,这是用虚数测量的时间。"当人们试图统一引力和量子力学时,必须引入'虚'时间的概念。虚时间是不能和空间方向区分的。如果一个人能往北走,他就能转过头并朝南走;同样的,如果一个人能在虚时间里向前走,他应该能够转过来并往后走。这表明在虚时间里,往前和往后之间不可能有重要的差别。"①他甚至说:"科学定律并不区别过去和将来。"②虚时间同实时间相垂直,同空间的三个维类似。宇宙中物质引起的时空弯曲会使空间的三个方向和虚时间方向绕到后面再相遇到一起,形成一个闭合的表面,即闭合的时空,它没有边界。"宇宙在虚时间里既没有开端又没有终结。"③爱因斯坦所说的宇宙无边,指空间而言。霍金的宇宙无边,则包括时间。"如果宇宙确实是完全自足的,没有边界或边缘,它就既没有开端也没有终结——它就是存在。那么,还会有造物主存身之处吗?"④

霍金认为我们可以计算出虚时间中的历史,并由此可以推算出实时间里的历史。用虚时间模型可以预言宇宙中的一切,可望得到一个完整的统一理论。一个宇航员如果落入黑洞,他的躯体就会被撕碎,压成粉末,他的历史在实时间里终结了,可是组成他的躯体的粒子的历史在虚时间里仍在继续。"这些也许暗示所谓的虚时间是真正的实时间,而我们叫做实时间的东西恰恰是子虚乌有

① 霍金:《时间简史——从大爆炸到黑洞》,湖南科学技术出版社,1996年,第131页。
② 霍金:《时间简史——从大爆炸到黑洞》,湖南科学技术出版社,1996年,第132页。
③ 《霍金讲演录——黑洞,婴儿宇宙及其他》,湖南科学技术出版社,1999年,第34页。
④ 霍金:《时间简史——从大爆炸到黑洞》,湖南科学技术出版社,1996年,第130页。

的空想的产物。"①

霍金指出,虽然科学定律不能区分前进和后退的时间方向,但至少有三个箭头可以把过去和将来区别开来。一是热力学箭头:熵增的时间方向。二是心理学箭头:我们能记住的只是过去。三是宇宙学箭头:宇宙膨胀。智慧生命不可能在收缩的宇宙中存在。

霍金说真空具有能量。"宇宙中除了物质,还可以包含所谓'真空能量'的东西。这种能量甚至存在于表观空虚的空间之中。……真空能量的效应和物质效应相反。物质使膨胀缓慢下来,并最终能使之停止而且反转。另一方面,真空能量使膨胀加速,正如暴胀那样。"②真空能量接近于零,具有更大真空能量的历史不会形成星系。

霍金在弦理论的基础上,提出宇宙是一个膜的世界的假说。"大的额外维是在我们寻求终极模型或者理论中的激动人心的新进展。它们意味着我们生活在一个膜世界中,一个在高维时空中的四维面或膜。"③

霍金之所以要提出膜的概念,是因为他觉得这样可以解释一些现象。例如,电力被局限在膜上,而且减小的速率刚好让电子具有围绕原子核旋转的稳定轨道。所有粒子都被局限在膜上,不能通过大的额外维传播,所以我们至今未发现额外维。宇宙大爆炸也许是由膜的碰撞引起的。膜的假说还能对暗物质的存在作出某种说明。

暗物质的假设是在测量天体质量的过程中提出来的。天文学家测量天体质量一般采用两种方法。一种是光度学方法,通过测量星系的光度来计算它的质量。另一种方法是动力学方法,通过测量星系之间的相对速度来计算它的质量。从 20 世纪 30 年代开始,科学家发现用这两种方法测出的天体质量相差很大。例如 1933 年茨维基宣称他测出的星系团的动力学质量是光度学质量的400 倍。于是有的科学家提出,宇宙中有一种暗物质,它既不发光,也不反射、折射、散射光,所以用光度学方法测不出它的质量。但暗物质遵守牛顿力学定律,用动力学方法可以测出它的质量。据他们估计,宇宙中的物质 90％以上是暗物质。现在又提出了"暗能量"的概念,认为宇宙中的物质 4％为重子物质,23％为

---

① 霍金:《时间简史——从大爆炸到黑洞》,湖南科学技术出版社,1996 年,第 128 页。
② 霍金:《果壳中的宇宙》,湖南科学技术出版社,2002 年,第 96 页。
③ 霍金:《果壳中的宇宙》,湖南科学技术出版社,2002 年,第 180 页。

暗物质,73％为暗能量。暗能量是代表斥力的物质。宇宙基本上是"暗宇宙",我们迄今为止的科学只认识宇宙中不到 10％的物质。李政道称夸克禁闭、类星系、真空结构和暗物质是现代物埋学上空的四片乌云。如何理解暗物质呢？霍金说在我们这个膜世界的附近有一个"影子膜"。光不能在膜之间传递,但引力可以这样。我们可以假定暗物质存在于影子膜上,所以我们"看"不到暗物质,但可以测到它的引力作用。

膜可以创生,也可以消失。霍金写道:"但是膜,正如宇宙中的任何其他东西一样,自身也遭受到量子起伏。这些起伏会使膜自发地出现和消失。膜的量子创生有点像在沸腾的水中蒸汽泡的形成。"[①]"膜世界的自发创生有一个在虚时间中的历史,这个历史像一个果壳:也就是说,它是一个四维球面。"[②]果壳上的"量子皱纹"包含着宇宙中所有结构的密码。霍金用诗一般的语言说:"我们可以把莎士比亚《暴风雨》中的米兰达的唱段很好地释义为:呵,膜的新奇世界,里面有如此美妙的生灵！那就是果壳中的宇宙。"[③]

霍金的量子宇宙学可能对广义相对论与量子力学的结合有积极的作用。但有的科学家认为霍金的许多想法都是未经证实也很难证实的,未必在科学史上有重要意义。

第九节　时间旅行的猜想

20 世纪物理学的两大主要成果相对论与量子力学都远离人们的日常生活经验,具有浓厚的思辨色彩,极大地拓宽了人们的想象空间,往往会得出意外的匪夷所思的结果。加来道雄对广义相对论的议论,十分有趣而又耐人寻味。他说:"在某种意义上,爱因斯坦方程就像一匹特洛伊木马。表面上,这匹马看起来像一件完全可以接受的礼物,给予我们星光的引力弯曲和对宇宙起源无可争辩的解释。然而,内部却潜伏着各种各样奇异的妖魔鬼怪,它们为穿过虫洞的星际旅行和时间旅行的可能性留有余地。窥视宇宙中最隐秘的秘密所要付出

---

① 霍金:《果壳中的宇宙》,湖南科学技术出版社,2002 年,第 195 页。
② 霍金:《果壳中的宇宙》,湖南科学技术出版社,2002 年,第 196 页。
③ 霍金:《果壳中的宇宙》,湖南科学技术出版社,2002 年,第 200 页。

的代价是我们对这个世界所持有的最普遍信念的瓦解的可能。"①

一、虫洞

黑洞、虫洞、时空隧道都是广义相对论推导的结论。1939 年美国的奥本海默发现,如果中子星的质量超过一定限度,就会坍塌成暗星。但爱因斯坦暗星不可能存在,因为暗星的物质密度将达到每立方厘米 100 亿吨,这是无法理解的。1964 年惠勒认为中子星坍塌为暗星是完全可能的,并把暗星称为黑洞。

1935 年爱因斯坦及其助手罗森发表《相对论中的粒子》一文,提出在巨大能量的作用下,空间会扭曲成漏斗的形状,两个小裂口可以连接成一条十分狭小的通道。在这个用广义相对论推导出的时空模型中,他们发现我们的宇宙之外,还有另一个宇宙。两个宇宙之间只有一条通道,后人称此为"爱因斯坦-罗森桥"。只有超光速运动的物体才能穿越,但超光速同相对论相悖。

1957 年惠勒提出"虫洞"一词,用来描述时空通道。他甚至说质量、电荷都是虫洞的洞口。1962 年惠勒与富勒发表《因果关系及多重关联的空间-时间》,把黑洞看作广义相对论与量子力学的结合点。惠勒猜想,空间的量子波动使空间产生空间尺度为 10^{-33} 厘米的虫洞,空间是海绵状结构。虫洞的另一面是"超空间"。超空间里既无时间也无空间,一切过程的进行都不需要时间,开始与结束同时发生。惠勒说:"在超空间里,没有谁会问接下来会发生什么。一些词汇,像'之前'、'之后'、'几乎同时'等等在这里毫无用处,普通意义上的时间这一概念已经根本无法使用。"②他又猜想宇宙呈圆环形,圆环中央是超空间。以光速传播的一个信号,有可能被另一个穿过虫洞和超空间的信号所超过。他得出结论:根据相对论,虫洞不仅可能存在,而且物体可以穿越。

1985 年美国天文学家萨根想写科幻小说:女主角接到外星人的信号,想同外星人会晤,但距离太远,要飞几千年。为此他设想时空通道的两端分别是黑洞与白洞,女主角从黑洞进,从白洞出,在短时间内就可以实现星际旅行。相对论专家索恩认为黑洞内部不稳定,建议用虫洞做时空通道。1988 年索恩与两位合作者发表《时空中的虫洞及其在星际旅行中的用途》一文,首次进行了关于可

① 巴罗:《不论——科学的极限与极限的科学》,上海科学技术出版社,2000 年,第 271 页。
② 布特拉尔:《时间旅行——来自未来的客人》,湖南科学技术出版社,2001 年,第 62 页。

穿越的时空通道的研究。

二、回到过去

科学家想到了星际旅行，当然会进一步想到时间旅行，即从现在出发，回到过去和未来的某个时刻，最诱人的是回到过去。

1936年新西兰的克尔认为，旅转黑洞的中心的奇点，不是数学上的点，而是一个圆环。如果黑洞足够大，飞船便可以穿过环状奇点，进入一个完全相反的世界——"负时空"，引力变成了斥力。如果宇航员穿过圆环，并在相应的轨道上环绕黑洞中心点运动，便开始回到过去，并可以在出发前就已经到达目的地。如果黑洞旋转速度足够快，黑洞视界就可能脱离黑洞，形成赤裸的"裸黑洞"。格里宾写道："如果在宇宙的某个地方真的存在着克尔所称的赤裸黑洞，那么从理论上讲，只要人们找到了正确的方法，就可以从现在的某一个地点出发，到达宇宙中任意一个时间——过去、现在或将来——的任何一个地方。"[①]克尔是第一位从理论上提出时间旅行可能性的科学家，而且这种旅行无需超光速。

1949年德国数学家哥德尔指出，根据广义相对论，一定质量的旋转物体可以把时空拖到它的旋涡之中，形成封闭的时间轨道。时间旅行者可以从某一时空点出发，在时间轨道中环绕宇宙，又回到出发点，这是时间圈环的最初设想。哥德尔说："在这些世界中旅行到过去、现在和将来的任何区域，然后再回来，都是可能的，正如在其他世界中旅行到空间的远距离部分是可能的一样。这种事态似乎很荒谬。例如，它使一个人能够旅行到他自己生活过的那些地方邻近的过去。在那里他会发现一个人，这个人是在他生活的某个较早阶段的他本人。现在他可以对这个人做一些据他的记忆对他没发生过的事。"[②]

"可穿越虫洞"有两类：欧几里得虫洞和洛伦兹虫洞。欧几里得虫洞是瞬时穿越的虫洞，其过程经历的不是通常的实时间，而是"虚时间"，所以在我们看来不需要时间。如果一个洞口在现代，另一个洞口在北京猿人生活的时代，那么这个人在碰到洞口时便立刻消失，并立刻在古代的猿人群中冒出来。"洛伦兹虫洞是一种能够看见，能够长时间存在的虫洞。它的洞口就像一个球，可以在

---

① 布特拉尔：《时间旅行——来自未来的客人》，湖南科学技术出版社，2001年，第66页。
② 巴罗：《不论——科学的极限与极限的科学》，上海科学技术出版社，2000年，第277~278页。

天空飘荡,也可以安装在某个地方。人进入这类虫洞的洞口后,会发现洞内有一条时空隧道(即虫洞本身),通向远方。外部的人能看见人或飞船进入这个'球'(洞口),却看不见他们穿出来。这是因为时空隧道存在于 5 维空间中,也就是说,外部的人看不见这条隧道,只能看见隧道的洞口——球。""进入洛伦兹虫洞的人,可以通过这条隧道前往远方,或者前往'过去',前往'未来'。"①

霍金说:"虫洞和其他可能的超光速旅行方式一样,允许人们往过去旅行。"②他认为时间也可以弯曲成环状,他称此为"时间圈环"。这就是说,我们若一直往未来前进,在某一时刻会回到过去。他说:"在存在时间圈环的时空区域是可能进行时间旅行的。"③

三、改变历史

传统科学和日常经验都表明,时光不会倒流。至今没有一人回到过去,也未遇见一位来自未来的造访的客人。承认时间旅行、回到过去,必会引起观念的颠覆性变化。这又提出一个更难解决的问题:如果人们回到过去,那他们是否会改变过去、改变历史? 一点都不改变是不可能的,但会改变到什么程度? 会产生什么后果? 如果每个回到过去的人都按自己的意愿改变历史,那会是什么样的历史?

霍金写道:"人们希望随着科学技术的推进,我们最终能够造出时间机器。但是,如果这样的话,为什么从来没有一个来自未来的人回来告诉我们如何实现呢? 鉴于我们现在处于初级发展阶段,也许有充分理由认为,让我们分享时间旅行的秘密是不智的。除非人类本性得到彻底改变,非常难以相信,某位从未来飘然而至的访客会贸然泄漏天机。"④如果时间旅行者能改变历史,那就会出现看来很荒唐的悖论,其中最著名的是祖父悖论。霍金说:"如果你回到过去在你父亲被怀胎之前将你祖父杀死,将会发生什么?"⑤它的意思是,某人回到过去,杀死他的还未生养他父亲的祖父。他的祖父被杀害,就不可能有他的父亲

---

① 赵峥:《爱因斯坦与相对论》,上海教育出版社,2015 年,第 222~223 页。

② 霍金:《时间简史——从大爆炸到黑洞》,湖南科学技术出版社,2002 年,第 146 页。

③ 霍金:《果壳中的宇宙》,湖南科学技术出版社,2002 年,第 142 页。

④ 霍金:《时间简史——从大爆炸到黑洞》,湖南科学技术出版社,2002 年,第 148 页。

⑤ 霍金:《果壳中的宇宙》,湖南科学技术出版社,2002 年,第 136 页。

和他。既然他未出生，怎么会杀害他的祖父？霍金认为，一个人在其父出生之前便杀死其祖父的事，是可能发生的，其发生概率为 $1/10^{10^{60}}$，即 10 的 10 次方的 60 次方分之 1。这个概率虽然极小，但并非为零。

加来道雄指出，有关时间旅行的佯谬可分为两类。"1. 你在出生前碰上你的父母；2. 你没有过去。""第一类时间旅行改变了原先记录的事件的先后次序，所以它对时空结构的破坏最为严重。""第二类佯谬所包含的事件没有任何开端。"[①]

正因为时间旅行的悖论太严重，所以霍金对时间旅行的态度比较模糊。他说："量子理论允许微观尺度的时间旅行。不过，它对写科幻小说没多大意义，你不可能靠它回到过去杀死爷爷。"[②]霍金的好友索恩说："也许，某个高等的文明能制造一个时间机器。"[③]"我们将证明，物理学定律严禁回到过去的时间旅行，至少在人类的宏观世界是这样的。不论多么先进的文明付出多么艰辛的努力，都不可能阻止时间机器在启动的时刻发生自我毁灭。"[④]法国的卢米涅说："科学史已经多次证明，今天看来是荒谬的东西，明天可能成为普遍接受的事实。然而，时间倒退的旅行简直是对常识的侮辱，怎能想象一个人可以倒退到从前，把自己的祖父在还没有孩子时就给杀掉呢？"[⑤]

霍金不得不认为悖论应当排除，并提出两种方案。一种是"协调历史方法"或"时序保护猜想"。回到过去的旅行者的所作所为，必须同物理定律相协调。"它是讲，甚至当时空被卷曲得可能旅行到过去时，在时空中所发生的必须是物理定律的协调的解。根据这一观点，除非历史表明，你曾经到达过去，并且当时并没有杀死你的祖先或者没有任何行为和你的现状相冲突，你才能回到过去。况且当你回到过去，你不能改变历史记载。那表明你并没有自由意志为所欲为。当然，人们可以说，自由意志反正是虚幻的。如果确实存在一套制约万物的完整的统一理论，它也应该决定你的行动。但是对于像人类这么复杂的机体，其制约和决定方式是不可以计算出来的。我们之所以说人们具有意志，乃

①　加来道雄：《超越时空——通过平行宇宙、时间卷曲和第十维的科学之旅》，上海科技教育出版社，1999年，第271~272页。

②　霍金等：《时空的未来》，湖南科学技术出版社，2005年，第84页。

③　霍金等：《果壳里的60年》，湖南科学技术出版社，2005年，第185页。

④　霍金等：《时空的未来》，湖南科学技术出版社，2005年，第130页。

⑤　卢米涅：《黑洞》，湖南科学技术出版社，2006年，第163页。

在于我们不能预言他们未来的行动。然而,如果一个人乘火箭飞船出发并在这之前已经回返,我们将能预言其未来行为,因为那将是历史记载的一部分。这样,在这种情形下,时间旅行者没有自由意志。"[1]霍金认为历史应当有序,所以时间旅行者的行为必须同物理定律相协调,而物理定律不允许改变历史。他认为如果历史表明你回到过去而未改变历史,你才能回到过去。可是,已经回到过去了,因为你未改变历史,你才能回到过去。那因果关系岂不是颠倒?逻辑岂不混乱?谁能判定你没有改变历史,从而给你发放时间旅行证呢?物理定律允许你回到过去,却不允许你改变历史,物理定律能取代社会规律和历史发展规律吗?物理学能成为制约万物的统一理论吗?

英国哲学家普瓦德万的一段话,可以看作是对霍金"协调历史方法"的注释:"我因为爱情受到挫折想自杀。不仅如此,我还希望自己从来没有存在过。……我回到离我出生前的足够远的某个时间,找到一个直系亲属(如果要是我父亲或母亲没有出生过的话,那么祖父或外祖父就足够了),然后根据事先的罪恶计划把他们杀死。……如果我的行动成功了,那阻止了我出生的那位是谁呢?它不可能是我,因为我从未出生在现在来看显然是真的,因而也就是不可能长大成人后,跳进一台时间机器去阻止我的出生。所以,我不可能阻止我的出生。"

普瓦德万认为历史不可能改变。他举例说:"假如我被第一次世界大战中的生灵涂炭所震惊,决定回到1914年去阻止发生在萨拉热窝的对斐迪南大公的暗杀。那天,我在人群中找到杀手,然后慢慢接近他。然后……我绊了一跤,暗杀的那一枪射出去了。我失败了,我必定会失败。因为如果暗杀没有发生……第一次世界大战也不会发生。那么,我也就没有理由回到过去去阻止它。虽然这两个例子都很戏剧性,但它们只是举例说明了一条颠扑不破的真理:我不能改变任何过去的事实,虽然这让人觉得索然无味。"[2]故事的确有趣,但人们不禁要问:为何正好在关键时刻他被绊倒?什么力量把他绊倒?又是什么力量的安排?为什么物理定律允许他回到过去,却不允许他引起过去世界的变化?他在过去要生存,就必然要引起过去环境的变化,那为什么要禁止他引起大的变化?什么因素能确保历史的协调?如果前提(回到过去)有问题,那对其推出的结论无

---

① 霍金:《时间简史——从大爆炸到黑洞》,湖南科学技术出版社,2002年,第149页。
② 普瓦德万:《四维旅行》,湖南科学技术出版社,2005年,第194~195页。

论怎样解释、补充、修改，都是很难自圆其说的。

四、多重历史与多重自我

霍金的另一个方案是"选择历史假想"。"当时间旅行者回到过去，他就进入和历史记载不同的另外的历史中去。这样，他们可以自由地行动，不受和原先的历史相一致的约束。"①这是根据埃弗莱特的对量子力学的多世界诠释提出来的。埃弗莱特认为，每一次观察都会使世界分裂。后来科学家又提出多历史、多宇宙的观点。霍金说："量子力学的全部要点是，它对实在有不同的观点，一个对象不仅有单独的历史，而且有所有可能的历史。"②"宇宙应该拥有所有可能的历史，每种历史各有其概率。"③所有的对象都有所有可能的历史，所有的人也有所有可能的历史。其实，可能在转化为现实以前，怎么会有历史？为了排除祖父悖论，他设想回到过去可以改变历史，但改变的不是原有的历史，而是另一个历史，这是一种历史的选择。某人回到过去，就进入了另一个世界、另一个历史。他在另一个历史中杀死年轻的祖父，这同他原来的历史毫无关系，不相容的事件既然是在不同的历史中发生的，也就不会冲突了。

这个方案是允许改变历史，但为了避免悖论，设想改变的是另一个历史。可是，如果每个人都可以回到过去，都可以根据自己的意愿选择历史、改变历史，那还有什么历史？多历史即无历史。例如足球决赛，输球的一队执意回到过去重新比赛，对方也会如此，没完没了，那还有什么球赛。如果每个人无论做什么事都可以随意推倒重来，那每个人都无需对自己的行为负责，于是社会秩序荡然无存。

回到过去、改变历史，这违反物理规律、生物规律，也违反社会规律，并会产生负面的心理影响、社会影响，是现代理论物理学的一个误区。它竟引起史瓦西、克尔、哥德尔、惠勒、费因曼、霍金等科学家的兴趣和关注，这值得深思。

加来道雄说，多重宇宙、多重历史就在我们的房内，就在我们的身边。"就在此时此刻，你的身体与处在生死搏斗中的恐龙的波函数共存。与你所在的房

---

① 霍金：《时间简史——从大爆炸到黑洞》，湖南科学技术出版社，2002年，第149～150页。

② 《霍金讲演录——黑洞、婴儿宇宙及其他》，湖南科学技术出版社，1999年，第80页。

③ 霍金：《果壳中的宇宙》，湖南科学技术出版社，2002年，第80页。

间中共存的是另一个世界的波函数,在这个世界里德国赢得了第二次世界大战,在这个世界里外星人在漫游。"照此说法,我下班回家,推开房门,可能恐龙和希特勒在瞪眼看着我。这是怎样的历史呢?

有多重宇宙、多重历史,就会有多重生命、多重的我。多重宇宙、多重历史与我共存。每个宇宙、每个历史中,都会有一个自我。

物理学家维兰金提出了"貌合神似论",即在每一个宇宙中都会有一个同"我"外貌相同、精神状态相似的另一个"我"。"我们正在进行的谈话,在其他的众宇宙中也同样是和相同的人们进行着无穷无尽的次数。""我们人有很多副本。"[①]不同的"我",可以有不同的历史,那个"我"早已去世,这个"我"还很年轻。"我们中的每个人在外面都有着数不清的版本生活着……凡是在我们的地球上死去的人,都继续生活在其他的某个地球上,有着同样的思想、同样的感觉和同样的回忆——而在不同的地方又会发生些不同的事情。……在外面的某个地方,一个貌合神似者正在实施骇人的谋杀;另一个貌合神似者去年生意上冒出了一个天才绝伦的想法,现在成了地球上——他那个地球上最富有的人。"[②]

我的"副本"、"版本",同我完全一样,就是我自身。这为小说、电影的创作,提供了绝好的题材和惊人的想象。美国影片《救世主》中,杀人魔王尤兰先后进入125个宇宙,杀死了124个不同身份的尤兰,因为每个宇宙中都有一个尤兰。最后尤兰被另一个"自己"杀死。

加来道雄引述了海因莱的小说《你们这帮傻瓜》写的一个极其离奇的故事:主人公是女孩珍妮。1945年她被送进孤儿院,1963年同一流浪者生了一女婴,并被改成男人,也成了流浪者。1970年"他"结识了一酒吧招待,两人一块回到1963年。"他"同一孤女生一婴儿。招待偷走婴儿,回到1945年把婴儿送进孤儿院。招待把"他"送到1985年,"他"又扮成招待回到1970年的那家酒吧去会见一位流浪者。加来道雄评论说:"那位女孩、流浪者和酒吧招待都是同一个人。这些佯谬肯定会使你头晕,特别是当你想解开珍妮的复杂的出身时。如果我们画一画珍妮的家谱图,我们发现所有的分支像在圆环中,都是弯曲的并且折回到它们自身。我们得出一个叫人大吃一惊的结论,她是她自己的母亲和父

---

① 胡阿特、劳讷:《多重宇宙——一个世界太少了》,三联书店,2011年,第87页。
② 胡阿特、劳讷:《多重宇宙——一个世界太少了》,三联书店,2011年,第138页。

亲！她就是她自身的整个家谱图。"[①]当然，这些荒诞的情节，在一些物理学家看来，也都是完全可能的。

为什么我们至今没有一个遇见自己的貌合神似者？为什么我一直未能同另一些"我"会面？泰格马克说那是因为我与我之间相距太远了。泰格马克指出："如果你在宇宙中沿直线旅行，想到达第一个与我们的宇宙完全相同的宇宙，你可能需要横穿 $10^{10^{118}}$ 个宇宙直径。""在稍微近一些的地方，大约 $10^{10^{91}}$ 米以外的地方，应该存在一个半径为 100 光年的球形区域，与以地球为中心的同半径区域完全相同，所以我们在下一个世纪中的所有观念也将与那里的分身完全相同。大约 $10^{10^{29}}$ 米以外的地方，应该存在一个与你一模一样的人。实际上，还有一些分身可能存在于更近的地方，因为最终孕育出你的整个过程在宇宙中处处都在发生"[②]。

泰格马克还建议用"量子自杀"来验证多重宇宙的存在。某人欲自杀，手枪射中与未射中的几率各为 $1/2$。根据多重宇宙理论，每次射击皆使世界分裂为二，在一个世界中某死，在另一个世界中某活。根据人择原理，只有第二个世界对某人才有意义。因此，只要某人活着，那无论他自杀多少次都未能射中。泰格马克从"量子自杀"推导出"量子永生"：一旦某人存在，从他的角度来看，他必定永生。他又提出"最终人择原理"：对于所有男子，其父、其祖父、其曾祖父必定有子，依此类推，子嗣不断，虽然这是非常小的几率。但按哥本哈根学派的解释，每次射击都有 $1/2$ 的死可能，自杀者迟早必死。所以，某人若死，哥本哈根学派对；某人一直不死，多重宇宙理论对。按人择原理，某人必须活着，可是在旁观者看来，某人早已死去。但"量子永生者"不可能来到旁观者的宇宙，告诉他多宇宙设想的正确。所以验证一说，也是不着边际。埃弗莱特相信，根据他的多世界理论，他是永生的。

我们认为，每个人的生命都是唯一的，每个人都是独一无二的。完整的人是不可分裂、不可复制的。每个人的人生历史也是唯一的，不可再现、不可更改的。所以我们要珍惜生命、珍惜人生、珍惜时光、珍惜机遇。如果每一个人都有

---

① 加来道雄：《超越时空——通过平行宇宙、时间卷曲和第十维的科学之旅》，上海科技教育出版社，1999 年，第 273 页。

② 泰格马克：《穿越平行宇宙》，浙江人民出版社，2007 年，第 131、132 页。

无数的"自我",如果每个"自我"都可以回到过去,改变历史,那每个人都可以随心所欲,为所欲为,把自己和别人的生命视为儿戏,社会秩序荡然无存。这是对生命、人生和历史的亵渎。值得注意的是,一些科幻小说、科幻影视把理论物理学中的某些缺少现实根据的假想,以生动的故事和艺术形象在公众中传播,使一些人信以为真,放弃人生的积极追求,这是十分有害的。

第十节 多重宇宙理论

长期以来,人们一直都认为我们生活在其中的宇宙,是独一无二的宇宙,它包容一切。古人几乎都认为宇宙有限,他们的思维能力还很难把握无限。但如果宇宙有限,它就有边,那有限宇宙之外是什么? 这是古代宇宙有限论的一个难题。近代力学却要求空间的无限。伽利略在叙述惯性定律时说:"物体沿水平面运动,没有受到任何阻力时,……它的运动是均匀和永无止境的,只要平面在空间中是无限的话。"[①]爱因斯坦根据引力使空间弯曲的观点,用曲面代替伽利略所说的平面,提出有限无边的宇宙模型。这种宇宙"无边",无所谓内外,也就消解了宇宙之外是什么的问题,惯性定律则依然成立。大爆炸宇宙理论主张宇宙有始有终、有边有际。既然宇宙有限有边,那宇宙之外就会有物,甚至有别的宇宙。多重宇宙理论的出现,是很自然的事。

有趣的是,"多重宇宙"一词用于现代宇宙学却始于埃弗莱特对量子力学的多世界诠释。

一、埃弗莱特的多世界诠释

量子力学中的叠加态,是难以思议的一种状态——微观粒子可以同时处于不同的状态,可是我们从未看到过叠加态。为此哥本哈根学派提出了波函数坍缩的诠释:我们在观察时,众多状态在瞬间坍缩为一个状态。这种解释也不好理解。波函数创立者薛定谔提出了被称为"薛定谔之猫"的质疑性思想实验,以

---

① 布勃列伊尼科夫:《人类对地球认识的发展》,科学出版社,1958年,第99~100页。

期表明量子力学在宏观条件下的不完备。

　　美国物理学家埃弗莱特不同意波函数坍缩的说法,提出了新的解释:观察并未使波函数坍缩,而是使世界分裂,叠加态的不同状态分别处于不同的世界之中。观察者和猫都一分为二,在一个世界里,观察者看到活猫;在另一个世界里,另一个观察者看到死猫。这就像一只阿米巴变形虫分裂成两只。这两个世界其余部分都相同,它们之间没有任何相互作用,故称为平行世界。埃弗莱特用数学语言表述了他的看法。他用世界分裂取代波函数坍缩,指出波函数也适用于宏观物体,主张微观世界与宏观世界的统一;他还放弃概率解释,坚持决定论。

　　埃弗莱特1957年在他的博士论文中,阐述了他的多世界诠释。他13岁时,写信问爱因斯坦:"什么使宇宙成为一个整体?"1943年6月11日爱因斯坦给这个少年回信:"不存在诸如不可抗拒的力量和不可移动的天体这样的东西。"[1]这同埃弗莱特后来提出的世界分裂的想法,也许有某种联系。

　　1953年他参加一个朋友聚会,当时玻尔的助手彼得森也在场。玻尔是波函数坍塌观点的主要倡导者。聚会后他们谈到了"薛定谔之猫",埃弗莱特问:如果波函数不坍塌,叠加态永远存在,那又会怎么样? 我们现在还不了解,这位二十岁刚出头的年轻人,怎么会提出这样古怪近乎疯狂的问题,而且还当着彼得森的面。

　　1955年他开始用数学语言表述他对这个问题的回答。他在文章中首次谈及观察者引起的"分裂",并向惠勒请教。惠勒在论文的空白处写道:"分裂? 最好换个词。"埃弗莱特不同意。1957年7月,埃弗莱特在《现代物理学评论》上发表了《量子力学的"相对态"构想》一文,其内容与博士论文基本相同,阐述了他的多世界诠释。

　　他在论文中写道:"从多世界理论看,所有的叠加元素(所有的'分支')都是'真实的',没有任何一个比其他的更'真实'。没有必要假设除了一个以外,其他的都被摧毁了。"[2]他之所以用"相对态"一词,是要表明他的理论同相对论一样,所有的观察者都是平等的。他说:"在观察之前,我们只有一种状态,这种状态中只有一个观察者,但是观察之后,对于这个观察者来说,出现了许多种状

---

①　格里宾:《寻找多重宇宙》,海南出版社,2012年,第28页。

②　格里宾:《寻找多重宇宙》,海南出版社,2012年,第33页。

态,而且所有的这些状态都属于一种叠加。这些状态中的任何一种状态,对于观察者来说,就是一种状态,所以我们可以说,在不同的状态下有不同的观察者……在这种情形下,当我们强调一个单一的物理系统的时候,我们就使用单数,当我们强调不同叠加元素的不同体验的时候,我们就使用复数。(例如,'观察者对数量 A 进行观察,观察后,引发的叠加中的每一个观察者都会看到一个特征值'。)""不同状态下的观察者之间不可能互相沟通。"[1]所以多世界是平行世界。

他还说:"一个分支完全无法影响另一个分支,还意味着所有观察者都无法觉察到任何'分裂'过程。"[2]物理世界是物质世界,物质世界居然会因观察者的观察而分裂,而观察者却又观察不到这种分裂过程。这真是不可思议!

埃弗莱特为了一只猫是死是活的解释,竟不惜让世界分裂,其丰富想象和理论勇气,实属不凡。但观察使世界分裂,这不符合常理。对此他说:"有人主张这一理论所展示的世界图景与我们的经验相抵触,因为我们根本觉察不到分裂过程。这些人的观点就像人们质疑哥白尼的理论一样。哥白尼认为地球在运动是一个物理事实。那时候,人们认为这种观点不符合常理,因为我们感觉不到这种运动。在这两种情况中,这些人的观点都会被攻克"[3]。

但为了一只猫,竟如此颠覆世界,这代价也太大了,不符合思维经济原理。爱因斯坦在谈到波函数坍缩时说:"我不能相信仅仅是因为看了它一眼,一只老鼠就使宇宙发生剧烈的改变。"[4]埃弗莱特用世界分裂来取代波函数坍缩,宇宙的变化岂不更加"剧烈"? 对此他未作正面回应。其实他的诠释只是一种想象,而想象无需成本。他并不考虑观察是如何使世界分裂的,通过什么方法、消耗何种能量以及分裂的物理过程和后果。他所说的世界不是现实的物理世界,而是一种逻辑推理中的概念。

波函数坍缩和世界分裂都只是一种说法,都是出于纯粹的逻辑需要,都不是经验的概括;思考的仅仅是逻辑的可能性,是随意想象中的可能性,都是思辨的看法。

① 格里宾:《寻找多重宇宙》,海南出版社,2012 年,第 33、34 页。
② 格里宾:《寻找多重宇宙》,海南出版社,2012 年,第 34 页。
③ 格里宾:《寻找多重宇宙》,海南出版社,2012 年,第 34 页。
④ 曹天元:《量子物理学史》,辽宁教育出版社,2008 年,第 239 页。

　　埃弗莱特论文发表后的十几年，几乎无人问津，但有幸的是后来遇到了美国物理学家德威特这位难得的知音。德威特毫不讳言他第一次接触多世界概念时的震惊："这种想法是很难符合常识的。这是一种彻头彻尾的精神分裂症。"①泰格马克写道："后来，我见过布莱斯（即布莱斯·德威特——引者），他告诉我，他一开始向休·埃弗莱特抱怨说，尽管他喜欢埃弗莱特的数学方法，但直觉上很难接受，因为他没法感觉到自己不断分裂成许多个自己。他告诉我，埃弗莱特用一个问句来回答他：'那你能感觉到自己以每秒30公里的速度绕着太阳旋转吗？''讲得好！'布莱斯大喊一声，并乖乖认输。"②威德特在同埃弗莱特的多次通信中，终于成为多世界理论热心的赞赏者和宣传者。

　　1968年美国物理学家雅默准备撰写关于量子力学诠释的书，访问了德威特，可是却不知道埃弗莱特的理论，这使德威特再次震惊。当时埃弗莱特已经离开了物理学研究，德威特决定承担宣传的重任。1970年德威特发表关于多世界诠释的文章，说埃弗莱特认为"宇宙在不断地分裂成许多宇宙，这些宇宙相互间是不可见的，但它们都同样是真实的世界"③。这是德威特对埃弗莱特诠释的"诠释"，把"多世界"诠释为"多宇宙"。"多重宇宙"一词，首先是由美国心理学家威廉·詹姆斯在1895年提出的，但他当时关注的是神秘主义和宗教体验，而不是宇宙的物理本质。1961年苏格兰业余天文学家安迪·尼莫，为埃弗莱特的多世界诠释重新创造了"多重宇宙"这个词。其实这未必是埃弗莱特的本意。1973年德威特同他的学生格雷厄姆编辑出版《量子力学的多世界诠释》。从此，这一诠释在物理学界广为人知。1974年雅默出版《量子力学的哲学》，重点评介了埃弗莱特的诠释。他说："多重宇宙理论无疑是迄今为止科学史上最大胆和最雄心勃勃的理论之一。"④1976年德威特说：多世界"不只是科幻作家的噱头，它们还是量子物理学家的救命稻草！"⑤

　　1997年剑桥大学牛顿研究所就量子力学的诠释问题，对90位与会者进行调查，赞同波函数坍缩的8人，接受埃弗莱特观点的30人，不赞成任何观点或拿不定主意的50人。埃弗莱特的老师惠勒2001年说："这次调查仍清楚地表

①　格里宾：《寻找多重宇宙》，海南出版社，2012年，第39页。
②　泰格马克：《穿越平行宇宙》，浙江人民出版社，2017年，第192～193页。
③　格里宾：《寻找多重宇宙》，海南出版社，2012年，第39页。
④　格里宾：《寻找多重宇宙》，海南出版社，2012年，第39～40页。
⑤　格里宾：《寻找多重宇宙》，海南出版社，2012年，第40页。

501

明,该是更新量子力学教科书的时候了。"①有人认为这个诠释"推动了量子力学哲学基本原理的更新"②。2014年泰格马克对埃弗莱特的评价是:"总有一天,他会被公认为与牛顿和爱因斯坦平起平坐的天才,至少在大多数平行宇宙里会这样。"③

1982年埃弗莱特去世。2007年,他的儿子接受BBC采访时说:"父亲不曾跟我说过有关的理论的片言只语……他活在自己的平行世界中。"④

可是,无论怎么说,观测使世界分裂,这同常识之间的冲突是很难化解的。有一个笑话,国王说:"我的国家禁止物理学家进行测量。因为一旦测量,国家就会发生分裂。"⑤

二、暴胀理论与多重宇宙的创造

多世界诠释在一度沉寂后引起了不少人的关注,这同暴胀理论的流行有关。

1980年,阿兰·古斯提出暴胀理论,认为一团不可稀释的物质在 10^{-35} 秒的瞬间超级高速膨胀,其体积按指数增长,从而创造了大爆炸,形成了宇宙。宇宙长到橙子那么大时,就停止暴胀,转为减速增长。创造我们的宇宙,只需一点点物质,也许只有一盎司,所以古斯说宇宙是一顿"免费的午餐"。他明确提出暴胀是产生新宇宙的原因,新宇宙称为"暴胀宇宙"。

1983年,维兰金提出暴胀不会停止;1986年,安德烈·林德创造"永恒暴胀"一词。他们认为,暴胀物质也有其半衰期,暴胀物质翻倍所需的时间必须短于半衰期。例如,当暴胀物质膨胀到3倍时,正好有1/3的暴胀物质发生衰变。依此类推,永无止境。通过大爆炸,每有一份体积的暴胀物质衰变成我们这样的非暴胀大爆炸宇宙,就有两份体积继续暴胀下去;继而又有一份体积的暴胀物质经过大爆炸形成新的宇宙,其余两份体积的暴胀物质继续暴胀。这个过程

① 杨建邺:《窥探上帝的秘密》,商务印书馆,2009年,第231页。
② 贺天平:《量子力学诠释中的一支奇葩》,《中国社会科学报》2016年11月8日第7版。
③ 泰格马克:《穿越平行宇宙》,浙江人民出版社,2017年,第196页。
④ 高鹏:《从量子到宇宙》,清华大学出版社,2017年,第104页。
⑤ 郭光灿、高山:《爱因斯坦的幽灵——量子纠缠之谜》,北京理工大学出版社,2009年,第66页。

不断进行。大爆炸宇宙的数量增加,犹如细胞分裂,一分为二,二分为四,等等。"在外界看起来比原子还小的区域内,暴胀能创造出一个无限的宇宙。"[1]1987年,安德烈·林德说:"宇宙无休止地再创造自己……可以视整个(暴胀)过程为一个无限的创造和自我繁殖的连锁反应。它没有终止,可能也没有开端。"[2]按泰格马克的说法,平行宇宙是暴胀理论的预言。古斯说:"暴胀几乎将多重宇宙的观点强加给了我们。"[3]

暴胀理论指出暴胀不断地创造宇宙,并推测宇宙产生的过程,开创了多重宇宙的研究。从世界分裂到宇宙繁殖,这是一次飞跃。

暴胀理论运用量子力学研究宇宙学。在暴胀的早期,银河系比原子还要小很多,量子效应就不可忽视。根据量子力学不确定性原理,暴胀物质不可能完全均匀。量子涨落同永恒暴胀密切相关。"暴胀的宇宙将空间中的微小涨落迅速扩充为整个宇宙,这使我们不得不把宇宙改写为复数形式。"[4]暴胀理论关于多重宇宙的研究,有助于协调量子力学与广义相对论的关系。

巴罗写道:"永恒暴胀的宇宙将我们带入了一个全新的视角,使得我们能够从全局的高度看待宇宙开端的问题。多重宇宙的每一个角落,比如我们的可见宇宙这样的,都有各自的开端。但自我繁殖的过程孕育了数不尽的暴胀宇宙,从整体上讲,无限多重宇宙并没有开端。如果这种理论正确的话,多重宇宙可能就是一直存在的,而且未来将永远存在下去。"[5]"暴胀创造宇宙论"的确是一种崭新的宇宙观,把一个宇宙的无限,提升为无限宇宙的无限。

暴胀理论在说明多重宇宙的形成过程时,还采用了生物学中个体发育和物种进化的比喻。林德等把宇宙的产生比喻为细胞的自我繁殖,把从暴胀的超级膨胀到减速膨胀的过程,比喻为婴儿的生长过程。1987年霍金提出婴儿宇宙模型:两个宇宙通过虫洞相连,较大的宇宙为"母宇宙",它可能产生分岔,虫洞的另一端是婴儿宇宙,许多宇宙由虫洞连接。斯莫林把自然选择概念用于多重宇宙研究。他指出,宇宙形成黑洞,每个黑洞都会导致更多宇宙的产生。每当有黑洞形成,物质纷纷落入奇点的时候,新的宇宙就会从奇点中"跳"出来。每一

① 泰格马克:《穿越平行宇宙》,浙江人民出版社,2017年,第114页。
② 格里宾:《寻找多重宇宙》,海南出版社,2012年,第160页。
③ 格里宾:《寻找多重宇宙》,海南出版社,2012年,第170页。
④ 巴罗:《宇宙之书——从托勒密、爱因斯坦到多重宇宙》,人民邮电出版社,2013年,第246页。
⑤ 巴罗:《宇宙之书——从托勒密、爱因斯坦到多重宇宙》,人民邮电出版社,2013年,第303页。

个新宇宙的自然常数都会略有变动,产生黑洞的几率也各不相同,因而产生宇宙的数量也不一样。在众多宇宙中,黑洞产生几率高的宇宙,就会产生更多的宇宙。这如同在生物界,某种遗传属性能导致子代数量的最大化,那么具有这种属性的生物就会比其他生物更加普遍地存在。所以自我繁殖的多重宇宙具有自然选择的过程,例如引力的自然选择。我们所居住的宇宙,黑洞的产生率已达到最大值,所以人类才会出现在这个宇宙中。这实际上是把宇宙的演变看作一种特殊的进化过程。把自然选择、物种进化的观点引入宇宙学,把多重宇宙看作是有机体系,这是耐人寻味的,我们不妨把这种观点称为"宇宙有机论",它把有机论推广到极点。

弦理论为暴胀宇宙的自我繁殖提供了惊人的、广阔的可能性空间。超弦理论有 5 种不同的形式,威腾指出,只要从 10 维增加到 11 维,5 种就可概括为 1 种。膜飘浮在 11 维时空中,一张膜就是一个宇宙。我们的宇宙可能由 1 370 亿年前两张巨大的膜碰撞而成。有人估计,M 理论包含的可能状态超过 10^{500} 个,这个充满可能性的世界被称为"弦景观"。它的不同状态都是可能出现的真空态。暴胀在其中不断发生,由此产生的宇宙可能有 10^{10} 个。难怪巴罗说:"暴胀宇宙正在泛滥成灾!"[1]

加来道雄说:"事实上,在每一个量子的结合点宇宙分成两半,宇宙分裂的过程绝不会停止。在这种情景下所有的宇宙都是可能的,每一个宇宙都像别的宇宙一样真实。"[2]在他看来,多重宇宙是可能的,而且是真实的。

众多宇宙共存,互不干扰。加来道雄说:"根据量子力学的解释,所有可能的世界都与我们共存,认识到这一点让我们感到头晕目眩。尽管为了到达其他的这些世界也许需要虫洞,但是这些量子世界就存在于我们所住的这个房间里。无论我们走到哪,它们都和我们在一起。"[3]为什么我们看不见这些世界呢?温伯格把多重宇宙比做多频率的广播节目,我们的卧室里充满各种无线电波,可是我们每次只能听一个频率。

---

① 巴罗:《宇宙之书——从托勒密、爱因斯坦到多重宇宙》,人民邮电出版社,2013 年,第 249 页。
② 加来道雄:《平行宇宙》,重庆出版社,2008 年,第 124 页。
③ 加来道雄:《平行宇宙》,重庆出版社,2008 年,第 125 页。

三、泰格马克的数学宇宙假说

2007年,泰格马克提出数学宇宙假说。他的多重宇宙研究的特点是:宇宙的数学化和多重宇宙理论的哲学化。他认为宇宙的数量无限,同我们的宇宙大小相仿的宇宙的组成方式有 $10^{10^{124}}$ 之多。他把多重宇宙分为四个层次,每一层次的多重宇宙都是上一层次多重宇宙的一个单元。

第一层多重宇宙目前还不可能观测,是暴胀理论的预言。他指出,我们的宇宙是我们可观测的宇宙,暴胀理论告诉我们,在这以外还有别的平行宇宙,我们观测不到,也不可能与之接触。"我把这种身处遥远区域、与我们宇宙的尺度相仿的宇宙称作'第一层平行宇宙',所有的第一层平行宇宙组成了'第一层多重宇宙'。"[1]它们是永恒暴胀的创造。"暴胀理论目前是科学界在早期宇宙演化领域最流行的理论,由于这个暴胀是永恒的,所以创造出了第一层多重宇宙。也就是说,第一层多重宇宙的最佳证据正是我们对暴胀所拥有的证据。"[2]暴胀使空间变得无边无界,使第一层多重宇宙的数量无穷无尽。

第二层多重宇宙也是暴胀的产物,它们同我们的宇宙处于同一个空间之中,但离我们无限远,永远不可观测,也永远无法到达。其空间呈树状结构,树杈之间是U形区域,每一个U形区域都是一个无限的第二层多重宇宙。它可以包含许多不同的无限区域,其物理定律也不尽相同,甚至可能有天壤之别。它是包含不同时空维度的组合,微调性是其存在的证据。

第三层宇宙是由埃弗莱特多世界诠释所产生的宇宙,但泰格马克对埃弗莱特的诠释作了新的诠释,他提出"量子扑克牌"的思想实验。垂直竖着一张扑克牌,根据量子力学不确定原理,它必然会倒向一边,正面或朝上或朝下,你若以此来赌输赢,赢了你就会高兴,输了就会沮丧,高兴和沮丧这两种状态形成叠加态。实验结束,就出现两个不同版本的你:高兴的你和沮丧的你。每一个你都觉得自己很真实,但对另一个你毫不知情。这两个不同的你实际上是处于两个平行宇宙中,他称为"量子平行宇宙"。他说埃弗莱特的激进思想可用一句话概括:波函数永远不会坍缩。泰格马克认为波函数不坍缩,叠加态就一直存在,他

---

① 泰格马克:《穿越平行宇宙》,浙江人民出版社,2017年,第122页。
② 泰格马克:《穿越平行宇宙》,浙江人民出版社,2017年,第126页。

把叠加态中的每一种状态都看作一个量子平行宇宙,或者说叠加态的不同状态分别处于各个不同的量子平行宇宙中。他用叠加态的分裂取代埃弗莱特的世界分裂。泰格马克写道:"让我们把埃弗雷特(埃弗莱特,引者注)发现的量子平行宇宙称为'第三层平行宇宙',所有的第三层平行宇宙组成了'第三层多重宇宙'。……它就位于此处,而并非远在他乡。"①他说:平行宇宙的分裂持续不断,量子平行宇宙的数量多得令人眼花缭乱。

第四层多重宇宙是各种数学结构。"数学宇宙假说"是他的多重宇宙研究的核心观点。他不反对外部实在论,但他把外部实在理解为数学结构。"这个假说认为,我们的外部物理实在其实是一个数学结构。""我们的宇宙是一个数学结构"。② 所有的多重宇宙也都是数学结构。

那么什么是数学结构呢?"数学结构的精确定义是:一组相关联系的抽象实体,比如整数或几何图形"③。他理解的数学结构,就是数和形的组合。数学结构除数学性质以外,没有其他属性。"基本粒子也是纯粹的数学对象,因为它们唯一的内禀性质都是数学性质"。"物理世界随时间而变化,但数学结构却一成不变"。④ 他指出:"从某种意义上说,我们的实在并不只是被数学所描述,它本身就是数学。并且,它不仅某些方面是数学,它的全部都是数学,包括你在内。"⑤他说这回到了毕达哥拉斯。

泰格马克对他的数学宇宙假说的合理性作了一些论述。"数学存在等同于物理存在。这意味着,所有存在于数学中的结构,也都存在于物理中"⑥。他把物理存在归结为数学存在,必然要把物理学归结为数学。"如果某些数学方程完全描述了外部物理实在和某个数学结构,那么外部物理实在和这个数学结构就完全是一回事。"⑦他引述诺贝尔物理学奖获得者维格纳的话:"自然科学中的数学具有难以解释的有效性"⑧。他说,数学之所以在自然科学中如此有效,是

---

① 泰格马克:《穿越平行宇宙》,浙江人民出版社,2017年,第 192 页。

② 泰格马克:《穿越平行宇宙》,浙江人民出版社,2017年,第 320、273 页。

③ 泰格马克:《穿越平行宇宙》,浙江人民出版社,2017年,第 264 页。

④ 泰格马克:《穿越平行宇宙》,浙江人民出版社,2017年,第 259、273 页。

⑤ 泰格马克:《穿越平行宇宙》,浙江人民出版社,2017年,第 259 页。

⑥ 泰格马克:《穿越平行宇宙》,浙江人民出版社,2017年,第 355 页。

⑦ 泰格马克:《穿越平行宇宙》,浙江人民出版社,2017年,第 283 页。

⑧ 泰格马克:《穿越平行宇宙》,浙江人民出版社,2017年,第 252 页。

因为大自然本身就是数学。

显然，泰格马克的数学宇宙假说，讲的并不是宇宙学，而是哲学。

他还说："数学宇宙假说意味着，时间的流逝是一种幻觉，变化也同样是一种幻觉；创生与毁灭也是幻觉，因为它们涉及变化。"①既然创生是幻觉，那宇宙的自我繁殖岂不也是幻觉？

按数学宇宙假说，前三种多重宇宙都是数学结构，而这第四层多重宇宙则是其他的数学结构。泰格马克说："所有存在于数学中的结构，也都存在于物理中，构成了第四层多重宇宙。""我们曾搜索过的平行宇宙组成了一个越来越多样化的四层金字塔结构：第一层，空间中观测不到的遥远区域；第二层，其他暴胀停止的区域；第三层，量子希尔伯特空间中的其他地方；第四层，其他数学结构。"②他又说："数学结构本身就是宇宙。"③从所有的物理实在是数学结构，到所有的数学结构都是物理实在；从多重宇宙是数学结构，到所有的数学结构都是多重宇宙，其逻辑跨度也太大了。

他甚至认为电子游戏是一种数学结构，因而也是一种多重宇宙。他和朋友开发了一种3D俄罗斯方块游戏。"如果你玩这个游戏时不按键盘（这可不是得高分的好策略），那么整个游戏，从开头到结尾都会被程序中简单的数学规则所决定，这让它也成了一个数学结构，成为第四层多重宇宙的一部分。"④这就是说，万物皆宇宙，但这还是宇宙吗？多重宇宙岂不真的泛滥成灾？泛宇宙论只能是一种思辨的猜想。宇宙被泰格马克泛化到极致，他的多重宇宙理论只能是一种哲学思辨。

四、多重宇宙理论的思辨特征

多重宇宙理论具有浓厚的哲学色彩和一定的哲学意义。

多重宇宙理论为人择原理提供了新的论证。狄拉克发现自然常数之间存在某种巧合。宇宙中的自然常数必须在特定的取值范围内，生命才有可能出

---

① 泰格马克：《穿越平行宇宙》，浙江人民出版社，2017年，第317页。
② 泰格马克：《穿越平行宇宙》，浙江人民出版社，2017年，第355页。
③ 泰格马克：《穿越平行宇宙》，浙江人民出版社，2017年，第323页。
④ 泰格马克：《穿越平行宇宙》，浙江人民出版社，2017年，第325页。

现。霍金也主张多重宇宙理论。他说:"我们接受所有可能空间内的宇宙。""我们的宇宙本身也是许多宇宙中的一个"。① 他指出自然常数间的巧合,好像是一种设计。"这么多自然定律被极端地微调到适于我们的生存,这至少可使我们中的某些人有点回到这个大设计是某一伟大设计者的作品的旧观念。""多宇宙概念也可以解释自然定律的微调,而不需要一个为我们制造宇宙的仁慈的造物主。"②在多重宇宙理论中,没有上帝的地位。这种"设计"是通过"微调"实现的,而"微调"是宇宙自然选择的结果。宇宙的自我繁殖必然会产生自我微调、自我设计和自我选择。当然,高度发达的文明也会对自然常数和物理定律进行微调,也许我们的宇宙就是别的宇宙的智慧生物的设计。总之,宇宙自我创生,无需上帝插手。

多重宇宙理论认为,无论生命出现的条件多么苛刻,如果在无限的空间中存在一切可能的宇宙,那在多重宇宙中必然会存在一个宜居的宇宙。泰格马克说:"这一点可以被解读为一个常数范围很宽的多重宇宙存在的证据。"③这就是说,因为有多宇宙,所以才会有我们的宇宙。如果只有一个或很少几个宇宙,那就很难出现我们的宇宙。宇宙越多,越多样化,我们的宇宙出现的几率就越高。所以我们的宇宙的存在,证明了多重宇宙的存在。多重宇宙理论丰富了人择原理。巴罗说:"混沌的永恒暴胀宇宙存在的一些独特行为说明,引入人择原理至关重要。""我们必须把人择原理铭记在心。"④

有人认为,如果我们找到了终极理论,那我们就找到了"大设计"。多年来,许多物理学家一直在寻求包罗万象的统一理论。诺贝尔物理学奖获得者特霍夫特说:"有一天我们会有一个坚如磐石的'万物之理'——一个基本定律,其最终的数学表达是如此的简单和普适,以致不可能有任何小的变化和修正。"⑤可是多重宇宙理论认为,宇宙数目巨大,均有不同属性。它们的几何性质、自然常数和物理定律都是千差万别、各不相同,怎么可能用一种统一理论来说明?永

① 霍金、蒙洛迪诺:《大设计》,湖南科学技术出版社,2016年,第122、123页。
② 霍金、蒙洛迪诺:《大设计》,湖南科学技术出版社,2016年,第140页。
③ 泰格马克:《穿越平行宇宙》,浙江人民出版社,2017年,第351页。
④ 巴罗:《宇宙之书——从托勒密、爱因斯坦到多重宇宙》,人民邮电出版社,2013年,第266、267页。
⑤ 特霍夫特:《寻觅基元——探索物质的终极结构》,上海科技教育出版社,2002年,第194~195页。

恒暴胀没有终极,怎么会有终极理论? 宇宙不断微调,理论怎么可能没有任何修正? 巴罗说得好,我们所想象的终极理论,不过是一套"地方性法规"。没有统一的、唯一的终极理论,这个看法对理论物理学的发展有重要意义。

多重宇宙理论有助于我们认识想象的本质及其自由度和随意性,多重宇宙理论把想象发挥到了极致。有无限多的宇宙,还能有更大的想象空间吗? 我们的宇宙可能是在 1 370 亿年以前,由两块巨大的膜碰撞而成;大约在 50 亿年以前,我们的宇宙开始了第二轮加速膨胀,这在许多人看来,都是无法想象的。我们认为:"想象是人对自身的超越,是精神对物质的超越。"[1]想象的最大优点是意念自由,具有随意性。想象是人的本能。人们唯一可以按主观意愿、随心所欲做的事情就是想象,因为想象可以超越时空,超越物质条件的限制,并无需成本。自由度最高的想象是随意想象。在随意想象的世界里,人们可以把所有的可能与不可能都想象为现实,包括客体的状态和主体的行为。人们的求新、求奇欲望,会使人们追求意念自由的最大化。所以多重宇宙理论提出很多匪夷所思的想法,也是人的本性的体现。

我们的宇宙之外,还有别的宇宙? 这本来是个哲学问题。尽管多重宇宙理论者用物理学、数学研究这个问题,却只能作出思辨性的回答。

多重宇宙理论是关于我们的宇宙之外的想象宇宙的假说,属于思辨物理学。思辨物理学是用纯逻辑、纯数学的方法,研究想象的物理存在的理论。这种研究没有经验的根据,其推测无法证实,也无法证伪。格里宾在谈到维连金的宇宙理论时说,"这一切都为哲学思辨的骨骼添加了数学的血肉"[2]。是的,多重宇宙理论以思辨为骨骼,以数学为血肉。

多重宇宙理论首先面临的一个问题是,既然我们永远不可能离开我们的宇宙,永远不可能观测别的宇宙,那么多重宇宙存在吗? 研究者相信它的存在,因为他们的基本信念是一切皆有可能,所有可能都会成为现实。他们认为多重宇宙可能存在,所以它存在。

为什么所有的可能都会成为现实呢? 在宇宙学的研究中,不难找到时间的保证。金斯说:"如果宇宙能持续足够长的时间,在这么长的时间内,任何可能

---

① 林德宏:《创造与协调》,东华大学出版社,2017年,第31页。

② 格里宾:《寻找多重宇宙》,海南出版社,2012年,第169页。

的意外都有可能发生。"①还可以找到空间的保证。格里宾写道:"从空间上看,在一个无限的宇宙中,不仅一切皆有可能发生,而且它还可以容纳无限数量的无限的宇宙,在其中任何一个宇宙中,任何可能的事情都可以发生无限次。"②泰格马克说:"原则上,此处可能发生的一切事情确实曾经在其他地方发生过"③。总之,此时没有,彼时会有,迟早会有;此处没有,别处会有,总归会有。

多重宇宙是一种逻辑推论,一种想象和数学模型,是思辨的概念。思辨的对象只能用思辨的方法来研究,它的方法原则主要有三条。

第一条,认为思维的逻辑即事物的逻辑,逻辑的可能性即现实的可能性。巴罗说:"在一系列非常广阔的可能世界中,几乎为各种宇宙结构提供了所有逻辑上可能的选择。"④他又说:"多重宇宙中有无穷多个真实的宇宙"⑤。也就是说,每一个在逻辑上可能存在的宇宙,都是真实存在的宇宙。巴罗还说:"刘易斯认为,所有可能世界像真实世界一样都是真实的,因为所有可能世界和真实世界是同一类事物,不可能进一步化简为更基本的元素"⑥。刘易斯在逻辑上指出,可能等同于真实。

莱布尼茨用无矛盾性界定可能性,认为只要事物的状况推不出逻辑矛盾,那该事物的状况或状况的组合就是可能的。他讲的是逻辑的可能性。他写道:"由无穷多的具有各种性质的事物所形成的可能的事物组合,就是一个可能世界。"⑦在他看来无穷多的宇宙并不引起逻辑矛盾,因此是可能的,但现实的宇宙只有一个。他说:"既然在上帝的观念中有无穷多个可能的宇宙,而只能有一个宇宙存在,这就必定有一个上帝进行选择的充足理由。"⑧显然,莱布尼茨并不认为逻辑的可能就是现实的可能。

第二条,认为数学模型即实体,数学存在即物理存在。泰格马克说:数学存在和物理存在是一回事。其实数和形、数学概念、数学结构、数学模型说到底都

① 格里宾:《寻找多重宇宙》,海南出版社,2012年,第107~108页。

② 格里宾:《寻找多重宇宙》,海南出版社,2012年,第107页。

③ 格里宾:《寻找多重宇宙》,海南出版社,2012年,第122页。

④ 格里宾:《寻找多重宇宙》,海南出版社,2012年,第170页。

⑤ 巴罗:《宇宙之书——从托勒密、爱因斯坦到多重宇宙》,人民邮电出版社,2013年,第341页。

⑥ 巴罗:《宇宙之书——从托勒密、爱因斯坦到多重宇宙》,人民邮电出版社,2013年,第290页注释16。

⑦ 周礼全:《模态逻辑引论》,上海人民出版社,1986年,第378页。

⑧ 《西方哲学原著选读》,商务印书馆,1981年,第486页。

是数学符号,本身并无物理内容。恩格斯在谈到数学中的无限的原型时说:"他们忘记了:全部所谓纯数学都是研究抽象的,它的一切数量严格说来都是想象的数量,一切抽象推到极端都变成荒谬或走向自己的反面。**数学的无限是从现实中借用的,尽管是不自觉地借用的,所以它只能从现实来说明,而不能从它自身、从数学的抽象来说明。**"①把符号当作实物,这类似于古代的巫术思维。

不少物理学家十分欣赏数学的美,并由此认为"美即真",数学形式就是实体存在。海森伯对爱因斯坦说:"当大自然把我们引向一个前所未见的和异常美丽的数学形式时,我们将不得不相信它们是真的,它们揭示了大自然的奥秘。"②自然的奥秘在哪里? 在数学的美之中。狄拉克说:"学物理的人用不着对物理方程的意义操心,只要关心物理方程的美就够了。"③追求数学形式的美,而不关心它的物理意义。他还说:"数学家感到有趣的规则正好就是自然界所选择的规则。""把数学美作为我们的指引灯塔"。④

第三条,认为想象即现实,随意想象即科学想象。既然一切皆有可能,所有可能皆会变为现实,那一切皆可想象,所有想象皆可为真;那各种宇宙皆可想象,所有想象中的宇宙都是现实的宇宙。无限个多重宇宙,这岂不是把想象推向了极致? 费因曼说:"我们缺少的是想象,一种尽情的想象。"⑤泰格马克说:"没有做不到,只有想不到。唯一的限制,就是我们的想象力!"⑥言外之意,科学想象不受任何限制。当然,想象可以随心所想,无拘无束,但这是随意想象。随意想象无需任何根据,科学想象必须有一定的理论和观测、实验根据,随意想象可以违反客观规律,科学想象必须遵守客观规律。"随意想象是没有现实意义的'虚想象'。"⑦多重宇宙中的想象常伴有数学演算,但有些假设和内容仍有随意想象之嫌。

显然,用上述这些信念和方法研究多重宇宙,只能停留在思辨的层面。

研究者的一些论证、论述也带有思辨的特征。泰格马克说:工厂制造许多

① 《马克思恩格斯文集》第9卷,人民出版社,2009年,第544页。
② 杨建邺:《物理学之美》,北京大学出版社,2011年,第143页。
③ 杨建邺:《物理学之美》,北京大学出版社,2011年,第2页。
④ 杨建邺:《物理学之美》,北京大学出版社,2011年,第174、175页。
⑤ 格里宾:《寻找薛定谔的猫》,海南出版社,2015年,第209页。
⑥ 泰格马克:《穿越平行宇宙》,浙江人民出版社,2007年,第354页。
⑦ 林德宏:《创造与协调》,东华大学出版社,2017年,第36页。

汽车,兔子生许多小兔子,各有各的创造机制,若宇宙只有一辆车、一只小兔子就不自然。所以我们很自然地想到,我们的宇宙也是由某种孕育宇宙的机制创造出来的。所有这些创造机制都会创造出无数个版本。一个适当的宇宙创生机制会创造出许多宇宙,而不仅仅是我们栖身的这一个。这样,看起来才更自然一些。有一当然就会有多,这才自然。他还说:"关于物理理论,还有一件重要的事就是,如果你喜欢某个理论,那你必须全盘接受它的一切。"①平行宇宙是暴胀理论的一个预测,你接受暴胀理论,你就必须接受多重宇宙理论。

正因为多重宇宙是个思辨概念,所以容易产生不同的理解。"所有我们尚未看到的星体,就形成了一个隐秘的宇宙,这是平行宇宙的基本形态。"②这是把我们视界以外的宇宙说成了多重宇宙。"所谓平行宇宙,就是我们所料想的另一种情形。"③例如我把书放在另外一个地方,这本书就在另一个宇宙中。

需要我们深思的是恩格斯的一段文字:"我们的自然科学的极限,直到今天仍然是我们的宇宙,而在我们的宇宙以外的无限多的宇宙,是我们认识自然界所用不着的。"④恩格斯是在谈论数学无限性、自然界和历史的无限多样性时讲这句话的。他提到了"无限多的宇宙",指出这对认识自然界是"用不着的",他在这里谈的是哲学,而不是自然科学。

泰格马克也觉得他的假说有思辨哲学的味道,但他认为这是"精密科学"。"在更加深入探讨这个疯狂的想法之前,我们需要停下来,检查一下自己精神是否正常。首先,这些我们根本无法观测到的种种怪异真的是科学呢,还是我已经越出了科学的边界,踏进了纯粹的哲学思辨?"⑤他检查的结论是:"它从一门以推测为主、略带哲学意味的领域转变为今天我们所看到的精密科学。"⑥但是他又说:"我们并不能100%地确信暴胀是永恒的,甚至不能确定暴胀到底有没有发生过。"⑦既然如此,那多重宇宙是否存在也不确定,那么多重宇宙理论怎么又会是"精密科学"呢?

---

① 泰格马克:《穿越平行宇宙》,浙江人民出版社,2017年,第126页。
② 康斯特:《宇宙简史》,中国友谊出版公司,2017年,第303页。
③ 康斯特:《宇宙简史》,中国友谊出版公司,2017年,第298页。
④ 《马克思恩格斯文集》第9卷,人民出版社,2009年,第502页。
⑤ 泰格马克:《穿越平行宇宙》,浙江人民出版社,2017年,第124页。
⑥ 泰格马克:《穿越平行宇宙》,浙江人民出版社,2017年,第92页。
⑦ 泰格马克:《穿越平行宇宙》,浙江人民出版社,2017年,第126页。

　　有些科学家相信多重宇宙的存在,并为多重宇宙理论的科学性进行辩护。温伯格说:"对多重宇宙概念持有异议的一个不太充分的理由是,事实上我们永远不可能观测到除我们自身所在的宇宙外的任何其他子宇宙。在已经确立的理论中也有许多成分是我们永远也不可能观测的,但我们并没有因此就拒绝这些理论。检验一个物理理论不是要求理论中的每个量都是可观测量,以及理论做出的每个预言都应该是可检验的,而是有足够的观测量和足够的预测可被测试,以使我们有信心相信这个理论是正确的。"①温伯格的话当然有一定的道理,但我们对平行宇宙不是有"足够的"观测量,而是没有任何观测且"永远不可能"有,那多重宇宙理论的科学性又来自何处呢? 难道来自它的"超验性"?

　　思辨物理学是理论物理学的一种特殊形式,它是不完整、不严密的物理学,是同哲学纠缠在一起的物理学。由于物理学家的观测、实验活动和经验知识总归是有限的,所以难免要用科学想象、逻辑推论和哲学猜想来补充,故理论物理学常有一定思辨的成分。现代物理学常研究极大、极小、极快、极早这类极限问题,对此我们不可能有足够的观测、实验经验,思辨的成分会更多。现代理论物理学需要思辨。思辨理论却会产生非思辨的社会影响。多重宇宙涉及对人生的理解,更是疑窦丛生。美国物理学家阿吉雷问:"我是谁? 如果是我的话,有多少是我?"②纽约的一位女士惊异地问:"这些平行宇宙,在那里,也可以和死人的灵魂沟通吗?"加来道雄回答道:"我们这里逝去的人继续生活在其他的宇宙里,在他们的眼里,我们的宇宙,也就是他们离世的这个宇宙,看上去完全是荒谬可笑的。"③

　　多重宇宙的奇思怪想有什么作用呢? 有人认为:"实际上,对平行宇宙的信念就可能产生近乎宗教的作用。如果一切可能发生的事情也都发生了,它就会具有一些令人慰藉的东西"④。铁马克说:"我因为铲雪量不够被课以144美元的罚款时,心里相当烦躁不安。一开始我想:我真是倒霉。但转念我又明白了,如果我在其他的一个宇宙中没有被罚款,谈论走运或是倒霉岂不是没有意

---

①　温伯格:《湖边遐思:宇宙和现实世界》,科学出版社,2015年,第137页。
②　胡阿特、劳讷:《多重宇宙——一个世界太少了》,三联书店,2011年,第141页。
③　胡阿特、劳讷:《多重宇宙——一个世界太少了》,三联书店,2011年,第79页。
④　胡阿特、劳讷:《多重宇宙——一个世界太少了》,三联书店,2011年,第138~139页。

义。"①难怪维兰金说:"我得到建议,建议我去推行佛教。"②费因曼说:"整个宇宙因为每一个原子事件而分岔。"③我们生活在其中,难道精神真的就不会分裂吗?

爱因斯坦重视思辨在理论物理学研究中的作用,指出了思辨的合理性与局限性。他肯定狭义相对论具有一定的思辨性,并说牛顿力学以及各种科学理论都是如此。他说:"马赫激动地反对狭义相对论(他没有活到看见广义相对论),这件事是很有趣的。在他看来,这个理论的思辨性是不能容许的。他不明白,这种思辨性,牛顿力学也具有,而且凡是能够思维的理论也都具有。"④为什么思辨具有合理性,因为它能弥补经验的缺失。"只有最大胆的思辨才有可能把经验材料之间的空隙弥补起来。"⑤科学家的经验始终具有不完备性,凡经验缺失之处,思辨就会发挥重要作用。所以他说:"只有大胆的思辨而不是经验的堆积,才能使我们进步。"⑥但思辨不能取代经验以及对经验的分析。单凭思辨,只能得出思辨的推论。思辨推论不是科学理论。爱因斯坦写道:"从来没有一个真正有用的和深刻的理论果真是靠单纯思辨去发现的。"⑦多重宇宙理论就是一种思辨推论。

多重宇宙理论是思辨物理学的典型,它将如何发展?可能数学模型更加精致一些,但主要是在思辨方向发展,更加思辨化,最后演变为一种哲学理论。泰格马克的数学宇宙假说就表明了这点。

五、人工制造宇宙的幻想

既然宇宙可以通过自然选择而自我繁殖,那宇宙学家很自然就会想到,宇宙的繁殖也可以通过人工选择进行,人类可以参与宇宙的生成。"'宇宙'在永恒暴胀之中自发繁殖的过程,使得宇宙学家开始设想,我们能不能人工地激发

---

① 胡阿特、劳讷:《多重宇宙——一个世界太少了》,三联书店,2011年,第139页。
② 胡阿特、劳讷:《多重宇宙——一个世界太少了》,三联书店,2011年,第88页。
③ 沃尔特斯:《新量子世界》,湖南科学技术出版社,2005年,第154页。
④ 《爱因斯坦文集》第一卷,商务印书馆,1976年,第438~439页。
⑤ 《爱因斯坦文集》第一卷,商务印书馆,1976年,第585页。
⑥ 《爱因斯坦文集》第三卷,商务印书馆,1979年,第496页。
⑦ 《爱因斯坦文集》第三卷,商务印书馆,1979年,第438页。

这种繁殖过程呢？我们能不能通过激发某一次涨落，产生像永恒暴胀一样的效果，从而'创造'出一个宇宙来呢？"[1]"人工可以创造宇宙"，这是前所未闻、惊世骇俗的想法，把人类的创造能力提高到无以复加的程度。

阿兰·古斯提出暴胀概念、暴胀产生宇宙以后，有人称他为"赋能者"，因为他提出的永恒暴胀让所有可能发生的事情都必然会发生。古斯说，有一个宇宙，在那里猫王仍旧活着，阿尔·戈尔是总统。接着他又提出"实验室中的宇宙创作"即创造宇宙的设想。泰格马克写道："阿兰·古斯和他的同事们甚至真的研究了这种可能性：在实验室里创造出一种东西，从外部看像个小黑洞，而从内部看则是一个无限的宇宙"[2]。泰格马克在这句话下面还有一个注解："如果你内心充溢着成为造物主的冲动，我强烈推荐你读一读物理学家布赖恩·格林的著作《隐藏的现实》中对'渴望创造宇宙的人'的建议。"可见创造宇宙在物理学界是个颇时尚的想法。

暴胀创造宇宙大爆炸—暴胀创造宇宙—人工制造宇宙，这可称为"古斯三部曲"。它代表了现代理论物理学的什么动向？需要关注和研究。他与同事一起在麻省理工学院潜心研究，在20世纪末，他提出了"实验室中的宇宙创作"的专业术语。他在《暴胀宇宙》一书的结尾谈论了人工制造宇宙的问题。格里宾这样叙述他的结论："原则上，物理定律的确允许一个非常先进的技术文明通过这种方式创造一个或更多的宇宙；其余的，古斯开玩笑地说：'仅仅是一个工程设计的问题。'"[3]

格里宾赞同古斯的看法。"是否存在一种人工选择，它可以取代自然选择，并设计出设计者想要的宇宙呢？……答案是非常'肯定'的，因为制造黑洞是如此的简单。大自然可能需要一个恒星来实现这一目标，但某些更为先进的技术会在地球上完成这项任务。"[4]"设计出设计者想要的宇宙"，人可以根据自己的意愿设计制造宇宙，让宇宙满足自己的欲望。不同的人根据各自的设计，制造各自想要的宇宙。这就是说，人可以随心所欲、为所欲为地制造无数个宇宙。

① 巴罗：《宇宙之书——从托勒密、爱因斯坦到多重宇宙》，人民邮电出版社，2013年，第268页。
② 泰格马克：《穿越平行宇宙》，浙江人民出版社，2007年，第116页。
③ 格里宾：《寻找多重宇宙》，海南出版社，2012年，第225页。
④ 格里宾：《寻找多重宇宙》，海南出版社，2012年，第224页。

人类想象的空间已膨胀到极限。

为什么人类能做到这点呢？因为人类可以无所不能。巴罗和蒂普勒在《人择宇宙原理》一书中说，当智慧生命发展到一定水平时，它将"不仅能控制某一宇宙中所有的物质和力，而且能控制逻辑上可能存在的一切宇宙中的物质和力；生命将扩展到逻辑上可能存在的一切宇宙中的所有空间领域，将能够储存无限的信息，包括逻辑上可能获得的一切知识"①。于是，人类无所不知、无所不能、无所不在、无所不有。

美国的爱德华·哈里森被认为开辟了高级文明操纵宇宙的前景。如何操纵？巴罗写道："设想宇宙存在一些高度发达的文明，他们已经完全掌握了在附近空间制造特定量子涨落的方法，这些涨落会迅速引发暴胀，产生新的婴儿宇宙。那些超级宇宙学家也已经完全掌握了自然常数和物理定律的奥秘，知道什么样的组合才会允许生命的产生。假设（考虑到可能性的数量以及从中进行选择的计算复杂性，这是一个非常大胆的假设）他们有能力控制对称性破缺的过程，能通过控制温度下降来选取特定的真空态，那么他们就能够强行孵化出新的宇宙，其中的自然常数和物理定律比他们自己的宇宙还要适合生命的繁衍。加快自我繁殖的速度，快进到好几代宇宙之后，更加发达的文明就会产生（而且产生得更加容易，因为新宇宙出现生命的'几率'被上一层文明精心调整过了），他们于是拥有更加先进的技术来调制更新的宇宙。哈里森设想，我们的宇宙之所以如此恰到好处，如此适合生命的繁衍和演化，或许正是因为宇宙经历过这种类型的强制孵化，它的性质都被微调过了。"②哈里森提到"超级宇宙学家"这个称谓，超级在哪里？"完全掌握了自然常数和物理定律的奥秘"，"能够强行孵化出新的宇宙"，这样的"超级宇宙学家"就是上帝。

超级宇宙学家创造宇宙必须掌握技术。格里宾说："一个非常先进的技术文明会通过修复物理定律来获得一个完美的宇宙。"③创造宇宙，谈何容易？我们的宇宙包含多少物质？泰格马克说："就目前所知，我们的宇宙包含着 10^{11} 个

---

① 里吉斯：《科学也疯狂》，中国对外翻译出版公司，1994年，第232页。
② 巴罗：《宇宙之书——从托勒密、爱因斯坦到多重宇宙》，人民邮电出版社，2013年，第269页。
③ 格里宾：《寻找多重宇宙》，海南出版社，2012年，第230页。

星系、10^{23} 颗恒星、10^{80} 个质子和 10^{89} 个光子。"①通俗地说,我们观察到的宇宙中至少有 1 000 亿个星系,最大的星系有 4 000 亿个星体,仅银河系有 1 000 亿个星球。我们的宇宙的空间尺度是 137 亿光年。可是在超级宇宙学家的眼里,制造一个这样的宇宙,像做个馒头一样轻而易举。美国物理学家基思·亨森曾说:"我想把某个星系变成啤酒罐。"②能做到这一点,当然就能像制造啤酒罐一样制造宇宙。泰格马克说:"没有做不到,只有想不到。唯一的限制,就是我们的想象力。"③

为什么超级宇宙学家想制造宇宙?林德说:"从这个角度看来,我们人人都能成为上帝。"④在现代,居然有些科学家想成为上帝,岂非咄咄怪事?

人类从无中制造宇宙是个伪科学命题,是根本不可能的事。但它是由一些科学家提出的,我们应认真对待。这种妄想所蕴含的技术观,不仅十分错误,而且极其有害。它把技术万能论鼓吹到了极点。如果技术万能,那技术就能改变一切、制造一切、决定一切,于是技术至高无上,不受任何约束和限制,它无所不能、无所不为。技术被神化了。技术自信演变为技术迷信,技术信心蜕化为技术野心。多重宇宙理论是怪异的宇宙学,人工制造宇宙是疯狂的技术。妄想导致妄为。怪异的科学同疯狂的技术相结合,必然会引起灾难性后果。

思考宇宙起源—暴胀产生宇宙大爆炸—暴胀产生新宇宙—宇宙的自我繁殖—宇宙的自我选择—宇宙的人工选择—人工制造宇宙,这就是人工制造宇宙提出的逻辑进程。

本书开头谈及盘古开天辟地的神话,本书结尾竟讲到宇宙学家人工制造宇宙的幻想,这难道就是科学发展的逻辑吗?令人深思。

人工制造宇宙是多重宇宙理论研究中提出的猜想。如果宇宙唯一,创造新的宇宙就无从谈起。多重宇宙是否存在,人类能否制造宇宙,这都不是科学问题,而是哲学问题。宇宙学家对此只能提供哲学论证,这种论证就是"一切皆有可能,一切可能都会实现"的哲学信念。

---

① 泰格马克:《穿越平行宇宙》,浙江人民出版社,2007 年,第 122 页。
② 加来道雄:《不可能的物理》,上海科学技术文献出版社,2016 年,第 256 页。
③ 泰格马克:《穿越平行宇宙》,浙江人民出版社,2007 年,第 354 页。
④ 加来道雄:《不可能的物理》,上海科学技术文献出版社,2016 年,第 256 页。

第十一节 "一切皆有可能"的信念

关于时间旅行、改变历史、多重历史、多重自我、波函数坍塌与人的灵魂、量子纠缠与心灵感应的探讨,贯穿其中的一个基本信念,就是一切皆有可能。这个信念的核心是用"可能"否定"不可能",认为假想可能性就是现实可能性。假想可能性是理论物理学家从随意想象和纯逻辑推论、纯数学演算中得出的一种可能性,它一般同经典科学和常识相悖,被人们认为不可能的特殊可能性,常显得十分怪异。

按照这一信念,回到过去、改变历史、多重历史、多重自我、灵魂使波函数坍塌、隐形传物、量子纠缠产生意识,以及后面要谈到的多重宇宙、人工创造宇宙都是可能的。再荒诞的事,常识与传统科学认为根本不可能的事,都是可能的。

这一信念主要有两个来源:热力学第二定律的统计性解释,量子力学的叠加态与不确定原理。热力学第二定律本来揭示了制造永动机的不可能,是关于不可能的定律,可是波尔茨曼指出,不能自发发生的过程,其实是发生概率很小的过程。一个箱子用隔板分成 A 与 B 两室,A 室有气体,B 室没有。抽去隔板,A 室气体向 B 室扩散,直到两室气体大致相等。那么,扩散到 B 室的气体分子能否又自动地全部回到 A 室,即又回到过去的状态? 这显然不可能,因为这是不可逆的过程。波尔茨曼算出出现这种可逆过程的概率只有

$$\frac{1}{2^{6\times10^{23}}}$$

这个数值几乎为零,所以实际上不可能。但也可以认为这个数值大于零,还是有可能,尽管是一点点的可能。例如,一杯冷水自发变为热水需要的时间为宇宙年龄的许多倍。

霍金用量子力学研究宇宙学,把玻恩对量子力学的统计解释、叠加态、波函数坍塌以及海森伯的不确定性原理推广到宏观、宇观领域,成为这一信念的代表性人物。

这一信念的实质是把"不可能"理解为几率小的"可能",从而用"可能"否认"不可能"。把假想的可能理解为现实的可能,从而把"可能"等同为"现实",这

就从"一切皆有可能"引申出"一切可能皆会实现"或"一切可能皆是现实"。

在霍金看来,宇宙不再是"存在的一切",而是"可能存在的一切"。他说:宇宙"不像人们以为的那样仅仅存在一个历史。相反地,宇宙应该拥有所有可能的历史,每种历史各有其概率。宇宙必须有这样的一种历史,伯利兹囊括了奥林匹克运动会的所有金牌,虽然也许其概率很小"[1]。在1993年的系列剧《星际航行》中,霍金与通过时空隧道来到的牛顿、爱因斯坦一块打扑克牌,影星玛丽莲·梦露坐在霍金的身边。影片中的霍金得意洋洋地说:"任何一个想得到的故事,在浩瀚的宇宙里都可以发生。其中肯定有一个故事是,我和玛丽莲·梦露结了婚;也有另外一个故事,在那里克娄巴特拉(埃及艳后——引者)成了我的妻子。"可是这两件事并未发生,霍金说:"这太遗憾了! 不过,我赢了前辈们很多的钱。"[2]

加来道雄说:"量子理论是根据这样一种思想:所有可能的事件,不管它们多么奇怪或可笑,都有一定的概率发生。"[3]胡阿特说:"在多重宇宙中,一切皆有可能,一切皆为常态。"[4]这句话概括得最简单、准确。达塔把多宇宙的诠释概括为一句话:所有可能发生的,都会发生。弦理论代表人物之一格林说:"什么东西都可能有","什么情况都可能出现"。[5] 里吉斯写道:"莫拉维奇认为,把过去的历史复活,或至少把如艾萨克·牛顿这样重要的历史人物复活,应当是可能的。"[6]格里宾写道:"所有这一切都为哲学思辨的骨骼添加了数学的血肉,在一个无限的宇宙中,一切皆有可能"[7]。

"我们不得不面对这样一种观点,即多重宇宙中有无穷多个真实的宇宙。"[8]巴罗的这句话把假想的多重宇宙说成是真实的宇宙,实际上是把假想的可能性等同于现实的可能性,又把"可能"等同于"现实"。

假想可能性是没有经过对客观事物的研究,凭主观随意想象提出的可能

① 霍金:《果壳中的宇宙》,湖南科学技术出版社,2002年,第80页。
② 杨建邺:《窥探上帝的秘密——量子史话》,商务印书馆,2009年,第237页。
③ 加来道雄:《平行宇宙》,重庆出版社,2008年,第108页。
④ 胡阿特、劳讷:《多重宇宙——一个世界太少了》,三联书店,2011年,第5页。
⑤ 格林:《宇宙的琴弦》,湖南科学技术出版社,2002年,第114、352页。
⑥ 里吉斯:《科学也疯狂》,中国对外翻译出版公司,1994年,第256页。
⑦ 格里宾:《寻找多重宇宙》,海南出版社,2012年,第169页。
⑧ 巴罗:《宇宙之书——从托勒密、爱因斯坦到多重宇宙》,人民邮电出版社,2013年,第341页。

性。它缺乏现实依据,是凭空想象出来的虚假可能性。经过对事物的研究而提出的可能性,具有一定的现实根据,是现实可能性。唯有现实可能性才会转化为现实,但必须具备一定的条件,否则也不会成为现实。

一切可能皆会实现有其辩护词,如"空间扩展"和"时间延伸"。泰格马克说:"此处可能发生的一切事情,确实曾经在其他地方发生过。"①金斯说:"如果宇宙能够持续足够长的时间,在这么长的时间内,任何可能的意外都有可能发生。"②即此处没有,彼处会有;此时没有,迟早会有。这是用"有待证实"取代"已被证实"。

美国物理学家范伯格说:"所有不违背已知基本科学规律的事都将能够实现,许多确实违背这些规律的东西也是能够实现的。"③奥地利物理学家莫拉维奇说:"比较保留地说,我们能做任何事,也就是说,我们能成为任何东西。"④泰格马克讲得更简明概括:"没有做不到,只有想不到。"⑤这些言论表明,科学知识和科学精神不是一回事。

关于假想可能性的探讨,有一定的积极意义。它勇于超越经典科学和常识经验,有助于拓宽想象空间、活跃思想,它敢于质疑"不可能",特别是缺乏根据的"假想不可能"。科学技术史表明,曾经被认为不可能的事,有不少后来都实现了。

但"一切皆有可能,可能皆会实现"的信念,在科学上缺乏充分根据,在哲学上是不正确的。

可能性是一个哲学范畴,指事物变化的多种趋势。同可能性对应的有两个范畴:不可能和现实。不可能指在任何情况下都不会出现的变化趋势。判定可能与不可能的客观标准是客观规律。符合客观规律的事可能发生,违反客观规律的事不可能出现。"现实"是实现了的可能。可能性的实现不仅不能违背客观规律,还需具备一定的主客观条件。在一定条件下实现的可能性,是现实可能性;违反客观规律的所谓可能性,是主观虚构的可能性。

可能的领域比不可能的领域宽广得多。可能性犹如无边的海洋,不可能是

① 格里宾:《寻找多重宇宙》,海南出版社,2012年,第122页。
② 格里宾:《寻找多重宇宙》,海南出版社,2012年,第107~108页。
③ 里吉斯:《科学也疯狂》,中国对外翻译出版公司,1994年,第233页。
④ 里吉斯:《科学也疯狂》,中国对外翻译出版公司,1994年,第165页。
⑤ 泰格马克:《穿越平行宇宙》,浙江人民出版社,2007年,第354页。

其中的一些孤岛。随着科学技术的发展,许多"假想不可能",都被表明是可能。所以在科学认识中,说"可能"比较容易,往往无需论证。凡不清楚的事,我们都可以轻易地甚至是随意地说"可能"。说"不可能"则需要理论论证和实践验证。说"不可能"成本高,而且容易出错。克拉克定律:"当一位著名的老科学家说某事是可能的时候,他几乎肯定是对的。当他说某件事不可能的时候,他极可能是错的。"①天文学家克罗斯威尔说:"其他的宇宙会令人陶醉! 关于它们,你想说什么就可以说什么,只要天文学一天没有找到它们,就一天不能说你是错的。"②但是,关于不可能的正确认识,比关于可能的猜想,具有更高的科学价值。

我们不能用"可能"来取代甚至否定"不可能"。否定"不可能"就是否定客观规律。

我们可以把"假想可能事情"想象得千姿百态、千奇百怪,甚至显得荒诞无稽,以致出现了"怪异物理学"。美国女物理学家丽莎·兰道尔写道:"粒子物理学家西德尼·科尔曼说过,如果说成千上万的哲学家花了几千年的时间寻找世界上最为奇异的东西,那么,他们再也找不到比量子力学更为离奇的了。量子力学之所以难以理解,是因为它的结果是那么地有悖于常理,又是那么地出人意料。它的基本原理不仅有悖于以前所有已知物理的基本前提,也有悖于我们自己的经验。"③

我们可以把具有以下三个特征的物理学理论称为"怪异物理学":同已有的基本科学理论冲突,同人们生活的常识经验冲突,难以证实和证伪。此处的"怪异"是中性词,意指人们对奇思妙想、奇谈怪论的感受。"怪异"不等于非科学、伪科学、反科学,但它确实表明现代理论物理学已逐渐从"远离经验"向"背离经验"演变。

许多科学家指出,我们对怪异物理学应当持慎重的态度,切勿轻率地否定。有的是不结果的花,有的则导致重大的理论突破。相对论也曾被一些人视为"怪物"。爱因斯坦说:"如果一个想法在最初听起来并不荒谬可笑的话,那么就不要对它寄予太大的希望了。"④"对于承担这种劳动的理论家,不应当吹毛求疵

---

① 里吉斯:《科学也疯狂》,中国对外翻译出版公司,1994年,第234页。
② 加来道雄:《平行宇宙》,重庆出版社,2008年,第191页。
③ 兰道尔:《弯曲的旅行》,万卷出版公司,2011年,第90页。
④ 加来道雄:《不可能的物理》,上海科学技术文献出版社,2016年,第1页。

地说他是'异想天开';相反,应当允许他有权去自由发挥他的幻想,因为除此以外就没有别的道路可以达到目的。他的幻想并不是无聊的白日做梦"①。

费因曼说:"从常识的观点看,量子力学对自然的描述是荒谬可笑的。但是它与实验完全吻合。因此我希望你能够接受自然是荒谬的,因为它确实是荒谬的。"②泰格马克说:"世界是怪诞的,我们必须学着适应它。"③他还说:"如果因为理论过于古怪,我们就将其抛弃,那我们就很可能与真正的突破擦肩而过。"诺贝尔物理学奖获得者莱德曼说:"人类的大脑是否已为理解量子物理学的神秘做好了准备呢? 这个问题直到 20 世纪 90 年代还困扰着一些非常优秀的物理学家。理论家帕格尔斯……在他写得非常好的《宇宙密码》(*The Cosmic Code*)一书中指出:'人的大脑可能还没有进化得足够完善,以至于现在还无法理解量子实在。'"④爱丁顿说:"宇宙不仅比我们想象的奇怪,而且比我们能够想象的还奇怪。"⑤格林说:"不确定性原理告诉我们,当我们考察的距离越小、时间越短时,宇宙会变得越疯狂。"⑥

"可能皆可实现",这个信念有把可能与现实等同之嫌。如何实现? 不是自然实现,就是人工实现。对于自然界而言,人工实现主要是技术实现。科学说明自然界变化的可能,技术是实现人的活动的可能。所以理论物理学家把他们所想象的可能性的实现寄希望于技术。技术使客观的"可能"变为主观的"能够"。自然实现速度缓慢,技术实现的速度飞快。科学说"一切皆有可能",瞬时技术就会说"一切皆为能够"。技术的成功使假想不可能的领域逐步缩小,使人工能够的领域不断扩大。如叠加态量子理论导致量子计算机的问世。物理学家加来道雄写道:"我有时问我们大学的博士生一个简单的问题,如计算他们在墙的这一侧突然消失又重新出现在墙的另一侧的概率有多少。根据量子理论,有一个很小的但是可以计算的概率使这件事会发生。或者由于这种原因,我们会在自己的卧室中消失,又出现在火星上。根据量子理论,在原则上一个人有可能突然出现在火星上。当然,这样的概率太小了,我们等待的时间不得不比

① 《爱因斯坦文集》第一卷,商务印书馆,1976 年,第 262—263 页。
② 加来道雄:《平行宇宙》,重庆出版社,2008 年,第 116 页。
③ 泰格马克:《穿越平行宇宙》,浙江人民出版社,2007 年,第 228 页。
④ 杨建邺:《上帝与天才的游戏——量子力学史话》,商务印书馆 2017 年,第 1~2 页。
⑤ 郭光灿、高山:《爱因斯坦的幽灵——量子纠缠之谜》,北京理工大学出版社,2018 年,第 10 页。
⑥ 格林:《宇宙的琴弦》,湖南科学技术出版社,2002 年,第 113 页。

宇宙的寿命还要长。""如果我们能够找到一种方法控制某些不可能事件的概率,那么任何事情,包括超光速旅行,甚至时间旅行都是可能的。……当我们能够任意控制量子概率时,那么即使是不可能的事也变成普通的事情了。"[1]任何事情都会以大于零的概率发生,技术则可以大大提高这种概率。范伯格说:"所有可能的最终都会实现。""我愿以200年作为把我们今天能想象到的各种可能变为现实的上限。"[2]照此说法,200年后我们人人都可以随心所欲了。

1990年里吉斯在《科学也疯狂》一书中说:"原来,这些富有远见的科学家们是要重新创造人和自然。他们要重新创造天地万物,使人类获得永生。如果不能实现,就把人类转变为实质上永远不会死去的抽象的灵魂。他们要完全地控制物质的结构,把人类的正当主权扩展到太阳系、银河系和宇宙的各个角落。这真是一项浩大的工程;而在这些充满了世纪末狂躁情绪的年代里,科学和技术实际上就是处于这样一种好大喜功的状态中。""这种狂躁实际上是一种追求全知全能的愿望。这个目标威力无边:它可以重新创造人类、地球和整个宇宙。如果你为肉体的疾病所困扰,把肉体消灭就是了,我们现在就能够这样做。如果你对宇宙不甚满意,那么,重头开始再造一个。"[3]

自然界无所不可,我们无所不知、无所不想、无所不能、无所不为,这种逻辑毫无科学可言。

科学无所不知、技术无所不能,这是对科学技术的迷信。纵欲必然纵技。我们应当有正确的科学技术观,防止"怪异的物理学"和"疯狂的技术"的"纠缠"。

第十二节　20世纪科学思想的基本特征

20世纪的科学思想经历了两次全局性的科学革命。第一次是现代物理学革命,发生在1895～1926年间,从伦琴发现X射线到量子力学的建立。第二次是综合性科学革命,从20世纪中叶开始。标志性事件是:1946年第一台计算

---

① 加来道雄:《平行宇宙》,重庆出版社,2008年,第109、108页。
② 里吉斯:《科学也疯狂》,中国对外翻译出版公司,1994年,第232页。
③ 里吉斯:《科学也疯狂》,中国对外翻译出版公司,1994年,第7页。

机问世,宇宙大爆炸理论提出,1948 年系统论、信息论、控制论建立,50 年代人工智能科学诞生,1953 年 DNA 双螺旋结构模型提出,1965 年板块构造学说问世,1969 年耗散结构理论问世,60 年代非线性科学诞生,1970 年超循环理论问世,1971 年协同学问世,1972 年突变理论问世等等。

这两次科学革命的深刻和广泛,是近代的科学革命所无法比拟的。这是科学发展长期积累的结果。这就使不少科学家谈论现代物理学革命的特征以及科学发展中渐进积累与革命飞跃的关系,探索科学发展的规律。

普朗克认为科学的发展既是渐进式的,又是爆发式的。每一个新出现的假说都像是突然的喷射,都像是向黑暗中的一跃。他指出物理学革命不是毁灭经典物理学,而是改造经典物理学。“在某一时期中,经典物理学大有整个被打垮的危险。但事实逐渐明显起来,正如相信科学渐进说的人肯定预言的那样,引入量子论似乎并没有导致物理学的毁灭,而是导向了一个相当深刻的改造。”[①]

玻恩 1928 年说:“凡是孤立地去看精确科学发展的人,一定感到有两个矛盾的方面。一方面,整个自然科学呈现出一幅不断健康成长的景象,呈现出一幅没有错误地发展和建设的景象,……可是另一方面,我们不断地看到基本物理概念有许多变革,看到观念世界中的真正革命。在这些变革和革命中,原有的全部知识似乎都被推翻掉,从而揭开一个科学研究的新纪元。理论上的突变,和确定不移的成果的不断充实与扩大,形成鲜明的对照。”[②]

海森伯在 1934 年说,当我们沿着经典物理学所规定的途径持续前进时,竟会被迫改变这种物理学的基础,这就是科学革命。他还认为科学革命的产生有两条渠道,一是从旧理论之外引入新理论,如在地心说外部引进日心说,即地心说本身没有产生日心说的逻辑必然性;二是新理论是在把旧理论贯彻到底的过程中,由自然界强加给我们的。科学的发展有不太引人注目的特征:“自然科学中的每一个进展,几乎都是通过对某种问题或概念的放弃而取得的;对于每一种新的认识,几乎都必须以牺牲先前所提出的问题和所形成的概念为代价。”[③]但他又承认经典理论具有永恒的价值,虽然经典理论必须用新的概念来修正。

① 普朗克:《从近代物理学来看宇宙》,商务印书馆,1959 年,第 7~8 页。
② 玻恩:《我这一代的物理学》,商务印书馆,1964 年,第 24 页。
③ 海森伯:《严密自然科学基础近年来的变化》,上海译文出版社,1978 年,第 20 页。

狄拉克 1972 年在《物理学家自然概念的发展》一文中认为,物理学的发展是由许多小的相当稳定的发展过程和几个巨大的飞跃构成的。按照标准方法从以往结果中推导出来的稳定发展是科学发展的背景,而巨大飞跃构成了物理学发展中的最有意义的特征,因为它意味着必须引入某种全新的观念。

秦斯则用下列一段话来描述科学的发展:"科学通常以接连不断的细步穿过迷雾前进,在迷雾中,甚至于观察最敏锐的勘察者都难以认清几步以外的事物。偶或迷雾消散,你登上一座山岗,并能俯瞰一片比较宽阔的地区——有时便会得到令人惊异的结果的。这时,整个科学似乎就要经受千变万化的重新安排,各种知识片断将以一种至今还不受人怀疑的方式调和起来。有时,调整时所发生的动荡可能蔓延到其他科学;有时,它可能转变整个人类思想的潮流。"①

威尔逊认为科学革命要经过很长时间的酝酿。在每一次科学革命以前,所有的新思想都是同一切旧概念格格不入的,如果科学家们还用旧概念来研究科学,那许多重大问题就得不到解答,而一旦采用了新的观念,答案就会潮涌而至。

根据这两次科学革命,我们可以把 20 世纪的科学思想分为两个阶段。在 20 世纪的上半叶,科学的基础性、主导性成果是相对论和量子力学,提出了关于时空相对性、空间弯曲、质量与能量的关系、作用量子、波粒二象性、测量中主客体的关系、量子力学的统计性解释等思想,科学认识进入了宏观高速运动领域、微观领域和宇观领域,已开始研究极大、极小、极重、极轻、极早、极快等极限问题。在 20 世纪的下半叶,主要科学成果是宇宙大爆炸理论、板块构造理论、分子生物学理论以及耗散结构理论、协同学、混沌学、量子场论、规范场论、量子宇宙学、弦理论等,提出了宇宙膨胀、全球地质观、遗传信息、系统自组织理论思想以及波函数坍塌、量子纠缠、多重宇宙、多重历史、高维空间、时间圈环、黑洞辐射、虚粒子、虚时间等猜想。

20 世纪的科学有两大思潮:追求统一性和探索复杂性。

追求自然界的统一性,一直是科学追求的基本目标。牛顿力学、电磁学、化学原子论等都是近代科学追求统一的硕果。到 19 世纪末,科学家们认为自然界统一于原子和力。到了 20 世纪前 50 年,爱因斯坦是追求统一性的主要代

---

① 秦斯:《物理学与哲学》,商务印书馆,1964 年,第 1 页。

表。爱因斯坦是 20 世纪最伟大的科学家,他同牛顿都是迄今为止对科学贡献最大的个人。他试图通过统一场论的建构,把自然界的物质和作用统一于场。爱因斯坦是以牛顿为代表的力学机械论的主要批判者。他的相对论有力地冲击了绝对主义自然观、科学观和思维方式,而相对论本身也是追求统一(力学与电磁学、惯性系与非惯性系的统一)的产物。可是爱因斯坦在探索统一场论的过程中,又戏剧性地转向了绝对主义。与此相联系,他从批判力学机械论转向了建构物理学机械论,并成为物理学机械论的主要代表。

在爱因斯坦之后,追求统一性的思潮发展为追求 4 种基本作用的"大统一",不少科学家甚至追求包罗万象的终极理论。量子场论、量子宇宙学、弦理论都体现着追求统一的努力。

量子力学初步揭示了微观世界的复杂性,并涉及科学认识中主客体关系的复杂性。强调自然的不确定性和微观世界不同于宏观世界的特殊性,是量子力学的精髓。以玻尔为代表的哥本哈根学派对量子力学的理解,同物理学机械论是根本相悖的。爱因斯坦与哥本哈根学派的争论,是坚持物理学机械论和反对物理学机械论这两种思潮的争论。

在 20 世纪的后 50 年,以普里高津为代表的布鲁塞尔学派在爱因斯坦批判力学机械论和玻尔等人反对一般机械论的基础上,提出了探索复杂性的口号,开创了复杂性科学的先河,使他成为新科学思潮的主要代表。这种思潮以系统科学(系统论、耗散结构理论、协同学、混沌学等)为基础和生长点,可称为"现代系统论"思潮。"不确定性"和"一切皆有可能"成为许多科学家的信念,从"确定性研究"转向"不确定性研究",从"现实存在研究"转向"可能存在研究"。

1946 年,爱因斯坦在谈到牛顿所创造的概念时说:"如果要更加深入地理解各种联系,那就必须用另外一些离直接经验领域较远的概念来代替这些概念。"[1]量子宇宙学、弦理论并不是根据先有的实验建构起来的,也很难用实验来验证,在一定意义上可以说具有"超验性",甚至从远离经验演变为背离经验。在这种背景下,科学日趋数学化、模型化,思辨的色彩也越来越浓。爱因斯坦1932 年说,"近来,改造整个理论物理学体系,已经导致承认科学的思辨性质"[2]。普朗克说,物理世界越来越抽象,纯数学计算的作用也愈来愈重要。狄

---

[1] 《爱因斯坦文集》第一卷,商务印书馆,1976 年,第 15 页。
[2] 《爱因斯坦文集》第一卷,商务印书馆,1976 年,第 309 页。

拉克说,数学是特别适合于处理抽象概念的工具;在这个领域数学的力量是没有限制的。到了霍金,这种意识就更加强烈了,数学模型被看作是追求统一的主要工具。与此同时,推导型物理学在理论物理学中逐渐成为主流。随意的想象、思辨的推论、怪异的猜测是现代理论物理学的新特征。面对这种情况,更应强调科学的严肃性和严谨性。在20世纪上半叶,马赫、彭加勒、爱因斯坦、普朗克、玻尔、玻恩、薛定谔、海森伯、坂田昌一等人都对哲学怀有兴趣。到了20世纪的下半叶,探索复杂性的普里高津等人仍在进行哲学思考。

但无论怎样,科学总在不断前进。视野更加开阔,思想更加活跃,20世纪的科学正是以这种状态进入了21世纪。科学的过去可歌可泣,永远值得我们借鉴;科学的未来更加诱人,永远激励我们前进。

后　记

2018 年 3 月,斯蒂芬・霍金离开了他的轮椅,飞向宇宙的深处。

《大设计》可能是他的最后一本著作,他在书中写道:"哲学死了。哲学跟不上科学,特别是物理学现代发展的步伐。"①

他在《时间简史》中说:"在 19 和 20 世纪,科学变得对哲学家,或除了少数专家以外的任何人而言,过于技术化和数学化了。哲学家如此地缩小他们的质疑范围,以至于连维特根斯坦——这位本世纪最著名的哲学家都说道:'哲学仅余下的任务是语言分析。这是从亚里士多德到康德以来哲学的伟大传统的堕落!'"②

哲学未死,也未堕落,但相对于科学而言,哲学的确落后了。

学习现代科学知识,从哲学的角度思考其成果,对所涉及的哲学问题作出评论和质疑,这是哲学工作者分内的事。但对于许多哲学工作者而言,现代科学特别是理论物理学的确太专业、太深奥了,所以哲学工作者做这方面的工作确实很难。但努力学习现代科学,从哲学视角提出一些肤浅的看法,这还是可以做一些的,而且这样也有助于提高自己的素质和水平。想到这里,我鼓起勇气,不揣浅陋,在这本《科学思想史》的新版中,增加了一些有关现代理论物理学的内容。可能错误百出,敬请读者批评指教。

本书 1985 年出第一版,2004 年出第二版,承蒙南京大学出版社抬爱,现又出了新版。特向该出版社领导与王其平先生致以谢忱。

林德宏

2018 年 8 月于南京大学

时年八十

---

① 霍金、蒙洛迪诺:《大设计》,湖南科学技术出版社,2016 年,第 3 页。

② 霍金:《时间简史——从大爆炸到黑洞》,湖南科学技术出版社,1996 年,第 156 页。